黄河小浪底水利枢纽志

上册

水利部小浪底水利枢纽管理中心
《黄河小浪底水利枢纽志》编纂委员会 编

黄河水利出版社
·郑州·

内 容 提 要

本志全面翔实记述小浪底工程论证决策、规划设计、建设管理、工程施工、工程监理、征地移民、环境保护、枢纽调度、运行管理、成就与效益等内容。作为水利专业志,突出了我国水利改革发展和国际工程管理等鲜明时代特色,对存史资政育人和保护传承弘扬黄河文化具有重要意义,对多泥沙河流水利工程规划设计、建设和运行管理具有很好的借鉴价值,可作为社会各界人士认识和了解小浪底工程、研究黄河保护治理的重要史册。

图书在版编目(CIP)数据

黄河小浪底水利枢纽志:上、下册/水利部小浪底水利枢纽管理中心《黄河小浪底水利枢纽志》编纂委员会编. —郑州:黄河水利出版社,2021.9

ISBN 978-7-5509-2973-9

Ⅰ.①黄… Ⅱ.①水… Ⅲ.①黄河-水利枢纽-水利工程-概况-洛阳 Ⅳ.①TV632.613

中国版本图书馆 CIP 数据核字(2021)第 078776 号

出 版 社:黄河水利出版社　　　　　　　　　　　网址:www.yrcp.com
　　　　地址:河南省郑州市顺河路黄委会综合楼 14 层　　邮政编码:450003
发行单位:黄河水利出版社
　　　　发行部电话:0371-66026940、66020550、66028024、66022620(传真)
　　　　E-mail:hhslcbs@ 126.com
承印单位:河南瑞之光印刷股份有限公司
开本:787 mm×1 092 mm　1/16　　　　　　　审图号:GS(2021)4263 号
印张:105　　　　　　　　　　　　　　　　　　插页:14
字数:1690 千字　　　　　　　　　　　　　　　印数:1—2 100
版次:2021 年 9 月第 1 版　　　　　　　　　　印次:2021 年 9 月第 1 次印刷

定价(上、下册):680.00 元

黄河小浪底水利枢纽鸟瞰

小浪底工程调水调沙运用

黄河小浪底水利枢纽配套工程——西霞院反调节水库右岸鸟瞰

黄河小浪底水利枢纽配套工程——西霞院反调节水库左岸鸟瞰

小浪底工程坝址原貌

中外专家在坝址实地勘察

前期坝址钻探现场

小浪底大坝设计、
施工专家咨询会会场

世界银行黄河小
浪底工程评估会议在
郑州召开

　　1994年7月16日，黄河小浪底水利枢纽工程国际招标合同签字仪式在北京钓
鱼台国宾馆举行

进场公路工程

黄河大桥施工现场

建设中的变电站工程

前期工程施工夜景

出水口表层开挖现场

右岸滩地防渗墙施工场景

1994年9月12日，小浪底水利枢纽主体工程开工典礼在工区举行

大坝机械化填筑施工现场

大坝防渗墙施工现场

泄洪系统进水口开挖施工现场

石门沟分层开采石料施工现场

进水口大型机械化施工现场

出水口大型机械化施工现场

导流洞工程施工现场

地下厂房岩锚吊车梁施工现场

机组蜗壳焊接

地下厂房压力钢管安装

机组定子吊装

水轮机转轮在加工厂组装

小浪底工程环境移民国际咨询专家组第四次会议召开

小浪底工程移民
搬迁场景

建成的小浪底工程移
民安置村小学——小浪底
小学

建成的小浪底工程移民安置学校——温县北冶学校

建成的小浪底工程温孟滩移民安置区——石井移民新村

1997 年 10 月 28 日，小浪底工程大河截流现场

1997 年 10 月 29 日，小浪底建管局召开截流庆功表彰大会

1999 年 10 月 25 日，小浪底水利枢纽工程下闸蓄水仪式在工区举行

2000 年 1 月 9 日，小浪底水利枢纽首台机组发电仪式在工区举行

建成后的小浪底电站厂房

建成后的小浪底大坝

2009年4月7日，黄河小浪底水利枢纽工程竣工验收会议在郑州召开

西霞院工程基础开挖施工现场

西霞院工程电站基础处理施工现场

2006 年 11 月 6 日，西霞院反调节水库工程截流现场

西霞院反调节水库施工现场

建成后的西霞院工程

建成后的西霞院工程

建成后的西霞院电站厂房

2011年3月2日，
西霞院反调节水库工程
通过竣工验收

充足的库容为黄河下游防汛抗旱提供可靠保障

小浪底工程建成后大大提高了工农业供水及灌溉保证率，为下游灌区丰收提供保障

小浪底工程建成后对下游城市安宁发挥巨大作用

开展调水调沙生产运用

小浪底水利枢纽建成后对流域及周边区域气候环境改善发挥巨大作用

万人观瀑小浪底

小浪底库区风光

黄河下游水生态、水环境持续改善，大片湿地为水生物提供良好的栖息地

小浪底水利枢纽坝后生态保护区

小浪底建管局枢纽管理区办公楼

施工现场慰问演出

国际承包商生活区

　　1996 年 5 月 10—12 日，中共中央国家机关工委、文化部、水利部联合组团赴小浪底工程慰问演出

小浪底工程
坝后保护区工程
纪念广场

小浪底爱国主义
教育基地展示厅

小浪底工程坝后保护区一角

小浪底工程获得新中国成立 60 周年百项经典暨精品工程

小浪底工程获得中国建设工程鲁班奖

小浪底工程获得中国土木工程詹天佑奖

小浪底工程获得国际堆石坝里程碑工程奖

小浪底工程获得中国水利优质工程大禹奖

水利部爱国主义教育基地

中华人民共和国水利部
一九九七年十月

荣获水利部爱国主义教育基地称号

省级
爱国主义教育基地

中共河南省委宣传部　河南省教育委员会
共青团河南省委　河南省旅游局
中共河南省委党史研究室　河南省文物局
1997·4

荣获河南省爱国主义教育基地称号

国家水利风景区

中华人民共和国水利部

荣获国家水利风景区称号

黄河小浪底水利枢纽工程

国家环境保护百佳工程

国家环境保护总局
二〇〇三年七月

荣获国家环境保护百佳工程称号

全国文明单位

中央精神文明建设指导委员会
2009年1月

荣获全国文明单位称号

《黄河小浪底水利枢纽志》
编纂委员会

主　任　小浪底管理中心(小浪底建管局)主要负责人

副主任　小浪底管理中心(小浪底建管局)领导班子其他成员、直属单位及所属公司主要负责人

成　员　小浪底管理中心(小浪底建管局)机关及直属单位各部门主要负责人、所属公司各部门(单位)主要负责人

编纂委员会办公室

2004年8月至2014年7月设在小浪底建管局(小浪底管理中心)办公室,2014年7月至2021年8月设在黄河水利水电开发总公司综合部

《黄河小浪底水利枢纽志》
编纂人员

主　编　张善臣

副主编　提文献

编　纂　柯明星　李立刚　李海潮　蒋　辉

《黄河小浪底水利枢纽志》
编纂咨询单位人员

黄委会新闻宣传出版中心黄河志总编辑室

编　纂　王梅枝　田玉根　铁　艳　王　慧

《黄河小浪底水利枢纽志》
主要编撰人员

章节名称		负责人	主要编撰人员			
综　述		柯明星	柯明星	李立刚	刘凤翔	张真宇
第一章	黄河流域自然环境	王庆明 李振连	王庆明			
第二章	工程开发背景		王庆明			
第三章	工程设计		王庆明	翟才旺		
第四章	建设管理	樊思林 姚雨晨	樊思林 司　楠 张鸿喜	姚雨晨 金　虹 李小印	张俊杰 陈　敏 于守才	李　杰 胡宝玉 张东升
第五章	工程施工	张建生 肖　强 尤相增	张建生 屈章彬 丁　焱 李立刚	肖　强 王　燕 王全洲 张　婷	尤相增 代永信 唐红海 李海潮	张俊涛 赵　珂 苏　畅
第六章	工程监理	李德水	李德水 荆国胜	李海潮	王和平	赵　宏
第七章	征地移民	常献立 马贵安	常献立 徐启龙	马贵安 赵文芳	李　明 陈　琳	蒋　辉
第八章	环境保护	肖金凤 马贵安	肖金凤 梁　宏	马贵安 解新芳	常献立 张宏安	蒋　辉

章节名称	负责人	主要编撰人员
第九章　工程验收	樊思林	樊思林　李立刚
第十章　西霞院反调节水库	肖　强 赵永涛	肖　强　赵永涛　秦云香　代巧枝 杨　燕　李向涛　李立刚
第十一章　枢纽调度管理	刘树君	刘树君　董泽亮
第十二章　枢纽运行管理	刘定友	刘定友　魏　皓　王全洲　陈　伟 李　鹏　韩石成　刘连军　司　楠 金　虹　许　滔　王　琳　屈章彬 李立刚
第十三章　工程保障	柯明星	柯明星　刘强中　王和平　刘红宝 张俊杰　李　安　梁　宏　杨　静 巴秋莲　李一丁　徐鸿亮　李占省 赵宏伟　马鸣华　蒋　辉　李根成 杨继斌　屈曙光　姜拥军　庄　宇 朱红生　李文颖
第十四章　成就与效益	刘树君 李振连	刘树君　李振连　徐　强　王庆明 李立刚　刘凤翔
第十五章　人　物	刘强中	刘强中　李　杰　李占省　张俊杰 杨晶亮　杨晋霞　梁梦洋　翟才旺
大事记	提文献	提文献　王鹏程　吴广庆

参与编撰人员

（按姓氏笔画排列）

丁学斌　万国胜　马勇毅　马亚民　王振凡　王爱明　王登科

王振永　王鹏程　石俊营　田育寅　吕铭捷　朱卫东　朱旭萍

任　力　刘　岂　刘　培　刘小宁　刘书堂　刘孝祥　刘宗仁

刘强中　江忠儒　孙姝丽　孙建宽　李　友　李　涛　李　锐

李　敏　李占省　李军民　李家山　李晓鹏　李景宗　李新智

杨明阳　杨振立　肖伟强　吴昌春　吴联春　吴昕馨　邱文华

张　稚　张志红　张建峰　张金水　张东亮　张新民　张红建

张柏峰　张厚军　张慧萍　陈洪伟　陈雪峰　范满朝　周益民

郑晓峰　赵建中　秦　常　徐江平　徐瑞鑫　高广淳　高连霞

郭安江　黄维华　常伟峰　梁　君　覃谷昌　游建京　解　和

蔡友信　燕子林　衡培娜

参与内审人员

(按姓氏笔画排列)

于仁春	王玉明	王咸儒	尤相增	文 锋	方全亮	石月春
石俊营	叶方新	田育寅	吕铭捷	庄安尘	刘红宝	刘孝祥
刘凤翔	刘强中	孙国纬	杜清平	李 杰	李 珍	李占省
李纯太	李明安	李松慈	李其友	李家山	李焕章	李淑敏
杨战伟	肖 明	但懋相	邹远勤	宋书克	张 稚	张光钧
张庆来	张柏锋	张新民	张鸿喜	陈中泉	陈洪伟	陆承吉
罗鲁生	金诚铭	屈文涛	赵 宏	赵宏伟	赵英治	赵尚柱
钟光华	吴 熹	胡星龙	段文生	姚志林	袁全义	袁松龄
顾宝龙	徐 强	徐运汉	徐瑞鑫	高爱民	高凯阳	席梅华
曹征齐	崔学文	梁 宏	葛书田	温贤柯	谢才萱	解 和
廖 波	廖多禄	蔡绍洲	燕子林	薛喜文	魏 皓	

照片提供人员

刘凤翔	梁 君	姜拥军	王爱明	李 瑞	马贵安	郭贵明
惠怀德	史敬辰	吕震寰	刘 奔	胡致平	朱兴国	郜 森

评审专家名单

（按姓氏笔画排列）

第一次专家评审会（2020 年 9 月 9—10 日）

卫　磊	三门峡明珠集团党委原副书记
王玉明	原小浪底建管局办公室主任
王庆明	黄河设计公司原副总工程师
王咸儒	原小浪底建管局副局长
文　锋	原小浪底建管局办公室主任
可素娟	黄委会水调局处长
庄安尘	原小浪底建管局副局长、总会计师、移民局局长
刘凤翔	原小浪底建管局宣传处副处长
孙国纬	原小浪底建管局副总工程师
李　娟	河南省地方史志办公室省志处处长
李焕章	原小浪底建管局宣传部部长
张光钧	原小浪底建管局副局长
陈中泉	原小浪底咨询公司副总经理
陈先德	黄委会原副主任
陈守强	河南省地方史志办公室省志处原处长
林秀山	原黄委会设计院副院长、小浪底工程设计总工程师
胡志杨	黄河水利出版社社长
钟光华	原小浪底建管局机电处处长
侯全亮	黄委会办公室原巡视员
袁松龄	原国务院南水北调建设委员会办公室移民环境司司长
席梅华	原小浪底建管局移民局局长

曹征齐　中国水利学会原秘书长
景来红　黄河设计公司总工程师
蔡　彬　黄委会防御局副处长
翟家瑞　黄委会原副总工程师

第二次专家评审会（2021 年 1 月 14—15 日）

王庆明　黄河设计公司原副总工程师
王咸儒　原小浪底建管局副局长
孙国纬　原小浪底建管局副总工程师
李　娟　河南省地方史志办公室省志处处长
张光钧　原小浪底建管局副局长
张英聘　中国地方志指导小组办公室研究员
陈先德　黄委会原副主任
陈守强　河南省地方史志办公室省志处原处长
林秀山　原黄委会设计院副院长、小浪底工程设计总工程师
胡一三　黄委会原副总工程师
侯全亮　黄委会办公室原巡视员
袁仲翔　黄河志总编辑室原主任
黄　凯　水利部原移民局巡视员
曹征齐　中国水利学会原秘书长
景来红　黄河设计公司总工程师
谭徐明　水利部江河水利志指导委员会秘书长

序

  熙熙民生,缘水而生;蒸蒸国祚,因河而旺。黄河是中华民族的母亲河,又是世界闻名的多泥沙河流。九曲黄河塑造了广袤的黄淮海大平原,孕育了灿烂的中华文明,同时多泥沙的黄河善淤善徙,历史上频繁决口、改道,给沿河人民带来深重的灾难。几千年来,中华民族与黄河水患进行了长期不懈的斗争,积累了丰富的经验,留下许多治河典籍和光辉诗篇。但由于受社会制度和科学技术的限制,一直未能兴利除害、彻底改变黄河为害的历史。

  黄河是我国第二大河,流经九省(区),流域面积 79.5 万平方千米,在我国经济社会发展和生态安全保障方面有十分重要的地位,保护黄河是事关中华民族伟大复兴的千秋大计。中华人民共和国成立以来,党和国家对治理开发黄河高度重视,明确完善治河方略,统筹推进流域治理规划和水库、堤防等关键水利工程建设。在中央决策部署下,从 20 世纪 50 年代开始,黄河水利委员会便就小浪底工程进行坝址勘测、比选、研讨论证及工程规划、设计、试验工作。随着改革开放政策的持续深入和我国经济、技术实力的不断增强,小浪底工程终于经第七届全国人民代表大会第四次会议批准于 1991 年 9 月开工建设。

  小浪底工程建设期间正处于我国改革开放和社会主义市场经济体制逐步深化完善时期,主体工程建设大部分利用世界银行贷款并采用国际招标,选择国际承包商施工。面对宏大的建设规模、特殊的地质条件、严峻的技术挑战、复杂的管理关系及陌生的国际合同,小浪底工程全面实行项目业主负责制、招标投标制、建设监理制和合同管理制,上万名工程建设者在探索中前进、实践中学习、碰撞中磨合、斗争中合作,创新性采用由中国水利水电建设队伍担任成建制劳务总分包,形成了"中—外—中"具有中国特色的工程建设管理新模式,推动国内工程全方位与国际工程接轨。

  作为一名老水利水电建设者,我有幸经历了小浪底工程建设最艰难的时期,也见证了小浪底工程由低谷走向成功的那段难忘岁月。面对工程的停滞和外商的巨额索赔,面对建设目标的动摇和沉默压抑的施工环境,小浪底建管局从坚定信心、明确目标、维护国家荣誉和利益入手,理顺生产关系,强化监理权威,严肃合同执行,倡导两个"五湖四海",调动中外建设者的积极性,提倡"在外国人面前我们是中国人,在中国人面前我们是小浪底人",激发中方建设者的民族自尊心和时代使命感,发挥成建制中国建设队伍各级组织的领导优势,通过层层动员和有力、有效的保障措施,在处理导流洞的塌方中、在中闸室的开挖现场、在出口锚桩井的冰凌工地、在车水马龙的大坝上,到处飘扬着"青年突击队"的战旗和"共产党员站出来"的豪言壮语。在小浪底工地体现着新时代传统与现代、一般与特殊的结合,体现着保质量、保截流与时间赛跑的拼搏,体现着一个大国工程建设者的责任与担当。

"不打不相识"这句话在小浪底又一次得到验证。国际承包商是小浪底工程的施工主体,没有他们的配合就不可能有工程的成功。小浪底工程成建制实行劳务分包后,国际承包商对中国队伍由排斥、限制、刁难到认可、信任、合作,经历了不同寻常的碰撞、磨合,中国工人以丰富的经验和超人的智慧帮助国际承包商解决技术难题、攻克施工"瓶颈",以无私奉献、勇于牺牲的精神赢得了国际承包商的尊重和钦佩,形成了合作共赢建设好小浪底工程的共识和争分夺秒保工期的良好环境。

小浪底工程建设的探索实践是全方位的,它不仅在理顺生产关系,建立中国特色国际工程管理体制上取得成功,还建立了系统完善的工期、质量、安全、资金、物资等各项管理制度,引进先进的技术、设备、管理经验,形成了不同层次人员的行为约束和激励机制,充分调动了为小浪底争优创先做贡献的积极性。在业主管理、国际承包商配合、分包队伍的努力下,一年多的时间里赶回了滞后11个月的工期,成功实现按期截流、如期蓄水、提前发电。

在业主领导下,小浪底工程建立起设计、监理、施工相协调,纵到底、横到边的工程质量管理体系。业主充分授权、全力支持,工程监理守土有责、监理到位,小浪底监理公司建立了定岗位、定人员、定职责、定奖惩的管理制度和工程质量一票否决、分阶段分层次验收签证等一系列质量保障制度和机制。从事分包施工的中方人员不但以劳务的身份、主人的责任干好每一份工作,还监督揭发承包商个别人员的偷工减料行为,从而在小浪底工程建设中构成了全方位、全天候的质量检查监督网络,保障了小浪底工程的质量安全。目前小浪底工程已经经历了洪水及20年时间的考验,被国家授予"鲁班奖""共和国百项经典工程",并获得了多项质量奖励。

面对复杂的地质条件和多变的市场环境，对于刚从计划经济转变为社会主义市场经济体制下建立起来的小浪底业主，如何管理好与拥有百年经验的国际承包商签订的施工合同，无疑是比工程施工更大的挑战。在国际咨询专家的帮助下，小浪底建管局建立起全方位多层次的合同管理体系和变更争议索赔处置机构，在工作中学习、在学习中总结、在总结中升华。既严格执行合同、严格核查结算支付，又热情帮助承包商解决资金、技术、协调上的困难；既加强组织赶工保截流，又紧紧遵循以合同为依据、以事实为准绳；在成百上千份合同争议中剥茧抽丝、分清责任，在浩渺烦琐的价格补偿中核实清算、去伪存真，在紧张对峙的谈判桌前斗智斗勇、捍卫原则和权益，积极稳妥处理千变万化的合同纠纷。对于合同索赔额最大的泄洪工程标，历经 1 551 个日日夜夜的变更索赔争议谈判，终于达成了一揽子合同纠纷解决协议，避免了国际仲裁，既为业主赢得了信誉，又为国家节约了投资。

伟大的工程必将造就伟大的集体，伟大的集体才能建造伟大的工程。小浪底工程的万名建设者在业主领导下，急国家所急、想工程所想，以主人翁的精神为国分忧，团结国内外建设者，发扬水利人的传统作风。结合小浪底工程实际，在严格管理与热情帮助中，在风雨同舟与关怀体贴中，在铁与火、生与伤的拼搏抗争中，各级干部身先士卒、无数英雄奋勇争先，每天都发生着感人至深的故事，汇聚成为国争光、为民造福的正能量，推动并影响着小浪底工程的建设者逐日赶月、群星灿烂，既实现了小浪底"建设一流工程、总结一流经验、培养一流人才"的总目标，又孕育塑造了"创新、务实、团结、奉献"和"励精图治、追求卓越"的"小浪底精神"；既被世界银行誉为投资水利工程的典范，又丰富了中华民族水利建设的精神宝库，奉献了一座母亲河畔攻坚克难、除害兴利的历史丰碑。

小浪底工程建成后，继之开工建设了西霞院反调节工程，形成了统一调度、科学管理的运行机制和制度，稳定移民安置，完善坝区建设，加强生态修复保护，加大人员培养力度，提高电厂的自动化稳定安全运行水平。工程经历了各种复杂的运用方式的考验，各类设备运行安全稳定，综合效益优于设计指标，彻底改变了黄河防汛的被动局面，结束了黄河断流的历史，增强了黄河下游供水的可靠性，极大改善了黄河沿岸生态环境和保护了河口生物多样性，小浪底工程生态效益、社会效益和经济效益已经并将更大地得以显现。

小浪底工程的成功来自于党中央的英明决策及国务院水利部的坚强领导，

来自于万余建设者的不畏艰险、改革创新、甘于奉献,来自于河南、山西两省的支持和 20 余万移民"舍小家,为国家"的慷慨付出,它充分体现了中国特色社会主义制度的优势,展现了中国改革开放的重大成果。小浪底工程作为耸立在母亲河上的丰碑,践行并护佑着大河安澜、华夏福泽。

小浪底工程凝聚着无数水利专家、科技工作者、建设者及移民群众的智慧和奉献。在黄河岸边,曾经的建设工地发生过无数战天斗地的壮举、可歌可泣的故事、风雨同舟的友谊,对此应该有完整的记录。《黄河小浪底水利枢纽志》责无旁贷地承担起了这份沉甸甸的历史责任。本书全面系统、客观翔实地记录了小浪底工程论证决策、规划设计、建设施工、运行管理等过程,是一本实际意义上的小浪底工程"历史画卷",具有很好的存史、资政、育人作用。

2019 年 9 月,习近平总书记发出"让黄河成为造福人民的幸福河"的伟大号召,黄河流域生态保护和高质量发展成为重大国家战略,《黄河小浪底水利枢纽志》的出版恰逢其时。衷心祝愿小浪底工程承担起更多造福人民的新使命,在新时代做出新贡献,为黄河流域生态保护和高质量发展赋能添彩。

前　言

修志纪史是中华民族的优良传统,是党和国家一项重要的社会文化工程,对传承文明和促进社会发展进步具有重要的意义。小浪底水利枢纽工程是中国共产党领导的人民治黄伟业的重要成果,是中国改革开放的精品力作。小浪底工程经历了近半个世纪漫长曲折的勘测论证规划、十多年攻坚克难的工程建设、二十多年科学调度运行管理,取得了工程建设与运行管理的巨大成就,在中华人民共和国水利发展史和黄河治理开发史上写下了浓墨重彩的壮丽篇章。编纂《黄河小浪底水利枢纽志》(简称《小浪底志》),全面客观地记录历史、展示成就、总结经验、传承文化,以资治当代、垂鉴后世,十分必要、意义深远。

小浪底工程是黄河治理开发的重要战略性控制工程,控制着黄河流域92.3%的面积、90%的天然径流量以及接近100%的泥沙,对于确保黄河下游防洪安全、维持河流健康生命、促进水资源高效集约利用、改善沿河生态环境具有不可替代的重要作用。1991年4月,七届全国人大四次会议从我国经济社会发展全局出发,把小浪底工程列入国家"八五"计划,同年9月1日前期工程开工建设。小浪底工程建设规模宏大,地质条件复杂,移民任务繁重,水沙条件特殊,运用要求严格,被中外水利专家称为世界上最具挑战性的水利工程之一。广大工程建设者经过十多年的艰苦奋斗、顽强拼搏、科学管理、攻坚克难,取得了工期提前、质量优良、投资节约的优异成绩,建成了跨世纪的精品工程。小浪底工程坚持把引进先进技术和管理方式与工程建设实际相结合,创新了许多国际国内领先的工程技术成果,创造了与国际接轨并具有中国特色的建设管理模式,为我国大型水利水电工程积累了现代化建设管理与国际合作经验。坚持开发性移民方针,创新管理体制,圆满完成20万移民搬迁安置任务,成为我国大型水利水电工程集中高强度移民安置工作的典范。国内水利工程技术和管理人员在这个具有国际先进管理理念和技术水平的大熔炉中,学人所长、大胆实践、潜心钻研、磨砺成长,涌现出一大批水利工程设计、施工、监理、管理、运行等方面的专家和骨干力量,为我国水利水电事业改革发展和走向世界做出了重要贡献。小浪底工程不仅建成了一流工程、积累了一流经验、培养了一流人才,还在艰苦奋斗、报效祖国、改革创新等优良传统的熏陶下,锤炼形成了"爱国忠诚、敬业奉献、精益卓越、团结友善、自律自强"的新时期小浪底精神,积累了宝贵的精神财富。

小浪底工程投入运行管理二十多年来,始终坚持安全第一、生态优先、服务民生理念,坚持水资源统一调度、公益性效益优先、以水定电原则,与其配套工程西霞院反调节水库统一调度、科学运行,发挥了十分显著的社会效益、生态效益和经济效益。在防汛抗洪方面作用突出,黄河下游防洪标准从 60 年一遇提高到近 1 000 年一遇,有力保障了黄河下游连年安全度汛;黄河下游凌汛威胁基本解除。在河道减淤方面效果明显,经过 20 年调水调沙运用,下游河道主河槽平均降低 2.6 米,二级悬河形势得到缓解,黄河下游主河槽过流能力从 1 800 立方米每秒增大到 5 000 立方米每秒。在供水灌溉方面保障有力,平均每年增加调节供水量约 78 亿立方米,提高了下游约 5 400 万亩耕地的灌溉保证率以及天津、青岛和雄安新区等地区的用水保障率,缓解了下游沿黄地区生产和生活用水紧张局面。在生态改善方面效益显著,小浪底工程建成运用以后,黄河水资源得到有效调控,黄河下游没有再发生断流,小浪底水库和下游水生态、水环境持续改善,大片湿地为各种水生物提供了良好的栖息地。在绿色能源供应方面贡献突出,小浪底电厂累计上网电量超过 1 250 亿千瓦时,有效提高了河南电网安全可靠性,为促进地方经济社会发展提供了源源不断的优质绿色能源。实践证明,小浪底工程的综合效益优于设计水平,成为保护治理开发黄河的民生工程、生态工程和重要里程碑工程。

小浪底工程作为国家"八五"期间重点项目,建设运行管理工作得到了党中央、国务院的殷切关怀,党和国家领导人多次亲临小浪底视察指导;得到了水利部的正确领导以及国家有关部委和河南、山西两省各级党委、政府的大力支持;凝聚了几代水利专家和治黄人的心血智慧、数万名中外建设者的顽强拼搏和 20 万移民群众的无私奉献。

为贯彻落实习近平总书记"要高度重视修史修志"和"保护传承弘扬黄河文化"的指示精神,全面记录小浪底工程论证决策、规划设计、建设管理、调度运行的艰辛历程,充分展示小浪底工程建设和运行管理取得的巨大成就,深入总结工程设计、施工、监理、移民、环保、技术、管理等方面的宝贵经验,传承弘扬蕴含其中的黄河文化、中原文化、水利文化、小浪底文化,小浪底水利枢纽管理中心精心组织编纂了《小浪底志》。志书编纂工作坚持正确的政治思想导向,遵循辩证唯物主义和历史唯物主义立场、观点、方法,贯彻落实党和国家的路线方针政策;坚持特色鲜明,作为一部水利专业志,突出其时代特色、专业特色、工程特色、文化特色;坚持高标准高质量,努力编纂出一部与小浪底工程地位、品牌相匹配的精品佳志;坚持存真求实,全面客观翔实记述小浪底工程开发背景、规划设计、建设管理、移民环保、调度运行、成就效益、主要人物、重要事件等,打造真实反映小浪底工程的存史之册、资治之篇、育人之书。

《小浪底志》由亲身经历小浪底工程建设和运行管理的技术及管理人员撰稿和编纂,编纂工作历经数年,经过了"几上几下"的多轮打磨,凝聚了很多人的心血和辛劳。我们希望该书能够成为保护传承弘扬黄河文化、讲好"黄河故事"的重要载体,成为推进安全、智慧、绿色、文化小浪底建设的精神动力,成为社会各界人士认识、了解小浪底工程的珍贵史册,成为广大水利工作者和水利院校师生学习研究的重要文献。

《小浪底志》出版正值中国共产党百年华诞,黄河流域生态保护和高质量发展上升为重大国家战略,推动水利高质量发展成为新阶段水利工作主题。小浪底工程自开工建设已走过 30 个春秋,作为中国治黄史上的巍峨丰碑、国之重器,站在新的历史起点,小浪底水利枢纽将一如既往担负起神圣使命,为推动新阶段水利高质量发展、建设造福人民的幸福河、实现中华民族伟大复兴的中国梦做出更大贡献!

《黄河小浪底水利枢纽志》编纂委员会

2021 年 9 月

凡　例

一、本志以马克思列宁主义、毛泽东思想、邓小平理论、"三个代表"重要思想、科学发展观和习近平新时代中国特色社会主义思想为指导，坚持辩证唯物主义和历史唯物主义的立场、观点和方法，按照中国地方志指导小组《地方志书质量规定》要求，突出时代特色和专业特色，力求达到思想性、科学性、资料性相统一。

二、本志断限：上限溯至与小浪底工程有关的最早事件，下限断至2011年12月31日。为保持事件资料的完整性，工程竣工决算批复、年度防凌调度运用等个别事件的记述略微突破下限。

三、本志体例以类系事，横排纵述。志为主体，辅以述、记、传、图、表、录、照等体裁。记述采用章节体，各章节下设无题序言，简要反映事物发展脉络。志前设综述总揽全志，志后设大事记、附录、索引、编纂始末。志中人物章设人物传记、人物简介、人物名表，坚持生不立传原则；大事记采用编年体结合纪事本末体体例形式。

四、本志记述以时为序，图文并茂，全面反映小浪底工程论证勘测、规划设计、建设管理、工程施工、工程监理、工程验收、征地移民、环境保护、调度运用、运行管理、工程保障、成就与效益等，服务当代，垂鉴后世。

五、西霞院工程是小浪底水利枢纽的配套工程，主要作用以反调节为主，其运行管理与小浪底工程实行一厂两站、统一调度管理，故本志运行管理内容包括小浪底工程和西霞院工程。西霞院工程的建设管理内容不足以单独成志，故在本志中单独设章予以记述。

六、水利部小浪底水利枢纽建设管理局（简称小浪底建管局）与黄河水利水电开发总公司合署办公，属于一套人马、两块牌子，既是小浪底工程和西霞院工程的建设管理单位，也是运行管理单位。小浪底工程建设期间，对国内业务一般使用小浪底建管局的名义，涉及世界银行、国际承包商等对外业务一般使用黄河水利水电开发总公司的名义；枢纽运行期间，小浪底建管局和黄河水利水电开发总公司业务等同。

七、小浪底工程按照国际咨询工程师联合会编制的《土木工程施工合同条件》(简称 FIDIC 合同条件)进行合同管理,小浪底建管局(黄河水利水电开发总公司)为业主,小浪底工程咨询有限公司为 FIDIC 合同条件定义的工程师单位,即工程监理单位。工程监理单位一般称为监理工程师,工程施工单位一般称为承包商。

八、本志中机构名称首次出现时使用全称,并加括号注明简称,再出现时使用简称。外国的国名、机构名、人名等译名采用通用译名,首次出现时用括号加注外文名。

九、本志资料来源主要为工程档案。记事使用规范的现代语体文,行文力求客观公允、严谨朴实、简洁流畅、述而不论,寓褒贬于事物的记述之中。

十、本志使用的简化字以国务院公布的简化字总表为准;标点符号的使用按照中华人民共和国国家标准《标点符号用法》(GB/T 15834—2011)的规定执行;计量单位以《中华人民共和国法定计量单位》的规定为准,引用历史资料时照实转录原计量单位。本志表中的统计数据尊重原始资料,小数点位数不做硬性统一。

目 录

综　述

　　黄河小浪底水利枢纽工程(简称小浪底工程)位于黄河中游最后一段峡谷出口处,坝址上距三门峡水利枢纽130千米,下距郑州花园口128千米,距黄河入海口812千米,控制黄河92.3%的流域面积、90%的水量和近100%的沙量,在黄河治理开发中具有重要的战略地位,对于黄河下游防洪减淤和水资源开发利用具有重要作用。小浪底工程以其规模宏大、地质条件复杂、水沙关系特殊、运用要求严格著称,被中外水利专家视为世界坝工史上最具挑战性的水利工程之一。工程建成后,在黄河防洪、防凌、减淤、供水、灌溉、发电、生态等方面发挥了巨大效益。

一

　　黄河是中华民族的母亲河,孕育了灿烂的华夏文明;黄河,又因其挟带大量泥沙、复杂难治,历史上曾长时期水患频繁,"三年两决口、百年一改道",给下游两岸地区人民带来深重灾难。中华民族为治理黄河进行了长期不懈的艰苦斗争,铸就了众志成城、百折不挠的民族精神。

　　中华人民共和国成立后,党和国家对于黄河治理高度重视。1952年10月,毛泽东亲临黄河视察,发出"要把黄河的事情办好"的伟大号召。1954年10月,《黄河综合利用规划技术经济报告》编制完成。1955年7月,第一届全国人民代表大会第二次会议审议通过《关于根治黄河水害和开发黄河水利的综合规划的决议》,这是中国大江大河治理的第一个综合规划。其中,将三门峡水利枢纽作为黄河综合利用规划实施的第一期重点工程。

　　三门峡水利枢纽蓄水运用之后,因其规划设计对上游来沙估计不足,造成库区淤积严重、渭河口拦门沙壅塞、潼关高程陡升,威胁到关中平原的安全。后经两次改建和调整运用方式,水库淤积形态得到一定改善,但黄河下游河床抬高和洪水威胁等问题依然严重。

　　1975年8月,毗邻黄河的淮河流域发生特大罕见暴雨洪水灾害,给人民生命财产和国民经济带来重大损失,也给黄河下游防洪安全敲响警钟。1975年

12月,河南、山东两省和水利电力部向国务院呈报《关于防御黄河下游特大洪水意见的报告》,提出在三门峡以下黄河干流修建小浪底工程或桃花峪工程。1976年5月,国务院以《关于防御黄河下游特大洪水意见报告的批复》(国发〔1976〕41号)批复原则同意。1980年11月,水利电力部组织对规划的小浪底工程和桃花峪工程进行了充分的论证、比较和审查,确认在解决黄河下游防洪重大问题方面,小浪底水库优于桃花峪水库方案,不再进行比较论证工作,责成黄河水利委员会(简称黄委会)抓紧小浪底水库设计工作。

与此同时,由于黄河水资源供需矛盾日益突出,水资源调节手段配置不足,特别是20世纪70年代至90年代,黄河下游累计22年发生断流,河流生命羸弱衰竭,对区域生态平衡、经济社会发展以及民族文化心理造成严重影响。

二

小浪底工程是《黄河综合利用规划技术经济报告》规划的黄河干流46座梯级中的第40级,规划壅高水位27米,总库容2.4亿立方米,装机30万千瓦,开发任务以发电为主。

1969年6月,在三门峡召开的晋、陕、豫、鲁四省治黄会议上,讨论了兴建小浪底工程问题。1970年7月,黄委会编制《黄河三秦间(三门峡至秦厂之间)干流规划报告》,报告规划三门峡至小浪底河段按照一级开发,工程正常高水位265米,总库容91.5亿立方米,枢纽任务为防洪、防凌、发电、灌溉,首次把小浪底工程主要开发目标由发电、灌溉改为防洪和防凌。

1983年3月,国家计划委员会(简称国家计委)和国务院农村发展研究中心在北京召开小浪底工程论证会,对兴建小浪底工程的必要性和重要性取得共识,认为小浪底工程处在控制黄河下游水沙的关键部位,在治黄整体规划中具有重要的战略地位。

1984年2月,黄委会勘测规划设计院(简称黄委会设计院)完成《黄河小浪底水利枢纽可行性研究报告》,研究对比了265米、270米和275米3个不同最高蓄水位方案,并推荐最高蓄水位275米方案。1984年8月,水利电力部组织对小浪底工程可行性研究报告进行审查,同意小浪底工程开发任务以防洪(包括防凌)、减淤为主,兼顾供水、灌溉和发电,工程最终规模应力争达到可行性研究报告中推荐的最高蓄水位275米方案。

鉴于小浪底工程水文、泥沙、地质条件等的复杂性,经国家计委批准,1984年9月至1985年10月,黄委会与美国柏克德土木矿业公司联合进行了为期约一年的小浪底工程轮廓设计,拟定了以洞群进口集中布置的枢纽建筑物总布置格局,左岸单薄山体作为大坝延伸,采用钢筋混凝土包山方案;提出将导流洞改建为孔板消能泄洪洞;按国际施工水平,工程总工期为8.5年。

1986年3月,国家计委委托中国国际工程咨询公司对小浪底工程设计任务书进行评估。评估意见认为:兴建小浪底工程是整个治黄规划中一项关键性工程,小浪底工程防洪作用显著,在国家财力可能情况下,以早建为好。1987年2月,国家计委以《印发〈关于审批黄河小浪底水利枢纽工程设计任务书〉的通知》(计农〔1987〕177号),批准小浪底工程设计任务书。

1987年2月,黄委会设计院全面开展小浪底工程初步设计。至1988年7月,小浪底工程初步设计报告完成。1988年10月,水利电力部将预审后的小浪底工程初步设计报告报送国家计委。在初步设计基础上,黄委会设计院开展了小浪底工程优化设计,主要包括枢纽泄洪方案、扩机增容方案、地下厂房布置等内容。1992年上半年,中国国际工程咨询公司对小浪底工程初步设计几个重点问题进行了评估,建议批准小浪底工程初步设计优化方案,以利工程早日开工建设。1993年3月,国家计委以《关于黄河小浪底水利枢纽工程初步设计的复函》(计农经〔1993〕459号)批准小浪底工程初步设计优化方案。

三

1991年4月9日,第七届全国人民代表大会第四次会议批准《国民经济和社会发展十年规划和第八个五年计划纲要》,将小浪底工程列入国家第八个五年计划纲要,并决定在"八五"期间开工建设。

小浪底工程建设,部分利用世界银行贷款,严格按照世界银行贷款条件进行国际招标,开展各项前期准备工作。1988年7月,世界银行派出专家组开始考察小浪底工程。经世界银行专家组11次评估和对工程费用概预算、财务分析、招标文件、运行管理、移民规划等29个专题进行审查,1993年5月,小浪底工程通过世界银行贷款正式评估。世界银行批准小浪底工程第一期贷款5.7亿美元,第二期贷款4.3亿美元,主体土建工程(主坝、泄洪排沙系统、引水发电系统)和部分机电设备(水轮机及附属设备、计算机监控系统等)利用外资并进行国际招标。

1991年9月1日，小浪底前期准备工程开工。工程建设者以"艰苦奋斗，创造一流进场条件，为国争光"为目标，经过艰苦奋战，完成水、电、路、房、通信等前期准备工程，实现"三年任务，两年完成"。1994年4月21日，小浪底前期准备工程通过水利部组织的检查验收，满足了主体工程开工及承包商进场条件。

1994年9月12日，小浪底主体工程建设正式拉开序幕，中共中央政治局常委、国务院总理李鹏出席开工典礼并宣布开工。22支水电施工队伍、上万名工程建设者汇集小浪底，意大利、德国、法国等51个国家和地区700多名外籍专家和工程技术人员共同参与小浪底工程建设。

小浪底主体工程开工后，主坝工程和引水发电设施建设进展顺利，而泄洪排沙系统导流洞施工却先后出现19次塌方，导致工期严重滞后，1997年10月截流目标受到重大影响。面对意想不到的艰难险阻，水利部果断决策，成建制引进中国水利水电第一、第三、第四、第十四工程局组成OTFF联营体，以劳务分包形式承担起3条导流洞施工任务。中国工程建设管理者以维护国家根本利益为宗旨，充分发挥各级党组织的政治优势，推动施工项目高质高效完成。

通过两年零三个月艰苦卓绝的日夜奋战，最终抢回了因塌方等相关问题延误的工期，1997年10月28日，小浪底工程如期实现大河截流，并于1999年10月25日下闸蓄水，投入初期运用；2000年1月9日，首台机组并网发电投入商业运行；2001年12月31日，最后一台机组并网发电，主体工程完工。小浪底工程建设取得工期提前、质量优良、投资节约的成效。

2002年12月5日，小浪底工程通过水利部主持的竣工初步验收；2009年4月7日，小浪底工程圆满通过国家发展和改革委员会（简称国家发展改革委）会同水利部主持的竣工验收。

四

小浪底工程建设概算总投资352.34亿元人民币，其中利用外资11.09亿美元（包括世界银行贷款10亿美元），通过国际招标选择承包商，实行业主负责制、招标投标制、建设监理制和合同管理制，实现了大型水利水电工程建设管理首次全方位与国际惯例接轨。

1991年10月，水利部批准成立水利部小浪底水利枢纽建设管理局（简称小浪底建管局)。小浪底建管局全面负责小浪底工程建设管理工作。1992年2月,水利部将黄河水利水电开发总公司隶属关系由黄委会变更为水利部,并将之与小浪底建管局合署办公。小浪底建管局(黄河水利水电开发总公司)作为小浪底工程业主,按照世界银行采购导则和国家基本建设管理程序落实世界银行贷款和国内配套资金,编制和报批年度投资计划,组织招标评标择优选择承包商,以合同管理为中心协调设计、施工、监理等各方关系,及时协调解决工程建设中出现的各种问题和困难,保证了资金安全、进度如期、质量一流等目标的实现。

小浪底工程全面实行招标投标制,分为国际招标和国内招标。国际招标包括主体土建工程施工和部分机电设备采购,其中,以意大利英波吉罗公司(Impregilo S. P. A)为责任方的黄河承包商(中国水利水电第十四工程局为联营体成员)中标承建主坝工程(国际Ⅰ标),以德国旭普林公司(Züblin)为责任方的中德意联营体(中国水利水电第七和第十一工程局为联营体成员)中标承建进水口、洞群及溢洪道工程(国际Ⅱ标),以法国杜美兹公司(Dumez)为责任方的小浪底联营体(中国水利水电第六工程局为联营体成员)中标承建发电设施工程(国际Ⅲ标),美国福依特水电设备股份有限公司(Voith)中标承担水轮机及其附属设备制造。国内招标包括国内土建工程施工、机电及金属结构设备采购、机电安装。国内土建工程施工主要采用公开招标、邀请招标、邀请议标等方式选定承包商,机电及金属结构设备在市场调研基础上采用邀请招标和邀请询价方式进行采购,机电安装工程通过邀请招标确定中国水利水电第十四、第四、第三工程局组成的FFT联营体承建。

小浪底前期准备工程实行业主内部监理制。1992年9月,水利部批准成立小浪底水利枢纽工程建设咨询公司(后更名为小浪底工程咨询有限公司,简称小浪底咨询公司),作为独立第三方,负责小浪底工程监理工作。小浪底建管局按"小业主、大监理"原则配置机构和人员,充分授权小浪底咨询公司履行合同所赋予的职责和权力。在主体工程建设中,小浪底咨询公司作为国际咨询工程师联合会编制的《土木工程施工合同条件》(简称FIDIC合同条件)定义的工程师单位,按照工程施工分标情况,成立大坝工程师代表部、泄洪工程师代表部、厂房工程师代表部和机电工程师代表部,负责工程现场日常管理和全过程监控,审核承包商支付申请、发布变更指令、评估索赔事项、确定暂定单价、做出

"工程师决定",处理授权范围内一般技术问题,发挥"工程师"在工程建设过程中的控制、管理和协调作用。

合同管理贯穿于小浪底工程建设各个环节。小浪底建管局成立了合同管理领导小组,分级负责合同管理工作,按照 FIDIC 合同条件委托小浪底咨询公司负责合同日常管理,规范业主与设计、监理、施工单位的合同关系和职责,确立合同管理的核心地位。针对合同索赔和争议,小浪底建管局创新争议解决思路和机制,于 1997 年 4 月成立变更索赔领导小组和工作组,负责处理工程重大变更、索赔和争议;1998 年 4 月,为及时、公正解决合同争议,引进争议评审团(DRB),争议评审团先后举行 9 次听证会,对合同争议提出正式建议或推荐性意见;2000 年 6 月,小浪底建管局开始国际仲裁准备,并以此促进合同争议协调谈判。最终,经过各方面的艰苦努力,小浪底工程合同索赔和争议通过技术协调和商务谈判得到圆满解决。

小浪底工程设计和施工难度较大,为有效解决遇到的各种技术难题,小浪底工程汇聚国内外水利水电技术专家和咨询机构广泛开展技术咨询,主要包括小浪底工程建设技术委员会、加拿大国际工程管理咨询公司(CIPM)、大坝安全特别咨询专家组 3 个技术咨询机构。技术咨询机构对工程建设进行检查,对重大技术等问题的解决及决策提供强有力的技术支持、咨询和帮助,为工程建设顺利开展发挥了重要作用。

五

小浪底工程移民涉及河南、山西两省 8 县(市)33 个乡(镇),移民总数 20.14 万人。小浪底工程移民搬迁安置实行"水利部领导、业主管理、两省包干负责、县为基础"的具有中国特色的移民管理体制,坚持开发性移民方针,以大农业安置为主,充分发挥业主管理职能,落实好地方政府包干目标责任,强化资金管理,重视移民全过程参与和第三方的独立监测评估,高质量完成全部移民搬迁安置工作,实施进度满足枢纽工程建设和效益发挥的要求,并取得多方满意的安置效果。

小浪底工程移民项目使用世界银行软贷款 1.1 亿美元,在坚持按照国家基本建设程序组织开展的同时,全过程接受世界银行项目论证和监督检查,并遵循国际惯例引入移民监理机制和监测评估机制。黄委会移民局承担小浪底工程移民监理工作,通过检查、访问、座谈等形式,掌握实施情况,对发现的问题以书面形式通知县级移民实施机构,督促整改落实。河南华水咨询服务公司承担小浪底工程移民监测评估工作。监测评估认为,小浪底移民安置区生态环境得到妥善保护,库区和移民安置区社会稳定,移民搬迁后生活水平普遍比搬迁前有所提高,并且具备一定发展潜力,移民逐步实现与当地群众同步发展和社会融合,移民满意度较高,实现了搬得出、稳得住、能致富的目标。小浪底工程移民项目,开创了按基本建设程序组织实施移民项目的先例,为中国大型水利水电工程集中高强度移民安置树立了榜样。世界银行副行长卡奇对此高度评价,认为小浪底移民项目是世界银行同中国合作的典范,也为其他国家利用世界银行贷款建设大型水利水电工程并妥善处理移民问题,创造了一个良好范例。

小浪底工程高度重视环境保护工作,将其贯穿于工程建设始终。1993年3月,小浪底建管局成立资源环境处,负责环境保护相关工作,并逐步完善环境监理、监测、执行等环境保护管理体系,结合实际统筹开展污染防治、卫生防疫、环境监测等,同时,将水文水情监测、地震监测、公共健康保障、水土保持和生态恢复建设纳入环境保护范围,积极推广和应用先进设施和技术进行水、声、气、噪等污染预防控制。重视文物保护,列出专项经费,委托社会专业机构和人员,及时组织开展文物勘探、发掘和保护。小浪底工程全面落实环境影响评价和世界银行评估报告中要求的各项环境保护措施,首次在国内组织开展的环境保护监理以及系统组织实施的各项环境保护制度、机制和措施均取得良好的工作成效,被世界银行作为成功样板推广至国内外其他建设项目。

六

西霞院工程作为小浪底水利枢纽配套工程,位于小浪底工程下游16千米的黄河干流上,开发任务以反调节为主,结合发电,兼顾灌溉、供水等综合利用。西霞院工程主要建筑物包括复合土工膜斜墙砂砾石坝、河床式电站厂房、排沙洞、排沙底孔、泄洪闸、王庄引水闸、坝后灌溉引水闸等。水库总库容1.62亿立方米,安装4台单机容量3.5万千瓦水轮发电机组,多年平均发电量5.83亿千瓦时。

西霞院前期准备工程于2003年1月开工,2003年12月完工;2004年1月主体工程开工,2006年11月截流,2007年5月下闸蓄水,2007年6月首台机组并网发电,2008年1月主体工程完工,2011年3月西霞院工程通过竣工验收。工程投入运行后,提高了小浪底电站调峰能力,消除了小浪底电站调峰时下泄的不稳定水流对河道的影响,对黄河下游河段生态环境保护和两岸工农业生产发挥重要作用。

七

小浪底工程和西霞院工程实行"建管合一"管理模式,小浪底建管局既负责工程建设管理又负责枢纽运行管理,承担枢纽建成后生产经营、偿还贷款、资产增值保值等职责。1996年8月开始筹备枢纽运行管理工作,1999年1月成立水力发电厂,完成接机发电和枢纽建筑物接收,开展枢纽生产运营。

为满足枢纽运行管理需要,小浪底建管局不断优化调整组织机构和管理机制。在小浪底工程和西霞院工程竣工验收后,小浪底建管局改制为水利部小浪底水利枢纽管理中心(简称小浪底管理中心),确立了"小事业、大企业"管理模式。小浪底工程和西霞院工程运行实行"一厂两站"管理模式,实行运行维护一体化、机电一体化、高度自动化,人员高效精干、一专多能、一岗多责,不设大修队伍,后勤、安保等服务保障业务利用社会化专业资源。

小浪底建管局及时制定和完善枢纽运行管理制度和检修维护规程,加强巡视检查和安全监测,做好日常保养和检修维护,强化安全分析和大坝安全会商,开展"达标、创一流"和职业健康安全体系认证,成为全国水利行业首家一流水力发电厂。强化资产管理,实行量入为出预算管理,积极争取增值税优惠政策增加经营收入。截至2011年12月,累计实现发电收入142.94亿元,增值税返还补贴收入7.73亿元,上缴各项税费28.61亿元。

八

小浪底工程承担黄河下游防洪、防凌、减淤,兼顾供水、灌溉、发电任务,水库调度与发电调度交织。小浪底工程水库调度单位为黄河防汛抗旱总指挥部和黄委会,发电调度单位为河南省电力公司。工程初期运行以后,小浪底建管局坚持公益性效益优先,坚持黄河水资源统一调度,按照"以水定电""电调服从水调"原则,优化水库运行方式,将工程的安全稳定运行放在首位,在确保黄河下游防洪安全、保障生产生活用水、改善生态环境等方面取得巨大效益。

防洪作用关键。小浪底工程防洪作用十分关键,其与三门峡、陆浑、故县等水库联合运用,使黄河下游防洪标准由 60 年一遇提高到近 1 000 年一遇,并基本解除下游凌汛威胁。初期运行在控制中常洪水避免漫滩方面发挥了重要作用,为下游滩区近 190 万人口和 25 万公顷耕地提供了防洪保障,特别是 2003 年华西秋雨期间,小浪底水库拦蓄洪水 63 亿立方米,将花园口断面洪峰流量从可能出现的 6 000 立方米每秒削减至 2 800 立方米每秒,有效避免了洪灾损失。

减淤效果明显。截至 2011 年底,小浪底水库累计拦沙 25.22 亿立方米,实施 13 次调水调沙运用,冲刷下游河道泥沙约 3.9 亿吨,入海泥沙约 7.62 亿吨。通过水库拦沙和调水调沙运用,黄河下游河道由淤积抬高演变为冲刷下切,主河槽最小过流能力由不足 1 800 立方米每秒提高到 4 000 立方米每秒,"二级悬河"形势得到缓解,实现黄河中常洪水不漫滩,黄河下游防洪减淤形势发生历史性转变。

供水保障有力。小浪底工程投运以后,黄河水资源调控能力大大增强,有效提高下游引黄灌区的灌溉保证率,缓解下游生产和生活用水紧张局面,为跨流域调水提供了稳定水源。截至 2011 年底,小浪底工程先后实施 7 次引黄济津(天津)、13 次引黄济青(青岛)和 5 次引黄济淀(白洋淀)。其中,2000 年和 2001 年,小浪底工程 3 次降低到最低发电水位以下实施供水,阶段性停止发电;2008 年底至 2009 年初,黄河中下游地区发生特大干旱,为保障下游抗旱保苗,小浪底水库 13 次增大下泄流量;2011 年春季,黄河流域中下游部分区域出现干旱预警,小浪底水库 3 次加大下泄流量支援抗旱,显著缓解沿黄地区旱情的发展。

生态效益突出。通过实施黄河水量统一调度、利用小浪底水库均衡优化配置水资源,明显增加非汛期下游河道水量,扭转了黄河下游连续断流的不利局面,增强下游河流生态系统功能,遏制了黄河生命健康指标衰竭的趋势,提高了下游河道水环境质量,显著改善小浪底库区周边区域和下游地区的生态环境,促进黄河中下游及河口地区生态恢复,为支撑区域经济社会发展、维持黄河健康生命以及生态文明建设做出突出贡献。小浪底水利枢纽管理区先后被命名为"国家 AAAA 级旅游景区""国家水利风景区""河南省十大旅游热点景区"。

水电优势显著。小浪底工程安装 6 台 30 万千瓦水轮发电机组,西霞院工程安装 4 台 3.5 万千瓦水轮发电机组,截至 2011 年底,累计上网电量 551.34 亿千瓦时,有效缓解河南电网供电紧张局面,也为节能减排和碧水蓝天保卫战提供了有力支撑。作为河南电网主要调峰、调频和事故备用电站,电站投入运行后,提高了电网安全稳定性和供电质量,使河南电网告别依靠火电机组投油助燃调峰的历史,实现了机组发电出力远方自动控制,可以更及时、有效地应对电网负荷波动。

九

小浪底工程建设引进世界银行贷款并实行国际招标,坚持把引进先进技术和管理方式与发扬爱国主义优良传统相结合,创建了与国际接轨并具有中国特色的大型水利水电工程建设管理模式。小浪底工程建设管理以合同管理为中心,确立业主的主导作用,把握工程建设大方向,明确设计、监理、施工等各方的权利和义务,规范各方行为;面对"中—外—中"建设格局,施行"责任上分、目标上合,岗位上分、思想上合,对外部分、对内部合"的思想行为机制;围绕国际工程建设,充分发挥党组织的政治优势与核心作用,不断加强党的建设、思想政治工作、精神文明建设和文化建设,大力弘扬艰苦奋斗、为国争光的光荣传统和爱国主义精神,努力培养"是劳务,更是主人"的主人翁意识,积极推行"两个五湖四海、一个共同目标"工作理念,以"在外国人面前我们是中国人,在中国人面前我们是小浪底人"为感召,培养了大量水利水电建设管理技术骨干,锻炼出一批高素质的水利水电工程监理、施工与管理队伍,实现了"建设一流工程、培养一流人才、总结一流经验"的建设目标。

围绕小浪底工程规划、设计、施工等关键技术难题,工程建设者与国内外水利工程专家、科研咨询单位、高等院校等密切合作,深入研究探索,积极引进先进设备和技术,成功解决各项技术难题,取得诸多创新和突破。创新性提出合理拦排、综合兴利的规划理念,合理确定水库运用方式,形成多泥沙河流枢纽建筑物设计理论;采用深式进口隧洞泄洪为主、进口集中、分层协调布置方案,满足水沙调控要求,有效预防泥沙淤堵进水口并保持长期有效库容;创新性采用天然淤积铺盖作为大坝水平辅助防渗体系,提高防渗可靠性;创新性采用多级孔板消能新技术,将3条大直径导流洞成功改造为永久泄洪洞,解决建筑物布置难题;研究设计了大直径抗磨水轮机,采用综合措施保证高含沙水流条件下汛期发电;坝体填筑采用高效大型配套设备、联合机械化作业、严格有序的料场开采、多种料平起填筑技术,创造了坝体填筑高强度历史纪录;采用无黏结后张预应力混凝土衬砌技术,成功避免排沙洞高压水外渗影响单薄山体稳定;在砂页岩等不良地质条件下建造了当时国内外最大跨度的地下厂房,在洞群开挖施工技术、混凝土浇筑和金属结构等方面均取得多项创新和突破。其中土石坝设计与施工、高边坡加固、泥沙测验等技术成果已经纳入国家行业规程规范,为水利水电工程建设与管理积累了宝贵经验,具有广泛的推广应用价值。

小浪底工程的投入运行,使黄河调水调沙由构想变成现实。围绕工程运行管理和黄河水沙调控,系统开展了运行方式、调度规程、异重流排沙、高效输沙等专题研究,在多沙河流建设的高坝大库的调度、运用、管理等方面开展了极为有益的成功实践和探索,为黄河及以其为代表的多沙河流的治理保护、合理调度利用水资源、科学开展水沙调控以及优化水库淤积形态、最大限度延长有效库容及其使用年限、确保枢纽长期安全稳定运行等提供了科学依据,丰富了多沙河流治理保护及工程泥沙处理理论与实践。

小浪底工程先后获得国家环境保护百佳工程、新中国成立 60 周年百项经典暨精品工程、国际堆石坝里程碑工程、中国水利工程优质(大禹)奖、中国土木工程詹天佑奖、百年百项杰出土木工程、中国建设工程鲁班奖(国家优质工程)、全国优秀工程勘察设计金奖、国家科技进步二等奖等。小浪底建管局先后获得全国水利先进单位、河南省文明单位、全国水利系统文明单位、全国文明单位、黄河水量统一调度先进集体、全国五一劳动奖状等荣誉。

小浪底工程的成功修建,是党中央、国务院治理黄河水患、开发黄河水利的重大战略决策,是改革开放的重要成果,充分体现了中国共产党领导下的中国特色社会主义制度的优越性。小浪底工程开创了在世界上多泥沙河流建设高坝大库以及调度运营管理的成功范例,提升了中国水利水电工程建设水平和中国在世界坝工界的地位,是中国水利水电工程建设与发展史上的重要里程碑。

第一章　黄河流域自然环境

　　黄河(见图1-1-1)是中国的第二大河,发源于青藏高原巴颜喀拉山北麓海拔4 500米的约古宗列盆地,流经青海、四川、甘肃、宁夏、内蒙古、陕西、山西、河南、山东等九省(区),在山东省垦利县(今东营市垦利区)注入渤海。干流河道全长5 464千米,流域面积79.5万平方千米(包括内流区4.2万平方千米)。根据水沙特性、地质条件,黄河干流分为上、中、下游共11个河段。黄河防洪问题突出,特别是下游河段河道淤积,形成了举世闻名的"地上悬河",中小洪水频繁漫滩,严重影响滩区群众生命财产安全,主要问题是水少沙多,水沙关系不协调。

图1-1-1　九曲黄河

　　小浪底水利枢纽位于黄河中游干流最后一个峡谷的末端,是三门峡以下唯一能够取得较大库容的控制性工程,处在控制黄河下游水沙的关键部位,具有优越的自然地理条件和重要的战略地位。

第一节　地形地貌

黄河流域位于东经 95°53′～119°05′、北纬 32°10′～41°50′,西起巴颜喀拉山,东临渤海,北抵阴山,南达秦岭,横跨青藏高原、内蒙古高原、黄土高原和华北平原等 4 个地貌单元,地势西高东低,由西向东逐级下降,地形上大致可分为 3 级阶梯。

第一级阶梯是流域西部的青藏高原,海拔 3 000 米以上,其南部的巴颜喀拉山脉构成与长江的分水岭。祁连山横亘北缘,形成青藏高原与内蒙古高原的分界。东部边缘北起祁连山东端,向南经临夏、临潭沿洮河,经岷县直达岷山。主峰高达 6 282 米的积石山耸立中部,是黄河流域最高点,山顶终年积雪。呈西北—东南方向分布的积石山与岷山相抵,使黄河绕流而行,形成黄河第一个“S”形大弯道。

第二级阶梯大致以太行山为东界,海拔 1 000～2 000 米,包含河套平原、鄂尔多斯高原、黄土高原和汾渭盆地等较大的地貌单元。许多复杂的气象、水文、泥沙现象多出现在这一地带。

第三级阶梯从太行山脉以东至渤海,由黄河下游冲积平原和鲁中南山地丘陵组成。冲积扇的顶部位于沁河口一带,海拔 100 米左右。鲁中南山地丘陵由泰山、鲁山和沂山组成,一般海拔为 200～500 米,丘陵浑圆,河谷宽广,少数山地海拔在 1 000 米以上。

第二节　河流水系

黄河水系的特点是干流弯曲多变、支流分布不均、上游河床纵比降较大。流域面积大于 1 000 平方千米的一级支流共 76 条,其中流域面积大于 1 万平方千米或年入黄泥沙大于 0.5 亿吨的一级支流有 13 条:上游有 5 条,其中湟水、洮河天然年来水量分别为 48.76 亿立方米、48.25 亿立方米,是上游径流的主要来源区;中游有 7 条,其中渭河是黄河最大的一条支流,天然年径流量、来沙量分别为 92.50 亿立方米、4.43 亿吨,是中游径流、泥沙的主要来源区;下游有 1 条,为大汶河。根据水沙特性和地形、地质条件,黄河干流分为上、中、下游共 11

个河段,各河段的特征值见表1-2-1。

表1-2-1　黄河干流各河段特征值

河段	起讫地点	流域面积 (平方千米)	河长 (千米)	落差 (米)	比降 (‰)	汇入支流 (条)
全河	河源—河口	794 712	5 463.6	4 480.0	8.2	76
上游	河源—河口镇	428 235	3 471.6	3 496.0	10.1	43
	1.河源—玛多	20 930	269.7	265.0	9.8	3
	2.玛多—龙羊峡	110 490	1 417.5	1 765.0	12.5	22
	3.龙羊峡—下河沿	122 722	793.9	1 220.0	15.4	8
	4.下河沿—河口镇	174 093	990.5	246.0	2.5	10
中游	河口镇—桃花峪	343 751	1 206.4	890.4	7.4	30
	1.河口镇—禹门口	111 591	725.1	607.3	8.4	21
	2.禹门口—小浪底	196 598	368.0	253.1	6.9	7
	3.小浪底—桃花峪	35 562	113.3	30.0	2.6	2
下游	桃花峪—河口	22 726	785.6	93.6	1.2	3
	1.桃花峪—高村	4 429	206.5	37.3	1.8	1
	2.高村—陶城铺	6 099	165.4	19.8	1.2	1
	3.陶城铺—宁海	11 694	321.7	29.0	0.9	1
	4.宁海—河口	504	92.0	7.5	0.8	

注:1.汇入支流是指流域面积在1 000平方千米以上的一级支流;

　　2.落差以约古宗列盆地上口为起点计算;

　　3.流域面积包括内流区,其面积计入下河沿—河口镇河段。

一、上游河段

自河源至内蒙古托克托县的河口镇为黄河上游,干流河道长3 471.6千米,流域面积42.8万平方千米,汇入的较大支流(流域面积大于1 000平方千米,下同)有43条。龙羊峡以上河段是黄河径流的主要来源区和水源涵养区,也是中国三江源自然保护区的重要组成部分。

玛多以上属河源段,地势平坦,多为草原、湖泊和沼泽,河段内的扎陵湖、鄂陵湖,海拔在4 260米以上,蓄水量分别为47亿立方米和108亿立方米。玛多至玛曲区间,黄河流经巴颜喀拉山与积石山之间的古盆地和低山丘陵,大部分河段河谷宽阔,间有几段峡谷。玛曲至龙羊峡区间,黄河流经高山峡谷,水量相对丰沛,水流湍急,水力资源较丰富。龙羊峡至宁夏境内的下河沿,川峡相间,落差集中,水力资源十分丰富,是中国重要的水电基地。下河沿至河口镇,黄河流经宁蒙平原,河道展宽,比降平缓,两岸分布着大面积的引黄灌区,沿河平原不同程度地存在洪水和冰凌灾害。特别是内蒙古三盛公以下河段,凌汛封、开河期间冰塞、冰坝易壅高水位,严重时造成堤防决溢,危害较大,该河段流经干旱地区,降水少,蒸发大,加之灌溉引水和河道侧渗损失,致使黄河水量沿程减少。

二、中游河段

河口镇至河南郑州桃花峪为黄河中游,干流河道长 1 206.4 千米,流域面积34.4 万平方千米,汇入的较大支流有 30 条。河段内绝大部分支流地处黄土高原地区,暴雨集中,水土流失十分严重,是黄河洪水和泥沙的主要来源区。河口镇至禹门口河段(也称大北干流)是黄河干流上最长的一段连续峡谷,水力资源较丰富,峡谷下段有著名的壶口瀑布,深槽宽仅 30~50 米,枯水期水面落差约 18 米,气势宏伟壮观。禹门口至潼关河段(也称小北干流),黄河流经汾渭地堑,河谷展宽,河长约 130 千米,河道宽浅散乱,冲淤变化剧烈,河段内有汾河、渭河两大支流相继汇入。潼关至小浪底河段,河长约 240 千米,是黄河干流的最后一段峡谷。小浪底以下河谷逐渐展宽,是黄河由山区进入平原的过渡河段。

三、下游河段

桃花峪以下至河口为黄河下游,干流河道长 785.6 千米,流域面积 2.3 万平方千米,汇入的较大支流有 3 条。现状河床高出背河地面 4~6 米,高出两岸平原,成为淮河流域和海河流域的分水岭,是举世闻名的"地上悬河"。从桃花峪至河口,除南岸东平湖至济南区间为低山丘陵外,其余全靠堤防挡水,历史上堤防决口频繁,悬河、洪水严重威胁黄淮海平原地区的安全,是中华民族的心腹之患。

黄河下游河道具有上宽下窄的特点。桃花峪至高村河段,河长 206.5 千米,堤距一般在 10 千米左右,最宽处有 24 千米,河槽宽一般 3~5 千米,河道泥沙冲淤变化剧烈,河势游荡多变,历史上洪水灾害非常严重,重大改道都发生在该河段,两岸堤防保护面积广阔,是黄河下游防洪的重要河段。高村至陶城铺河段,河道长165.4千米,堤距一般在5千米以上,河槽宽1~2千米。陶城铺至宁海河段,河道长321.7千米,堤距一般为1~3千米,河槽宽0.4~1.2千米。宁海以下为河口段,河道长92千米,随着入海口的淤积—延伸—摆动,入海流路相应改道变迁,摆动范围北起徒骇河口,南至支脉沟口,扇形面积约6 000平方千米。1976年人工改道清水沟后形成的入海流路,位于渤海湾与莱州湾交汇处。随着河口的淤积延伸,1953年至小浪底水库建成前,年平均净造陆面积约24平方千米。

据20世纪80年代统计,黄河下游两岸大堤之间滩区面积约3 965平方千米,有耕地25万公顷,居住人口178万人。东坝头至陶城铺河段主槽淤积和生产堤的修建,造成"槽高、滩低、堤根洼"的"二级悬河",严重威胁防洪安全。

第三节 气 候

黄河流域东临渤海,西居内陆,属大陆性气候,气候条件差异明显,东南部基本属于半湿润气候,中部属于半干旱气候,西北部为干旱气候。流域年平均气温6.4 ℃,由南向北、由东向西递减。流域处于中纬度地带,受大气环流和季风环流影响的情况比较复杂,流域内不同地区气候的差异显著,气候要素的年、季变化大,流域气候有以下主要特征。

一、日照

黄河流域的日照条件在全国范围内属于充足的区域,全年日照时数一般达2 000~3 300小时,全年日照百分率大多在50%~75%,仅次于日照最充足的柴达木盆地,而较黄河以南的长江流域广大地区普遍偏多1倍左右。

黄河流域的太阳总辐射量在全国介于中间状况,北纬37°以北地区和东经103°以西的高原地带为130~160千卡每平方厘米每年,其余大部分地区为110~130千卡每平方厘米每年,虽然不及国内西南部(尤其是青藏高原地区)强,但普遍多于东北地区和黄河以南地区,为中国东部地区的强辐射区。

二、气温

黄河流域气温季节差别大,青海省久治县以上的河源地区"全年皆冬";久治至兰州区间,以及渭河中上游地区"长冬无夏,春秋相连";兰州至龙门区间"冬长(六七个月)、夏短(一二个月)";其余地区"冬冷夏热,四季分明"。

温差悬殊是黄河流域气候的一大特征。随三级阶梯地形自西向东、自北向南由冷变暖,气温东西向梯度大于南北向梯度。年平均气温为 -4 ℃左右的最低中心位于巴颜喀拉山北麓,极端最低气温出现在河源区黄河沿站,1978 年 1 月 2 日曾有过 -53.0 ℃的记录。年平均气温 12 ~ 14 ℃的高值区则位于山东省境内,极端最高气温出现在河南省洛阳市伊川站,为 44.2 ℃(1966 年 6 月 20日)。

黄河流域气温年温差比较大,气温日温差也比较大,尤其中上游的高纬度地区,全年各季气温的日温差为 13 ~ 16.5 ℃。

三、降水

流域内大部分地区年降水量在 200~650 毫米,中上游南部和下游地区多于 650 毫米。受地形影响较大的秦岭山脉北坡,其降水量可达 700~1 000 毫米,而深居内陆的宁蒙河套平原,降水量仅 200 毫米左右。降水量分布不均,南北降水量之比大于 5。

流域冬干春旱,夏秋多雨,6—9 月降水量占全年的 70%左右,盛夏 7—8 月降水量占全年的四成以上。流域降水量的年际变化也十分悬殊,年降水量最大值与最小值之比为 1.7~7.5。

四、湿度

黄河中上游是中国湿度偏小的地区。陕西吴堡以上地区,年平均水汽压不足 800 帕,相对湿度在 60%以下;宁夏、内蒙古境内和龙羊峡以上地区,年平均水汽压不足 600 帕;兰州至石嘴山区间的相对湿度小于 50%。

流域内蒸发能力很强,年蒸发能力达 1 100 毫米。上游甘肃、宁夏和内蒙古中西部地区属中国年蒸发量最大的地区,最大年蒸发能力超过 2 500 毫米。

五、冰雹与沙暴

冰雹是黄河流域主要灾害性天气之一。据统计,兰州以上地区和内蒙古境内全年冰雹日数多超过 2 天,其中东经 100°以西的广大地区多于 5 天,玛曲以上和大通河上游地区多达 15~25 天,成为黄河流域冰雹最多的地区,也是国内的冰雹集中区。

沙暴和扬沙主要由大风引起,并且与当地(或附近)的地质条件、植被状况密切相关。据统计,宁夏、内蒙古境内及陕北地区,多年平均大风日数在 30 天以上。腾格里沙漠、乌兰布和沙漠和毛乌素沙地,全年沙暴日数在 10 天以上,扬沙日数超过 20 天,有些年份沙暴日数最多可达 50 天,扬沙日数超过 50 天。

六、无霜期

黄河流域初霜日由北向南、从西向东逐步开始,同纬度的山区早于平原、河谷和沙漠。唐乃亥以上初霜日平均在 8 月中下旬,黄河中下游一般在 10 月上中旬,其余地区在 9 月。流域终霜日迟早的分布特点与初霜日正好相反,黄河下游平原地区较早,平均在 3 月下旬,而上游唐乃亥以上地区则晚至 8 月上中旬,其余地区介于两者之间。

黄河流域无霜期较短。黄河下游平原地区无霜期只有 200 天左右,上游青海久治以上地区平均不足 20 天,其余地区介于两者之间。

第四节　河川径流

黄河小浪底坝址以上干支流兴建的引水工程和大型水库,坝址处实测径流受到人类活动的影响,需对径流进行还原计算,推求天然径流。根据设计水平年坝址以上各河段工农业耗水预测、干支流已建及计划兴建的大型水库情况,进行流域水资源供需平衡计算,推求设计水平年的入库径流。

一、年径流量

(一) 实测年径流量

黄河干流用近代水文测验科学技术进行水文观测始于 1919 年,当时在黄河干流河南陕县和山东泺口设立了 2 处水文站。1933 年黄河发生大洪水,1934 年国民政府黄河水利委员会又在兰州、包头、龙门、潼关等地设立水文站,为黄河年径流量的分析研究提供了条件。从 1944 年开始提出黄河年径流量的成果。

1954 年编制黄河流域综合规划时,在对水文资料进行复查和插补的基础上,采用 1919—1953 年系列,计算陕县水文站实测年径流量为 412 亿立方米。

1960 年 9 月,水电部指示黄委会提供统一使用的水文数据,黄委会于 1960 年 11 月至 1961 年 1 月会同水电部水文局、北京勘测设计院、西北勘测设计院、水利水电科学研究院和山西、甘肃省水利厅等单位,对黄河各主要测站的水沙资料,进行全面统一分析、插补、延长。1962 年黄委会提出"黄河干流各主要断面 1919—1960 年水量、沙量计算成果",其中陕县水文站实测年径流量为 423.5 亿立方米,秦厂水文站为 472.4 亿立方米。

1975 年黄委会规划办公室编制治黄规划,采用 1919—1975 年 56 年系列,计算黄河干支流各主要水文站的实测年径流量,其中三门峡水文站为 418.5 亿立方米、花园口水文站为 469.8 亿立方米。

为了满足小浪底水利枢纽初步设计要求,1982 年,黄委会设计院又按 1919 年 7 月至 1980 年 6 月 61 年系列,提出"黄河干支流主要水文站实测年径流量"成果,其中三门峡水文站实测年径流量为 417.2 亿立方米、花园口水文站为 466.4 亿立方米。

(二) 天然年径流量

从 20 世纪 60 年代初期开始,黄委会会同有关单位,对黄河流域的工农业用水情况多次进行调查,开展天然年径流量的分析研究工作。

1975 年,黄委会设计院为了给治黄规划提供水资源资料,对黄河干支流主要水文站年径流进行了还原,选用 1919 年 7 月至 1975 年 6 月 56 年系列,还原了引黄灌溉耗水量及大、中型水库调蓄水量。为了进行黄河水资源利用规划,黄委会设计院于 1982 年 12 月完成《黄河流域天然年径流》报告,主要控制水文站的天然径流系列为 1919 年 7 月至 1975 年 6 月,个别水文站为 1919 年 7 月至 1980 年 6 月。该报告提出黄河干流主要控制水文站的天然年径流成果,其中三门峡水文站天然年径流量为 498.4 亿立方米、花园口水文站天然年径流量为 559.2 亿立方米。

黄河流域河川径流主要来自上、中游地区,花园口水文站以下为"地上悬河",只有大汶河等支流汇入,来水量仅占全河的 3.6%。一般以花园口水文站资料代表黄河年径流量,如果加入花园口至入海口的天然年径流量 21 亿立方米,则全河天然年径流总量为 580 亿立方米。

1976 年以后,黄委会又对天然年径流成果进行多次补充研究,1986 年提出《黄河水资源利用》报告。根据黄河的实测情况,对年径流系列又进行了延长,采用 1919 年 7 月至 1980 年 6 月的 61 年系列,通过还原,提出黄河干支流主要水文站天然年径流成果,其中三门峡水文站为 503.8 亿立方米、花园口水文站为 563.4 亿立方米。61 年系列天然年径流量与 56 年系列天然年径流量相比,差别很小,前者比后者偏大 1% 左右。20 世纪 80 年代编制的黄河流域规划及小浪底水利枢纽规划采用以上 56 年系列天然年径流成果。

二、年径流特性

黄河花园口以上天然年径流深 77 毫米(相当于径流量平均分布于流域面积之上的水深),与中国其他河流比较,黄河流域河川水资源量是比较贫乏的,而且具有以下特性。

(一)产水系数低

黄河流域年径流量主要由大气降水补给。受大气环流的影响,降水量较少,蒸发量很大,产水系数低。黄河多年平均天然年径流量 580 亿立方米,仅相当于降水总量的 16.3%。

(二)地区分布不平衡

黄河径流主要来自兰州以上和龙门至三门峡两个区间。兰州以上流域面积占花园口以上流域面积的 30.5%,但年径流量却占花园口年径流量的57.9%;龙门至三门峡区间流域面积占花园口以上流域面积的 26.1%,年径流量占花园口的 20.3%。兰州至内蒙古河口镇区间集水面积达 16 万平方千米,占花园口以上流域面积的 22.4%,由于区间的径流损失,河口镇多年平均径流量略小于兰州。

从年径流深等值线来看,黄河流域水资源量由南向北呈递减趋势。大致西起吉迈,过积石山,到大夏河、洮河,沿渭河干流至汾河与沁河的分水岭一线以南,主要是山地,植被较好,年平均降水量大于 600 毫米,年径流深 100~200 毫米,是流域水资源较丰沛的地区。流域北部,经皋兰、海原、同心、定边到包头一线以北,气候干燥,年降水量小于 300 毫米,年径流深在 10 毫米以下,是流域水资源最贫乏的地区。在以上两条线之间的广大黄土高原地区,年降水量一般为400~500 毫米,年径流深 25~50 毫米,水土流失严重,是黄河泥沙的主要来源区。

(三)年内分配不均

受季风影响,黄河流域河川径流的季节性变化很大。夏秋河水暴涨,容易泛滥成灾;冬春水量很小,水资源匮乏,径流的年内分配很不均匀。7—10月的汛期,干流及较大支流径流量占全年径流量的60%左右,3—6月及11月至次年2月的径流量各占全年径流量的10%~20%。

(四)年际变化大

黄河花园口水文站多年平均天然年径流量560亿立方米,最大年径流量达938.66亿立方米(1964年7月至1965年6月),最小年径流量仅273.52亿立方米(1928年7月至1929年6月),最大年径流量与最小年径流量的比值为3.4。黄河支流各水文站的径流量年际变幅比干流还要大,最大年径流量与最小年径流量的比值一般为5~12;干旱地区中小支流的最大年径流量与最小年径流量的比值甚至高达20以上。

多年实测资料表明,黄河流域年径流存在连续枯水段持续时间长的特点。自1919年有实测资料以后,出现过两次连续5年以上的枯水段,即1922—1932年长达11年的枯水段和1969—1974年6年的枯水段。11年枯水段的年平均径流量393亿立方米,只有花园口水文站56年系列平均年径流量的70%,其中1928年陕县水文站天然年径流量仅240亿立方米(实测年径流量198亿立方米),只占该水文站多年平均径流量的48%。6年枯水段年平均径流量490亿立方米,占花园口水文站多年平均径流量的87%,其中1972年最枯,三门峡、花园口两水文站的年径流量只占多年平均径流量的75%左右。

第五节　洪　水

黄河洪水按成因可分为暴雨洪水和冰凌洪水两种类型。暴雨洪水主要来自上游和中游,多发生在6—10月;上游洪水主要来自兰州以上,中游的暴雨洪水来自河口镇—龙门区间、龙门—三门峡区间和三门峡—花园口区间。冰凌洪水主要发生在宁蒙河段、黄河下游,发生的时间分别在11月至次年3月、12月至次年2月。致黄河下游形成重大灾害的往往是暴雨洪水。调查发现的历史特大暴雨洪水发生在1843年,推算三门峡洪峰流量达36 000立方米每秒;实测历史最大暴雨洪水发生在1958年,花园口最大洪峰流量达22 300立方米每秒。

一、洪水类型

(一)暴雨洪水

黄河暴雨洪水的开始日期一般是南早北迟、东早西迟。由于流域面积广阔,形成暴雨的天气条件有所不同,上、中、下游的大暴雨与特大暴雨多不同时发生。

黄河上游的降雨多为强连阴雨,一般以7月、9月出现较多,8月出现较少。降雨特点是面积大、历时长、强度小,主要降雨中心地带为积石山东坡,如1981年8月中旬至9月上旬连续降雨约一个月,150毫米雨区面积11.6万平方千米,降雨中心久治水文站8月13日至9月13日共降雨634毫米。受上游地区降雨特点及下垫面产汇流条件的影响,上游洪水过程具有历时长、洪峰低、洪量大的特点,兰州水文站一次洪水历时平均为40天左右,最短为22天,最长为66天,较大洪水的洪峰流量一般为4 000~6 000立方米每秒。黄河上游的大洪水与中游大洪水不遭遇,对黄河下游威胁不大,但可以与中游的小洪水遭遇,形成历时较长、洪峰流量一般不超过8 000立方米每秒的花园口断面洪水,含沙量较小。

黄河中游暴雨频繁、强度大、历时短,洪水具有洪峰高、历时短、陡涨陡落的特点。河口镇—龙门区间暴雨多发生在8月,其特点是暴雨强度大、历时短,雨区面积在4万平方千米以下,如1977年8月1日,陕西与内蒙古交界的乌审旗地区发生特大暴雨,暴雨中心木多才当9小时雨量达1 400毫米(调查值);龙门—三门峡区间暴雨多发生在8月,泾河上中游的暴雨特点与河口镇—龙门区间相近,渭河及北洛河暴雨强度略小,历时一般2~3天,但其下游也会出现一些连阴雨天气,降雨持续时间最大可达10天或更长;三门峡—花园口区间较大暴雨多发生在7月、8月,其中特大暴雨多发生在7月中旬至8月中旬,发生次数频繁,强度较大,雨区面积可达3万平方千米,历时一般2~3天。如1982年7月底8月初,三门峡—花园口区间发生大暴雨,暴雨中心区石碣水文站最大24小时降雨量达734.3毫米。

河口镇—龙门区间洪水和龙门—三门峡区间洪水可能遭遇,形成三门峡断面峰高量大的洪水过程(简称"上大洪水")。如1933年8月上旬,暴雨区同时笼罩泾、洛、渭河和河口镇—龙门区间的无定河、延河、三川河流域,面积达10

万平方千米以上,形成陕县水文站自 1919 年有实测资料以来的最大洪水。

黄河中游的"上大洪水"和三门峡—花园口区间大洪水(简称"下大洪水")不遭遇,但龙门—三门峡区间和三门峡—花园口区间的较大洪水可能遭遇,形成花园口断面的较大洪水。如 1957 年 7 月洪水,三门峡以上和三门峡—花园口区间较大洪水遭遇,形成花园口断面 7 月 19 日洪峰流量达 13 000 立方米每秒的洪水。在这场洪水中,渭河华县水文站 7 月 17 日的洪峰流量达 4 330 立方米每秒,洛河长水水文站 7 月 18 日的洪峰流量达 3 100 立方米每秒。黄河中游较大洪水组成见表 1-5-1。

表 1-5-1　黄河中游较大洪水组成

(单位:流量,立方米每秒;洪量,亿立方米)

洪水组成	洪水发生年份	花园口水文站		三门峡水文站			三门峡—花园口区间			三门峡断面占花园口断面洪水的比例(%)	
		洪峰流量	12天洪量	洪峰流量	相应洪水流量	12天洪量	洪峰流量	相应洪水流量	12天洪量	洪峰流量	12天洪量
三门峡以上来水为主,三花间为相应洪水	1843	33 000	136.0	36 000		119.0		2 200	17.0	93.3	87.5
	1933	20 400	100.5	22 000		91.90		1 900	8.60	90.7	91.4
三花间来水为主,三门峡以上为相应洪水	1761	32 000	120.0		6 000	50.0	26 000		70.0	18.8	41.7
	1954	15 000	76.98		4 460	36.12	10 540		40.86	29.73	46.92
	1958	22 300	88.85		6 520	50.79	15 780		38.06	29.24	57.16
	1982	15 300	65.25		4 710	28.01	10 590		37.24	30.78	42.93

注:各水文站和区间的相应洪水流量是指与花园口水文站洪峰流量对应的数值,1761 年和 1843 年洪峰流量、洪量是通过洪水调查及清代所设水尺推算的;三门峡断面洪峰流量占花园口断面的比例是指其演进到花园口水文站的洪峰流量(理论值)与花园口水文站实测洪峰流量的比值。

下游的致灾洪水主要来自于中游。由于上游洪水源远流长,加之河道的调蓄作用和宁夏、内蒙古灌区耗水,洪水流至黄河下游后形成洪水的基流,历史上花园口水文站大于 8 000 立方米每秒的洪水以中游来水为主,河口镇以上相应来水流量一般为 2 000~3 000 立方米每秒。黄河下游干流大洪水与大汶河的大洪水不遭遇,但可能和大汶河的中等洪水相遭遇;干流中等洪水也可能和大汶河的大洪水相遭遇。

(二) 冰凌洪水

冰凌洪水主要发生在上游的宁夏—内蒙古河段特别是内蒙古三盛公以下河段和下游的山东河段。由于两河段均为自低纬度流向高纬度,在严冬季节,易形成冰凌洪水灾害。在封河阶段,冰塞壅水造成槽蓄水量增加,河道水位急剧升高,可能导致河水漫溢、堤防决口;在开河阶段,由于槽蓄水量沿程释放,形成冰凌洪水,同时由于上游河段开河时下游河段还未达到自然开河条件,冰盖以下的过流能力不足,容易形成冰塞、冰坝,导致河道水位急剧上涨,威胁堤防安全,甚至造成堤防决口。

宁夏—内蒙古河段在刘家峡水库建库前,年最大槽蓄水增量的多年均值为6.32亿立方米,最多达9.48亿立方米。1986年以后,河道主槽淤积严重,造成河道宽浅散乱、形态恶化,并导致封冻后河道冰下过流能力急剧减小,槽蓄水增量大幅度增加,年最大槽蓄水增量的多年均值约为11亿立方米。

黄河下游是一个不稳定的封冻河段,凌情变化复杂,历史上曾有"凌汛决口,河官无罪"之说。1951—1960年干流上未建水库,黄河下游冬季来水主要受内蒙古河段流凌封冻影响。内蒙古河段一般于12月初开始封河,封冻河段的下游便出现流量为100~200立方米每秒的小流量过程,此过程持续15天左右,而后随着过水断面的增大流量逐渐增加。当此小流量过程传播到黄河下游河段时,往往遇到降温而形成封河,小流量封河后,冰盖低,冰下过流能力小;当大流量到来时,易形成水鼓冰开的"武开河",此时,上游来水、槽蓄水、融冰水带着大量冰块向下游推进,而下游河段还往往处于天寒地冻的固封状态,冰盖厚,冰质坚,易形成冰坝壅水造成凌洪灾害。

1960年三门峡水库建成后,开始下游防凌运用,对缓解下游凌情起到了重要作用。为不增加库区淤积、不影响潼关高程,一般情况下防凌蓄水水位不超过326米,相应库容18亿立方米;特殊情况经国务院批准,防凌蓄水水位不超过328米,相应库容20亿立方米。1973年三门峡水库开始全面防凌调节运用后,下游的水情、冰情发生变化:一是封河流量增大,首封日期推迟;二是封河长度缩短,冰量减少;三是"文开河"年份增加,"武开河"年份基本消失。

二、调查及实测大洪水

根据实测和调查分析,近300年来,在黄河中下游发生过以下几次大洪水。

(一)清乾隆二十六年(1761年)洪水

这次洪水主要来自三门峡至花园口区间。据地方志记载,乾隆二十六年(1761年),农历七月初十至十九日(公历8月11—20日),洛河、沁河和黄河干流潼关至孟津区间,持续降雨约10天,其中强度较大的暴雨4~5天,暴雨中心在黄河干流的垣曲、洛河的新安、沁河的沁阳一带,雨区呈南北向带状分布,偃师、巩县、沁阳、博爱、修武等县都是大水灌城,水深四五尺至丈余不等。当时在河南开封黑岗口设有标志桩观测水位,河南巡抚常钧奏报:"祥符县(今开封)属之黑岗口(七月)十五日测量,原存长(涨)水二尺九寸,十六日午时起,至十八日巳时止,陆续共长(涨)水五尺,连前共长(涨)水七尺九寸。十八日午时至酉时又长(涨)水四寸,除落水一尺外,净长(涨)水七尺三寸,堤顶与水面相平,间有过水之处……"根据上述水情分析,花园口洪峰流量为32 000立方米每秒,最大5天洪量达85亿立方米。

(二)清道光二十三年(1843年)洪水

1843年洪水是1952年调查发现的历史特大洪水,来自三门峡以上。主要雨区在泾河、北洛河的中上游和河口镇至龙门区间,呈西南—东北向带状分布。根据当时河东河道总督慧成的奏报,陕县万锦滩的水情是:七月十三日(农历)巳时"长(涨)水七尺五寸,十四日辰时至十五日寅刻,复长(涨)水一丈三尺三寸,前水尚未见消,后水踵至,计一日十时之间,长(涨)水至二丈八寸之多,浪若排山,历考成案,未有长(涨)水如此猛骤"。至今还流传着"道光二十三,黄河涨上天,冲走太阳渡,捎带万锦滩"的民谣,并从潼关—小浪底河段调查到多处洪水痕迹。经调查分析计算,并经模型试验验证,推算陕县洪峰流量为36 000立方米每秒,最大5天洪量84亿立方米。

(三)1933年洪水

1933年8月10日,黄河陕县水文站发生自1919年建站以来的实测最大洪水,洪峰流量22 000立方米每秒。这次洪水主要来自黄河中游河口镇至陕县区间,其暴雨分布呈西南—东北向,西至渭河上游,东至汾河上游,并波及黄河上游的庄浪河、大夏河和清水河等支流,出现渭、泾、北洛河与龙门以上大洪水相遭遇的情况。由于这次洪水绝大部分降在黄土高原区,陕县水文站最大含沙量达519千克每立方米,最大12天来沙量达21.1亿吨。

据推算,这次洪水演进到花园口水文站,洪峰流量为20 400立方米每秒,洪水总量为100.5亿立方米。洪峰到达下游后,在长垣大车集上下至石头庄一带决口33处,溃水沿北金堤至陶城铺退入黄河,右岸在兰封小新堤、兰考四明堂、东明庞庄决口,水分三路,汇入南四湖。

(四)1958年洪水

1958年7月17日24时,花园口水文站出现洪峰流量22 300立方米每秒的洪水,是该站有实测资料以来的最大洪水。这次洪水主要来自三门峡以下的三门峡—花园口区间,三门峡以上来水仅占花园口洪峰流量的29.2%。暴雨中心在三门峡至小浪底干流区间和洛河支流涧河上,各路洪峰到达花园口水文站基本遭遇。这次洪水峰高量大,来势凶猛,持续时间长,洪峰流量在10 000立方米每秒以上持续时间长达81小时,最大12天洪水总量达88.85亿立方米。

(五)1982年洪水

1982年8月2日19时,花园口水文站出现洪峰流量为15 300立方米每秒的洪水。这次洪水同样来自三门峡—花园口区间干支流,暴雨区在伊、洛河中游,暴雨中心在伊河中游的石碣镇。当时三门峡水库下泄流量为4 840立方米每秒,由于区间加水,8月2日小浪底水文站洪峰流量达9 340立方米每秒,支流洛河黑石关水文站洪峰流量达4 110立方米每秒,沁河武陟水文站洪峰流量达4 130立方米每秒,干支流洪水汇合后形成花园口水文站洪峰。最大5天洪量达41.19亿立方米,最大12天洪量达65.25亿立方米。

洪水到达下游时,大部分滩区上水,水深一般1米多,孙口水文站洪峰流量为10 100立方米每秒。为了艾山以下防洪安全,启用东平湖老湖区滞洪。十里堡、林辛两闸最大进湖流量2 400立方米每秒,分洪水量约4亿立方米,艾山水文站洪峰流量削减为7 430立方米每秒,到达利津水文站洪峰流量为5 810立方米每秒,洪水安全入海。

第六节　泥　沙

黄河是世界上输沙量最大、含沙量最高的河流,黄河下游的洪水问题症结在于泥沙。小浪底水利枢纽位于黄河中游干流最后一个峡谷河段的出口,控制黄河流域近100%的泥沙来量,泥沙问题能否妥善解决直接影响着枢纽工程安全和效益的发挥,是小浪底水利枢纽工程的关键问题之一。水库的运用方式和工程布置要能够适应黄河的泥沙特点,水库泥沙和减淤效益的分析研究要考虑黄河的水沙变化,需要分析黄河泥沙特性,并对水库运用后来水来沙条件进行预测。

一、泥沙来源及特性

黄河上游河口镇断面平均含沙量近6千克每立方米,多年平均输沙量1.42亿吨,仅占全河输沙总量的8.6%。

黄河中游流经黄土高原,是黄河的主要产沙区。黄河泥沙主要来自以下三大片地区,其年输沙模数均大于1万吨每平方千米:一是河口镇至延水关之间两岸的支流;二是无定河的支流红柳河、芦河、大理河,以及清涧河、延水、北洛河和泾河支流马莲河等河的河源区(广义的白于山河源区);三是渭河上游北岸支流葫芦河中下游和散渡河地区(六盘山河源区)。

黄河主要支流中,多年平均来沙量超过1.0亿吨的有4条。其中,来沙量最多的是泾河,年平均来沙量高达2.62亿吨,占全河来沙量的16.1%;无定河年平均来沙量2.12亿吨,占13.0%;渭河(咸阳站)年平均来沙量1.86亿吨,占11.4%;窟野河年平均来沙量1.36亿吨,占8.4%。

黄河泥沙主要有以下特点:

一是输沙量大,水流含沙量高。三门峡水文站实测多年平均天然含沙量35千克每立方米,最大含沙量911千克每立方米(1977年),均为大江大河之最。河口镇至三门峡河段两岸支流时常有含沙量1 000~1 700千克每立方米的高含沙洪水出现。

二是地区分布不均,水沙异源。泥沙主要来自中游的河口镇至三门峡区间,来沙量占全河的89.1%,来水量仅占全河的28%;河口镇以上来水量占全河的62%,来沙量仅占8.6%。

三是年内分配集中,年际变化大。黄河泥沙年内分配极不均匀,汛期7—10月来沙量约占全年来沙量的90%,且主要集中在汛期的几场暴雨洪水。黄河来沙的年际变化很大,实测最大输沙量(1933年陕县水文站)为39.1亿吨,实测最小输沙量(2008年三门峡水文站)为1.3亿吨,年际变化悬殊,最大年输沙量为最小年输沙量的30倍。有实测资料以后,黄河出现1922—1932年连续枯水枯沙段,多年平均输沙量为10.7亿吨,相当于多年平均值的68%;其中1928年的输沙量仅为4.8亿吨,相当于多年平均值的30%。

二、河道泥沙输移

黄河上游宁夏下河沿至内蒙古河口镇为冲积性河道,在天然情况下,河床处于缓慢抬升状态。上游干流大型水库的修建,改变了黄河来水来沙条件,河道主槽淤积加重。

黄河泥沙的集中产区——黄土丘陵沟壑区,由于长期受雨水强烈侵蚀,形成千沟万壑,坡陡流急。各级沟道和各级支流,以及河口镇—龙门之间的黄河干流,在天然情况下,都是输送泥沙的“渠道”,从多年平均数量来看,在该地区坡面和沟谷侵蚀的泥沙,几乎全部经过这些“输沙渠道”输送到龙门以下黄河干流,即这一地区的泥沙输移比接近于1。这是黄河泥沙输移的一个重要特点。

禹门口至潼关河段俗称小北干流,两岸为黄土台塬,高出河床50~200米,河道由禹门口宽约100米的峡谷河槽骤然展宽为4千米的宽河道,最宽处达19千米,至潼关河宽又收缩为850米。该河段为渭河、北洛河、汾河等支流的汇流区,河道宽浅散乱,为堆积性、游荡性河道,有一定的滞洪落淤作用。河床随来水来沙条件的变化进行调整,一般表现为汛期淤积、非汛期冲刷,多年平均为淤积。三门峡水库修建前,多年平均淤积量为0.5亿~0.8亿吨,三门峡水库修建后,多年平均淤积1.0亿吨。“揭河底”冲刷是该河段的一个显著特点,当龙门出现高含沙量、洪峰流量大且持续时间较长的洪水时,就可能出现“揭河底”冲刷。据实测资料,当发生“揭河底”冲刷时,冲刷深度一般为2~4米,最大达9米;冲刷距离最长可达132千米(至潼关)。

潼关至孟津河段,黄河穿行于最后一段峡谷——晋豫峡谷,该段河道也是“输沙渠道”,潼关以上的来沙量,基本上都可以输送到孟津以下黄河河道。

黄河从孟津出峡谷进入华北大平原,河道宽阔,比降平缓,水流散乱,泥沙大量淤积。孟津至黄河入海口全长876千米,是强烈堆积性河段,在不同来水来沙条件下,河床冲淤变化非常迅速。当来水含沙量较低时(一般小于10千克每立方米),其输沙能力与流量的高次方成正比;当来水含沙量较高时,在一定的流量条件下,输沙率随上站含沙量的增加而加大,在上站含沙量一定的条件下,输沙率随流量的增加而加大。另一方面,下游河道冲淤的年内、年际变化也很大,当来沙多时,年最大淤积量可达 20 余亿吨;来沙少时,河道会发生冲刷。据多年资料统计分析,在进入黄河下游的 16 亿吨泥沙中,约有 1/4 淤积在利津以上河道内,1/2 淤积在利津以下的河口三角洲及滨海地区,其余 1/4 被输往深海。由于河床多年淤积抬高,黄河下游成为“地上悬河”。

三、粗泥沙

黄河泥沙粒径大于 0.05 毫米的称为粗泥沙。根据 1950—1960 年泥沙测验资料统计,粒径大于 0.05 毫米的粗泥沙有 3.64 亿吨,约占总沙量的 23%。这些粗泥沙集中来自两个区域:一是河口镇至无定河口黄河右岸支流;二是无定河中下游,以及广义的白于山河源区。

粗泥沙是造成黄河下游河床淤积的主要原因。据 1950—1960 年泥沙实测资料统计分析,粒径大于 0.025 毫米的泥沙占下游河道淤积量的 82%,其中粒径大于 0.05 毫米的粗泥沙来沙量占总来沙量的 1/4～1/5,但淤积量却占下游河道总淤积量的 50%左右。

黄河干流泥沙以中数粒径为标准,兰州约为 0.03 毫米,河口镇为 0.034 毫米,稍有变粗,而吴堡、龙门则增大为 0.055 毫米、0.044 毫米,河南花园口下降为0.034 毫米。

第七节　水力资源

1954 年黄委会在编制《黄河综合利用规划技术经济报告》时,根据干流落差 4 368 米,计算出黄河干流水力资源理论蕴藏量为 2 610 万千瓦。龙羊峡以下至入海口,共布置 46 座梯级,利用落差 2 112 米,总装机容量 2 158 万千瓦,年平均发电量 1 048 亿千瓦时。

1979 年全国水力资源普查结果为:黄河流域水力资源理论蕴藏量 4 054.8万千瓦,年平均发电量 3 552 亿千瓦时。73.3%的水力资源分布在黄河干流上,并集中分布在玛曲至青铜峡和河口镇至花园口两个河段,这两个河段的水力资源理论蕴藏量分别占干流的 53.9%和 32.1%。支流水力资源理论蕴藏量共1 078.2 万千瓦,年平均发电量 944.5 亿千瓦时,其中水力资源理论蕴藏量大于

1万千瓦的支流共140条,大于50万千瓦的支流仅有洮河、湟水、渭河3条,其他支流水力资源理论蕴藏量大多小于10万千瓦,开发条件较差。

全流域可能开发的装机容量大于1万千瓦以上的水电站共100座,总装机容量2 727.7万千瓦,年平均发电量1 137.2亿千瓦时,占全国可开发水力资源的6.1%,在全国7大江河中居第二位。干流共布置42座水电站,可能开发的装机容量2 513.6万千瓦,年发电量1 037亿千瓦时,占全流域的92%,可能开发率为43.6%。其中,以野狐峡至青铜峡河段开发利用条件最为优越,可能开发的水力资源占干流的48.2%。根据1979年水力资源普查资料,黄河干流各河段水力资源分布见表1-7-1。支流上大于1万千瓦的水电站共布设58座,总装机容量214.1万千瓦,年平均发电量100.2亿千瓦时,可能开发率仅10.6%,这些水电站大多位于灌溉任务较少的洮河、大通河、沁河和洛河的上中游。

表1-7-1　黄河干流各河段水力资源分布

河段	河段长（千米）	落差（米）	比降（‰）	理论蕴藏量（万千瓦）	可开发水力资源			年发电量占全干流比重（%）
					电站数（个）	装机容量（万千瓦）	年发电量（亿千瓦时）	
河源—黄河沿	270	233	8.6	2.0	—	—	—	—
黄河沿—玛曲	911	815	8.9	141.2	4	67.2	34.3	3.3
玛曲—野狐峡	413	820	19.8	448.2	8	567.9	241.0	23.2
野狐峡—青铜峡	1 009	1 447	14.3	1 156.4	16	1 232.9	499.4	48.2
青铜峡—河口镇	869	149	1.7	132.9	3	16.0	8.4	0.8
河口镇—龙门	725	607	8.4	562.0	8	440.2	169.6	16.4
龙门—潼关	125	52	4.1	64.3	—	—	—	—
潼关—花园口	374	236	6.3	330.0	3	189.4	84.3	8.1
花园口—河口	768	89	1.16	136.4	—	—	—	—
总计	5 464	4 448		2 973.4	42	2 513.6	1 037.0	100.0

第八节　河流生态

黄河流域具有较丰富的生境类型,沿河形成了各具特色的生物群落。黄河作为联结河源、上中下游及河口等湿地生态单元的"廊道",是维持河流水生生物和洄游鱼类栖息、繁殖的重要基础。同时,由于特殊的地理环境,黄河流域也是中国生态脆弱区分布面积最大、脆弱生态类型最多、生态脆弱性表现最明显的流域之一。

　　黄河源区湖泊和沼泽众多(见图1-8-1),孕育了多种典型高寒生态系统。其中湿地是源区最重要的生态系统,面积约占源区总面积的8.4%,是生物多样性最为集中的区域,且具有较强的水源涵养能力;黄河上游河道外湖泊湿地多属人工和半人工湿地,依靠农灌退水或引黄河水补给水量,湿地对黄河依赖程度较高;中游湿地主要分布在小北干流、三门峡库区等河段;黄河下游受多沙特点的影响,河道淤积摆动变化大,形成沿河呈带状分布的河漫滩湿地;黄河河口处于海陆生态交错区,湿地自然资源丰富,生物多样性较高,是中国暖温带最广阔、最完整的原生湿地生态系统,也是亚洲东北内陆和环西太平洋鸟类迁徙的重要"中转站"及越冬、栖息和繁殖地。

图1-8-1　黄河源区星宿海

　　据20世纪80年代调查,黄河流域有鱼类191种(亚种),干流鱼类有125种,其中国家保护鱼类、濒危鱼类6种。黄河上游特别是源区分布有拟鲶高原鳅、花斑裸鲤等高原冷水鱼,是黄河特有的土著性鱼类;中下游鱼类以鲤科鱼类为主,多为广布种;下游河口区域鱼类数量及总量相对较多,洄游性鱼类占较高比例,代表性鱼类主要有刀鲚、鲻鱼等。

第九节 水旱灾害

历史上黄河流域水灾和旱灾问题突出,给两岸民众带来巨大灾难,在历次黄河流域综合规划中均将防洪抗旱作为重要任务之一。

一、下游水灾

黄河下游的水患历来为世人所瞩目。从周定王五年(公元前 602 年)到 1938 年花园口扒口的 2 540 年中,有记载的决口泛滥年份有 543 年,决堤次数达 1 590 余次。洪灾波及范围北达天津,南抵江淮,包括冀、鲁、豫、皖、苏 5 省的黄淮海平原,纵横 25 万平方千米,给两岸人民群众带来巨大灾难。近代有实测洪水资料的 1919 年至 1938 年间,有 14 年发生决口灾害,其中 1933 年陕县站出现洪峰流量 22 000 立方米每秒,下游两岸发生 50 多处决口,受灾地区有河南、山东、河北和江苏等 4 省 30 个县,受灾面积 6 592 平方千米,灾民 273 万人。

1938 年 6 月初,为阻止日军西进,国民政府军事最高当局密令在中牟、郑州一带扒决黄河大堤,意图放水隔断东西交通。6 月 9 日上午 9 时,花园口大堤决口过水。泛水一股沿贾鲁河,经中牟、开封、尉氏、扶沟、西华、淮阳,由商水县周口入颍河,至安徽阜阳由正阳关入淮;另一股自中牟顺涡河经通许、太康,至安徽亳州由怀远入淮。此次扒决黄河花园口大堤,造成河南、安徽、江苏 3 省 44 县(市)受灾,黄水泛滥 8 年,因黄灾出外逃亡 390 万人,死亡 89 万人。

中华人民共和国成立以后,逐步建成了以中游干支流水库、下游两岸堤防和蓄滞洪区等组成的"上拦下排、两岸分滞"的下游防洪工程体系,洪水灾害大为减轻。由于特殊的黄河河情,黄河下游洪水泥沙威胁依然存在,下游的悬河形势严峻,一旦发生洪水决溢,洪灾影响范围涉及冀、鲁、豫、皖、苏 5 省的 24 个地区(市)所属的 110 个县(市),总土地面积约 12 万平方千米,耕地 1.1 亿亩。黄河下游不同河段堤防决溢洪水波及范围见表 1-9-1。

黄河下游两岸平原人口密集,城市众多,有郑州、开封、新乡、濮阳、济南、菏泽、聊城、德州、滨州、东营,以及徐州、阜阳等大中城市,有京广、津浦、陇海、新菏、京九等铁路干线及多条公路干线,有中原油田、胜利油田、兖济煤田、淮北煤田等能源工业基地,以及黄淮海平原农业综合开发区。黄河一旦决口,经济损失巨大,人民群众生命财产安全受到威胁,大量的铁路、公路等生产生活设施,以及治淮、治海工程,引黄灌排渠系等将遭受毁灭性破坏,泥沙淤积造成河渠淤塞、良田沙化,对经济社会和生态环境造成的灾难影响长期难以恢复。

表 1-9-1　黄河下游不同河段堤防决溢洪水波及范围

决溢堤段		洪水波及面积(平方千米)	洪水波及范围	涉及主要城市及其他设施
南岸	郑州—开封	28 000	贾鲁河、沙颍河与惠济河、涡河之间	开封市,陇海铁路郑州—兰考段
	开封—兰考	21 000	涡河与沱河之间	开封市,陇海铁路郑州—兰考段、淮北煤田
	兰考—东平湖	12 000	高村以上决口波及万福河与明清故道间,并邳苍地区;高村以下决口,波及菏泽、丰县一带及梁济运河、南四湖,并邳苍地区。两处决口,波及面积相近	徐州市,津浦铁路徐州—滕州段、新菏铁路、京九铁路、兖济煤田
	济南以下	6 700	沿小清河两岸漫流入海	济南少部地区,胜利油田南岸
北岸	沁河口—原阳	33 000	北界卫河、卫运河、漳卫新河,南界陶城铺以上为黄河、以下为徒骇河	新乡市,京广铁路郑州—新乡段、津浦铁路济南—德州段、新菏铁路、京九铁路、中原油田
	原阳—陶城铺	8 000～18 500	漫天然文岩渠流域和金堤河流域;若北金堤失守,漫徒骇河两岸	新菏铁路、津浦铁路济南—德州段、京九铁路、中原油田、胜利油田北岸
	陶城铺—津浦铁路桥	10 500	沿徒骇河两岸漫流入海	津浦铁路济南—德州段、胜利油田北岸
	津浦铁路桥以下	6 700	沿徒骇河两岸漫流入海	胜利油田北岸

黄河下游由于地理跨度较大,河道形态多变,冬季为不稳定封冻河段,冰情变化复杂,凌汛问题突出。黄河下游凌汛期历史上曾决口频繁,危害严重。据不完全统计,1883 年至 1936 年的 54 年中,黄河下游有 21 年发生凌汛决口,口门达 40 处。1951 年和 1955 年也因凌情严重、堤防薄弱,分别于利津县境内的王庄

和五庄发生大堤决口。其中 1955 年 1 月 29 日决口致使利津、滨县、沾化 3 县 360 个村庄 17.7 万人受灾,淹没耕地 5.87 万公顷,房屋倒塌 5 355 间,死亡 80 人。

二、旱灾

历史上黄河流域是中国旱灾最严重的地区之一,从公元前 1766 年到 1944 年的 3 710 年中,有历史记载的旱灾就有 1 070 次。如清光绪年间的 1876—1879 年连续 3 年大旱,死亡 1 300 多万人;1920 年的晋、陕、鲁、豫大旱,受灾人口 2 000 万人,死亡 50 万人。

中华人民共和国成立后,中国共产党和人民政府十分重视流域水利工程建设,在上游宁蒙平原及湟水谷地、中游汾渭平原、下游黄淮海平原建设和完善了一批灌区,在黄土高原地区建设了一大批高扬程提水灌溉工程,使流域的抗旱能力得到极大提高。但黄土高原大部分地区还属"望天收"的状态,1950—1974 年的 25 年中,黄土高原地区共发生旱灾 17 次,平均 1.5 年一次,其中严重干旱的有 9 年。1965 年陕北、晋西北大旱,山西省受灾面积达 2 600 万亩,陕北榆林地区近 1 000 万亩农田几乎颗粒无收。1980 年因旱灾减产粮食 332 万吨,1982 年旱灾绝收面积约 1 000 万亩,1994 年干旱成灾面积达 6 000 万亩,粮食减产量达 600 万吨。1997 年的旱灾不仅造成农作物大量减产,而且黄河下游的断流天数、断流河长均创历史纪录。黄河流域属资源性缺水地区,在干旱枯水年水资源供需矛盾十分突出,灌区用水受到限制。

第十节　小浪底坝址环境

小浪底水利枢纽工程地质勘察工作始于 1953 年。三门峡至小浪底河段是黄河中游干流最后一个峡谷段,小浪底坝址位于该峡谷的末端,由于地形地质条件复杂,在 13 千米长的河段内先后对小浪底坝址(三坝址)、竹峪坝址、土崖底坝址(一、二坝址)及青石嘴坝址进行大量勘察和比选。自 1978 年起,勘察工作重点转向小浪底坝址。

一、库区支流及库容

小浪底库区自三门峡大坝至小浪底,东西长 130 余千米;北起中条山、王屋山南麓,南抵崤山东北余支的北坡,宽约 50 千米。黄河南岸为河南省的孟津、新安、渑池和陕县;北岸为河南省的济源市和山西省的垣曲、夏县、平陆。

库区为土石山区,植被条件较好。干流河道上窄下宽,上段约 1/2 河道的河谷底宽仅 200~400 米,下段 1/2 河道的底宽一般为 500~800 米。坝址以上 32 千米的八里胡同峡谷,长 4 千米,河谷最窄河段一般为 200~300 米。河底比降约 1‰,河床为砂卵石覆盖。

库区支流共 18 条,其中比较大的支流有大峪河、畛水、石井河、东洋河、西阳河、东河、亳清河、板涧河等 8 条。小浪底库区的较大支流多分布于近坝段,且支流比降较陡,一般在 10‰左右。小浪底库区主要支流特征值见表 1-10-1。

表 1-10-1　小浪底库区主要支流特征值

支流名称	距坝里程 (千米)	河道长度 (千米)	流域面积 (平方千米)	比降 (‰)	沟口高程 (米)	水位 275 米 库容 (亿立方米)
大峪河	3.90	55.0	258	10.0	140	6.02
畛水	18.02	53.7	431	5.6	150	17.50
石井河	22.12	22.0	140	12.0	150	3.62
东洋河	31.03	60.0	571	9.2	164	3.10
西阳河	41.25	53.0	404	10.6	175	2.18
东河	57.63	72.0	576	12.0	194	3.21
亳清河	57.63	52.0	647	7.2	196	2.21
板涧河	65.91	45.0	360	12.6	205	0.58

小浪底水库总库容 126.5 亿立方米,其中干流库容 85.8 亿立方米;在八里胡同至大坝的 32 千米库段有 77.4 亿立方米库容,约占总库容的 2/3;在八里胡同入口以下汇入黄河的东洋河、石井河、畛水及大峪河 4 条支流共有库容 30.2 亿立方米,占总支流库容 40.7 亿立方米的 3/4;库水位 230 米高程以上有库容 85.7 亿立方米,约占总库容的 2/3。小浪底水库库容较大,有利于实施防洪防凌和调水调沙。

二、库区气候

库区属南温带亚湿润气候区。库区附近三门峡、垣曲、孟津和济源等地的气象资料,可概略地反映坝区气候特征。

坝区年平均气温在 14 ℃上下。1 月平均气温最低,在 0 ℃左右,极端最低气温达-20 ℃。7月平均气温最高,一般为 26～27.5 ℃,极端最高气温达 43.7 ℃。坝区年降水量 600～660 毫米,其中 7—9 月降水量占年降水量的 50%以上。年平均蒸发量 1 800～2 100 毫米。年平均相对湿度在 60%上下。极端最大风速达 20 米每秒以上。冬季盛行风向西北西(WNW),其他季节以东北东(ENE)风向为主。

库区是三门峡至花园口区间主要暴雨中心区之一。暴雨发生较频繁,强度与总量较大。特别是在经向型环流形势下的南北向切变线暴雨过程中,往往 100 毫米以上大暴雨区几乎覆盖三门峡至小浪底区间。另外,坝区附近黄河北岸王屋山南坡,山岭陡峻,盛夏热力、动力作用强,易形成局地强对流天气,产生局地暴雨和较大支沟洪水。

三、水温与冰情

(一) 水温

根据小浪底水文站 1956—1966 年实测水温资料,扣除 1960 年、1961 年三门峡水库高水位蓄水期水温观测资料,得出多年平均逐月水温值。小浪底水文站年、月平均水温情况见表 1-10-2。

表 1-10-2　小浪底水文站年、月平均水温情况

月份	1 月	2 月	3 月	4 月	5 月	6 月	7 月	8 月	9 月	10 月	11 月	12 月	全年	资料年份
水温 (℃)	1.0	3.2	8.1	14.5	19.2	24.1	26.5	26.0	21.4	15.7	9.1	2.8	14.3	1956—1959, 1962—1966

(二) 冰情

小浪底水文站每年冬季有一定的冰情出现。根据小浪底水文站 1968—1985 年冰情观测资料,汇集成小浪底水文站冰情特征值。小浪底水文站冰情特征值见表 1-10-3。

四、水文

通过搜集黄河流域小浪底工程邻近地区的气象、径流、洪水、泥沙等资料,

采用系列还原、插补延长等方法,推算径流及洪水特性,为工程设计提供基础资料。

表 1-10-3 小浪底水文站冰情特征值

项目	岸冰初日（月-日）	流冰花初日（月-日）	最大岸边冰厚（米）	最大流冰块		流冰花终日（月-日）	岸冰终日（月-日）
				长（米）	宽（米）		
最早	11-29	12-10				12-29	12-25
最晚	01-30	01-21				02-09	02-27
平均	12-21						02-03
最大			0.50	40.0	20.0		

(一) 设计洪水

与黄河下游防洪有关的水文站及区间包括三门峡、花园口水文站及三门峡—花园口、小浪底—花园口、小陆故花间（指小浪底、陆浑、故县至花园口区间,亦称无控制区）。以上各水文站及区间的设计洪水在淮河"75·8"大水后于 1976 年、1980 年、1985 年进行过多次分析计算。1976 年计算成果的水文资料系列截至 1969 年,经过水电部水利水电规划设计总院审定,并用于小浪底工程初步设计,对 1976 年未计算的短缺部分采用 1980 年补充成果,对 1980 年也未作补充的小浪底洪峰流量及 45 天洪量采用 1985 年计算成果。

小浪底工程设计洪水频率分析采用的成果见表 1-10-4。

表 1-10-4 小浪底工程设计洪水频率分析采用的成果

水文站名	项目	计算年份	均值	C_v	C_s/C_v	万年一遇	千年一遇	百年一遇
花园口	Q_m	1976	9 780	0.54	4	55 000	42 300	29 200
	W_5	1980	26.5	0.49	3.5	125	98.4	71.3
	W_{12}	1976	53.5	0.42	3	201	164	125
	W_{45}	1976	153	0.33	2	417	358	294
小浪底	Q_m	1985				52 300	40 000	27 500
	W_5	1980	22.3	0.51	3.5	111	87.0	62.4
	W_{12}	1980	44.1	0.44	3	172	139	106
	W_{45}	1985	128	0.35	2	366	312	256

续表 1-10-4

水文站名	项目	计算年份	均值	C_v	C_s/C_v	万年一遇	千年一遇	百年一遇
三门峡	Q_m	1976	8 880	0.56	4	52 300	40 000	27 500
	W_5	1980	21.6	0.50	3.5	104	81.8	59.1
	W_{12}	1976	43.5	0.43	3	168	136	104
	W_{45}	1976	126	0.35	2	360	308	251
三花间	Q_m	1976	5 100	0.92	2.5	46 700	34 600	22 700
	W_5	1976	9.80	0.90	2.5	87.0	64.7	42.8
	W_{12}	1976	15.03	0.84	2.5	121.5	91.0	61.0
	W_{45}	1976	31.6	0.56	2.5	165	132	96.5
无控制区	Q_m	1976	2910	0.88	3	27 400	20 100	12 900
	W_5	1976	5.06	1.04	2.5	55.0	40.1	25.4
	W_{12}	1980	7.14	0.96	2.5	69.3	51.0	33.1
小花间	Q_m	1976	4230	0.86	2.5	35 400	26 500	17 600
	W_5	1976	8.65	0.84	2.5	70.0	52.5	35.2
	W_{12}	1976	13.2	0.80	2.5	99.5	75.4	51.0

注:C_v 为离差系数;C_s 为偏差系数;Q_m 为洪峰流量,立方米每秒;W_5、W_{12}、W_{45} 分别为 5 天、12 天和 45 天洪量,亿立方米。小浪底工程设计洪峰流量直接采用三门峡工程设计成果。

在小浪底水利枢纽的规划、可行性研究和初步设计中,对于可能最大洪水采用历史洪水加成、频率分析和水文气象三种方法分别进行分析计算,经综合分析,合理选定成果。选定的可能最大洪水成果 1975 年 12 月由水电部组织审定。成果选定原则是洪峰偏重于考虑频率分析的成果、洪量偏重于考虑水文气象的成果。1976 年 8 月和 1980 年 5 月水电部又先后进行两次审查,结论是仍维持 1975 年审定成果。初步设计阶段 1985 年的分析成果均较 1976 年的成果为小,经综合分析,采用水电部 1976 年审定的成果。小浪底工程采用的可能最大洪水成果见表 1-10-5。

表 1-10-5　小浪底工程采用的可能最大洪水成果

水文站名	洪峰流量 (立方米每秒)	5 天洪量 (亿立方米)	12 天洪量 (亿立方米)	45 天洪量 (亿立方米)
三门峡	52 300	104	168	360
花园口	55 000	125	200	420
三花间	45 000	95	120	
无控制区	30 000	65		

(二)设计径流

小浪底水利枢纽初步设计阶段,采用黄委会设计院于 1982 年 12 月完成的《黄河流域天然年径流》成果,主要控制站的天然径流系列为 1919 年 7 月至 1975 年 6 月共 56 年。

在 1990 年开始的招标设计阶段,黄委会设计院在《黄河流域天然年径流》成果基础上,将主要控制站的天然径流还原到 1989 年 6 月,系列年数达到 70 年;1999 年,在开展"黄河的重大问题及对策"研究过程中,黄委会水文局又将主要站的天然年径流还原到 1997 年 6 月,系列年数达到 78 年,花园口站 78 年系列天然年径流量为 562 亿立方米,与 56 年系列均值 559 亿立方米相比仅相差 0.5%,说明 56 年系列具有一定的代表性。考虑到经国务院批准的黄河可供水量 370 亿立方米分配方案,是根据 56 年系列径流资料制订的,且 56 年系列成果已被广泛应用于黄河流域规划工作中,因此在小浪底工程各设计阶段均采用 56 年径流系列。

按 56 年系列计算,三门峡水文站、三门峡至小浪底区间、小浪底水文站多年平均天然径流量分别为 498.4 亿立方米、5.6 亿立方米和 504 亿立方米。

根据设计水平年小浪底以上工农业需耗水量及干支流水库运用条件,推求小浪底入库径流。确定 2000 年为设计水平年,预测设计水平年城镇、工业耗水量 32.8 亿立方米,农业耗水量 189.5 亿立方米,小浪底水库多年平均入库径流量 281.46 亿立方米,扣除两岸灌溉引水量 4.23 亿立方米,按照先支流后干流对大型水库进行径流调节计算,对各河段进行水量平衡计算,得出小浪底水库设计水平年入库年平均水量为 277.1 亿立方米。

上述预测设计水平年 2000 年上游工农业耗水量,是按照国务院国发办〔1987〕第 61 号文件规定的黄河可供水量分配方案,即全河可供分配水量 370 亿立方米计算的,这个方案也代表了南水北调生效以前的全河可供水水平。

(三)设计入库泥沙量

黄河以高含沙量著称于世。黄河上游为少沙河段,河口镇实测年平均输水量 248.2 亿立方米,输沙量 1.44 亿吨,平均含沙量 5.8 千克每立方米。中游流经世界上最大的黄土高原,水土流失严重,是主要产沙区。按三门峡水文站 1919—1960 水文年统计,实测年平均输水量 432.2 亿立方米、输沙量 16 亿吨,平均含沙量 37.0 千克每立方米。1933 年陕县水文站实测年最大输沙量 39.1

亿吨,最大 1 日输沙量 7.66 亿吨。三门峡至小浪底区间年平均输水量 9 亿立方米,悬移质输沙量约 470 万吨,含沙量 5.2 千克每立方米,因此三门峡水文站的水沙系列可作为小浪底工程的入库水沙系列。

1919—1960 年水文统计是自然条件下的水沙情况,受工程影响小。小浪底入库水沙受气候、地理条件、干支流水库工程和人类活动等因素影响。1960—1968 年受三门峡水库蓄水和泄流能力小的影响,三门峡水库共淤积 55.65 亿吨,故小浪底汛期来沙减少,非汛期来沙略有增加,年平均入库沙量 10.6 亿吨。1968—1974 年三门峡经两次改建、增建泄流设施,形成相对稳定的槽库容,自然来水偏少,来沙偏多,小浪底年平均入库沙量 14.45 亿吨。1974—1986 年黄河上游清水区来水多,河口镇至龙门产沙区无大的暴雨洪水,加上支流工程的拦沙作用,水多沙少,这个时段的年平均入库沙量为 10.75 亿吨。随着上中游工农业用水的增加和治理措施的作用,小浪底的入库水沙都有所减少。龙羊峡和刘家峡水库的径流调节,汛期拦蓄上游清水 50 亿~70 亿立方米,三门峡"蓄清排浑"运用,泥沙集中在汛期下泄,使小浪底汛期水量减少、含沙量增加。

小浪底初步设计采用南水北调生效前的 2000 年设计水平年的水沙条件,选择 1950—1975 年翻番系列作为代表系列,这个系列包含丰水时段、平水时段和枯水时段,年平均水量和沙量接近于长系列的年平均水量和沙量,具有一定的代表性。

不同系列水沙组合对水库淤积过程、坝前水位抬高过程、库容变化过程、下游减淤过程等都会产生影响,且多系列计算可以对水库的效益指标进行敏感性分析。因此,招标设计阶段采用 1919 年 7 月至 1975 年 6 月 56 年系列作为长系列水沙条件,从中选定 6 个系列,进行水库和下游河道泥沙冲淤的敏感性检验,以确定水库的平均淤积过程和黄河下游的平均减淤效益。

来自黄河上中游地区的水沙,经过龙门、华县、河津、洑头 4 站至潼关河道的冲淤调整及三门峡水库的调节运用后,6 个 50 年代表系列平均年入库水量为 289.2 亿立方米,沙量为 12.74 亿吨,年平均入库含沙量为 44 千克每立方米。其中,汛期入库水量为 162.3 亿立方米,占全年来水量的 56.1%;汛期入库沙量为 12.26 亿吨,占全年来沙量的 96.2%。

五、地形地质

(一)地形

小浪底水库位于豫西山地和山西高原的接壤部位,西部和北部属太行山系,南部属秦岭余脉的崤山山系。坝址下游焦枝铁路以东,即为广袤的黄淮海大平原。小浪底坝址位于黄河中游干流最后一个峡谷的末端,黄河由西向东出峡谷后逐渐展宽,河谷宽约800米,河谷底部高程130米左右。河床右岸为滩地和黄土二级阶地,河谷岸坡较为平缓,坝顶280米高程以上山势陡峻,山顶高程为380~420米;左岸河谷出露砂、页岩地层,河谷岸坡陡峻,坝顶280米高程以上为约800米长单薄分水岭,地势平缓,山顶高程为290~320米,其间分布一高程为240米左右的垭口。

(二)地质

坝址处于狂口背斜倾伏端的东翼,其轴部在坝址右坝肩东坡村附近。受背斜褶皱的影响,坝址区岩层呈单斜地层,以10度左右的缓倾角倾向东或北东。坝址区主要出露的地层为二叠系上石盒子组、石千峰组黏土岩和砂岩,三叠系下统刘家沟组及和尚沟组砂岩、粉砂岩。第四系主要是黄土和砂砾石层。坝址区地层褶皱轻微,断裂构造发育。由于断距220米、顺河向 F_1 断层的切割,河床右岸出露的岩层主要为二叠系砂岩和黏土岩,左岸出露的岩层主要是三叠系的长石石英砂岩和泥质粉砂岩。河床部分为最大深度达70余米的砂砾石覆盖层。综合分析坝址区的地质条件,结合枢纽布置方案,其主要工程地质问题如下。

1. 河床深覆盖层

作为大坝基础的河床覆盖层一般深30~40米,最大深度达70余米。覆盖层上部为松散的 Q_4 粉细砂层,下部为密实的 Q_3 砂砾石层,其间含有粉细砂透晶体和底部连续的粉细砂层。

2. 断裂构造发育

坝址区出露的主要断裂构造自北向南有 F_{461}、F_{240}、F_{238}、F_{236}、F_1、F_{233}、F_{231}、F_{230} 及 F_{28} 等。除 F_{28} 走向北东外,其余主要断裂构造均沿上下游方向展布,且大部分为高倾角正断层,将坝区岩体切割成条块状。坝址区节理裂隙发育,其发育程度与岩性和岩层单层厚度有关。砂岩地层较黏土岩地层节理发育,一般每米有 1~2 条节理。坝区主要节理有 NW270°~290°、NW340°~350°、NE10°~20°和 NE60°~70°四组,倾角 70°~80°,属于剪切性节理,一般延伸不长。在每一地段发育有 2~3 组节理。这些断裂构造与建筑物围岩稳定关系密切,形成明显的上下游方向带状渗水的水文地质特征。

3. 泥化夹层

小浪底工程坝址区的砂岩层系河湖相沉积,在砂岩中常夹有黏土岩,后期受剪切构造作用而发生层间错动。因砂岩刚度较大,易沿薄层黏土岩发生剪切错动,造成黏土岩破碎、泥化现象。泥化层的分布一般以长度 30~50 米、层厚 1~2 厘米者为主。在左岸坝肩山体有泥化层延伸长达 200~300 米。泥化层的力学指标较低,岩层呈 10 度左右的缓倾角倾向下游。在建筑物区基岩地层中的泥化夹层是影响稳定的关键地层。

4. 左岸单薄分水岭

坝址左岸山体山势平缓,上游有风雨沟,下游有葱沟、瓮沟、西沟和桥沟切割,岩层主要为三叠系的长石石英砂岩和泥质粉砂岩互层,岩层中有 F_{236}、F_{238}、F_{240} 等基本沿上下游方向展布的断层和与分水岭呈北东向斜交的 F_{28} 大断层。岩层节理裂隙发育,风化卸荷严重。左岸山体和建筑物关系密切,水库蓄水后,山体南段存在自身稳定和整个山体的漏水处理问题。

5. 滑坡和倾倒变形体

由于坝址区岩层为倾向北东的单斜地层,河谷南岸多发育有倾向河床的滑坡及倾倒变形体。距坝轴线上游 2~3 千米范围内的 1 号和 2 号滑坡体体积分别为 1 100 万立方米和 410 万立方米;坝肩处的东坡滑坡体和坝下游的东苗家滑坡体与枢纽建筑物的安全运用关系十分密切。

6. 地震

小浪底工程坝址远源破坏性地震主要来自汾渭地震带和太行山麓地震带,历史地震 8 级,震中距 140~250 千米。近源地震以小浪底为中心,半径 30 千米范围内有封门口和城崖地断裂,历史地震 5 级。经国家地震局审定,小浪底工程坝址区地震基本烈度为 7 度,主要挡水建筑物的设防烈度为 8 度,在远场和近场地震共同作用下万分之一概率最大水平加速度为重力加速度的 21.5%。

第二章　工程开发背景

黄河是中华民族的摇篮,为中国社会政治、经济、文化的发展做出了巨大贡献,但黄河洪水和泥沙,历史上也给中国人民带来深重的灾难。为了使黄河造福于人民,许多有志之士为之奋斗,并在伟大的治河实践中,积累了丰富的治河经验,为治理黄河留下了宝贵的遗产和借鉴。小浪底工程开发建设是黄河治理开发的里程碑,由于其特殊性、复杂性和重要性,工程前期立项、决策经历了较为漫长和不断调整变化的过程。通过几十年坚持不懈的探索和研究,先后经历了不同时期的流域综合规划、专题论证等过程,工程前期决策依据充分、程序合法、目标明确、科学合理。

第一节　黄河综合利用规划

治理黄河历来是中华民族安民兴邦的大事,中华人民共和国成立后,为了变害河为利河,由流域性治河机构黄河水利委员会统筹规划全河水利事业。1954 年编制完成《黄河综合利用规划技术经济报告》(简称《黄河技经报告》),1955 年 7 月第一届全国人民代表大会第二次会议通过《关于根治黄河水害和开发黄河水利的综合规划的决议》。《根治黄河水害和开发黄河水利的综合规划》是中国大江大河第一部综合利用规划,规划在黄河干流上建设 46 个梯级工程,小浪底为第 40 级工程。

一、规划编制

中华人民共和国成立后,为了根治黄河水害、开发黄河水利,由水利部、燃料工业部、地质部等,着手研究治理黄河问题,并进行大量的治黄规划准备工作。1952 年 5 月,黄委会主任王化云在《关于黄河治理方略的意见》中建议:"聘请苏联各种高级专家,组成查勘组,进行一次全河的查勘,统筹全局,做出流域开发规划,务使先做的工作为整个开发中的一部分。"中国政府经过与苏联政府商谈取得协议,决定将黄河综合利用规划列入苏联援助中国经济建设 156 项重大项目之中。为研究黄河流域的综合开发问题,1953年6月17日,国家计委召集燃料工业部、水利部、地质部、农业部、林业部、中国科学院等单位,具体商讨苏联专家组到来之前应做的准备工作。根据讨论结果,国家计委于7月16日发出《关于成立黄河资料研究组的通知》,决定成立黄河资料研究组,研究组的成员以燃料工业部和水利部为主,各有关部门和单位均指定专人参加。

苏联专家组于1954年1月2日到达北京,随即开展工作。在研究资料并听取有关问题的系统介绍后,苏联专家肯定了过去的准备工作方向,认为可以一方面进行黄河重点查勘,一方面编制黄河流域规划报告,报告由苏联专家指导中方人员编写。

1954年2月组成黄河查勘团,深入实际了解黄河情况,收集补充有关资料,听取沿河各地对治黄的意见和要求。黄河查勘团由水利部副部长李葆华、燃料工业部副部长刘澜波任正、副团长,水利部黄委会副主任赵明甫、燃料工业部水电总局副局长张铁铮为正、副秘书长,有苏联专家、中国专家和工程技术人员等120余人参加。黄河查勘团于2月23日至6月15日,历时113天,行程12 120千米,查勘了从兰州到入海口3 300千米的河道、干流坝址21处、支流坝址8处、灌区8处、水土保持区4处、水文站7处、下游堤防1 400余千米和滞洪工程,以及沿河航运情况。黄河查勘团详细听取并讨论研究了有关地方政府对治黄的意见和要求,对黄河流域综合规划的关键问题,特别是对选择第一期工程等问题基本统一了认识,为编制黄河规划奠定了基础。

1954年4月,国家计委决定将黄河资料研究组改为黄河规划委员会,由有关部门负责人组成。委员为李葆华(水利部)、刘澜波(燃料工业部)、张含英(水利部)、钱正英(水利部)、宋应(地质部)、竺可桢(中国科学院)、王新三(国家计委燃料工业计划局)、顾大川(国家计委农林水利计划局)、柴树藩(国家计委设计计划局)、王化云(黄委会)、赵明甫(黄委会)、李锐(燃料工业部水电总局)、张铁铮(燃料工业部水电总局)、刘均一(林业部调查设计局)、高原(交通部航务工程总局)、赵克飞(铁道部设计总局)、王凤斋(农业部农业生产管理总局)等17人,并以李葆华、刘澜波为正、副主任委员。为了便于进行日常工作,委员会下设办公室,在专家指导下,具体领导11个专业组进行技术经济报告编制工作。在工作过程中,还经常与各有关部门和沿黄省(区)联系、协商,取得统一的意见,陕、甘、蒙、晋、冀、鲁、豫等省(区)也派人参加编制工作。

《黄河技经报告》于 1954 年 10 月完成,共分总述、灌溉、动能、水土保持、水工、航运、关于今后勘测设计和科学研究工作方向的意见及结论等 8 卷,全文共20 万字,附图 112 幅。

这次规划的河段范围主要是从贵德(龙羊峡)至入海口的黄河干流,在干流规划研究中也曾对某些支流提出建筑水库的初步设想。

二、规划内容

(一) 任务与方针

这次规划的任务是:从根本上治理黄河的水害、控制黄河流域的水土流失、消除黄河流域的旱灾,并充分利用黄河的水利资源来进行灌溉、发电和通航,促进农业、工业和运输业的发展,从根本上改变黄河流域的面貌。

对于黄河治理采取的方针,不是把水和泥沙送走,而是对水和泥沙加以控制、加以利用。基本方法是:从高原到山沟,从支流到干流,节节蓄水,分段拦泥,尽一切可能把河水用在工业、农业和运输业上,把黄土和雨水留在农田上,达到控制黄河的水和泥沙、根治黄河水害、开发黄河水利的目的。

控制黄河水和泥沙的具体措施:一是在黄河干流和支流上修建一系列的拦河坝和水库,依靠这些拦河坝和水库拦蓄洪水、泥沙,防止水害,调节水量,发展灌溉和航运,建设一系列不同规模的水电站,取得大量廉价的动力;二是在黄河流域水土流失严重的地区,主要是甘肃、陕西、山西 3 省,展开大规模水土保持工作,保护黄土,减轻雨水冲刷,拦蓄雨水使它不冲下山沟和冲入河流,避免中游地区的水土流失,同时也可消除下游水害的根源。

(二) 主要内容

黄河综合利用规划包括远景计划和第一期计划两部分。

1. 远景计划

黄河综合利用规划远景计划主要内容是黄河干流梯级开发计划,即在黄河干流上修建一系列的拦河坝,把黄河改造成为"梯河"。这种规划方法在中国还是第一次采用。

远景计划拟由青海贵德龙羊峡起,到河南成皋(今荥阳境)桃花峪止,按照河流的特点,把黄河上中游分作 4 段分别加以利用。第一段从青海龙羊峡到宁夏青铜峡,这段河道穿行山岭之间,河道坡度陡,水力资源丰富,而且新的工业区发展迅速,所以需要着重利用水力发电,同时可以利用水库来防洪和灌溉。第二段从宁夏青铜峡到内蒙古河口镇(托克托),这段是山谷间的平原,土壤肥沃,雨水稀少,河道开阔,坡度平缓,宜于通航,因此这一段的主要任务是发展灌溉和航运。第三段从内蒙古河口镇到山西河津的禹门口,这段黄河进入山西、陕西交界的峡谷,河道坡度陡,但因地质条件和地理条件的限制,不能修建大的水库,只有在上游调节流量的大水库建成以后才能利用水力发电。第四段从山西禹门口到河南桃花峪,这段河道宽窄相间:从禹门口到陕县两岸是黄土塬地,河道宽阔;陕县到孟津是峡谷地带,是控制黄河下游洪水的关键地点,同时与山西、陕西、河南工业区靠近,因此陕孟间的主要任务是防洪和发电;孟津以下是浅山区,到桃花峪进入平原,河道平缓,农田辽阔,可以建坝灌溉附近的重要农业区。按照这个规划,在黄河干流上要建设 46 个梯级工程,选择三门峡、刘家峡、青铜峡、渡口堂、桃花峪为第一期重点开发工程。规划中的小浪底为第 40 级工程,正常高水位 163 米,最大水头 27 米,总库容 2.4 亿立方米,装机 30 万千瓦,为径流式电站。三门峡至小浪底 130 千米河段规划有任家堆、八里胡同和小浪底三个梯级。1955 年规划黄河干流开发纵剖面见图 2-1-1。

为配合黄河干流梯级开发计划,还要在黄河的重要支流上修建一批水库,多数为拦蓄支流的泥沙,少数为综合利用。规划时研究了 24 座支流水库,其中有 19 座拦泥、3 座调洪、2 座综合利用。

根据黄河综合利用规划的内容,黄河干支流上一系列的水坝修成以后,黄河流域会发生如下的变化:

一是黄河洪水灾害可以完全避免。刘家峡水库修成后,可把兰州黄河最大洪水流量 8 330 立方米每秒减至 5 000 立方米每秒,兰州及宁蒙河套地区可免于水灾;三门峡水库可以把陕县黄河最大洪水流量由 36 000 立方米每秒减至 8 000 立方米每秒,使进入山东境内狭窄河道的洪水安然入海。黄河泥沙经干支流水库层层拦截后,下游河水变为清水,河身不断刷深,河槽日趋稳定,下游人民的各种防洪负担可以解除。

二是利用黄河干流 46 座拦河坝可装机 2 300 万千瓦,年平均发电量为 1 100 亿千瓦时;黄河支流水库也可发电,使青、甘、宁、蒙、晋、陕、豫、冀等地的工业、农业、交通运输业得到廉价电源,使广大地区实现电气化,并为国家节约大量燃料用煤。

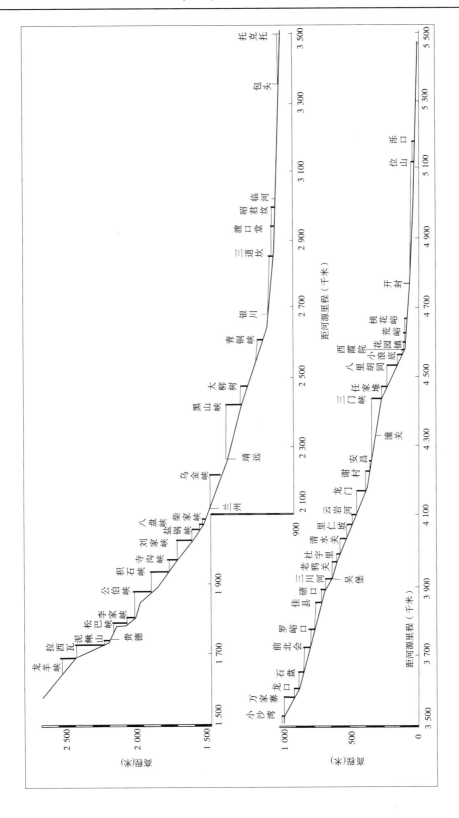

图 2-1-1 1955 年规划黄河干流开发纵剖面

三是扩大灌溉面积。在干支流上修建水利工程,整修和兴修一系列渠道及其他灌溉工程后,灌溉面积可由1954年的1 782万亩扩大到1.16亿亩,占黄河流域可灌溉面积1.78亿亩的65%。其余35%土地的灌溉问题,因黄河水量不足,除依靠井水、雨水解决一部分外,还需从邻近流域引水补给。

四是发展航运。在46座拦河坝修成并安装过船装置后,黄河中下游可全线通航,500吨拖船可由黄河入海口航行到兰州。

五是水土保持。在实行上述梯级开发计划的同时,必须在甘肃、陕西、山西3省和其他黄土区域开展大规模的水土保持工作,按照各侵蚀类型区的具体情况,采取农业技术措施、农业改良土壤措施、森林改良土壤措施、水利改良土壤措施等进行治理。前3种措施面积为4.3亿亩,占水土流失面积的2/3;水利改良土壤措施需修筑各种小型工程316.2万座,平均每平方千米7.4座。这一计划实现后,黄土区域的面貌将大为改变,农林牧业生产将大为增加。

2. 第一期计划

黄河流域综合利用规划第一期计划的主要任务是解决黄河的防洪、发电、灌溉和其他方面的迫切问题,要求在1955—1967年内实施。主要内容是:在黄河干流上修建三门峡、刘家峡两座综合性枢纽工程和青铜峡、渡口堂、桃花峪3座以灌溉为主的工程。

三门峡水库正常高水位为350米,总库容360亿立方米,设计泄洪流量8 000立方米每秒,装机容量89.6万千瓦,年平均发电量46.0亿千瓦时,在黄河缺水时期可把年最小流量由197立方米每秒调节到500立方米每秒,淹没耕地200万亩,迁移居民60万人。考虑到灌溉需水量的增长及水库淤积的程度,初期运用水位只抬高到335.5米,淹没96万亩、移民31.9万人。初期只迁移21.5万人,其余居民根据需要在以后15~20年内陆续迁移。

刘家峡水库正常高水位1 728米,总库容49.1亿立方米,设计泄洪流量5 500立方米每秒,装机容量100万千瓦,年平均发电量52.3亿千瓦时,并可把年最小流量200立方米每秒提高到465立方米每秒。

在支流泾河、葫芦河、北洛河、无定河、延河及其他小支流上修建15座小型拦泥水库,以拦截三门峡以上支流的泥沙,减少三门峡水库淤积。三门峡水库以下还有支流伊洛河、沁河汇入,当这两条支流发生大洪水时,对下游仍有很大威胁,需在洛河的故县及其支流伊河的陆浑,以及沁河的润城各建1座防洪水库。

在汾河的古交、灞河的新街镇各建 1 座综合性水库。

上述工程完成以前,须在下游采取一系列临时措施,继续加高加固下游河堤,加强并扩大滞洪区设施建设,继续加强防汛工作。

为了发展宁夏灌区、内蒙古灌区及黄河下游灌区,需修建青铜峡、渡口堂、桃花峪 3 座壅水坝,并发挥三门峡、刘家峡及各支流水库的灌溉作用。第一期工程计划扩大灌溉面积 3 025 万亩,其中青海 21 万亩、甘肃(包括宁夏)205 万亩、内蒙古 421 万亩、陕西 226 万亩、山西 90 万亩、河南 960 万亩、河北 400 万亩、山东 702 万亩,并改善原有灌区 1 198 万亩。

黄河干流有 4 段通航,从宁夏银川到内蒙古清水河 843 千米,从河南桃花峪到黄河入海口 703 千米,三门峡水库内 190 千米,刘家峡水库内 59 千米,共计 1 795 千米。另外,还可利用灌溉渠道通航 709 千米。

水土保持第一期工作量很大,尤其是农业技术措施和农业改良土壤措施占远景工作量的 43%~91%。第一期计划规定:改良耕作面积 12 700 万亩,草田轮作面积 870 万亩,改良天然牧场 13 460 万亩,培植人工牧场 670 万亩,停耕陡坡耕地 1 100 万亩;修水平梯田 2 800 万亩、带截水沟梯田 1 400 万亩,修地边埝耕地 1 470 万亩,修等高埝耕地 1 700 万亩;人工造林 2 100 万亩,育苗 70 万亩,封山育林 3 660 万亩;修沟头防护 21.5 万个,修谷坊 63.8 万个,修淤地坝 7.9 万座,修沟壑土坝 300 座。实现这一计划后,当地农业生产总量将增加一倍,进入黄河的泥沙,在水土保持和支流拦泥水库的作用下,将减少一半。

三、规划审定

《黄河技经报告》编制完成后,国家计委于 1954 年 11 月 29 日邀请国务院第七办公室、国家建设委员会(简称国家建委)、燃料工业部、水利部、地质部、农业部、铁道部、交通部、黄河规划委员会等有关单位负责人及苏联专家,听取了苏联专家组组长阿·阿·柯洛略夫关于《黄河综合利用规划技术经济报告情况》的报告,会议由国家建委主任薄一波主持。讨论时,水利部副部长李葆华进行了解释说明,认为黄河规划方案是正确的,解决了中国几千年来没有解决的问题,规划中采用大水库、支流水库、水土保持等办法来解决洪水问题、泥沙淤积问题是合适的,把水土保持与正在进行的农业合作化结合起来效果会更好。燃料工业部副部长刘澜波表示同意这一看法,并补充说:黄河流域新建城市的电源问题也是很紧张的,规划中解决了这个问题,还解决了农业上的灌溉问题,建议中央提早讨论通过这个报告。国务院副总理邓子恢也肯定了这个规划并指出:其主要工程是三门峡水利枢纽,党中央已同意这一方案,目前任务是如何分头组织力量加以实施,在专家帮助下进行设计、施工。

1955年2月15日,黄河规划委员会将规划报告和苏联专家组对该报告的结论等文件报送国务院、国家计委和国家建委,请求批准。

1955年4月5日,中共国家计委党组和中共国家建委党组对文件审查后,联名向毛泽东、刘少奇、周恩来、朱德、陈云、彭德怀、彭真、邓小平、邓子恢等41位中共中央和国家领导人报送《关于请审批黄河综合利用规划技术经济报告和黄河、长江流域规划委员会组成人员名单的报告》。报告中对黄河综合规划的审查意见是:

(1)规划报告中所提出的黄河综合利用远景计划和第一期计划都是经过慎重研究和比较的,应当认为是今天可能提出的最好的方案。建议予以批准。

(2)在第一期工程中,下列各项工程应于第一个五年计划期内即开始进行:

一是三门峡水利枢纽,苏联已同意担负设计和供应设备,可于1957年开始施工。

二是下游临时防洪工程,在三门峡水库和三门峡下游的沁河、洛河的支流水库建成之前,下游的堤防加固和分洪、滞洪工程应当立即进行。此项设计正由水利部进行,可于1955年开始施工。

三是上中游水土保持,为了减少各支流的泥沙大量流入黄河、促进上中游各地的农业生产,应当有步骤地开展群众性的水土保持工作。

上述3项工作在第一个五年计划内需拨款1.5亿元,1955年约需2 000万元,拟请准予列入计划。

(3)黄河规划委员会为确保下游防洪安全和延长三门峡水库使用年限,提出的三门峡水库泄洪量标准是否定为8 000立方米每秒,正常高水位是否定为350米,抑或定为355米、360米等问题,建议由黄河规划委员会向苏联专家提出,在初步设计中研究确定。

1955年5月7日,刘少奇主持中共中央政治局会议,出席的有朱德、陈云、董必武、彭真、邓小平、薄一波、谭震林等46人。会议听取李葆华关于《黄河技经报告》的汇报,研究并决定将黄河综合利用规划问题提交第一届全国人民代表大会第二次会议讨论,责成水利部党组起草报告,交党中央审阅。关于黄河上中游的水土保持问题,提出应制定具有法律性质的条例交党中央审查。

1955 年 6—7 月,由邓子恢、李葆华、胡乔木修订《关于根治黄河水害和开发黄河水利的综合规划的报告》。

1955 年 7 月中旬,国务院召开第十五次会议,出席会议的有周恩来、陈云、邓子恢、陈毅、乌兰夫、李富春、李先念、傅作义等 32 人,列席者有王首道、孙起孟、钱正英、王化云、李锐等 59 人。李葆华、刘澜波对《关于根治黄河水害和开发黄河水利的综合规划的报告》做了说明。会议通过了这个报告,并决定由邓子恢代表国务院在第一届全国人民代表大会第二次会议上报告,提请大会审议批准。

1955 年 7 月 18 日,国务院副总理邓子恢代表国务院在第一届全国人民代表大会第二次会议上做了《关于根治黄河水害和开发黄河水利的综合规划的报告》。报告最后提出:"国务院根据中共中央和毛泽东同志的提议,请求全国人民代表大会采纳黄河规划的原则和基本内容,并通过决议要求政府各有关部门和全国人民,特别是黄河流域的人民,一致努力,保证它的第一期工程按计划实现。"经过代表们认真审议,1955 年 7 月 30 日,第一届全国人民代表大会第二次会议通过了《关于根治黄河水害和开发黄河水利的综合规划的决议》(见图 2-1-2)。内容是:

(1)第一届全国人民代表大会第二次会议批准国务院所提出的关于根治黄河水害和开发黄河水利的综合规划的原则和基本内容,并同意国务院副总理邓子恢《关于根治黄河水害和开发黄河水利的综合规划的报告》。

(2)国务院应采取措施迅速成立三门峡水库和水电站建筑工程机构,完成刘家峡水库和水电站的勘测设计工作,并保证这两个工程的及时施工。

(3)为了有计划、系统地进行黄河中游地区的水土保持工作,陕西、山西、甘肃三省人民委员会应根据根治黄河水害和开发黄河水利的综合规划,在国务院各有关部门的指导下,分别制订本省的水土保持工作分期计划,并保证其按期执行。

(4)国务院应责成有关部门、有关省份根据根治黄河水害和开发黄河水利的综合规划对第一期灌溉工程负责进行勘测设计并保证及时施工。

图 2-1-2　第一届全国人民代表大会第二次会议审议通过
《关于根治黄河水害和开发黄河水利的综合规划的决议》

第二节　三门峡工程实践

　　三门峡水利枢纽工程是根据 1955 年第一届全国人民代表大会第二次会议通过的《关于根治黄河水害和开发黄河水利的综合规划的决议》所做的规划修建的,三门峡工程建设是治理黄河的一次重大实践。工程从坝址选定、工程兴建,到枢纽两次改建和运用方式的改变,都关系到黄河治理的总体布局和安排,备受各方关注。三门峡水利枢纽工程的兴建和改建为小浪底水利枢纽工程建设提供了有益借鉴。

一、设计争论

　　1954 年底,中共中央决定将三门峡水利枢纽大坝和水电站委托给苏联电站部水电设计院列宁格勒分院(简称苏联列院)设计,其余项目由中国承担。

　　1956 年 4 月,苏联列院提出《三门峡水利枢纽工程初步设计要点》报告,报告中选定的三门峡水库正常高水位为 360 米高程,并阐明不应低于此高程;若考虑水库寿命为 100 年,则正常高水位应提高到 370 米高程。

　　1956 年 5 月,清华大学教授黄万里向黄河规划委员会提出《对黄河三门峡水库现行规划方法的意见》,主张经济坝高的确定应通过全经济核算,三门峡水库正常高水位应比 360 米或 370 米高程为低,并建议切勿把底孔堵死,以备将来泄水排沙,起减缓淤积的作用。水力发电建设总局青年技术员温善章,于 1956 年 12 月和 1957 年 3 月先后向水利部和国务院呈述《对三门峡水电站的意见》,提出三门峡水利枢纽应按低水位、少淹没、多排沙的思想进行设计,认为三门峡水库应按拦洪排沙的方式运用,水库正常高水位 335 米高程已足够。

1957 年初,三门峡水利枢纽初步设计审查会召开,会议围绕初步设计将三门峡水利枢纽的正常高水位由《黄河技经报告》确定的 350 米高程提高到 360 米高程、库区淹没农田由 200 万亩增加到 325 万亩、淹没涉及人口由 58.4 万人增加到 87 万人等问题展开争论。淹没大部分是关中沃野,陕西省反应尤为强烈,认为三门峡库区淹没损失太大,要求降低水库的正常高水位。

三门峡水利枢纽初步设计审查会于 1957 年 2 月底结束,正准备上报国务院审批期间,三门峡工地已进行了大量施工准备工作,并于 1957 年 4 月动工兴建。在这种情况下,国务院总理周恩来得知上述不同意见后极为重视,指示水利部请各方面专家认真讨论,以期正确解决。为此,水利部于 1957 年 6 月中旬在北京召开讨论会,对三门峡水库的任务、正常高水位、运用方式等进行讨论。参加会议的有水利部、电力工业部、清华大学、武汉水利学院、天津大学、黄河三门峡工程局及有关省水利厅的专家、教授共 70 人。会议由水利部副部长张含英主持,驻苏联列院的中国代表、工程师沈崇刚介绍了三门峡水利枢纽的初步设计和试验情况。

会上,温善章、叶永毅提出了建议方案,其主要论点是:水库任务以防洪为主,兼顾发电、灌溉和航运;水库运用原则为拦洪排沙,不调节径流,汛期敞泄排沙,汛后蓄水供兴利用;水库设计正常高水位为 336~337 米高程,死水位为 300~305 米高程,水库容积 110 亿~120 亿立方米,可满足 20 年内防洪淤沙要求,灌溉农田 1 500 万~2 000 万亩,发电装机容量 25 万~30 万千瓦;库区淹没耕地 50 万亩以下,移民 15 万人以下,工程造价 4.5 亿元,较正常高水位 360 米高程的设计方案少淹没耕地 250 万亩、少迁移人口 70 万人;关中平原土地资源宝贵,将来可能比动力还缺乏;混凝土工程量为 100 万~120 万立方米;拦河坝底孔高程 280 米,水库水位 310 米高程时下泄量 6 000 立方米每秒,汛期可有 88% 的泥沙排出库外。

陕西省代表在会上提出不同意见,认为陕西耕地的 85% 是山地,平原只有 1 000 多万亩。三门峡水库淹没多为该省的平原高产区,其人口密度为每平方千米 200 人,而全省的人口密度平均每平方千米为 82 人,所以该省的库区移民是一个大难题。用迁移 70 万~80 万人口的代价,换来一个寿命只有 50~70 年的拦沙库,群众很难通过。

经会议讨论,大多数代表的意见是维持原设计方案,仅建议枢纽分期修筑,水库分期抬高水位运用,分期移民,以缓和大批移民的困难和泥沙淤积问题,对初期运用水位认为 340 米高程较合适,并否定了拦洪排沙方案。

会后,水利部就贯彻 1957 年 7 月国务院总理周恩来和副总理李富春的指示,对水库的各种规划方案和上中游的水土保持等问题做了进一步研究,并结合这一期间的讨论意见,提出《关于三门峡水利枢纽问题的报告》,并于同年 11 月 3 日上报国务院。同年 11 月 23 日,国务院将上述报告批转给陕、晋、豫、鲁、冀、甘等省,在批示中特别指出:三门峡水库的正常高水位究竟多少为妥?水库蓄水后对上游的影响及库区泥沙淤积速度,上、中游水土保持速度及下游河道淤积等主要问题,要求各省组织讨论,提出意见,于 12 月中旬报国务院。陕西省回文提出:"一、水土保持减沙效果,原预计 1967 年入库沙量减少 20%,50 年后减少 50%,现在认为有可能加快,因此可缩小三门峡水库的拦沙库容;二、水库回水末端泥沙淤积将逐渐向上游延伸,350 米高程的库水位,渭河两岸浸没影响可达 15~30 千米,西安市北郊 375 米高程地带的工业区,很可能受到影响;三、建议正常高水位按 350 米高程设计,340 米高程建成,可少淹耕地 46%,可减少移民 50%。"其他省份分歧意见不大。

1957 年 4 月,三门峡水利枢纽开工以后,施工进展迅速,至 1958 年初已完成很大的工程量,施工人员 1 万多人,计划将工期提前 1 年,设计已赶不上施工,如再改变设计条件,苏联列院的设计工作就要推迟,工地势必停工,因此都急切要求早日确定方案。

国务院总理周恩来于 1958 年 4 月 21—24 日在三门峡工地主持召开三门峡水库现场会议,听取各方面的意见。陕、晋、豫等省和水电部、黄委会、三门峡工程局的领导人及有关专家在会上发言。陕西省估计水土保持速度可以加快,希望降低坝高及水库的正常高水位,水电部、黄委会、三门峡工程局则主张维持原设计。周恩来在听取各方面的意见后做了总结发言,确定几项原则:一是三门峡水利枢纽修建的目标是以防洪为主,综合利用为辅,先防洪,后综合利用,最基本的目标是在遇到特大洪水时不使下游决口,防止洪灾,免得下游四五省受大灾害;二是上下游兼顾,确保西安,确保下游;三是不能孤立地解决三门峡问题,不能一搞三门峡就只依靠三门峡,要同时加紧进行水土保持,整治河道和修建黄河干支流水库;四是从全局考虑,留有余地,争取降低泄水孔底槛高程。苏联列院认为降低泄水孔底槛高程后闸门启闭有困难,宜降到310米高程。这次会上周恩来又提出:"还可以继续争一争,看是不是能降到300米高程。"

1958年6月,国务院总理周恩来召集有关省的领导人进一步交换意见。同年6月29日,中共水利电力部党组综合这一阶段的研究意见,向中央写了《关于黄河规划和三门峡工程问题的报告》,中共中央将这份报告作为1958年8月召开的中共八大二次会议的参考文件印发。根据周恩来主持的两次会议上确定的几项原则,最后一致明确为:三门峡水利枢纽拦河大坝按正常高水位360米高程设计,第一期工程先按350米高程的蓄水位施工,1967年前最高运用水位不超过340米高程,死水位由原设计的335米高程降至325米高程,泄水孔底槛高程由原设计的320米高程降至300米高程,第一期工程大坝坝顶先修筑至353米高程。1959年10月,周恩来在三门峡工地再次主持召开现场会议,研究确定并最后经中央批准:1960年汛前三门峡水库移民高程为335米,近期水库最高拦洪水位不超过333米高程。

二、工程建设出现问题

三门峡水库1957年4月动工兴建,1960年9月基本建成投入运用,12个施工导流底孔全部关闸,水库开始蓄水拦沙。

1960年9月至1962年3月,水库首次蓄水拦沙运用,最高蓄水位332.58米高程(1961年2月9日),蓄水量72.3亿立方米。蓄水后库区泥沙淤积严重,在一年半的时间内水库330米高程以下淤积泥沙15.3亿吨,93%的来沙淤在库内,淤积末端出现"翘尾巴"现象,淤积速度和部位都超出预计。潼关水文站流量1 000立方米每秒的水位,1962年3月比1960年3月抬高4.4米,并在渭河口形成拦门沙,渭河下游泄洪能力迅速降低,两岸地下水位抬高,水库淤积末端上延,渭河下游两岸农田受淹没和浸没,土地盐碱化面积增大。

为了减缓水库淤积和渭河洪涝灾害,1962年2月水电部在郑州召开会议并决定:三门峡水库的运用方式由"蓄水拦沙"改为"滞洪排沙",汛期闸门全开敞泄,只保留防御特大洪水的任务。这样库区泥沙淤积有所减缓,但潼关河床高程并未降低。由于泄水孔位置较高,在高程315米水位时只能下泄3 084立方米每秒,入库泥沙仍有60%淤在库内。

1962年3月,黄委会沈崇刚提出打开原施工导流底孔排沙的建议。

1962年4月,在第二届全国人民代表大会第三次会议上,陕西省代表提出第148号提案,要求三门峡水利枢纽增建泄流排沙设施,加大泄流排沙能力。会后,国务院总理周恩来召集三门峡水库问题座谈会,会上经反复讨论,绝大多数人认为,三门峡水库的运用方式由"蓄水拦沙"改为"滞洪排沙"是正确的,但对于是否增建泄流排沙设施及增建规模等分歧较大。

1962年8月,水电部在北京召开第一次三门峡水利枢纽问题座谈会,绝大多数人认为,采取增建泄流排沙设施后可以减少水库淤积,情况可以得到改善。

1963年7月,水电部召开三门峡水利枢纽第二次技术讨论会,会上对是否需要增建泄流排沙设施问题,存在两种对立意见:一种是不同意增建或最好不增设泄流排沙设施,认为增建后虽可减轻三门峡库区的淤积,但将增加黄河下游及河口淤积,还将增加下泄洪水;另一种是主张立即增建泄流排沙设施,认为维持现状,水库淤积严重,寿命缩短,淤积末端延展很快,淹没、浸没损失很大,移民问题不易解决。

1964年是丰水丰沙年,汛期来水来沙增多,库区淤积问题更为突出。高程335米水位以下的库容由开始运用时(1960年5月)的98.4亿立方米,到1964年10月减少为57.4亿立方米,渭河下游的淤积继续发展。这种运用方式对下游河道也造成不利影响,由于对一般洪水滞洪,水库汛期淤积的泥沙于汛后冲刷出库,形成小水带大沙,下泄的泥沙淤到下游河道主河槽内,下游河道宽浅游荡强度加大,使下游河道进一步恶化。这一情况引起党和国家领导人的关注,周恩来认为这样下去"淹了关中,也救不了下游",原设计的发电及航运等效益也无法实现。

1964年12月5—18日,国务院在北京召开治黄会议,会上绝大多数代表同意立即增建2条隧洞(左岸)、改建4条发电引水钢管,即"二洞四管"。但也出现截然相反的两种极端意见:一种主张按原计划运用,维持现状;另一种主张把三门峡大坝炸掉。周恩来做了总结讲话,他说:对三门峡枢纽改建问题,要下决心,要开始动工,不然泥沙问题更不好解决。当然,有了改建工程也不能解决全部问题,改建也是临时性的,但改建后,情况总会好些。治理黄河规划和三门峡枢纽工程,做的是全对还是全不对,是对的多还是对的少,还得经过一段时间的试验、观察才能看清楚,不宜过早下结论。改建规模不要太大,因为现在还没有考虑成熟。总的战略是要把黄河治理好,把水土结合起来解决,使水土资源在黄河上中下游都发挥作用,让黄河成为一条有利于生产的河。自然界中未被认识的事物多过人们已经认识了的,观察问题总要和全局联系起来,要有全局观点,谦虚一些、谨慎一些,不要自己看到一点就要别人一定同意,个人的看法总有不完全的地方,别人就有理由也有必要批评补充。当前的关键问题在泥沙,眼前五年十年内这一关怎么过? 即使"二洞四管"的方案批准后就施工,也要到 1968 年或 1969 年才能生效,而且"四管"只能下泄 1 000 立方米每秒的流量,排沙有限,这是燃眉之急,不能等。这次会议确定在枢纽的左岸增建 2 条泄流排沙隧洞,改建 5~8 号 4 条原建的发电引水钢管为泄流排沙管道,以加大枢纽的泄流排沙能力,解决库区泥沙淤积的燃眉之急。枢纽第一次改建的争议至此得到统一。

三、工程改建

(一) 两次改建

1. 第一次改建

1965 年 1 月,"二洞四管"改建工程经国家计委和水电部批准施工。1 号隧洞于 1967 年 8 月 12 日投入运用,2 号隧洞于 1968 年 8 月 16 日投入运用,1、2 号隧洞过水运用的时间,较设计安排的工期分别提前 2 年和 1 年,至 1969 年隧洞工程全部完成。"四管"改建工程于 1966 年 5 月完工,7 月 29 日开始泄流,较设计进度提前 1 年建成。

"二洞四管"于 1968 年汛期投入运用后,枢纽泄流能力在库水位 315 米高程时为 6 102 立方米每秒,用 1964 年实测洪水资料验算,水库拦洪水位可降低 5~8 米。潼关以下库区开始从长期淤积变为冲刷,1966 年 7 月至 1970 年 6 月,净冲刷出库沙量 0.8 亿立方米,330 米高程以下库容 1968 年 10 月比 1964 年 10

月恢复 3.03 亿立方米。水库年均来沙淤积量由改建前的 60% 降至 20%。

2. 第二次改建

第一次改建工程投入运用后,虽然枢纽泄洪能力增大,但仍有 20% 来沙淤积在库内,潼关以上库区和渭河仍继续淤积。特别是 1967 年(为丰水丰沙年),黄河倒灌渭河,渭河口有 8.8 千米长的河槽全被淤死;1968 年渭河在华县决口,造成大面积受淹。至 1968 年 10 月,全库区累计淤积泥沙约 52.7 亿立方米,关中平原工农业生产仍受到威胁。

为进一步解决库区淤积,发挥已建工程效益,1969 年 6 月,水电部和陕、晋、豫、鲁 4 省领导人在三门峡开会研究,并报经国务院批准,对三门峡水利枢纽进行第二次改建。改建原则是:在确保西安、确保下游的前提下,合理防洪排沙放淤,低水头径流发电。改建要求在坝前水位 315 米高程时下泄流量为 10 000 立方米每秒。

第二次改建于 1969 年 12 月开工。1970—1972 年相继打开溢流坝 1～8 号原施工导流底孔;将电站 1～5 号发电机组的进水口底槛高程由 300 米下降至 287 米,改建为低水头发电,总装机容量为 25 万千瓦,1973—1979 年 5 台机组相继并网发电。

(二)改建效果

枢纽经过两次改建,增加了泄流排沙设施,进一步降低了泄水孔高程,加大了泄流排沙能力。1973 年 11 月开始,水库按"蓄清排浑"调水调沙方式运用,即汛期泄流排沙、汛后蓄水,变水沙不平衡为水沙相适应,使库区年内泥沙冲淤基本平衡,水库淤积得到控制。潼关河床下切,潼关以下库容恢复约 10 亿立方米;库区 330 米高程以下的 30 亿立方米有效库容可长期稳定保持,供综合利用;库区 335 米高程以下的 60 亿立方米库容可供防洪运用,避免关中平原的淹没。

三门峡水利枢纽是根据治黄"除害兴利,蓄水拦沙"方针兴建的第一座高坝大库工程,是治理和开发黄河的一次重大实践。由于对泥沙淤积严重性认识不足和对水土保持及拦泥工程减沙效果估计过高,库区严重淤积,在渭河口形成拦门沙,渭河两岸地下水位抬高,农田浸没、盐碱化面积增大,严重影响农业生产和群众生活,从而被迫对枢纽进行两次改建,并调整水库运用方式,经历"蓄水拦沙"、"滞洪排沙"到"蓄清排浑"运用阶段,基本上解决了水库泥沙淤积问题,淤积上延基本得到控制,同时枢纽发挥了防洪、防凌、灌溉、供水、发电等综合效益。三门峡水利枢纽工程的实践,使人们对黄河水沙规律的认识得到提高,为多沙河流开发治理和小浪底水利枢纽工程建设提供以下宝贵经验:

(1)从工程规划思想看,为解决黄河下游洪水问题,一味以淹没换库容的理念,不符合中国农业大国的国情。

(2)对水土保持的拦沙效果和工作的艰巨性估计太过乐观。

(3)缺少对黄河泥沙输移特性的认识,多沙河流上水库泥沙的处理应是拦排结合、以排为主,采用蓄清排浑的运用方式。

(4)枢纽应有足够规模的泄流排沙设施,并采取进水口集中布置方式以防淤堵,排沙孔口越低,排沙效果越好。

(5)高速含沙水流对水工流道和水轮机过流部件的磨蚀,需要认真对待和解决。

第三节　黄河治理规划修订

由于对黄河泥沙问题的认识和处理泥沙措施不当,三门峡水利枢纽建成后,水库严重淤积,影响渭河下游,被迫调整原规划设计的开发任务和运用方式,进行两次工程改建,增大泄流排沙能力。为此,黄河治理规划进行多次修订。

一、20 世纪 60 年代规划

1964 年 12 月,国务院为三门峡工程改建问题在北京召开治黄会议,会议形成的《治黄会议汇报提要》提出,"必须深入总结治黄经验,修订治黄规划。为此,建议成立黄河规划小组,由水电部提出组织方案报请国务院批准"。对此,国务院总理周恩来指示说:"原来的治黄规划,不管它对多对少,还是全对或全不对,经过了这些年,总要有些修改。修订规划是个大事情,上、中、下游要重点查勘。组织一些人到现场去。任何思想只有通过实践才能认识清楚。规划办公室规模要小些。"

据此,水电部领导与林一山、王化云商定,从黄委会、长江流域规划办公室(简称长办)、中国水利科学研究院、武汉水利电力学院等单位抽调人员,成立黄河规划小组,主要任务是协助黄委会进行调查研究,总结经验,提出切合实际的治理方案。1965 年 1 月,规划小组成员陆续到郑州,着手规划准备工作。水电部副部长钱正英指示,不要受"拦泥""放淤"两种思想的束缚,要独立思考,坚持科学态度,搞出一个切合实际的规划来。

1965 年 3 月,水电部决定,由钱正英、张含英、林一山、王化云 4 人组成治黄规划领导小组,下设 13 人的规划小组,具体领导规划工作。规划小组由水电总局副局长王雅波任组长,中国水利科学研究院副院长谢家泽和武汉水利电力学院副院长张瑞瑾任副组长,组员有部属单位的钱宁、叶永毅、顾文书、张振邦、温善章、李驾三,长江流域规划办公室的王源、王咸成,黄委会的郝步荣、刘善建等,集中在郑州做规划工作。

黄委会设临时规划办公室,负责日常工作。临时规划办公室下设 6 个工作组,即综合组 6 人、基本资料组 40 余人、水文泥沙组 45 人、下游大放淤组(长办人员)30 人、下游组 20 余人、中游组 80 余人,共计 240 人。此外,还有南京大学地理系师生约 40 人,协助进行粗沙来源的调查。

规划人员分别到三门峡库区、陕北和晋西北的支流及黄河下游进行查勘。基本资料组进行黄河水沙基本资料的分析研究,包括黄河下游泥沙淤积的统计分析和中游粗沙来源的调查;水文泥沙组进行了三门峡水库冲淤计算方法的研究,并利用电子计算机计算。下游大放淤组,由林一山带领长办人员赴豫、鲁两省,沿着黄河两岸进行调查、研究、宣传、发动、选择试点,在山东梁山陈垓引黄闸开展远距离输沙试验,用混凝土板衬砌窄深断面渠道等工作。中游组以黄委会人员为主,组长王锐夫,下设几个分组,调查了渭河下游及内蒙古、陕北、晋西北地区的群众用洪用沙经验,查勘了佳芦河、秃尾河、窟野河、孤山川、皇甫川、浑河、朱家川等支流的拦泥库坝址并研究了开发方案。有的人员还独自研究某一方案。

1965 年 10 月,黄委会开始"四清运动",规划工作暂停。1966 年 6 月"文化大革命"开始,抽调人员返回原单位,收集的资料或编写的草稿未能整理,大都各自保存,无统一成果。但有两项内容较以往规划有突破:一是首次提出粗沙区的范围、粗沙对下游河道淤积的影响,为中游拦沙提供了依据;二是三门峡水库的水沙不相适应,首次提出调水调沙的设想,为三门峡工程改建和在中游干流河段上修建水库及黄河下游河道排沙提供了理论基础。

二、20 世纪 70 年代规划

1969 年 6 月,受周恩来委托,河南省在三门峡市召开晋、陕、豫、鲁 4 省治黄会议。会议确定三门峡工程进一步改建,提出近期治黄主要措施是拦、排、放相结合的方针。会议指出,在一个较长时间内,洪水泥沙对下游仍是一个严重问题,必须设法加以控制和利用。要在中游大搞水土保持,一条一条地治理沟道和中小支流,选定无定河为重点,取得治理经验;要在下游加固堤防,整治河道,兴建洛河、沁河、大汶河支流水库,还要进行三门峡至秦厂区间(简称三秦间)干流规划。

1970 年北方地区农业会议后,经国务院批准,于 1970 年 12 月至 1971 年 1 月,水电部在北京主持召开由沿黄 8 省(区)水电水利部门参加的治黄工作座谈会。会议经过总结经验,提出以后的规划设想是:在上中游大搞水土保持,力争尽快改变面貌;在下游确保两岸安全,不准决口;积极利用黄河水沙,为发展工农业生产服务。会议确定对无定河、汾河、延河、皇甫川、清水河、泾河、渭河等 7 条重点支流进行治理,提出修建小浪底水库和洛河故县、沁河河口村水库的建议。当时设想"四五"计划期间上小浪底水库工程,"五五"计划期间上龙门水库工程。

1973 年 11—12 月,治黄规划领导小组在郑州主持召开黄河下游治理工作会议,河南、山东沿黄 13 个地市和水电部及其所属有关单位 100 余人参加。会议分析了治黄形势和下游出现的新情况、新问题,讨论了下游治理十年规划(1974—1983 年)。会议提出,确保黄河下游安全,一是大力加高加固堤防,5 年内完成土方 1 亿立方米,10 年内把大堤险工及薄弱地段淤宽 50 米、淤高 5 米以上;二是废除滩区生产堤,实行"一水一麦";三是整治河道,修建洛河、沁河、大汶河的支流水库,发展引黄灌溉;四是为加速中游治理,需修建一批骨干工程,为当地兴利,为下游减沙。会后,以治黄规划领导小组名义向中共中央和国务院上报《关于黄河下游治理工作会议报告》。1974 年 3 月,国务院以国发 27 号文批转该报告,并在批示中指出:"为了从根本上解决泥沙问题,要大力搞好中、上游水土保持,加强中游治理,《报告》中所提的黄河下游今后十年治理规划应同中、上游的规划统一研究,由国家计委统筹考虑。"

上述会议,对黄河治理工作起了指导作用,但缺少全河通盘筹划。为了落实四届人大提出的发展国民经济的宏伟目标,黄河流域需要制定出一个统筹全局的治黄规划。

1975年2月4日,水电部副部长钱正英对做好治黄规划做出指示。2月9日,水电部向黄委会发出《关于举办治黄规划学习班的通知》(〔急件〕〔75〕水电计字第38号)。文件指出:"黄河总的形势,自建国以来取得很大成绩,但黄河的洪水和泥沙还没有得到根本解决,新情况下出现了新的问题。下游河道淤积日益发展,严重威胁堤防安全。因此,治黄规划要以研究解决黄河下游防洪和泥沙淤积问题的基本途径和措施为重点。同时,为了尽快改变黄河流域农业低产和工农业电力供应不足的状态,要积极开发利用黄河水沙资源,提出干流和主要支流骨干工程的开发方案和建设程序。"

经水电部副部长钱正英批准同意的治黄规划学习班领导小组由14人组成,领导学习班的学习及此次规划工作。治黄规划学习班领导小组组长周泉(中共黄委会党的核心小组组长),副组长关金生(黄委会革委会副主任)、夏敬业(水电四局)、李中华(水电十一局)、陈宝瑜(清华大学),成员刘清奎(水电部)、邓尚诗(水电部)、张振邦(水电四局)、刘正华(水电十一局)、姜善保(黄委会)、杨庆安(黄委会)、李延安(黄委会)、牟玉玮(山东河务局)、程致道(河南河务局)。下分秘书组及8个学习组共151人,其中领导干部14人、工人18人、技术人员119人。

治黄规划学习班从3月3日开始,至5月13日结束,完成了预定计划,编写出《二十年来治黄规划的主要经验》,制定了《治黄规划任务书》及《治黄规划工作轮廓计划》。6月6日由中共黄委会党的核心小组以黄革字〔75〕第18号文报水电部。

1975年7月18日,水电部用〔急件〕(75)水电水字第62号文对《治黄规划任务书》批复:"基本同意治黄规划任务书(修改稿),请即据此抓紧开展工作。治黄规划工作由黄委会负责,并编写报告。其他参加规划工作的有关单位要积极协同作战,努力做好工作。力争按任务书提出的期限完成规划报告。"

《治黄规划任务书》提出的规划指导思想是:统筹兼顾、全面安排,综合治理、综合利用,远期着眼、近期入手。以水土保持为基础,拦、排、放相结合,因地制宜,采用多种途径和措施,使黄河水沙资源在上、中、下游都有利于工农业生产。

《治黄规划任务书》提出的主要任务是：以研究解决黄河下游防洪、防凌和泥沙淤积问题的基本途径和措施为重点；同时，积极开发利用黄河水沙资源，提出干流和主要支流骨干工程的开发方案和建设程序；在各省（区）规划基础上，提出全流域水保、水利、水电建设的轮廓安排意见。规划分近期（1976—1985年）和远期（1986—2000年）两个阶段。近期目标，黄河下游要确保花园口22 000立方米每秒洪水不决口，遇特大洪水要有可靠的措施和对策，同时保证凌汛安全；黄河下游河道淤积有所减缓。远期设想，黄河下游河道趋于冲淤基本平衡；黄河下游的洪水、凌汛问题得到根本解决；全河水力发电能力有大幅度增长。

《治黄规划任务书》要求1975年底提出对《黄河下游近期治理规划要点》的修订、补充专题报告，1976年底以前提出治黄规划报告。同时提出黑山峡枢纽的运用意见及小浪底一级开发和小浪底、任家堆两级开发的方案比较和建议。

此次规划是"文化大革命"后期进行的一次治黄规划。规划工作在治黄规划领导小组领导下进行。设治黄规划办公室，由治黄规划办公室主持日常工作。治黄规划办公室下设办事组、政工组和7个业务组（综合组、水文组、泥沙组、干流组、下游组、支流水保组、途径组），共200余人。各组分头开展工作，历时两年多。1977年12月10日，中共黄委会党的核心小组宣布撤销治黄规划办公室，改由黄委会规划大队继续开展规划工作。

此次规划未能完成全面修订治黄规划任务，分别提出几个专项报告：1975年12月提出《关于防御黄河下游特大洪水意见的报告》；1977年12月提出《黄河下游减淤途径设想研究报告》；1979年8月黄委会设计院提出《黄河干流工程综合利用规划修订报告》。支流水保组曾配合地方，分别进行皇甫川、窟野河、无定河支流大理河及三川河等支流治理规划。上述专项报告及部分规划成果内容，在1979年10月18—29日由中国水利学会在郑州召开的"黄河中下游治理规划学术讨论会"上进行了讨论。

《黄河干流工程综合利用规划修订报告》的指导思想是：继续贯彻综合利用的原则，使干流水利水电开发与治理黄河紧密结合，上中下游统筹兼顾，妥善安排。干流开发总的任务是：第一，进一步控制洪水、拦减泥沙，在2000年前做到基本消除洪、凌灾害，使下游河道开始实现冲淤相对平衡；第二，进一步调节利用黄河水资源,发展灌溉,开发水电,在2000年前做到基本解决主要农业基地的干旱缺水问题,基本建成黄河水电基地。各河段任务为:上游龙羊峡至乌金峡河段,以发电为主,结合发展沿河地区灌溉和解决兰州附近防洪问题;乌金峡至托克托河段,以灌溉为主,结合发电和解决内蒙古地区的防洪、防凌问题;中游托克托至禹门口河段是黄河泥沙的主要来源区,开发任务应考虑除害与兴利并重,灌溉、发电、减淤(减轻三门峡库区及黄河下游河道淤积)和防洪统筹兼顾;禹门口至桃花峪河段,以防洪为主,结合防凌、减淤(减轻下游河道淤积)、灌溉、发电,综合利用;下游河段,首先是保证河防安全,防洪、防凌,消除黄河水患,并适当发展引黄灌溉和放淤。

关于干流工程布局,规划提出:龙羊峡以上因勘测资料不足,尚不具备开发条件,未做工程安排;桃花峪以下河段,自1963年破除花园口、位山拦河大坝后,为有利于河道排洪输沙,暂不布置工程;龙羊峡至桃花峪河段布置30个梯级,共利用水头1839米,占天然落差的73%,装机容量1762万千瓦,年发电量761亿千瓦时,总库容1056亿立方米。其中,龙羊峡、刘家峡、大柳树(或黑山峡)、龙口、碛口、龙门、三门峡、小浪底、桃花峪等9座为控制性综合利用枢纽,其余21座为径流电站或灌溉引水枢纽。按照这个规划,小浪底为黄河干流30个梯级中的第28级工程,正常高水位275米,总库容126.5亿立方米,装机容量150万千瓦。

关于开发程序,规划提出:为了进一步控制黄河洪水、凌汛,在近期拦减泥沙,缓和下游河道淤积状况,有赖于兴建干流控制工程,应集中力量加快中游重大控制工程的建设,同时继续兴建龙羊峡至刘家峡之间的各级电站和大柳树工程。各河段工程安排如下:

上游龙羊峡至刘家峡河段,具有开发水电的优越条件。规划6座水电站,其中工程规模和效益较大的是拉西瓦、李家峡和公伯峡3座。该河段的水电站,因上游有龙羊峡水库调节径流,发电指标比较优越,应在龙羊峡水库基本建成后,集中力量,继续建设,争取在1995年全部建成。这一河段的6座水电站建成后,连同已建成的龙羊峡、刘家峡、盐锅峡、八盘峡电站,装机容量共856万千瓦,年发电量388亿千瓦时,在上游河段可形成一个强大的水电基地。

上游河段的大柳树工程是干流开发的一项关键工程,与龙羊峡水库联合运用调节径流,对增加干流工程的发电、灌溉效益有重大作用,亦应尽快建设,争取在1995年前建成。

黄河中游的小浪底和龙门两座枢纽工程,是根治黄河水害的重大战略措施。小浪底水库配合三门峡及洛河支流水库,蓄洪能力可达80亿立方米,可使花园口流量不超过30 000立方米每秒,配合下游防洪措施,可以基本解除特大洪水问题,显著减轻下游洪、凌威胁。龙门水库与小浪底水库和以后修建的碛口水库,几十年内可拦截泥沙250多亿吨,显著减轻黄河下游河道淤积,进一步减轻三门峡水库的滞洪淤积和淹没影响。同时,这两座水库还有巨大的灌溉和发电效益。龙门水库可供水灌溉渭北、晋南地区干旱高塬1 600万亩耕地,发电装机150万千瓦,年发电量66.8亿千瓦时;小浪底水库可增加下游保灌面积1 200多万亩,发电装机150万千瓦,年发电量47.2亿千瓦时。建议"六五"计划期间开始兴建小浪底工程,并相继修建龙门水库,争取1990年前全部建成生效。

中游河段的龙口工程,与准格尔煤田火电基地的建设相配合,对解决内蒙古以至华北电力不足问题有较大作用,应抓紧进行与万家寨的选点比较工作,争取尽快安排修建。

规划新建工程10座(拉西瓦、左拉、李家峡、公伯峡、积石峡、寺沟峡、大柳树、龙口、龙门、小浪底),连同已建、在建工程8座,在20世纪末,这18座工程发电装机达1 520万千瓦,年发电量647亿千瓦时,占龙羊峡以下河段可开发电能的85%。其中,龙羊峡、刘家峡、大柳树、龙门、三门峡、小浪底等6座控制性综合枢纽工程联合运用,可以大大提高径流调节利用程度,使沿河灌溉事业得到进一步发展;可以控制洪水、凌汛,拦减泥沙,基本消除洪、凌威胁,使下游河道在20世纪至21世纪达到冲淤相对平衡。

三、20世纪80年代规划

中共十一届三中全会后,国家的工作重点转到经济建设上来。1982年12月17日,国务院以国发〔1982〕149号文批转国家计委《关于制定长远规划工作安排的报告的通知》,提出主要江河水资源综合开发利用的任务,要求有关部门组织力量着手规划工作。国家计委于1983年3月9日发出《关于请水利电力部负责组织长江、黄河综合开发利用规划的通知》(计土〔1983〕285号),要求1983年开始编制黄河开发和治理规划;不再成立专门的规划领导小组,由水电部负责组织编制黄河规划。此次规划要求抓住重点,对一些战略性的问题要认真研究、提出意见,不要面面俱到。各地区、各部门应大力支持、配合,并指定相应的单位参与规划编制。这次规划充分利用已有的资料和科研成果,在原有工作基础上,结合新的情况编制。

(一)规划编制

1983 年 4 月 4 日,水电部发出《请按国家计委要求抓紧进行黄河流域规划补充修订工作的通知》(〔急件〕〔83〕水电水建字第 56 号),要求黄委会"组织力量拟定黄河综合治理和开发利用规划任务书……这次编制的规划应包括:黄河水资源开发利用规划,黄河下游防洪和综合治理规划,黄河泥沙利用和处理规划,黄河中游水土保持规划,引黄灌溉规划以及黄河干支流开发规划等内容"。

根据水电部的部署,黄委会于 1983 年成立黄河规划工作领导小组,黄委会主任袁隆任组长,副主任龚时旸及设计院院长张实、黄委会副总工程师温存德任副组长。黄河规划工作领导小组下设治黄规划综合组,统筹整个规划工作的进行。综合组于 1984 年 4 月成立,组长张实,副组长吴致尧、温存德。为了按任务书要求全面开展工作,综合组着手编写由黄委会负责的各专项规划工作大纲,包括下游防洪、下游减淤途径研究、水资源合理利用、干流工程布局、主要支流治理开发、各省(区)灌溉发展、水资源保护等七项,以及水土保持规划工作方案。

1983 年 5 月,黄委会提出《黄河综合治理开发修订规划任务书》(讨论稿)。水电部于同年 9 月将任务书讨论稿发送有关部委和沿河各省(区)人民政府征求意见,并根据各方意见对任务书做了修改,提出《修订黄河治理开发规划任务书》,于 1984 年 3 月 12 日以〔急件〕〔84〕水电水规字第 10 号文报国家计委。

国家计委审阅后,研究了有关部委和各省(区)的意见,原则同意《修订黄河治理开发规划任务书》,并于 1984 年 4 月 9 日以计土〔1984〕606 号文报国务院审批。国务院批复国家计委《关于审批黄河治理开发规划修订任务书的请示报告》,要求对任务书中发展灌溉一章参照国务院总理赵紫阳在 1983 年 3 月下旬视察陕西时讲过的意见加以适当修改。当时赵紫阳视察陕西谈水利建设、旱作农业和节约用水时强调:黄河水应首先满足城镇生活用水和工矿企业用水;在有适当降水的地方,要根据当地实际情况,研究农作物结构,选用耐旱作物品种,发展旱作农业;在有必要发展灌溉的地方,要采取先进灌溉技术和输水措施,调整作物组成并控制发展规模;对已成灌区要特别注意挖潜配套,做到灌排结合,研究经济用水定额,节约用水,控制地下水。

1984年4月30日,国家计委将《关于黄河治理开发规划修订任务书的批复》(计土〔1984〕792号)下达给水电部,指出:这次"黄河治理开发规划涉及地域广、部门多,工作量大,时间要求紧,请你部尽快组织黄河水利委员会开展工作,规划编制中的协调工作由你部负责。各有关省、自治区和国务院有关部门应大力协同、密切配合,按照修订规划任务书的要求,承担各自的任务。全部规划任务要在1986年上半年完成"。同年6月3日,水电部以〔84〕水电水规字第36号文转发《关于黄河治理开发规划修订任务书的批复》给黄委会,要求黄委会"组织必要的力量,立即开展工作,并加强同有关部门的协作,争取各方面的支持,按规定要求,及时提出修订规划工作成果"。

中共中央政治局委员、书记处书记万里、胡启立和国务院副总理李鹏,于1984年6月30日至7月4日,对黄河龙羊峡至黄河入海口进行实地考察,就黄河的治理规划和水资源的利用问题指出:黄河规划、管理、使用的方针,必须以防洪灌溉为主、发电为辅;水资源统一规划,统筹兼顾,合理分配;保证现有的灌溉面积,适当控制发展扩大的面积,种植水稻要严格控制;在黄土高原要大力发展种草种树,改善生态环境。考察期间,他们还要求有关部门搞好黄河流域规划治理工作。

1984年8月22—24日,水电部在河北省涿县主持召开修订黄河治理开发规划第一次工作会议。国家计委、交通部、城乡建设环境保护部、林业部、农牧渔业部、石油部、地质矿产部、煤炭部、"三西"(定西、西海固、河西走廊)农业建设领导小组、山西能源基地规划办公室,青、甘、宁、蒙、晋、陕、豫、鲁8省(区)的计委、水利厅(局),水电部及其所属有关司、局、院和海河水利委员会、淮河水利委员会、长江流域规划办公室、黄委会等流域机构,河北省、天津市水利厅(局)的代表70余人参加。会议研究决定,"整个修订规划工作要在1986年底完成。为了加强联系和协作,成立修订黄河规划协调小组。协调小组的主要任务是:及时交流规划工作进展情况和经验;研究解决规划工作中的重大问题;审议规划工作大纲和规划工作成果。黄委会修订黄河规划综合组,作为协调小组的办事机构。"1984年11月1—5日,修订黄河规划协调小组在郑州召开第一次会议,宣告协调小组正式成立。

国务院有关部委和各省(区)有关领导对此次黄河规划工作很重视,会后即对各自分担的规划任务做了研究和部署。由于多方面原因,到1985年底各单位才落实任务,陆续开展工作。至1987年底,25项专题规划工作基本结束,先后提交修订黄河规划综合组汇总。经汇总后,编写了专项规划意见汇报提纲,于1988年3月在黄委会召开委属各单位代表参加的治理规划座谈会进行研究讨论。进一步修改后,黄委会提出《修订黄河治理开发规划报告提要》(初稿)和《黄河下游防洪规划提要》等8个专项规划提要。

1988年5月19—23日,由水利部主持,在郑州召开治黄规划座谈会,参加会议的有:全国政协副主席钱正英,国家计委、中国国际工程咨询公司、能源部、农业部、林业部、交通部、地矿部、国务院经济技术社会发展研究中心,有关11个省(区)、直辖市计委和水利厅(局)、胜利油田、中原油田指挥部、长江、黄河、淮河、海河、松辽、太湖等流域机构,中国科学院、清华大学等科研单位和院校,有关规划设计单位及管理部门的代表和专家共220余人。会议讨论了黄委会提出的《修订黄河治理开发规划报告提要》和专项规划提要等,提出了意见和建议,并写出《治黄规划座谈会纪要》,要求黄委会"以黄河治理开发中的一些战略性问题和近期重点项目的规划为重点,编写《黄河治理开发规划报告》,力争1988年底上报国务院"。由于修改任务较大,《黄河治理开发规划报告》(送审稿)至1989年8月完成。这次规划工作还完成了《西北黄土高原水土保持规划》《黄河水系航运规划》《黄河水资源利用规划》《黄河水资源保护规划》等4个专项规划。它们既是相对独立的,又是黄河治理规划的组成部分。

(二)主要任务

《黄河治理开发规划报告》的主要任务是:提高黄河下游的防洪能力,治理开发水土流失地区,研究利用和处理泥沙的有效途径,开发水电,开发干流航运,统筹安排水资源的合理利用,以保护水源和环境。规划工作着重研究了黄河下游防洪、减淤问题及其前景,黄土高原地区水土保持,水资源开发利用及干流工程布局,并提出近期治理开发的规划设想。规划内容包括下游防洪减淤规划、水资源开发规划、干流工程布局规划、灌溉规划、水土保持规划、水资源保护规划、干流航运规划。

1. 下游防洪

此次规划是在历次防洪规划的基础上,再次研究了防洪工程的防洪能力,已建三门峡、陆浑、故县 3 座水库联合运用时,可对三门峡以上来水为主的洪水(上大洪水)有较大程度的控制;对三门峡以下来水为主的洪水(下大洪水),可使花园口水文站 22 000 立方米每秒洪峰流量的出现机遇由 3.6% 降到 1.7%,下游堤防工程的设防标准由 30 年一遇提高到 60 年一遇。关于设防标准,花园口至艾山河段按花园口水文站 22 000 立方米每秒洪水设防,艾山以下按 11 000立方米每秒洪水设防。

已建水库、大堤、滞洪区等工程,初步形成"上拦下排,两岸分滞"的防洪体系。但是这个体系还不完善,存在防洪能力偏低、防御大洪水的措施落实不够等问题,如河床淤积抬高,防洪形势仍很严峻。因此,需要进一步完善防洪工程体系,提高防洪能力。

规划提出,近期治理任务是争取在 20 世纪末基本控制黄河下游洪水,保证防洪安全,解除凌汛决溢的威胁。主要措施是在 2000 年前建成小浪底水库,继续加高加固堤防工程,进行河道整治和滩区治理,加固改建东平湖分洪工程,续建北金堤滞洪区,使黄河下游的防洪标准,在小浪底水库生效前仍维持现状,小浪底水库生效后提高到千年一遇。远景治理设想是,继小浪底水库建成后,在干流上相继建成碛口、龙门两座大水库,数库联合运用,改善水沙过程,配合面上水土保持及支流治理,逐步减少泥沙来量;在下游需继续整治河道,合理安排河口流路,并结合两岸放淤,使下游河道逐渐成为"相对地下河",在今后 100 年甚至更长时间基本保持稳定局面。

2. 下游河道减淤

根据任务书的要求,此次规划在 1977 年《黄河下游减淤途径设想研究报告》的基础上,汇集各家研究成果,分析论证,提出下游河道减淤途径规划设想,于 1988 年 3 月完成《黄河下游减淤途径研究报告提要》。

此次规划的减淤途径设想较 1977 年的成果有进一步的研究,并增加了水土保持、河道整治及河口治理内容。

规划对下游河道淤积趋势进行了预估:50 年内将有 100 亿吨以上的泥沙淤积在高村以上宽河段,高村上下河段设防流量的水位将普遍抬高 4~5 米,"地上河"的形势更加严峻,河势摆动将更加频繁,"横河""斜河"现象更加严重,冲决危险也将增加。针对上述不利局面,必须有步骤地实施对下游河道减淤措施。

下游河道减淤的主要措施有水土保持、修建干流水库、河道整治及河口治理、滩地和下游两岸大放淤、引江引汉冲刷下游河道等,并对分项措施的效果进行了估算。

(1)50年内减淤措施。规划提出今后50年内下游河道不显著淤积抬高的综合措施:

一要继续加强黄土高原区的水土保持工作,特别要集中力量在10万平方千米的多沙粗沙来源区,进行重点支流治理和小流域综合治理,并有计划地加强淤地坝系的建设。初步估计,如今后维持"六五"计划期间的治理速度,并每年修建约200座大型淤地坝(总库容为2亿立方米左右),可以使水土保持的减沙效益维持在平均每年减沙2亿~3亿吨。到2030年,可能提高到平均每年减沙3亿~4亿吨。

二是结合当前控制洪水、调节径流及开发水电的迫切需要,应及早修建小浪底水库,使其在2000年以前生效;其后,建议在适当时机修建碛口水库。仅这两个水库的拦沙减淤作用,就可使下游河道相当于40年不淤积。加上水土保持的效益和小浪底水库的调水调沙作用,满足下游河道今后50年不显著淤积抬高是可能的。碛口、小浪底两库联合运用的减淤效果可以作为余地考虑。

三是继续有计划地进行下游河道整治及河口治理,在保障下游防洪安全的前提下,配合小浪底水库调水调沙,逐步增加河道的输沙能力。

近期应结合对洪水的处理安排,下游防洪减淤工程建设计划,对现有防洪工程(包括加高加固堤防,河道整治和滩区治理,加固改建东平湖分洪工程,续建北金堤滞洪区)进行改建、加固和完善;尽快兴建小浪底枢纽工程;合理安排黄河入海流路和加强治黄骨干工程的建设等,以扭转和减缓黄河下游河道淤积抬高的局面。

(2)100年内远景设想。规划提出今后100年内下游河道减淤的远景设想:

一是拦沙。进一步加强水土保持工作,使其对减少入黄泥沙的作用逐步增大,这是减缓下游河道淤积的根本措施之一。在兴建小浪底、碛口水库的基础上,结合水电的开发和治黄要求,适时修建龙门水库,通过实践进一步改善干流骨干工程(主要是小浪底、碛口、龙门水库)的联合调水调沙运用,更多地将泥沙(特别是粗泥沙)拦截在上中游地区。

二是排沙。进一步加强河道整治和河口治理,优化中水河槽,配合干流水库调水调沙,充分发挥下游河道输沙能力,尽可能多地将泥沙排送入海。在西线和中线南水北调工程相继建成后,可利用丰水年多余的水量相机刷黄或有计划地增加下游输沙水量,有可能使进入下游河道的泥沙基本排送入海。

三是放淤。鉴于黄河长时期仍将是一条多泥沙河流这一基本事实,在拦沙和排沙还不能完全处理泥沙的情况下,"放淤"显得越来越迫切。利用小北干流和温孟滩放淤区;有计划地淤临淤背,使下游成为相对地下河;在河口地区进行大面积放淤;以及"三堤两河"和大改道等,都是放淤措施。

采取上述措施,黄河在相当长的时间内,仍将排送大量泥沙入海,河口淤积延伸仍难避免,添口以下河道的淤积抬高还不能完全制止。为彻底改变黄河下游"地上河"的局面、根除水患,可有计划地利用黄河泥沙逐步淤高背河(或临河)地面。若按宽度 200 米进行放淤,高度与设防水位平齐,可淤泥沙 20 亿立方米。长此下去,加高加宽大堤,则可形成"相对地下河",达到以沙治沙、以淤防淤的目的,这是黄河下游防洪和处理泥沙的一项重要措施。

3. 干流工程布局

此次干流工程布局规划,是根据国民经济发展对黄河治理开发的要求,以及黄河出现的新情况和新问题,并在研究以往规划工作的基础上进行的。重点是对 1954 年规划的龙羊峡以下干流的工程布局进行修订。其中,龙羊峡至青铜峡河段,主要采用西北勘测设计院的成果;青铜峡至河口镇河段,根据宁夏、内蒙古两自治区的规划进行汇编;龙羊峡以上河段,根据任务书要求,只提出工程布局初步意见。中游河段开发方案经进一步研究,做了较大调整。桃花峪以下的下游河道,没有布置拦河枢纽工程。修订后的干流梯级枢纽由 1954 年规划的 46 座变为 29 座。其中,龙羊峡、刘家峡、大柳树、碛口、龙门、三门峡、小浪底等 7 座为控制性骨干工程,其余均为径流电站或灌溉壅水枢纽。1989 年规划黄河干流开发纵剖面见图 2-3-1。

按照这个规划,在黄河干流上要建设 29 个梯级工程,规划中的小浪底为第 27 级工程,正常高水位 275 米,总库容 126.5 亿立方米,装机容量 156 万千瓦。

四、20 世纪 90 年代规划

1991 年 8 月,黄委会提出《黄河治理开发规划简要报告》。1993 年 5 月,水利部致函黄河流域各省(区)和国务院有关部门,征求对《黄河治理开发规划简

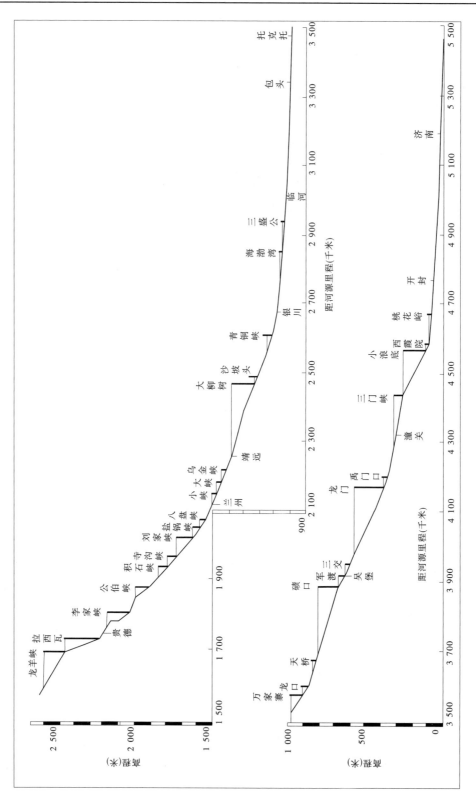

图 2-3-1　1989 年规划黄河干流开发纵剖面

要报告》的意见。在认真考虑各省(区)及国务院有关部门意见,并吸取治黄研究新成果的基础上,黄委会于 1996 年初编制了《黄河治理开发规划纲要》。1996 年 6 月和 1997 年 3 月,水利部在北京分别召开《黄河治理开发规划纲要》专家座谈会和预审会,进一步听取各方面专家和领导的意见。1997 年 6 月,国家计委和水利部在北京主持召开《黄河治理开发规划纲要》审查会,根据审查意见,黄委会又对《黄河治理开发规划纲要》做了进一步的修改和补充。

《黄河治理开发规划纲要》贯彻"兴利除害,综合利用"的治黄方针,主要任务是"提高下游的防洪能力,治理开发水土流失地区,研究利用和处理泥沙的有效途径,开发水电,开发干流航运,统筹安排水资源的合理利用,保护水源和环境"。在防洪和减淤方面,提出"上拦下排、两岸分滞"处理洪水和"拦、排、放、调、挖"综合处理泥沙的基本思路;在水资源利用方面,提出黄河可供水量分配方案;在水土保持方面,提出以多沙粗沙区为重点、以小流域为单元的黄土高原水土流失综合治理思路;在干流梯级布局方面,龙羊峡以下河段由 1954 年规划的 46 座梯级调整为 36 座梯级,其中龙羊峡、刘家峡、大柳树、碛口、古贤、三门峡、小浪底等 7 大控制性骨干工程为综合利用枢纽工程,构成黄河水沙调控体系的主体。1997 年规划黄河干流工程主要技术经济指标见表 2-3-1。

第四节 下游治理问题

中华人民共和国成立以后,党和国家对治理黄河十分重视,全面开展了黄河的治理开发。截至 20 世纪 80 年代末,完成黄河下游两岸 1 371.2 千米临黄大堤的 3 次加高培厚,进行了河道整治工程建设,建成三门峡、陆浑、故县水库,初步形成"上拦下排、两岸分滞"的黄河下游防洪工程体系,取得连续数十年伏秋大汛不决口的安澜局面;兴建引黄涵闸 90 座、提水站 31 座,设计引水能力达 3 900 立方米每秒,控制灌溉面积 233.3 万公顷,保障了下游两岸地区人民群众的生命财产安全,促进了区域国民经济的发展。但由于三门峡工程没有实现预期的防洪目标,黄河的洪水泥沙没有得到有效控制,黄河下游仍面临着洪水威胁、水资源供需矛盾突出的问题。

一、洪水威胁严重

黄河下游防洪的严重性,在于洪水含沙量大,河道冲淤变化剧烈,河床不断

表 2-3-1　1997 年规划黄河干流工程主要经济技术指标

序号	工程名称	建设地址	控制面积（万平方千米）	正常蓄水位（米）	库容（亿立方米）	有效库容（亿立方米）	最大水头（米）	装机容量（万千瓦）	年发电量（亿千瓦时）	坝型	最大坝高（米）	土石方（万立方米）	混凝土（万立方米）	淹没耕地（万亩）	迁移人口（万人）
1	▲龙羊峡	青海共和	13.1	2 600.0	247.00	193.50	148.5	128.0	59.4	混凝土重力拱坝	178.0	298	316	8.67	2.97
2	拉西瓦	青海贵德	13.2	2 452.0	10.00	1.50	220.3	372.0	102.3	混凝土双曲拱坝	250.0	1 198	402	0.02	0.09
3	尼那		13.2	2 235.5	0.26	0.09	18.0	16.0	7.3		45.5	142	34	0.08	0.00
4	山坪		13.2	2 219.5	1.24	0.06	15.8	16.0	6.6		45.7	278	39	0.60	0.01
5	☆李家峡	青海尖扎	13.7	2 180.0	16.50	0.60	135.6	200.0	59.0	混凝土拱坝	165.0	382	268	0.68	0.40
6	直岗拉卡		13.7	2 050.0	0.15	0.03	13.2	15.0	6.7	混凝土重力坝土坝	31.0	68	37	0.01	0.03
7	康扬		13.7	2 036.0	0.22	0.05	14.6	16.0	6.2		39.0	1 854	121	0.05	0.06
8	公伯峡		14.4	2 005.0	2.90	2.00	106.6	150.0	51.4	堆石坝	133.0	540	121	0.76	0.53
9	苏只		14.4	1 900.0	0.25	0.02	17.8	21.0	8.1	混凝土重力坝土坝	44.0	179	53	0.35	0.07
10	黄丰	青海循化	14.4	1 882.0	0.70	0.15	20.4	24.8	9.3		50.0	174	53	0.36	0.11
11	积石峡		14.7	1 850.0	4.20	2.20	73.0	100.0	34.1	混凝土重力坝土坝	88.0	682	88	0.26	0.45
12	大河家		14.7	1 782.0	0.09	—	16.5	18.7	7.4	混凝土重力坝土坝	38.0	188	52	0.04	0.01
13	寺沟峡	青海循化、甘肃积石山	14.7	1 760.0	1.00	—	24.0	25.0	10.0	混凝土闸坝	54.0	150	50	0.90	0.76
14	▲刘家峡	甘肃永靖	18.2	1 735.0	57.00	41.50	114.0	116.0	55.8	混凝土重力坝	147.0	2 742	182	7.72	3.26
15	▲盐锅峡		18.3	1 619.0	2.20	0.10	39.5	39.6	21.7	宽缝重力坝	55.0	96	51	1.13	0.89
16	▲八盘峡		21.6	1 578.0	0.50	0.10	19.5	18.0	9.5	混凝土重力坝	33.0	173	38	0.42	0.40
17	河口		21.6	1 557.5	0.12	—	5.5	7.4	3.3	闸坝	—	—	—	0.06	—
18	柴家峡		22.1	1 550.0	0.16	—	8.9	9.6	4.9		16.0	46	25	0.05	0.00
19	小峡		22.5	1 495.0	0.40	0.10	17.0	23.0	10.0	混凝土闸坝	47.0	151	40	0.00	0.00
20	☆大峡		22.8	1 480.0	0.90	0.60	31.4	30.0	14.7	混凝土重力坝	71.0	232	52	0.06	0.00
21	乌金峡	甘肃靖远	22.9	1 435.0	0.20	0.04	12.6	15.0	6.9	混凝土闸坝	54.5	140	35	0.08	0.00
22	大柳树	宁夏中卫	25.2	1 377.0	107.40	50.20	139.0	200.0	77.9	混凝土面板堆石坝	163.5	2 956	153	6.38	6.67
23	沙坡头		25.4	1 239.0	0.30	0.20	11.4	12.5	6.7	闸坝	13.5	77	28	0.07	0.02
24	▲青铜峡	宁夏青铜峡	27.5	1 156.0	5.70	3.20	21.0	27.2	10.4	混凝土重力坝	42.7	693	68	6.57	1.93
25	海勃湾	内蒙古海勃湾	31.1	1 075.5	4.10	1.80	10.5	10.0	3.7	闸坝土坝	14.0	304	42	2.00	—
26	▲三盛公	内蒙古磴口	31.4	1 055.0	0.80	0.20	8.6	—	—		9.0	400	7	—	—
1~26					464.29	298.24	1 263.2	1 610.8	593.4			14 143	2 354	37.31	18.64

续表 2-3-1

序号	工程名称	建设地址	控制面积（万平方千米）	正常蓄水位（米）	库容（亿立方米）	有效库容（亿立方米）	最大水头（米）	装机容量（万千瓦）	年发电量（亿千瓦时）	坝型	最大坝高（米）	土石方（万立方米）	混凝土（万立方米）	淹没耕地（万亩）	迁移人口（万人）
	已建、在建工程				330.60	239.80	518.1	558.8	230.5			5 016	982	25.25	9.85
27	△万家寨	山西偏关、内蒙古准格尔	39.5	980.0	9.00	4.50	81.5	108.0	27.5	混凝土重力坝	90.0	130	185	0.38	0.31
28	龙口	山西河曲、内蒙古准格尔	39.7	897.0	1.80	0.90	35.4	40.0	11.2		48.0	126	82	0.16	0.01
29	▲天桥	山西保德、陕西府谷	40.4	834.0	0.70	0.40	20.2	12.8	6.1	闸—土坝	47.0	262	39	0.04	—
30	碛口	山西临县、陕西吴堡	43.1	785.0	125.70	27.90	117.0	180.0	47.0	土石坝	143.5	4 901	138	9.27	8.70
31	古贤	山西乡宁、陕西宜川	49.0	640.0	160.00	46.50	174.0	256.0	82.3		186.0	8 959	251	2.73	1.47
32	甘泽坡		49.7	423.0	4.40	2.80	35.8	44.0	16.6	混凝土重力闸坝	94.0	617	155	0.16	0.08
33	▲三门峡	山西平陆、河南陕县	68.8	335.0	96.40	60.40	46.0	40.0	13.0	混凝土重力坝	106.0	2 236	210	96.00	31.80
34	△小浪底	河南孟津、河南济源	69.4	275.0	126.50	50.50	141.9	180.0	58.4	土石坝	173.0	9 077	340	16.95	13.76
35	西霞院	河南孟津、河南孟县	69.5	133.0	1.30	0.70	14.5	21.0	6.5	闸—土坝	43.0	632	56	2.88	0.35
36	桃花峪	河南郑州、河南武陟	71.5	110.0	17.30	11.90	—	—	—		20.0	2 646	105	9.60	8.10
27~36					543.10	206.50	666.3	881.8	268.6			29 586	1 560	138.17	64.58
	已建、在建工程				232.60	115.80	289.6	340.8	105.0			11 705	774	113.37	45.87
1~36					1 007.39	504.74	1 929.5	2 492.6	862			43 729	3 914	175.48	83.22
	已建、在建工程				563.2	355.60	807.7	899.60	335.5			16 721	1 756	138.62	55.72

注：▲为已建工程，△为在建工程。

淤积抬高。根据黄河下游水文站的观测资料,1950 年后至小浪底工程建设前的 20 世纪 80 年代,30 多年时间里,下游河道共淤积泥沙近 90 亿吨,河床普遍抬高 2~4 米,河床高出背河地面 4~6 米,局部河段高出 10 米以上。由于河床不断淤积抬高,同流量水位逐步升高,主河槽淤积加重,大部分河段 3 000 立方米每秒流量的水位年平均升高 0.1 米,加重了下游防洪的困难。下游河道的"悬河"态势进一步加剧(见图 2-4-1),漫滩概率增大,河势游荡多变,主流摆动频繁,常形成"横河""斜河""滚河",主流直冲大堤,严重危及堤防安全,即使中常洪水也存在着决口危险。为了防洪安全,要不断加高两岸大堤,不但给国家和沿河人民带来沉重负担,而且随着河床和大堤的不断抬高,下游决口的危险性日趋增大,洪水威胁依然是心腹之患。

图 2-4-1 黄河下游"悬河"态势

黄河下游河道自桃花峪以下 786 千米,依靠孟津白鹤镇以下两岸 1 371.2 千米的堤防束水行洪。两岸堤防按 1958 年花园口洪峰流量 22 000 立方米每秒设防,相当于 60 年一遇。从洪水来源看,对于三门峡至花园口区间的暴雨洪水("下大洪水"),已有的干支流水库还不能完全控制,对下游两岸广大地区的安全威胁巨大。按照已有防洪设施的防洪能力,当花园口断面发生 10 000 立方米每秒以下的洪水时,主要靠河道排洪入海;当花园口断面发生 10 000~15 000 立方米每秒的洪水时,利用干支流水库工程,并根据洪水情况确定是否运用东平湖分洪,控制艾山下泄流量不超过 10 000 立方米每秒;当花园口断面出现 15 000~22 000 立方米每秒的洪水时,利用干支流水库控制洪水和东平湖分洪,可使艾山下泄流量不超过 10 000 立方米每秒,但全河段防洪十分紧张,存在较大风险;当花园口断面出现超过 22 000 立方米每秒的大洪水时,只能采取牺牲局部保全局的措施,相机运用北金堤滞洪区等临时分洪。使用滞洪区分洪,将导致滞洪区内的人民生命财产及中原油田受到分滞洪水威胁,并产生严重的生态环境恶化,长期无法消除。此外,黄河下游滩区内有大量耕地和居住人口,洪水经常漫滩,滩区内群众的生产生活安全问题也很突出。

黄河下游除了汛期洪水威胁严重外,冬季凌汛期冰坝堵塞,同样容易造成堤防决溢灾害。历史上凌汛决口频繁,1951 年和 1955 年河口地区两次凌汛决口。三门峡水库运用后,每年可提供 18 亿立方米的防凌库容,情况有所缓和,但龙羊峡水库蓄水运用后,非汛期水量增加,三门峡水库防凌库容不能满足下游防凌要求,下游山东河段的南展、北展工程要承担分凌任务,对这些地区的人民生命财产造成严重威胁。

值得一提的是,1975 年 8 月上旬,淮河流域发生罕见特大暴雨,板桥、石漫滩等水库相继发生垮坝,给淮河流域人民生命财产和国民经济造成严重损失。经分析,如果这场暴雨北移至三门峡至花园口区间,黄河下游花园口断面可能产生 40 000 立方米每秒以上的特大洪水,远远超过下游 22 000 立方米每秒的设防标准。这次淮河暴雨洪灾对黄河下游防洪安全又一次敲响了警钟,促使黄河防洪决策者再次提出小浪底工程尽快上马问题,以解决黄河下游的洪水威胁。

二、水资源供需矛盾突出

中华人民共和国成立后,黄河下游引黄灌溉从无到有,至 1990 年小浪底水利枢纽开工建设前,下游引黄灌溉面积已达到 233 万公顷,对促进河南、山东两省经济发展做出了很大的贡献。特别是 1980 年以后,下游沿黄城市发展较快,城市供水需求越来越大。据统计,1983—1990 年,黄河下游年平均引黄水量达 108.5 亿立方米,其中灌溉用水量为 97 亿立方米,占下游引黄总用水量的 89.4%。引黄灌溉用水主要集中在 3—6 月,而此时正是黄河的枯水季节。由于黄河水少沙多,径流年内分配极不均匀,干流调节能力不足,特别是中游河段缺乏调节工程,加上黄河水资源没有统一调度和控制使用等原因,在黄河枯水季节下游河道经常断流,河道生态环境恶化,水质污染加重,对河口地区的湿地和生物多样性构成严重威胁。因此,在黄河中游兴建调节水库,合理地利用黄河水资源,缓解水资源供需矛盾和断流影响已刻不容缓。

第五节　下游洪水问题对策研究

为了解决黄河下游洪水威胁、水资源供需矛盾等问题,在 1975—1988 年小浪底工程初步设计期间,同时对解决黄河下游洪水问题的各种替代对策方案做了长期的论证和比选,最后推荐修建小浪底工程作为黄河下游防洪减淤并兼顾兴利的首选方案。

一、黄河下游堤防加高方案

该方案提出不再增建干支流水库,黄河下游防洪单纯依靠加高堤防,并以防御花园口千年一遇洪水作为其设计标准。

根据南水北调工程生效前的设计水平,采用 1950—1975 年 25 年水、沙系列轮番计算,50 年内下游河道共淤积泥沙 189.5 亿吨,年平均淤积 3.79 亿吨,黄河下游河道淤积抬高 4 米左右,按防御花园口千年一遇洪水(与 1984 年设防水位比较),水位升高 5~6 米,整个黄河下游堤防要普遍加高 4~6 米,工程投资初估为 70 亿~80 亿元(1980 年价格水平,下同)。

从黄河下游防洪的总体安排考虑,大力加固堤防是重要的工程措施。但是,单靠大堤很难保证防洪安全,下游堤防堤线长、隐患多,遇较大洪水险象环生。1958 年大洪水,出险达 1 400 多坝次;1976 年洪水不大,仍出险 1 879 坝次;1982 年洪水,花园口断面洪峰流量 15 300 立方米每秒,小于 1958 年洪水,但下游有 400 千米河段洪水位高出 1958 年水位 1~2 米,沿河出险 1 079 坝次。据 1981 年调查资料,下游堤身薄弱残缺,裂缝、险患等共有 19 处,计 128 千米,可顺堤行洪堤段 350 千米,可能出现渗水管涌堤段 74 千米。

同时,下游河道淤积严重,即使不考虑提高防洪标准,下游堤防 10 年左右需加高一次,修堤负担十分繁重。根据黄河下游第四期堤防加高加固设计,概算投资 30 亿元。随着堤防日益加高,工程越来越艰巨,投资越来越大,防汛更为困难,"地上悬河"形势愈加险恶,下游防洪局面将更为恶化。因此,单纯修堤防洪方案不妥。

二、开辟黄河下游分洪道方案

为了缓和黄河下游河道泄量上大下小的矛盾,有关单位提出了开辟黄河下游分洪道方案,并于 1977 年提出初步工程规划。

鉴于黄河特大洪水经北金堤滞洪区和东平湖调蓄后,下泄流量尚有 14 000 立方米每秒,因此该方案提出自山东陶城铺以下黄河北岸修筑一条新堤,连同原河道两岸大堤形成"三堤两河",新堤与黄河北堤之间作分洪道。分洪规模为 5 000 立方米每秒,使陶城铺以下原河道仍按 10 000 立方米每秒控制,以此加大陶城铺以下的泄量,改变防洪被动局面。一般洪水利用现河道排洪,新堤作为第一道防线;特大洪水时,可以增大洪水出路。将来随着原河道逐渐淤高,还可将分洪道改为主河道。

经过实地勘测研究和方案比较,分洪道线路选定黄河北岸直流入海方案,结合上下河段的实际情况,拟定分洪道的宽度 5 000 米左右。占用耕地 10.3 万公顷,影响居民 93 万人(1977 年统计数),区内有滨州市(原称北镇)和济阳、利津两座县城及胜利油田的部分产区。据初步估算,分洪道工程投资费用将超过 40 亿元(1977 年价格水平)。

分洪道方案的主要问题是:第一,不能解决陶城铺以上堤防的安全问题,遇特大洪水花园口洪峰流量达 40 000 立方米每秒,远远超过现有工程防御能力,需要另寻措施解决。第二,分洪道仍然是一条地上河,分洪 5 000 立方米每秒时,新堤附近水深 5 米左右,而且分洪道地面南高北低,一旦运用,势必顺堤行洪,新修土堤难抗冲刷,防汛抢险极为困难。同时,原河道北堤将两面临水,防守更为困难,实际上,开辟分洪道将使下游防洪战线更长,防汛负担也更重。第三,淹没影响严重,难于妥善安排,分洪道工程涉及近百万人口,需搬迁一市两县城区,围护几个油田,安置挖压占地 3 万公顷和 20 多万移民等,问题都很大,一旦运用,仍有很大损失。第四,分洪道工程投资巨大,建成后可能长期见不到效益,而且经常性费用和影响损失均不小。

因此,兴建分洪道工程并不能解决黄河下游的洪水威胁和河道淤积问题,陶城铺以上重要防洪河段的洪水威胁并未减轻,运用北金堤滞洪区分洪存在的问题依然存在,下游河道仍将继续淤积,堤防还要不断加高,下游防洪局面与单纯加高堤防方案基本相同。综合分析,在下游开辟分洪道方案不宜考虑。

三、黄河下游大改道方案

鉴于黄河下游防洪形势严峻,有些专家建议黄河下游另辟新河以避免河道决口带来巨大损失。

一种意见主张以黄河北堤为南堤,另建北堤,加大泄量,新黄河按 46 000 立方米每秒洪水设计,从秦厂到河口新修黄河主槽宽 3 千米,平均深 1.5 米,两岸滩地宽 3 千米,漫滩行洪水深 3 米,河长 700 千米,需挖土方 30 亿立方米,筑堤土方 7 000 万立方米。

另外一种意见认为,新黄河以通过流量 46 000 立方米每秒和 55 000 立方米每秒为原则,可先将上述"三堤两河"方案自陶城铺上延至夹河滩,当黄河不能行水时另走新河道。主张新河西起京广铁路桥附近的何营,东至套尔河,长 579 千米。按河宽 8 千米(槽宽 3 千米,两岸滩宽各 2.5 千米),大堤高 5 米,顶宽 10 米设计,需挖土方 21.7 亿立方米,筑堤土方 1.39 亿立方米,石方 305 万立方米,移民 213 万人。

黄委会对大改道方案的研究本着流路短、比降大、尽量走盐碱低洼荒地、经济损失小、河道寿命长的原则,考虑尽量利用原河道北堤作为新河道南堤,以减少工程量,并避开对中原油田开发的影响。按照上述原则,拟自河南省武陟县何营至濮阳渠村闸平行现河道左岸大堤,修新河北堤,渠村以下新河离开现河向东北,两岸修堤至濮阳城东穿过金堤河,以北金堤为新河南堤,另修新堤。到山东陶城铺附近又离开金堤河向东北,两岸修堤,经聊城、东阿、齐河、禹城、临邑、商河、惠民、阳信、沾化至无棣县套尔河入海,新河长 550 千米。新河按 46 000 立方米每秒流量设计,考虑现行河道槽蓄作用,估计到陶城铺洪峰为 32 000 立方米每秒,参考 1958 年花园口洪水平均流速 2 米每秒,按平均水深 2.3 米计算,陶城铺以上河宽需 10 千米,陶城铺以下需 7 千米。据估算,该方案大堤土方、险工护滩工程、引黄涵闸、桥梁、移民补偿费 5 项投资需 250 亿元以上(1980 年价格水平)。

上述 3 种改道方案均不同程度地存在下列问题:一是不能根本解决黄河下游的防洪问题;二是 1949 年以后,黄河下游两岸工农业生产发展迅速,农业基地也已形成,大改道方案将会打乱黄河下游现有的灌溉系统、排水系统和交通通信体系,严重影响黄淮海平原工农业经济的正常发展;三是黄河下游地区人口稠密,移民安置困难复杂,工程投资巨大,环境影响不利。因此,近期内黄河下游不宜采取大改道方案。

四、扩大东平湖滞洪区蓄洪量方案

东平湖滞洪区位于黄河下游由宽河道进入窄河道的转折点,在下游防洪工程体系中占有重要地位,布局比较合理,防洪效果显著。当花园口断面出现洪峰流量 22 000 立方米每秒的大洪水时,经过东平湖分洪,控制山东河段下泄流量不超过 10 000 立方米每秒,可以保证艾山以下河道防洪安全。

该湖区是黄河、大汶河汇集形成的天然湖泊,遇黄河大洪水或大汶河大洪水时,可起到自然滞洪作用。1958 年大洪水后,将老湖区和新湖区改建为滞洪区,湖区总面积 627 平方千米,其中老湖区 209 平方千米、新湖区 418 平方千米,水位 46.0 米(大沽高程)时总库容 39.8 亿立方米,老湖、新湖分别为 11.9 亿立方米和 27.9 亿立方米。1963 年经国务院批准蓄水位 44.0 米,特殊情况可抬高到 44.5 米(相应库容 30.5 亿立方米),根据黄、汶遭遇情况,按大汶河来水加水库底水共 13.0 亿立方米作为垫底库容,因此可担负黄河分洪量 17.5 亿立方米。

东平湖滞洪区蓄洪能力能否扩大,要视黄河、大汶河洪水遭遇情况和提高蓄水位后的安全情况而定。根据组合频率分析,黄河出现千年一遇洪水时,大汶河洪水可能出现的概率约为 10 年一遇,其 12 天洪量为 9 亿立方米,此时黄河大于 10 000 立方米每秒洪水的时间为 34 天,在此 34 天时间内大汶河的来水总量为 11 亿立方米。当黄河出现 300 年一遇洪水时,黄河大于 10 000 立方米每秒洪水的时间为 28 天,在此 28 天内大汶河来水总量为 9 亿立方米,再考虑水库垫底库容 4 亿立方米,则允许黄河的分洪量为 17.5 亿立方米。扩大东平湖滞洪区蓄洪量的途径是抬高蓄水位,但由于坝基地质情况十分复杂,水库围坝施工质量较差,1960 年蓄水运用后围坝普遍渗水出险,全围坝发生渗水段长 48.6 千米,漏洞 9 个,管涌 12 922 个,坝身裂缝 11 087.6 米,石护坡坍塌蜇陷 48 420 平方米。到 1980 年,湖西坝基管涌渗水原因尚未查清,所采取的加固措施能否达到预期目的,难以断定。因此,抬高蓄水位到 46.0 米的安全问题尚无把握。为安全计,东平湖滞洪区蓄洪水位仍以不超过 44.5 米为宜,允许黄河分洪 17.5 亿立方米。

五、增大三门峡水库防凌及拦蓄洪水作用

(一)增大三门峡水库防凌任务

关于利用三门峡水库配合黄河下游防凌问题,1965 年国务院〔65〕国农办字 426 号文批示"凌汛水位不超过 326 米","在确保防凌安全的原则下,尽量压低蓄水位和缩短蓄水时间,力争避免或减少因水库关闸蓄水所引起的不利影响"。

三门峡水库担负防凌任务以后,黄河下游凌汛得到缓和,但由于三门峡水库防凌库容偏小,相应 326 米蓄水位仅有 18 亿立方米防凌库容,不少年份凌汛仍处紧张状态。在龙羊峡、刘家峡两库运用后,凌汛期三门峡入库流量将由原来最大 700 立方米每秒,增加到 1 200 立方米每秒,防凌库容需要 35 亿~40 亿立方米,远非三门峡水库 326 米水位相应 18 亿立方米库容所能解决的,因而黄河防凌问题成为亟待解决的问题之一。鉴于此,有专家提出要补充突破三门峡凌汛限制水位 326 米的规定,由三门峡水库全部承担黄河下游防凌任务。

根据黄河的来水条件,上游考虑龙羊峡、刘家峡的调蓄作用,三门峡水库全部承担防凌任务后,计算表明,最大防凌库容为 35 亿立方米,1950—1975 年 25 年的计算系列中,超过 326 米防凌水位达 16 年之多。更为严重的是,1966—1971 年连续 6 年防凌水位回水超过或直接影响潼关,潼关河床高程(1 000 立方米每秒水位)最高可比 1980 年抬升 3 米,无法恢复到 1980 年水平。少数年份,防凌水位不超过 326 米并在汛期遭遇到有利的来水来沙,潼关高程可以恢复到 1980 年水平。总的情况是,潼关河床将比 1980 年稳定抬升 1.5 米左右,相当于恢复到 1970 年三门峡改建前的水平。潼关高程的稳定上升,将使潼关作为局部侵蚀基准面的卡口,对以上河流造成溯源淤积,潼关以下河段也将重新塑造河床,三门峡水库的有效库容将相应减少,渭河下游河道淤积上延,防洪负担加重。综合考虑,三门峡水库全部承担下游防凌任务的问题很多,不宜采用。

(二)增大三门峡水库拦蓄洪水作用

按照 1969 年 6 月 13—18 日在三门峡召开的晋、陕、豫、鲁 4 省会议精神,黄河下游防洪调度拟定三门峡水库的防洪运用方式为:"上大洪水"时采取"先敞泄、后控泄"的运用方式。即当发生"上大洪水"时,先敞开全部闸门泄洪,自

然滞洪蓄水,但滞洪期间已蓄水量不立即泄放,延迟至下游退落到 10 000 立方米每秒以下再开始泄放,泄放流量根据区间来水控制花园口流量不超过 10 000 立方米每秒。对"下大洪水",当预报花园口流量上涨可能超过 12 000 立方米每秒时,即开始关闭部分泄水孔,当预报花园口流量可能超过 22 000 立方米每秒时,全部关闭其余泄洪设施。洪峰过后,按加上区间来水后花园口流量不超过 10 000 立方米每秒控制运用。

为了提高三门峡水库拦洪作用,曾研究过洪水期间不发电、增加闸门启闭设备和进一步提前关门等 3 种措施方案。研究结果表明,采取上述三种措施后,当发生百年一遇"下大洪水"时,与原运用方式相比,三门峡水库的蓄洪量仅增加 3.2 亿~4.7 亿立方米,花园口 10 000 立方米每秒以上的洪量减少 2.7 亿~4.0 亿立方米,洪峰流量减少 1 770~4 120 立方米每秒,使 1958 年型洪水,花园口断面洪峰流量由 25 780 立方米每秒削减至 21 730 立方米每秒,使黄河下游防洪能力提高到略大于百年一遇的标准。但这种运用方式,使三门峡水库关门的机遇极为频繁(近 3 年一次),加重库区淤积。

研究认为:当时所采用的三门峡水库的防洪运用方式,不论对"上大洪水"或"下大洪水"而言,已经较充分地发挥了三门峡水库的作用。近期采取洪水期不发电是可行的,积极进行一门一机建设也是必要的,两者对进一步发挥三门峡水库的防洪作用是有利的,但削减下游洪峰、洪量的作用有限。进一步提前关门的作用不大,而对保持三门峡库容以备必要时防御特大洪水的作用及库区的影响都很不利,与上保西安、下保黄河下游"两个确保"的原则矛盾太大,故不宜采用。

六、利用黄河滩区放淤方案

为了缓解下游河道淤积抬高速度,寻求处理泥沙的途径,有关单位结合龙门和小浪底水库工程建设,研究过小北干流滩区放淤方案和温孟滩放淤方案。

(一)小北干流滩区放淤方案

小北干流滩区放淤是指利用禹门口至潼关河段的宽滩放淤。禹门口至潼关河段沿河两岸滩地面积约 600 平方千米,连片宽滩集中分布在河道下段。放淤工程拟与龙门水库相配合,在龙门水库建成后实施。规划拟定在禹门口附近修建壅水枢纽,枢纽两侧设放淤闸,引黄流量 500 立方米每秒(其中左岸 200 立方米每秒,右岸 300 立方米每秒),输水干渠长 50~70 千米,结合河道整治规划统一安排;放淤范围包括禹门口到朝邑、韩阳 332 米高程以上的滩区,总放淤面积 566 平方千米,共分 9 块,淤区临河建防洪围堤,围堤内布置条渠,根据水沙条件,自上而下逐区逐条相机放淤,淤区纵比降采用 1/5 000,平均淤积厚度 24 米,可容纳泥沙 180 亿吨。按龙门水库调节后的水沙资料估算,平均每年放淤 2.95 亿吨,禹潼河段每年减淤 0.69 亿吨,黄河下游每年减淤 1.38 亿吨,滩区放淤运用时间为 61 年,黄河下游可减淤 84.2 亿吨。

据估算,放淤工程包括进退水闸、输沙渠、淤区围格堤及入黄支流改道交叉工程等,共计土方 4 亿立方米,石方 44 万立方米,混凝土 61 万立方米,钢材 2 378 吨,连同移民搬迁等项费用,总投资约 42 亿元(1980 年价格水平,不包括禹门口枢纽分摊投资),放淤区有耕地 3.33 万公顷,需搬迁居民 12.5 万人(包括部分三门峡库区返迁人口)。放淤期间,淤区水深沙厚,难以耕作利用,虽然采用分区放淤办法,但由于放淤时间长达 61 年,滩区生产损失仍然很大,实际影响人口达 22 万人。

(二)温孟滩放淤方案

温孟滩放淤是指利用白坡至桃花峪河段宽滩放淤。淤区范围西起白坡镇,东至沁河口,南临黄河控导工程规划线,北界自西向东为老蟒河、孟县黄河大堤和新蟒河,总面积 294 平方千米。

该方案的研究以小浪底水库工程的兴建为前提。由小浪底水库左岸排沙洞引水,并受水库控制相机放淤。最大放淤流量 500 立方米每秒,经过输水渠道(长约 20 千米),于白坡村东进入淤区。温孟滩放淤量 165 亿吨,年平均放淤量按 3.3 亿吨计,则淤区可使用 50 年,减少黄河下游河道淤积量 111 亿吨。

放淤工程包括输水渠道、进退水闸、围堤、公路改线、蟒河改道等,连同移民迁安等项费用,总投资 22 亿元(1980 年价格水平)。淤区内有耕地 2.7 万公顷,多为高产良田,区内居民较少,但由于耕地淹没而影响的人口达 30 万人,淹没影响和损失也比较大。同时,淤区高出北岸地面,可能发生严重的浸没影响。

总体来看,黄河滩区放淤,虽然有一定的减淤效果,但工程投资较多,牵涉问题比较复杂,可以作为长远减淤措施,在干流水库修建后使洪水得到进一步控制后才能实现,不能解决黄河下游近期防洪减淤的急迫问题。

七、兴建中游干流工程方案

(一)桃花峪滞洪工程

桃花峪滞洪工程是黄河中游干流的最末一个梯级。坝址在京广铁路桥上游 12 千米,沁河在坝下汇入。从控制洪水的角度看,桃花峪滞洪工程位置比较优越,能同时控制黄河干流和伊洛河的洪水,因此在拦洪库容相同的条件下,削减下游洪峰的作用比其他干流水库大。但由于库区淤积和淹没影响问题,工程规模及防洪作用受到一定限制,难以充分发挥集中控制洪水的优势,为了减少泥沙迅速淤占库容,并力求避免大量淹没良田和影响洛阳市,工程壅水位不宜超过 114 米,总库容 45 亿立方米,设计防洪库容仅 32 亿立方米,只能控制特大洪水,常遇洪水不宜滞洪,平时也不能蓄水,因而不能减轻下游常遇洪水和凌汛的威胁,也难以发挥兴利效益。桃花峪滞洪工程主要建筑物包括:拦河闸长 2 千米,泄洪能力 22 000 立方米每秒,拦河土坝长 3.9 千米,北岸顺河土坝长 61.5 千米。主要工程量为:筑坝土方 5 400 万立方米,混凝土工程 108 万立方米,砌石工程 400 万立方米。工程总投资 18.3 亿元(1980 年价格水平)。库区有耕地 2.6 万公顷,居民 8.8 万人。桃花峪水库在自然条件下处于淤积状态,年平均淤积量约 0.4 亿立方米,工程有效使用年限约 35 年,如遇大洪水滞洪运用,库容损失更快,工程建成后,维持不了多长时间,下游防洪又需另谋对策,由于不能拦调泥沙,下游河道仍将继续淤积,堤防还要定期加高。估计 30 年内下游总投资将超过 50 亿元。此外,在拦洪运用时,库区群众迁移安置很难落实,北岸围坝长 61.5 千米,两面临水,防汛抢险也很困难,有许多问题需要深入研究。因此,从下游防洪、减淤及水资源利用等综合考虑,桃花峪滞洪工程方案在近期内不宜采用。

(二)龙门水利枢纽

龙门水利枢纽位于晋陕峡谷的末端,为 20 世纪 80 年代黄河规划中黄河干流七大骨控制性工程之一。经过长期勘测研究,坝址选在万宝山,下距禹门口约 30 千米。龙门水库控制黄河中游三大洪水来源区之一,防洪运用可减轻三门峡水库的蓄洪量,减少库区淤积、库容损失和淹没损失,也可以减轻黄河下游部分防洪负担。龙门水库正常蓄水位 590 米方案,初期拦沙运用,拦沙 97.5 亿吨,能分别减少禹门口至潼关河段及黄河下游河道泥沙淤积 20 亿吨和 45 亿吨,相当于黄河下游 11 年左右不淤积抬高;龙门水库可向渭北、晋南高塬缺水地区供水,远景扩灌面积可达 73.3 万公顷。发电装机 210 万千瓦,年平均发电量 79.5 亿千瓦时,全部工程土石方 8 715 万立方米,混凝土 197 万立方米,钢材 15 万吨,工程总投资 43.14 亿元(1980 年价格水平)。

龙门水库位于三门峡以上,主要是减轻小北干流、三门峡库区淤积及防洪负担,水库拦沙对减缓下游河道淤积有相当作用,但对削减黄河下游洪水的作用有限。

(三) 小浪底水利枢纽

小浪底水利枢纽位于黄河中游最后一个峡谷的出口,控制黄河流域面积的 92.3% 和几乎全部的泥沙,对综合解决黄河下游防洪、减淤及水资源开发利用问题具有突出的作用。

小浪底水库长期有效库容 51 亿立方米,与已建的三门峡、陆浑、故县等干支流骨干防洪水库联合运用,可将花园口断面千年一遇洪峰流量由 42 300 立方米每秒削减至 22 600 立方米每秒,使下游堤防工程的防洪标准由 60 年一遇提高到近千年一遇;可将百年一遇洪水由 29 200 立方米每秒削减至 15 700 立方米每秒,显著减轻黄河下游的洪水威胁;还可拦蓄特大洪水,对特大洪水有较为可靠的对策。在下游封河期间,水库结合防凌蓄水,配合三门峡水库控制下泄流量不超过 300 立方米每秒,可以基本解决下游凌汛威胁。

水库总拦沙量约 100 亿吨,可减少黄河下游河道淤积 76 亿吨,相当于黄河下游河道 20 年不再淤积抬高,少加高两次大堤。

水库非汛期调蓄水量 20 亿~40 亿立方米,增补下游工农业枯水季节用水,可使沿黄两岸 100 万公顷引黄灌区保证率由 32% 提高到 75%,平均增加保灌面积 40 万公顷;沿黄城市工业和人民生活用水,以及中原、胜利油田用水都将有保证。

枢纽电站装机容量 156 万千瓦(初步设计阶段),年平均发电量 51.1 亿千瓦时,电站靠近华中电网,担负河南电力系统的调峰任务,可改善电力系统的运行条件,较好地满足各部门对电力的需求。全部工程土石方 10 186 万立方米,混凝土 270 万立方米,钢材 24 万吨,工程总投资约 43 亿元(1980 年价格水平)。

第六节　工程开发任务和作用

小浪底水利枢纽上距三门峡水库 130 千米,下游是黄淮海平原,处在控制黄河水沙的关键部位,在 20 世纪 90 年代黄河规划中,与龙羊峡、刘家峡、黑山峡(规划)、碛口(规划)、古贤(规划)、三门峡等干流水利枢纽一起组成黄河水沙调控体系的七大骨干工程。

小浪底水利枢纽的开发任务是以黄河下游防洪(包括防凌)、减淤为主,兼顾供水、灌溉、发电,除害兴利,综合利用,在黄河治理开发中具有优越的自然地理优势和重要的战略地位。

一、防洪

(一)任务

小浪底水库处于黄河中游干流三门峡以下最后一个峡谷的末端,其主要任务是黄河下游防洪。

(1)显著提高下游防洪能力,千年一遇及以下洪水不再使用北金堤滞洪区,百年一遇洪水仅东平湖老湖区分洪,东平湖新湖区不使用。

(2)根据下游防洪需要,适当滞蓄需控洪水(12 000 立方米每秒以下),减轻下游防洪负担。

(3)减轻三门峡水库防洪运用的负担,对三门峡以上洪水,缩短高水位运用历时;对三门峡以下洪水,减少蓄洪运用概率;对百年一遇以下洪水,不用三门峡水库防洪。

(二)作用

黄河下游河道为"地上悬河",河床不断淤积升高,河道排洪能力不断减小,堤防不断加高,洪水威胁日益严重。小浪底水库建成后,可长期保持有效库容 51 亿立方米,其中防洪库容 40.5 亿立方米。小浪底与三门峡、陆浑、故县水库等四库联合防洪运用,比仅有三门峡、陆浑、故县等三库联合防洪运用有更大的防洪作用。

(1)对于百年一遇洪水,可使花园口洪峰流量由三库作用后的 25 780 立方米每秒削减至 15 700 立方米每秒,孙口洪峰流量为 13 140 立方米每秒,仅用东平湖老湖区分洪即可满足陶城铺以下安全流量的要求。

（2）对于千年一遇洪水，可使花园口水文站的洪峰流量由三库作用后的 34 420 立方米每秒削减至 22 600 立方米每秒，只用东平湖滞洪区分洪，不使用北金堤滞洪区。

（3）对于万年一遇洪水，可使花园口洪峰流量由三库作用后的 41 710 立方米每秒削减至 27 350 立方米每秒，花园口至高村河段行洪的安全程度有较大提高，北金堤滞洪区分洪 7.06 亿立方米，东平湖滞洪区分洪 17.5 亿立方米即可。

（4）对出现概率较大的中常洪水，根据下游防洪情势需要可利用小浪底水库适当控泄，保障防洪安全。小浪底水库可以控制花园口 5 年一遇洪峰流量不超过 8 000 立方米每秒，减少滩地淹没损失。

（5）减轻三门峡水库蓄洪运用概率和蓄洪负担，可减少三门峡水库黄河库区和渭河库区的洪水淤积。对三门峡以下发生的大洪水，三门峡水库控制运用的概率由 10 年一遇减少到百年一遇。百年一遇蓄洪量由 14.7 亿立方米减少到 1.96 亿立方米，千年一遇蓄洪量由 34.75 亿立方米减少到 16.87 亿立方米，万年一遇蓄洪量由 48.24 亿立方米减少到 30 亿立方米；对三门峡以上发生的大洪水，使三门峡水库先敞泄滞洪后控泄运用，缩短高水位蓄洪运用的时间，减少潼关以上渭河下游和黄河小北干流的淤积量。

二、防凌

（一）任务

小浪底水库与三门峡水库联合运用，共需防凌库容 35 亿立方米，其中小浪底水库 20 亿立方米。小浪底水库首先进行防凌运用，不足时三门峡水库补充。

（二）作用

黄河下游河道由低纬度的河南流向高纬度的山东，每年冬春之交，上段已开河而下段仍继续封冻，致使冰块壅塞，形成冰坝，引起水位骤升，危及堤防安全。1949 年前凌汛决口频繁，1951 年和 1955 年河口地区曾两次凌汛决口。利用三门峡水库控制凌汛，要限制防凌蓄水位不超过 326 米，三门峡水库防凌调蓄库容只能提供 18 亿立方米。黄河上游刘家峡和龙羊峡水库投入运用后，增大了中下游非汛期的来水流量，黄河下游防凌需 35 亿立方米防凌库容，小浪底水库建成后可提供 20 亿立方米防凌库容，并先期投入使用，三门峡水库承担 15 亿立方米，可基本解除下游凌汛威胁。

根据设计水平 1950—1975 年系列的调节计算，不修建小浪底水库,25 年中除去未封冻的两年外，其余 23 年三门峡水库均需要投入防凌运用，最高蓄水位达 329 米，并且齐河北展分凌区需分凌 8 次，利津南展分凌区需分凌 3 次。小浪底水库修建后，与三门峡水库联合防凌运用，不但可以避免下游山东河段两个展宽区的防凌，而且三门峡水库在该 25 年系列中也只有 5 年投入防凌运用，最高蓄水位 324 米。这样，不但避免了下游分凌区的淹没损失，减轻了三门峡水库防凌运用的负担，还大大提高了下游安全防凌的可靠性。

三、减淤

(一) 任务

小浪底水库修建高坝的主要任务，就是要利用小浪底水库巨大的库容拦沙和调水调沙运用，为下游河道减淤。

(二) 作用

黄河下游防洪问题的症结在于大量泥沙持续强烈淤积抬高河床，河道排洪能力不断降低，防洪大堤不断加高，堤防存在"漫决、溃决、冲决"的危险(包括凌汛决口)，对两岸广大地区的安全造成严重威胁。小浪底水库正常蓄水位 275 米，总库容 126.5 亿立方米，在水库后期蓄清排浑和调水调沙运用，能够保持高滩深槽平衡形态的有效库容 51 亿立方米，可以长期运用，其中 41 亿立方米滩库容供防洪、防凌和供水、灌溉、发电等调蓄运用,10 亿立方米槽库容供主汛期调水调沙和多年调沙运用，长期使下游河道减淤。在水库初期"拦沙和调水调沙"运用，最大有 80 亿立方米库容(已扣除库区支流河口拦沙坎淤堵的 3 亿立方米无效库容)可供拦沙和调水调沙运用，与三门峡水库现状方案相比，可以使黄河下游获得巨大减淤作用。

根据 2000 年设计水平计算，小浪底水库对下游河道的减淤作用主要表现在以下几方面：

(1)水库运用 50 年，水库拦沙 101.7 亿吨，下游全断面减淤 78.8 亿吨，全断面相当不淤年数不少于 20 年，拦沙减淤比为 1.3:1。

(2)小浪底水库运用可对全下游河道产生减淤作用。下游艾山以上河段和艾山以下河段的减淤基本上同步，只是表现方式有差异。在艾山以上河段，一般为河槽先连续冲刷后连续回淤，均为较和缓地进行，避免大冲大淤和大量塌滩;在艾山以下河段,一般为河槽连续微冲微淤,相对平衡,滩地很少坍塌。水库初期运用前 20 年,艾山以上和艾山以下河段基本不淤积;水库后期运用,黄河下游河道仍继续减淤,比三门峡水库现状方案年平均减淤 0.3 亿~0.4 亿吨。

(3)小浪底水库在初期运用前 15 年,进入河口河段的泥沙量减少 35.4 亿吨,年平均减少 2.36 亿吨,很大程度地减缓河口的淤积延伸,有利于河口流路延长行水年限。同时,小浪底水库调水调沙运用,利用大水输沙,可以增加进入深海区域的泥沙量,对减缓河口延伸也有作用。

(4)在小浪底水库初期拦沙和调水调沙运用的 20~28 年内,可以保持下游河槽冲淤交替相对不抬高和滩地大量减淤,保持与提高下游河道排洪能力,为下游防洪安全提供保障,在 20 年内或略长的时段内可以基本不加高大堤。如果不修建小浪底水库,则在 2000 年设计水平的水沙条件下,三门峡水库现状方案,将使黄河下游年平均淤积 3.79 亿吨,与三门峡建库前 1950—1960 年下游年平均淤积 3.8 亿吨(含东平湖淤积)相当,需要平均每 10 年加高一次黄河下游两岸大堤。

四、供水和灌溉

(一)任务

小浪底水库进行径流调节,使黄河下游来水适应工农业用水要求,为下游引黄灌溉与城镇生活、工业用水增加可利用的水源,缓解断流影响。

(二)作用

黄河下游引黄地区跨黄、淮、海三大流域,涉及豫、鲁两省 21 个地(市)83 个县。由于黄河中游干流缺乏调节工程,下游地区在枯水季节水量不足,甚至出现断流,对工农业生产、城市生活、生态环境造成极其不利的影响。

小浪底水库生效后,下游城市生活及工业用水可以完全满足,并满足向青岛补水,向河北、天津调水 20 亿立方米;黄河来水经调节后更好地适应引黄灌溉要求,多年平均可使花园口断面 3—6 月来水量由建小浪底水库之前的 66.3 亿立方米增加到 87.9 亿立方米,增加可利用的径流量 21.6 亿立方米,中等枯水年份保证利津断面最小流量不小于 50 立方米每秒,缓解断流影响。

五、发电

(一)任务

小浪底水电站的供电范围为河南电网,担负以火电为主的河南电网的调峰任务,水电站装机180万千瓦,发挥巨大的发电效益。

(二)作用

小浪底水电站装机6台,总装机容量180万千瓦。保证出力在水库运行前10年为28.39万千瓦,10年后为35.38万千瓦;多年平均发电量在水库运行前10年为45.99亿千瓦时,10年后为58.51亿千瓦时;年平均可节约标准煤155万~192万吨,减轻环境污染。小浪底水电站规模大,调节性能好,又地处河南电网负荷中心,可以承担河南电网的调峰任务,缓解河南电网调峰容量不足带来的一系列问题,弥补河南电网火电机组承接负荷慢的缺点,提高河南电网的供电质量,在下游西霞院反调节工程建成后调峰作用更大。

第三章　工程设计

小浪底水利枢纽勘测设计工作由黄委会设计院承担,历时近半个世纪。坝址勘测工作从 1953 年开始,设计工作至 2001 年 12 月基本完成,经历了地质勘察、规划论证、可行性研究、轮廓设计、项目评估、初步设计及优化、世界银行贷款评估、招标设计、施工图设计等阶段。

第一节　地质勘察

小浪底水利枢纽工程地质勘察工作历时数十年,由于地形地质条件复杂,在 14 千米长的河段内对多个坝址进行大量勘察和比选工作(见图 3-1-1)。坝址方案几经变更,勘察阶段交叉反复,经历复杂漫长的研究与决策过程。

图 3-1-1　坝址查勘

一、坝址选择

小浪底坝址段,上自竹峪,下至蓼坞河,河段长 14 千米。出露地层有二叠系上石盒子组、石千峰组,三叠系刘家沟组、和尚沟组和二马营组。岩层倾角平缓,坝区断层发育,河床覆盖层最厚达百米以上,河谷基岩岸坡变形破坏普遍,岩体中泥化夹层发育。坝区处于晋、豫山地和华北平原分界带,新构造活动迹象明显。自上而下选有竹峪、青石嘴、小浪底一坝址、小浪底二坝址和小浪底三坝址共5个坝址。竹峪坝址位于竹峪村下游;青石嘴坝址位于大峪河口上游;小浪底一坝址位于大峪河口与土崖底沟之间;小浪底二坝址位于土崖底沟至大西沟之间,曾选有老Ⅱ线、新Ⅱ线和上辅线;小浪底三坝址位于风雨沟与蓼坞河之间,先后选有老Ⅲ线、东坡线、上坡线和沟底线。

1935年8月23日至9月2日,国民政府黄河水利委员会委员长李仪祉指派挪威籍主任工程师安立森等人查勘黄河潼关至孟津河段,而后提出三门峡、八里胡同、小浪底等3个坝址的查勘报告。

1939—1944年日本侵华期间,日本东亚研究所在八里胡同等地进行黄河中游查勘中,提出小浪底坝址,并列为第二计划。

1946年12月至1947年1月,国民政府经济委员会聘请美国专家萨凡奇等组成的黄河顾问团查勘黄河,所写《治理黄河初步报告》中提出小浪底坝址。

1950年2月,北京地质学院教授冯景兰、河南地质调查所曹世禄查勘黄河干流潼(关)孟(津)段时,调查了小浪底坝址地质。1950年5月25—26日,黄委会潼(关)孟(津)查勘队查勘了小浪底坝址,认为宜筑坝范围在猪爬崖附近。

1953—1954年,地质部黄河中下游地质队进行技经报告阶段地质测绘。黄委会第一钻探队在大峪河口、大小西沟和猪爬崖3处钻孔11个。

1958年春,黄委会设计院第二勘测设计工作队进行技经报告阶段的补充地质工作。同年8月,黄委会设计院在《小浪底水利枢纽设计任务书》中提出,按正常高水位163米、坝高27米进行勘察,11月底提出全部地质资料。不久又提出正常高水位232米方案,要求地质勘察随着规划设计方案的变动加紧工作,于12月提出232米方案的《黄河干流小浪底水利枢纽技经报告阶段(补充)报告》,选出大峪河口至尖凹、大小西沟间、东坡村下游猪爬崖3处坝址,并指出前两处较好。

1959年底,黄委会设计院第二勘测设计工作队增调地质人员30余人,主要在小浪底二坝址按正常高水位280米方案要求,开展勘探和试验研究,并进行历史地震调查和坝址区新构造运动的研究。1960年4月提交《黄河干流小浪底枢纽初步设计选坝阶段工程地质报告》，对坝址区各种岩石的物理力学性质、新构造现象、河床基岩深槽、右岸基岩滑坡等方面做出描述和评价。后因国家经济困难，地质勘察工作暂停。

1969年，黄委会规划设计大队第三分队重新对小浪底坝段开展规划设计勘察研究，主导思想是在小浪底修建混凝土坝或混凝土与当地材料混合坝。地质方面由黄委会和中国水利水电第十一工程局共同组织10名地质人员，分别对小浪底一、二坝址进行复查性地质测绘工作。1970年下半年，又在小浪底一坝址左岸河边基岩台上，进行两组页岩夹层原位抗剪试验。

1970年底至1971年上半年，黄委会调集第一、第二、第三勘探队和物探队进入小浪底坝址区，对小浪底一、二坝址开展大规模勘察研究工作。1970年7月河南省成立黄河小浪底工程筹备处，崔光华任主任，姚哲、韩培诚为副主任，统一领导勘察设计工作。1971年8月，在小浪底一坝址左岸河边基岩台上的弹模槽试坑中，发现在三叠系砂页岩地层中，软岩夹层受构造影响形成剪切带，即泥化夹层。在此期间，勘察重点是解决影响建坝的两个重要工程地质问题：

一是泥化夹层。通过地表调查发现三叠系刘家沟组第3至第5岩组泥化夹层分布较普遍，靠近断层较多，远离断层较少，一般延伸百余米，风雨沟以西地堑中，最长出露500米。在一坝址28个钻孔中，由物探电测井配合，共发现泥化夹层18层。泥化夹层厚度变化较大，薄到泥膜，厚达40毫米，主要为软弱页岩挤压搓碎而成。对泥化夹层还进行了颗分、含水量及容重测定、抗剪试验、电子显微镜与差热分析鉴定。通过勘探、试验研究认为，泥化夹层是坝基抗滑稳定的控制因素。

二是右岸坝肩破碎体。通过打钻孔10余个、地质探洞2条，查清右坝肩山体实为一巨型滑坡体，总方量约1 100万立方米，最大厚度80米，沿岩层倾向以北东18度向河床滑动，滑距40~50米，后缘沿10号断层带及走向裂隙拉裂，形成空当区。破碎壁以南岩体形成二级滑塌。滑坡体岩层破碎，钻探过程中掉块、坍塌、漏浆十分严重，钻进难度大。开挖探洞时，坍塌、掉块也很严重。在探洞内取滑带土原状样进行室内土工试验，摩擦系数小，右岸坝肩稳定性差，不宜选作坝肩。

为了选择地质条件较好坝址，黄委会勘探队又对上游的竹峪坝址与青石嘴坝址进行了地质调查和钻探。在小浪底一、二坝址间增加了中坝线，并进行勘察。

在地质方面,除发现小浪底一、二坝址泥化夹层与破碎体问题外,还存在以下主要问题:①河床中存在着基岩深槽,堆积覆盖层厚 50 米。②小浪底一坝址右岸二级阶地下部存在 4 号、5 号断层交会带,宽 20 余米,斜交于坝基。③小浪底二坝址右岸坝肩存在 2 号滑坡体,由多列式滑体组成,总方量约 410 万立方米。

截至 1972 年 5 月,小浪底地质勘察工作完成小浪底坝段 1:2 000~1:5 000 地质测绘 47 平方千米。小浪底一坝址钻孔 86 个,进尺 5 720 米;小浪底二坝址钻孔 65 个,进尺 5 860 米,其中大口径钻孔 1 个,进尺 23 米;竹峪坝址钻孔 12 个,进尺 120 米;青石嘴坝址钻孔 3 个,进尺 155 米;小浪底三坝址钻孔 8 个,进尺 430 米。小浪底一、二坝址做砂岩与砂岩野外大型抗剪试验 8 组、页岩与页岩野外大型抗剪试验 7 组、大口径(1 米直径)岩芯新鲜页岩大型抗剪试验 2 个点。

1972 年 6 月,黄委会规划设计大队提出《黄河小浪底水库工程初步设计工程地质勘察报告》。报告在坝址综合评价与选择意见中认为:中坝线河谷左侧二级阶地基座上 3 号、4 号深槽发育,规模较大,致使混凝土坝段布置和施工困难,建议予以否定;二坝址右岸虽有滑坡体分布,但规模较小,下部岩体完整,河谷对称,坝顶长 950 米,优点突出,河床虽有两个深槽,深 50 多米,其中又夹有 20 米的细砂层,但在技术上有办法克服,如建造混凝土坝,建议选定该坝址;一坝址右岸为滑坡体,分布规模较大,但可以处理,河床覆盖层较薄,且河床左侧有基岩露头,对混凝土坝段布置和施工都有利,如建造混合坝,建议选定该坝址。

1972 年 9 月,水电部在洛阳召开小浪底工程初步设计审查会。会议根据历年勘察资料,对先后勘察过的 5 个坝址逐一进行评价。会议认为,竹峪坝址左岸岩体表层有滑动迹象,河床覆盖层深 50 米以上,右岸坝肩上游有大断层通过,坝址位置太靠近上游,规划布局不合理;小浪底一坝址左岸二级阶地基座面以下有深槽,岩体中有断层破碎带和泥化夹层,右岸为约 1 100 万立方米的大滑坡体;小浪底二坝址左岸坝肩有宽 100~150 米的破碎带通过,右岸有基岩顺层滑坡,体积约 410 万立方米,河床有基岩深槽;小浪底三坝址右岸坡脚有顺河方向大断层通过;青石嘴坝址问题相对较小。整个坝段地质条件复杂,问题很多,要求深入调查研究滑坡、泥化夹层及区域构造稳定问题。水电部副部长钱正英针对地质方面存在的基岩岸坡稳定、层间泥化夹层及区域构造稳定等主要问题,要求进一步开展工作,找出规律性的东西,选出较好的坝址。1973—1974年,因小浪底工程筹建工作停止,地质勘探队撤出小浪底,留下部分地质人员进行资料整理和调查研究,提出《小浪底水库坝段区页岩与泥化夹层工程地质条件》专题报告等。

1975年,坝址选择的勘察工作重新开展。黄委会规划设计大队地质方面主要负责人彭勃等综合分析小浪底地质条件后认为,修建当地材料坝较为适宜。小浪底三坝址与青石嘴坝址都具有布置泄水建筑物的地形条件。

1975年初,黄委会规划设计大队开展三坝址1:2 000地质测绘,年底第二地质勘探队进驻小浪底。1976年初,在青石嘴坝址同时开展地质测绘与勘探。青石嘴坝址共完成1:2 000地质测绘35平方千米,机钻孔10个,进尺1 000米,地质探洞1条,深80米;三坝址共完成1:2 000地质测绘35平方千米,机钻孔27个,总进尺1 926.5米。同年6月,提出《黄河小浪底水库工程规划选点地质报告》,报告主要论述了正常高水位275米当地材料坝的工程地质条件,指出"从各坝址的工程地质条件来看,修建混凝土坝或混合坝型都是不适宜的,只有考虑修建当地材料坝。若修建当地材料坝,一、二坝址存在问题较多,青石嘴和三坝址则比较优越"。

1976年下半年,黄委会规划设计大队对青石嘴坝址进行补充地质勘探,发现青石嘴坝址左岸靠大峪河一侧基岩面太低,无布置大跨度洞室的条件,且通过河床断层达15条之多,有些断层交会在一起形成很宽的破碎带。据此,勘探工作全面转向小浪底三坝址(小浪底坝址)。小浪底坝址位置示意见图3-1-2。

二、坝址勘测

从1977年开始,黄委会规划设计大队(1978年3月恢复黄委会设计院)着重对小浪底坝址河床深槽的展布形态、覆盖层的结构及物理力学性质、右岸东坡及西沟塌滑体的形态展布进行勘察研究。1979年邀请法国专家进行咨询,引进勘测仪器设备,开展遥感遥测等研究。1980年提出《用图像处理系统提取线性构造的体会》《对小浪底水库三坝址左岸地下洞室工程围岩分类的探讨》《对小浪底水库滑坡模拟试验研究报告》《对小浪底水库施工期滑坡涌浪模型试验研究报告》《小浪底边坡岩体变形特征及机理探讨》等研究报告与学术论文。

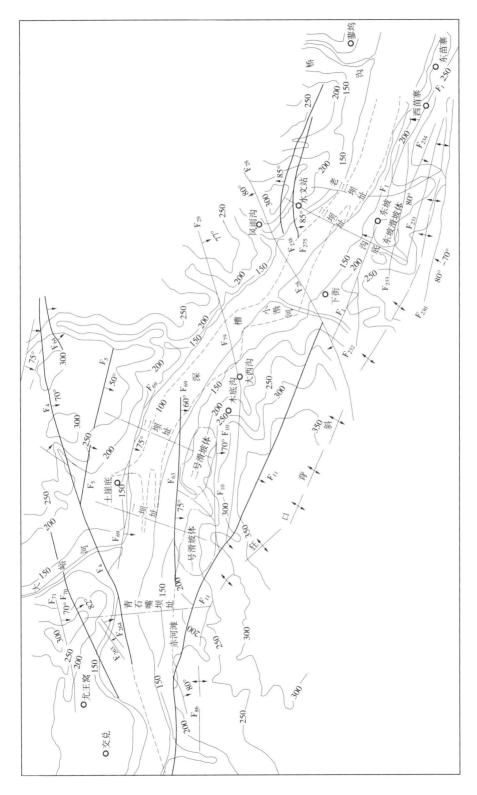

图 3-1-2　小浪底坝址位置示意

截至 1981 年初,黄委会设计院共完成小浪底坝址与库区 1:10 000 地质测绘 580 平方千米;机钻孔 170 个,进尺 15 982.64 米;管钻孔 24 个,进尺 1 346.94 米;平硐 36 条,长 2 774 米;竖井 4 个,85 米;原位抗剪试验 30 件,弹模 43 点;砂砾石层跨孔试验 67.3 米,伽马—伽马测井 14 孔,216 米,伽马测井 53 孔,4 663 米。

1981 年 3 月,黄委会设计院提出《黄河小浪底水库工程初步设计要点工程地质勘察报告》。同年 9 月,水电部在郑州召开小浪底工程初步设计要点审查会。会议认为:小浪底三坝址距上游 1 号、2 号滑坡体较远,对可能出现的滑坡涌浪影响较小;枢纽建筑物布置和施工条件也比较有利,同意初设要点报告推荐的小浪底三坝址作为工程选定坝址。会议要求下一步重点补充查明:①泥化夹层的分布性状;②左岸单薄分水岭及右岸坝肩山体稳定问题;③洞群进出口高边坡及大跨度洞室围岩稳定问题;④深厚覆盖层造混凝土防渗墙的可能性问题;⑤区域稳定性问题;⑥河床砂层及砂卵石层的震动液化问题;⑦水库诱发地震问题;⑧岸坡变形机制及变形体稳定性问题。

对于小浪底坝址,曾分别勘察过老三线、东坡线、上坡线、沟底线等 4 条坝线,工作的重点一直围绕着沟底线。小浪底坝线位置见图 3-1-3。

1983 年 6 月,黄委会设计院提出《黄河小浪底水库工程初步设计工程地质勘察报告》,同年 7 月,水电部召开技术审查会进行审查。1984 年 2 月,根据国家新的设计程序要求,黄委会设计院补充编写了《黄河小浪底水利枢纽工程可行性研究报告——工程地质篇》。该报告把历次资料进行汇总,并做了全面比较,得出小浪底三坝址相对优越的结论。同年 8 月,水电部在北京召开的小浪底工程可行性研究报告审查会议认为:尽快修建小浪底水利枢纽是非常必要的,原则上同意可行性研究报告,根据多年来对小浪底坝段地质条件的比较论证,同意最终选定三坝址,原则上同意坝型为土石坝等。

1985 年 7 月,黄委会设计院与武汉地质学院达成协议,共同研究小浪底坝址左岸单薄分水岭裂隙岩体渗流。

1986 年,根据勘察试验研究工作进展,黄委会设计院提出《黄河小浪底水利枢纽工程初步设计工程地质勘探报告》,1987 年水电部组织国内有关专家戴广秀、王思敬等对小浪底坝址进行现场考察评估。同年 7 月,水电部针对小浪底地质问题在郑州、北京两地召开技术审查会进行审查。

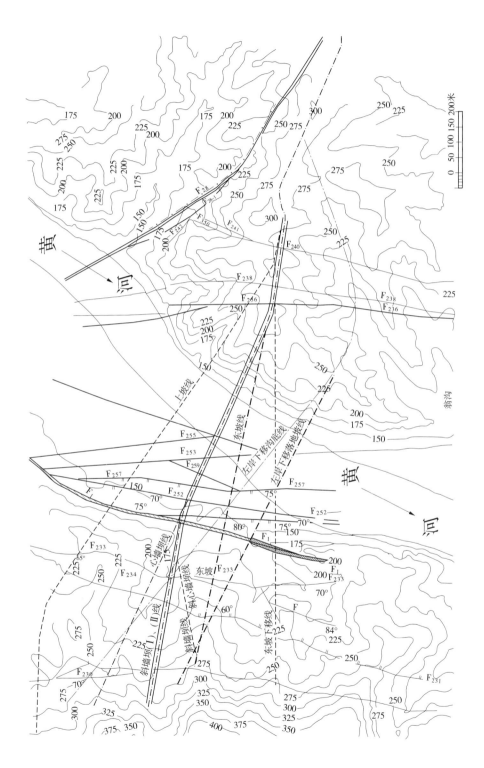

图 3-1-3　小浪底坝线位置

1988 年 7 月底,黄委会设计院提出《黄河小浪底水利枢纽初步设计报告——工程地质勘察报告》。之后,黄委会设计院重点针对泄洪建筑物进出口部位、电站厂房及大坝基础等进行补充勘察研究,满足了初步设计阶段勘察精度要求,为小浪底水利枢纽的开工建设奠定了基础。

1994 年 9 月小浪底水利枢纽主体工程施工以后,随着地表和地下建筑物全面的施工开挖揭露,通过地质设代、地质素描编录和地质监理工作,配合设计、施工解决了大量现场地质问题,获得丰富的施工地质资料,确保了工程建设的顺利进行。

小浪底水利枢纽工程主要地质勘察工作量见表 3-1-1。

第二节　工程规模论证

小浪底工程规模研究论证经历了复杂、曲折的演变过程,贯穿于整个工程勘测设计过程中。工程规模的论证考虑了水库在不同运用时期的库容、效益变化,尤其是正常蓄水位、死水位、汛期限制水位的选择,往往要通过大量方案的水利计算、水库及下游河道泥沙冲淤计算、洪水调节计算、水工建筑物布置、工程量及投资计算、技术经济分析等工作,综合水库特征水位、水库运用方式等多方面因素,兼顾各方面利益选定工程规模。

一、水库正常蓄水位

(一) 正常蓄水位方案

小浪底水库位于多沙河流上,为了能够长期保持水库有效库容,水库在初期"拦沙和调水调沙"运用完成后要进入后期"蓄清排浑和调水调沙"运用。在主汛期来沙集中时段除根据水情必要时拦洪运用外,一般情况下,拦蓄小于 2 000 立方米每秒的平水, 按 800 立方米每秒下泄, 控制低壅水;泄放 2 000~8 000 立方米每秒的大水,敞泄排沙;泄放大于 8 000 立方米每秒的洪水,实施分级控制。按 8 000~10 000 立方米每秒下泄,滞蓄洪水运用;非汛期来沙较少,可以高水位蓄水调节,按照防凌、供水、灌溉和发电的要求泄水。水库初期和后期运用方式相同,只是前者水库进行拦沙淤积,后者保持水库冲淤平衡。

表3-1-1　小浪底水利枢纽工程主要地质勘察工作量

项目		单位	坝址工程地质勘察			库区	建筑材料	合计
			三坝址	其他坝址	坝段			
地质测绘	1:50 000	平方千米				1 310	20.3	1 330.3
	1:10 000	平方千米						104
	1:5 000		5	14	19		18.8	37.8
	1:2 000		12	9.5	21.5		5.9	27.4
	1:500		9.72		9.72			9.72
钻探	机钻	孔数/米	372/25 199.01	206/16 708.6	578/41 907.61		32/1 632.19	610/43 539.80
	土钻			/2 158	464/40 122.78		182/2 728	/4 886
	管钻		44/2 271.4		44/2 271.4		135/1 247.4	179/3 518.8
	套钻		23/1 897.13		23/1 897.13		23/1 897.13	23/1 897.13
	VPRP		10/481.41		10/481.41		69/984.25	79/1 465.66
	大口径			2/52.02	2/52.02			2/52.02
山地工作	基岩平硐	个数/米	41/3 451.39	10/1 046.75	50/4 166.64	10/50	5/97.5	65/4 314.14
	土平硐		1/70		1/70			1/70
	基岩竖井		17/779.1	4/147	19/648.10			19/648.10
	土竖井		42/436.35		17/291.35	/250	148/1 861.3	/2 402.65
	坑槽探	立方米	29 727	8 500	33 227		6 645.9	39 872.9
物理勘探	地震	标锥点数	18 288		18 288			18 288
	电法		81		81			81
	声波		5 068		5 068		5 068	5 068
	测井		10 303		10 303			10 303
	跨孔	组/米	7/453.2		7/453.2			7/453.2

续表 3-1-1

项目		单位	坝址工程地质勘察				建筑材料	合计
			三坝址	其他坝址	坝段	库区		
物理勘探	跨洞	组	50		50			50
	动静弹对比		38		38			38
	原位抗剪	组/件	18/20	23/25	41/45			41/45
	静弹	点	45	41	86			86
	土料击实						164	164
	砂砾石抗剪	组	12		12			12
	含沙率率定		16		16			16
	大型试验洞	个/米	1/56		1/56			1/56
	1999年供水群孔油水	工日	4 000		4 000			4 000
	防渗墙造孔	宽/深(米)	6.6/69.4		6.6/69.4			6.6/69.4
	块石料爆破	处					1	1
试验工作	岩石薄片鉴定	组	466		466			466
	岩石矿物分析	个						
	岩石物理性质	次	865		865			865
	岩石干抗压强度	次	803		803			803
	岩石饱和抗压强度	次	1 007		1 007			1 007
	冻融饱和抗压强度	次	10		10			10
	饱和抗拉强度	次	154		154			154
	膨胀和崩解试验	组	11		11			11
	室内饱和弹性模量	次	240		240			240
	干岩块声速测试	次	377		377			377

续表 3-1-1

项目		单位	坝址工程地质勘察			库区	建筑材料	合计
			三坝址	其他坝址	坝段			
试验工作	室内岩块三轴强度	组	43		43			43
	室内中型剪切试验	组	4		4			4
	黏土岩反复剪切试验	组	2		2			2
	声发射法测地应力	组	5		5			5
	岩体静弹模试验	点	58		58			58
	岩体蠕变试验	点	4		4			4
	岩体沿层面抗剪强度试验	组	22		22			22
	岩体沿软弱结构面抗剪强度试验	组	24		24			24
	应力解除法测地应力	点	7		7			7
	岩体弹性抗力试验	点	2		2			2
	岩体中心孔变形试验	点	2		2			2
	岩体层面中型剪试验	组	4		4			4
	空心包体法测地应力	组	1		1			1
	岩组法测地应力	组	9		9			9
	岩体夹泥抗渗试验	组	4		4			4
	岩石三轴试验	组	2		2			2

小浪底水库的正常蓄水位是指水库在非汛期可蓄到的最高蓄水位。影响小浪底水库正常蓄水位的主要因素有对有效调节库容的要求、水库拦沙减淤作用、坝址及库区的地形地质条件、库区淹没和浸没情况、上下游梯级的衔接关系、水资源利用程度等。小浪底水利枢纽正常蓄水位,上受三门峡水电站尾水位的限制,下受坝址左岸单薄分水岭地形地质条件的制约。

三门峡坝下平均河底高程为275.7米,从充分利用河段水力资源及发挥水库拦沙减淤效益考虑,三门峡、小浪底两枢纽工程应当衔接。根据三门峡坝下尾水水位—流量关系分析成果,坝下流量分别为1 000立方米每秒、2 000立方米每秒时,水位分别为279.1米和280.6米。三门峡水电站装机容量40万千瓦,非汛期最大发电流量1 455立方米每秒,相应尾水位为279.8米。为了和三门峡水电站尾水位衔接,在不影响三门峡水电站发电效益的前提下,小浪底水库的正常蓄水位最高不超过280米。小浪底水利枢纽可行性研究阶段拟订了水库265米、270米、275米和280米4个正常蓄水位方案,进行技术经济综合比较。小浪底水库正常蓄水位方案比较见表3-2-1。

(二) 正常蓄水位

在小浪底水利枢纽可行性研究阶段,采用定性和定量相结合的方法,对4个正常蓄水位方案从防洪、减淤、灌溉供水、发电等方面进行综合比较,最终选择正常蓄水位为275米。

1. 水库淤积末端影响分析

对多泥沙河流上梯级工程的衔接问题,除研究水库正常运用期汛期造床流量和常流量(汛期平均流量)、非汛期最高蓄水位运用时的淤积末端对上游枢纽工程的尾水位影响外,还要研究水库在初期"拦沙和调水调沙"运用形成高滩高槽时的淤积末端和水库在特大洪水防洪运用时的淤积末端对上游枢纽工程坝下尾水位的影响问题,以满足水库安全运用的设计条件。

根据水库泥沙冲淤计算分析成果,正常蓄水位275米方案,在死水位230米运用下的输沙平衡河床纵剖面及运行200年后的尾部段推移质泥沙淤积条件下,水库淤积末端距三门峡坝下尚有3.5千米,河底高程267.8米,汛期造床流量(4 220立方米每秒)水位为273.3米,不影响三门峡坝下尾水位(282.9米);经分析,汛期常流量的水位也不影响三门峡坝下尾水位。

对于非汛期最高蓄水位275米方案的淤积末端对三门峡枢纽工程的尾水

表 3-2-1 小浪底水库正常蓄水位方案比较

项目		正常蓄水位方案指标			
		265 米	270 米	275 米	280 米
水位（米）	死水位	215	221.5	230	234
	汛期限制水位	215～234.5	221.5～241	230～250	234～253.5
库容（亿立方米）	总库容	101.54	113	126.5	140
	有效库容	55.0	55.0	55.4	55.0
	槽库容	34.0	33.5	30.6	31.8
发电效益	装机容量（万千瓦）	140	160	180	190
	保证出力（万千瓦）	26.3	28.1	29.8	31.1
	年发电量（亿千瓦时）	61.9	66.2	69.5	72.2
拦沙减淤效益	拦沙库容（亿立方米）	43.1	53.7	65.7	79.8
	减淤年数（年）	11	14	17	21
淹没人口（万人）		10.08	10.59	12.0	—
经济指标	总投资（亿元）	24.4	24.9	25.7	—
	投资相差（亿元）		0.5	0.8	—
	减淤相差（亿吨）		0.237	0.82	—
	发电量差（亿千瓦时）		4.3	3.3	2.7

注：本表主要采用原初步设计要点报告中数据。

位影响问题,分析结论认为:在三门峡水库非汛期蓄水拦沙(蓄水位 315 米)与小浪底水库联合运用条件下,小浪底水库中、上段三角洲淤积物将有部分下移,调蓄运用不影响三门峡坝下正常尾水位。

对于水库在初期"拦沙和调水调沙"运用形成高滩高槽时的淤积末端和水库在特大洪水防洪运用时的淤积末端对三门峡枢纽工程坝下尾水位的影响问题,分析结论认为:小浪底水库正常蓄水位 275 米方案对三门峡枢纽工程坝下尾水位没有影响;正常蓄水位 280 米在非汛期蓄水运用时,对三门峡坝下尾水位产生一定的影响,但不影响电站安全运行。

2. 综合技术经济比较

各方案通过调整死水位及滩面高程,可以保持同样的有效库容,因此防洪、灌溉、供水和防凌作用是相同的。效益上的差别主要体现在拦沙减淤和发电。在拦沙减淤方面，正常蓄水位280米方案，水库永久性拦沙库容最大，达79.8亿立方米；265米方案水库永久性拦沙库容最小，只有43.1亿立方米；随着正常蓄水位抬高，拦沙库容增大，下游河道减淤量及相当于不淤积的年数也增大。在发电效益方面，随着正常蓄水位的抬高，电站保证出力、年发电量及装机容量都随之增大，不同方案年平均发电量相差2.7亿~4.3亿千瓦时。

从工程量、投资方面比较，265米、270米、275米3个方案泄流部分工程量相差不大，其差别主要是大坝填筑工程量，各方案相差300万~350万立方米；总投资相差0.5亿~0.8亿元。仅考虑年发电经济效益差值进行抵偿，抵偿年限为2~4年（在20世纪80年代初，中国常用抵偿年限法进行方案间的经济比较，后常用年费用法、差额投资内部收益率法等），小于规范规定的抵偿年限（10年），说明正常蓄水位高的方案在经济上有利；同时，正常蓄水位每降低5米，水库拦沙量减少10亿~15亿立方米。从水库淹没损失比较，因小浪底水库系峡谷型水库，淹没损失大部分集中在250米高程以下，不同方案淹没人口相差0.5万~1.4万人。280米方案虽然综合利用效益大，但涉及坝址北岸单薄分水岭的地基处理问题，从工程地质观点看，该方案不可取。

综上所述，正常蓄水位280米方案虽然拦沙、发电效益优越，但北岸单薄分水岭地基处理问题较突出，且淤积末端回水对三门峡尾水位有一定影响，不予采用。正常蓄水位265米、270米方案与275米方案比较，工程量及投资减少有限，拦沙及发电效益也有一定减少，而且在河段开发上少利用5~10米落差。考虑小浪底水利枢纽处在控制黄河水沙的关键部位，对防洪、减淤、灌溉供水、发电等可以起到重大作用，同时考虑多沙河流泥沙问题的复杂性，在库容选择上应留有较大余地，在不影响三门峡水利枢纽安全运行的前提下，应尽量使库容大一些，除满足综合利用外，预留一部分库容，在汛期适当调节水沙，减少机组磨损，并能充分发挥水库对下游的减淤作用，因此最终选定小浪底水库的正常蓄水位为275米。

二、水库库容

小浪底水库在正常运用水位275米时，回水130千米，水库面积272平方千米，总库容为126.5亿立方米，是一个河道型水库。从高程上看，水位230米以下的库容约占 1/3，230 米以上库容占 2/3；从库容平面分布看，支流库容约占 1/3，干流库容约占 2/3；此外，距大坝 45 千米的干支流库容约占总库容的 2/3。根据小浪底水利枢纽以防洪、减淤为主的开发任务及千年一遇洪水设计、万年一遇洪水校核的标准，本着合理拦排、综合兴利的原则，规划水位 254 米以上的库容 40.5 亿立方米为防洪库容，254 米也是汛限水位和控制最高滩面淤积高程；规划 254 米以下有约 10 亿立方米的调水调沙库容，其余为淤沙库容。防洪库容和调水调沙库容为长期有效库容，汛期以防洪减淤为主，非汛期调节径流综合兴利，凌汛期预留 20 亿立方米的库容防凌。经调洪演算，千年一遇洪水最高洪水位 274 米，控制最大下泄流量 13 490 立方米每秒；万年一遇最高洪水位 275 米，控制最大下泄流量 13 990 立方米每秒。在设计洪水条件下，小浪底工程最大下泄流量 13 490 立方米每秒，加上下游相应频率的支流洪水，不超过花园口断面 22 000 立方米每秒的设防标准，这样的库容规划可以满足下游防洪要求，并可最大限度地发挥水库的减淤效益。小浪底水库运用示意见图 3-2-1。

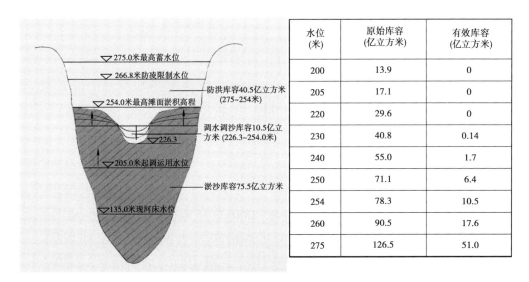

水位 (米)	原始库容 (亿立方米)	有效库容 (亿立方米)
200	13.9	0
205	17.1	0
220	29.6	0
230	40.8	0.14
240	55.0	1.7
250	71.1	6.4
254	78.3	10.5
260	90.5	17.6
275	126.5	51.0

图 3-2-1　小浪底水库运用示意

三、水库死水位

死水位指的是水库初期拦沙运用完成后，库区形成高滩深槽相对稳定的形态，进入后期正常运用时期"蓄清排浑和调水调沙"运用的最低运用水位。死水位的确定要以能够形成并长期保持满足黄河下游防洪和调水调沙及兴利调节所需要的有效库容为条件,并且在水库死水位下形成的主汛期输沙平衡河床纵剖面淤积末端不影响三门峡坝下正常水位。

小浪底水库为了形成和保持51亿立方米有效库容,采用正常死水位230米,主汛期限制水位254米,控制坝前滩面高程254米,可以满足上述要求。主汛期在槽库容内进行调水调沙运用,运用水位在230~254米变化,平均水位245米,槽库容内冲淤相对平衡。当遇50年一遇以上洪水时,水库按防洪运用,则洪水泥沙上滩淤积,滩地淤高,滩库容减小。经计算,当发生1933年型千年一遇或万年一遇洪水时,小浪底水库与三门峡水库联合防洪运用,并考虑三门峡工程再改建,增大泄洪能力,在水位335米、下泄流量15 000立方米每秒的条件下,小浪底水库千年一遇洪水坝前滩面高程由254米升至257米,有效库容减小为47.2亿立方米;万年一遇洪水坝前滩面高程由254米升至258米,有效库容减小为46.1亿立方米。此时将水库死水位降至非常死水位220米,增大槽库容,有效库容又增为52亿立方米,可供长期运用。

四、泄流规模

在小浪底工程已选定坝型的基础上,为满足水库安全运用要求,要确定小浪底水库在相应水位下泄洪水的要求,以选择合适的泄水建筑物。经计算,枢纽总泄流能力不得小于17 000立方米每秒,在非常死水位220米时泄流能力不得小于7 000立方米每秒。

(一)最高蓄水位泄量

小浪底水利枢纽防洪运用校核洪水位为275米,鉴于小浪底工程的重要性,考虑三门峡防洪运用最大下泄流量15 000立方米每秒的可能性,加上三门峡至小浪底区间洪水汇流,并为水库遇非常情况紧急泄空蓄水量留有安全余地,确定小浪底水库在正常运用水位275米时的最大泄流能力不小于17 000立方米每秒,实际最大泄流能力为17 559立方米每秒。

小浪底工程采用以隧洞泄洪为主的总体布置,水库壅高水头140米,这些隧洞均为高流速泄洪洞,且采用由导流洞改建的多级孔板消能和后张法预应力隧洞衬砌等新技术。为了确保工程安全,在初步设计审查中,要求设3 000立方米每秒的非常溢洪道。为此,在左岸规划设计了一条堰顶高程267米、宽100米的自爆溢流式非常溢洪道。

(二) 死水位泄量

在黄河下游"上拦下排,两岸分滞"的防洪体系中,小浪底工程是一个承上启下、地理位置十分重要的防洪工程。为满足小浪底水库排沙、保持有效库容和调水调沙对下游减淤的要求,小浪底水库死水位泄流规模的确定主要考虑以下几个方面:

(1)与三门峡水库"蓄清排浑"运用方式相应,满足三门峡水库排沙要求。三门峡水库非汛期蓄清水兴利,同时也将泥沙拦在库内,集中在汛期下泄。三门峡水库汛期敞泄排沙的最低运用水位305米,相应泄流规模4 500立方米每秒。自"蓄清排浑"运用以来,三门峡库区基本保持冲淤平衡。小浪底水库低水位泄流能力要与之相应。

(2)要有利于下游河道排沙。黄河下游河道的基本特点是输沙率大小取决于流量的大小,并与来水含沙量大小有关。大水漫滩后淤滩刷槽,总的输沙能力降低。实测资料表明,下游河道输沙能力最大的流量为平滩流量。黄河下游河道的平滩流量有变化,各河段也有不同,但在较长时间内相对稳定,平滩流量大体上与多年平均洪峰流量相当。花园口水文站实测多年平均洪峰流量为6 000~7 000立方米每秒,一般情况下,下游平滩流量为6 000立方米每秒。

(3)考虑小浪底工程在黄河治理中具有重要的战略地位,泄流规模确定时适当留有余地。小浪底工程以隧洞泄洪为主,且均为高流速泄洪洞,9条泄洪洞的泄流能力占总泄流能力的78%,并采用诸如多级孔板消能、后张法预应力混凝土衬砌等新技术。

综合上述3点考虑,工程规划确定水库正常死水位230米的泄流规模为8 000立方米每秒,实际工程泄流能力为8 406立方米每秒;220米非常死水位的泄流规模为7 000立方米每秒,实际工程泄流能力为7 068立方米每秒,大于下游河道一般的平滩流量,并适应小浪底水库初期拦沙运用下游河床冲刷下切、平滩流量增大至7 000~8 000立方米每秒的变化。

(三) 主汛期限制水位泄量

小浪底水库主汛期限制水位的设置及其泄量要满足以下互为关联的3条要求:

(1)小浪底水库在初期拦沙和调水调沙运用中,在不影响三门峡水库坝下正常尾水位和预留防洪库容及兴利调节库容条件下,尽量淤高库区滩地和河床,形成高滩高槽和80亿立方米拦沙库容,此后在降低水位冲刷下切河床形成高滩深槽平衡形态后,保留永久性拦沙容积72.5亿立方米,扣除支流因河口拦沙坎淤堵的无效库容3亿立方米后,在库区滩地以下形成10亿立方米槽库容供调水调沙运用,在库区滩地以上有41亿立方米滩库容供特大洪水防洪和兴利调节运用。

(2)水库运用不影响三门峡水库坝下正常尾水位,满足小浪底水库最高蓄水位275米至正常死水位230米之间有效库容51亿立方米的条件,选定小浪底水库主汛期限制水位为254米,控制坝前滩面高程254米。

(3)水位254米的泄流能力应满足50年一遇以下洪水不上滩淤积的要求。在利用一部分槽库容调洪的条件下,经过调洪计算,水库主汛期限制水位254米的下泄流量为11 200立方米每秒,可以满足要求。水库主汛期限制水位254米,也就是水库主汛期拦沙和调水调沙的最高运用水位,是保障水库预留特大洪水防洪库容的防洪限制水位。在此泄流规模条件下,坝前滩面高程为254米的库区滩地和滩地以上库容,有相当长时期的相对稳定。

(四)水库初期运用起调水位泄流能力

水库初期拦沙运用第一阶段,按平均水沙条件,在起调水位205米蓄水拦沙和调水运用大约要经历3年,对下游河道有较大影响。为了满足合理调水,有较大流量冲刷下游河道,提高下游河道减淤效益的要求,水库初期运用起调水位205米的下泄流量应有一定的规模,并与三门峡水库汛期排沙运用水位305米下泄流量5 000立方米每秒的规模相同,避免削减中水流量变成平水下泄,发生上冲下淤的不利影响。

小浪底水库库容与泄流能力见表3-2-2。

五、防洪特征水位

小浪底水库的主要任务是防洪(包括防凌)减淤,与三门峡、陆浑、故县等干支流水库联合防洪运用,并利用东平湖分洪,使黄河下游防洪标准在一定时期内提高到千年一遇,使千年一遇以下的洪水不再使用北金堤滞洪区,对常遇洪水也能减轻下游防汛负担。水库防洪特征水位主要指承担防洪防凌任务所要求的水位,包括汛期限制水位、防凌限制水位、设计洪水位、校核洪水位。

表 3-2-2 小浪底水库库容与泄流能力

水位(米)	190	200	205	220	230	245	254	260	265	270	275
原始库容 (亿立方米)	9.0	13.9	17.1	29.6	40.8	62.0	78.3	90.5	101.5	114.0	126.5
有效库容 (亿立方米)					0.14	3.6	10	17.6	26.5	37.5	51.0
泄流能力 (立方米 每秒)	1 119	4 431	4 930	6 769	8 048	10 100	11 200	11 920	13 153	14 850	16 821

注:电站6台机组,每台机组引水流量约300立方米每秒,未计入水库泄流能力。

(一) 汛期限制水位

水库在汛期洪水未到前允许蓄水的上限水位,称为汛期限制水位,也称防洪限制水位,简称汛限水位。这个水位以上的库容是作为滞蓄洪水的库容,只有发生洪水时,为了滞洪,水库水位才允许超过防洪限制水位;当洪水消退时,如汛期未过,水库应尽快泄洪,使水库水位迅速回落到防洪限制水位。进行水库设计时,通常根据洪水特性和水文预报条件,尽可能把防洪限制水位定在正常蓄水位之下,腾出部分兴利库容以容纳洪水,并在汛末拦蓄部分洪水以蓄满兴利库容。在这种情况下,防洪限制水位与正常蓄水位之间的库容,称为防洪与兴利结合库容或重复库容,兼作防洪与兴利之用,以减少专门的防洪库容。当正常蓄水位一定时,汛限水位越高,水库在汛期蓄水越多,对兴利是有利的;但汛限水位越高,在泄流规模一定时,要求水库的设计洪水位、校核洪水位越高,相应大坝的工程量增加,投资增加,同时水库汛期回水淹没损失增大。一般而言,汛限水位的选择,要综合考虑水库的有效库容要求、水库下游防洪要求、兴利效益、泄流能力、水库淹没等因素,通过技术经济比较选定。

小浪底水库位于多沙河流上,汛限水位的选择,除考虑上述因素外,还要考虑水库汛期调水调沙要求、汛期回水淤积影响及洪水特性。为了不影响上游三门峡水利枢纽的安全运行,水库最高滞洪水位以不超过275米为宜,选定的正常运用死水位为230米,水库有效库容为51亿立方米。根据黄河洪水特点,主汛期洪水为7—9月发生的洪水,后汛期洪水为10月上半月发生的洪水。根据三门峡、小浪底、陆浑、故县四库联合防洪调节计算,小浪底水库主汛期万年一遇洪水所需的最大调洪库容为40.5亿立方米,10月上半月万年一遇洪水所需的最大调洪库容为25亿立方米。为了充分发挥小浪底水库的综合利用效益,设计中对主汛期和后汛期的限制水位进行了分析论证。

1. 主汛期限制水位

水库主汛期拦沙和调水调沙运用,要预留防洪库容40.5亿立方米,使其不受泥沙淤积影响,以供防洪运用和在非汛期调节径流兴利运用。同时,主汛期限制水位还有另一个要求,即水库百年一遇、千年一遇和万年一遇洪水防洪运用时,在此限制水位起始调洪,要求库区的洪水泥沙淤积和回水曲线均不影响三门峡坝下河床断面与自然洪水位。

根据上述要求,经计算选定水库主汛期限制水位为254米,既满足预留40.5亿立方米库容的要求,又满足洪水泥沙淤积和水库回水不影响三门峡坝下河床断面和自然洪水位的要求。汛期限制水位(254米)和死水位(230米)之间的10亿立方米有效槽库容,供主汛期水库调水调沙运用。

2. 后汛期限制水位

小浪底水库10月提前蓄水,增大水库调蓄水量和发电水头,提高供水、灌溉、发电效益,同时不影响下游河道减淤效益。但在10月上半月有后汛期洪水,要预留防御后汛期万年一遇洪水的防洪库容25亿立方米,故要求限制蓄水位运用。按水库后期正常运用时期的有效库容51亿立方米的条件,在10月上半月预留25亿立方米防洪库容的限制蓄水位为265米。10月16日以后水库蓄水位可抬高到275米。

(二)防凌限制水位

黄河下游冰期防凌需要小浪底水库和三门峡水库联合运用,在黄河上游龙羊峡和刘家峡水库的调节运用下,为了黄河下游山东河段的防凌,经调节计算,需要的防凌库容为35亿立方米,其中小浪底水库承担20亿立方米、三门峡水库承担15亿立方米。这种联合防凌蓄水对两个水库都有利。为下游防凌蓄水运用,小浪底水库在12月底要预留防凌库容20亿立方米,防凌限制水位为267米。

(三)设计洪水位、校核洪水位和防洪高水位

当坝址发生设计标准洪水时,从防洪限制水位经水库调节洪水后达到的坝前最高水位,称为设计洪水位。当发生校核标准设计洪水时,从防洪限制水位经水库调节洪水后达到的坝前最高水位,称为校核洪水位,它至防洪限制水位之间的库容称为调洪库容。当水库下游有防洪要求时,下游防洪要求的设计洪水从防洪限制水位经水库调洪后所达到的坝前最高水位,称为防洪高水位,它至防洪限制水位之间的库容称为防洪库容。

小浪底水库主要承担黄河下游防洪任务,并使下游防洪标准在一定时期内提高到千年一遇。小浪底水库的设计洪水标准为千年一遇,校核洪水标准为万年一遇(同可能最大洪水)。对于千年一遇洪水,经小浪底、三门峡、陆浑、故县水库联合防洪运用后,可使花园口水文站的洪峰流量由三库(三门峡、陆浑、故县水库)作用后的 34 420 立方米每秒削减至 22 600 立方米每秒。黄河下游堤防的设防流量为花园口水文站 22 000 立方米每秒,小浪底工程建成后,该设防流量的重现期接近千年一遇。因此,小浪底水库的设计洪水标准和下游防洪要求的设计洪水标准基本一致,设计洪水位和防洪高水位基本一致。

小浪底水库的防洪库容也就是非汛期的蓄水调节库容,两者完全可以重复利用。根据不同典型和不同组合的洪水,经调洪计算的结果表明,小浪底水库与三门峡、故县、陆浑水库联合防洪运用,小浪底水库需要的最大调洪库容,以花园口、三门峡至花园口区间、三门峡至小浪底区间同频率洪水控制(接近1958 年洪水),千年一遇设计洪水的调洪库容为 38.2 亿立方米,万年一遇校核洪水的调洪库容为 40.5 亿立方米。小浪底水库后期正常运用时期有效库容 51亿立方米,其中滩面高程 254 米以下的 10.5 亿立方米槽库容供主汛期调水调沙和多年调沙运用。

六、水库运用方式

小浪底水库运用涉及问题较多,其运用方式不仅会在下游产生复杂的连锁反应,还将对黄河的治理开发产生深远影响。小浪底水库运用是一个动态过程,水库运用方式既要有宏观的长远分析和展望,更要有不同时期的具体调度方案。小浪底水库的运用方式不是一成不变的,需要根据工程运行实践,结合治黄建设和科技发展,持续开展研究,及时对调度运用方案进行调整。

(一)水库运用阶段划分

根据对库区泥沙淤积发展情况的分析,水库运用分为 4 个阶段。

(1)蓄水拦沙阶段。相当于起始运行水位(210 米)以下库容淤满前,运用水位在起始运行水位以上变化,水库下泄相对清水。

(2)逐步抬高主汛期运用水位阶段。主汛期7—9月逐步抬高运用水位,水库尽可能拦蓄粗颗粒泥沙,坝前淤积面高程达245米、库区斜体淤积量达78.6亿立方米时,这一阶段结束。

(3)形成高滩深槽阶段。这个阶段水库的主要作用是调节出库水、沙过程,同时逐步调整库区泥沙的淤积部位,使滩面逐步淤高,河槽逐渐降低,主汛期库水位有较大变化,直到坝前滩面高程达到254米,普通洪水敞泄情况下不再漫滩淤积。在此期间,库区有冲有淤。

(4)后期调水调沙运用阶段。根据水库槽库容可以恢复的冲淤规律,在长期保持40.5亿立方米防洪库容的前提下,主汛期利用10亿立方米的槽库容长期进行调水调沙运用,使水库多年内冲淤平衡。

(二)水库调水调沙方式研究

设计阶段曾研究调水为主和调沙为主两种方式,为便于操作,最后推荐调水为主方式。根据对黄河下游河道冲淤变化规律的认识,从增大下游的减淤效果出发,采用主汛期调水方式如下:

(1)来水流量小于400立方米每秒时,水库补水400立方米每秒发电。

(2)来水流量400~800立方米每秒时,水库按来水泄流。

(3)来水流量800~2 000立方米每秒时,水库蓄水,泄流800立方米每秒。

(4)来水流量大于2 000立方米每秒时,水库全部泄放不调节。

(5)来水流量大于8 000立方米每秒时,水库蓄水,泄流8 000立方米每秒。

(6)当可调蓄水量大于3亿立方米时,按5 000立方米每秒下泄,直至预留2亿立方米蓄水量。

(三)对黄河下游河道减淤作用

小浪底水利枢纽初步设计阶段,采用2000年来水来沙水平、1950—1975年翻番系列,对黄河下游河道的减淤作用进行研究;招标设计阶段,采用6个不同的水沙系列进行研究,同时也利用多个科研单位的模型对黄河下游河道的减淤作用进行研究。根据计算和分析,小浪底水库运用50年对下游河道的减淤作用约相当于黄河下游河道20年不淤积。

七、装机容量

小浪底水电站靠近河南电网的负荷中心,是河南电网装机规模最大、调峰能力最强的常规水电站。电站装机容量选择,主要考虑工程本身的技术经济特性、河南省电网的负荷特性、电源结构及水电站在河南电网中承担的任务和作用等。

(一)电站供电范围

小浪底水电站距河南省的主要用电城市郑州、洛阳、焦作、新乡较近,基本位于河南电网的负荷中心。河南省常规水电资源少,电网以火电为主。河南省的负荷中心位于河南省的北部,远离华中电网的水电基地。小浪底水电站调节库容和装机规模大,调峰能力强,是河南省的理想调峰电源,因此确定其供电范围为河南省,建成后主要承担河南省电网的调峰任务。在小浪底水利枢纽的初步设计阶段,考虑到小浪底水库淹没涉及山西省的 3 个县,为改善移民地区生产和生活条件,并本着集资办电的意向,曾研究过向山西省供电的方案。随着研究工作的逐步深入,经与山西省有关部门协商,最终确定小浪底水电站全部向河南电网供电。

(二)径流调节计算

由于受综合利用用水过程的制约,小浪底水电站的年内出力过程变化较大,因此其保证出力需按设计枯水年的出力和电网的负荷特点综合分析确定。

小浪底水电站的设计枯水年选用 1929—1930 年典型,其年水量频率为 89.5%,调节期水量频率为 91.2%,都接近设计保证率($P = 90\%$)。由于调节期来水少,不能全部满足下游城乡生活和工农业用水要求(花园口以下为 105.5 亿立方米),故农业用水要适当折减。

根据 1989 年负荷预测成果,设计水平年河南电网负荷最高的月份是 11 月、12 月,由于小浪底水电站的电能占电网的比重不大,计入水电出力后,火电出力最大的月份仍是 11 月、12 月,因此把小浪底水电站 11 月、12 月的出力作为保证出力;从另一方面看,电网中水电比重小,其出力大的月份可以多替代火电检修设备的出力,用电站调节期的平均出力作为保证出力。经综合分析,电站 11 月、12 月的平均出力,调节期的平均出力,虚拟枯水年(各月来水量频率都等于设计保证率)的调节期平均出力,三者的数值基本相同,而且水库的各个运用阶段也都是如此,因此以电站调节期的平均出力作为电站的保证出力。水库运用 10 年后电站各个运用阶段的保证出力基本一样,为 35 万千瓦左右。

招标设计阶段,小浪底水电站按装机 6×30 万千瓦方案(按常年有 1 台机组检修考虑)的电能指标、电站出力—保证率曲线和出力—发电量曲线计算,水库正常运用期的电能指标按调度图操作计算,其他运用阶段按理想调节计算,将主汛期 7—9 月按月为时段计算的发电量乘以 0.94,作为考虑水库调水调沙日调节的影响,与非汛期电量相加作为年发电量,电站运行 10 年后各个阶段的电能指标相差不大。

(三)装机容量论证

1984 年的可行性研究和 1988 年的初步设计,根据坝址处的地形地质条件,都曾经拟定装机 5、6、7 台方案,采用尽量大的单机容量,水轮发电机组单机出力都是 26 万千瓦。可行性研究报告采用的额定水头 85.6 米,水轮机标称直径 6.3 米,水轮机最大过流能力 349 立方米每秒;初步设计报告采用的额定水头 107.5 米,水轮机标称直径 6.0 米,水轮机最大过流能力 277 立方米每秒。1988 年初步设计报告比较了装机 5、6、7 台方案,计算结果表明,装机 7 台方案总装机容量 182 万千瓦的电力电量全部可以被河南电网消纳,经济比较结果是装机 7 台方案最经济,但是限于坝址的具体地形地质条件,最后推荐装机 6 台方案,总装机容量 156 万千瓦。

初步设计时按水库正常运用期的水能指标选择水轮机,由于采用水库主汛期死水位 230 米为计算水位,没有采用主汛期调水调沙运用水位计算,使计算的水能指标偏低,保证出力偏低约 1.9 万千瓦。

(四)电能指标比较

初步设计阶段以水库正常运用期的电能指标作为电站的代表指标,并以此作为装机容量选择的依据。初步设计阶段确定小浪底电站装机 6 台,单机容量 26 万千瓦,总装机容量 156 万千瓦,水库正常运用期保证出力 28.7 万千瓦,年发电量 51.1 亿千瓦时。

与招标设计中水库正常运用期(第 28 年以后)的电能指标相比,初步设计的电能指标小,主要原因是初步设计和招标设计的电能计算对水库主汛期的运用水位考虑不同。初步设计的正常运用期电能指标,按水库主汛期在死水位 230 米运用计算。随着研究的深入,由于水库主汛期调水调沙运用,水库库水位在正常死水位 230 米至防洪限制水位 254 米之间变化,主汛期平均库水位为 245 米。招标设计按此主汛期库水位变化特性计算电能;此外,单机容量由 26 万千瓦提高到 30 万千瓦,对发电指标也有影响。

(五)扩大单机容量分析

1. 发电效益增加

在初步设计优化阶段,小浪底水电站额定水头由107.5米提高到112米,单机容量由26万千瓦提高到30万千瓦,电站总容量由156万千瓦提高到180万千瓦。在考虑常年有1台机组处于检修状态的条件下,电站增加的年发电量,前3年平均为1.34亿千瓦时,第4~10年平均为1.16亿千瓦时,第10年以后每年为1.18亿千瓦时。

2. 经济合理

在机组台数不变的条件下,提高单机容量增加的投资很少。按1988年的物价水平,6台机组单机容量从26万千瓦提高到30万千瓦,增加的投资为1 691.5万元,其中机电设备部分占48.7%、土建部分占51.3%。增加的这部分投资,如果用于修建火电厂,仅能增加火电装机1万千瓦;如果用于小浪底水电站提高单机容量,却能增加装机24万千瓦,相应的补充千瓦投资仅70.5元,补充千瓦时电量投资仅0.14元。第一年增加的发电收入(按1988年上网电价0.1元每千瓦时计算为1 780万元)就可以偿还扩机投资。显然,仅从增加的发电收入来说,把单机容量由26万千瓦提高到30万千瓦也是经济合理的。

(六)装机程序选择

小浪底水电站装机规模较大,曾研究比较了分期装机和一次完成装机的经济合理性,结论是不宜分期装机。因此,选择一次性完成装机方案,主要考虑以下因素:

(1)国民经济分析表明,小浪底水电站推迟装机所节省的投资,仅为减少机组投资及其相应的安装费用和配套费用,计4亿~5亿元,远小于损失的发电效益。

(2)从工程财务生存能力分析,推迟2台机组的安装时间,虽对错开投资高峰有一定的作用,但由于大幅度减少了初期的财务收入,影响工程还贷,在上网电价确定的条件下,需要增加国家拨款弥补资金不足。

(3)如果分期施工,电站厂房和引水发电系统都布置在左岸洞群中,重新开挖爆破对工程影响较大,而且施工队伍两次进场,机组招标订货也要分两次进行,将会增加工期和投资。

(4)水库运用初期,由于水库蓄水拦沙运用,过机水流含沙量较小,对于水轮机运行比较有利,一次性完成装机能较好利用这一有利时机多发电。

第三节　工程可行性研究

　　小浪底水利枢纽处在控制黄河下游水沙的关键部位,涉及的问题相当复杂。既要研究几乎全部黄河流域的径流、泥沙、洪水特性,又要研究流域经济社会发展变化趋势;既要研究历史上的水文、泥沙、洪水变化情况,又要预测未来人类活动对水文情势的影响;既要研究工程本身的规划问题,尤其是工程泥沙问题,又要研究黄河下游防洪工程体系的联合调度及防凌、河道泥沙冲淤变化等问题;既要研究枢纽的发电问题,又要研究下游引黄灌溉、城市供水等综合利用问题。这些问题交织在一起,互相影响,使得工程可行性研究具有特殊的复杂性。

　　小浪底工程可行性研究历经 3 个阶段:第一阶段为 1958 年 8 月至 1960 年5 月;第二阶段为 1970 年 7 月至 1972 年 9 月;第三阶段为 1978 年 8 月至 1984年 8 月,经历"三起两落"的过程。

一、第一阶段研究

　　1958 年 8 月,黄委会设计院提出《小浪底水利枢纽设计任务书》,确定小浪底水利枢纽以发电为主,综合利用,正常高水位以壅高至八里胡同为限,即正常高水位为 163 米。考虑通航,预留船闸位置。确定电站总装机容量 40 万千瓦,枢纽泄洪流量 15 000 立方米每秒。认为枢纽泄洪建筑物采用岸边溢洪道和隧洞泄洪是不经济的,需采用混凝土坝坝体溢洪。电站厂房以坝后式厂房和溢流式厂房方案进行比较。设计任务书要求同年 12 月底完成设计要点报告,争取1959 年春季动工兴建。

　　1958 年下半年起,黄委会设计院对任家堆至西霞院河段各规划中的枢纽坝址进行勘测设计研究时,发现八里胡同坝址地质条件非常复杂,遂提出抬高小浪底正常高水位至 232 米、回水至任家堆(小浪底至八里胡同河段一级开发)方案。

　　1959 年 10 月,黄委会邀请西北勘测设计院苏联施工专家瓦西罗、地质专家杜布曼及水工专家札伯里捷对小浪底至八里胡同河段一级开发方案进行鉴定。苏联专家在听取梯级方案布置汇报和现场查勘后,一致肯定小浪底正常高水位

232 米方案的技术可能性及其经济合理性,并建议在下一设计阶段集中研究。为了满足黄河下游广大平原的灌溉要求和解决黄河下游洪水灾害,黄委会根据国务院总理周恩来 1958 年 4 月在三门峡会议上讲话精神及水电部副部长李葆华的指示,又研究了抬高小浪底正常高水位至 280 米、回水至三门峡的技术可能性和经济合理性问题,并编制了《三门峡至西霞院区间梯级开发方案报告》,肯定正常高水位 280 米方案的优越性和技术上的可能性。

1959 年 11 月,黄委会设计院提出《黄河小浪底水利枢纽设计任务书》,确定枢纽开发任务以发电为主,结合防洪、灌溉和通航。正常高水位 280 米,死水位 260 米,总库容 117 亿立方米,总装机容量 220 万千瓦。设计泄洪流量 6 000 立方米每秒,校核泄洪流量 10 000 立方米每秒。坝址为小浪底二坝址。坝型拟对混凝土宽缝重力坝和宽心墙堆石坝进行比较。设计任务书明确提出设计由黄委会设计院负责,邀请清华大学、西安交通大学合作。

1960 年 5 月,黄委会完成《黄河小浪底水利枢纽选坝报告》。报告确定枢纽开发任务以发电为主,结合防洪、航运、灌溉和供水。枢纽正常高水位 280 米,校核水位 283 米(万年一遇洪水位),死水位 245 米,坝顶高程 285 米。通过比较选定混凝土坝溢流方案。枢纽主要建筑物包括拦河主坝、副坝、电站厂房、泄洪底孔、溢流坝、升船机。拦河主坝分溢流坝、左右岸非溢流坝,坝型为混凝土宽缝重力坝。坝线为二坝址上辅线。电站坝段位于 F_{67} 断层以左,全长 192 米,溢流坝与电站坝结合,采用溢流式厂房。溢流孔 7 个,孔口尺寸为 12 米×10 米(宽×高),设平板门挡水,采用挑流消能。电站坝段左右两端为左右岸挡水坝段,左长 370 米,右长 460 米。左岸副坝为塑性心墙堆石坝,长 264 米,右端与左岸挡水坝段相连,左端与左岸岸坡相接。坝顶总长 1 286 米。灌溉放水孔位于右岸挡水坝段内。升船机位于右岸,通航标准为 1 000 吨。共设 10 个底孔,分两层布置,总泄洪流量 2 500 立方米每秒。枢纽设计总泄洪流量 6 000 立方米每秒,校核泄洪流量为 10 000 立方米每秒。

1960 年 5 月 19 日至 6 月 18 日,水电部会同河南、山西、陕西 3 省组织选坝现场会,参加会议的有水电部、河南省、山西省、陕西省、国家计委、交通部和三门峡工程局、北京水利科学研究院、北京勘测设计院、西安交通大学、清华大学、郑州大学、黄委会等单位。会议还邀请水电总局卡多姆斯基、布列索夫斯基·赫、沙金,北京勘测设计院罗斯托米扬、康德拉辛,三门峡工程局格鲁斯金和谢洛夫等7位苏联专家参加。会议对小浪底水利枢纽在黄河开发中的地位、开发任务、正常高水位等问题基本取得一致意见；对坝型问题未取得一致意见。绝大多数与会代表认为，根据已有资料可以证明修建150米高的当地材料坝在技术上是可能的，但也同意苏联专家指出的："在夹有细砂层的深厚冲积层上修建150米高当地材料坝在世界上还是独一无二的，尚有许多问题有待进一步研究探明，以便采取相应措施。如细砂层液化问题、垂直防渗墙的施工问题、覆盖层抗剪强度问题，以及堆石材料的选用和堆石体沉降问题。"中共河南省委在会议总结中指出：两种坝型还应进一步取得资料，深入进行比较，在地质条件允许的情况下，应争取修建混凝土坝。关于坝址问题，从地形地质条件看，只有二坝址宜于建高坝。至于坝轴线选择问题，则应根据进一步详细地质勘探结果，结合坝型及枢纽布置方案一起研究选定。

1960年6月，黄委会设计院又提出《小浪底水利枢纽设计任务书》。该设计任务书对选坝报告所确定的枢纽任务、正常高水位、死水位、枢纽泄洪能力均未作变动；明确设计由黄委会全面负责，具体设计任务由黄委会设计院与西安交通大学协作完成；要求枢纽初步设计于1960年10月完成。由于当时处于国家经济困难时期，此后设计工作一度停顿。

二、第二阶段研究

1969年6月，国务院委托河南省革委会主任刘建勋在三门峡市召开晋、陕、豫、鲁4省治黄会议。会议主要研究三门峡工程的进一步改建和黄河近期治理问题，并对兴建小浪底水利枢纽问题进行了讨论，责成黄委会进行规划设计。

1970年7月，根据水电部和河南省革委会指示，由黄委会、水电十一局、清华大学、孟津县革委会等单位的技术人员共同组成小浪底水库工程设计队，开展设计工作。1970年10月，小浪底水库工程设计队完成《黄河小浪底水库工程设计报告》(实为初步设计)。该报告确定枢纽任务是防洪、防凌、灌溉和发电；提出小浪底水库运用方式是"蓄清排浑"，确定枢纽正常高水位230米，防洪限制水位180米，最低水位170米；泄洪建筑物规模按库水位230米时泄13 000~14 000立方米每秒、库水位190米时泄10 000立方米每秒确定。经过一坝址、二坝址4个方案(一坝址混凝土坝和土坝组合的混合坝型方案、一坝址土坝方案和二坝址土坝左岸泄洪方案、二坝址土坝右岸泄洪方案)的比较,认为一坝址混合坝型方案较二坝址土坝右岸泄洪方案优越。电站装机容量60万千瓦,单机容量15万千瓦。混合坝型方案主要建筑物包括混凝土坝和土坝。混凝土坝位于河床左岸岸边出露的基岩上,分溢流坝和电站坝,溢流坝段长100米,分5个坝段,每个坝段设2个底孔、1个深孔;电站坝段长110米,分5个坝段,其中4个坝段埋设电站引水管道、1个坝段设排沙孔。土坝分左、右岸土坝,左岸土坝位于混凝土坝以左黄土台地上,长496米;右岸土坝位于右岸河床中,长668米。

1971年5月,小浪底水库工程设计队完成《黄河小浪底水库工程初步设计》;6月10日,黄委会革委会呈文上报水电部和河南省革委会。该初步设计对1970年10月《黄河小浪底水库工程设计报告》所确定的枢纽开发任务、运用方式、正常高水位、坝址、坝型、泄洪排沙建筑物规模、进口高程、孔口尺寸、电站引水钢管直径、装机台数、总装机容量等均未做变动,仅将电站坝段总长由110米改为97米。1971年7月,河南省成立小浪底工程筹建处。11月,水电部副部长钱正英和河南省委常委王维群听取了初步设计汇报,并查勘了现场。钱正英就初步设计中的有关问题指出,小浪底工程客观情况比较复杂,要慎重对待,并对初步设计中的规划指标和水工设计方面的坝线选择、滑坡体、上辅线两岸地质问题、工程量及投资等问题提出了意见。

1972年6月,黄委会革委会、河南省小浪底工程筹建处提出《黄河小浪底水库工程初步设计》。该初步设计是在1971年5月初步设计基础上的进一步深化和补充,枢纽任务和运用方式未做任何改变。同年7月3日,黄委会革委会、河南省小浪底工程筹建处以黄革字〔72〕第17号文上报水电部。

1972年8月24日至9月4日,水电部在洛阳市召开《黄河小浪底水库工程初步设计报告》现场审查会。与会专家认为:小浪底水利枢纽的开发任务是适宜的,工程规模也是恰当的。大家一致认为,无论在一坝址或二坝址上辅线建坝,对右岸滑坡体都必须进行处理,并认为"削顶压脚"加强排水的处理措施是可行的。一坝址在滑坡体中开槽深达80米,施工安全有问题,建议坝线适当上移,以减少处理工程量。关于坝址坝型问题,大多数人认为,从现有地质资料分析,以采用二坝址上辅线混合坝方案为妥,该方案混凝土坝段既避开2条顺河大断层,也避开厚度较大的软土页岩层;一部分人认为以采用一坝址混合坝方案为宜,其优点是导流方便、施工安排较易,3个混凝土坝段坝基较大断层可采用灌注混凝土或其他措施处理,不致影响坝体稳定。会议认为,对顺河断层宽度在坝基下约2/3的范围内尚不清楚,需做补充勘探工作查明,以便和上辅线做进一步比较,并提出今后工作的意见。

三、第三阶段研究

1975年8月上旬,淮河流域发生罕见的特大暴雨,造成板桥、石漫滩水库等工程库坝失事,给国民经济和人民生命财产造成严重损失。这场暴雨如果北移至三门峡至花园口区间,黄河下游花园口断面可能产生40 000立方米每秒以上的特大洪水,远超黄河下游的防洪标准,后果不堪设想。河南、山东两省和水利电力部联合向国务院报送《关于防御黄河下游特大洪水意见的报告》,提出在三门峡以下黄河干流修建小浪底水库或桃花峪水库。报告认为,"从全局看,为了确保黄河下游安全,必须考虑修建其中一处"。国务院以国发〔1976〕41号文批复,原则上同意上述报告,即可对各项重大防洪工程进行规划设计。1976年6月,黄委会提出《黄河小浪底水库规划报告》,论证比较结果,推荐小浪底水库正常高水位275米的高坝方案,总库容112亿立方米,电站装机115万千瓦,并把防洪和减淤放在开发任务的首位。

1978年6月,黄河防汛会议在郑州召开,河南、山东两省代表建议首先兴建小浪底工程。7月16日,中共中央副主席李先念、国务院副总理纪登奎和陈永贵听取了水电部部长钱正英、黄委会主任王化云的汇报,李先念指示,龙门、小浪底、桃花裕等大型工程要先搞设计。

1978年8月,水电部以〔78〕水电规字第127号文指示:黄委会设计院集中力量保证小浪底工程初步设计按计划于1980年完成。

鉴于小浪底工程技术和坝址工程地质条件的复杂性,为保证工程设计技术可靠性和经济合理性,在1978年以后设计各阶段都组织和聘请国内外有经验的专家和咨询公司进行技术咨询。1979年11月至1980年6月,曾邀请法国科因·贝利埃咨询公司对坝址地质勘探及枢纽布置进行咨询并提出咨询报告。

1980年11月,水利部对小浪底、桃花峪工程规划比较进行了审查讨论,认为对解决黄河下游防洪问题方面,小浪底水库优于桃花峪水库,决定不再进行桃花峪水库的比较工作,并责成黄委会抓紧小浪底水库设计工作。

1981 年 3 月,黄委会设计院完成《黄河小浪底水库工程初步设计要点报告》。报告确定枢纽开发任务为防洪、减淤、发电、供水、防凌。工程等级为一等。水库正常高水位 275 米,防洪限制水位 250 米(初期)和 230 米(后期),防凌限制水位 260~265 米,死水位 230 米(最低运用水位)。设计洪水位 270.5 米,相应洪峰流量 21 700 立方米每秒(上大洪水),洪量 139 亿立方米(12 天);校核洪水位 275 米,相应洪峰流量 29 500 立方米每秒,洪量 172 亿立方米(12 天)。水库初期采取"蓄水拦沙"运用,后期采取"蓄清排浑"运用。枢纽主要建筑物包括拦河坝、引水发电系统、排沙洞、泄洪洞和溢洪道、灌溉引水洞。拦河坝为重粉质壤土心墙堆石坝,坝顶高程 280 米,最大坝高 151 米,坝顶长 1 500米、宽 15 米。坝址为三坝址,坝轴线南端为沟底,北端为水文站,称"沟底"线。拦河坝采用上游围堰作为坝体的一部分。引水发电系统位于左岸靠岸边且平行河岸布置,包括引水隧洞、调压塔、电站厂房。引水隧洞共 6 条,进口底部高程 195 米,洞径 8 米。调压塔位于引水隧洞中段,塔径 18 米,设有阻抗孔。电站厂房位于瓮沟出口右岸山嘴处,为地面厂房,长 192 米,宽 26 米,共 6 台机组,单机容量 26 万千瓦,总装机容量 156 万千瓦。排沙洞共 3 条,进口位于发电引水隧洞铅垂面下部,进口底部高程 160 米,洞径 6 米,排沙排污流量 800 立方米每秒,进口以后洞身拐向导流洞且平行于导流洞,分别位于 1~2 号、2~3号、3~4 号导流洞之间,出口设弧形工作门。泄洪洞为明流洞,共 5 条,进口均位于风雨沟左岸。其中进口高程 180 米 2 条,位于导流洞以北,洞身尺寸为 9米×14 米(宽×高);进口高程 200 米 3 条,位于 180 米泄洪洞进口以北,洞身尺寸为 9 米×14.5 米。溢洪道位于泄洪洞以北垭口处,进口高程 247 米,共 5 孔,孔口尺寸为 10 米×13 米,工作门为弧形门,泄槽长 1 200 米,挑流消能,洪水泄入桥沟。灌溉引水洞分南岸和北岸,北岸灌溉引水洞位于 200 米高程泄洪洞以北、溢洪道以南,洞身穿过溢洪道泄槽与北岸总干渠相接,洞径 3 米,引水流量 24 立方米每秒。南岸灌溉引水洞进口位于右坝肩上游,底部高程 220 米,洞身尺寸为 5 米×3.5 米,于东坡村沟附近接总干渠,引水 27.8 立方米每秒。

1981 年 8 月 4—12 日和 9 月 14—28 日,水电部分别在北京和郑州对《黄河小浪底水库工程初步设计要点报告》进行审查。同年 11 月 26 日,水电部以〔81〕水规字第 72 号文下发审查意见,并要求"继续进行研究,对下阶段规划、勘探、科研、设计工作做好安排,并请补充研究水库防洪效益、运用方式对下游河道减淤作用及对水能指标的影响和水库向华北供水的方案"。具体意见如下：

（1）规划。鉴于水库工程艰巨，地质条件复杂，为降低工程的难度，对于工程规模与综合利用任务再进一步深入研究。除防洪减淤外，并希望重点考虑向华北供水的可能性。对于发电，由于受黄河水沙条件限制和下游防凌的限制，保证出力不大。应根据建库的目的和任务、水电站在电力系统的地位、水库的运用方式和机组检修情况，进一步研究小浪底水电站的能量指标和装机容量。为延长减淤效用，可比较研究其他运用方式，如采用微淤、人造洪峰和高浓度输沙、向温孟滩放淤等。关于最高蓄水位与工程规模，应根据水库任务、运用方式、工程效益、地形地质条件和现实可能性进行比较研究。水库防洪效益要全面分析，特别要注意非控制区可能发生的洪水。库区迁建涉及面广，任务繁重，应做出移民安置规划。应继续对中小洪水的防洪效益及水库综合远景、来水减少对综合利用效益的影响，以及经济财务分析和成果评价等问题深入研究。

（2）地质。库区各种矿产资源情况应商请省地质局提出资料。地震基本烈度应商请地震部门加以复核，还应开展对诱发地震的研究。应对重要工程地质问题继续进行深入研究，包括左岸坝肩及单薄分水岭的稳定性和处理措施、坝基砂砾石层的抗震稳定性和 F_1 断层的渗透稳定性、大断面隧洞群和高边坡开挖的稳定条件等。对碱活性骨料的岩石或矿物类型及在不同粒径级的含量应进一步查明。

（3）水工。同意枢纽为一等工程，大坝及泄水、引水建筑物为一级，采用千年一遇洪水设计，可能最大洪水校核。地震设防烈度可较基本烈度提高一度。水库人防安全问题应进行专题论证。为补充二、三坝址的选择论证，应对二坝址做出建筑物方案布置。坝型同意采用心墙土石坝。坝顶高程应考虑滑坡涌浪影响，预留较大超高。围堰可以考虑用淤积物防渗。同意导流、泄洪、引水、冲沙等采用隧洞群，均布在左岸。泄洪隧洞可以明流方案为主，导流隧洞应进一步研究改建为泄洪、排沙或引水隧洞的技术可能性和经济合理性。对于高速挟沙水流的磨损气蚀和抗磨混凝土、隧洞衬砌的防渗防裂措施、大跨度地下结构和新奥法施工工艺等均应进行研究试验。

（4）机电。电站装机规模，应在建库目的和任务明确后，进一步比较研究确定。

(5)施工及概算。同意围堰结合坝体,截流后第一年围堰挡水标准为百年一遇,以防止更大洪水引起围堰失事。对外交通同意采用标准轨铁路专用线,以公路为辅。对大坝填筑、深覆盖层处理和大直径隧洞群开挖等重大问题,应进行专门研究。可以研究扩大原计划在工地设置的人工砂石料加工系统以供应混凝土细骨料的可能性。采用材料价格、土石方单价、施工津贴、水库移民及赔偿费、施工机械购置费等偏低。

1983年3月,国家计委和中国农村发展研究中心在北京联合召开小浪底水库工程论证会,参加会议的有国务院有关部委、省市和科研、设计、高等院校的领导、专家和工程技术人员近百人。经认真讨论,代表们对兴建小浪底工程的重要性取得共识。会后,国家计委主任宋平和中国农村发展研究中心主任杜润生向国务院提交《关于小浪底水库论证的报告》。报告指出,小浪底水库处在控制黄河下游水沙的关键部位,是黄河干流三门峡以下唯一能够取得较大库容的重大控制工程,在治黄中具有重要的战略地位,兴建小浪底水库在整体规划上是非常必要的,黄委会要求尽快兴建是有道理的,小浪底水库的主要任务应该是防洪减淤。

1983年9月,黄委会设计院完成《黄河小浪底水库工程初步设计报告》,对初步设计要点所确定的枢纽开发任务、运用方式、坝址、坝线、正常蓄水位、死水位均未做变动。对建筑物变动如下:取消进口高程180米的泄洪洞,将靠南边的2条导流洞改建为圆塔泄洪洞。圆塔泄洪洞圆塔(圆形进水塔)位于风雨沟口,圆塔内径70米,塔顶高程280米,分别于圆塔高程180米处设12个进水孔,215米高程处设6个进水孔,塔下连接靠南边的2条洞身尺寸12米×16米的导流洞。3条进口高程200米的明流泄洪洞洞身尺寸改为9米×12米。溢洪道位置不变,进口高程降为245米,减为3孔,孔口尺寸改为8.5米×9.8米,泄槽底宽30米。

1984年2月,黄委会设计院根据水电部部长钱正英指示,按照国家基本建设程序要求完成《黄河小浪底水利枢纽可行性研究报告》;1984年5月,黄委会以黄设字〔84〕第7号文上报水电部。可行性研究报告对初步设计所确定的开发任务、工程规模、运用方式均未做任何变动。电站单机容量仍为26万千瓦,共6台,厂房位置不变,尺寸改为238.5米×30米(长×宽)。对工程选点规划论证工作做了补充。在研究修订治黄规划的过程中,对黄河下游近期防洪减淤措施进行了单纯加高堤防方案、开辟下游分洪道方案、桃花峪滞洪工程方案、小浪底水库方案、龙门水库方案、利用黄河滩区放淤方案、黄河下游平原放淤方案等优劣的研究。提出兴建小浪底水库方案能较好地统筹解决黄河下游近期防洪、防凌、灌溉、减淤等迫切问题。

1984年4月,中共中央总书记胡耀邦、国务院总理赵紫阳先后在河南视察工作期间,分别听取王化云关于治理黄河的汇报。胡耀邦指出:"修小浪底水库,我是赞成的,长江、黄河的问题解决了,对世界都是有影响的。"赵紫阳指出:当前黄河上重要的是解决防洪问题。建小浪底水库,在经济上是合理的,国家对黄河的总投资是节约的。同时对与外国合作、引进先进技术、引进外资等问题做了具体指示。

根据中央领导同志指示和水利部的部署,1984年6月,黄委会设计院提出《黄河小浪底水利枢纽可行性研究补充报告(分期施工方案)》,1984年7月6日,黄委会以黄设字〔84〕第9号文上报水电部。可行性研究补充报告拟定枢纽分期实施,初期枢纽开发任务改为防洪减淤为主,暂不发电。最大坝高127米,总库容71.1亿立方米。计划2000年开始续建第二期工程。第二期工程完成后,枢纽的开发任务为防洪、减淤、发电、灌溉和防凌。并对水库最高蓄水位275米方案,上受三门峡电站尾水位的限制、下受坝址左岸单薄分水岭地形地质条件的制约等问题进行补充论证。确定初期最高蓄水位暂定250米,在国家投资允许的条件下可抬高至255米,死水位200米,汛期起调水位180米。初期最大泄洪流量仍为15 000立方米每秒;死水位泄量为6 000~7 000立方米每秒。水库运用方式拟采取"调水调沙"运用,即在汛期对水沙做合理调节,包括"蓄清排浑""拦粗排细";非汛期蓄水调节,来水多时泄放"人造洪峰",冲刷下游河道。在分期施工条件下,由于起调水位低,拦沙库容在施工期内可能淤满,因而在整个初期运用阶段内水库只能是逐步抬高运行水位,调水调沙。主要建筑物及布置,在可行性研究报告方案基础上,各建筑物位置不变。大坝在原坝高152米坝体断面基础上坝顶高程降至256米,坝坡及平台做相应调整。引水发电建筑物进口按终期施工,安装闸门封堵洞口,紧接洞口20米长洞身作为初期工程。其他建筑物不兴建。排沙洞仅做进口部分和出口明流部分。泄洪建筑物做如下修改:泄洪圆塔改为下接3条导流洞,圆塔内径仍为70米,进水孔下层孔口高程由180米降至160米,孔口尺寸改为5米×4.6米(宽×高),共计12

孔;上层孔口高程由 215 米降为 195 米,孔口尺寸改为 4.7 米×4.4 米(宽×高),共计 6 孔。塔内水位控制在 160 米。另将第 4 条导流洞(最北面的一条)进口建一小圆塔,塔底高程 180 米,内径 15 米。塔底以肘形连接洞与导流洞相连,洞为内径 15 米的圆形。溢洪道进口底槛降至 217 米高程,为孔式溢洪道,泄槽宽 28 米。

1984 年 8 月 13—20 日,水电部组织专家对《黄河小浪底水利枢纽可行性研究报告》进行审查,会议由水电部总工程师冯寅主持。1984 年 9 月 6 日,水电部印发《对〈黄河小浪底水利枢纽可行性研究报告〉的审查意见》(〔84〕水电水规字第 86 号),审查意见认为兴建小浪底水利枢纽是非常必要的,同意小浪底水利枢纽的开发任务为"以防洪(包括防凌)、减淤为主,兼顾供水、灌溉和发电"。工程最终规模应力争达到可行性研究报告中推荐的最高蓄水位 275 米的方案。同意小浪底枢纽为一级工程,主体工程为一级建筑物。同意最终选定三坝址,坝型原则同意采用土石坝。鉴于高含沙量高速水流对泄水建筑物引起的磨损、气蚀和振动是枢纽建筑物设计中的一个关键问题,应对隧洞型式进行多方案的比较。可行性研究报告提出施工期为 11 年,总投资 34 亿元。审查中提出不少意见和问题,要求在初步设计中进一步研究采用新技术,改进施工方法,提出经济合理并切实可行的工期和造价。对水库移民应会同河南、山西两省提出切实可行的迁建措施实施方案和相应的投资概算。要求黄委会按照本次审查意见,编报设计任务书,积极进行设计工作,于 1985 年内提出初步设计。同时要求黄委会结合黄河补充规划工作,对上述其他防洪、减淤措施特别是对桃花峪枢纽的方案做进一步研究,在初步设计的同时做出专门比较论证。

同时,鉴于小浪底工程的复杂性,诸如工程地质、枢纽总体布置和水工建筑物设计、施工方法和工期、工程概算等关键技术国内尚无成熟的经验可借鉴,按水电部指示,由黄委会和美国柏克德公司合作开展小浪底工程轮廓设计。

第四节 中美联合轮廓设计

鉴于小浪底水利枢纽的水文、泥沙及工程地质条件复杂,工程量较大,国内尚缺乏实践经验,按水电部指示,经国家计委批准,小浪底工程初步设计中有关工程地质评价和处理方法、枢纽总体布置和水工建筑物设计,以及施工方法、总工期和工程概算等部分,由黄委会与美国柏克德公司联合进行轮廓设计,其余部分由黄委会负责完成,并汇总成统一的初步设计。

一、开展轮廓设计

1984年1月11—23日,应水电部部长钱正英邀请,美国柏克德公司副总裁安德逊等6位专家,在黄委会副主任龚时旸的陪同下,查勘了小浪底工程坝址,听取了工程设计情况介绍。7月18日,中国技术进出口总公司与美国柏克德中国公司及柏克德土木矿业公司联合进行小浪底工程轮廓设计的合同在北京签订,合同号"CVH-84081"。8月7日,对外经济贸易部以〔84〕外经贸技字第287号文批复同意,合同生效。联合设计的领导单位是中华人民共和国水电部,项目经理是黄委会副主任龚时旸。随后,水电部同意龚时旸、林秀山、王咸儒等24人赴美国参加黄河小浪底项目设计工作。9月上旬,美国柏克德公司小浪底项目副经理纳米克司等6人到郑州搜集资料、查勘坝址,并与黄委会和黄委会设计院酝酿设计方案。9月14—29日,美国柏克德公司地质专家大卫·勘伯、工程地质主任墨林·蒙代尔、土壤总工程师里查·库来夏和何达民一行4人查勘了小浪底坝址。

1984年11月8日,龚时旸任黄委会主任、党组书记。随即王咸儒陪同黄委会主任龚时旸先期赴美国旧金山柏克德公司总部协商具体安排中美联合轮廓设计事宜,随后黄委会林秀山、罗义生、周荣芳、钱云龙、甘宪章、高广淳、李弘、李金铣、李希露、向桐、金树训、叶乃亮、钱祯祥、韩元刚、郑谅臣、陈枝霖、汪祖忭、毛立伟、刘贻笔、陈汉文、王德襄、廖立修、龙沛霖、于富润、谭伯琥、刘一心、杜士斌、谢见柏及翻译郝凤华先后前往美国旧金山,参加黄河小浪底水库轮廓设计工作,历时1年,于1985年10月完成小浪底工程中美联合轮廓设计。其间,水电部于1984年12月1日向黄委会下达《黄河小浪底水利枢纽设计任务书》(〔84〕水电水规字第125号),要求黄委会根据设计任务书的要求,于1985年底编报黄河小浪底水利枢纽初步设计。

二、轮廓设计成果

轮廓设计是在可行性研究和可行性补充研究成果的基础上,对枢纽总体布置、水工建筑物设计、施工方法、工期和概算进行补充、修改和分析论证。

轮廓设计认为:大坝的左坝肩贴在左岸单薄分水岭上,单薄分水岭长约 2 千米,基本上沿主坝坝轴方向延伸,实质上是大坝的延续体,对其稳定处理应与大坝相同。单薄分水岭岩层中有强度较低的泥化夹层,倾向下游与大河平行。为加固分水岭,除上游采用混凝土面板保护外,要求下游填筑盖重,防止坝体在水库蓄水推力和地震力的作用向下游滑动。垭口处也要做副坝挡水。

原总体布置中引水、泄水建筑物进口布置分散。三门峡水库运行经验表明,建筑物进口可能在高含沙水流或引渠边坡塌方时被泥沙淤堵。从模型试验发现,泄水建筑物必须集中布置,互相靠近,才能在水库底部泥沙沉积物中形成流道。为此,电站引水隧洞、排沙洞和底孔泄洪洞进水口都集中在 1 个进水塔内。这样可以互相保护,保证在任何情况下(包括发生水下滑坡)保持一条完整的引渠和进水口前的冲刷漏斗。

轮廓设计确定枢纽平面布置引水、泄水建筑物进口集中在 1 个进水塔群内,共 6 个进水塔,沿风雨沟向北台阶形布置。排沙洞进口在平面上位于泄洪洞和发电引水隧洞进口的两侧,在立面上排沙洞进口(高程 170 米)位于泄洪洞进口(高程 175 米)、发电洞进口(高程 195 米)之下。排沙洞共 3 条,洞身在平面上分别位于 1~2 号、3~4 号、5~6 号发电洞之间。

1984 年 9 月至 1985 年 10 月,轮廓设计期间确定了以洞群进口集中布置为特点的枢纽建筑物总布置格局,左岸单薄山体采用混凝土面板包山方案,提出了新型的由导流洞改建的孔板消能泄洪洞方案,按国际施工水平确定工程总工期为 8.5 年。小浪底工程轮廓设计枢纽总布置见图 3-4-1。

此外,轮廓设计对可行性报告还做了如下修改:

(1)泄洪洞改为 6 条,其中 3 条利用直径 14.5 米的导流洞改建成 3 条多级孔板泄洪洞,进口高程 175 米,洞径 14.5 米。

(2)正常溢洪道的位置移至垭口南侧"T"字形山梁顶部杨树凹村以东,进口闸室设高 7 米的实用堰,堰顶高程 257 米,设 2 孔,闸门尺寸 17 米×18 米(宽×高),挑流入第 2 格消力塘内消能。

(3)泄洪洞、排沙洞、溢洪道出口共用 1 个消力塘,由 2 个隔墙隔开分成 3 格,底部高程由南至北分别为 122 米、115 米和 122.1 米。消力塘中心线与溢洪道中心线一致。

(4)拦河坝(主坝)改为斜心墙堆石坝。

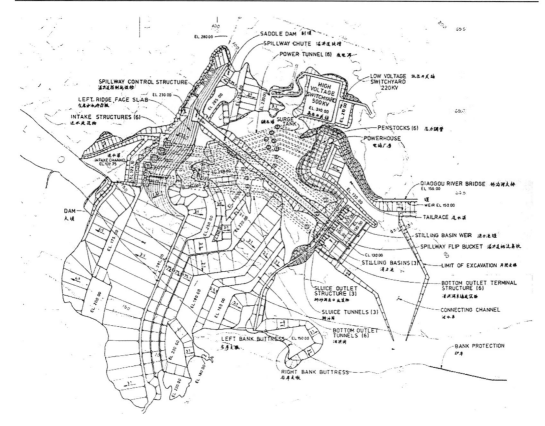

图 3-4-1　小浪底工程轮廓设计枢纽总布置

（5）溢洪道北侧垭口设面板堆石坝挡水，最大坝高 42 米。

（6）电站厂房移至西沟，为地面厂房。

（7）增设非常溢洪道，位于桐树岭以北，进口堰底坎高程 269.5 米，宽 60 米。堰上设心墙堆石坝挡水，坝顶高程 280 米，需泄洪时，采用爆破的方法，炸开 1 个缺口，自溃泄洪，洪水泄入南沟。

三、轮廓设计审查

1985 年 10 月 25—30 日，水电部委托总工程师冯寅主持，在郑州组织国内专家 50 余人对小浪底工程轮廓设计进行审查。同年 11 月 19 日，水电部将《关于编报黄河小浪底水利枢纽设计任务书及初步设计的通知》（〔85〕水电水规字第 73 号文，简称《通知》）下达黄委会。《通知》提出对《黄河小浪底水利枢纽轮廓设计》的审查意见。

（一）审查意见

《通知》认为，该轮廓设计在技术上是可行的，有关小浪底工程地质评价、枢纽布置、建筑物设计、施工进度等方面成果达到了国内初步设计深度。对设计的主要内容审查意见如下：

（1）同意选定的枢纽总体布置，坝线局部上移也是适宜的。

（2）同意推荐斜心墙土石坝坝型和采用防渗墙与铺盖相结合以利用水库淤积物的防渗措施。

（3）左岸单薄分水岭，上游采用混凝土面板加反滤垫层，并设岸边帷幕与排水措施，以达到保护山坡稳定的方案是可行的，有利于进水建筑物的稳定。

（4）由导流洞改建为泄洪洞，用多级孔板消能是一项新型泄洪结构，同意按此方案进行细部的试验研究，并建议在多泥沙河流上，利用改建已成工程，进行原型试验。

（5）设计提出工程总工期8年半，经审查认为施工准备时间半年偏紧，吸取国外施工经验，总工期9年半还是可行的。

（6）设计提出第一期工程（不包括电站）总投资9亿6千万美元，全部工程投资13亿美元（均不包括移民等费用），经审查认为联合设计组概算编制方法和所含内容虽然按西方标准已超过需要的深度，但与中国的做法不尽相同，有些项目可能偏低或偏高，可在黄委会编制初步设计概算时进一步研究。

（二）编报设计任务书

《通知》指出，根据基本建设实施程序，应编制工程设计任务书报国家计委，要求黄委会在已经审查的《黄河小浪底水利枢纽可行性研究报告》基础上，参照《黄河小浪底水利枢纽轮廓设计》，编制此项工程设计任务书，并于1985年底以前报审。

（三）编报初步设计

《通知》指出，水电部要求黄委会在轮廓设计基础上提出完整的初步设计，包括进一步补充水工、泥沙试验，研究某些问题，并按照中国实际情况进行施工组织设计的修订及工程概算的编制，补充研究试验工作，以及轮廓设计未包括的工程规划、水库移民、环境保护、经济分析等项目。初步设计希于1986年6月报审。

关于对初步设计应补充研究并进行水工、泥沙模型试验的工作要点，要求如下：

（1）关于枢纽总体布置。通过泥沙与水工模型试验，进一步研究改进隧洞进水口及导墙布置，争取更好的水流条件，并研究可能的防污、排污措施；通过水工模型试验，研究厂房布置和电站尾水渠淤积的可能性，并研究防淤措施。进一步研究溢洪道布置，包括常规溢洪道与非常溢洪道合并的可能性和合理性。

（2）关于泄洪洞及水力学问题。通过水工模型试验，研究适当抬高洞身和出口段，改进出口下游及挡水堰的轮廓以消除末级孔板下游空蚀和防止导流期、枯水期洞内泥沙淤积；为了减少进水口的掺气作用，通过模型试验，研究改变进口段的轮廓以改善各种闸门开度下的水流条件；通过水工模型试验，研究洞内的有效排气措施；研究在溢洪道尾部设挑流设施，不使水流冲击泄洪排沙洞的出口导墙。

（3）关于左岸单薄分水岭处理，通过分析和试验，研究防止某些部位混凝土面板因填料厚度不等产生不均匀沉陷引起开裂的措施；研究坝体与单薄分水岭混凝土面板连接的具体结构。

（4）关于大坝。研究利用上游淤积防渗，是否可以不做上游围堰下的防渗墙；研究防渗墙与心墙接头部位的结构，并是否可以不做廊道，进一步结合地形、地质条件研究坝基覆盖层开挖高程；进一步研究下游压坡体与坝基之间设置反滤层的必要性；对大坝基础和单薄分水岭的灌浆及排水设施，研究适当简化的可能性。

（5）关于施工方法、进度及概算。适当参照国内经验，对某些工程项目的施工方法及进度安排做适当的修改。

第五节　碧口孔板消能试验

鉴于在国内外大型水利工程中，利用泄洪洞多级孔板进行消能尚无先例，为检验孔板在原型工程中使用是否会产生严重的振动、空蚀和磨损等问题，确保工程运行安全，需进行泄洪洞多级孔板消能试验，并将试验结果与模型试验及理论计算结果做进一步的对照验证。为此，根据1985年10月水电部对小浪底轮廓设计的审查意见，黄委会设计院在甘肃白龙江的碧口水电站进行了孔板泄水消能试验。

一、试验任务

1986 年 12 月 12 日,水电部〔86〕水电水规字第 78 号文批准,同意在碧口水电站排沙洞进行孔板泄水消能的中间试验。

碧口排沙洞增建孔板中间试验工程由黄委会设计院设计,水电部第五工程局承担施工。1987 年 3 月开工,6 月 2 日竣工验收。根据甘肃省电力局〔87〕101 号文的要求,成立由黄委会设计院和碧口水电厂联合组成的现场试验领导小组,制订试验计划及细则要求,组织和指挥试验工作。领导小组成员有王咸儒、文侃、刘成飞、李凤麟、罗志纯、刘仁颐。参加原型试验观测的单位有清华大学水利系、水利水电科学研究院水力学所、黄委会水利科学研究所、碧口水电厂和黄委会设计院。

碧口排沙洞增建孔板消能试验的主要任务如下:

(1)观测和分析孔板水流的脉动分布规律、频率和强度。

(2)研究和观测水流突扩消能所诱发的振动现象,以及隧洞、孔板、衬砌结构和围岩的振动现象。

(3)验证多级孔板隧洞发生水流空化和空蚀的条件与部位。

(4)检验孔板端部锐缘的抗磨损部件的施工工艺及其可靠性。

(5)观测多级孔板对高含沙水流的消能效果。

(6)对多级孔板原型试验的测试成果与模型试验和理论计算的成果进行全面的对照分析。

(7)取得多级孔板消能隧洞的设计及施工的实际经验。

二、碧口试验条件

根据试验任务的要求,黄委会设计院曾对国内已建隧洞进行选点比较,最后选定位于甘肃白龙江的碧口水电站左岸排沙洞进行增建多级孔板的原型试验,主要理由如下:

(1)鉴于孔板洞水流诱发振动特性,空化、空蚀特性与水流流速密切相关,所以使中间试验的流速尽量接近小浪底孔板洞的实际流速。碧口排沙洞汛期试验期间水头可达 60~70 米,可使增建孔板试验段平均流速达 8 米每秒左右,孔板内径孔口的流速为 16 米每秒左右,这一指标接近小浪底孔板洞的相应设计流速(当时确定最高水位平均流速 9.45 米每秒,孔口流速 19.86 米每秒)。

(2)小浪底汛期水流平均含沙量约 50 千克每立方米,年平均粒径 0.03～0.04 毫米,矿物组成石英含量 90% 以上。碧口排沙洞汛期过沙量也很大,开启后数小时内含沙量可达 500 千克每立方米,短期运转的平均含沙量也可达数十千克每立方米,且沙颗粒粒径及矿物组成石英含量占 90% 以上,与小浪底工程条件相似。

(3)碧口左岸排沙洞的施工支洞保持完好,位置适当,可作为观测支洞使用,试验段与观测洞仅以 13 米厚的混凝土堵头相隔,便于测试,可节约试验费用。

(4)排沙洞泄量仅占碧口汛期设计洪峰流量的 3%,虽对中小洪水调度增加了困难,但对工程防洪安全影响不大。

碧口排沙洞原为压力洞,洞径 4.4 米,全长 685 米。试验段选在中部弯道之前,经各种方案比较后,试验段采用套衬方案,套衬后内径 3.8 米,设两级孔板,孔板间距为 3 倍洞径,试验段全长 31.5 米。孔板环内径为 2.62 米,其孔板内外径比为 0.69,与小浪底泄洪洞孔板的孔径比相同。为提高末级孔板的水流空化数,需使用设在排沙洞有压段末端的弧形工作门控流,但由于该门本身存在缺陷,不能局部开启,因此在弧门前设置长 5 米的混凝土收缩段,其收缩孔口的过流面积为 3.52 平方米。

三、试验结论

碧口排沙洞增建孔板消能过水试验分别于 1987 年 6 月 23 日和 7 月 13 日进行了两次,试验基本上按计划程序完成,取得大量试验数据。10 月 12 日结合碧口排沙洞的冲淤排沙,又进行了第三次孔板过水试验。

(1)碧口排沙洞清浑水原型观测结果表明,多级孔板消能效果十分显著,两级孔板消能系数分别为 1.03 和 0.57,消杀水头达 30%～45%,且具有消能效果随水流含沙量的增加而提高的趋势。原型观测的消能系数及其规律与室内水力学模型试验所获得成果吻合。由此可见,按重力相似准则设计的模型试验所获得的孔板消能结果是可行的。

(2)第一次试验泄流时流经孔板的紊动水流,其脉动压力幅值以作用在孔板上为最大,压力幅值以 2 倍标准均方差值表示为 5.22 米,相当于静水头的

8.5%;作用在孔板段管壁上的脉动压力,沿程是减小的。第二次试验控流断面缩小后,由于洞内流速降低,且没有发生空化现象,因而各测点脉动压力显著降低,说明脉动压力大小与水流空化状态有密切关系,多数点脉动压力频宽 10 赫兹左右,优势频率为 1.25 赫兹。观测结果及分布规律与模型试验结果近似。脉动压力为随机变量,其整体脉动荷载的幅值,随被测物承压面面积的增加,因相位差异而产生均化,使脉动幅值减少,为点脉动压力值的 1/10~1/30。

(3)消能孔板呈环状结构,整体性好,承载能力高,孔板混凝土应力仅 0.4~0.5 兆帕,钢筋最大应力仅 2.34 兆帕。在过水试验全部完成后,消能孔板完好无损,表明孔板及其衬砌设计有足够的安全强度。

(4)孔板及其衬砌结构振动的现场观测资料表明,结构的振动反应很小,围岩中所测的振动也是微弱的,且随距离远离而衰减,基本属于无感振动。此外,量测资料表明,孔板过水所产生的小于 1 赫兹的低频脉动压力,既没有激发具有较高频率的孔板结构的共振,也没有与无低频明显优势频率的山体产生共振效应。

(5)根据孔板试验观测数据初步推算,水流脉动所诱发的结构振动,消耗功率很小,不足孔板消能总功率的万分之一。孔板消能的主要能量转换方式是突扩后的紊动水流互相碰撞、摩擦转成热能而被水流带走。

(6)碧口排沙洞增建孔板空化特性的原型观测表明,当出口收缩段过水面积为 3.52 平方米,孔板试验段洞内平均流速为 7.7 米每秒时,末级孔板处水流孔板空化数为 3.13,低于初生空化数,现场观测表明有空化现象发生。当出口收缩段增设折射板,其过水面积缩小至 3.0 平方米,洞内平均流速为 7.27 米每秒时,水流空化数提高到 4.82,没有发生空化现象。原型试验还证实了可以通过缩小中间闸室过水面积、适当减小洞内流速的措施,提高水流空化数,控制初生空化的发生。

(7)采用预先组装高铝瓷砖、同期与孔板浇筑混凝土的工艺,可以使防护体本身与母体联结牢固,确保孔板孔口尺寸及形状稳定。原型过水试验初步显示这种孔板孔口防护体的设计和工艺是可靠的。

(8)鉴于在碧口排沙洞孔板所进行的一系列模型试验和理论计算方法,基本上与小浪底多级孔板泄洪洞的试验和研究相同,因此碧口排沙洞作为小浪底泄洪洞中间试验的原型观测结构,对于论证为小浪底多级孔板泄洪洞已进行的大量模型试验和理论研究的可靠性,以及对小浪底孔板消能的成功应用有很重要的意义。

(9)碧口排沙洞多级孔板原型试验安全成功实施,以及通过对所取得的大量原型观测资料分析和模型试验的对比,说明利用多级孔板在洞内消能技术是可行的,为解决多泥沙河流上泄水建筑物设计中存在的高水头、高流速和高含沙量磨损问题提供了新的途径。

1987年12月14日,水电部水规总院在北京召开了碧口排沙洞多级孔板原型试验鉴定会,鉴定意见是:碧口原型试验项目,目的明确,设计缜密,组织严密。各参加单位精心测试,成果可信,是一次成功的科学试验,对论证小浪底多级孔板消能方案有积极意义。

第六节　设计任务书评估

根据水电部〔85〕水电水规字第73号文中关于"1985年底前编制并报审黄河小浪底水利枢纽设计任务书及初步设计"的要求,在已经审查的《黄河小浪底水利枢纽可行性研究报告》基础上,黄委会参照《黄河小浪底水利枢纽轮廓设计》,于1985年12月编制完成《黄河小浪底水利枢纽工程设计任务书》。1986年1月7日,黄委会以黄设字〔86〕1号文向水电部报送《黄河小浪底水利枢纽工程设计任务书》,确定工程开发任务为防洪(包括防凌)、减淤,兼顾供水、灌溉、发电。

1986年1月7—11日,在水电部总工程师冯寅主持下,由水电总局、中国水利科学研究院等单位技术专家11人参加,在郑州对《黄河小浪底水利枢纽工程设计任务书》进行预审,与会专家进一步了解小浪底工程设计工作进展情况,对初步设计工作中存在的问题提出了指导意见。

1986年3月,国家计委委托中国国际工程咨询公司(简称中咨公司)对《黄河小浪底水利枢纽工程设计任务书》进行评估。4月15日,中咨公司召开了专家预备会。5月13—17日,由中咨公司副总经理王川主持,在北京召开《黄河小浪底水利枢纽工程设计任务书》评估第一次会议。国家计委、清华大学、中国建设银行、中国科学院及有关省、市、部、委的专家和教授50多人参加了会议。会议听取了黄委会关于小浪底工程有关情况的介绍,围绕建设小浪底工程对治黄有哪些效益、不建和晚建有哪些问题、能否采取相应的替代措施这个主题,分综合规划、水文、泥沙、水工、地质、施工和经济 7 个专业组进行讨论与研究。6 月,中咨公司又组织专家查勘黄河小浪底坝址、三门峡水库及下游灌区,全面了解黄河治理情况,并由各专业组分别进行评估。8 月 15—18 日,评估工作最后一次全体会议在北京召开。《黄河小浪底水利枢纽工程设计任务书》的评估历时 3 个多月,专家们通过现场勘察、多次研究讨论,进一步弄清了情况,对于有关黄河下游治理和小浪底工程的一些主要问题,有了比较一致的看法。

1986 年 12 月 30 日,中咨公司以咨非〔1986〕400 号文将《黄河小浪底水利枢纽工程设计任务书评估报告》报送国家计委。评估报告称:"审批小浪底水利枢纽工程设计任务书的条件已经具备。建议根据评估专家组的意见批准设计任务书,以便进行初步设计。关于小浪底是否修建问题,虽有少数专家认为应首先发挥现有防洪工程的潜力,不需要修建小浪底工程,但根据黄河多泥沙又是'地上悬河'的特点,对于黄河治理的决策,以留有一定余地为好。小浪底工程防洪作用显著,又有部分减淤作用,还是修比不修好。工程'上马'时机,在国家财力可能情况下,以早建为好。"

1987 年 1 月 9 日,国家计委将《关于审批黄河小浪底水利枢纽工程设计任务书的请示》(计农〔1987〕52 号)上报国务院。

1987 年 2 月 4 日,国家计委印发《关于审批黄河小浪底水利枢纽工程设计任务书的请示》(计农〔1987〕177 号)通知水电部:"我委《关于审批黄河小浪底水利枢纽工程设计任务书的请示》,业经国务院领导同志批准,现印发你们,请按此办理。"

任务书请示中指出:"根据有关专家评估意见,同意任务书确定的水库开发任务、运用方式和工程总体布置。即:水库以防洪、防凌、减淤为主,兼顾供水、灌溉和发电,蓄清排浑,综合利用,除害兴利;拦河大坝为斜心墙堆石坝,坝顶高程 281 米,水库最高蓄水位 275 米,总库容 126.5 亿立方米,发电装机 156 万千瓦,15 条泄洪、排沙、发电引水隧洞布置在左岸,开敞式溢洪道和非常溢洪道各 1 座。为了做到工程安全可靠、经济合理,在进行初步设计过程中,需对以下主要技术经济问题做进一步试验研究:

(1)多级孔板消能方案,存在振动、脉动、空蚀、磨损及闸门启闭过程中不稳定流态等复杂技术问题,安全可靠性没有把握,因此不宜在小浪底这样重要的工程上采用。建议加深常规压力洞和明流泄洪洞方案的设计比较和研究,并选出切实可行的方案。

(2)对于左岸单薄分水岭的处理,应根据经济可靠的原则,进一步研究用喷锚支护稳定山体,代替钢筋混凝土面板包山方案。

(3)为了解决潼关和渭河淤积问题,要继续研究小浪底水库如何为三门峡进一步改建留有余地的问题。

设计任务书经过批准后,水电部可据此编制初步设计文件,在经过组织专家咨询评估的基础上报国家计委审批。待初设文件批准后,再视国家财力可能,列入年度基本计划进行建设。

工程设计任务书的正式批准标志着小浪底工程被正式批准立项。

第七节 工程初步设计

小浪底工程初步设计主要依据《黄河小浪底水利枢纽可行性研究报告》和《黄河小浪底水利枢纽工程设计任务书》,以及相关审查意见与批复进行编制。根据工程实际情况,初步设计经历了初步设计工作大纲编制、初步设计中间成果、初步设计报告预审、初步设计优化、初步设计专题项目再优化、初步设计批复等过程。

一、大纲编制

1986年9月,黄委会设计院编制完成《小浪底水利枢纽工程初步设计工作大纲》。工作大纲的指导思想是:在以往各项工作成果基础上,结合专家对设计任务书的评估意见,进行泄洪方案的比较和优选,按照初步设计规程要求编制初步设计报告。

初步设计需补充研究的主要工作内容包括枢纽总体布置、泄洪洞及水力学问题、左岸单薄分水岭处理、大坝、施工方法进度及概算,即水电部在轮廓设计审查意见中要求的工作内容。

二、中间成果

由于工程设计项目众多、设计难度高,为及时解决工程设计中出现的具体问题,水电部和水规总院于1987年8月在北京召开小浪底初步设计中间成果汇报会。汇报会上重点汇报了规划、枢纽布置、孔板消能、孔板洞碧口中间试验、大坝左岸单薄分水岭的处理、地面厂房等专题工作情况,各专家就具体问题提出意见,交设计单位进行进一步修改。

三、报告预审

黄委会设计院根据编制大纲要求并结合初步设计中间成果的审查意见编制完成《黄河小浪底水利枢纽初步设计报告》。1988年3月23—26日,水电部在北京主持召开黄河小浪底工程初步设计预审会。国家计委,河南、山西两省及其他有关单位的专家参加了初步设计预审会,初步设计预审会议认为:黄委会设计院根据国家计委对设计任务书的审批意见,针对与设计有关的技术问题认真研究论证,有关初步设计中的主要技术问题基本落实,工作深度基本满足初步设计要求,已具备进行技术决策的条件。同意工程的开发任务和规模,基本同意枢纽布置和建筑物形式;基本同意施工总体布置和进度安排;电站装机156万千瓦,年发电量51亿千瓦时,有相当好的经济效益,电站工程部分和主体工程一起兴建并尽量争取提前发电。1988年4月水利部又分别组织对小浪底工程概算及机电进行了专业预审。小浪底工程整体模型试验见图3-7-1。

图3-7-1 小浪底工程整体模型试验

1988年7月,黄委会设计院按初步设计预审意见对初步设计进行修改完善,再次提出《黄河小浪底水利枢纽初步设计报告》。本次初步设计基本上是按照设计任务书要求进行的,对枢纽开发任务、运用方式、建筑物等级、洪水标准未做变动。主要设计指标为:大坝采用带内铺盖的壤土斜心墙堆石坝,最大坝高 157 米;枢纽按千年一遇洪水设计,万年一遇洪水校核;最高蓄水位 275 米,总库容 126.5 亿立方米,枢纽总泄流能力不小于 17 000 立方米每秒,汛期防洪限制水位 254 米,防凌限制水位 266 米,正常死水位 230 米,非常死水位 220 米时泄流能力不小于 8 000 立方米每秒;电站装机容量 156 万千瓦。

本次初步设计,对建筑物做如下修改:

(1)孔板消能泄洪洞改为 3 条,另加 2 条进口高程 173 米的明流泄洪洞和 1 条进口高程 215 米排漂洞。

(2)副坝改为心墙堆石坝。

(3)总泄洪流量提高到 17 000 立方米每秒,另加 3 000 立方米每秒非常溢洪道。

(4)正常溢洪道堰顶高程降为 255 米,孔宽增大为 17 米。

(5)电站厂房改为半地下式厂房。

1988 年 8 月 9—10 日,水利部总工程师何璟主持召开黄河小浪底水利枢纽初步设计初审会,水利部部长杨振怀、副总工程师徐乾清及有关司局院负责人参加会议,对小浪底的初步设计文件进行审查。10 月 26 日,水利部将《关于报请审批〈黄河小浪底水利枢纽初步设计报告〉的报告》(水规〔1988〕41 号)呈报国家计委,并附预审意见。

四、初步设计优化

黄委会设计院 1989 年上半年在初步设计基础上,开展以泄洪建筑物总布置为核心的优化设计。主要对初步设计枢纽总布置做如下修改:

(1)将 2 条进口高程 173 米明流泄洪洞进口抬高,其中 1 条进口高程抬高到 195 米,洞身尺寸为 10.5 米×13 米(宽×高);1 条进口高程抬高到 209 米,洞身尺寸为 10 米×12 米(宽×高)。

(2)将内径为 6.5 米的压力排漂洞改为进口高程为 225 米的明流泄洪排漂洞,洞身尺寸为 10 米×11.5 米。

(3)泄洪排沙洞改为直线布置,取消明流洞中间闸室,工作闸门移到进水塔内。

(4)将 6 条发电引水洞和 3 条排沙洞组成 3 个综合进水塔,3 条明流洞和 3

条孔板泄洪洞分别设置 6 个独立进水塔;9 座进水塔和出口水垫消力塘分别呈
"一"字形排列。

（5）为适应初期发电要求,2 条发电引水隧洞进口高程降为 190 米,4 条发电引水隧洞进口高程降为 195 米。

（6）水垫消力塘的底长增到 140 米,并在其下游增设消力池和 98 米长的混凝土护面。

（7）孔板洞间距从 50 米增到 68 米。

（8）在发电泄洪建筑物进水塔北侧架设灌溉引水口,以保证在库水位 230 米时,向北岸引水 30 立方米每秒。

1989 年 8 月 11 日,水利部将优化后的初步设计,以《关于报请审批黄河小浪底水利枢纽初步设计的补充报告》（水规〔1989〕38 号）报送国家计委。

五、专题项目再优化

小浪底工程设计部分项目十分复杂而重要,对一些项目的设计需进行反复优化或单独编制设计报告。

（一）水库淹没及移民安置规划

1989 年 12 月,黄委会设计院完成《小浪底水利枢纽初步设计阶段水库淹没处理及移民安置规划总报告》。1990 年 7 月 26—28 日,水利部在郑州召开座谈会,讨论规划的优化和修订问题,对小浪底水库移民安置原则和安置方向取得一致意见。黄委会设计院根据会议讨论意见,于 1991 年 9 月完成《黄河小浪底水利枢纽初步设计阶段水库淹没及移民安置规划修订报告》,水利部于 11 月 6 日报国家计委。

（二）引水发电系统优化设计

1990 年 3 月,水利部水规总院在北京召开小浪底工程引水发电系统优化设计审查会。7 月 2 日,水规总院印发《关于黄河小浪底水利枢纽发电系统优化设计审查意见》。审查意见认为:"小浪底工程地处黄河中游下段末端,泥沙问题十分突出,应着重研究与小浪底水沙条件相近的三门峡枢纽电站的设计运行情况,进一步论证小浪底枢纽电站运行的可靠性。同意汛期合理利用调水调沙库容,适当提高汛期发电水头。电站采用混流式水轮机是适宜的,但选用机型要考虑抗气蚀、耐磨损。"

(三)扩机增容报告

1990年,黄委会设计院提出水电站由原设计6×26万千瓦,增容至6×30万千瓦。水规总院以〔90〕水规规字第10号文回复黄委会设计院,认为"单机容量由26万千瓦增加至30万千瓦是合理的,为此,待计委审批初步设计后,再请你院报送小浪底电站扩机增容报告"。1991年1月,黄委会设计院完成《黄河小浪底水利枢纽扩机增容报告》。报告指出:由于水库汛期运用方式改变,电站工作水头比初步设计有所提高,中原地区水电资源缺少,扩大该区电网中的水电调峰容量是迫切需要的,将初步设计装机容量156万千瓦提高到180万千瓦。

(四)地下厂房专题报告

黄委会设计院于1991年11月完成《黄河小浪底水利枢纽地下厂房专题报告》。报告指出:"经进一步补充地质勘探和现场试验,查明地下厂房位于坚硬完整的厚层砂岩中,上覆岩体厚度在70米以上,该区域内没有大断层,水文地质条件较好,宜于建地下厂房。开挖地下厂房对左岸山体稳定无不利影响。与半地下厂房相比,地下厂房取消了调压塔,厂房布置合理。地下厂房缩短了引水隧洞长度,采用3条无压尾水洞,比半地下式厂房减少水头损失,保证出力和年发电量有所增加,故改初步设计半地下式厂房为地下式厂房",并结合电站扩机增容,最终完成引水发电系统的设计优化工作。

(五)施工供电初步设计审查

根据小浪底工程施工总体布置,黄委会设计院完成《小浪底水利枢纽工程施工供电工程初步设计》。1991年5月8—10日,水利部建设开发司在洛阳召开《小浪底水利枢纽工程施工供电工程初步设计》审查会议。黄委会设计院对小浪底施工供电工程的供电负荷、供电方案、网络规划、各变电站、线路设计和概算做了全面汇报。与会代表查勘了施工现场,对施工供电初步设计方案提出了审查意见。水利部建设开发司印发《关于小浪底水利枢纽施工供电工程设计审查意见的通知》(建基〔1991〕12号),要求根据审查意见,认真做好施工图设计。

(六)施工供水初步设计审查

根据工程施工总体布置,黄委会设计院完成《黄河小浪底水利枢纽北岸施工供水初步设计报告》。1991年5月14—16日,水利部建设开发司在洛阳召开

《黄河小浪底水利枢纽北岸施工供水初步设计报告》审查会议。会议认为,设计报告的内容符合初步设计规程要求,基本同意设计报告。专家们对今后设计工作提出了意见和建议。水利部建设开发司印发《黄河小浪底水利枢纽北岸施工供水初步设计报告》审查意见(建基〔1991〕13 号),要求抓紧做好下一步工作,以满足工程建设需要。

1991 年 12 月 16 日,水利部将《关于黄河小浪底水利枢纽初步设计中几个问题的报告》(水规〔1991〕67 号)报送国家计委。

六、初步设计批复

经过以上各阶段所做的大量工作,形成了最终的初步设计成果。1992 年 3月,水利部以《关于请求审批黄河小浪底水利枢纽工程初步设计及有关问题的函》(水计〔1992〕20 号)上报国家计委。

1992 年上半年,中咨公司对小浪底水利枢纽初步设计中的水工建筑物、库区移民安置和工程总投资等几个重点问题进行了评估。评估结论指出:"小浪底水利枢纽工程是治理黄河的一项关键工程,并已列入我国国民经济和社会发展十年规划和第八个五年计划纲要,设计部门已完成初步设计的优化工作,三通一平等前期施工准备工程已于 1991 年 9 月开工,施工征地和水库移民准备工作也在积极进行,各方面条件已基本具备,建议批准初步设计优化方案,以利工程早日开工建设,尽早发挥工程效益。"同年 7 月 6 日中咨公司以咨农〔1992〕287 号文上报国家计委。

1993 年 3 月 23 日,国家计委将《关于黄河小浪底水利枢纽工程初步设计的复函》(计农经〔1993〕459 号)下达水利部,主要意见为:同意小浪底水利枢纽工程初步设计优化方案,黄河小浪底枢纽工程静态总投资按 1991 年价格水平核定为 107.74 亿元人民币,其中利用外资 6.8 亿美元。水库淹没补偿总投资按1991 年价格水平为 21.5 亿元人民币。

第八节　世界银行贷款评估

根据设计概算确定的资金结构,小浪底工程筹资渠道有国家财政拨款、利用外资和国内银行贷款。国家计委计农经〔1993〕459 号文核定小浪底工程动态总投资(1991 年价格水平)146.61 亿元人民币,其中枢纽部分 125.11 亿元人民币、水库淹没处理补偿部分21.5亿元人民币。

小浪底工程的外资来源有两个渠道:一是国内筹措,使用国家自由外汇;二是向国外借贷使用外资,但必须满足相应的借贷条件。

针对小浪底水利枢纽施工期较长、所需外资额度大、以土建工程为主等特点,国家计委和财政部指示研究小浪底工程利用世界银行贷款的可行性,并通过世界银行的贷款评估。

一、贷款可行性

小浪底工程利用世界银行贷款的可行性研究,主要从《黄河小浪底水利枢纽主体土建工程国际招标内外资概算》和《采用国内资金进行国内招标施工的方案(进口部分设备)》两个报告的结果进行比较,前者静态总投资增加约10亿元人民币,外资增加4.14亿美元。但从整体上看,利用世界银行贷款进行主体土建工程国际招标是有利的,具体体现在以下4个方面:

(1)缓解国家基本建设资金紧张的矛盾。采用国内资金进行国内招标施工的方案(进口部分设备)静态总投资为98.8亿元人民币(其中外汇3.03亿美元),但是建设资金98.8亿元人民币需全部由国家筹措。

根据《黄河小浪底水利枢纽主体土建工程国际招标内外资概算》,小浪底工程静态总投资为109亿元人民币。内资部分71亿元人民币由国家筹措,外资7.17亿美元由世界银行贷款。两相比较相差约28亿元人民币。从国家筹措资金的角度来看,利用世界银行贷款,可以减缓国内基建资金紧张的状况。世界银行贷款则用小浪底电站收益偿还。

(2)缩短工程建设总工期。在小浪底水利枢纽工程可行性研究阶段,按当时国内施工水平安排的主体工程总工期为11.5年。鉴于淮河、太湖大水的教训,中央领导十分关心黄河防洪问题,要求小浪底工程尽快建设生效,以解国家心腹之患。因此,利用外资兴建小浪底工程,可以引进国际先进的大型施工机械设备使用经验和大型工程管理经验,将小浪底工程总工期缩短至8年完成。

(3)引进国外先进的施工技术和管理经验。小浪底工程以高土石坝和集中布置的地下洞室群的突出特点不同于其他工程,中国在利用大型施工机械、施工强度水平、地下洞室群的施工技术及大型工程协调管理等方面均缺乏经验。小浪底工程采用国际竞争性招标施工,可以使中国参与建设的工程队伍和参与管理的工程技术人员得到锻炼和提高,提高中国施工队伍的整体素质和水平。

(4)经济合理。采用主体工程国际招标施工,总工程费用虽增加约10亿元,但进行国际竞争性招标,工期可提前约3年。二者相比,经测算相当于少花费用现值约21亿元。

黄委会设计院于1989年完成了《黄河小浪底水利枢纽部分利用世界银行贷款投资估算》报告,其外资采购范围为大型施工机械、钢筋、钢材(包含高强钢丝)、木材、水轮机及备用转轮、闸门及启闭机、计算机监控系统等,外资总额静态3.6亿美元、动态4.51亿美元。根据上述报告内容,水利部向国家计委、财政部提出部分利用世界银行贷款建设小浪底工程的报告,1990年11月,国务院批准国家计委关于兴建小浪底工程利用世界银行贷款的报告。

二、贷款评估

从1989年3月开始,世界银行多次派团考察小浪底工程(见图3-8-1),世界银行官员对小浪底工程表示了极大的兴趣和贷款的意向。世界银行概算专家对小浪底工程的总投资进行了分析估算,考虑主体土建工程采用国际竞争性招标,外资投向除用于购置大型施工机械、水轮机、部分永久设备及材料外,计列了可能发生的各种间接费和不可预见费,认为小浪底工程所需外资约为10亿美元。据此,世界银行官员在1991年11月世界银行第十一次考察备忘录中,提出向小浪底工程分两期贷款共7亿~8亿美元的意向。争取第一期4亿美元

图3-8-1 世界银行使团评估小浪底工程

列入 1993 财年贷款计划。第一期贷款中软贷占 40%、硬贷占 60%,综合贷款利率约 5.5%,不足部分建议中国政府采用联合融资或出口信贷解决。

按世界银行贷款导则要求,经财政部批准,利用世界银行技术特别信贷 240 万美元聘请了加拿大国际工程管理集团黄河联合咨询公司(CYJV)为咨询公司,帮助黄委会设计院完成标书编制及世界银行评估的准备,并聘请了由国际一流专家组成的特别咨询专家组进行工程有关方面的咨询。

根据世界银行导则规定,利用世界银行贷款要给世界银行各成员国以平等竞争的机会,主体土建工程所需大型施工机械设备必须和土建工程捆在一起进行国际招标,这样所需外资的额度除购置大型施工机械、进口部分材料外,尚需计列可能发生的各项间接费用、不可预见费用等。鉴于世界银行专家对小浪底工程投资估算的局限性,未能全面反映中国国情,遵照国家计委和水利部的指示,在广泛吸取国内利用世界银行贷款项目进行国际招标投标经验的基础上,黄委会设计院于 1991 年编制了《黄河小浪底水利枢纽主体土建工程国际招标内外资概算》,作为工程立项的基础。该报告外资采购范围为主体土建工程(大坝、泄洪和发电系统)、水轮机及备用转轮、计算机监控系统、高压干式电缆、部分原型观测仪器、金属结构支铰轴承、闸门轴承以及启闭机缸体材料。工程静态总投资为 109 亿元,其中外汇 7.17 亿美元。

为了研究和比较利用世界银行贷款的必要性和合理性,黄委会设计院同时还分析了其他两种方案:一是采用国内资金进行国内招标施工的方案(进口部分设备);二是利用世界银行贷款进行主体土建工程部分国际招标施工的方案,即大坝标进行国际招标,泄洪建筑物、引水发电系统进行国内招标施工。对于方案二,利用世界银行贷款进行主体土建工程部分国际招标的方案,因不符合世界银行导则,世界银行官员明确表示该方案不能成立,故不参与比较。对于方案一,全部利用国内资金进行国内招标施工的方案(进口部分设备),分析采用了国际招标相应的国内劳务工资水平、材料价格,考虑采用相同的施工方法、施工机械、生产率和人员组合配置,相同的材料消耗,只是对外资比例做了适当调整,尽可能采用国内生产的机械以节省外汇。该方案工程静态总投资为 98.8 亿元,其中外汇 3.03 亿美元。1990 年底,黄委会设计院完成供世界银行贷款用的简要报告,共 13 卷。

小浪底工程规模巨大、地质条件复杂、建设周期长，根据当时国家政策性变化及汇率、价格的波动等因素的影响，1996 年黄委会设计院编制完成《黄河小浪底水利枢纽内外资修改概算》，其外资采购范围包括主体土建工程(大坝、泄洪和发电系统)、水轮机、发电机断路器、组合主变压器、高压断路器、高压干式电缆、计算机监控系统、油压启闭机、闸门轴承等。国家计委以计建设〔1997〕1332 号文批复小浪底工程(枢纽部分)调整概算，总投资 253.49 亿元，其中外资 9.99 亿美元。

第九节　工程招标设计

工程招标设计是根据批准的初步设计报告，为满足工程招标采购和工程实施与管理的需要，复核、完善、深化勘测设计成果的系统反映。施工规划是为了适应水利水电工程实行竞争性招标而进行的施工组织设计，是水利水电工程项目招标准备工作的重要组成部分，是编制标书、标底和设计概算的依据。

一、施工规划

施工规划的主要任务是在已经批准的初步设计阶段施工组织设计的基础上，根据水工优化设计提供的详细资料和市场信息，进一步优化与加深施工组织设计，落实选定的施工方案，并根据项目实施与管理要求，提出工程分标方案，对工程实施的具体问题做出全面规划与详细安排。小浪底工程施工规划主要包括主要工程量、工程分标方案、施工导截流、施工总布置、施工总进度等。

(一)主要工程量

小浪底水利枢纽工程规模巨大，建筑物布置复杂，施工任务繁重，由 1 座土质斜心墙堆石坝、3 条由导流洞改建成的孔板泄洪洞、3 条明流泄洪洞、3 条排沙洞、6 条引水发电洞和 1 座地下厂房，以及开敞式溢洪道、非常溢洪道、副坝和开关站等建筑物组成。除拦河大坝外，主要建筑物布置在左岸。小浪底水利枢纽主要工程量见表 3-9-1。

(二)工程分标方案

小浪底水利枢纽主体工程按土建工程施工、机电设备制造、金属结构制造、机电设备安装、金属结构安装等考虑分标方案。

表 3-9-1　小浪底水利枢纽主要工程量

序号	项目	单位	主体工程	临建工程	合计
1	土方开挖	万立方米	1 601.35	640.29	2 241.64
2	石方明挖		1 324.49	270.59	1 595.08
3	石方洞挖		280	16.35	296.35
4	土方填筑		909.02	510.16	1 419.18
5	石方填筑		4 130.41	490.69	4 621.10
6	混凝土浇筑		270.40	41.95	312.35
7	金属结构	万吨	3.49	0.20	3.69
8	发电设备	台	6		6
9	回填灌浆	万平方米	20.26		20.26
10	固结灌浆	万米	27.51		27.51
11	帷幕灌浆	万米	25.34		25.34

金属结构和机电设备制造由专门的制造厂完成,单独招标采购。金属结构安装与土建工程施工关系密切,故金属结构安装纳入相应的土建标。主体工程分标方案统筹考虑了土建工程施工和机电设备安装。

根据小浪底水利枢纽的特点及资金安排情况,枢纽土建工程宜采用分标施工。经对工程布置、建筑物规模和施工条件等进行分析,分标时主要考虑如下原则:

(1)减少业主风险,吸引承包商参与投标竞争,单标规模不宜过大。

(2)泄洪和发电建筑物集中布置在左岸,为减少施工道路、场地等交叉带来的矛盾,减少施工干扰和纠纷,分标数量不宜过多。

(3)尽可能将同类工程项目放在同一个标,避免一个标过多地跨专业施工引起施工机械设备重复购置。

(4)分标应有利于使用先进的施工机械和先进的施工技术,加快工程建设,保证工程质量。

(5)金属结构安装随土建标,机电设备安装与土建标分开,而一些独立性较强的小的施工项目,从国际标中分离出来进行国内招标施工。

基于上述原则,结合小浪底水利枢纽特点,在研究主体土建工程分标方案时曾研究过多种分标方案。经对各种分标方案的比较,从便于工程管理、减少施工干扰、节约附属设施及减少业主风险和有利于竞争的原则考虑,确定小浪底水利枢纽主体土建工程分为 3 个土建国际标,即第 I 标为大坝标,第 II 标为泄洪排沙系统标,第 III 标为引水发电系统标。

(三)施工导截流

导截流设计充分结合工程特点、地形、地质和水文气象条件,经过多方案比较和水工模型试验论证,所设计导截流方案和标准是可行和合理的,其最大的特点是:

(1)结合坝区的地形和地质条件,采用分期和隧洞导流相结合的导流方式,截流前束窄左岸河流使右岸滩地坝体填筑与导流洞同时施工,以缩短截流后大坝施工工期,并降低坝体施工强度。

(2)上游枯水围堰是拦洪围堰的一部分,拦洪围堰与坝体相结合,以节省导流挡水建筑物工程量。

(3)3 条导流洞完成导流任务后改建成孔板泄洪洞,不但节省工程费用,而且缓解了左岸泄水建筑物布置困难的矛盾。

(4)上游围堰采用高压旋喷灌浆防渗新工艺,为围堰施工争取工期,采用高压旋喷灌浆造墙工艺后,10 220 平方米的防渗墙可在 1 个月内完成。

(5)充分利用上游三门峡水库的调节库容,使截流设计流量由 1 820 立方米每秒降至 343 立方米每秒,降低截流设计和施工的难度,减少截流工程量。

1. 导流标准

小浪底水利枢纽为一等工程,围堰高度大于 50 米,相应库容大于 1.0 亿立方米,导流建筑物按规范规定为 IV 级,应按 30~50 年洪水重现期设计。鉴于围堰与坝体结合,围堰失事不仅延误工期,而且还严重威胁到下游焦枝、京广两条铁路和两岸人民生产与生活的安全,参照规范,经研究,将截流后第一年(1998年)的导流标准提高到百年一遇。

2. 导流方案和导流程序

根据地形、地质特点和水文特性,采用隧洞导流方案。坝体施工时分两期导流,第一期束窄河床到 250 米宽,进行右岸滩地的坝基开挖、处理和坝体填筑;第二期截断左岸河床,由左岸导流隧洞过流,进行左岸坝基开挖、处理和全坝段的坝体填筑。

导流程序:工程开工第一年(1994年),进行左岸 3 条导流洞的施工,同时利用右岸滩地进行坝基开挖、处理和坝体填筑。第四年（1997 年）10 月底导流洞具备导流条件，11 月中旬截流，河水由 3 条导流洞下泄。第五年（1998 年）汛前，与坝体结合的上游拦洪围堰填筑到 185 米高程，挡百年一遇洪水，汛后改建 1 号导流洞为带中间闸室的孔板泄洪洞。第六年（1999 年）汛前，大坝填筑到 200 米高程，挡 500 年一遇洪水，汛后改建 2 号、3 号导流洞为带中闸室的孔板泄洪洞。第七年（2000 年）汛前，大坝填筑到 236 米高程，挡千年一遇洪水。第八年（2001 年）7 月，大坝填筑到 281 米高程，枢纽投入正常运用。各建筑物不同洪水频率的调洪计算成果见表 3-9-2。

表 3-9-2　各建筑物不同洪水频率的调洪计算成果

项目	1997 年	1998 年		1999 年	2000 年
导流度汛标准	全年 20 年一遇	枯水期 20 年一遇	全年 百年一遇	全年 500 年一遇	全年 千年一遇
洪峰流量（立方米每秒）	16 170	2 210	18 010	21 530	24 520
泄水建筑物	束窄后的左岸河床	3 条导流洞	3 条导流洞	3 条排沙洞、2 条 141.5 米高程导流洞	3 条排沙洞、3 条孔板洞、3 条明流洞
滞洪水位（米）	145.00	150.00	177.30	194.56	233.57
滞洪蓄水量（亿立方米）		0.5	4.16	8.96	45.00
最大泄流量（立方米每秒）	16 170	2 210	8 270	7 620	8 584
挡水建筑物	一期围堰	枯水围堰	拦洪围堰	坝体	坝体

3.导流建筑物

左岸设 3 条直径 14.5 米导流洞，其中 1 号导流洞进口高程 132 米，出口高程 126 米；2 号、3 号导流洞进口高程 141.5 米，出口高程 135.5 米。导流洞进口设 12 米×14.5 米的封堵闸门，启闭机平台高程 175 米，3 条导流洞完成导流任务后均改建成带中间闸室的孔板泄洪洞，进口高程为 175 米。

上游拦洪围堰为土质斜墙堆石围堰,围堰与大坝相结合,按百年一遇洪水设计,堰高57米,堰顶高程185米,堰顶宽20米。坝内设短铺盖使坝体斜心墙与围堰斜墙相接,以充分利用黄河天然淤积形成铺盖。

上游枯水围堰为Ⅳ级建筑物。枯水围堰的任务是挡枯水期11月至次年6月来水,围堰按挡水时段20年一遇洪水(洪峰流量3 660立方米每秒)经三门峡控泄后加区间流量之和2 210立方米每秒设计。堰顶高程152.5米,最大堰高24.5米,堰顶宽27.5米,基础采用混凝土防渗墙和高压旋喷灌浆联合防渗,龙口部分为高压旋喷灌浆防渗。

下游围堰按百年一遇洪水时导流洞最大下泄流量9 460立方米每秒设计,考虑施工交通要求,拟定堰顶高程为145米,堰顶宽15米,最大堰高19米,采用土质斜墙堆石断面,基础采用黏土水平铺盖防渗。

4. 截流设计

根据水文资料分析,选定11月中旬截流,截流设计流量按11月中旬,旬平均流量为1 820立方米每秒,为减少截流流量、降低截流难度,要求截流时三门峡水库控泄流量不超过200立方米每秒,加三门峡至小浪底区间来水143立方米每秒,截流流量按343立方米每秒设计。根据河床地形和地质条件,采用从右岸向左岸进占立堵截流。龙口位置选在左岸130米高程基岩平台处,计算截流最大设计流速为5.19米每秒,最大落差3.73米,最大单宽动能89.71吨每秒。

(四) 施工总布置

1. 施工布置总体规划

(1)规划原则。在保证现场施工需要的基础上,贯彻少而精的原则,尽量少占耕地;充分利用社会力量或资源,最大限度压缩设在工区的生产和生活设施;场地划分根据工程分标确定各标的责任区范围,为方便管理,各标的生产生活营地尽量集中;在保证生产、生活的前提下,做好废水、废气、废弃固体垃圾处理,保护施工环境,做到文明生产、安全施工;工程土石方堆弃渣首先利用开挖料作为大坝填筑料,堆弃渣以不影响环境和抬高下游水位为前提,并尽可能填沟造地。

(2)分区规划布置。根据枢纽布置、料场位置、地形条件等,结合进场公路、工程分标情况和施工总进度确定的各标生产规模,把全区施工场地划分为8个区,分别是:①蓼坞区。分滩区和山岭区,根据工程布置和分标方案,滩区计划安排Ⅱ标、Ⅲ标生产营地。生活营地除Ⅱ标在左坝肩山顶小南庄—桐树岭区安排一部分外,其余部分与Ⅲ标的生活营地均布置在山岭区(东山营地)。②桥沟滩区。左右岸各有两块滩地可供布置,自上而下分别称东Ⅰ区、东Ⅱ区、西Ⅰ区、西Ⅱ区。东Ⅰ区为业主管理区,主要布置有综合办公楼、宾馆、宿舍区、食堂及多功能厅、供冷暖系统、文化及体育等生活配套设施,工程完建后作为枢纽现场管理中心;东Ⅱ区布置汽车队、实验室等;西Ⅰ区布置3个国际标外籍人员营地,自上而下分别为Ⅱ标、Ⅰ标、Ⅲ标外籍人员营地;西Ⅱ区主要布置有社会服务设施,包括公安、银行、邮局、医院等公共基础设施。③小南庄—桐树岭区。主要布置Ⅱ标生活区,在小南庄以南风雨沟左岸布置进口混凝土生产系统,钢筋、模板、预应力锚索加工车间。④小浪底区。位于坝址下游右岸滩地上,前期工程施工时曾作为小浪底建设管理局指挥部,主体工程施工期主要布置Ⅰ标劳务生活营地、混凝土拌和厂、大坝混凝土防渗墙施工的生产设施。⑤寺院坡区。位于右岸阶地上,大坝填筑的主要土石料场,Ⅰ标的生活、生产设施,除小浪底区、东西河清区布置一部分外,料场的生活营地,主要的仓库、油库、机械停放维修场等均布置在寺院坡以南,Ⅰ标炸药库位于毛沟北侧。⑥东西河清区。位于坝址下游右岸阶地,主要布置反滤料生产系统,110千伏变电站和Ⅰ标部分生产、生活营地。⑦Ⅱ、Ⅲ标炸药库区。Ⅱ、Ⅲ标炸药库布置在荒山脚下,远离工程生产生活区。⑧其他场区。除以上各分区布置外,还有槐树庄滩区堆渣场、连地滩混凝土骨料开采及加工场、留庄转运站等。

2. 施工交通运输

(1)对外交通运输。小浪底水利枢纽附近有陇海、焦枝两条干线铁路在洛阳交会,南岸洛阳、北岸留庄火车站到工地均有公路相连。根据计算,施工期对外物资总运量约300万吨,年平均运量约40万吨。对外运输采用铁路和公路运输相结合方案,南北岸各设一条外线公路,铁路转运站设在北岸留庄火车站。

北岸外线公路自蓼坞经连地在焦枝铁路黄河桥下穿过,至留庄转运站全长13千米。北岸对外公路分为两段,蓼坞至连地为9号公路,连地至留庄转运站为10号公路。9号公路为矿山Ⅱ级,10号公路为国标Ⅲ级。

南岸对外公路主要承担铁门水泥、洛阳油料、宜阳炸药、建筑材料及经洛阳转运的施工机械等运输任务,从洛阳西站柿园村310国道经麻屯、常袋,至东官庄进入施工区,全长 24.14 千米,称 1 号公路。1 号公路为国标Ⅲ级。

(2)对外物资转运站。施工期间主要外来建筑材料、机电设备、施工机械等由铁路运到留庄转运站,再经北岸对外公路用汽车运到工地。转运站最高年平均转运量 25 万吨,最大日转运量 1 500 吨。转运站铁路专用线由焦枝铁路留庄站西端牵入,站内有 5 股道。

(3)场内交通运输。根据工程规模和布置、施工方法、机械选型及场外交通采用公路运输等,按照前期工程施工与主体工程施工、临时与永久、施工与运行管理三结合的原则对场内公路进行规划设计。

南岸公路主要承担大坝工程开挖出渣,土料、石料及反滤料的开采上坝等项运输任务,同时兼顾进场材料运输,规划有 2 号、3 号、4 号、5 号 4 条公路,通行最大车型为 77 吨自卸汽车。公路为矿山Ⅱ级。

北岸公路主要承担导流洞、泄洪洞、排沙洞、引水发电洞、进水塔群、溢洪道、电站厂房等的开挖出渣、混凝土浇筑、金属结构、发电机组安装等运输任务,有 6 号、7 号、8 号 3 条公路。公路为矿山Ⅱ级。

(4)过河交通桥。因南岸不设转运站,工程使用水泥大部分来自铁门水泥厂(约占计划水泥用量的 60%),日高峰运量为 1 500 吨;大坝填筑的石料有 500 多万立方米从左岸槐树庄渣场回采,其回采日高峰强度达 1 万立方米;泄水建筑物进口开挖石料计划有 395 万立方米。过河桥位于泄水建筑物出口下游约 2.0 千米的西河清,河面宽约 500 米,连接南岸 4 号公路和北岸 9 号公路。

3. 主要施工工厂设施

(1)砂石骨料系统。连地料场由连地滩、杏园滩、王道滩组成,位于黄河北岸连地河口以东,距坝址约 10 千米。连地滩滩面高程 130~133 米,汛期遇大水易被淹没。砂石料场总储量 1 673.26 万立方米,料场计划开采长度 2.5 千米、宽 1.0 千米、面积约 230 万平方米。料场开采主要在非汛期,汛期所用骨料依靠毛料堆的储存料和边滩洪水侵袭不到的料区开采,料场设计防洪标准为 2 500 立方米每秒。

连地滩砂石厂位于连地村西的滩地和阶地上,场地高程为 134~140 米,生产能力按满足混凝土月筑强度 8.57 万立方米设计,生产规模为月生产成品料 19 万吨。砂石厂由破碎、筛分、制砂、堆料场等组成。

(2)马粪滩反滤料及砂石料系统。大坝、围堰、副坝设计反滤料填筑量约

249.33万立方米,混凝土浇筑量10.6万立方米,需要成品碎石184万立方米、砂子185万立方米,共需毛料437万立方米。马粪滩料场位于坝下游南岸,滩面高程135~137.5米,料场表层为轻粉质壤土、粉细砂,下层为砂砾石层。

料场滩地东西长2.4千米,宽550米,可开采面积为100万平方米,砂砾石储量约766万立方米。料场为高滩,滩面高程比正常河水位高3~4.5米,汛期开采较为有利。

(3)混凝土拌和系统。主体工程混凝土量287.61万立方米,临建工程混凝土量21.46万立方米。根据工程分标和混凝土工程分布情况,在工地设置4个混凝土拌和系统,其中南岸混凝土系统5.65万立方米、北岸进口混凝土系统103.83万立方米、洞群混凝土系统152.48万立方米、引水发电混凝土系统25.65万立方米。

(五)施工总进度

按1988年水利部审查通过的小浪底水利枢纽初步设计,小浪底水利枢纽主体工程施工期为8年。1994年初主体工程开始施工,1997年汛后截流;2000年初2台机组投入运行,2001年初4台机组投入运行,2001年底工程全部完工。

枢纽按截流前、后分两期施工。第一期为截流前进行的导流洞、排沙洞、右岸坝基处理和坝体填筑、地下厂房开挖和泄洪发电系统进出口等项工程施工;第二期为截流后进行大坝、副坝、明流泄洪洞、溢洪道、电站厂房、开关站等工程施工,以及机电设备安装。施工进度的形象过程是:导流洞施工、截流、大坝施工每年度汛,第一台机组发电为主线,考虑均衡施工和施工机械设备连续使用等因素,计划8年内工程完工。小浪底水利枢纽施工总进度各项指标见表3-9-3。

二、招标设计

为了尽快开展施工招标工作,在小浪底初步设计优化方案及工程施工规划的基础上,针对部分利用世界银行贷款进行主体土建工程国际招标施工,黄委会设计院于1989年底编制了小浪底工程招标设计工作大纲。

1990年,黄委会设计院以批准的小浪底工程初步设计为基础,全面开展招标设计工作。加拿大国际工程管理集团黄河联合咨询公司(CYJV)为小浪底工

表 3-9-3 小浪底水利枢纽施工总进度各项指标

序号	项目名称		指标	备注
1	总工期		8 年	
2	截流日期		1997 年 11 月中旬	
3	第一台机组发电时间		2000 年初	
4	拦洪标准	$P=1.0\%$	第 5 年汛期	
		$P=0.2\%$	第 6 年汛期	
		$P=0.1\%$	第 7 年汛期	
		$P=0.1\%$	第 8 年汛期	
5	坝体填筑	最高月均强度	122.44 万立方米	第 6 年 1—3 月
		最高年强度	1 418.79 万立方米	第 6 年
6	混凝土浇筑	最高月均强度	8.53 万立方米	第 3 年 1—3 月
		最高年强度	85.44 万立方米	第 3 年
7	土方开挖	最高月开挖量	113.03 万立方米	第 2 年底
		最高年开挖量	618.99 万立方米	第 1 年
8	石方明挖	最高月均强度	82.1 万立方米	第 2 年 1—3 月
		最高年强度	624.36 万立方米	第 2 年
9	石方洞挖	最高月均强度	10.07 万立方米	第 3 年上半年
		最高年强度	99.59 万立方米	第 3 年

程招标设计咨询公司,按世界银行要求聘请 14 名国际知名专家组成特别咨询专家组,水利部组建以赵传绍为组长的中国咨询专家组,对工程招标设计中有关技术问题进行全面评估和咨询(见图 3-9-1)。

招标设计工作分详细设计和标书编制两个阶段进行。1990 年底黄委会设计院基本完成详细设计工作。同时,黄委会设计院与 CYJV 专家共同编制完成供世界银行贷款项目评估用的简要报告,共 13 卷。1991 年 10 月,水利部正式组建小浪底水利枢纽建设管理局作为小浪底水利枢纽建设项目法人。受项目法人委托,黄委会设计院 1992 年底编制完成小浪底主体土建工程国际招标文件;1993 年 7 月,编制完成大坝、泄洪排沙建筑物和引水发电系统 3 个主体土建工程标书(中英文版本),标书附图 800 余张。

图 3-9-1　小浪底特别咨询专家组听取坝址地质情况介绍

第十节　施工图设计及现场设计服务

根据小浪底建管局与黄委会设计院签订的合同,黄委会设计院在招标设计的基础上进行小浪底工程施工图设计,并派出设计人员开展现场设计服务、配合工程施工。

一、施工图设计

根据施工进度计划,黄委会设计院与小浪底建管局、监理工程师、承包商协商后,制订了3个主体土建标(Ⅰ、Ⅱ、Ⅲ标)、1个土建及机电设备安装标(Ⅳ标)的供图计划。在实施过程中,根据小浪底建管局对施工进度计划的调整和相应要求,再进行年度计划的局部调整。按供图计划,黄委会设计院一般提前6个月提供施工图,保证施工的顺利实施。累计完成Ⅰ、Ⅱ、Ⅲ标(国际承包商)施工图5 700多张,Ⅳ标(中国承包商)施工图5 300多张,金属结构制造及安装图5 885张。

二、现场设计服务

(一)设计组织

1991年9月1日小浪底工程前期准备工程开工后,黄委会设计院成立了现场设计代表处,由设计院副院长徐复新负责;1995 年 9 月,现场设计代表处工作由小浪底项目副设计总工程师(简称副设总)、黄委会设计院副院长周荣芳负责。1996 年 3 月,按水利部领导指示,为进一步加强现场决策能力,黄委会设计院以小浪底工程项目组为班底成立小浪底工程设计分院,办公地点设在小浪底工程现场,任命项目设总、黄委会设计院副院长林秀山任设计分院院长,配备的主要技术负责人有:黄委会设计院副院长、副设总沈凤生,分管 I 标的副设总高广淳、景来红,分管 II 标的副设总潘家铨,分管 III 标的副设总杨法玉,分管 IV 标的黄委会设计院副总工、设计分院机电专业总工程师王庆明。设计分院负责人常驻工地主管现场设计服务工作。设计分院成立后,小浪底工程项目组部分人员留守黄委会设计院,协调设计院相关专业设计工作。

小浪底工程设计分院下设设计处、地质处和办公室 3 个处级单位,至工程竣工,一直维持约 60 人的规模。现场设计人员由黄委会设计院有关设计处(地质总队)派出,配备一定的技术骨干,在现场形成项目设总、处室领导和设计工程师 3 个技术层次,处理现场技术问题,设计分院对各处派出的设计人员实行矩阵式管理。黄委会设计院小浪底工程设计组织结构见图 3-10-1。

(二)设计服务

现场设计服务的主要内容为:①提供和解释图纸,进行技术交底;②配合业主和监理,及时处理解决施工中出现的问题;③现场巡视,参加验收,反映有关施工质量问题,参加业主和监理召开的各种会议,表述设计方的意见;④及时向设计院本部反馈有关信息,协调院属各单位与业主的关系,执行和落实设计院与业主签订的勘测设计服务合同的各项条款。

现场设计人员配合现场的施工,对施工中出现的诸如大坝基础处理、进出口高边坡加固、导流洞塌方、排沙洞设计变更等均及时做出设计反馈,发出各种设计函件 2 520 份,完成施工地质素描 300 万平方米,审查承包商车间图 11 000余张。

(三)设计质量控制

推行全面质量管理(TQC),设计过程实行严格的质量控制措施。1997 年 5月,黄委会设计院根据 GB/T 19001—ISO 9001 标准的要求发布了质量管理体系文件,并正式运行。质量管理体系文件对设计过程,从设计策划、组织和技术

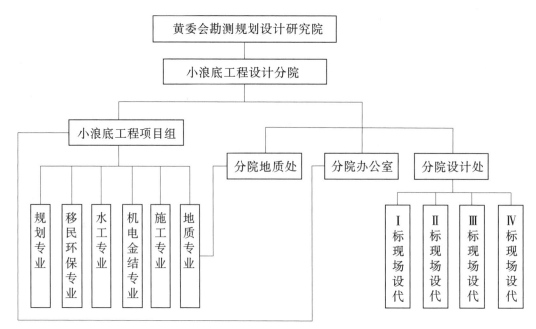

图 3-10-1　黄委会设计院小浪底工程设计组织结构

接口、设计输入、设计输出、设计评审、设计验证、设计确认到设计更改,以文件化的形式进行控制,同时对设计过程的计划编制、大纲编制、内部接口、计算书编制、校审责任、审签和制图等技术细节做出具体规定。小浪底工程设计质量控制主要措施如下:

(1)实行项目设总负责的项目管理体制。从设计开始,建立了以设总为首的项目组及小浪底工程设计分院,对工程设计进行总体策划,全权负责协调处理有关小浪底工程设计各个专业所涉及的工作。

(2)在小浪底招标设计阶段,项目组发布招标设计总纲,有关专业处编制枢纽各个单项工程的设计大纲,重要建筑物结构的计算条件、参数由主管项目设总讨论决策。建立了内外部组织和技术接口的联系渠道,对设计过程实行严格的校、审、会签制度,对所有的标书图、国际标施工图,除按正常的程序完成内部校审外,还要由咨询专家审查把关。

(3)对于设计变更采取慎重态度并执行严格的管理程序。对于方案性的重大设计变更,由原设计主管部门即水利部水规总院审批;对于一般设计变更,由小浪底建管局总工程师负责决策;对于小的设计变更则由现场设计人员和现场监理工程师共同研究决定。设计分院对设计变更的校审、批准、会签建立严格的制度。凡现场发生的技术问题,现场设计人员及时向主管项目副设总报告,其中重大技术问题由主管项目副设总及时向设计分院院长(项目设总)报告,由院长主持讨论决策。

(4)注意质量信息反馈,及时收集和听取来自业主、监理工程师、施工单位、咨询专家和上级领导对设计产品质量的信息。

三、主要设计变更

施工图设计阶段主要设计变更包括进口高边坡、出口边坡和消力塘、地下厂房支护形式、进口引水导墙等4项,均经水利部水规总院审查;水利部分别以水规设字〔1995〕002号、水规设字〔1995〕028号进行批复,并由国家计委计建设〔1997〕1332号文予以确认。

(一)进口高边坡支护形式修改

进口高边坡250米高程以上在开挖过程中发现:1号桥台部位250~265米高程T_1^4岩层内存在宽约40米的层间剪切破碎带;边坡南部局部岩体滑塌;边坡北侧(桩号0-029~0-093)265米高程以上、F_{241}断层以外局部岩体张裂滑塌导致钢纤维喷混凝土开裂;2号明流洞轴线附近265米高程马道沿北北东(NNE)向结构面滑塌约20米。支护形式做如下修改:

(1)250米高程以上。系统砂浆锚杆:除已安装的系统砂浆锚杆外,其余系统砂浆锚杆直径由22毫米改为32毫米,长度由5米、7米改为8米、10米。

预应力锚索:将原设计在252米高程布置1排800千牛级预应力锚索改为南山头边坡共布置各种吨位锚索77根,总计锚固力79 200千牛;北山头边坡共布置各种吨位锚索92根,总计锚固力101 100千牛。

(2)250米高程以下。系统砂浆锚杆:由直径22毫米(长为5米、7米相间布置)修改为直径32毫米(长为10米、12米相间布置),间距为3米×3米。

预应力锚索:原设计250米高程以下800千牛、1 000千牛级锚索共171根,300千牛级锚索1 522根,总锚固力60.72万千牛、1 037.25万千牛米。修改为250~230米高程间1 000千牛级全长黏结式锚索共142根,230米高程以下1 000千牛级锚索共164根,2 000千牛级锚索共108根,均为双重防腐保护锚索。总锚固力52.2万千牛、1 735.0万千牛米。

用大吨位锚索代替小吨位锚索,使锚索根数减少1 279根,锚索钻孔进尺减少 10 885 米。

(二)出口边坡支护形式修改

出口边坡开挖后揭露出:2 号和 3 号明流洞挑流鼻坎之间 F_{244}、F_{245}、F_{236}、F_{238} 等共 6 条较大规模的断层汇集,形成宽 70~80 米的断层破碎带;1993 年 8 月,桩号 1+087.0、高程 176 米的临时边坡沿 F_{236} 断层发生局部滑塌;补充勘探和开挖揭露出 T_1^6 岩层内泥化夹层发育。支护形式做如下修改:

(1)增加排水洞。在坡内约 114 米高程布置 1 条断面为 2.1 米×2.8 米、长 888.5 米的排水洞,洞内向上、向下、向上游 3 个方向打排水孔。

(2)增加预应力锚索。原设计边坡各区锚索数量为Ⅰ区 2 000 千牛级 123 根、Ⅱ区 3 000 千牛级 119 根、Ⅲ区 2 000 千牛级 64 根。调整后,在Ⅱ区边坡 144 米高程以上的起立坡增加 2 000 千牛级随机锚索 41 根。

(3)增加抗滑桩。1996 年 10 月,在 3 号排沙洞出口开挖平台上增设 5 根断面为 2.0 米×5.5 米、间距 6 米的钢筋混凝土抗滑桩,桩底高程 100 米,桩顶与混凝土护面联成整体。

(三)组合消力塘设计变更

招标设计阶段消力塘四周布设一道封闭的防渗灌浆帷幕和排水系统。施工图阶段河道下游水位抬高,消力塘西侧、北侧、南侧坡下面增设了 115 米高程排水隧洞,并取消了消力塘四周的防渗帷幕,使得影响消力塘结构设计的地下水位条件发生变化。

消力塘部位开挖揭露:F_{244-1}、F_{244-2}、F_{245}、F_{236} 及 F_{238} 断层分布在消力塘建筑物的基础部位,造成这些部位的岩石力学指标降低,影响建筑物的安全。地质条件变化的另一现象是 F_{236}、F_{238} 和 F_{244-1} 断层走向在北侧坡面上发生转折,岩层倾向发生突变,层面倾角变陡,迫使重新进行设计。

(1)中隔墙设计变更。1996 年 10 月,根据消力塘 2 号隔墙稳定复核计算,将 2 号中隔墙基础向 3 号消力塘侧外伸 5 米;将 2 号中隔墙靠消力塘上游(西侧)边坡处的墙体加高、加宽。

(2)消力塘尾堰设计变更。在尾堰内 120.0 米高程增设排水廊道,打斜向排水孔形成排水幕,同时调整二级池底板分缝,在缝间增设跨缝拉筋,并延长二级池止水;3 号消力塘用混凝土塞对断层进行处理;尾堰基础面由 105.3 米降低到 103.18 米高程,并形成整体排水系统。

(3)消力塘北侧边坡工程处理。边坡开挖揭露 F_{236}、F_{238}、F_{244-1} 断层在坡面上向北转折,再转向东,岩层形状发生较大变化,岩层层面倾向塘内,出现边坡稳定问题。增加 22 根 2 000 千牛级锚索,并对局部坡面进行挖槽处理。

(四)地下厂房支护形式修改

主厂房、主变压器室、尾水闸门室 3 洞室平行布置,厂房轴线方向为 NW350°。3 洞室均采用喷锚支护作为永久支护,并按Ⅲ类围岩进行支护设计。

施工图阶段根据地下厂房施工导洞和 1 号通风竖井开挖所揭露的地质情况及补充勘探提供的地质资料,发现 T_1^4 岩层中有多层泥化夹层存在,其中顶拱以上有 5 层泥化夹层,拱座附近有 2 层连续分布的夹泥层,范围达 100 多米;施工开挖期间,发现厂房边墙高程 145 米左右有厚 30 厘米连续分布的软岩。不良的地质条件,影响厂房顶拱和边墙的稳定,需加强支护措施。

经综合分析和方案比较,厂房顶拱增加 325 根 1 500 千牛级锚索,长 25 米,间排距 4.5~6.0 米;边墙增加 100 根 500 千牛级预应力锚杆,长 15 米,间排距 2.0~4.5 米。

预应力锚索和张拉锚杆支护方案与砂浆锚杆支护方案相比,在提高围岩整体稳定性、减少位移量、缩小松动区范围、减小围岩中受拉区范围和拉应力等方面,效果比较显著,围岩稳定安全系数提高 8% 达 2.56,最大开洞位移减少 16%,顶拱松弛厚度由 3.85 米减为 1.05 米,吊车梁处松弛厚度由 3.33 米减为 1.75 米。

(五)进口引水导墙变更

设计选定进口导墙顶部高程为 250 米,平面上呈弧形布置,前坡由直立向南渐变为 1:0.2 的重力式混凝土导墙,导墙总长 230 米。模型试验表明,若主流靠岸点在导墙弧线突出部位或在其南侧,将出现挑流现象,会造成进水塔前淤积,故设计调整了导墙轴线,并将导墙前坡由直立渐变为 1:1.5 的斜坡,顶部仍为 250 米高程,总长 232 米,同时将其南端的山坡修整成 1:1.5 的岩坡。

第十一节 主要设计内容

小浪底水利枢纽为Ⅰ等大(1)型工程,主要建筑物为 1 级建筑物,按千年一遇洪水设计,万年一遇洪水校核,导流标准按百年一遇洪水。枢纽主要设计内容包括枢纽总体布置、大坝设计、进水塔群和进出口高边坡设计、泄水建筑物设计、发电建筑物设计、机电设计、金属结构设计等。

一、枢纽总体布置

黄委会设计院经过长期研究,综合小浪底工程挡水、泄洪排沙、引水发电及灌溉供水等建筑物型式的选择和设计条件,并根据地形地质条件和水库运用要求,将泄洪排沙、引水发电建筑物集中布置在不到 1 平方千米的范围内,形成布置密集、空间交叉重叠的洞室群。

小浪底水利枢纽建筑物总体布置的特点如下:

(1)带内铺盖的斜心墙堆石大坝坐落在深厚覆盖层上。

(2)所有泄洪(排沙)、引水发电和左岸灌溉建筑物集中布置在相对单薄的左岸山体内。

(3)采用以具有深式进水口的隧洞群泄洪为主的方案,9 条泄洪洞总泄流能力 13 563 立方米每秒,占总泄流能力的 78%,其中 3 条泄洪洞为由导流洞改建的多级孔板消能泄洪洞。

(4)16 条泄洪排沙、发电及引水建筑物的进水口错落有致地集中布置在"一"字形排列的 10 座进水塔内,形成低位泄洪排沙、中间引水发电、高位泄洪排漂排污的格局;9 条泄洪洞和 1 座陡槽式溢洪道采用出口集中消能的方式。

(5)采用以地下厂房为核心、典型 3 洞室布置的引水发电系统。

小浪底水利枢纽建筑物总体平面布置见图 3-11-1,小浪底水利枢纽工程特性见表 3-11-1。

这样的布置,满足下泄设计洪水及校核洪水的要求,并留有约 3 000 立方米每秒的泄流能力作为安全裕度。采用进水口集中布置的方式,并设顶高程为 250 米的进口导墙,保持进口冲刷漏斗,辅以加大闸门启闭机容量、设置高压水枪及进口泥沙淤积监测等措施保证进水口不被泥沙堵死。设置的高位明流洞可兼排漂排污。采用导流洞改建的多级孔板消能泄洪洞进行洞内消能,解决了枢纽总布置的困难,也为解决高速水流冲刷问题创出了一条新方法。压力式排沙洞布置在引水发电进口下 15~20 米,大大减少过机沙量;采用新型抗磨水轮机及其他防护和维修措施,保证水电站汛期正常发电。排沙洞采

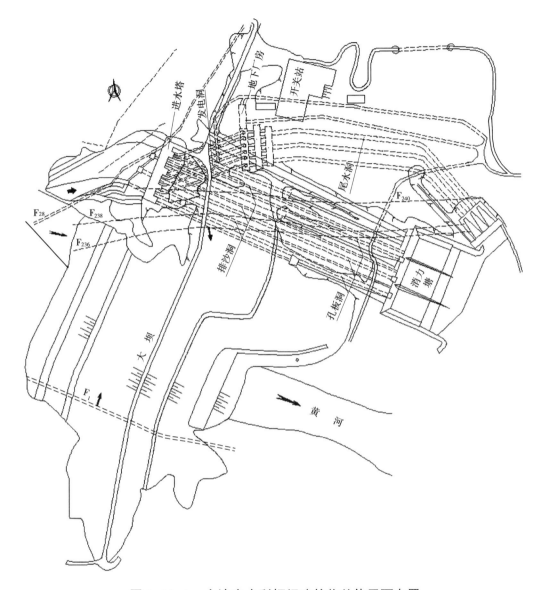

图 3-11-1 小浪底水利枢纽建筑物总体平面布置

用双圈缠绕的后张无黏结预应力混凝土衬砌结构,可防止高压水向单薄山体渗透,保证左岸单薄山体的稳定和安全。此外,孔板洞和明流洞的高流速段采用C70 高强硅粉混凝土衬砌,1 号明流洞和溢洪道泄槽采用掺气减蚀措施,出口采用大型水垫塘消能。

表 3-11-1　小浪底水利枢纽工程特性

类别	项目	特性及尺寸
基岩	基岩	二叠三叠纪砂岩、粉砂岩、黏土岩
地震	场地地震烈度/设计地震烈度	7/8
水文特性	坝址以上流域面积（平方千米）	694 155
	多年平均降水量（毫米）	635
	多年平均流量（立方米每秒）	1 342
	实测多年平均年径流量（亿立方米）	423.2（1919—1980 年）
	千年一遇设计洪峰流量（立方米每秒）	40 000
	万年一遇设计洪峰流量（立方米每秒）	52 300
泥沙特性	实测多年平均年输沙量（亿吨）	13.51
	实测瞬时最大含沙量（千克每立方米）	941
	设计水平入库年平均输沙量（亿吨）	12.75
水库特性	调节性能	不完全年调节
	总库容（亿立方米）	126.5
	防洪库容（亿立方米）	40.5
	调水调沙库容（亿立方米）	10.5
	淤沙库容（亿立方米）	75.5
	设计洪水位（米）	274.00
	校核洪水位（米）	275.00
	正常高水位（米）	275.00
	正常死水位（米）	230.00
	淹没耕地（万公顷）	1.23
	迁移人口（万人）	18.8
泄流量	正常蓄水位时最大泄流能力（立方米每秒）	17 559
	设计洪水位时最大泄流量（立方米每秒）	13 480
	校核洪水位时最大泄流量（立方米每秒）	13 990

续表 3-11-1

类别	项目	特性及尺寸
主要 工程量	土石方明挖(万立方米)	3 625
	石方洞挖(万立方米)	280
	土石方填筑(万立方米)	5 574
	混凝土及钢筋混凝土(万立方米)	337
	金属结构安装(万吨)	3.26
	机电设备安装(万吨)	3.09
	帷幕(固结)灌浆(万米)	21.2(34.7)
	回填(接缝)灌浆(万米)	24.74
主要 材料	水泥(万吨)	128.5
	钢筋(万吨)	13.5
	钢材(万吨)	3.04
	木材(万立方米)	5.5
	炸药(万吨)	2.59
施工 时间	主体工程开工时间	1994 年 9 月 12 日
	下闸蓄水时间	1999 年 10 月 25 日
	主体工程完工时间	2001 年 12 月 31 日
综合 效益	防洪	下游防洪标准由 60 年一遇提高到 近千年一遇
	防凌	基本解除凌汛灾害
	减淤	减少下游大堤 2~3 次加高
	供水、灌溉	多年平均增加调节水量 17.9 亿立方米
	发电	多年平均发电量 45.99 亿千瓦时(前 10 年)
		多年平均发电量 58.51 亿千瓦时(10 年后)
主坝	坝型	壤土斜心墙堆石坝
	坝顶高程(米)	281.00
	最大坝高(米)	160
	坝顶长度(米)	1 667.0
	最大坝底宽度(米)	864.0
	坝顶宽度(米)	15.00
	上游边坡/下游边坡	1:2.6~1:3.5/1:1.75
	坝体方量(万立方米)	5 185
	河床段坝基防渗/两岸防渗	混凝土防渗墙厚 1.2 米、最大深 80 米/帷幕灌浆

续表 3-11-1

类别	项目	特性及尺寸
副坝	坝型	壤土心墙堆石坝
	坝顶高程(米)	281.00
	坝高(米)	47
	坝顶长度(米)	191.20
	坝顶宽度(米)	15.00
	坝基防渗	帷幕灌浆
	上游边坡/下游边坡	1:2.5/1:2.5
西沟坝	坝型	壤土心墙堆石坝
	坝顶高程(米)	225.00
	坝高(米)	39
	坝顶长度(米)	170.0
	坝顶宽度(米)	5.00
	坝基防渗	帷幕灌浆
	上游边坡/下游边坡	1:3/1:2.5
进水塔	型式	塔形深式进水口
	布置	"一"字形集中布置
	塔群尺寸(前沿长度×宽×高,米)	276.4×(52.8~70)×113.0
孔板洞	型式	三级孔板消能
	条数	3
	断面尺寸(米)	$D=14.50$
	长度(米)	1 134.00(1#),1 121.00(2#),1 121.00(3#)
	进口底坎高程(米)	175.00
	最大水头(米)	139.8(1#),130.3(2#),130.3(3#)
	最大泄量(立方米每秒)	1 727(1#),1 654(2#),1 654(3#)
明流洞	条数/断面尺寸(宽×高,米)	3/10.50×13.00(1#),10.00×12.00(2#), 10.00×11.50(3#)
	长度(米)	1 093.00(1#),1 079.00(2#),1 077.00(3#)
	进口底坎高程(米)	195.00(1#),209.00(2#),225.00(3#)
	最大水头(米)	80.0(1#),66.0(2#),50.0(3#)
	最大泄量(立方米每秒)	2 680(1#),1 973(2#),1 796(3#)

续表 3-11-1

类别	项目	特性及尺寸
排沙洞	型式	后张式预应力钢筋混凝土衬砌压力洞
	条数	3
	断面尺寸（米）	$D=6.50$
	长度（米）	1 105.0(1#)，1 105.0(2#)，1 105.0(3#)
	进口底坎高程（米）	175.00
	最大水头（米）	122.3
	最大泄量（立方米每秒）	675（控泄 500）
灌溉洞	型式/数量	压力洞/1
	断面尺寸（米）/洞长（米）	$D=3.50$ / 870.00
	进口底坎高程（米）/引用流量（立方米每秒）	223.00/30
消力塘	型式	钢筋混凝土二级消力塘
	一级消力塘（长×宽×深，米）	（140~160）×319×28
	二级消力塘（长×宽×深，米）	35×354×15
	护坦（长×宽×深，米）	82×360×10
正常溢洪道	型式	陡坡式
	堰顶高程（米）	258.00
	净宽（米）	3×11.50
	最大泄量（立方米每秒）	4 050
发电引水洞	型式	帷幕前压力隧洞，帷幕后压力钢管
	条数	6
	断面尺寸（米）	$D=7.80$
	长度（米）	423.79(1#)，408.01(2#)，385.37(3#)，369.41(4#)，340.24(5#)，324.27(6#)
	进口底坎高程（米）	195.00(1#~4#)，190.00(5#、6#)
	引用流量（立方米每秒）	6×296
厂房	型式	地下厂房
	尺寸（长×宽×高，米）	251.50×26.20×61.44
	装机容量（兆瓦）	6×300
	保证出力（兆瓦）	283.9
	年利用小时数（小时）	2 560
	最大水头（米）	141.67
	最小水头（米）	67.91
	设计水头（米）	112
	水轮机层安装高程（米）	129.00
	发电机层安装高程（米）	144.50

续表 3-11-1

类别	项目	特性及尺寸
尾水洞	型式	明流
	条数	3
	断面尺寸(宽×高,米)	12×19
	洞长(1#、3#、5#)(米)	805、856、906
开关站	型式	地面式
	尺寸(长×宽,米)	228.5×153(平均值)
	高程(米)	230

二、主要建筑物设计

(一)大坝设计

根据坝址区的地形地质条件、土石资源和施工总进度安排,经过多方案比较,小浪底工程大坝设计方案最终采用带内铺盖的壤土斜心墙堆石坝方案,并将截流戗堤、枯水围堰、拦洪围堰和主坝形成一个有机的整体。坝顶高程281米,设计坝高154米,实际坝高160米,坝顶长1 667米,坝顶宽15米,总体积5 073万立方米。坐落在河床深覆盖层上的大坝长度达400多米,斜心墙下设厚1.2米的混凝土防渗墙,防渗墙向下截断深厚覆盖层嵌入基岩1~2米,向上插入心墙12米,形成主防渗线(防渗墙轴线地质钻探见图3-11-2)。厚6米的人工掺砾土内铺盖连接壤土斜心墙和拦洪围堰壤土斜墙,随着水库淤积的发展将形成天然铺盖作为大坝的辅助防渗。大坝采用分区设计,尽可能多地利用枢纽建筑物的开挖料填筑坝体。将左岸单薄山体视为大坝的延伸进行防渗、排水和填沟压戗稳定处理。根据世界银行专家的建议,校核了大坝在8度地震及发生震中距10千米、6.25级水库诱发地震工况下的动力稳定。对于横穿坝下的顺河向F_1大断层,采用混凝土板封闭、固结灌浆、5排加强帷幕灌浆,在过渡料和堆石体底面设置反滤保护等措施。在大坝的设计中还采用了一系列先进的施工工艺,诸如GIN(灌浆强度值灌浆法)帷幕灌浆技术、龙口段高压旋喷灌浆防渗技术、混凝土防渗墙槽口段平接技术,左岸坝脚采用旋喷灌浆桩加固技术等。大坝设置了渗压计、沉降仪、测斜管、土压力计等共487支原型观测仪器和大量的位移测点,关键的原型观测仪器用测量控制单元和计算机联网,进行数据的自动传输和处理分析。小浪底工程大坝典型剖面见图3-11-3。

图 3-11-2　小浪底主坝防渗墙轴线地质钻探

(二) 进水塔群和进出口高边坡设计

1. 进水塔群

为了防止进水口泥沙淤堵,采用集中布置枢纽进水口的方式,9 条泄洪洞和 6 条引水发电洞及 1 条灌溉洞共 16 条洞的进口布置在位于左岸风雨沟内"一"字形排列的 10 座进水塔内,形成前缘宽度 276.4 米、高 113 米、总混凝土方量约 100 万立方米的进水塔群。其中 3 条由导流洞改建的多级孔板消能泄洪洞的进口底板高程为 175 米,分别布置在 3 座进水塔内,以利于泄洪排沙,保持进口冲刷漏斗。3 条排沙洞的进口底板高程 175 米,位于引水发电洞口下方15 米(5 号和 6 号机组)和 20 米(1~4 号机组),1 个排沙洞与 2 个发电洞进水口布置在 1 个进水塔内,3 条排沙洞的进口分别布置在 3 座进水塔内,以利于减少过机沙量。3 条明流洞分别布置在 3 座进水塔内,进口高程分别为 195 米、209 米和 225 米,发挥其泄流能力大的特点,在系统中担任泄洪和排漂排污任务。1 条灌溉洞的进口底板高程 223 米,单独设置 1 座进水塔,承担向北岸供水的任务。塔群与进口开挖高边坡之间回填堆石至 230 米高程,进口高边坡的排水系统插入堆石体中,形成通畅的排水通道,保证水位骤降时高边坡的稳定。小浪底工程进水塔群上游立视图见图 3-11-4。

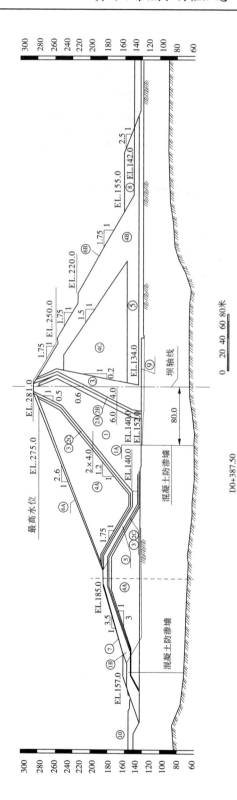

图 3-11-3　小浪底工程大坝典型剖面

① ⑪黏土；⑪高塑性黏土；②下游第一层反滤；②下游第二层反滤；②反滤；③过滤料；④④④堆石；
⑤掺和料；⑥⑥护坡块石；⑦堆石护坡；⑧石渣；⑨回填砂卵石；⑩上游铺盖

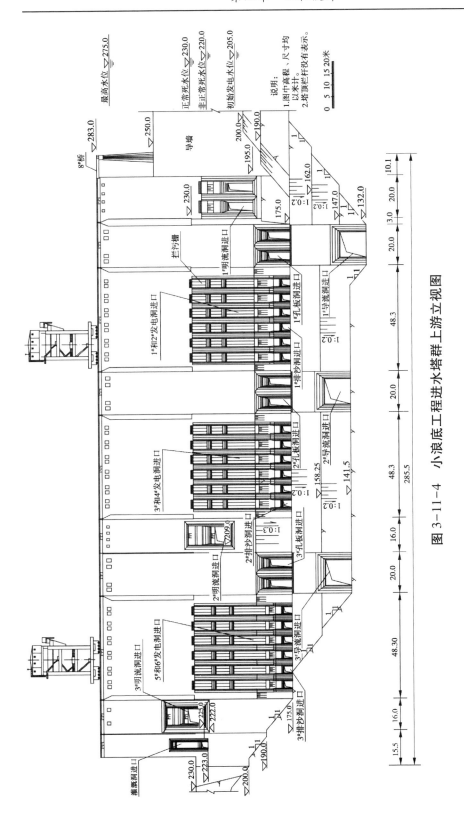

图 3-11-4 小浪底工程进水塔群上游立视图

进水塔群各孔口布置高程符合流速和含沙量沿垂线分布的特性。根据模型试验观测资料,坝前无异重流时,在表层 10~15 米水深以下和底层 10~15 米水深以上的水流区域内含沙量分布比较均匀,在表层水深 10~15 米内含沙量增大,在底层水深 10~15 米内含沙量急剧增大。因此,在排沙洞和孔板泄洪洞进水口底坎高程为 175 米条件下,发电洞进水口底坎高程布置在 190 米以上;明流泄洪洞进水口底坎高程分别为 195 米、209 米、225 米,以适应水库主汛期调水调沙运用平均水位 245 米的运用条件。

在进水塔群为侧向进水的条件下,各进水口的基本运用原则为先左后右,在进水塔群前形成一个逆时针向大回流的水流流态,对泄水孔口防淤堵和电站防沙有利。如果底孔关闭,孔洞前淤积,而且随着关闭时间延长可能淤得很高。但黄河泥沙颗粒较细,易淤也易冲,据模型试验资料,在控制底孔前淤积面高程不高于 190 米时,开启底孔后立即泄流;底孔前淤积面高程在 195 米时,开启底孔后有短时间(少于 4 小时)淤堵,但能较快冲开泄流。

2. 进出口高边坡

进口高边坡因岩石开挖而形成,平均坡度为 1:0.3,高 120 米,在进口处布置有与进水塔相连的 15 条隧洞。高边坡的稳定与进水塔的安全运用密切相关,不仅要保证施工期的高边坡稳定,还要保证在正常运用情况下,如地震、水位骤降等情况下的高边坡稳定。高边坡采用以喷锚支护为主要手段的加固处理措施,对于 250 米高程以上卸荷裂隙发育及挤压破碎带的岩坡施加了钢筋混凝土面板。在进口边坡加固处理中大规模采用了 1 000 千牛级和 2 000 千牛级双层保护的预应力锚索与喷钢纤维混凝土技术。在进水塔与边坡相接的表面敷设了厚 10 厘米的软垫层,以避免高边坡变形对进水塔产生不利影响。在高边坡上设置暗排水系统,确保边坡稳定。

出口高边坡高 50~80 米,高边坡上布置 9 条泄洪洞出口和 1 座正常溢洪道出口,10 座泄洪建筑物的最大泄流能力 17 000 立方米每秒。出口高边坡需要保证其施工期的稳定,主要加固措施有排水、挂网喷混凝土、系统砂浆锚杆、预应力锚索、抗滑桩等。

(三)泄水建筑物设计

按工程规划对枢纽的运用要求,枢纽总泄洪能力不小于 17 000 立方米每秒,非常死水位 220 米时的泄流能力不小于 7 000 立方米每秒,据此形成小浪底以洞群泄洪为主,且进口集中、洞线集中、出口消能集中布置的明显特点。小浪底泄洪方式的选择是枢纽布置的核心。经过大量方案的论证比选,设计采用 3 条直径为 6.5 米的压力式排沙洞、3 条断面为(10~10.5 米)×(11.5~13 米)的明流泄洪洞、3 条前压后明式多级孔板消能泄洪洞和表面陡槽式溢洪道等 10 个泄洪排沙建筑物。万年一遇校核洪水最大泄量 13 990 立方米每秒,隧洞总泄洪能力 13 480 立方米每秒,枢纽总泄流能力 17 327 立方米每秒,留有一定的安全裕量。

1. 孔板消能泄洪洞

按施工期百年一遇洪水导流标准,设计围堰高程 185 米,采用 3 条直径 14.5 米隧洞导流。1 号导流洞贴近河床布置,进口底坎高程 132 米,2 号和 3 号导流洞进口底坎高程 141.5 米。3 条导流洞在左岸单薄山体中占据了很大空间,如完成导流任务后废弃不用,则将给以隧洞群泄洪为主要特点的枢纽建筑物总体布置带来巨大的难度。小浪底泄洪方式选择的核心就是如何将这 3 条大直径的临时导流洞有效地利用起来,改建为永久泄洪设施。经过大量的科学试验论证,开创性地将 3 条导流洞分两期改建为永久的多级孔板消能泄洪洞。孔板洞纵剖面见图 3-11-5。

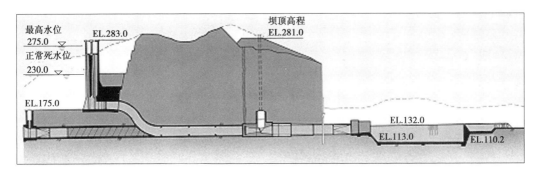

图 3-11-5 孔板洞纵剖面

导流洞进口封堵后,在 175 米高程平台建进水塔,通过"龙抬头"弧段将进水口和原导流洞连接起来,在"龙抬头"后加设直径分别为 10 米、10.5 米和 10.5 米的 3 级孔板环,孔板环的间距为 3 倍洞径,在左岸山体排水幕线附近建中间工作闸门室。通过孔板环对水流的突然收缩和突然放大,在孔板后形成环状剪切涡流在洞内进行消能。3 级孔板共可消杀 50 多米水头,消能后的水流通过闸孔射流形成壅水明流流态入下游消力塘。3 条导流洞改建后的孔板泄洪洞总泄流能力为 4 825 立方米每秒,控制洞内最大流速(闸室出口)不超过 35 米每秒。

2.排沙洞

为了保持进水口冲刷漏斗、减少过机沙量和调节径流,泄洪设施中有 3 条低位排沙洞,分别布置在发电引水洞口的下方 15 米(5 号和 6 号机组)和 20 米(1~4 号机组),即 175 米高程(见图 3-11-4)。每条排沙洞有 6 个进口,分别与 2 条发电洞的 6 个进口相对应,在进水塔内合并后,由 2 个事故闸门控制,然后再合并成直径 6.5 米的压力式隧洞进入山体。在隧洞出口设可以局部开启的偏心铰弧形工作闸门。3 条排沙洞设计水头 122 米,单洞设计最大泄流能力 675 立方米每秒,在一般运用情况下,控制泄量不超过 500 立方米每秒,洞内最大流速 15 米每秒,以减少高速含沙水流对流道的磨蚀。排沙洞纵剖面见图 3-11-6。

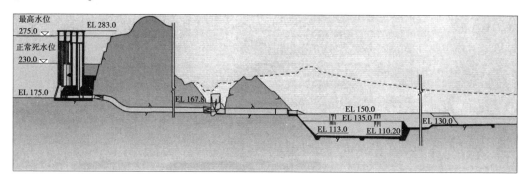

图 3-11-6　排沙洞纵剖面

高水头压力隧洞布置在左岸单薄山体内,为避免高压水外渗影响左岸山体的稳定,对 3 条压力隧洞进行衬砌防护。在防渗帷幕前的压力洞段,采用普通 C40 钢筋混凝土衬砌;在防渗帷幕后 3 条共长 2 000 米的洞段,选择从意大利引进的有黏结后张预应力混凝土衬砌结构,并作为设计推荐方案写入招标文件。承包商在投标文件中提出用无黏结预应力混凝土衬砌方案替代原设计方案,并在现场做了 1:1 的模型试验对比,在业主的主持下采纳了承包商的替代方案,由工程设计单位黄委会设计院承担变更设计,通过计算分析对承包商的方案进行优化布置,并编制了施工技术规范。

3.明流泄洪洞

枢纽设有 3 条进口底板高程分别为 195 米、209 米和 225 米,断面分别为

10.5 米×13 米、10 米×12 米和 10 米×11.5 米的城门洞形明流泄洪洞。3 条明流泄洪洞分别与 3 个独立的进水塔相连,塔内设检修闸门、事故闸门和弧形工作闸门,出口挑射入消力塘。1 号明流洞设计水头 80 米,最大流速达 35 米每秒,在泄水流道上设有 4 级掺气坎用以掺气减蚀。在 3 条隧洞的高流速段采用 C70 高强硅粉混凝土抗磨,3 条明流洞泄流能力分别为 2 680 立方米每秒、1 973 立方米每秒和 1 796 立方米每秒。

明流泄洪洞具有结构简单、泄洪能力大的特点,采用高位布置可以减小金属结构的设计荷载,除下泄洪水外,还可兼顾排泄洪水期的漂浮物,对左岸单薄山体的稳定也不致造成不利的影响。

4. 溢洪道

枢纽设置正常溢洪道和非常溢洪道各 1 条。正常溢洪道进口为宽顶堰开敞式布置,堰顶高程 258 米,闸室共 3 孔,每孔净宽 11.5 米,采用弧形工作闸门控制,闸门尺寸为 11.5 米×17.5 米,最大泄流能力为 4 050 立方米每秒。

非常溢洪道为自爆溢流式,堰顶高程 267 米、底宽 100 米、边坡 1:0.8。心墙堆石坝挡水,坝顶高程 280 米,泄水前将坝体爆一缺口,泄水入南沟,泄流能力为 3 000 立方米每秒。根据小浪底工程运行情况,黄委会设计院认为非常溢洪道在近 20 年内没有建设必要,提出暂不建设非常溢洪道的建议。主要理由有:第一,小浪底水利枢纽的总泄流能力有约 25% 的安全裕度;第二,枢纽泄洪建筑物不存在影响正常运用的重大隐患;第三,水库近 20 多年的拦沙运用期有较大的防洪库容;第四,在非常情况下尚可采取电站机组过水、按洪水预报提前腾空一部分库容、抬高运用水位等非常措施;第五,即使遇大洪水,也不会因未设置非常溢洪道而危及大坝安全。经水利部水规总院审查后,水利部以水总〔2005〕106 号文批复,同意非常溢洪道暂缓建设。

5. 消力塘

枢纽 9 条泄洪洞和正常溢洪道采用出口集中消能的布置方式,将施工导流洪水及正常运用期下泄洪水的消能有机地结合起来。鉴于小浪底泄水建筑物出口的地层为岩性较软弱的黏土岩,岩层倾向下游,两条断层在出口区交会,且分支断层十分发育,如果对近 14 000 立方米每秒的下泄水流不加控制,会危及出口建筑物的安全。为此设计了钢筋混凝土衬护的大型水垫塘消能。这 10 个泄水建筑物除 1 号孔板洞出水口底坎低于下游水位呈面流消能外,其余均挑射入水垫塘消能。根据单体和整体水力学模型试验,并优化泄水建筑物出口挑坎的角度及体型后,采用两级消能方式。一级消力塘底宽 319 米,由 2 道中隔墙分成 3 个独立的消力塘,以便于检修。1 号和 2 号消力塘长均为 145 米;3 号消力塘由于接纳挑射距离和能量均较大的 3 号明流洞及溢洪道下泄的水流,消力塘长 165 米,塘底高程 110 米,导墙高 28 米。一级消力塘直立尾坎顶高程 135米。二级消力塘长 45 米,塘底高程 125 米,水流经两级消能后再经护坦流入泄水渠归至下游河道。在 1 号消力塘末端设置防冲钢筋石笼,在泄水渠右岸护坡末端设置控导工程,在泄水渠对岸东苗家滑坡体处采取了加固处理措施。

建筑物全部为钢筋混凝土结构,混凝土底板厚 2 米,用锚筋和基岩相连,以抵抗检修时的底板扬压力。消力塘底部设排水廊道及排水系统,周边 115 米高程设排水廊道,可控制消力塘区地下水位。

(四) 发电建筑物设计

小浪底水电站装设 6 台 30 万千瓦混流式水轮发电机组,设计水头 112 米,单机额定流量 296 立方米每秒。在轮廓设计和初步设计中曾分别推荐引水式地面厂房和半地下式厂房方案,在初步设计优化中推荐采用地下厂房引水式布置方案。

地下厂房跨度 26.20 米,长 251.20 米,最大开挖深度 61.44 米,主要围岩为沉积砂岩。主厂房通过母线洞与主变压器室相连,主变压器室开挖跨度 15.7米、高 17.8 米,主厂房与主变压器室间围岩厚 32 米。根据有限元及模拟开挖支护的地质力学模型试验成果,并通过工程类比,地下厂房采用了包括顶拱在内的喷锚柔性支护作为永久支护和岩壁吊车梁方案。鉴于主厂房跨度大,顶拱围岩存在有连续的泥化夹层,在顶拱部位除设置长 8 米或 6 米、间距 3 米、相间布置的系统张拉锚杆及厚 20 厘米的挂网喷混凝土外,以排距 6 米、间距 4.5 米布设了 324 根 1 500 千牛、长 25 米的双层保护预应力锚索。61 米高的开挖直立边墙采用长 10 米或 8 米、间距 3 米、相间布置的系统张拉锚杆和 20 厘米厚喷混凝土,在泥化夹层部位设两排长 12 米、500 千牛的预应力锚杆。变压器室和尾水闸门室也分别采用喷锚柔性支护作为永久支护。地下厂房纵剖面见图 3-11-7。

地下厂房采用了岩壁吊车梁技术。岩壁吊车梁是一种特殊的结构形式,利用长锚杆将钢筋混凝土梁锚固在岩壁上,吊车荷载由锚固在岩壁斜面上的梁承担。由于取消了吊车柱,厂房跨度减少约3米,吊车可以先期投入使用,加快了机组安装进度,减少了石方开挖,提高了围岩支护强度,又节省了混凝土和钢材用量,显著降低了工程费用。岩壁吊车梁的设计荷载 1 000 吨,经实际超静载25%及超动载 10%的试验,证明工作状态良好。

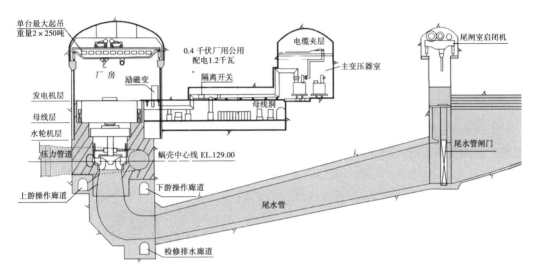

图 3-11-7　地下厂房纵剖面

地下厂房的发电机层和安装间通过进厂交通洞与外部相连,主变压器室顶部有两条母线廊道,通过高压电缆将 220 千伏的高压电送至高程 230.0 米的地面开关站。在地下厂房的周围分别布置有高程 117 米和 163 米的 30 号和 28 号环形排水廊道,用于降低厂房周围的地下水位。在地下厂房设计有通过尾水洞自然进风、厂房顶竖井强迫抽排的通风系统。

三、机电设计

(一) 水轮机

小浪底电站处于黄河多泥沙河段,径流多年平均含沙量与三门峡电站相当,达 37.1 千克每立方米。虽然工程建成后,依靠水库的调节作用可有效降低过机水流的泥沙含量,但进入水库正常运用期后,水库中的泥沙冲淤达到相对平衡,汛期过机水流泥沙含量依然会很高。黄河三门峡、刘家峡等电站机组的运行实践表明,黄河泥沙对机组运行造成的破坏十分严重,对电站运行的安全性与经济性有重要影响。小浪底电站同时存在高水头、多泥沙、水头变幅大等多重技术难题,工程建设阶段,各级领导与技术主管部门对此给予足够的重视,组织了不同形式的专题研究、论证、攻关等工作,取得丰硕成果,并成功运用于工程实际当中。

1. 机组参数

水轮机参数水平的高低直接关系到电站投资及综合效益。因小浪底电站具有过机水流泥沙含量高和水头变化幅度大的双重技术难题,而机组磨损与相对流速的3次方成正比,适当降低机组参数,有利于降低流道内的相对流速和过流部件的磨损、增加汛期发电的安全性、延长机组大修周期。

经多年的研究论证认为,小浪底电站水轮机合理的转速范围为107.1~115.4转每分钟,最终采用107.1转每分钟的机组同步转速方案,这样的机组参数水平较同水头清水条件下低15%~30%。

2. 水力设计优化

(1)小浪底水轮机过流部件中,转轮叶片出口及下环内表面相对流速最高,该处的磨损也最严重。经过大量深入的研究分析,对转轮出口最大相对流速做出不大于38米每秒的限制。

(2)为准确模拟真机实际流态,优化过流部件设计,采用准三元理论进行计算机模拟。

(3)为保证机组过流部件不产生气蚀破坏,要求水力设计上满足在额定工况下,电站装置气蚀系数不小于1.7倍的模型临界气蚀系数;在整个水头变化范围和水轮机各水头对应的最大预想出力的80%~100%范围内,装置气蚀系数大于初生气蚀系数。

(4)选定的水轮机最优水头为110米,此水头接近正常运用期内电站汛期运行加权平均水头。既考虑了汛期高含沙量的恶劣工作条件,又兼顾了电站大水头变幅的实际情况。

(5)为适应大水头变幅的运行需要,最大限度地减小叶片气蚀、叶片进口边脱流和叶片流道内的二次流,还重点进行了叶型优化设计。叶片头部厚度较常规设计加厚,使得水轮机的无脱流运行范围加大。

3. 结构措施

(1)为有效降低导水机构区域内的水流速度,减轻导水机构的磨蚀破坏,采取了适当增加导叶高度、加大导叶分布圆直径等措施。导叶高度由正常的1.38

米增加到 1.50 米,导叶与转轮的磨损强度减小 3%~5%;导叶分布圆直径由正常的 7.076 米增加至 7.24 米,导叶尾部相对流速减小约 1 米每秒,相对磨损强度减小约 9%。

(2)优化转轮结构尺寸,控制流道内最高相对流速,转轮出口最大相对流速控制在 35 米每秒以内,有效减轻磨蚀损害。

(3)设置筒形阀。在水轮机座环与活动导叶之间设置筒形阀,防止停机状态下导叶上、下端面及立面间隙承受全水头而产生严重的间隙气蚀破坏,同时兼有事故阀的作用。筒形阀采用 5 个直缸接力器进行操作,以液压电动机实现同步。水轮机检修时,可利用筒形阀将顶盖提升到一定高度,实现在机坑内进行易磨损部件的检修或更换。

(4)取消推力释放装置。取消推力释放装置可免去因气蚀和泥沙磨损所引起的破坏而需对推力释放系统进行的检修维护工作,减轻转轮上止漏环磨损,提高机组运行效率。另外,由于减少了转轮上冠与顶盖之间空腔内的泥沙循环运动,有效地防止了泥沙对顶盖和上冠外表面的磨损。

(5)基础环外围设计环形廊道。为了便于易磨损部件的检修更换,在基础环外围设置了环形廊道,在不拆卸机组的情况下,在廊道内进行导叶下轴套的检修更换。

4. 工艺措施

(1)水轮机主要过流部件如转轮、导叶、抗磨板、底环、基础环、尾水锥管进口段等均选用了具有良好抗磨蚀性能的不锈钢材料。转轮叶片采用材料致密性及抗磨性较好的钢板模压成型工艺。

(2)转轮的制造采取散件运输至工地、现场组装的方案,承包商在工地将整体转轮交付给业主。

5. 金属抗磨防护

过流部件中预期磨蚀较严重的部位,采用碳化钨/钴高速氧燃料火焰喷射涂层进行防护。防护部位包括:导叶上、下端面,导叶正、背面的进、出口边区域和接近上、下端部的区域;上、下抗磨板表面;转轮叶片进、出水边区域和靠近下环的高速水流区域;下环内表面;上、下止漏环表面等。每台机组总防护面积达 180 平方米以上,其中转轮部分约 125 平方米。

对流速相对较低的固定导叶表面和尾水管进口段采用涂刷聚氨酯弹性涂

层进行防护。

(二)电气

1.电气主接线设计

小浪底水电站的电气主接线,从 20 世纪 70 年代开始着手设计,历经了初步设计、优化设计、招标设计和施工设计各个阶段的反复论证。其间,由于装机规模、枢纽布置和接入系统等设计条件的变化,接线形式做过多次修改。尤其是接入系统方案的变化,对主接线设计的影响最大。主接线曾随接入系统设计先后论证过电站 500 千伏和 220 千伏两级电压母线设联络变压器、500 千伏和 220 千伏两级电压母线不设联络变压器、只设 220 千伏电压母线升压 500 千伏等方案。直到接入系统设计方案的最终确定,小浪底的电气主接线设计才最终得以完成。电站电气主接线有以下特点:

(1)电站在电力系统中地理位置重要,是河南电网中不可或缺的调峰、调频电站,机组开停机操作频繁,电气主接线出线电压侧采用双母线四分段带旁路母线接线,具有较高的供电可靠性和调度灵活性。

(2)6 台机组均装设发电机断路器,提高了电站运行的灵活性和可靠性,也提高了电站的整体经济性。同时,在国内外首次利用发电机断路器兼作电制动开关,提高了设备的利用率。

(3)按进出线回路确定分段断路器位置。分段断路器两侧各接入 3 台机组,6 回出线也在两侧各接入 3 回,正常情况下,电站发、送电量保持均衡。

(4)小浪底水利枢纽的首要任务是防洪,在厂、坝用电关系上,考虑了电站厂用电源兼作坝用电源的一部分,提高坝用电的可靠性。

(5)电站为地下厂房布置,主接线的设计考虑了与主要电气设备布置的结合。

2.厂用电设计

(1)综合自动化水平高,全站按"无人值班(少人值守)"标准设计,厂用电系统的设计具有较高的自动化水平。

(2)厂用电压采用 10 千伏和 0.4 千伏两级电压供电,保证供电电压质量。

(3)由于枢纽设施庞大,厂用电又兼作坝用电备用电源,厂用电设计考虑了供电范围广、负荷性质特殊的实际情况,在厂用电容量选择上留有充分的余地。

(4)为了提高对机组供电可靠性与节省电缆,采用专设自用电变压器的供电方式,0.4 千伏厂用电接线采用机组自用电、全厂公用电和全厂照明用电分开的接线形式,并设置了专用检修用电网络,保证了各类负荷的安全性、可靠性。

3. 坝用电设计

(1)专设坝用电系统。坝用电包括大坝和泄洪设施用电。小浪底工程有着极其复杂和庞大的洞群及水工建筑物,坝用电系统要向 10 座进水塔、3 个排沙洞出口闸室、3 个孔板洞中间闸室、正常溢洪道、消力塘等部位供电,负荷多而分散。专设坝用电系统以保证供电的安全性和完整性。

(2)供电可靠性高。鉴于小浪底防洪任务的重要性,坝用电设置 4 组外来电源,以保证在任何情况下,供电电源都十分可靠。

(3)采用集中供电、分设动力中心的接线形式。由于坝用电负荷比较分散,按负荷性质及分布区域分设 10 个动力中心。由坝顶控制楼高压配电室的 10 千伏母线分别向 10 个动力中心供电。

(4)按统计最大用电负荷设置坝用电容量。在设计中采用将闸门按分组运行、负荷按不同性质划分的方法统计最大用电负荷,确定坝用电容量。

4. 电气设备布置

(1)主要电气设备按功能和电压等级分区布置,简明清晰。地下厂房按 3 洞室(主厂房、主变压器洞、尾水闸室)的布置方案,主变压器平行于主厂房且与机组对应排列,开关站则布置在地面。发电机主引出线对正-Y 方向,离相封闭母线出线最短且布置顺畅。主变压器布置在地下洞室内,缩短发电机电压母线送电距离,减少电能损耗,解决长距离离相封闭母线散热问题,同时也减少了开关站内设备和开关站占地面积。

(2)受枢纽泄水设施总体布置及岩体稳定的影响,布置发电机电压设备的母线洞洞高和洞长均受到限制,设备布置密度大,因此对母线洞的电气设备采取紧凑式布置方式,总体上达到安全、集中和节省空间的效果。

(3)主变压器高压侧与 220 千伏地面开关站采用高压电缆连通。为使电缆走径最短、节省电缆投资,分别开挖 2 条高压电缆洞,每条洞布置 3 台机组电缆,并选取合适的进出口位置,减少电缆长度。

(4)220 千伏配电装置采用技术可靠和运行管理方便的敞开式改进中型布置,比普通中型布置减少投资、节省占地,在设备安全运行和维护检修方面具有技术优势。

(5)在地面和地下设置 2 个副厂房。中央控制室设在地面副厂房,改善了运行人员的工作环境;而厂用电、机组继电保护等设备布置在地下厂房,缩短了动力和控制电缆的长度,有利于节约投资。

(6)厂用电、坝用电配电装置采用分设动力中心的方式,按区域集中布置。干式变压器与配电盘之间采用封闭式插接母线,既提高了安全可靠性,又节省了宝贵的空间。

5. 接地系统设计

(1)采用人工接地体和自然接地体相结合的方式,根据工程水工建筑物布置特点,合理安排接地网。

(2)在开关站接地设计中采用不等间距优化布置方式,借助 GPC 计算机辅助设计程序,使得均压带得到充分利用。为降低接地装置电位,对开关站接地网采取分流措施,以减少入地电流。

(3)计算机系统采用与枢纽接地网一点共地的方式。

6. 自动控制系统设计

(1)在电站控制设计中取消常规控制设备,采用分层分布式计算机监控系统,中央控制室从地下移至地面副厂房,电站按无人值班(少人值守)设计。

(2)作为水库调度系统一部分的水库闸门控制采用计算机控制系统,各闸门现地控制采用以可编程序控制器为基础的控制装置。在坝顶控制楼闸门控制室能全面了解各闸门运行情况并进行控制。

(3)工程安全监测自动化系统采用以计算机为基础的现场数据采集单元,坝顶控制楼工程安全监测中心集中监测大坝、泄水建筑物、电站、北岸山体等的各观测项目,并进行汇总、分析和预报。

(4)水轮发电机组采用微机调速器和微机励磁装置,提高了机组运行的可靠性。

7. 继电保护设计

系统继电保护和元件继电保护广泛采用微机型保护装置,性能可靠,便于运行维护。

8. 直流系统设计

采用全密封免维护蓄电池取代传统的铅酸型蓄电池,运行更加安全可靠,又节省布置面积。

引水发电系统地下洞室布置见图 3-11-8。

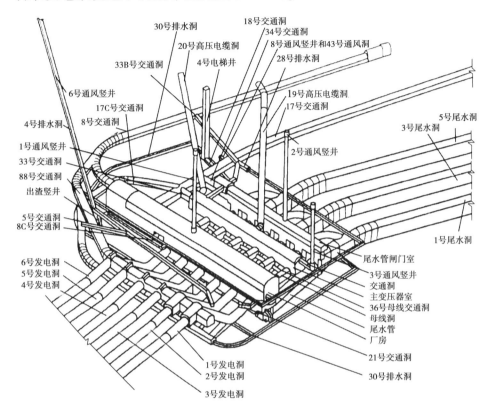

图 3-11-8　引水发电系统地下洞室布置

四、金属结构设计

枢纽泄洪、排沙、发电、引水及导流各类金属结构，共有闸门 70 扇、卷扬启闭机 20 台、液压启闭机 28 套、拦污栅 25 扇、清污抓斗 1 台、门机 2 台、台车式启闭机 1 台，总重量约 30 000 吨。金属结构设计包括深孔弧门、事故闸门、启闭机械。

(一) 深孔弧门

小浪底泄洪系统的深孔弧门，按照水头大小分为两类：一类是水头在 120 米以上的排沙洞和孔板洞工作闸门，采用偏心铰弧形闸门，解决高水头多泥沙条件下的止水与支承中的技术难题；另一类是水头在 80 米以下的明流洞工作闸门，采用顶止水为转铰式止水，其上部设有压盖式止水的圆柱铰弧形闸门。

在孔板洞中部、排沙洞出口共设置 9 扇偏心铰弧形闸门，其中 1 号孔板洞偏心铰弧形闸门的设计水头达 140 米。排沙洞偏心铰弧形闸门担负调节下泄流量、排沙排污和调控洞内流速的任务,需在 97～122 米水头条件下经常局部开启泄流、局部开启时间长、开度变化频繁,加上在多沙的黄河中运行,存在泄流时的水力学条件、挡水时止水密封条件、支承条件和闸门结构等复杂技术问题。1 号明流泄洪洞弧形工作闸门,孔口尺寸 8 米×10 米,工作水头 80 米,弧面半径 20 米,总水压力 75 700 千牛。

(二)事故闸门

小浪底水利枢纽事故闸门均为平面定轮闸门。按照闸门设计水头分为两类:一类是水头为 100 米的排沙洞和孔板洞事故闸门,采用设有专用供水系统的液控伸缩式止水,减少启闭阻力和止水磨损;另一类是水头在 80 米以下的明流洞、发电洞、灌溉洞事故闸门,采用库压伸缩式止水。

小浪底闸门的止水是在多沙的浑水中工作,为了解决泥沙进入止水伸缩间隙导致止水伸缩失灵的问题,研制了一种短压板无间隙的"山"字形止水。孔板洞、排沙洞事故闸门采用液控式止水和特制的适合于多沙河流的止水橡皮,配合由塔顶清水箱、调节泵阀和输水软管等组成的供水系统,通过换向充水阀向止水背压腔充水达到封水的目的,解决了事故闸门在 100 米水头下,止水橡皮既要止水严密又要减少磨损、延长使用寿命的技术难题。

2 号明流泄洪洞事故闸门和 3 号发电洞事故快速闸门的单轮轮压达到 4 130 千牛,在中国首次突破 4 000 千牛轮压大关,并首次采用调心滚子轴承,使中国滚轮设计跃上一个新台阶。

(三)启闭机械

由于高水头的作用及黄河泥沙淤积对闸门启闭力的影响,小浪底工程的启闭机全部为大型或特大型的非标准设备。单吊点启闭机最大启闭容量为 5 000 千牛,双吊点启闭机最大启闭容量为 8 000 千牛,卷扬式启闭机最高工作扬程为 120 米,液压启闭机最大工作行程为 12.5 米,缸体内径最大为 720 毫米。设备容量大、扬程高,布置条件和运行工况复杂,根据小浪底工程的具体布置条件和闸门运行方式,确定启闭机设备的总体布置、设备选型、结构形式及各项技术参数。设备的主要技术指标和性能在中国建设的同类工程中具有一定的代表性,在一定程度上体现了中国启闭机设计的先进水平。

小浪底工程各闸门及启闭机特征见表 3-11-2。

表 3-11-2　小浪底工程各闸门及启闭机特征

序号	工程部位	设备名称	孔口尺寸（米）	设计水头（米）	闸门型式	运行条件	数量		启闭机	
							孔口	闸门	型式	数量
1		孔板洞检修门	4.5×15.5	85.0	平面滑动闸门	静水启闭	6	2	门机	1
2		孔板洞事故门	3.5×12	100.0	平面定轮闸门	动水闭门静水启门	6	6	固定卷扬机	6
3		1号明流洞检修门	5.6×18	65.0	平面滑动闸门	静水启闭	2	2	门机	共用
4		1号明流洞事故门	4×14	80.0	平面定轮闸门	动水闭门静水启门	2	2	固定卷扬机	2
5		1号明流洞工作门	8×10	80.0	弧形闸门	动水启闭	1	1	液压启闭机	1
6		2号明流洞检修门	9×17.5	51.0	平面滑动闸门	静水启闭	1	1	门机	共用
7		2号明流洞事故门	8×11	66.0	平面定轮闸门	动水闭门静水启门	1	1	固定卷扬机	1
8		2号明流洞工作门	8×9	66.0	弧形闸门	动水启闭	1	1	液压启闭机	1
9	进水塔	3号明流洞检修门	9×14.5	35.0	平面滑动闸门	静水启闭	1	1	门机	共用
10		3号明流洞事故门	8×11	50.0	平面定轮闸门	动水闭门静水启门	1	1	固定卷扬机	1
11		3号明流洞工作门	8×9	50.0	弧形闸门	动水启闭	1	1	液压启闭机	1
12		排沙洞检修门	3.5×6.3	85.0	平面滑动闸门	静水启闭	18	6	门机	共用
13		排沙洞事故门	3.7×5	100.0	平面定轮闸门	动水闭门静水启门	6	6	固定卷扬机	6
14		发电洞主拦污栅	4×35 4×40	10.0	直立滑动式		18	18	门机	1
15		发电洞副拦污栅	4×35 4×40	10.0	直立滑动式		18	6	门机	共用

续表 3-11-2

序号	工程部位	设备名称	孔口尺寸（米）	设计水头（米）	闸门型式	运行条件	数量		启闭机	
							孔口	闸门	型式	数量
16	进水塔	发电洞事故门	5×9	85.0	平面定轮闸门	动水闭门静水启门	6	6	液压启闭机	6
17		发电洞备用检修门	4×40	70.0	平面滑动闸门	静水启闭	18	6	门机	共用
18		灌溉洞拦污栅	3×10	10.0	直立滑动式		1	1	门机	共用
19		灌溉洞工作门	2×2	54.0	弧形闸门	动水启闭局部开启	1	1	液压启闭机	1
20		灌溉洞事故门	3×3.5	52.0	平面定轮闸门	动水闭门静水启门	1	1	固定卷扬机	1
21		灌溉洞检修门	3×6.5	37.0	平面滑动闸门	静水启闭	1	1	门机	共用
22	导流洞	1号导流洞封堵门	12×14.5	28.0	平面滑动闸门	18.7米水头下动水启闭	1	1	固定卷扬机	1
23		2号、3号导流洞封堵门	12×14.5	72.0	平面滑动闸门	14.5米水头下动水启闭	2	2	固定卷扬机	2
24	孔板洞	1号孔板洞工作门	4.8×5.4	139.4	偏心铰弧形闸门	动水启闭	2	2	液压启闭机	2
25		2、3号孔板洞工作门	4.8×4.8	129.9	偏心铰弧形闸门	动水启闭	4	4	液压启闭机	4
26		1号孔板洞出口检修门	13×9	9	浮箱式叠梁闸门	静水启闭	1	1		
27	排沙洞	排沙洞工作门	4.4×4.5	122.0	偏心铰弧形闸门	动水启闭局部开启	3	3	液压启闭机	3
28	溢洪道	溢洪道工作门	11.5×17	17.0	露顶式弧形闸门	动水启闭	3	3	液压启闭机	3
29	地下厂房	机组尾水检修门	10.5×10.58	17.48	平面滑动闸门	静水启闭	6	2	台车启闭机	1
30	防淤闸	防淤闸工作门	14×11	10.55	露顶式弧形闸门	动水启闭	6	6	液压启闭机	6

第四章　建设管理

历经近半个世纪的勘测、论证、规划、设计及相关前期工作,小浪底工程在1991年4月第七届全国人民代表大会第四次会议上被列入国家经济和社会发展十年规划和第八个五年发展计划纲要,确定在"八五"期间开工建设。小浪底工程于1991年9月前期准备工程开工,1994年9月主体工程开工,2000年下半年开始实施尾工建设,2001年底主体工程完工,2009年4月通过竣工验收。

小浪底工程部分利用世界银行贷款进行建设。按照国家基本建设管理程序和世界银行采购导则,小浪底建管局筹措工程建设资金,申报和落实年度投资计划,组织开展国际、国内招标,择优选择承包商;以合同管理为核心,以技术管理为支撑,组织协调设计、监理、施工、供应商等参建各方关系,采取有效措施保证工程建设进度、质量、安全和主要物资供应,取得了质量优良、工期提前、投资节约的效果。

第一节　建设管理体制

小浪底工程建设期间,国内正处于改革开放深入推进、从计划经济向市场经济过渡时期,国家逐步推行投资融资、建设管理体制改革。1982年,鲁布革水电站率先利用外资贷款采用国际招标开展工程建设。随后,业主负责制、建设监理制等开始在中国水利工程建设项目中试行并逐步推广。

小浪底工程开工前,黄委会设置了有关机构推进项目前期工作;小浪底工程开工后,小浪底建管局作为项目业主,完善管理体系,优化管理机构,全面负责工程建设管理。

一、管理体制

小浪底工程开工时,国内尚未建立水利工程业主负责制等方面的相关制度。小浪底工程建设部分资金利用世界银行贷款,主体土建工程实行国际招标,并按照国际工程管理模式进行建设管理。随着中国水利工程建设相关制度的出台和完善,小浪底工程创造了与国际工程管理模式接轨并具有中国特色的建设管理体制,全面实行业主负责制、招标投标制、建设监理制和合同管理制。

(一)业主负责制

1991年10月,水利部批准成立小浪底建管局。作为小浪底工程建设项目业主,小浪底建管局代表水利部履行项目建设管理职责,实行"建管一体"管理模式,主要承担小浪底工程筹划、筹资、建设实施,项目建成后生产经营、偿还贷款本息、资产保值增值等职责。

1992年2月,为集中力量加强工程建设,水利部批准将隶属于黄委会的黄河水利水电开发总公司变更为水利部直属单位,并与小浪底建管局实行"一套人马、两块牌子"管理模式。为适应世界银行的相关规定,结合国内工程建设实际情况,小浪底建管局(黄河水利水电开发总公司)在履行具体管理职责时,对国内相关部门和单位、国内标承包商以小浪底建管局的名称履行业主职责;对世界银行、国际标承包商以黄河水利水电开发总公司的名称履行业主职责。

工程建设过程中,小浪底建管局立足业主职责,理顺和调整管理关系,确立业主在建设管理中的主导作用,坚持重大问题由业主决策,充分发挥业主对各方的协调作用,同时将业主与监理、设计、承包商的关系和职责以合同形式进行规范,明确各方的权利和义务,形成各负其责、相互协作的建设管理体制。

小浪底建管局对工程建设资金、技术、质量、进度、安全等负总责。通过世界银行评估,小浪底工程获得世界银行10亿美元外资贷款,解决了国内建设资金紧张问题;小浪底建管局组织调整投资概算,审批年度投资计划,保证建设资金到位。小浪底建管局建立完善的技术、质量、进度、安全管理体系,落实各方责任。技术决策上实行业主总工程师负责制,并汇聚国内外水利水电专家和咨询机构广泛开展技术咨询,提高技术决策权威性;积极引进先进技术和设备,解决工程技术难题,促进工程建设进度、质量和安全,工程建设各阶段目标按期实现。

在引进、吸收先进技术和管理理念的同时,小浪底建管局结合中国国情,保持和发扬优良传统,针对"中—外—中"夹心饼式的发包—承包—分包格局,在业主、监理、中方承包商、外国承包商中的中方分包商之间建立"责任上分、目标上合,岗位上分、思想上合,对外部分、对内部合"的"三分三合"工作机制,鼓励小浪底工程中方劳务为外国承包商"打好小工"。充分发挥党组织的政治核心作用,各参建单位健全党工团组织。小浪底建管局党委定期召开工区党务联席会议,及时宣传党的方针政策,传达上级指示精神,强化思想政治工作,开展形式多样的创先争优、创建"青年文明号"、建设文明工地、向一线送温暖等活动,以党工团组织凝聚各方力量,帮助解决各方实际困难,保障工程建设顺利进行。

(二)招标投标制

1988 年 7 月,世界银行派出专家组对小浪底工程贷款项目进行评估。按照世界银行采购导则,主体工程施工须采取国际竞争性招标。1990 年 10 月,黄委会设计院按照部分利用世界银行贷款、主体土建工程进行国际公开招标的构想开始招标设计。根据工程特点和水电工程建设经验进行分标,对主坝,进水口、洞群及溢洪道,发电设施 3 个主体土建工程采用国际招标进行施工,水轮机及附属设备、220 千伏干式电缆、计算机监控系统和发电机出口断路器等机电设备采购采用国际招标。

1991 年 9 月,小浪底工程前期准备工程开工时,国内尚没有招标投标相关规定,前期工程主要通过邀请议标方式选择承包单位。1995 年 4 月,水利部印发《水利工程建设项目招标投标管理规定》;1997 年 8 月,国家计委印发《国家基本建设大中型项目实行招标投标的暂行规定》;2000 年 1 月 1 日,《中华人民共和国招标投标法》施行。按照国家相关规定,结合工程实际情况,小浪底工程国内标主体工程和尾工工程主要采用公开招标、邀请招标、邀请议标 3 种招标方式选择施工承包商;机电及金属结构设备采购在市场调研的基础上,主要采用邀请招标和邀请询价 2 种招标方式选择供应商;机电安装工程采用邀请招标方式选择安装承包商。

小浪底工程国际招标项目招标流程、招标文件编制按照《国际复兴开发银行和国际开发协会信贷采购指南》的规定进行。黄河水利水电开发总公司委托中国国家技术进出口公司(简称中技公司)作为小浪底工程国际招标代理机构,负责发布招标公告、发售标书、接受标书、开标并协助业主授标等。主体土建工程采用公开招标,分为资格预审、招标投标和开标评标 3 个阶段;水轮机及附属设备采购前,组织召开国际水轮机制造商技术交流会,对水轮机抗磨蚀性能和大水头变幅下稳定运行统一技术要求,后采用邀请招标方式选择供货商。小浪底工程国内招标项目,招标程序按照国内法律法规和政策文件等要求进行。

小浪底工程按照世界银行采购导则进行国际招标,程序严谨,招标管理严格;国内招标法规和相关规定出台较晚,对资格预审、发布公告、招标文件编制、评标等规定比较简单,没有具体的操作程序规定,需要根据工程情况制定招标流程,编制招标文件。国际招标主要采用公开招标方式;根据国内市场行情,国内招标分为公开招标、邀请招标、邀请议标3种方式。国际招标主要表现在价格上的竞争,国际招标评标办法一般采用符合资格要求、响应招标文件的投标人最低评标价中标;国内招标也存在价格竞争,但使用定额法进行投标报价,价格差异与施工技术方案无关,因此国内招标评标方法有综合评审法、综合打分法、两阶段评标法、合理最低报价法等。小浪底工程建设部分采用世界银行贷款,按照世界银行采购导则进行国际招标,为小浪底工程国内招标提供了借鉴和指导。在国内招标投标相关政策规定出台前,小浪底工程国内招标项目参照国际招标程序相关要求,从邀请议标开始逐步完善招标管理工作,并按照后续出台的中国招标投标法律法规和政策文件进行调整。

(三)建设监理制

小浪底前期准备工程建设期间,国内建设监理处于试点阶段。为了与主体工程国际招标建设监理制相衔接,根据国内工程建设监理试点情况,小浪底建管局内设监理处室,履行监理职责。

1992年9月,水利部批准成立小浪底水利枢纽工程建设咨询公司(后更名为小浪底工程咨询有限公司,简称小浪底咨询公司)。小浪底咨询公司作为监理单位,承担小浪底工程建设监理工作。小浪底工程建设监理结合国内实际,并与国际惯例相适应,形成特有的建设监理体制。小浪底咨询公司是独立监理单位,对于业主和承包商来说属于独立的第三方;小浪底咨询公司党组织关系和行政后勤工作由小浪底建管局代管,在内部管理上,属于业主管理的一个公司法人。

小浪底咨询公司组建时,监理人员一部分由业主单位抽调,另一部分从西北勘测设计研究院、天津勘测设计研究院、黄委会设计院、中国水利水电第五工程局等设计和施工单位聘用,工程建设高峰时达650人。根据工程分标情况,小浪底咨询公司组建了大坝工程师代表部、泄洪工程师代表部、厂房工程师代表部和机电工程师代表部,并设置专职的技术、合同、测量、原型观测、试验等部门进行专业管理。工程师代表部在总监理工程师授权范围内直接监督承包商工程实施情况,专业技术管理部门处理合同中有关专业方面的问题,专业部门所做的结论由工程师代表部实施。

小浪底工程建设实行"小业主、大监理"管理体制。小浪底建管局通过内部机构调整,精简业主机关人员,充实监理力量,并与小浪底咨询公司签订工程监理服务协议,充分授权监理职责,尤其在土建国际标工程监理中,按照《土木工程施工合同条件》(简称 FIDIC 合同条件),除分包商批准、重大设计变更审批和外部条件协调由业主负责外,其他均授权小浪底咨询公司负责。小浪底咨询公司实行总监理工程师负责制,工程师代表根据合同授权履行监理职责,对合同进度控制、质量控制、合同支付、索赔处理及"工程师决定"等独立做出决定。同时,小浪底咨询公司配置试验、检测、测量等仪器设备,开展对承包商材料、现场取样的质量检测试验,对承包商报送工程量进行现场测量复核。

工程师代表部具体承担工程建设监理任务,负责审查项目施工组织设计和施工开工申请,发布开工令;负责施工项目现场协调、进度和质量控制;负责审核项目完成工程量,对支付结算报表中实际完成工程量签字确认;签发现场变更,签发设计或业主变更通知;实施现场 24 小时值班、旁站监理;组织或参加验收工作。施工高峰期,小浪底咨询公司设置前方总值班室,负责现场各承包商施工协调工作,根据周、月施工计划对关键线路工作进行检查和监督,及时掌握现场工作动态,召开现场协调会议,处理现场问题,反馈各种信息。

小浪底工程成为中国水利工程建设监理走向成熟的重要标志。1996 年 8 月,水利部印发《水利工程建设监理规定》,要求大中型水利工程建设项目必须实施建设监理制。小浪底工程在土建工程监理的基础上全面实行建设监理制,监理范围包括土建工程国际标和国内标、机电和金属结构设备驻厂监造及现场安装。同时,在环境保护和移民项目率先实行监理,委托黄委会设计院承担环境保护监理、黄委会移民局承担移民项目监理。

(四)合同管理制

合同管理贯穿于小浪底工程建设全过程。小浪底工程从前期准备工程开始,对施工承包、设备物资供应、工程咨询等工作全部签订合同,通过合同明确参建各方的权利、责任和义务。

按照合同管理性质,小浪底工程合同管理分为国际标合同管理和国内标合同管理。受东西方文化、法律法规、市场机制等因素影响,国际标合同和国内标合同在管理机制上存在一定差异。国际标合同刚性较强,招标设计、招标文件编制、合同谈判等程序和格式非常严格,全过程受到约束;而国内标合同招标工作起步较晚,原则性条款较多。国际标合同索赔和国内标合同索赔内涵不同,国际标合同索赔是合同管理正常业务,国内标合同索赔有补偿性质。

小浪底建管局成立由业主和监理单位主要领导组成的合同管理领导小组,作为小浪底工程合同管理决策机构。合同管理体系分为小浪底建管局计划合同处、小浪底咨询公司合同部和工程师代表部三个层次。工程师代表部负责日常合同管理工作;小浪底咨询公司合同部统筹协调国际标合同管理,主要分析研究涉及 3 个国际标合同共性问题,协助处理较大数额、复杂的合同变更和索赔;小浪底建管局计划合同处负责合同签订和执行过程中需要业主决策的事项。同时,小浪底建管局聘请加拿大国际工程管理公司(CIPM)作为合同管理咨询机构。

为应对重大索赔和争议处理,小浪底建管局成立变更索赔工作领导小组,下设变更索赔工作组。变更索赔工作组对重大变更、索赔和合同问题进行分析和处理,代表小浪底咨询公司做出评估,并为合同管理领导小组提供各种方案和建议。考虑到小浪底工程的复杂条件和争议较多情况,按照世界银行建议,经业主和承包商分别推荐,组建了争议评审团(DRB)。争议评审团举行 9 次听证会,对业主或承包商提出的合同争议提出正式建议或推荐性意见。在此基础上,小浪底建管局着手仲裁准备工作,促进合同争议解决,最终通过技术协商和商务谈判,有效解决了合同索赔和争议。

合同管理的基础工作是信息管理,信息是履行合同的依据和处理索赔的证据。小浪底工程建设过程中,监理工程师按照规定格式做好现场记录,准确详细地记录承包商现场一切工作情况,及时进行整理分析,为处理合同变更、索赔提供依据。在掌握详细信息的基础上,对承包商应承担的责任,小浪底建管局实施反索赔,并成功运用合同条件,创造性地引入国内成建制专业水电施工队伍作为劳务分包商参加工程建设,解决了导流洞施工进度严重滞后问题。

小浪底工程国内标合同管理与国际标合同管理逐步接轨。从国际标合同管理中学习经验,国内参建各方强化了合同管理意识,提高了合同管理水平。

二、管理机构

小浪底工程建设过程中,各相关单位和部门根据需要建立完善管理机构,并配备相应人员力量,形成业主主导,监理、设计、施工、设备供应、工程咨询、政府监管及保障服务等单位依据合同、政府授权及相关政策法规,各负其责、相互协作的组织管理体系,保证工程建设顺利进行。

小浪底工程建设大致分为三个阶段:一是前期工程建设,从 1991 年 9 月至 1994 年 4 月,完成交通、供水、供电、通信、房屋和场地平整等前期准备工程和提前施工部分主体工程施工,于 1994 年 4 月通过水利部检查验收;同时,前期工程阶段还开展了主体土建工程招标工作。二是主体工程建设,从 1994 年 9 月至 2001 年 12 月,完成了国际标和国内标土建工程施工,以及金属结构、机电设备采购和安装,实现大河截流、下闸蓄水、机组发电、主体工程完工等重要节点目标。三是尾工建设,从 2000 年下半年开始,逐步实施主体工程配套项目、缺陷处理及完善项目、场地整治防护项目、枢纽管理区道路及围栏工程等尾工项目,至 2004 年底基本完成,个别项目持续到 2007 年完成。

(一)业主单位

为全面履行小浪底工程建设管理职责,水利部成立小浪底建管局作为小浪底工程业主单位。小浪底建管局根据工程建设需要设置相应内部组织机构,并根据不同时期的工作重点及时进行调整优化,推动工程建设顺利进行。

1. 前期工程建设阶段组织机构

小浪底工程开工前,黄委会根据水利部批复,于 1989 年 8 月注册成立黄河水利水电开发总公司,席梅华任副总经理、王咸儒任副总经理兼副总工程师,承担世界银行检查团对小浪底工程贷款项目评估准备工作;1990 年 8 月,经水利部和河南省同意,黄委会成立黄河小浪底水利枢纽工程筹建办公室,三门峡水利枢纽管理局局长杨庆安兼任办公室主任,开展工程筹建工作;1991 年 4 月,黄河小浪底水利枢纽工程筹建办公室与黄河水利水电开发总公司在洛阳市友谊宾馆合署办公;1991 年 4 月,水利部成立黄河小浪底工程建设准备工作领导小组,全面负责小浪底工程准备工作,领导小组由水利部建设开发司司长朱云祥、黄委会副主任亢崇仁和陈先德、三门峡水利枢纽管理局局长杨庆安组成。

小浪底前期准备工程开工后,1991 年 10 月,水利部批准成立小浪底建管局,为水利部直属正局级单位,朱云祥任局长,全面负责小浪底工程的建设管理工作,同时撤销黄河小浪底工程建设准备工作领导小组。1992 年 2 月,为集中力量加强工程建设,水利部批准黄河水利水电开发总公司直属水利部,与小浪底建管局实行"一套人马、两块牌子"管理方式,公司总部设在郑州,内部职能和机构由公司根据工作需要自行确定,人员编制暂定为 400 人。公司总经理由小浪底建管局局长朱云祥兼任。前期工程移民管理机构隶属于黄委会。

1992 年 6 月,小浪底建管局印发关于内部机构设置的通知,共设置 20 个处室:办公室、行政处、人事劳动处、计划合同处、财务处、技术处、外事处、审计处、监察处、设备材料处、北京办事处、洛阳办事处、总监理工程师办公室、大坝项目处(监理一处)、泄洪项目处(监理二处)、厂房项目处(监理三处)、机电项目处(监理四处)、房建项目处(监理五处)、实验室、测量处。

随着前期工程建设全面展开,根据管理需要,小浪底建管局先后调整相关处室及所属公司:撤销技术处,成立总工程师办公室,后更名为三总师办公室;成立资源环境处、生产筹备处、宣传处、保卫处(1993 年 12 月河南省公安厅设立小浪底公安处后,撤销保卫处)、党群处、郑州总部管理处、故县项目管理处(负责故县水库的建设管理直至工程竣工验收)、职工医院、车队、信息中心、小浪底综合经营公司、小浪底综合服务公司。小浪底建管局前期工程建设阶段组织机构见图 4-1-1。

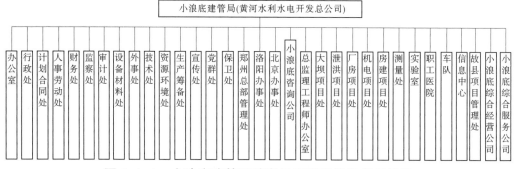

图 4-1-1　小浪底建管局前期工程建设阶段组织机构

根据监理工作需要,1994 年 6 月,小浪底建管局将涉及监理业务的总监理工程师办公室、大坝项目处、泄洪项目处、厂房项目处、实验室、测量处等机构划归小浪底咨询公司。

2. 主体工程建设阶段组织机构

1994 年 9 月至 2001 年 12 月,是小浪底主体工程建设阶段,小浪底建管局根据需要不断优化组织机构:撤销三总师办公室,恢复技术处,1996 年 8 月又将技术处划归小浪底咨询公司,改称工程技术部,同时承担小浪底建管局技术处职责;机电项目处改称机电处,房建项目处改称房建处;撤销设备材料处,成立设备处(设备公司)、物资处;信息中心划归工程技术部;生产筹备处更名为水电管理处;监察处和审计处合并为监察审计处;车队和职工医院并入行政处;撤销宣传处、党群处,成立政治工作处(后更名为党委办公室,含党委办公室、党委组织部、团委)、党委宣传处、工会。先后成立企业管理办公室(1998年1月撤销)、电厂筹备处、郑州生产调度中心项目部,相继撤销房建处、故县项目管理处。

局属二级单位方面,1994年10月,水利部批准成立小浪底建管局移民局,席梅华任移民局局长;1995年6月,小浪底综合经营公司和综合服务公司合并为综合经营公司,1997年6月更名为小浪底实业公司;1998年6月,在设备公司和小浪底实业公司所属工程公司的基础上,组建小浪底水利水电工程有限公司(简称小浪底水利水电工程公司)。1999年1月,成立水力发电厂,撤销电厂筹备处。小浪底建管局主体工程建设阶段组织机构见图4-1-2。

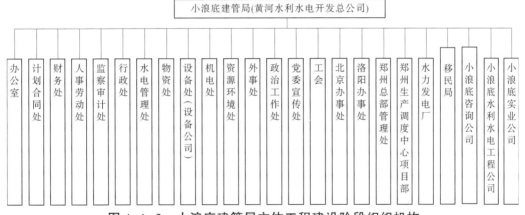

图4-1-2 小浪底建管局主体工程建设阶段组织机构

3.尾工建设阶段组织机构

随着小浪底工程主体工程建设逐步完工,尾工项目逐步实施,西霞院工程准备开工建设。2002年6月,小浪底建管局进行管理机构改革:撤销计划合同处,成立经营管理处;技术处和机电处合并为生产技术处;监察审计处分设为审计处、监察处,党委办公室和党委宣传处合并为党委工作处;行政处和水电管理处合并成立综合服务中心;组建西霞院项目部;撤销物资处、设备处、外事处。小浪底建管局尾工建设阶段组织机构见图4-1-3。

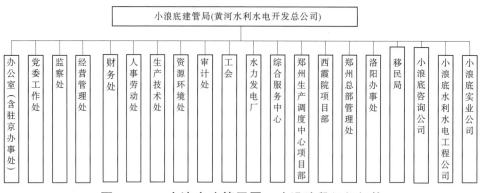

图 4-1-3　小浪底建管局尾工建设阶段组织机构

(二) 监理单位

根据 FIDIC 合同条件要求,为满足国际工程建设管理需要,保证监理单位作为业主和承包商之外的第三方独立开展监理工作,1992 年 9 月 30 日,水利部批准成立小浪底咨询公司。小浪底咨询公司党组织关系和行政后勤工作委托小浪底建管局代管。10 月,水利部任命李武伦为小浪底咨询公司总经理。1995 年 8 月,李武伦退休,李其友任小浪底咨询公司总经理。

1994 年 6 月 17 日,小浪底建管局以水小建局〔1994〕18 号文批准同意小浪底咨询公司设 8 个部门,负责 3 个土建国际标监理工作,分别为办公室、大坝工程师代表部、泄洪工程师代表部、厂房工程师代表部、质量管理实验室、测量计量部、原型观测室、金属结构室。后根据工作需要,增设地质监理部。

1996 年 8 月 14 日,小浪底建管局以局发〔1996〕42 号文对小浪底咨询公司机构进行调整,设立工程技术部,除承担工程技术部职能外,保留小浪底建管局原技术处职能;成立合同部,负责处理国际合同日常事务;成立前方总值班室,主要负责工程现场施工协调等工作。

1997 年 1 月 13 日,根据工作需要,小浪底建管局以局人〔1997〕3 号文批准成立机电工程师代表部,隶属小浪底咨询公司,主要负责机电安装监理等工作。小浪底咨询公司组织机构见图 4-1-4。

2001 年 3 月,根据工程建设需要,小浪底建管局对小浪底咨询公司机构进行调整,增设土建项目部,负责小浪底工程尾工土建工程监理,以及大坝工程师代表部、泄洪工程师代表部、厂房工程师代表部承担的工程尾工、缺陷责任期管理、工程项目和场地移交、资料整理、工程验收等工作;同时撤销大坝工程师代表部、泄洪工程师代表部、厂房工程师代表部、前方总值班室。2002 年 10 月,撤

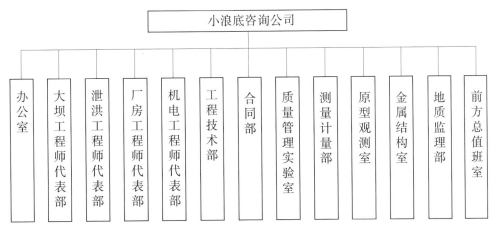

图 4-1-4　小浪底咨询公司组织机构

销机电工程师代表部。

2002 年 2 月,根据对外发展需要,小浪底建管局以局人〔2002〕19 号文对小浪底咨询公司机构设置进行调整,内设五部一室,即办公室、财务部、企划经营部、咨询服务部、国际合作部、质量检测部,外营项目机构根据工作需要自行确定。2011 年 9 月,小浪底建管局按照"管好民生工程、谋求多元发展"发展战略,小浪底咨询公司与小浪底水利水电工程公司合并。

（三）设计单位

小浪底工程设计单位为黄委会设计院。1991 年 9 月,小浪底前期准备工程开工,黄委会设计院成立现场设计代表处。1996 年 3 月,为进一步加强现场决策能力,黄委会设计院成立小浪底工程设计分院,由小浪底工程设计总工程师、黄委会设计院副院长林秀山担任小浪底工程设计分院院长,常驻工地主持现场设代工作。小浪底工程设计分院下设设计处、地质处和办公室 3 个部门,设计处内设 Ⅰ 标现场设代、Ⅱ 标现场设代、Ⅲ 标现场设代、Ⅳ 标现场设代。工程建设期间维持约 60 人设代规模。现场设代主要承担以下工作:提供和解释图纸,进行技术交底;配合业主和监理,及时处理解决施工中出现的问题;现场巡视,参加验收,向监理反映有关施工质量问题,参加业主和监理召开的各种会议,发表设计方意见;及时向黄委会设计院反馈信息。

现场设代人员由黄委会设计院有关设计处（总队）派出,配备一定的骨干力量,在现场形成项目设总、处室领导和设代工程师 3 个层次,处理现场技术问题。设计分院负责管理各处派出的设代人员,统一协调黄委会设计院有关小浪底工程事宜。

(四)承包商

小浪底工程施工承包商主要包括土建国际标、土建国内标和机电安装标 3 部分。

1. 土建国际标主要承包商

小浪底工程 3 个土建国际标由以国际承包商为责任方的联营体进行施工承包。Ⅰ标由黄河承包商(YRC)负责施工,Ⅱ标由中德意联营体(CGIC)负责施工,Ⅲ标由小浪底联营体(XJV)负责施工。土建国际标承包商联营体见表 4-1-1。承包商的现场管理机构设置较为全面,组织结构形式随着工程进展和工作重点的转变,相应进行调整。

表 4-1-1　土建国际标承包商联营体

标段	Ⅰ标	Ⅱ标	Ⅲ标
联营体名称	黄河承包商(YRC)	中德意联营体(CGIC)	小浪底联营体(XJV)
责任公司	英波吉罗(Impregilo S. P. A)(意大利)	旭普林(Züblin)(德国)	杜美兹(Dumez)(法国)
成员公司	Hochtief A. G(德国) Talstrade S. P. A(意大利) 中国水利水电第十四工程局	Strabag(德国) Wagss & Freytag A. G(德国) Salini S. P. A(意大利) Del Fayero(意大利,1995年退出) Spie(法国,1995年加入) 中国水利水电第七工程局 中国水利水电第十一工程局	Holzmann(德国) 中国水利水电第六工程局

2. 土建国内标主要承包商

土建国内标主要承包商见表 4-1-2。

3. 机电安装标承包商

机电安装标承包商为 FFT 联营体,由中国水利水电第十四工程局、第四工程局、第三工程局组成。

表 4-1-2 土建国内标主要承包商

土建国内标名称	主要承包商
1~4 号灌浆洞及其帷幕灌浆	中国水利水电第十四工程局、黄委会设计院地质勘探总队、河南黄河工程局、中国水利水电第十一工程局、中国水电基础工程局
1~4 号排水洞及排水孔幕	黄委会设计院地质勘探总队、中国水电基础工程局、黄委会金龙公司
泄洪洞出口排水廊道及其排水孔	黄委会设计院地质勘探总队
副坝工程	小浪底水利水电工程有限公司和中国水利水电第十四工程局联营体
西沟坝工程	小浪底水利水电工程有限公司和中国水利水电第三工程局联营体
防渗补强灌浆工程	黄委会设计院地质勘探总队、中国水电基础工程局和小浪底水利水电工程有限公司联营体、中国水利水电第六工程局和闽江工程局联营体、中国水利水电第一工程局、中国水利水电第三工程局

(五) 供应商

小浪底工程主要设施设备通过招标投标方式选取国际供应商和国内供应商。主要设备国际供应商见表 4-1-3,主要设施设备国内供应商见表 4-1-4。

表 4-1-3 主要设备国际供应商

设备名称	主要供应商
水轮机及其附属设备	美国福依特(Voith)公司
220 千伏干式电缆	德国西门子(Siemens)公司
电站计算机监控系统	奥地利伊林(Elin)公司
发电机出口断路器	瑞士 ABB 高压技术有限公司
发电机励磁系统	瑞典 ABB 公司
发变组及 220 千伏厂变保护	奥地利伊林(Elin)公司

续表 4-1-3

设备名称	主要供应商
溢洪道液压启闭机	博世力士乐(中国)有限公司
溢洪道弧门轴承	德国莫古迪瓦(Federal-Mogul Deva GmbH)公司
弧门轴承(除溢洪道弧门轴承外)，包括孔板洞、排沙洞、明流洞弧门及平板定轮事故门轴承	瑞典 SKF(Svenska Kullarger Fabriken)公司

表 4-1-4　主要设备国内供应商

设备名称	主 要 供 应 商
闸门启闭机制造、导流洞埋件等	江河水利水电机械工程有限公司、中信重型机械公司、中国水利水电第十一工程局
主厂房 250 吨+250 吨桥式起重机设备	太原重型机器厂
液压启闭机、塔顶门机	国营三八八厂、国营武进液压启闭机总厂、江河水利水电机械工程有限公司
平面闸门及拦污栅	江河水利水电机械工程有限公司、中国水利水电第三一三工程局联营体、中国水利水电第一四八工程局联营体
发电机、励磁系统及附属设备	哈尔滨电机有限责任公司总承包,其中 3 台发电机分包给东方电机股份有限公司
弧形闸门	富春江水电设备总厂、江河水利水电机械工程有限公司
水库闸门控制系统	南瑞自动化总公司
220 千伏主变压器	沈阳变压器有限责任公司
开关站 220 千伏断路器五项设备、220 千伏电流互感器和 220 千伏避雷器	西安电力机械制造公司、上海(MWB)互感器有限公司和抚顺电瓷厂

(六)咨询机构

小浪底工程建设规模大,地质条件复杂。为确保工程建设质量,有效处理合同问题,小浪底建管局聘请国内外专家组成咨询机构,为工程建设献计献策。

1. 小浪底工程建设技术委员会

经水利部批准,小浪底工程建设技术委员会于 1996 年 7 月成立(见图 4-1-5),由 50 位水电专家组成。其中,张光斗、李鹗鼎、陈赓仪、潘家铮和罗西北为高级顾问,陈明致为技术委员会主任,许百立、杨定原、王咸儒为副主任。小浪底工程建设技术委员会下设工程技术组、合同管理组和机电组,主要负责协调解决工程建设中的重大关键技术问题,保证小浪底工程建设顺利实施。

图 4-1-5　1996 年 7 月,小浪底工程建设技术委员会成员合影

2. 特别咨询专家组

按照世界银行要求,业主聘请世界上有相关经验的专家组成小浪底工程特别咨询专家组,定期对工程设计、施工及移民安置、环境影响等方面进行审查和咨询。1990 年成立小浪底工程特别咨询专家组,为期两届,第一届 13 人(1990—1991 年),第二届 7 人(1994—2004 年),中国水工专家赵传绍任组长。

3. 加拿大国际工程管理公司

按照世界银行导则,1990 年 7 月,黄河水利水电开发总公司采用邀标方式与加拿大国际工程管理公司(CIPM)签订咨询服务合同,加拿大国际工程管理公司(CIPM)选派近30名专家协助黄委会设计院编制国际招标文件,协助业主准备世界银行评估文件,为业主培训合同管理人员等。

1994年6月,黄河水利水电开发总公司与CIPM公司续签咨询服务合同,CIPM公司选派10~15名专家长驻小浪底工程现场,为业主、监理和设计单位提供专业咨询服务。

4. 加拿大CCPI公司(加华电力集团)和香港高峰-宏道公司

为了配合合同争议的评审工作,业主通过国际招标,选择了加拿大CCPI公司(加华电力集团)和香港高峰-宏道公司。这两家公司既作为业主处理索赔和争议的咨询机构,又与业主的争议评审工作组联合工作。

5. 争议评审团

为解决合同争议,1998年4月,成立争议评审团(DRB)。争议评审团由3名成员组成,承包商聘任的争议评审团成员是瑞士的皮埃尔·江彤(Pierre Genton),业主方聘任的争议评审团成员是英国的彼得·布恩(Peter L. Booen),两位成员共同推荐美国戈登·杰尼斯(Gordong L. Jaynes)担任争议评审团主席。争议评审团主要业务是协助解决可能诉诸仲裁的争议。

(七)监督管理及服务保障机构

1. 地方政府移民机构

按照"水利部领导、业主管理、两省包干负责、县为基础"的移民工作管理体制,河南、山西两省设立各级移民管理机构,负责小浪底工程移民事务。河南省移民领导小组办公室和山西省移民领导小组办公室先后于1994年和1996年成立,所辖各市(县、区)均成立移民工作领导小组、移民办公室,负责施工区及库区移民工作,协调解决施工干扰问题。

2. 公安机构

1993年12月29日,经河南省人民政府批准,河南省公安厅在小浪底工区成立小浪底公安处。为适应不同工程建设阶段管理需要,公安处相继设立政办室、治安大队、刑警大队、行政拘留所、消防科、水警大队和南北岸派出所等机构,负责小浪底工程辖区刑事、治安案(事)件的侦查、调查、处理工作和辖区内交通、户政、治安管理、安全保卫工作,维护工地的正常秩序,保证工程建设的顺利进行。

2009年10月18日,根据《河南省人民政府办公厅关于印发河南省公安厅主要职责内设机构和人员编制规定的通知》(豫政办〔2009〕121号),河南省公安厅小浪底公安处更名为河南省公安厅小浪底公安局,内设政办室、行财科、治安大队、刑警大队、交巡警大队、消防科、水警大队和西霞院派出所等机构。

3. 质量监督机构

根据水利部《水利工程质量监督管理规定》(水建〔1997〕339号)的规定,1997年8月,水利部水利工程质量监督总站成立水利部水利工程质量监督总站小浪底项目站。小浪底项目站代表政府对小浪底工程建设阶段的施工质量实施全过程的监督检查,采取以抽查为主的监督方式,辅以必要的现场实测实量检查,同时督促参建各方质量管理体系正常运行。

4. 技术监督机构

为做好小浪底工程技术监督工作,2001年10月30日,河南省质量技术监督局小浪底分局成立,作为政府派出机构,主要负责小浪底水利枢纽管理区特种设备的监督管理工作。

5. 税务机构

为配合小浪底工程建设,1997年1月,河南省人民政府批准成立河南省地方税务局直属小浪底税务分局,小浪底税务分局是河南省地方税务局直属正处级机构,主要负责小浪底工程各项地方税收和小浪底区域内的地方税收征收管理工作,内设办公室、稽查科、税政征管科、计划财务科4个科室和电子税务管理中心1个直属机构。

6. 银行机构

为配合小浪底工程建设,1992年7月19日,中国人民建设银行黄河小浪底专业支行成立;同年9月22日,所属库区支行在小浪底库区设立。黄河小浪底专业支行全面负责小浪底工程国家财政资金的预算、拨款和决算管理,具有财政和银行双重职能;库区支行则为履行具体职责的经办机构。1996年1月,中国人民建设银行黄河小浪底专业支行更名为中国建设银行黄河小浪底专业分行。

7. 保险公司

为配合小浪底工程建设,1993年6月20日,中国人民财产保险股份有限公司小浪底支公司成立,隶属中国人民财产保险股份有限公司河南省分公司。在小浪底工程建设期间与安联等国际保险公司共同承保工程险,为从事小浪底工程建设的各单位提供财产保险和人身意外伤害保险等服务。

8. 邮电机构

为做好小浪底工程通信服务,地方政府增设专门邮电部门。1992 年 9 月,济源市邮电局成立蓼坞邮电所,隶属于坡头邮电支局管理。1994 年,蓼坞邮电所更名为蓼坞邮电局。同期孟津县邮电局成立河清邮电所。邮电机构开办信件、包裹、邮件投递、电报、汇兑及公用电话业务。1998 年,根据国家邮电管理体制改革,邮电局实行邮、电业务分营,蓼坞邮电局分成蓼坞邮政支局和蓼坞网通支局。河清邮电所在主体工程完工后撤销。

第二节　资金管理

小浪底工程批复概算总投资 352.34 亿元,小浪底建管局作为项目业主,负责贯彻执行水利基本建设规章制度;依据工程建设需求,多渠道筹措资金,保证工程用款;建立、健全基本建设资金内部管理制度;根据工程实际情况申请调整概算;办理价款结算,控制费用支出,合理、有效使用建设资金;编制基建收支预算、决算;编制竣工财务决算。

一、工程概算

(一)初步设计概算

1987 年 2 月,黄委会设计院根据国家计委《印发〈关于审批黄河小浪底水利枢纽工程设计任务书的请示〉的通知》(计农〔1987〕177 号)要求,全面开展小浪底工程初步设计工作,于 1988 年初完成初步设计概算初稿编制。1991 年11 月,经对初步设计优化,按照部分利用世界银行贷款的要求,黄委会设计院编制完成按 1991 年价格水平计算的小浪底工程内外资概算,水利部审查后作为初步设计总概算上报国家计委。

1993 年 3 月,国家计委以《关于黄河小浪底水利枢纽工程初步设计的复函》(计农经〔1993〕459 号)批复小浪底工程静态总投资(按 1991 年价格水平核定)为 107.74 亿元人民币,动态总投资为 146.61 亿元人民币(按 1991 年价格水平计算,含外资 6.80 亿美元,美元折合人民币汇率为 1∶5.35),其中枢纽部分 125.11 亿元人民币、水库淹没处理补偿部分 21.50 亿元人民币。

(二) 调整概算

小浪底工程建设过程中,物价、汇率、税收政策、投资结构等出现变化,需要对小浪底工程概算进行修改调整。1994 年 11 月 17 日,水利部水规总院以水规水〔1994〕0059 号文明确小浪底工程概算修改调整原则、依据和要求。小浪底建管局委托黄委会设计院对小浪底工程概算进行修编,向水利部报送了《小浪底水利枢纽内外资修改概算》(水小建计〔1995〕47 号)(以下简称《修改概算》)。1996 年 5 月,水利部水规总院对《修改概算》进行了审查。同年 8 月 26 日,水利部以水规计〔1996〕384 号文将《修改概算》和审查意见报国家计委。

1997 年 7 月,国家计委以《关于小浪底水利枢纽工程第一期淹没处理补偿投资调整概算的批复》(计建设〔1997〕1249 号)批复小浪底工程第一期水库淹没处理补偿投资调整概算 15.968 7 亿元人民币,其中利用外资 0.459 亿美元。

1997 年 7 月,国家计委以《关于小浪底水利枢纽工程(枢纽部分)调整概算的批复》(计建设〔1997〕1332 号)批复小浪底工程枢纽部分调整概算动态总投资 253.487 7 亿元人民币,其中内资 170.370 9 亿元人民币、外资 9.99 亿美元。

1998 年 6 月,国家计委以《关于中条山取水口迁建工程初步设计概算的批复》(计建设函〔1998〕91 号)批复小浪底库区专项工程中条山取水口迁建工程投资概算 1.10 亿元人民币。

1998 年 10 月,国家计委以《关于小浪底水利枢纽工程第二、三期水库淹没处理补偿投资概算的批复》(计投资〔1998〕2018 号)批复小浪底工程第二、三期淹没处理补偿投资概算 62.015 4 亿元人民币,其中利用外资 0.641 亿美元。

1998 年 11 月,国家计委以《关于小浪底库区专项工程后河水库及灌区工程概算的批复》(计投资〔1998〕2019 号)批复小浪底库区专项工程后河水库及灌区工程投资概算 2.053 2 亿元人民币。

1998 年 10 月,国家计委以《关于小浪底库区专项工程温孟滩移民安置区河道工程和放淤改土工程概算的批复》(计投资〔1998〕2020 号)批复小浪底库区专项工程温孟滩移民安置区河道和放淤改土工程投资概算 5.616 7 亿元人民币。

2000年5月,国家计委办公厅以《关于小浪底工程索赔和争议处理意见的复函》(计办投资〔2000〕337号)批复小浪底工程专项预备费7亿元人民币。

2008年11月,经商国家发展改革委,水利部以《关于小浪底水利枢纽工程有关土地征用投资的通知》(水规计〔2008〕514号)核定小浪底工程有关土地征用费概算5.0993亿元人民币。

小浪底工程最终批复修改概算动态总投资折合人民币352.34亿元(内资260.07亿元人民币,外资11.09亿美元,美元折合人民币汇率为1∶8.32),其中枢纽部分260.49亿元人民币、水库淹没处理补偿部分91.85亿元人民币(不含施工区征地费用)。小浪底工程初步设计概算与调整概算见表4-2-1。

表4-2-1　小浪底工程初步设计概算与调整概算　　　(单位:万元)

序号	工程项目	初步设计概算	调整概算	增减额
一	枢纽工程	1 251 088	2 604 877	1 353 789
(一)	前期准备工程	37 214	71 100	33 886
(二)	建筑工程	550 758	1 209 996	659 238
1	主体工程提前开工部分		35 467	35 467
2	主体工程国际标	537 049	1 086 635	549 586
(1)	大坝标	204 496	321 330	116 834
(2)	泄洪建筑物标	260 018	613 730	353 712
(3)	引水发电系统标	72 535	151 575	79 040
3	土建工程国内标	13 709	87 894	74 185
(三)	机电设备及安装工程	104 306	187 308	83 002
(四)	金属结构设备及安装工程	27 655	52 694	25 039
(五)	临时工程		50 852	50 852
(六)	其他费用	77 245	183 809	106 564
1	建设管理费	24 948	74 868	49 920
2	生产准备费	1 864	5 295	3 431
3	科研勘测设计费	16 944	48 050	31 106

续表 4-2-1

序号	工程项目	初步设计概算	调整概算	增减额
4	专题研究费		6 399	6 399
5	咨询技术服务费及其他	33 489	49 197	15 708
(七)	基本预备费	65 190	113 487	48 297
(八)	价差预备费	388 720	267 317	-121 403
(九)	承诺费、建设期贷款利息		398 314	398 314
(十)	工程预备费		70 000	70 000
二	水库淹没处理补偿费	215 018	918 533	703 515
三	静态总投资	1 077 386	2 787 779	1 710 393
	动态总投资	1 466 106	3 523 410	2 057 304

二、资金来源

小浪底工程资金来源主要有国家财政拨款、内资贷款和外资贷款 3 种渠道,小浪底工程实际到位资金折合人民币 332.69 亿元,占概算总投资的 94.42%。到位资金中财政拨款 221.33 亿元人民币,占到位资金的 66.5%;内、外资贷款 111.36 亿元人民币,占到位资金的 33.5%,其中内资贷款 29.55 亿元人民币、外资贷款 9.88 亿美元(折合人民币 81.81 亿元)。小浪底工程资金来源及到位情况见表 4-2-2。

(一)财政拨款

财政拨款按水利部下达的年度基建投资计划逐年划拨资金,其中中央基建投资资金在 2002 年以后实行国库集中支付。小浪底工程开工至完工,累计到位财政拨款 221.33 亿元人民币,其中中央基建投资资金 164.21 亿元人民币、中央水利建设基金 56.55 亿元人民币、以工代赈 0.57 亿元人民币。小浪底工程历年财政拨款到位情况见表 4-2-3。

(二)内资贷款

内资贷款根据水利部下达的年度基建投资计划安排与银行签订借款合同,由银行按基建投资计划提供资金。内资贷款分为国家开发银行贷款和中国建设银行贷款。小浪底工程累计到位内资贷款 29.55 亿元人民币。

表4-2-2　小浪底工程资金来源及到位情况

序号	资金来源	概算			实际到位			实际到位占概算比（%）
		内资（亿元）	外资（亿美元/亿欧元）	合计（折合人民币,亿元）	内资（亿元）	外资（亿美元/亿欧元）	合计（折合人民币,亿元）	
一	财政拨款	230.52		230.52	221.33		221.33	96
二	内资贷款	29.55		29.55	29.55		29.55	100
（一）	国家开发银行贷款	25.23		25.23	25.23		25.23	100
（二）	中国建设银行贷款	4.32		4.32	4.32		4.32	100
三	外资贷款		$11.09	92.27		$9.88	81.81	89
（一）	世行硬贷款（一期,美元）		$4.60	38.27		$4.60	38.07	99
（二）	世行硬贷款（二期,美元）		$2.30	19.14		$2.14	17.71	93
（三）	世行硬贷款（二期,欧元）		€1.77	16.64		€1.03	10.61	64
（四）	世行软贷款（国际开发协会信贷）		$1.10	9.15		$1.12	9.27	101
（五）	出口信贷、国际商业贷款等		$1.09	9.07		$0.74	6.15	68
	合　计	260.07	$11.09	352.34	250.88	$9.88	332.69	94

表4-2-3　小浪底工程历年财政拨款到位情况　　　　（单位:万元）

年度	中央基建投资资金	中央水利建设基金	以工代赈资金	合计
1990	2 177.40			2 177.40
1991	7 424.30			7 424.30
1992	30 000.00			30 000.00
1993	54 725.70			54 725.70
1994	40 000.00			40 000.00
1995	78 704.00			78 704.00

续表 4-2-3

年度	中央基建投资资金	中央水利建设基金	以工代赈资金	合计
1996	121 296.00			121 296.00
1997	236 264.00	39 440.00		275 704.00
1998	279 000.00	59 300.00		338 300.00
1999	310 000.00	89 700.00		399 700.00
2000	159 000.00	126 000.00		285 000.00
2001	88 100.00	100 600.00		188 700.00
2002	70 000.00	80 000.00		150 000.00
2003	165 400.00	67 000.00		232 400.00
2004		3 500.00	5 700.00	9 200.00
合计	1 642 091.40	565 540.00	5 700.00	2 213 331.40

1. 国家开发银行贷款

国家开发银行贷款协议分别于 1994 年 12 月 12 日、1995 年 12 月 20 日、1996 年 11 月 27 日在北京签订，协议金额分别为 5 亿元、8.73 亿元、11.5 亿元，协议总金额为 25.23 亿元，实际到位 25.23 亿元。

2. 中国建设银行贷款

中国建设银行贷款协议分别于 1993 年 1 月 22 日、2008 年 11 月 24 日在小浪底工地和河南郑州签订，协议金额分别为 2 亿元和 2.32 亿元，协议总金额 4.32 亿元，实际到位 4.32 亿元。

小浪底工程历年内资贷款到位情况见表 4-2-4。

(三) 外资贷款

小浪底工程项目外资贷款包括世界银行贷款、美国进出口银行出口信贷、日本东京三菱银行商业贷款和中国建设银行外汇流动资金贷款 4 种。小浪底工程累计到位外资贷款折合美元 9.88 亿美元，折合人民币 81.81 亿元。

1. 世界银行贷款

世界银行贷款有两种，一种是国际复兴开发银行贷款，为有息贷款，俗称"硬贷款"，对已提取的贷款需付利息，对未提取的贷款需付承诺费；另一种是国

表 4-2-4　小浪底工程历年内资贷款到位情况　　　　（单位：万元）

年度	国家开发银行	中国建设银行	合计
1993		20 000.00	20 000.00
1994	50 000.00		50 000.00
1995	87 300.00		87 300.00
1996	115 000.00		115 000.00
2008		23 193.00	23 193.00
合计	252 300.00	43 193.00	295 493.00

际开发协会贷款,为无息贷款,俗称"软贷款"或"信贷",以"特别提款权"为记账单位("特别提款权"是国际货币基金组织创设的一种储备资产和记账单位,不是真正货币,不能直接用于贸易或非贸易支付,使用时必须先换成其他货币),软贷款只需付贷款承诺费,而没有贷款利息。

小浪底工程世界银行硬贷款用于枢纽项目工程价款支付,软贷款用于移民项目资金支付。小浪底工程世界银行贷款以财政部为借款人,财政部从世界银行贷款后将其转贷给水利部,水利部再转贷给小浪底工程项目业主。

小浪底工程世界银行贷款共分两期。一期贷款中既有用于枢纽工程的国际复兴开发银行美元贷款,又有用于移民项目的国际开发协会信贷。世界银行对贷款项目有严密的监管程序,从项目选定、准备、评估、执行到后评价有一整套严格的制度规范。世界银行于 1988 年 7 月开始组织专家组考察小浪底工程项目,预评估阶段 11 次派出工作组对工程进行考察,全面审查了工程技术、移民、水库环境评价、灌溉、水库调度、经济及财务分析等问题。1992 年 10 月,世界银行通过小浪底工程预评估。在正式评估阶段,世界银行对小浪底工程的费用概算、财务分析、工程招标文件、运行管理、移民规划等 29 个专题进行审查。1994 年 4 月 14 日,世界银行通过了对小浪底工程的正式评估,批准世界银行一期美元硬贷款和世界银行软贷款。6 月 2 日,贷款协议在美国华盛顿签订,世界银行一期硬贷款即国际复兴开发银行贷款(协议号为 3727-0CHA),协议金额为 4.6 亿美元;世界银行软贷款即国际开发协会信贷(协议号为 2605-0CHA),协议金额为 7 990 万个特别提款权(协议签订时折合 1.10 亿美元)。

世界银行一期硬贷款实际到位 4.6 亿美元,国际开发协会信贷实际到位 7 990 万个特别提款权(竣工决算基准日折合 1.12 亿美元)。

1997 年 3 月,世界银行对小浪底工程进行二期贷款评估。6 月 24 日,世界银行批准小浪底工程二期贷款。9 月 11 日,世界银行二期贷款协议在美国华盛顿签订。世界银行二期贷款全部为国际复兴开发银行硬贷款,全部用于枢纽工程,其中美元贷款 2.3 亿美元、德国马克贷款 3.465 亿马克(协议签订时折合 2 亿美元)。世界银行二期硬贷款实际到位 2.14 亿美元和 1.03 亿欧元(欧洲共同体国家于 2002 年 1 月 1 日正式启用欧元后,德国马克全部按固定汇率转换为欧元,1 欧元等于 1.955 83 马克)。

2. 美国进出口银行出口信贷

美国进出口银行出口信贷通过国家开发银行作为借款人对外融资,国家开发银行贷款后将其转贷给水利部,水利部再转贷给小浪底工程项目业主。美国进出口银行出口信贷协议于 1998 年 2 月 10 日在北京签订,协议总金额为 5 584 万美元,实际到位 5 486 万美元,主要用于购置水轮机及其附属设备。

3. 日本东京三菱银行商业贷款

日本东京三菱银行商业贷款通过国家开发银行作为借款人对外融资,国家开发银行贷款后将其转贷给水利部,水利部再转贷给小浪底工程项目业主。日本东京三菱银行商业贷款协议于 1998 年 2 月 10 日在北京签订,协议总金额为 1 000 万美元,实际到位 1 000 万美元,主要用于购置计算机监控系统、220 千伏干式电缆和发电机出口断路器。

4. 中国建设银行外汇流动资金贷款

中国建设银行外汇流动资金贷款协议于 2002 年 12 月 17 日在小浪底工地签订,协议金额为 950 万美元,实际到位 950 万美元,主要用于购置计算机监控系统、220 千伏干式电缆和发电机出口断路器。

小浪底工程历年外资贷款到位情况见表 4-2-5。

三、资金使用

小浪底工程建设资金使用实行年度投资计划管理。项目业主编制年度基建投资建议计划报水利部,水利部在宏观调控、综合平衡的基础上,每年第四季度将下一年度基建投资建议计划汇总报至国家计委,国家计委根据水利部报送

表4-2-5 小浪底工程历年外资贷款到位情况

（单位：万美元，万欧元）

年度	世行硬贷款（一期，美元）	世行硬贷款（二期，美元）	世行硬贷款（二期，欧元）	世行软贷款（折合美元）	美国进出口银行出口信贷（美元）	东京三菱银行商贷（美元）	中国建设银行外汇流资贷款（美元）	合计（折合美元）
1994	5 944.38			800.00				6 744.38
1995	10 565.10			2 710.85				13 275.95
1996	10 853.15			1 957.73				12 810.88
1997	14 631.05			1 371.11				16 002.16
1998	3 923.52	6 044.29		1 906.73	114.36	1 000.00		12 988.90
1999	57.52	7 075.72	1 577.18	241.26	1 784.86			11 121.99
2000	3.05	5 311.17	2 557.27	524.51	1 808.72			10 829.72
2001	0.41	2 591.31	5 466.59	1.95	1 158.42			10 554.72
2002		537.45	701.49	1 478.12	131.47		950.00	3 969.97
2003		25.49	203.46	203.46	488.44			717.39
2004	-186.81	-186.81						-186.81
合计	45 978.18	21 398.62	10 302.53	11 195.72	5 486.27	1 000.00	950.00	98 829.25

的基建投资建议计划及审核意见,将基建年度投资计划批复至水利部,由水利部再下达给小浪底建管局。小浪底建管局根据批复的年度基建投资计划,请拨财政资金,筹措内、外资贷款。每季度末,小浪底建管局将基建投资计划、执行情况和资金到位情况等报水利部。

小浪底工程经批复的历年基本建设投资计划总额为 343.65 亿元,占概算总投资 352.34 亿元的 97.53%。实际完成投资 314.93 亿元,占概算总投资的89.38%,小浪底工程实际完成投资与概算对比见表 4-2-6。

表 4-2-6　小浪底工程实际完成投资与概算对比

项目名称	概算			实际完成投资			实际完成投资占概算比（%）		
	合计(折合人民币,亿元)	内资（亿元）	外资（亿美元）	合计(折合人民币,亿元)	内资（亿元）	外资（亿美元）	合计	内资	外资
总投资	352.34	260.07	11.09	314.93	240.46	9.00	89.38	92.46	81.15
枢纽工程	260.49	177.37	9.99	222.95	157.74	7.88	85.59	88.93	78.88
水库淹没处理补偿	91.85	82.70	1.10	91.98	82.72	1.12	100.14	100.02	101.82

小浪底工程建设期形象进度一般都能按年度计划完成。部分年份投资计划未完成,主要原因是外资计划编制和实际提款折算采用的汇率不同、计划所列变更索赔费用没有支付等。1990 年完成的投资由黄委会垫支,1991 年的投资计划中包含 1990 年的投资完成额。小浪底工程历年投资计划、资金到位与投资完成情况见表 4-2-7。

小浪底工程实际完成投资 314.93 亿元,与概算相比节余投资 37.41 亿元。同时,小浪底工程也有部分国内土建标工程、部分金属结构设备及安装工程、咨询技术服务费、建设单位管理费等支出超出概算。

概算节余的主要原因:一是国家经济结构调整后物价较为平稳,价差预备费节省;二是国际标合同争议处理,减少了索赔金额;三是严格执行业主负责制、招标投标制、建设监理制,引入竞争机制,强化内部控制,部分项目节约了投资;四是机电设备进口关税及增值税节余;五是 500 千伏主变压器及开关站设备并入送出工程,节余了投资。

表4-2-7　小浪底工程历年投资计划、资金到位与投资完成情况　（单位:万元）

年度	投资计划	资金到位	投资完成
1990	—	2 177.40	2 177.40
1991	10 000.00	7 424.30	7 422.26
1992	35 000.00	30 000.00	30 000.00
1993	72 000.00	74 725.70	74 727.74
1994	159 314.00	146 848.48	112 372.90
1995	297 624.00	275 642.45	270 881.28
1996	395 000.00	342 235.53	360 700.98
1997	434 704.00	415 059.83	420 067.25
1998	465 000.00	438 325.71	418 103.48
1999	531 000.00	493 907.95	426 466.50
2000	360 000.00	374 240.03	309 522.55
2001	233 349.00	250 918.28	259 778.00
2002	150 000.00	191 939.15	199 819.33
2003	239 021.00	253 023.72	111 099.03
2004	544 930.00	30 473.93	146 168.64
合计	3 436 505.00	3 326 942.48	3 149 307.35

部分国内土建标工程超概算的主要原因:一是地质条件变化导致设计变更、赶工等增加费用。二是水土保持、环境保护等设计变更导致施工项目增加。小浪底工程概算编制时间较早,用于水土保持和环境保护方面的投资很少,随着环保意识增强,国家对工程建设中环境绿化的要求标准提高,原设计不能适应水土保持和环境保护的需要,为恢复和改善工区生态环境、控制水土流失增加了投资。三是土建项目招标时,为完整反映单项工程造价,把主体工程和相应的临时工程捆绑在一起,没有按概算项目划分方式将临时工程单独列出,造成部分土建项目投资超概算。

部分金属结构设备制造及安装、咨询及技术服务项目费超概算,主要原因是概算所列投资偏低。建设单位管理费超概算的主要原因是概算定额偏低、人员经费大幅增加,概算核定人工费标准工资与水利行业实际工资水平存在很大差异,同时职工福利费、工会经费、职工教育经费、住房公积金、养老保险、医疗保险、工伤保险、失业保险等以工资总额为基数计算的工资附加费相应增加等。

四、资金管控

小浪底工程投资规模大,建设资金构成复杂。为规范资金管理,防范支付风险,堵塞漏洞、消除隐患,防止和杜绝资金使用中的损失、浪费、截留、挤占、挪用现象,保障资金安全,提高使用效率,小浪底建管局采取多项管控措施。

(一)内控管理

为保障资金安全,小浪底建管局采取一系列内部控制措施。

(1)分离不相容岗位。从岗位设置上采取不相容职务相互分离措施,将经济业务审批人员与业务经办人员分离、业务经办人员与会计审核监督人员分离、出纳与会计分离。同时,依据财经法规赋予不同岗位人员一定的权限;经办人员对不符合规定的开支有权拒绝办理;审核监督人员发现违规的原始单据可以不予审核;出纳人员对手续不完备的业务有权拒绝支付。

(2)控制账户开设。小浪底建管局从源头上管理好建设资金,对银行账户开设做出严格规定。凡开设银行账户,须经总会计师审核并报小浪底建管局批准。工程建设期间,根据实际情况,适时对银行账户进行清查、合并、撤销,不允许多头开户、随意开户。

(3)资金授权审批。按照"职权明确、程序规范、责任清晰"的原则,结合工程实际,制定了《小浪底建管局资金使用批准权责划分实施细则》《小浪底项目工程价款结算管理办法》《小浪底建管局费用管理办法》等内控制度,严格资金使用授权审批,根据经济业务种类和资金额度大小确定不同的授权批准层次。既明确审批人对资金使用的授权批准方式、权限、程序、责任和相关控制措施,又明确经办人职责和工作要求。审批人在授权范围内进行审批,不得超越审批权限;经办人在职责范围内,按照审批人的批准意见办理相关业务。

(4)资金监管。将资金收支业务检查制度化。定期和不定期地核查库存现金和银行存款余额,对银行账户开设、资金存储划拨实时实地进行监督,确保货币资金账实相符、账账相符、账表相符。对检查中发现的问题,及时查明原因,做出处理。

(二)费用预算管理

费用是工程投资的重要组成部分。针对小浪底工程费用项目繁杂、业务发生频繁、控制难度大的特点,对费用开支实行预算管理。每年第四季度下达预算编制要求,明确编制范围、方法和上报时间,各预算责任部门按要求编制上报费用预算。预算管理部门根据年度工作计划及各预算责任部门的工作任务,结合上年度实际开支水平,进行审核、调整,形成费用预算草案,并将费用预算草案报项目业主批准后实施。批准后的预算作为费用开支的依据,各预算责任部门必须严格执行,没有预算的费用则不予开支。

(三) 价款结算管理

小浪底工程建设资金绝大部分以工程价款结算方式支付。小浪底工程价款支付采用"专业审核、分级把关"的管理模式,小浪底建管局和小浪底咨询公司各相关职能部门根据其在合同管理中的职责,分别审核项目支付有关内容,对支付证书逐级进行审查、签认。小浪底工程价款支付主要流程如下。

流程一:现场工程师、质量工程师、测量工程师及小浪底建管局有关部门分别对承包商完成的工程进度、质量、工程量、工程材料及调差按合同要求进行审查并签字确认。

承包商按规定格式以审查确认的工程量和单价向工程师代表部提交支付申请,并附相关证明材料;承包商进度支付申请由工程师代表部进行初步审查,然后报小浪底咨询公司合同部进行复审、签认,并开具支付证书;最后,由总监理工程师对支付证书进行签发。

流程二:总监理工程师签发的支付证书送交小浪底建管局财务处,财务处审核后送分管局领导签批。审批后需支付的人民币工程款,通过国内银行直接支付到承包商在当地开设的人民币账户;若需支付外币工程款,进入下一流程。

流程三:审批后需支付的外币工程款,若使用世界银行硬贷款,经财政部审核后提交世界银行,再由世界银行审查确认后将各种货币的款项直接支付到承包商账户。

不同种类的外资贷款,在提取使用时程序有所不同。世界银行硬贷款提取严格按照《采购指南》和《支付手册》规定程序执行,由世界银行将各种货币的款项直接支付到承包商账户;世界银行软贷款(信贷)的提取采取补偿支付方式,即先以人民币垫付工程价款,而后依信贷提款规定,按实际支付的金额回补资金;出口信贷和国际商业贷款的支付采用国际上通用的信用证支付方式,将资金直接支付给出口设备供应商。

五、审计

小浪底工程是国家"八五"重点建设项目,也是利用世界银行贷款的国际性工程。工程建设期间,政府审计机关、国家发展改革委及社会审计机构对工程建设管理和财务收支情况进行审计,主要有政府审计、社会审计和内部审计。

(一)政府审计

1994年8月至2004年7月,审计署驻郑州特派员办事处(简称审计署郑州特派办)作为政府审计机关依法对小浪底工程进行了多次审计。

1.基本建设项目审计

基本建设项目审计分为开工前审计、建设期审计和竣工决算审计三类。

(1)开工前审计。根据审计署、国家计委、建设部《固定资产投资项目开工前审计暂行办法》(审基发〔1992〕84号)和审计署《关于进一步做好建设项目开工前审计的通知》(审基发〔1993〕52号)要求,新开工项目必须经审计部门审计后才能批准开工。开工前审计重点是项目建设程序的合法合规性,项目资金来源的合理性、可靠性,开工前准备工作的完整性。

经小浪底建管局申请,审计署郑州特派办派出审计组于1994年8月6—17日对小浪底工程项目进行了开工前审计。审计结论是:"黄河小浪底水利枢纽工程基本符合基建程序和国家有关规定,具备开工条件,同意报批开工手续。"

小浪底建管局将审计结论与小浪底工程开工报告上报水利部。经国家批准,1994年9月12日,小浪底水利枢纽主体工程正式开工建设。

(2)建设期审计。工程建设期内,根据国家宏观政策需要和审计署郑州特派办年度审计计划,审计署郑州特派办于1995年和1999年对小浪底工程基建项目进行了两次审计。

1995年3月13日,审计署郑州特派办发出《审计通知书》(审郑办审通字〔1995〕9号),对小浪底工程自1991年1月至1994年12月31日的预(概)算执行情况进行审计。8月21日,审计署郑州特派办下达《审计决定》(审郑办审决字〔1995〕28号),对小浪底工程建设管理及移民安置工作给予客观评价,同时指出枢纽工程中存在的1个问题和移民工程中存在的5个问题。对审计提出的问题,小浪底建管局及河南、山西两省移民机构按照《审计决定》要求全部进行了整改。

1999年6月10日至9月4日,审计署郑州特派办对小浪底工程自1995年1月1日至1999年5月31日的预(概)算执行情况进行了全面审计。12月6日,审计署郑州特派办下达《审计决定》(审郑特审决投〔1999〕24号),对小浪底工程建设管理及移民安置工作给予充分肯定,同时指出枢纽工程中存在的10个问题和移民工程中存在的21个问题。对审计提出的问题,小浪底建管局及河南、山西两省移民机构按照《审计决定》要求全部进行了整改和落实。

(3)竣工决算审计。根据审计署《审计机关对国家建设项目竣工决算审计实施办法》(审投发〔1996〕346号),2004年5月10日至6月22日,审计署郑州特派办派出审计组对小浪底工程竣工财务决算的合规性、合理性和真实性实施审计,7月5日出具了《审计报告》。《审计报告》认为:"在小浪底水利枢纽工程建设期间,项目单位在加强工程投资管理,确保资金的合理、合法、有效使用方面做了大量的工作;有较为严格的资金使用审批制度和较为严密的资金支付程序;有预算管理制度,能够较为严格地控制费用支出;切实加强了资产的管理,在会计核算、财务管理中能较好地遵守国家的财经法规制度;总投资支出控制在批复调整概算之内;编制的小浪底水利枢纽工程建设项目竣工财务决算基本符合有关竣工财务决算编制规定。"《审计报告》同时还提出厂坝区整理美化设施超概算、概算外支付退地复耕费、预计未完工程及费用超概算部分未经上级部门批准等问题。为落实《审计报告》中提出的概算外列支及部分项目超概算问题,小浪底建管局向国家发展改革委、水利部进行了专题汇报。国家发展改革委以《关于小浪底水利枢纽工程部分配套项目概算核定的通知》(发改投资〔2005〕2042号)、水利部以《关于黄河小浪底水利枢纽工程库区黄河公路大桥工程、工程管理区工程地表整治防护工程调整概算的批复》(水总〔2006〕325号)对未完工程和超概算项目进行了批复。小浪底建管局依据批复对竣工财务决算进行调整。对《审计报告》中提出的其他问题,小浪底建管局按照审计要求进行了整改和落实。

按照《水利基本建设项目竣工决算审计暂行办法》(水监〔2002〕370号)规定,2007年7月12—23日,水利部审计室委托华建会计师事务所有限责任公司,对小浪底工程竣工财务决算再次进行审计。此次审计关注审计署郑州特派办的审计结果,并进一步核对了竣工财务决算报表的各项数据,重点对审计发现问题的整改落实及未完工程和预留费用的支出情况等进行审计。11月30

日,水利部审计室下达《关于对小浪底水利枢纽工程竣工决算的审计意见》(审意〔2007〕13 号)(以下简称《审计意见》)。《审计意见》认为:"小浪底建管局编制的小浪底工程竣工财务决算报告符合《基本建设财务管理规定》《水利基本建设项目竣工财务决算编制规程》的有关规定,反映了该工程项目的投资完成情况,可以作为该项目竣工验收的依据。"《审计意见》同时提出中条山供水工程等转出投资尚未办理交接确认手续、抓紧办理小浪底工程土地征用手续等问题。对审计提出的问题,小浪底建管局按照审计要求进行了整改和落实。

2.世界银行贷款项目审计

世界银行贷款项目审计是政府审计的组成部分。按照国际惯例,世界银行贷款项目必须经世界银行认可的独立审计师进行审计。在项目建设期内,借款人必须每年按时提供经由审计师公证的符合国际审计准则的年度财务报告,审计师对项目贷款协议执行情况和财务报表合法性、公允性、一贯性进行公证和监督。根据《中华人民共和国审计法》(1994 年 8 月 31 日第八届全国人大常务委员会第九次会议通过)第二十五条"审计机关对国际组织和外国政府援助、贷款项目的财务收支,进行审计监督",在法律上明确规定由政府审计部门对世界银行贷款项目进行审计。这一做法得到世界银行的认可。

审计署郑州特派办根据审计署授权(审授通外资〔1994〕238 号),从贷款项目协定生效的 1994 财务年度到 2003 财务年度完成最后一笔提款,每年都对小浪底工程进行审计,并根据世界银行要求,按照枢纽工程和移民项目分别进行审计并出具审计报告。

小浪底世界银行贷款项目审计,首先要依据国家有关的法律、法规、规章、制度,国家利用外资政策、产业政策、国民经济和社会发展规划等规定,还要符合政府及其有关部门与世界银行签订的贷款协定、项目协定,以及世界银行的有关规定和指南、国际审计准则、国际会计准则等。审计既重视合法性,更重视公正性,审计人员需要对财务报表是否准确反映审计期内项目的经营活动、项目执行是否符合贷款协议的要求、内部控制制度是否健全等进行全面审计,并对财务报告的公允性、合法性发表意见。

审计报告遵循国际惯例,分为无保留意见、保留意见、拒绝表示意见及否定意见 4 种,小浪底世界银行贷款项目历年审计报告均为无保留审计意见报告。

审计报告文字有中文和英文两种文本,审计报告不仅要送交小浪底工程项目业主,还要报送世界银行。

1995—2004 年,审计署郑州特派办每年都对枢纽工程进行审计,共进行 10 次审计,下达审计决定(或审计意见书)10 份,提出问题 52 项。小浪底建管局对审计提出的问题全部进行整改和落实。审计署郑州特派办历年审计枢纽工程情况见表 4-2-8。

表 4-2-8　审计署郑州特派办历年审计枢纽工程情况

序号	审计项目	审计时间	审计决定(意见)文号	审计结果	执行情况
1	1994 年度世行贷款小浪底工程项目审计	1995 年 6 月 8—16 日	审郑办审意字〔1995〕12 号	3 个问题	
2	1995 年度世行贷款小浪底工程项目审计	1996 年 4 月 1—12 日	审郑办审决字〔1996〕12 号	6 个问题	
3	1996 年度世行贷款小浪底工程项目审计	1997 年 5 月 27 日至 6 月 11 日	郑特审决投〔1997〕28 号	6 个问题	
4	1997 年度世行贷款小浪底工程项目审计	1998 年 5 月 25 日至 6 月 12 日	郑特审决投〔1998〕24 号	2 个问题	
5	1998 年度世行贷款小浪底工程项目审计	1999 年 5 月 24 日至 6 月 9 日	审郑特投〔1999〕5 号	3 个问题	全部按审计意见整改落实
6	1999 年度世行贷款小浪底工程项目审计	2000 年 5 月 9 日至 6 月 25 日	审郑特外资〔2000〕4 号	9 个问题	
7	2000 年度世行贷款小浪底工程项目审计	2001 年 5 月 14 日至 6 月 15 日	审郑特外资〔2001〕3 号	7 个问题	
8	2001 年度世行贷款小浪底工程项目审计	2002 年 5 月 13 日至 6 月 14 日	审郑特外资〔2002〕3 号	8 个问题	
9	2002 年度世行贷款小浪底工程项目审计	2003 年 5 月 12 日至 6 月 13 日	审郑特外资〔2003〕3 号	4 个问题	
10	2003 年度世行贷款小浪底工程项目审计	2004 年 5 月 10 日至 6 月 11 日	审郑特外资〔2004〕2 号	4 个问题	

1995—2004 年,审计署郑州特派办对移民项目每年均进行审计,共进行审计 11 次,下达审计决定(或审计意见书)11 份,提出问题 102 项(其中小浪底建管局移民局 31 项、地方移民机构 71 项)。小浪底建管局移民局及河南、山西两

省地方移民机构对审计提出的问题全部进行了整改和落实。审计署郑州特派办历年审计移民项目情况见表4-2-9。

表4-2-9　审计署郑州特派办历年审计移民项目情况

序号	审计项目	审计时间	审计决定（意见）文号	审计结果	执行情况
1	世界银行贷款小浪底移民项目1994年度执行情况	1995年3月13日至4月13日	审郑办审决字〔1995〕28号	移民局2个、地方移民机构3个问题	全部按审计意见整改落实
2	世界银行贷款小浪底移民项目1995年度执行情况	1996年4月2—12日	审郑办审决〔1996〕3号	移民局1个、地方移民机构2个问题	
3	世界银行贷款小浪底移民项目1996年度执行情况	1997年5月27日至6月13日	郑特审决投〔1997〕70号	移民局4个、地方移民机构10个问题	
4	世界银行贷款小浪底移民项目1997年度执行情况	1998年5月25日至6月12日	郑特审决投〔1998〕25号	移民局2个问题	
5	世界银行贷款小浪底移民项目1998年度执行情况	1999年6月1—25日	审计报告（代审计意见书）审郑特投〔1999〕4号	移民局5个问题	
6	世界银行贷款小浪底移民项目1999年度执行情况	2000年6月	审计报告（代审计意见书）审郑特外资〔2000〕5号	移民局6个问题	
7	世界银行贷款小浪底移民项目2000年度执行情况	2001年4月1日至5月22日	审计报告（代审计意见书）审郑特外资〔2001〕4号	移民局3个、地方移民机构12个问题	
8	世界银行贷款小浪底移民项目2001年1—9月执行情况期中审计	2001年10月29日至11月30日	郑特审外意〔2001〕8号	地方移民机构36个问题	

续表 4-2-9

序号	审计项目	审计时间	审计决定（意见）文号	审计结果	执行情况
9	世界银行贷款小浪底移民项目 2001 年度执行情况	2002 年 3 月 1 日至 4 月 25 日	审计报告（代审计意见书）审郑特外资〔2002〕2 号	移民局 4 个、地方移民机构 3 个问题	全部按审计意见整改落实
10	世界银行贷款小浪底移民项目 2002 年度执行情况	2003 年 3 月 1 日至 4 月 11 日	审计报告（代审计意见书）审郑特外资〔2003〕02 号	移民局 3 个、地方移民机构 2 个问题	
11	世界银行贷款小浪底移民项目 2003 年度执行情况	2004 年 3 月 1 日至 4 月 28 日	审计报告（代审计意见书）审郑特外资〔2004〕01 号	移民局 1 个、地方移民机构 3 个问题	

（二）社会审计

工程建设期间,小浪底建管局委托社会中介机构对小浪底工程部分单项工程竣工结(决)算进行审核验证,共实施合同(协议)项目 12 个,出具审计报告 14 份,报审工程投资 124.72 亿元。其中对小浪底工程Ⅰ标、Ⅱ标、Ⅲ标 3 个土建工程国际标和Ⅳ标机电安装国内标工程价款审核验证前后历时近一年,审减不合理投资,提出建设管理建议,为项目竣工验收提供了较为翔实的资料。小浪底工程历年委托社会审计情况见表 4-2-10。

表 4-2-10　小浪底工程历年委托社会审计情况

序号	审计项目	审计时间	实施单位及审计报告文号	审计结果	执行情况
1	小浪底宾馆、供水供电工程竣工结算审验	1994 年 10 月 19 日至 12 月 5 日	中州审计事务所（中审审字〔1995〕2 号、〔1995〕27 号）	供水供电工程造价合理；宾馆 6 个问题	全部按审计意见整改落实
2	1993—1994 年度财务处财务决算和财务收支审计查证	1995 年 2 月 17 日至 3 月 9 日	中州审计事务所（中审审字〔1995〕2 号）	8 个问题	

续表 4-2-10

序号	审计项目	审计时间	实施单位及审计报告文号	审计结果	执行情况
3	桥沟办公楼、洛阳基地、连地营地等竣工结算审验	1994 年 10 月 19 日至 12 月 5 日	中州审计事务所（中审审字〔1995〕33 号、〔1996〕14 号）	7 个问题	
4	小浪底移民资金财务收支审计	1996 年 11 月 4 日至 12 月 31 日	河南光华财务会计有限公司（豫光华审〔1997〕2 号）	8 个问题	
5	西沟坝工程竣工结算审验	2000 年 4 月 20 日至 6 月 21 日	河南中州工程咨询有限公司（中咨审字〔2000〕6 号）	合同价格合理，结算符合国家有关规定	
6	洛阳综合大厦竣工结算审验	2000 年 12 月 16 日至 2001 年 2 月 16 日	河南中州工程咨询有限公司（中咨审字〔2001〕03 号）	合同价格合理，结算符合国家有关规定	全部按审计意见整改落实
7	Ⅲ标工程价款结算审验	2002 年 6 月 19 日至 9 月 13 日	华建会计师事务所（华建审字〔2002〕023 号）	招标程序合法有效、合同文本规范、价款结算准确	
8	Ⅰ标工程价款结算审验	2002 年 8 月 7 日至 9 月 6 日	中审会计师事务所（中审审基字〔2002〕7007 号）	招标程序合法有效、工程量无差错、结算基本准确	
9	Ⅱ标工程价款结算审验	2002 年 9 月 16 日至 10 月 16 日	河南中州工程咨询有限公司（中咨审字〔2002〕016 号）	招标程序合法有效、合同文本规范、结算准确、支付凭证完整	
10	Ⅳ标工程价款结算审验	2003 年 10 月 13 日至 2004 年 1 月 2 日	华寅会计师事务所（寅咨〔2004〕1002 号）	内控制度健全有效、合同文本规范、结算无误、支付凭证完整	

续表 4-2-10

序号	审计项目	审计时间	实施单位及审计报告文号	审计结果	执行情况
11	生产调度中心办公楼、1 号和 2 号住宅楼工程竣工结算审验	2004 年 5 月 20 日至 7 月 10 日	河南诚和工程造价咨询有限公司（豫诚基字〔2004〕20 号）	审减、审增部分金额	全部按审计意见整改落实
12	生产调度中心综合服务楼工程结算审验	2005 年 1 月	河南中州工程咨询有限公司（中咨审字〔2005〕04 号）	报审工程造价与审定工程造价一致	

（三）内部审计

内部审计是工程建设管理的组成部分。内部审计的主要职能是加强内部监督，实现防弊、兴利、增效并举，为工程建设和经营管理服务。内部审计工作内容包括财务收支审计、经济效益审计、所属单位主要领导离任（任期）经济责任审计等。

工程建设期间，小浪底建管局审计处对所属单位进行多次审计，查出会计核算和经营管理中的问题，纠正违规违纪行为，并提出管理建议。小浪底工程历年内部审计情况见表 4-2-11。

表 4-2-11　小浪底工程历年内部审计情况

序号	审计内容	审计次数	提出问题	管理建议
1	财务收支审计	53	317	284
2	经济效益审计	20	166	107
3	经济责任审计	7	58	27

六、竣工财务决算

（一）决算编制

2002 年 12 月 5 日，小浪底工程枢纽部分通过水利部竣工初步验收。根据工程验收规程规定,需要尽快编制工程竣工财务决算。

2003 年 2 月 24 日,小浪底建管局成立小浪底工程竣工决算工作领导小组,下设领导小组办公室,负责组织和协调竣工决算各项准备及决算编制工作。

2004 年初,在资金到位、投资完成比例和各项准备工作符合决算编制条件的情况下,小浪底建管局按照水利部《水利基本建设项目竣工财务决算编制规程》(SL 19—2001),以 2004 年 2 月 29 日为竣工决算基准日,进行了小浪底工程竣工财务决算编制。竣工决算基准日汇率为 1 美元 = 8.277 0 元人民币,1 欧元 = 10.299 9 元人民币。

2004 年 4 月,小浪底工程竣工财务决算送审稿编制完成,项目总概算 347.24 亿元,到位建设资金 330.18 亿元,总投资支出 311.40 亿元。

(二)决算调整

小浪底工程竣工财务决算经历 3 次调整。

(1)第一次调整。根据 2004 年 7 月审计署郑州特派办对小浪底工程竣工财务决算的审计意见,小浪底建管局对审计提出的问题进行整改落实,并于 2007 年 6 月完成小浪底工程竣工财务决算第一次调整。

此次调整结果:竣工决算基准日不变,仍为 2004 年 2 月 29 日;将 2004 年 11 月到位的财政拨款 3 500 万元在决算基准日之前作账务处理,增加了财政拨款,到位资金由 330.18 亿元调整为 330.53 亿元;按国家发展改革委和水利部审计后的批复,在决算基准日之前调整工程投资,对原列预计未完工程及费用进行调整,工程投资支出调减 1.54 亿元,总投资支出由 311.40 亿元调整为 309.86 亿元。

(2)第二次调整。根据 2007 年 11 月水利部审计室对小浪底工程竣工财务决算审计意见,小浪底建管局对水利部审计室提出的“抓紧办理有关征地手续”等问题进行整改落实,并于 2008 年 11 月完成小浪底工程竣工财务决算第二次调整。

此次调整结果:竣工决算基准日仍是 2004 年 2 月 29 日;中国建设银行 2.31 亿元贷款在决算基准日之前作账务处理,增加投资借款,同时将世界银行收回的二期贷款专用账户资金余额 186.81 万美元(折合人民币 1 546.24 万元)冲减投资借款,到位资金由 330.53 亿元调整为 332.69 亿元;在决算基准日之前,工程概算调增库区及移民安置区土地征用费 5.099 3 亿元,总概算由

347.24 亿元调整为 352.34 亿元;工程投资支出调增 5.096 0 亿元;总投资支出由 309.86 亿元调整为 314.956 0 亿元。

（3）第三次调整。2012 年 12 月,小浪底建管局根据财政部批复意见进行小浪底工程竣工财务决算第三次调整。竣工决算基准日仍然是 2004 年 2 月 29 日,减少未完工程投资 235.13 万元。调整结果:项目总概算 352.34 亿元,到位建设资金 332.69 亿元,总投资支出 314.93 亿元,项目建设形成交付使用资产 304.60 亿元。

(三)决算验收

2008 年 12 月 14—18 日,小浪底工程进行竣工技术预验收时,由水利部财务司、审计室、规计司等 17 人组成小浪底工程竣工技术预验收财务审计组(以下简称财务审计组),对小浪底工程竣工财务决算进行技术预验收。财务审计组评价意见:"小浪底工程会计核算清晰,财务管理制度健全,资金管理规范,投资控制有效。竣工财务决算符合《水利基本建设项目竣工财务决算编制规程》(SL 19—2001)的要求,并已通过审计署驻郑州特派员办事处和水利部审计室的审计。竣工财务决算符合竣工验收条件,同意提请竣工验收委员会验收。"

(四)决算批复

2009 年 9 月,小浪底建管局将小浪底工程竣工财务决算报送水利部,水利部审核后转报财政部审批。2012 年 7 月,财政部批复小浪底工程竣工财务决算。批复结果是:项目概算投资 352.34 亿元;实际到位资金 332.69 亿元;项目实际完成投资 314.93 亿元,形成交付使用资产 304.60 亿元;核定项目转出投资 8.06 亿元,核销基建支出 2.27 亿元;项目结余资金全部用于偿还银行贷款。

第三节　招标管理

按照世界银行采购导则,小浪底工程主体土建工程和部分机电设备采取国际竞争性招标。根据工程特点和水电工程建设经验,在小浪底工程分标方案和招标设计中,主坝,进水口、洞群及溢洪道和发电设施 3 个主体土建工程采用国际招标进行施工,水轮机及附属设备等采用国际招标进行采购,国际招标程序严格按照世界银行采购导则要求进行;其他土建工程施工、机电及金属结构设备采购和机电安装工程等采用国内招标,按照中国招标投标相关法规,结合小浪底工程实际进行。

一、国际招标

小浪底主体土建工程施工和主要机电设备采购进行国际招标,招标人为黄河水利水电开发总公司,组织成立招标领导小组、评标委员会和评标工作组,按照世界银行采购导则推荐的招标程序实施招标。

(一)土建国际招标

小浪底主体土建工程中,主坝(Ⅰ标)、进水口、洞群及溢洪道(Ⅱ标)和发电设施(Ⅲ标)3个标进行国际招标,由黄河水利水电开发总公司委托招标代理机构,采用公开招标方式进行招标。

1.招标条件

1990年,黄委会设计院开展招标设计工作。通过公开招标,确定加拿大国际工程管理集团黄河联合咨询公司(英文简称CYJV)作为小浪底工程招标设计咨询公司。1990年底,黄委会设计院基本完成详细设计工作,1992年底,编制完成小浪底主体土建工程国际招标文件。

1993年3月,国家计委以《关于黄河小浪底水利枢纽工程初步设计的复函》(计农经〔1993〕459号),同意小浪底工程初步设计优化方案,批复小浪底工程投资及使用世界银行贷款计划。

2.招标组织

黄河水利水电开发总公司委托中国国家技术进出口公司国际招标公司(简称国际招标公司)作为小浪底工程国际招标代理机构。国际招标公司负责发布招标公告、发售标书、接受标书、开标并协助业主授标。

小浪底工程土建国际标招标组织包括招标领导小组、评标委员会和评标工作组。资格预审由黄河水利水电开发总公司组建资格预审委员会和资格预审工作组负责。

招标领导小组成员由水利部相关副部长、水利部有关司局领导、黄河水利水电开发总公司总经理组成,水利部相关副部长担任招标领导小组组长。招标领导小组主要职责为:审查评标委员会提交的评标报告、授权与意向中标人进行预谈判、决定授标。

评标委员会由水利部、能源部等有关部委,黄河水利水电开发总公司,黄委会设计院,国际招标公司等单位的 22 名专家组成。黄河水利水电开发总公司总经理担任评标委员会主任。评标委员会主要职责为:审查评标工作组提交的初步评价报告;审批和决定投标人短名单;确定澄清会的原则、内容、日期和议程,召开澄清会;负责向招标领导小组报告评标结果。

评标工作组由黄河水利水电开发总公司、黄委会设计院、国际招标公司有关单位的专家组成,黄河水利水电开发总公司副总经理担任评标工作组组长。评标工作组的主要职责为:对投标书进行检查分析,检查投标书是否符合招标文件的规定;核对投标书中的计算成果;对投标人提交的补充资料进行审查与评价;整理资料和数据;评价投标人的附加条件、保留条件、与招标文件偏差;准备要求投标人澄清的问题清单;就投标人短名单提出建议;编写向评标委员会提交的初步评价报告。评标工作组分为综合、商务和技术 3 个小组。

3. 资格预审文件和招标文件

(1)资格预审文件。小浪底工程土建国际标招标资格预审文件主要包括邀请函、引言及工程概况、业主提供的设施和服务、合同要点和资格预审要求 5 部分。

邀请函主要内容包括黄河水利水电开发总公司利用世界银行贷款支付小浪底工程主体土建项目说明;小浪底工程主体土建项目分 3 个标段,Ⅰ标为主坝标,Ⅱ标为进水口、洞群及溢洪道标,Ⅲ标为发电设施标,明确潜在投标人可以投任何一标或所有标;委托国际招标公司在北京代售资格预审文件。

引言及工程概况主要内容包括业主和工程背景情况介绍,3 个标工程范围,工程地理、地质条件,工程建设目标和特征,土建工程量和参考图纸。

业主提供的设施和服务主要内容包括对外交通和施工道路,物资转运、存放和施工场地,通信系统,施工、生活用电和供水系统,营地和医疗设施。

合同要点主要包括合同通用条件、合同专用条件、合同特别条件、技术规范和合同价款等。通用条件采用 FIDIC 合同条件;合同专用条件、合同特别条件结合小浪底工程特点专项编制,合同内容受中国法律约束;技术规范主要参照美国材料与试验协会(ASTM)和美国混凝土学会(ACI)标准,并辅以中国技术标准;合同价款采用单价形式,以人民币和相应外币按照完成工程量逐月支付工程款;鼓励雇用当地劳务,并按实用和现行工资福利标准支付劳务费用;当地材料如水泥、钢材、木材、炸药和油料等在中国购买;规定投标保函和履约担保格式;规定完工时间和违约罚款内容,合同语言采用英语等。

资格预审主要内容包括投标人必须严格按照资格预审文件要求填写 10 个表格;承包商概要;主要施工人员情况;已完成的与小浪底工程规模类似的工程情况;正在施工和可能承建的项目;主要施工设施和设备;公司财务报表;银行信用证;公证书;外汇要求;投标人保证书。保证所提供资料真实、准确,无条件接受业主对资格预审所做出的决定等。

(2)招标文件。招标文件按照世界银行采购导则的要求和格式编制,主要内容有:投标邀请书、投标人须知、合同条款,技术规范,投标书、投标担保书及授权书格式,合同协议书、履约保函与预付款保函格式,工程量清单和招标图纸等。招标文件经水利部审查后,黄河水利水电开发总公司于 1993 年 1 月提交世界银行。世界银行于 1993 年 2 月 4 日批准招标文件。招标文件分 4 卷 10章。小浪底工程主体土建工程招标文件目录见表 4-3-1。

表 4-3-1 小浪底工程主体土建工程招标文件目录

序号	名称		
1	第一卷 投标邀请书、投标人须知和合同条款	第一章 投标人须知	
2		第二章 合同条款	合同通用条件
3		第三章 合同特别条件	合同专用条件
4	第二卷 技术规范	第四章 技术规范	
5	第三卷 投标书及其附件与投标保函格式	第五章 投标书、投标担保书及授权书格式	
6		第六章 工程量清单	
7		第七章 补充资料细目表	
8		第八章 合同协议书、履约保函与预付款保函格式	
9	第四卷 图纸和资料	第九章 招标图纸	
10		第十章 参考资料	

4.招标程序和结果

小浪底工程土建国际标招标按照世界银行采购导则推荐程序,分为资格预审、招标投标和开标评标3个阶段、12个步骤,自1992年2月开始,1994年6月结束。小浪底工程土建国际标招标投标程序见图4-3-1。

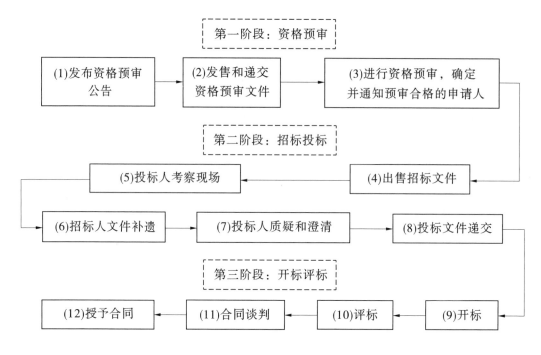

图4-3-1　小浪底工程土建国际标招标投标程序

（1）资格预审。资格预审主要包括发布资格预审公告、预审文件发售和递交、组织资格预审并通知预审合格的申请人3个阶段。

发布资格预审公告。1992年2月,在世界银行刊物《发展论坛》（Development Business）（1992年2月）刊登小浪底土建工程国际招标资格预审公告;1992年7月22日分别在《人民日报》中文版、《中国日报》英文版刊登资格预审邀请。同时,还在部分驻京使馆和商务代表处进行宣传。

预审文件发售和递交。1992年7月27日资格预审文件开始发售。资格预审申请人递交资格预审申请书的截止时间为1992年10月24日,后延期至1992年10月31日,共有13个国家45个公司购买小浪底土建工程国际招标资格预审文件。截至1992年10月31日,共有9个国家37个资格预审申请人正确填写并递交资格预审申请书,其中单独报送资格预审申请书的公司有2个,其他35个公司组成9个联营体报送资格预审申请书。7个联营体和1个单独公司均分别递交 3 个标的资格预审申请书,1 个联营体递交 2 个标的资格预审申请书,1 个联营体和 1 个单独公司各递交 1 个标的资格预审申请书,国际招标公司共收到 28 套资格预审申请书(每套资格预审申请书各正本 1 份、副本 5 份)。

组织资格预审并通知预审合格的申请人。资格预审分两个阶段,第一阶段为 1992 年 11 月 9—30 日,资格预审工作组分 3 个小组进行评审。第一小组为法律小组,审查资格预审申请人法人地位合法性、手续完整性及合法签字、表格填写完整性、商业信誉及施工业绩等;第二小组为财务小组,审查资格预审申请人提供的近 2 年财务状况,核查用于小浪底工程流动资产总额是否符合要求,以及其资金来源、银行信用、信用额度和使用期限等;第三小组为技术小组,审查资格预审申请人提交的表格,评价预审申请人施工经验、人员能力和经验、组织管理经验、施工设备状况等。第二阶段为 1992 年 12 月 7—12 日,资格预审工作组汇总 3 个小组分析报告,提交给资格预审委员会。资格预审委员会从信誉、经验、资源、财务等方面综合评价资格预审申请人资格,确定资格预审合格和不合格申请人名单,编制资格预审报告。

1993 年 1 月 5 日,黄河水利水电开发总公司向世界银行提交资格预审报告。1993 年 1 月 28—29 日,世界银行在美国华盛顿总部召开会议,批准了评审报告。经评审,确定 9 个联营体和 1 个独立公司预审合格。资格预审合格申请人名单见表 4-3-2。

1993 年 2 月 20 日,国际招标公司向资格预审申请人发出资格预审结果通知,并附有招标人授权代表签署的关于资格预审结果和邀请参加投标的邀请函。邀请函指明联营体中某些成员公司是有保留条件通过预审,要求联营体对其成员公司承担的工作予以调整。通过资格预审的申请人,在遵守邀请函中提出的条件的情况下,可以在国际招标公司购买小浪底工程土建国际标招标文件。

(2)招标投标。招标投标主要包括出售招标文件、现场考察及答疑、招标文件补遗、投标人质疑和澄清、投标文件递交 5 个阶段。

出售招标文件。1993 年 3 月 8 日,10 家资格预审合格的申请人购买了小浪底主体土建工程国际标招标文件,成为潜在投标人。

表 4-3-2　资格预审合格申请人名单

序号	联营体或公司成员
1	德国比芬格公司(责任方) 法国 SAE 公司 意大利英波吉罗公司 中国水利水电第三工程局
2	瑞典斯坎斯加公司
3	巴西安·古梯雷兹公司(责任方) 中国水利水电第五工程局
4	法国斯皮·巴蒂格诺尔公司(责任方) 中国水利水电第十一工程局
5	法国卡波隆公司(责任方) 意大利 CMC 公司 意大利托尔诺公司 西班牙德加德斯工程公司 中国陕西水电工程局 中国安能工程公司
6	韩国现代公司(责任方) 中国水利水电第四工程局
7	西班牙英特柯纳尔公司(Ⅰ标责任方) 西班牙 Cubiertasy Mzov 公司(Ⅱ标责任方) 墨西哥 ICA S. A. 公司(Ⅲ标责任方) 意大利 Società Italiana Per Condotte d, Acqua 公司
8	德国旭普林公司(责任方) 德国斯查巴德公司 德国威斯弗瑞塔德公司 意大利德尔法瑞洛公司 中国水利水电第七工程局
9	意大利英波吉罗公司(Ⅰ标与Ⅲ标责任方) 德国霍克蒂夫公司(Ⅱ标责任方) 意大利斯特拉公司 中国水利水电第十四工程局
10	法国杜美兹公司(Ⅰ标和Ⅲ标责任方) 德国霍兹曼公司(Ⅱ标责任方) 中国水利水电第六工程局

现场考察及答疑。招标文件规定,1993 年 3 月 8—12 日,招标人组织潜在投标人参加标前会和现场考察。招标人实际于 1993 年 5 月 8—12 日组织潜在投标人进行现场考察并召开标前会,答疑会议纪要由招标人分发至各潜在投标人。

招标文件补遗。1993 年 5—7 月,招标人先后向潜在投标人发出 4 次补遗,对合同条款、技术规范等进行修改、补充。应多数潜在投标人的要求,招标人在 3 号补遗中将投标截止日期由 1993 年 7 月 31 日推迟至 1993 年 8 月 31 日。

投标人质疑和澄清。招标人对潜在投标人提出的质疑进行了 3 次澄清,并分别于 1993 年 5—7 月以 1、2、3 号通函送至各潜在投标人。

投标文件递交。1993 年 8 月 31 日前,所有潜在投标人均递交了投标文件。

(3)开标评标。开标评标主要包括开标、评标、合同谈判、合同授予 4 个阶段。

第一阶段为开标。1993 年 8 月 31 日 14 时(北京时间),招标人在中技公司北京总部进行开标(见图 4-3-2)。开标时,各投标人代表均在场,并宣读各标投标人名称、投标价(包括人民币和外币两部分)和被允许的备选投标价。

图 4-3-2　小浪底工程国际招标开标

开标报价外币部分按照投标截止日前 28 天中国银行公布的外汇售价汇率

折合成人民币计算。小浪底工程土建国际Ⅰ标开标报价清单见表4-3-3,小浪底工程土建国际Ⅱ标开标报价清单见表4-3-4,小浪底工程土建国际Ⅲ标开标报价清单见表4-3-5。

表4-3-3 小浪底工程土建国际Ⅰ标开标报价清单

投标人或联营体责任方	开标结果	联合(Ⅱ标)中标后降价比例(%)	联合(Ⅲ标)中标后降价比例(%)	联合(Ⅱ、Ⅲ标)中标后降价比例(%)
	人民币(元)	人民币/美元(负值表示提升比例)		
杜美兹公司	1 929 053 763.00	3.13/3.13	2.16/2.16	3.11/3.11
英波吉罗公司	1 943 468 304.00	4.50/4.50	4.00/4.00	5.00/5.00
比芬格公司	2 039 494 805.00	3.09/1.44	0.00/0.00	3.12/1.98
旭普林公司	2 115 506 136.00	9.70/11.50	2.70/5.20	8.20/11.80
安·古梯雷兹公司	2 249 450 993.00	—	—	—
斯坎斯加公司	2 321 202 466.00	−12.00/−12.00	−10.00/−10.00	−15.00/−15.00
现代公司	2 588 885 272.00	1.50/1.50	1.20/1.20	1.50/1.50
英特柯纳尔公司	2 670 946 641.00	5.30/12.08	4.43/5.11	9.17/12.27
卡波隆公司	2 723 401 850.00	0.00/0.00	0.00/0.00	0.00/0.00

表4-3-4 小浪底工程土建国际Ⅱ标开标报价清单

投标人或联营体责任方	开标结果	联合(Ⅰ标)中标后降价比例(%)	联合(Ⅲ标)中标后降价比例(%)	联合(Ⅰ、Ⅲ标)中标后降价比例(%)
	人民币(元)	人民币/美元(负值表示提升比例)		
旭普林公司	2 800 906 931.00	9.70/11.50	1.60/4.60	0.00/0.00
斯皮·巴蒂格诺尔公司	2 866 365 725.00	—	7.30/6.00	—
现代公司	3 475 785 712.00	2.50/2.50	1.20/1.20	2.60/2.60
霍兹曼公司	3 533 923 774.00	3.50/3.50	1.70/1.70	3.40/3.40
英特柯纳尔公司	3 538 226 564.00	5.30/12.08	3.63/7.81	9.17/12.27

续表 4-3-4

投标人或联营体责任方	开标结果	联合（Ⅰ标）中标后降价比例（%）	联合（Ⅲ标）中标后降价比例（%）	联合（Ⅰ、Ⅲ标）中标后降价比例（%）
	人民币（元）	人民币/美元（负值表示提升比例）		
比芬格公司	3 767 236 906.00	3.09/1.44	0.66/1.60	3.12/1.98
英波吉罗公司	3 901 404 242.00	4.50/4.50	3.40/3.40	5.00/5.00
斯坎斯加公司	3 934 424 835.00	−12.00/−12.00	−12.00/−12.00	−15.00/−15.00
卡波隆公司	4 897 405 345.00	0.00/0.00	0.00/0.00	0.00/0.00

表 4-3-5　小浪底工程土建国际Ⅲ标开标报价清单

投标人或联营体责任方	开标结果	联合（Ⅰ标）中标后降价比例（%）	联合（Ⅱ标）中标后降价比例（%）	联合（Ⅰ、Ⅱ标）中标后降价比例（%）
	人民币（元）	人民币/美元（负值表示提升比例）		
杜美兹公司	813 752 569.00	2.16/2.16	1.39/1.39	3.11/3.11
旭普林公司	865 734 785.00	5.30/12.50	5.30/12.50	0.00/0.00
斯皮·巴蒂格诺尔公司	992 297 062.00	—	0.00/0.00	—
比芬格公司	1 105 097 923.00	0.00/0.00	0.66/1.60	3.12/1.98
斯坎斯加公司	1 133 452 001.00	−10.00/−10.00	−12.00/−12.00	−15.00/−15.00
英波吉罗公司	1 236 760 426.00	4.00/4.00	3.40/3.40	5.00/5.00
现代公司	1 259 757 134.00	0.00/0.00	2.75/2.75	5.90/5.90
英特柯纳尔公司	1 372 066 545.00	3.66/3.66	3.63/7.80	9.17/12.27
卡波隆公司	2 135 026 492.00	0.00/0.00	0.00/0.00	0.00/0.00

　　第二阶段为评标。评标从 1993 年 9 月开始，1994 年 3 月结束，分初评和终评两个阶段。初评对各投标人的投标文件进行评审，提出投标人短名单；终评

包括澄清和详细评审,确定拟选择的中标承包商意向。

初评的主要内容包括投标文件符合性检查、投标价算术性校验和核对、修正投标报价、投标人资格复审、投标文件附加条件(保留条件)审查等。评标工作组进行商务和技术分析后,1993年10月18日提出初步评审报告,列出了需要投标人进一步澄清的问题。评标委员会对初步评审报告评议后,确定了投标人短名单,Ⅰ标为英波吉罗、杜美兹、比芬格、旭普林、安·古梯雷兹公司,Ⅱ标为斯皮·巴蒂格诺尔、旭普林、现代、英特柯纳尔、霍兹曼公司,Ⅲ标为杜美兹、旭普林、斯皮·巴蒂格诺尔公司。

1993年11月15日,招标人向进入短名单的投标人发出书面澄清函,要求投标人对投标文件中与招标文件不符或不明确的地方,以及投标人的附加和保留条件进行澄清。投标人均进行了书面答复。1993年11月23—30日,招标人在郑州举行澄清会,邀请进入短名单前3名的投标人当面澄清。Ⅰ标澄清情况是:以英波吉罗、杜美兹和比芬格公司为责任方的3个联营体对Ⅰ标要求澄清的问题均做了澄清,并撤销所有附加和保留条件。Ⅱ标澄清情况是:以斯皮·巴蒂格诺尔公司和旭普林公司为责任方的两个联营体分别对Ⅱ标进行澄清时,均坚持计取材料价差管理费、增加关税管理费、加快预付款支付、推迟预付款扣还、用保函代替保留金等附加和保留条件;以现代公司为责任方的联营体对Ⅱ标要求澄清的问题做了澄清,撤销所有附加和保留条件。Ⅲ标澄清情况是:以杜美兹公司为责任方的联营体对Ⅲ标要求澄清的问题均做了澄清,并撤销所有的附加和保留条件;以斯皮·巴蒂格诺尔公司和旭普林公司为责任方的两个联营体分别对Ⅲ标进行澄清时,均坚持计取材料价差管理费、增加关税管理费、加快预付款支付、推迟预付款扣还、用保函代替保留金等附加和保留条件。在施工技术澄清方面,评标委员会要求投标人补充施工方法说明、施工进度计划、生产强度、施工设备、进场计划、混凝土温控措施等内容。

按世界银行采购导则和招标文件规定,对于个别非实质性偏离条件可予以适当接受,但在计算评标价时计入合适的修正值。以贴现方式对非实质性偏差进行定量计算并计入评标价后,小浪底工程土建国际招标评标价见表4-3-6。

综合考虑各投标人提出的联合中标降价幅度和联合中标可能带来的风险,评标委员会认为Ⅱ标技术复杂,其标价超过3个标标价之和的50%,确定不考虑Ⅱ标与其他各标联合中标。经对各标综合评审分析,评标委员会考虑到英波吉罗公司正承担中国二滩水电站施工任务且投标管理费高等,建议Ⅰ标、Ⅲ标联合授予以杜美兹公司为责任方的联营体,Ⅱ标授予以斯皮·巴蒂格诺尔公司为责任方的联营体。

表4-3-6 小浪底工程土建国际招标评标价 （单位:元）

标段	投标人或联营体责任方	投标价(工程量表额+计日工)	对偏离等的计算值	评标价	排名
国际Ⅰ标	英波吉罗公司	1 625 748 526.76	—	1 625 748 526.76	1
	杜美兹公司	1 696 703 243.44	—	1 696 703 243.44	2
	比芬格公司	1 858 258 617.97	—	1 858 258 617.97	3
国际Ⅱ标	斯皮·巴蒂格诺尔公司	2 509 441 774.16	93 906 177.11	2 603 347 951.27	1
	旭普林公司	2 585 394 891.77	94 701 804.34	2 680 096 696.11	2
	现代公司	3 084 087 718.86	16 942 521.90	3 101 030 240.76	3
国际Ⅲ标	杜美兹公司	767 635 952.60	5 868 087.90	773 503 040.50	1
	旭普林公司	836 691 864.50	31 318 235.74	868 010 100.24	2
	斯皮·巴蒂格诺尔公司	870 244 172.48	36 379 557.01	906 623 729.49	3

1994年1月29日,黄河水利水电开发总公司将《小浪底水利枢纽土建工程国际招标评标报告》以国际快件报世界银行。3月11日,世界银行认为Ⅰ标应取最低标。3月15日,黄河水利水电开发总公司向世界银行建议将Ⅰ标、Ⅱ标、Ⅲ标分别授予评标价最低的以英波吉罗、斯皮·巴蒂格诺尔、杜美兹公司为责任公司的联营体,世界银行当天批准。

第三阶段为合同谈判。合同谈判包括预谈判和正式谈判两个阶段。预谈判对澄清会中未能解决的遗留问题,再次与意向中标人进行沟通;正式谈判为招标人和投标人签订协议备忘录及附件,对合同的一些具体条款进行补充,就联合测量、承包商进口设备材料管理、指定当地材料采购及价格调差等事项达成协议。

1994年3月17日,招标人向英波吉罗公司发出合同预谈判邀请函。3月30日至4月6日,黄河水利水电开发总公司和以英波吉罗公司为责任方的联营体(谈判期间明确为黄河承包商)在郑州进行Ⅰ标合同预谈判,合同预谈判顺利达成一致。4月9日,黄河水利水电开发总公司同黄河承包商签订Ⅰ标协议备忘录及相应附件。4月30日,黄河水利水电开发总公司向黄河承包商发出Ⅰ标中标通知,5月3日收到其确认函传真。

1994年3月15日,招标人向斯皮·巴蒂格诺尔公司发出合同预谈判邀请函。3月21日至5月3日,黄河水利水电开发总公司与斯皮·巴蒂格诺尔公司在郑州进行Ⅱ标合同预谈判,斯皮·巴蒂格诺尔公司坚持保留附加条件,若取消附加条件需要补偿高额费用,双方未能达成一致。经世界银行批准,5月3日,黄河水利水电开发总公司拒绝其中标。5月12日,招标人致函旭普林公司,若旭普林公司取消附加条件可进行合同预谈判。5月18日,旭普林公司提交资料,同意取消附加条件,合同预谈判开始,以旭普林公司为责任方的联营体(谈判期间确定为中德意联营体)提出补偿部分金额要求。6月8日,双方达成一致,签订协议备忘录及相应附件,黄河水利水电开发总公司向中德意联营体发出Ⅱ标中标通知,6月10日收到其确认函传真。

1994年3月15日,招标人向杜美兹公司发出合同预谈判邀请函。3月25日至4月8日,黄河水利水电开发总公司和以杜美兹公司为责任方的联营体(谈判期间确定为小浪底联营体)在郑州进行Ⅲ标合同预谈判,合同预谈判顺利达成一致。4月8日,黄河水利水电开发总公司和小浪底联营体签订协议备忘录及相应附件。4月30日,黄河水利水电开发总公司向小浪底联营体发出Ⅲ标中标通知,5月3日收到其确认函传真。

第四阶段为合同授予。1994年5月28日,黄河水利水电开发总公司分别与黄河承包商和小浪底联营体草签了Ⅰ标、Ⅲ标合同文件。1994年6月28日,黄河水利水电开发总公司与中德意联营体草签了Ⅱ标合同文件。

1994年7月16日,黄河水利水电开发总公司与3个承包商在北京签订施工承包合同,小浪底工程土建国际招标中标单位见表4-3-7。

表4-3-7　小浪底工程土建国际招标中标单位

项目	Ⅰ标	Ⅱ标	Ⅲ标
中标单位名称	黄河承包商(YRC)	中德意联营体(CGIC)	小浪底联营体(XJV)
中标金额	5.6亿人民币+ 2.16亿美元	10.9亿人民币+ 5.06亿德国马克	3.16亿人民币+ 0.8421亿美元

(二)机电设备采购国际招标

小浪底水电站水轮机及其附属设备和 220 千伏干式电缆、计算机监控系统、发电机出口断路器 3 项电气设备等采用国际招标进行采购,按照世界银行采购导则并结合小浪底水电站实际情况进行招标。

1. 招标条件

小浪底水电站水轮机及其附属设备原计划使用世界银行贷款进行采购,后因世界银行贷款额度不足,调整为出口信贷方式,即国际制造商携资投标方式进行采购。

小浪底水电站 220 千伏干式电缆、计算机监控系统、发电机出口断路器 3 项电气设备采购原计划采用出口信贷合并采购。水利部对 3 项电气设备国际制造厂商进行了技术、融资能力调查,发现国际市场上能够同时制造这 3 项电气设备、提供出口信贷的厂商少,难以形成有效竞争;若采用分项招标,存在出口信贷融资额度小、吸引力不够等问题。水利部最终决定将 3 项电气设备的融资方式由出口信贷调整为利用国外商业贷款,采购方式变更为分项采购,以吸引更多技术能力强的厂商参加投标。

招标文件技术部分由黄委会设计院负责编制,商务部分由黄河水利水电开发总公司委托采购代理机构——中技公司负责编制。1994 年 10 月 25—29 日,水轮机及其附属设备招标文件经水利部组织审查后定稿。1997 年 3 月,3 项电气设备招标文件编制完成。

2. 主要技术问题处理

小浪底水电站水轮机运行存在两个技术难题:一是水头变幅大,最小水头 67.91 米,最大水头 141.67 米,最大水头与最小水头之比为 2.09∶1;二是过机水流含沙量大,对机组磨损严重,设计单位测算电站运行 10 年后,每年 7—9 月过机含沙量约 35.3 千克每立方米。

1994 年 8 月和 9 月,水利部国际合作司组织 6 家国际水轮机制造商召开小浪底水电站机电设备国际技术交流会。在技术交流过程中,黄河水利水电开发总公司提出不追求高参数、不单纯追求一个点的高效率,制造商只需在世界先进水平基础上尽量减轻泥沙对水轮机的磨蚀,水轮机在大水头变幅下尽量能稳定运行。在交流和讨论的基础上,黄河水利水电开发总公司对技术要求进行了统一,对招标文件进行修改完善。

3. 招标组织及方式

1994 年 7 月 18 日,水利部外资办、国际合作司,黄河水利水电开发总公司,黄委会设计院召开专题会议,会议议定由中技公司作为合同买方负责小浪底工程机电设备进口代理事宜。1994 年 12 月 22 日,小浪底建管局与中技公司签订小浪底水电站机电设备国际进口采购委托代理合同。

1995 年 3 月 11 日,水利部主持召开小浪底水电站水轮机及其附属设备招标工作部署会议,确定水轮机及其附属设备招标评标方式,成立招标领导小组。招标领导小组组长由水利部领导担任,成员包括水利部有关司局、水规总院、黄河水利水电开发总公司、黄委会设计院相关人员。招标领导小组下设评标委员会,评标委员会由黄河水利水电开发总公司、黄委会设计院、水利部外资办、中技公司、国家开发银行有关人员和外聘专家组成。评标委员会下设技术组、商务组和信贷组 3 个评标工作组。进口机电设备均采用邀请招标方式进行采购。招标、评标工作程序按世界银行拟定的程序进行。

4. 招标文件

参考财政部制定的《世界银行贷款项目招标文件范本》,根据小浪底水电站的具体运行条件,小浪底工程机电设备招标文件主要由 8 个部分组成。小浪底工程机电设备招标文件目录见表 4-3-8。

表 4-3-8　小浪底工程机电设备招标文件目录

序号		名称
1	商务部分	第一部分　报价邀请
2		第二部分　供货者须知
3		第三部分　报价文件组成
4		第四部分　合同通用条件
5		第五部分　合同专用条件
6		第六部分　进度要求
7	技术部分	第七部分　技术规范
8		第八部分　技术图纸

5. 招标程序和结果

招标人邀请美国福依特(Voith)、法国阿尔斯通(Alsthom)、加拿大

GE-日本日立联合体、瑞士苏尔寿(Sulzer)和挪威克瓦纳公司(Kvaerner Energ) 5家制造商(联合体)对小浪底水电站水轮机及其附属设备进行投标。1994年12月15日,水轮机及其附属设备招标文件在中技公司发售,接到邀请的5家制造商(联合体)购买了招标文件。

1995年4月17日,5家购买招标文件的制造商(联合体)提交了报价文件。水利部外资办在郑州组织开启了报价文件。小浪底水电站水轮机及其附属设备招标开标报价见表4-3-9。

表4-3-9 小浪底水电站水轮机及其附属设备招标开标报价　　　　(单位:美元)

序号	投标人	基本方案 (转速115.4转每分)	替代方案 (转速107.1转每分)
1	福依特公司	57 000 000	62 976 159
2	GE-日立联合体	79 585 805 71 341 405	82 662 884
3	克瓦纳公司	82 900 000	无
4	苏尔寿公司	71 414 000	76 055 910
5	阿尔斯通公司	54 995 000	57 675 391

1995年5月,评标委员会在北京分技术、商务、信贷3个评标工作组对各投标人的水力设计、结构设计、抗磨性能、技术参数、技术偏差、总报价和分项报价、价格调整、分包、生产业绩、信贷条件等进行分析评审。经综合比较后,投标人排名先后次序为:福依特公司—阿尔斯通公司—苏尔寿公司—GE-日立联合体—克瓦纳公司。

1995年6月,经招标领导小组批准,评标委员会选定福依特和阿尔斯通公司进行当面澄清,苏尔寿公司进行书面澄清。在澄清过程中,评标委员会认为福依特、阿尔斯通两家公司在商务条款方面都能满足要求,贷款条件也基本一致;在技术方面,福依特公司投入力量较多,提出的技术方案优于其他投标人。评标委员会建议福依特公司作为首选中标供应商,经招标领导小组批准后,直接从澄清进入实质性谈判。

1995年8月8日,黄河水利水电开发总公司与福依特公司在北京草签了水轮机及其附属设备采购合同,1996年1月10日正式签订合同。

小浪底水电站220千伏干式电缆、计算机监控系统、发电机出口断路器3

项电气设备招标过程与水轮机及其附属设备招标过程相似,1997 年 11 月 12 日,采购合同在北京签订。小浪底工程进口机电设备中标供应商见表 4-3-10。

表 4-3-10　小浪底工程进口机电设备中标供应商

序号	名称	中标厂家	合同价(美元)	合同签订时间
1	小浪底水电站水轮机、筒形阀、调速器及附属设备	美国福依特(Voith)公司	63 069 251.00	1996 年 1 月 10 日
2	小浪底水电站 220 千伏干式电缆及附属设备	德国西门子(Siemens)公司	4 355 035.86	1997 年 11 月 12 日
3	小浪底水电站计算机监控系统	奥地利伊林(Elin)公司	2 711 435.00	
4	小浪底水电站发电机出口断路器及附属设备	瑞士 ABB 高压技术有限公司	3 320 320.00	

二、国内招标

小浪底前期工程包括前期准备工程和提前开工的主体工程,主要通过邀请议标方式选择承包单位。1995 年 4 月,水利部颁发《水利工程建设项目施工招标投标管理规定》,主体工程、尾工工程主要采用公开招标、邀请招标、邀请议标 3 种方式,机电及金属结构设备采购在市场调研基础上主要采用邀请招标和邀请询价方式,机电安装工程采用邀请招标方式。

(一)前期工程邀请议标

小浪底前期工程开工时,没有招标投标方面的法规依据,小浪底建管局结合工程实际和管理需要,主要采用邀请议标的方式选择承包单位,对供电、通信及其他小型工程项目采用协商方式确定承包单位。

小浪底建管局计划合同处具体负责前期工程邀请议标工作,根据各项目施工内容、技术要求等,拟定参加议标单位、时间安排、评审单位等内容,经小浪底建管局批准后按照拟定程序组织实施。邀请议标主要程序包括招标人发售施工图纸、组织查勘现场、图纸交底和集中答疑,议标单位报议标文件,招标人组织评标、发中标通知、办理履约保函,双方合同谈判、签订合同等。

小浪底建管局和中标单位签订施工合同,合同文件包括合同协议、审定后的工程报价清单、合同条款、履约保函、技术规范、图纸等内容。前期工程合同文件内容见表 4-3-11。

表 4-3-11 前期工程合同文件内容

序号	内容	
1	第 I 卷:合同协议、审定后的工程报价清单、合同条款、履约保函	发包单位在议标期间发布的书面文件:议标日程安排、投标书内容、工程报价说明、工程报价清单、指定基础价格、议标答疑
2		中标通知
3		承包单位投标文件及投标补充说明
4	第 II 卷:技术规范	
5	第 III 卷:图纸	

小浪底前期准备工程主要项目分为 7 大类 72 个标段,合同金额合计约 36 113 万元;提前施工的部分主体工程主要项目分为 15 个标段,合同金额合计约 21 847 万元。小浪底前期准备工程和提前施工的部分主体工程主要项目承包单位见表 4-3-12。

表 4-3-12 小浪底前期准备工程和提前施工的部分主体
工程主要项目承包单位

序号	合同名称	承包单位选择方式	承包单位	合同金额(元)	签订日期
一、前期准备工程					
(一)交通道路					
1	南岸对外公路工程(柿园村—东官庄)	邀请议标	中国水利水电第十一工程局	25 517 443	1991 年 12 月 8 日
2	南岸场区干线公路东官庄—右坝肩工程		中国水利水电第三工程局	15 815 389	1992 年 7 月 29 日
3	南岸出渣道路右坝肩—赤河滩(0+000—1+782.59)工程		中国水利水电第五工程局	5 401 460	1992 年 12 月 31 日
4	南岸出渣道路右坝肩—赤河滩(1+782.59—4+542.95)工程		孟津县公路工程处	6 930 612	1993 年 6 月 5 日

续表 4-3-12

序号	合同名称	承包单位选择方式	承包单位	合同金额（元）	签订日期
5	南岸场区干线公路右坝肩—东河清（0+000—1+094.86）工程	邀请议标	陕西省水电工程局	5 278 912	1992 年 7 月 24 日
6	南岸场区干线公路右坝肩—东河清（1+094.86—3+932.18）工程		河南黄河工程局	7 635 820	
7	南岸场区干线公路（右坝肩—东河清）改线隧道工程		铁道部隧道工程局	单价合同	1993 年 12 月 24 日
8	南岸场区干线公路西苗家—基坑工程		陕西省水电工程局	11 213 644	1992 年 9 月 15 日
9	北岸场区干线公路风雨沟—小南庄工程		中国水利水电第十一工程局	13 405 602	1992 年 7 月 16 日
10	北岸场区干线公路蓼坞—风雨沟工程		中国水利水电第六工程局	5 010 825	1992 年 7 月 11 日
11	北岸场区干线公路蓼坞—桥沟桥—副坝工程			13 786 784	1992 年 7 月 31 日
12	北岸对外公路工程（9 号和 10 号公路）		河南省水利第一工程局	24 380 323	1991 年 11 月 11 日
13	12 号公路工程		中国水利水电第六工程局	2 972 476	1993 年 11 月 9 日
14	14 号公路混凝土路面工程			404 043	1994 年 3 月 1 日
15	19 号公路工程	协商委托	中国水利水电第十一工程局	401 394	1994 年 12 月 5 日
16	黄河大桥工程	邀请议标	河南黄河工程局	30 147 633	1991 年 11 月 26 日
（二）留庄转运站					
1	留庄转运站一期工程	邀请议标	中国水利水电第十一工程局	8 686 600	1992 年 11 月 12 日

续表 4-3-12

序号	合同名称	承包单位选择方式	承包单位	合同金额（元）	签订日期
2	留庄转运站工程	协商委托	中国水利水电第十一工程局	15 263 969	1993 年 6 月 3 日
3	留庄转运站铁路专用线工程	邀请议标		3 845 522	1993 年 6 月 2 日
4	留庄转运站接轨扩建工程	协商委托	郑州铁路局郑州基建发包处	18 175 900	1994 年 1 月
（三）施工供水工程					
1	北岸洞群、蓼坞供水系统工程	邀请议标	长江葛洲坝工程局排水工程公司	10 529 800	1991 年 11 月 25 日
2	坝址区南岸供水井		黄委会设计院	1 330 500	1991 年 11 月 23 日
3	坝址区北岸供水及备用井造井及试验	协商委托		2 730 000	1992 年 7 月 3 日
4	蓼坞、洞群 2 号姊妹井工程		中国水利水电第三工程局	1 431 458	1993 年 12 月 13 日
（四）施工供电工程					
1	东河清 110 千伏施工变电站工程	协商委托	中国水利水电第十一工程局	3 096 800	1992 年 9 月
2	连地变电站及"T"接线路工程	邀请议标	济源市电业局	1 020 000	1992 年 9 月 25 日
3	35 千伏坝头变电站工程		洛阳市电业局	1 845 440	1992 年 12 月 23 日
4	蓼坞变电站工程	协商委托	中国水利水电第十一工程局	4 699 660	1993 年 5 月 1 日
5	留庄 35 千伏变电站 35 千伏"T"接线路工程		济源市电业局	1 175 000	1993 年 7 月 5 日

续表 4-3-12

序号	合同名称	承包单位选择方式	承包单位	合同金额（元）	签订日期
6	110 千伏朝—东 I 输电线路工程	协商委托	洛阳市电业局	3 830 000	1992 年 7 月 8 日
7	110 千伏朝—东 II 输电线路工程	邀请议标	河南省送变电建设公司	10 557 300	1993 年 10 月 26 日
	110 千伏朝—东 II 输电线路工程补充合同				1994 年 1 月 28 日
8	35 千伏东—坝 I、II 输电线路工程	协商委托	洛阳市电业局	1 278 000	1993 年 10 月 14 日

（五）施工通信工程

序号	合同名称	承包单位选择方式	承包单位	合同金额（元）	签订日期
1	前期通信工程	协商委托	黄河水利委员会通信总站技术开发部	884 800	1991 年 12 月 6 日
2	小浪底南岸 240 门程控交换机工程			765 760	1993 年 3 月 3 日
3	微波通信铁塔工程		青岛东方铁塔公司	2 255 000	1993 年 7 月 12 日
4	通信线路工程		济源市邮电局	1 264 906	1993 年 7 月 22 日
5	北岸光缆中继线路工程			1 496 960	1993 年 9 月 9 日
6	寺院坡微波楼工程		河南黄河工程局	568 961	1993 年 9 月 25 日
7	桥沟 400 门程控交换机工程		河南黄河通信公司	2 839 544	1993 年 10 月 13 日
8	洛阳西工区—寺院坡—桥沟 240 路数字微波通信安装工程		洛阳市邮电局	1 486 008	1993 年 10 月 18 日
9	洛阳邮电局—南昌路光缆中继传输工程			1 334 186	1994 年 3 月 8 日

续表 4-3-12

序号	合同名称	承包单位选择方式	承包单位	合同金额（元）	签订日期
10	800 兆赫兹集群工程	协商委托	中国邮电工业总公司	1 500 000	1994 年 8 月 2 日
11	桥沟 800 门程控交换机安装工程		河南黄河通信公司	4 223 250	1994 年 11 月 2 日
（六）房屋建筑工程					
1	桥沟生活区办公楼工程	邀请议标	洛阳市建筑工程公司	7 036 743	1993 年 3 月 24 日
2	桥沟生活区宾馆工程		中国房地产开发总公司焦作公司	15 472 822	1993 年 5 月 21 日
3	桥沟生活区单身公寓（1 号楼）	协商委托	河南省第三建筑工程公司	1 571 973	1992 年 12 月 5 日
4	桥沟单身公寓工程承包合同(2 号、3 号楼)		洛阳市建筑工程公司	3 143 946	
5	桥沟单身公寓工程承包合同(4 号楼)		中国房地产开发总公司焦作公司	1 571 973	
6	桥沟生活区招待所工程		河南省第三建筑工程公司	1 978 376	1993 年 3 月 10 日
7	桥沟行政单身职工宿舍楼工程		中国水利水电第十一工程局	796 608	1994 年 4 月 8 日
8	桥沟东一区咨询专家楼工程	邀请招标	河南省第三建筑工程公司	1 595 000	1994 年 10 月 6 日
9	桥沟生活区小餐厅工程	协商委托		279 928	1993 年 10 月 27 日
10	桥沟餐厅、锅炉房、制冷站等工程		中国水利水电第十一工程局	5 732 320	1993 年 1 月
11	桥沟西二区综合楼及食堂工程	邀请议标	中国房地产开发总公司焦作公司	1 758 889	1993 年 12 月 20 日

续表 4-3-12

序号	合同名称	承包单位选择方式	承包单位	合同金额（元）	签订日期
12	桥沟职工医院楼	协商委托	河南省第三建筑工程公司	1 269 089	1994 年 3 月 31 日
13	桥沟生活区车库、司机楼工程		黄河小浪底建安公司	450 000	1994 年 7 月 3 日
14	小浪底建管局南岸建房工程（第一期）		洛阳市孟津县马屯乡小浪底村民委员会	145 570	1992 年 10 月 23 日
15	小浪底建管局南岸建房工程（第二期）		孟津县黄河小浪底工程公司	276 739	1992 年 10 月 25 日
16	东山Ⅱ标营地工程	邀请议标	中国水利水电第六工程局	1 771 860	1993 年 5 月 1 日
17	东山Ⅲ标营地工程			2 006 850	1993 年 5 月 22 日
18	连地滩砂石料场生活区建房（第Ⅰ期）工程	协商委托	中国水利水电第十一工程局	1 548 000	1992 年 3 月 18 日
19	桐树岭建房工程（第Ⅰ期）			2 598 336	1992 年 10 月 24 日
20	洛阳基地住宅楼工程	邀请议标	洛阳市建筑工程公司	11 003 161	1993 年 5 月 22 日
21	洛阳基地住宅楼（B 型）工程（3 号楼）		洛阳市辛店建筑安装工程公司	2 448 556	1993 年 6 月 3 日
22	洛阳基地住宅楼（B 型）工程（4 号楼）		洛阳市郊区建筑开发公司	2 485 517	1993 年 6 月 2 日
23	洛阳基地 C 型住宅楼工程		河南省第三建筑公司	3 253 755	1993 年 10 月 27 日
24	洛阳基地幼儿园、食堂及围墙大门工程	协商委托	洛阳市郊区建筑开发公司	2 642 041	1994 年 3 月 30 日

续表 4-3-12

序号	合同名称	承包单位选择方式	承包单位	合同金额（元）	签订日期
25	洛阳基地锅炉房、浴室及配电房工程	协商委托	河南省第三建筑公司三分公司	施工图预算加包干系数	1994年3月30日
26	洛阳基地生活配套用房工程		洛阳市西工区建设安装工程公司	1 572 754	1996年1月26日

（七）其他工程

1	施工支洞及探洞工程	邀请议标	中国水利水电第六工程局	8 974 500	1991年11月8日
2	连地砂石料场开采试验委托试验工程	协商委托	中国水利水电第十一工程局	430 000	1991年11月21日
3	连地砂石料场Ⅰ、Ⅲ、Ⅳ、Ⅴ采区开挖试验			900 000	1993年2月13日

二、提前施工的部分主体工程

1	主坝混凝土防渗墙第一期工程	邀请议标	北京市水利工程基础处理总队	18 105 700	1992年11月10日
2	小浪底水利枢纽控制工期关键工程上游围堰混凝土防渗墙工程		中国水电基础工程局	14 695 400	1993年1月10日
3	主坝混凝土防渗墙剩余工程	协商委托		18 709 277	1994年1月27日
4	小浪底水利枢纽控制工期关键工程进水口第一期工程	邀请招标	中国水利水电第十一工程局	34 193 200	1992年9月25日
5	小浪底水利枢纽控制工期关键工程出水口第一期工程		中国水利水电第十三工程局	57 311 500	1992年10月4日

续表 4-3-12

序号	合同名称	承包单位选择方式	承包单位	合同金额（元）	签订日期
6	小浪底水利枢纽控制工期关键工程尾水出口开挖工程	邀请议标	中国水利水电第六工程局	15 674 316	1993 年 5 月 28 日
7	黄河小浪底水利枢纽工程导流洞开挖第一期工程（桩号 0+400 前）		中国水利水电第十四工程局	15 513 900	1992 年 12 月 28 日
8	黄河小浪底水利枢纽工程导流洞开挖第一期工程（桩号 0+400 后）		中国水利水电第六工程局	17 500 400	
9	地下厂房 1 号通风竖井及探洞开挖工程		义马矿务局千秋煤矿	1 108 400	1993 年 1 月 12 日
10	西沟水库泄洪洞及进水塔工程		中国水利水电第十一工程局	3 452 751	1993 年 6 月 5 日
11	小浪底水利枢纽地下厂房施工支洞明拱段明拱钢筋混凝土工程	协商委托	中国水利水电第六工程局	2 134 779	1993 年 9 月 29 日
12	3 号交通洞工程			3 453 235	1993 年 4 月 15 日
13	4 号交通洞工程		中国水利水电第十一工程局	3 183 862	1993 年 4 月 30 日
14	黄河小浪底水利枢纽右岸 1 号、2 号交通洞和 1 号排水洞开挖工程	邀请议标	黄委会设计院地质勘探总队	5 739 394	1993 年 4 月 11 日
15	1 号、2 号交通洞、1 号排水洞混凝土衬砌工程			7 694 014	1994 年 1 月 4 日

(二)土建国内主体工程和尾工工程招标

主体工程开工后,1995年4月水利部《水利工程建设项目施工招标投标管理规定》印发执行,2000年1月《中华人民共和国招标投标法》施行,小浪底工程土建国内主体工程和尾工工程招标按照相应法规、规定进行。

1. 招标条件

小浪底工程土建国内主体工程和尾工工程招标需满足以下条件:项目为小浪底工程批复初步设计及概算内项目,是水利部批复的小浪底工程年度投资计划项目;招标文件已编制完成;已与设计单位签订满足施工进度要求的图纸交付合同;主要建筑材料来源已经落实,满足施工进度要求;施工征地和移民搬迁已经落实;施工准备工作基本完成,具备承包单位进入现场施工条件。

2. 招标组织和方式

(1)招标组织。2000年1月《中华人民共和国招标投标法》(简称《招标投标法》)实施前,小浪底建管局组织成立招标领导小组负责招标工作。小浪底建管局副局长担任招标领导小组组长,小浪底建管局总工程师和小浪底咨询公司总经理担任副组长,成员包括计划合同处、技术处、财务处、监察处和监理单位;招标领导小组下设评标工作组负责评标工作。《招标投标法》实施后,小浪底建管局组织成立评标委员会负责招标工作。小浪底建管局副局长担任评标委员会主任委员,小浪底建管局总工程师和小浪底咨询公司总经理担任评标委员会副主任委员,成员包括计划合同处、技术处、财务处、监察处和监理单位;评标委员会下设评标工作组负责评标工作。

小浪底建管局计划合同处为小浪底工程国内标招标责任部门,组织或承担招标文件编制、招评标、合同签订等;技术处负责招标图纸的审查和提供,招标文件中技术条款的编写、审查并参加开标、评标;财务处负责招标文件中支付结算等相关内容的审查并参加评标;监理单位参加评标,监察处对招标工作进行监督、检查。

(2)招标方式。小浪底工程土建国内招标主要采用公开招标、邀请招标、邀请议标3种方式。部分尾工项目采用协商委托方式委托小浪底水利水电工程公司、河南省小浪底绿化工程有限责任公司等单位承担。

公开招标由小浪底建管局通过有关报刊公开发布招标公告。公开招标时,不限制合格投标单位数目,经资格审查认可的投标单位不得少于3家。

邀请招标由小浪底建管局向具有承担该工程能力的 3 个以上(含 3 个)投标单位发出投标邀请书,至少有 3 个以上投标单位参加投标。

对特殊工程或零星工程,经小浪底建管局批准,采用邀请议标方式。邀请议标时邀请 3 个以上(含 3 个)具有承担该工程能力的投标单位参加,采用商议方式选定承包单位。

3. 招标文件

根据《水利工程建设项目施工招标投标管理规定》要求,小浪底工程国内土建工程招标文件主要包括 9 项内容。小浪底工程国内土建工程招标文件内容见表 4-3-13。

表 4-3-13　小浪底工程国内土建工程招标文件内容

序号	内容
1	工程综合说明(包括水文地质条件、建设项目内容、技术要求、质量标准、现场施工条件、建设工期等)
2	投标邀请书
3	投标须知
4	投标书格式及其附件
5	工程量报价表及其附件
6	合同协议书格式及履约保函
7	合同条款(其中包括材料及设备供应方式、工程量测量和工程款支付方式、预付款百分比、材料标准价格的采用和材料及设备价差调整方法等)
8	技术规范、验收规程
9	图纸、技术资料和设计说明

1994 年初至 1999 年底,招标项目按规定要求编制标底,并明确投标有效报价范围在标底以上 5% 和标底以下 8% 之间。标底由小浪底建管局委托设计单位编制,经审定后密封保存至开标。所有接触过标底的人员均负有保密法律责任。2000 年 1 月 1 日《招标投标法》实施后,不再强制要求编制标底,土建国内招标项目不再编制标底。

4. 招标程序

根据《水利工程建设项目施工招标投标管理规定》要求,小浪底工程土建国内工程招标主要包括以下 12 项程序：

（1）招标工作计划。小浪底工程土建国内招标项目具备招标条件后，由计划合同处提出招标工作计划报小浪底建管局批准。

（2）编制招标文件。小浪底建管局计划合同处组织编制招标文件报小浪底建管局审定，一些专业性特别强的项目委托设计单位编制。专业性强、技术复杂项目的招标文件由计划合同处组织技术处、财务处及有关专家进行会审。

（3）发布招标公告或邀请书。1994 年初至 1999 年底，公开招标公告由小浪底建管局在《经济日报》《中国水利报》等报纸上发布。2000 年以后公开招标公告主要在中国采购与招标网上发布。邀请招标由小浪底建管局向具备相应投标资格的 3 家及以上单位发出投标邀请书。

（4）出售招标文件。在招标公告或邀请书中明确规定招标文件的出售时间和地点，符合条件的法人单位按照要求进行购买。

（5）组织现场勘察、答疑。在投标截止日前 15 天内，小浪底建管局计划合同处组织购买招标文件单位进行现场勘察和答疑。答疑纪要及其他答复材料作为招标文件的补充以书面形式通知所有购买招标文件的单位。

（6）投标人递交投标文件。招标文件中规定有递交投标文件时间和地点。小浪底建管局计划合同处负责在截止时间前、在规定地点接收密封投标文件，并做好登记。

（7）组织开标。小浪底建管局计划合同处组织开标，技术处、财务处、监理单位有关人员参加，投标单位代表必须到场。开标时公开宣读投标单位名称、投标报价、工期等主要开标要素，并做好记录。

（8）组建评标机构。在小浪底建管局评标委员会（招标领导小组）领导下，计划合同处负责组织成立评标工作组。《招标投标法》实施前，评标工作组由计划合同处、技术处、财务处、监理单位有关专业技术人员和外聘专家组成；《招标投标法》实施后，小浪底建管局组建了评标专家库，评标工作组成员从评标专家库中抽取。

（9）组织评标。评标工作由小浪底建管局计划合同处组织，评标工作组具体评审。评标工作组一般分为技术、商务两个小组，先对投标文件进行响应性审查、技术评审、商务评审，再由评标工作组综合比较和评价，形成评审意见，编制评审报告，提出 2~3 个中标候选单位。评标期间，评标工作组根据需要可请投标单位对投标文件进行必要澄清。

（10）推荐中标单位。小浪底建管局计划合同处根据评审报告推荐的中标候选单位提出中标单位建议名单,报小浪底建管局批准。

（11）中标前谈判。招标人与排名第一的中标候选单位进行谈判,协商达成一致后确定为中标单位;不能达成一致的,与排名第二、第三的中标候选单位进行谈判或重新招标。

（12）发中标通知书、签订合同。中标单位确定后,小浪底建管局计划合同处在 7 天内发出中标通知书,同时抄送其他未中标单位。小浪底建管局与中标单位签订合同。

5. 招标结果

小浪底工程土建国内主体工程招标主要项目划分为 14 类 70 个标段,合同金额合计约 43 449 万元,其中 1~4 号灌浆洞及其帷幕灌浆工程 9 个标段、1~4 号排水洞及排水孔幕工程 4 个标段、泄水渠防护工程 2 个标段、副坝工程 1 个标段、西沟坝及泄洪工程 1 个标段、北岸灌溉洞工程 1 个标段、开关站工程 1 个标段、防渗补强灌浆工程 7 个标段、左岸山体观测工程 1 个标段、滑坡体处理工程 6 个标段、厂房装修工程 3 个标段、枢纽管理区道路改建工程 9 个标段、供水供电及通信系统改造工程 20 个标段、房屋建筑工程 5 个标段。小浪底工程土建国内主体工程招标中标结果见表 4-3-14。

小浪底工程国内招标尾工工程主要项目划分为 4 大类 63 个标段,中标金额合计 29 655 万元。其中,主体工程配套项目 30 个标段,主体工程缺陷处理项目 5 个标段,场地整治、水土保持和环境保护项目 25 个标段,枢纽管理区封闭和围栏工程 3 个标段。小浪底工程国内招标尾工工程中标结果见表 4-3-15。

（三）机电及金属结构设备采购国内招标

小浪底工程机电及金属结构设备采购国内招标,在进行充分市场调研的基础上,主要采用邀请招标和邀请询价方式进行。

1. 招标条件

小浪底工程机电及金属结构设备采购国内招标满足以下条件:资金属于小浪底工程建设资金,并按照年度投资计划足额到位;设备采购计划符合工程施工总进度计划和电站工程建筑安装进度计划;设备采购招标文件编制完成。

表 4-3-14　小浪底工程土建国内主体工程招标中标结果

序号	标段名称	招标方式	中标单位	中标金额（元）	合同签订时间
一、1～4 号灌浆洞及其帷幕灌浆工程					
1	1 号灌浆洞开挖衬砌工程	邀请议标	中国水利水电第十四工程局	489 704	2000 年 12 月 21 日
2	1 号灌浆洞帷幕灌浆工程（第一子标）	邀请招标	洛阳兴河水利水电工程有限责任公司	3 077 367	2001 年 7 月 20 日
3	1 号灌浆洞帷幕灌浆工程（第二子标）		洛阳小浪底水利水电工程有限公司和中国水利水电第一工程局联合体	3 986 169	2001 年 7 月 19 日
4	2 号灌浆洞开挖衬砌工程	邀请议标	黄委会设计院地质勘探总队一队	1 435 085	1994 年 11 月 22 日
5	3 号灌浆洞开挖衬砌工程		河南黄河工程局	6 685 244	1994 年 6 月 10 日
6	2 号、3 号灌浆洞帷幕灌浆工程	邀请招标	中国水电基础工程局	13 731 019	1996 年 6 月 27 日
7	4 号灌浆洞开挖衬砌工程	邀请议标	中国水利水电第十一工程局	7 250 844	1994 年 6 月 10 日
8	4 号灌浆洞帷幕灌浆工程	邀请招标	黄委会设计院地质勘探总队一队	17 713 880	1996 年 6 月 28 日
9	主坝右岸 F_{233}—F_{231} 断层封堵灌浆		中国水电基础工程局	6 577 159	2000 年 2 月 21 日
二、1～4 号排水洞及排水孔幕工程					
1	1 号排水洞排水孔工程	邀请议标	黄委会设计院地质勘探总队	4 560 665	1998 年 6 月 24 日

续表 4-3-14

序号	标段名称	招标方式	中标单位	中标金额（元）	合同签订时间
2	2 号排水洞及 AB 交通洞排水孔工程	邀请议标	中国水电基础工程局	1 156 594	1998 年 6 月 11 日
3	3 号排水洞排水孔工程		河南黄河小浪底金龙工程有限责任公司	1 822 637	1998 年 6 月 15 日
4	4 号排水洞排水孔工程		黄委会设计院地质勘探总队	3 324 665	1998 年 6 月 11 日
三、泄水渠防护工程					
1	桥沟河下游左岸消力塘泄水渠左岸泄水渠右岸控导防护堤工程	邀请招标	河南黄河小浪底金龙工程有限责任公司	39 985 435	1996 年 9 月 30 日
2	泄水渠右岸边坡防护工程	协商委托	洛阳小浪底水利水电工程有限公司	811 032	2000 年 12 月 7 日
四、副坝工程					
1	副坝工程	邀请招标	洛阳小浪底水利水电工程有限公司和中国水利水电第十四工程局联合体	27 714 688	2000 年 1 月 3 日
五、西沟坝及泄洪工程					
1	西沟坝及泄洪工程	邀请招标	洛阳小浪底水利水电工程有限公司与中国水利水电第三工程局联营体	11 864 073	1998 年 10 月 8 日

续表 4-3-14

序号	标段名称	招标方式	中标单位	中标金额（元）	合同签订时间
六、北岸灌溉洞工程					
1	北岸灌溉洞工程	邀请招标	洛阳小浪底水利水电工程有限公司与中国水利水电第十四工程局联合体	21 233 135	2002 年 6 月 10 日
七、开关站工程					
1	开关站土石方工程	邀请招标	河南黄河工程局	35 600 783	1996 年 10 月 16 日
八、防渗补强灌浆工程					
1	溢洪道及其以南帷幕补强灌浆	邀请招标	中国水利水电第六工程局和中国水利水电闽江工程局联合体	8 302 164	2000 年 3 月 10 日
2	溢洪道北侧至 4 号灌浆洞北端帷幕补强灌浆		中国水利水电第三工程局	8 298 807	
3	4 号灌浆洞北端至副坝南端帷幕补强灌浆		中国水利水电第一工程局	7 354 311	
4	副坝以北帷幕补强灌浆		中国水电基础工程局和洛阳小浪底水利水电工程有限公司联合体	8 018 128	
5	2 号灌浆洞帷幕补强灌浆	邀请议标	中国水电基础工程局	4 002 435	2000 年 7 月 8 日
6	3 号灌浆洞帷幕补强灌浆和固结补强灌浆	邀请招标	黄委会设计院地质勘探总队	14 857 457	2000 年 3 月 10 日

续表 4-3-14

序号	标段名称	招标方式	中标单位	中标金额（元）	合同签订时间
7	4号灌浆洞帷幕补强灌浆	邀请招标	中国水电基础工程局和洛阳小浪底水利水电工程有限公司联合体	25 028 835	2000年3月10日

九、左岸山体观测工程

| 1 | 小浪底水利枢纽左岸山体观测施工 | 邀请议标 | 鲁布革水电科技实业公司和中国水电基础工程局联营体 | 4 081 250 | 1999年9月28日 |

十、滑坡体处理工程

1	消力塘上游边坡抗滑桩工程	协商委托	冶金部第一勘查基础工程总公司	5 504 909	1996年10月21
2	抗滑桩工程剩余工程		中国水利水电第三工程局	4 164 845	1997年6月16日
3	东苗家滑坡体防护山体排水工程		黄委会设计院地质勘探总队	9 935 202	
4	东苗家滑坡体防护地表排水工程		河南黄河小浪底金龙工程有限责任公司	701 483	
5	东苗家滑坡体防护压脚护坡（Ⅲ—Ⅲ断面上游段）	邀请招标	中国水利水电第三工程局	8 144 269	1997年9月3日
6	东苗家滑坡体防护压脚护坡（Ⅲ—Ⅲ断面下游段）		河南黄河工程局	6 943 612	

十一、厂房装修工程

| 1 | 地下厂房建筑装修工程 | 公开招标 | 深圳市文业装饰设计工程公司 | 11 012 124 | 1999年6月17日 |

续表 4-3-14

序号	标段名称	招标方式	中标单位	中标金额（元）	合同签订时间
2	地面副厂房建筑装修工程	公开招标	洛阳天鹰装饰工程有限公司	5 298 677	1999 年 5 月 7 日
3	坝顶控制楼建筑装修工程		广东省建筑装饰工程公司	8 411 160	1999 年 5 月 26 日

十二、枢纽管理区道路改建工程

序号	标段名称	招标方式	中标单位	中标金额（元）	合同签订时间
1	18 号公路工程	邀请招标	中国水利水电第四工程局与河南黄河小浪底金龙工程有限责任公司联营体	3 412 782	1998 年 10 月 27 日
2	2 号公路路面改建工程		洛阳小浪底水利水电工程有限公司	7 778 685	2001 年 5 月 24 日
3	4 号公路路面改建工程		中国水利水电第十四工程局	6 689 374	
4	小浪底水利枢纽工程8 号公路（K0+609—K3+401 段）、9 号公路（K0+000—K3+000 段）路面改建工程		中国水利水电第三工程局	9 505 937	
5	9 号公路路面改建工程（K3+000—K6+000 段）		河南黄河工程局	4 806 675	
6	5 号公路改建工程	协商委托	小浪底建管局实业公司	2 061 584	2001 年 12 月 17 日
7	20 号公路改建工程		小浪底建管局实业公司	1 883 114	2001 年 12 月 27 日
8	15、16、17 号公路路面改建工程		洛阳小浪底水利水电工程有限公司	1 160 290	2002 年 3 月 21 日
9	黄河小浪底水利枢纽11 号公路路面改建工程		中部区尾工联营体	693 299	2002 年 12 月 18 日

续表 4-3-14

序号	标段名称	招标方式	中标单位	中标金额（元）	合同签订时间
十三、供电、供水及通信系统改造工程					
1	东河清变电站和蓼坞变电站综合自动化系统	邀请招标	国家电力公司南京电力自动化设备总厂	1 401 500	2001 年 4 月 13 日
2	小浪底供水系统三级泵站至南岸供水管道改造工程	协商委托	中国水利水电第四工程局	275 100	2001 年 7 月 4 日
3	北岸洞群供水系统供水自动化改造	邀请招标	国家电力公司南京电力自动化设备总厂	1 150 000	2001 年 7 月 5 日
4	小浪底北岸洞群供水系统电气二次部分和一、三级加压泵站设备改造工程	邀请委托	中国水利水电第三工程局	524 789	2001 年 12 月 3 日
5	小浪底供电系统东河清变电站改造工程	协商委托	中国水利水电第十四工程局	586 270	2001 年 12 月 5 日
6	小浪底供电系统东河清变电站主变压器安装和 110 千伏系统大修工程		洛阳市电业局	221 694	
7	小浪底供电系统改造、供电线路大修拆除及 10 千伏箱式变电站安装工程		中国水利水电第三工程局	729 985	
8	小浪底供电系统东、西区营地电网改造土建部分施工		河南省济源市丹阳工程有限责任公司	1 298 968	

续表 4-3-14

序号	标段名称	招标方式	中标单位	中标金额（元）	合同签订时间
9	小浪底供电系统桥沟东、西区(含制冷站)两变电所及低压线路改造工程,南岸供电线路大修拆除及 10 千伏箱式变电站安装工程	协商委托	中国水利水电第十一工程局	925 567	2001 年 12 月 5 日
10	小浪底供电系统东、西区营地电网改造土建工程		河南省济源市丹阳工程有限责任公司	1 298 967	
11	小浪底专用通信网桥沟办公区通信电缆线路改造、拆除工程	邀请委托	中国水利水电第十一工程局	984 834	
12	小浪底闭路电视、计算机网络系统改造工程		河南省郑州市江河安装工程有限公司	367 262	
13	小浪底蓼坞供水系统改造工程蓼坞至 205 水池段	协商委托	中国水利水电第三工程局	359 288	2002 年 7 月 31 日
14	小浪底蓼坞供水系统改造工程蓼坞至东河清等段			394 678	
15	小浪底蓼坞供水系统改造工程 290 水池至 308 水池段			145 002	
16	小浪底蓼坞供水系统改造工程防腐、保温施工		河南省防腐公司二公司	733 309	
17	小浪底专用通信网南岸通信电缆线路改造、拆除工程		中国水利水电第十一工程局	126 817	

续表 4-3-14

序号	标段名称	招标方式	中标单位	中标金额（元）	合同签订时间
18	小浪底专用通信网工区通信电缆线路改造、拆除工程	协商委托	中国水利水电第三工程局	211 542	2002 年 7 月 31 日
19	小浪底西区生活区供电维修改造工程	邀请议标	中国水利水电第十一工程局	758 000	2002 年 10 月 29 日
20	小浪底西区生活区外管网安装工程		洛阳矿机动力有限公司	441 000	

十四、房屋建筑工程

（一）洛阳综合大厦

1	洛阳综合大厦桩基工程	邀请招标	河南黄河工程局	660 000	1998 年 1 月 21 日
2	洛阳综合大厦工程		河南省第六建筑工程公司	28 180 610	1998 年 7 月 1 日
3	洛阳综合大厦一、二层二次建筑装修工程	公开招标	山东华通装饰工程有限公司、广东省建筑装饰工程公司	4 638 437	1999 年 7 月 28 日
4	洛阳综合大厦五层以上二次建筑装修工程		河南省第六建筑工程公司	2 358 105	1999 年 8 月 20 日
（二）	蓼坞转轮检修车间工程	邀请议标	中国水利水电第十四工程局	3 650 000	2001 年 10 月 17 日

表 4-3-15　小浪底工程国内招标尾工工程中标结果

序号	标段名称	招标方式	中标单位	中标金额（元）	合同签订时间
一、主体工程配套项目					
（一）电厂远程自动化控制系统					
1	小浪底水利枢纽郑州集中控制系统及附属设备	公开招标	北京中水科自动化工程公司	7 709 870	2004 年 7 月 13 日
2	小浪底—西霞院水利枢纽集中控制中心装修工程		河南恒丰实业有限公司	1 917 589	2004 年 12 月 30 日
3	小浪底—郑州 SDH 数字微波通信系统设备采购	邀请招标	哈里斯通信（深圳）有限公司	2 223 706	2005 年 1 月 25 日
4	小浪底—郑州 SDH 数字微波通信系统铁塔设计、制作和安装		河北景县广川广播电视器材厂	339 177	2005 年 1 月 24 日
5	小浪底水利枢纽工程小浪底—郑州 SDH 数字通信工程设备安装	协商委托	河南黄河信息技术公司	617 835	2005 年 5 月 26 日
（二）郑州生产调度中心综合楼及配套设施					
1	小浪底生产调度指挥中心综合楼	公开招标	河南省第六建筑工程公司	21 300 000	2001 年 6 月 18 日
2	小浪底生产调度指挥中心 1 号住宅楼			15 221 400	2001 年 11 月 9 日
3	小浪底生产调度指挥中心 2 号住宅楼	邀请招标		25 260 000	2002 年 10 月 8 日
4	小浪底生产调度指挥中心综合服务楼		中国建筑第二工程局	21 000 000	2003 年 4 月 6 日
（三）武警营地建设及配套设施					
1	武警中队部一标段	邀请招标	洛阳坚磊建筑安装有限公司	4 200 000	2006 年 3 月 1 日
2	武警中队部二标段		河南纵横建设有限公司	2 680 000	

续表 4-3-15

序号	标段名称	招标方式	中标单位	中标金额（元）	合同签订时间
（四）增设两扇尾水检修闸门					
1	发电洞尾水检修闸门	邀请招标	三门峡水工机械厂	2 056 390	2004 年 4 月 7 日
（五）工作码头					
1	小浪底水利枢纽工作码头工程	公开招标	小浪底水利水电工程有限公司	3 031 002	2007 年 9 月 5 日
（六）枢纽管理区南北岸入口大门					
1	小浪底水利枢纽南北大门工程	协商委托	小浪底水利水电工程有限公司	2 102 249	2006 年 5 月 18 日
（七）左岸山体及坝基渗漏处理工程					
1	北岸灌溉洞固结灌浆	邀请招标	小浪底水利水电工程有限公司和中国水利水电第一工程局联合体	2 033 423	2002 年 3 月 21 日
2	小浪底水利枢纽左岸岸坡帷幕补强灌浆		小浪底水利水电工程有限公司	1 020 141	2003 年 4 月 14 日
3	小浪底水利枢纽左岸山体帷幕补强灌浆		中国水利水电第三工程局	2 315 146	2003 年 8 月 5 日
4	小浪底左岸山体防渗补强工程第一标段 3 号、4 号灌浆洞帷幕补强灌浆		洛阳兴河水利水电工程有限公司	6 228 226	2004 年 6 月 4 日
5	小浪底左岸山体防渗补强工程第二标段灌溉洞帷幕补强灌浆		中国水电基础工程局	16 909 837	2004 年 6 月 5 日

续表 4-3-15

序号	标段名称	招标方式	中标单位	中标金额（元）	合同签订时间
6	小浪底左岸山体防渗补强工程第三标段地面帷幕补强灌浆	邀请招标	中国水利水电第一工程局	17 920 364	2004 年 6 月 4 日
7	小浪底左坝肩帷幕补强灌浆（第一标段）3 号灌浆洞帷幕灌浆			15 371 861	2005 年 1 月 24 日
8	小浪底左坝肩帷幕补强灌浆（第二标段）4 号灌浆洞帷幕灌浆		中国水利水电第十一工程局	6 320 610	
9	小浪底 4 号排水洞补充排水孔工程	邀请询价	中国水利水电第一工程局	1 963 208	2005 年 7 月 13 日
10	小浪底 28 号排水洞排水孔工程			1 747 903	
（八）消防站工程					
1	小浪底水利枢纽消防站施工	协商委托	中国水利水电第十四工程局大理分局	1 015 847	2003 年 4 月
（九）坝下水文测站站房和观测设施工程					
1	小浪底水利枢纽坝下水文测站设计和安装工程	协商委托	北京欧特科新技术有限公司	878 448	2002 年 10 月 8 日
2	小浪底坝下水文测站站房建筑工程		小浪底水利水电工程有限公司	726 920	2002 年 10 月 14 日
（十）索道桥工程					
1	小浪底坝后泄水渠人行索道桥工程	协商委托	河南黄河工程局	2 386 446	2002 年 3 月 31 日
（十一）中闸室与进水塔等增加通风系统					
1	孔板洞中闸室通风设备安装工程	协商委托	小浪底水利水电工程有限公司	97 027	2003 年 9 月 24 日

续表 4-3-15

序号	标段名称	招标方式	中标单位	中标金额（元）	合同签订时间
（十二）地下厂房通风机楼工程					
1	小浪底水利枢纽工程17号交通洞通风机楼工程	协商委托	中国水利水电第十四工程局	2 133 237	2003 年 6 月 29 日
二、主体工程缺陷处理项目					
1	F_1 断层水泥及化学灌浆处理工程	邀请招标	中国水电基础工程局与小浪底水利水电工程有限公司联营体	2 077 545	2001 年 12 月 11 日
2	F_{28} 断层处理工程	协商委托	小浪底水利水电工程有限公司	6 322 942	2003 年 10 月 23 日
3	小浪底工程 II 标责任期外 1 号孔板洞缺陷处理工程			5 438 295	2003 年 11 月 7 日
4	小浪底水利枢纽 30 号探洞封堵工程		中国水利水电第十四工程局	298 986	2004 年 3 月 5 日
5	厂房顶拱防渗处理工程		湘潭市水电防水保温工程公司	13 268 656	2005 年 2 月 2 日
三、场地整治、水土保持和环境保护项目					
1	坝后保护区地表整治防护工程（一标段）	邀请招标	小浪底水利水电工程有限公司	8 263 993	2000 年 11 月 16 日
2	坝后保护区地表整治防护工程（二标段）		上海兴利东尼联合体	23 169 857	
3	坝后保护区浮雕设计、制作、安装	协商委托	上海市园林设计院雕塑艺术创作室	1 579 551	2001 年 2 月 28 日

续表 4-3-15

序号	标段名称	招标方式	中标单位	中标金额（元）	合同签订时间
4	小浪底水利枢纽工程工区公路沿线地表整治工程	协商委托	小浪底水利水电工程有限公司	3 425 626	2001 年 7 月 19 日
5	小浪底坝后保护区九曲桥工程		济源市东方宇星绿化工程有限公司	1 365 954	2001 年 10 月 28 日
6	小浪底坝后保护区主体雕塑工程		上海兴利建筑装饰工程有限公司	1 068 000	
7	小浪底坝后保护区黄河大观工程		黄委会黄河水利科学研究院	2 981 300	2001 年 12 月 25 日
8	小浪底坝后保护区瀑布工程		上海兴利建筑装饰工程有限公司	1 803 458	
9	小浪底桥沟河整治工程		小浪底水利水电工程有限公司	3 320 805	2002 年 5 月 22 日
10	消力塘雾化区地形整治工程	邀请招标	济源市东方宇星绿化工程有限公司	8 118 238	2002 年 5 月 25 日
11	小浪底水利枢纽桥沟河橡胶坝工程	协商委托	小浪底水利水电工程有限公司	10 641 139	2002 年 7 月 2 日
12	中部区整治防护工程		中部区尾工联营体	8 180 565	2002 年 7 月 16 日
13	小浪底坝顶控制楼区域整治及北大门、厕所工程		济源市东方宇星绿化工程有限公司	4 958 718	2002 年 7 月 31 日

续表 4-3-15

序号	标段名称	招标方式	中标单位	中标金额（元）	合同签订时间
14	小浪底老神树区域及右坝肩地表整治工程	协商委托	济源市东方宇星绿化工程有限公司	12 423 269	2002 年 7 月 31 日
15	小浪底 11 号公路以西 B 区地表整治工程			1 471 813	
16	小浪底 11 号公路以西地表整治工程		小浪底水利水电工程有限公司	2 702 882	2002 年 8 月 6 日
17	小浪底水利枢纽接待中心工程		济源市东方宇星绿化工程有限公司	7 622 848	2002 年 8 月 31 日
18	小浪底坝后保护区 D、E、F 区整治工程			4 112 769	2002 年 9 月 2 日
19	中部区溢洪道以北地表整治工程		小浪底水利水电工程有限公司	9 918 496	2002 年 9 月 18 日
20	小浪底蓼坞区域整治工程		济源市东方宇星绿化工程有限公司	22 919 529	2002 年 10 月 8 日
21	小浪底水利枢纽槐树庄、小南庄渣场水土保持工程		小浪底水利水电工程有限公司	372 443	2002 年 10 月 31 日
22	小浪底水利枢纽槐树庄渣场及其公路沿线地表整治工程			4 686 437	2002 年 11 月 28 日
23	小浪底蓼坞区、坝顶控制楼、神树区接待中心、南大门、5 号公路及纪念碑,坝后 D、E、F 区绿化工程	邀请招标	济源市东方宇星绿化工程有限公司	17 874 464	2003 年 1 月 7 日

续表 4-3-15

序号	标段名称	招标方式	中标单位	中标金额（元）	合同签订时间
24	小浪底水利枢纽 16、17、19 号公路及副坝周边整治绿化、停车场等工程	协商委托	小浪底水利水电工程有限公司	3 148 011	2003 年 4 月 23 日
25	小浪底水利枢纽坝后保护区地表整治完善项目		河南省小浪底绿化工程有限责任公司	4 523 043	2003 年 8 月 11 日
四、枢纽管理区封闭和围栏工程					
1	小浪底工区封闭围栏工程	协商委托	小浪底水利水电工程有限公司	541 338	2002 年 1 月 16 日
2	小浪底水利枢纽南岸围栏工程		小浪底建管局实业公司	907 014	2001 年 12 月 17 日
3	小浪底 8 号公路封闭围栏工程			709 482	2002 年 12 月 30 日

2. 招标组织及方式

小浪底建管局成立机电及金属结构设备采购招标领导小组,由招标领导小组负责机电及金属结构设备采购工作。小浪底建管局机电处作为职能部门在招标领导小组领导下,具体负责机电及金属结构设备的招标采购和合同管理工作。招标领导小组下设评标工作组,评标工作组由小浪底建管局计划合同处、财务处、机电处和黄委会设计院等部门和单位组成。对发电机等大型设备招标采购时,邀请国内知名专家参加评审。

小浪底工程机电及金属结构设备国内采购方式主要为邀请招标、邀请询价等方式,部分设备委托中国水利电力物资有限公司、北京小浪底科工贸发展有限公司进行采购。中国水利电力物资有限公司主要负责机械设备、电气设备和观测试验设备采购,北京小浪底科工贸发展有限公司主要负责电梯、油料及其他小型设备采购。

3. 招标文件

小浪底工程机电及金属结构设备招标文件一般包括技术部分和商务部分,

共 8 项内容。小浪底工程机电及金属结构设备招标文件主要内容见表 4-3-16。

表 4-3-16　小浪底工程机电及金属结构设备招标文件主要内容

类别	内容
商务部分	投标单位须知
	合同条款:一般条款及特殊条款
	合同协议书格式
	履约保证书格式
	投标书格式
	一般规定与规范
技术部分	技术规范
	图纸及附件

4. 招标程序

(1)编制招标采购计划。1995 年 3 月,依据工程施工合同文件对设备安装时间要求和现场实际施工进度,小浪底建管局机电处制订了机电及金属结构设备招标采购计划,明确各种设备采购时间、交货时间及设备现场安装时间,并根据工程进度不断进行修订完善。

(2)编写和审查招标文件。小浪底建管局根据设备采购安排,对主要机电及金属结构设备委托设计单位编制招标文件,部分常规设备采购由小浪底建管局自行编制招标文件。对于委托采购,招标文件由设计单位编制技术条款,受委托机构编制商务条款并进行汇总。设计单位、受委托机构或小浪底建管局编制招标文件初稿后,由小浪底建管局组织有关单位和专家进行审查,对设备的技术方案、布置形式、设备参数等技术问题及商务条款进行共同研究确定。

(3)市场调研。市场调研分为厂家调研和电站调研,主要了解厂家生产任务、经营状况、产品技术改进、产品在电站实际运行及厂家售后服务等情况。对制造周期长的设备,特别注意调研厂家加工设备的技术先进性和生产能力。对传统生产厂家,主要考察厂家经营财务、设备技术发展和近 3 年的业绩状况;对新兴的国内生产厂家,主要考察厂家法人主体资格、经营财务状况、技术先进性和稳定性,以及在水电和其他行业的业绩;对合资企业或民营企业,主要考察其经营财务状况、信誉度、产品技术稳定性等。

（4）邀请投标。根据市场调研、技术交流及供货商设备在类似电站中的应用情况,筛选出技术力量、装备能力、质量保证与控制设施、财务、设备制造业绩（规模和质量）、社会信誉及售后服务等方面比较优越的 3~5 家厂商,作为潜在投标人邀请参加投标。

（5）开标评标。按照招标文件规定的开标时间进行开标,开标由小浪底建管局主持,小浪底建管局计划合同处、技术处、机电处等业务部门及监察、审计等部门参加,各投标单位代表须到场。开标时公开宣读投标单位名称、投标报价、工期等主要要素,并做好记录。

评标办法一般采用综合评价法,由评标工作组采用积分制或投票的办法推荐 2~3 个中标候选单位,并进行排序,供招标领导小组决策。

（6）合同谈判及确定承包商。招标领导小组批准后,评标工作组与排名第一的投标厂家进行澄清谈判。澄清谈判分技术和商务两部分,首先进行技术问题澄清,由厂家对评标工作组提出的技术问题进行答疑;技术问题解决后,对支付条件、预付款、履约保函、交货期等问题进行澄清谈判。技术和商务问题协商一致后,初步确定中标厂家。如果在技术和商务方面达不成共识,按推荐次序继续与后续厂家进行澄清谈判,直至确定合适厂家。澄清谈判后,评标工作组向招标领导小组递交澄清谈判报告,由招标领导小组最终确定中标厂家。

（7）合同签订。中标厂家确定后,双方在投标及澄清谈判的基础上对合同条款进行商谈,并按程序签订合同。

5. 招标结果

小浪底工程主要机电设备国内招标采购 52 项,中标金额约 63 535 万元。小浪底水电站水轮发电机、励磁系统及附属设备制造供货中标单位为哈尔滨电机有限责任公司,合同中明确将小浪底水电站 2、4、6 号发电机由东方电机股份有限公司按照哈尔滨电机有限责任公司设计图纸分包制造。小浪底工程机电设备采购国内标中标情况见表 4-3-17。

小浪底工程主要金属结构设备国内招标采购 44 项,中标金额 40 995 万元。小浪底工程金属结构设备采购国内标中标情况见表 4-3-18。

（四）机电安装招标

小浪底工程机电安装招标范围包括小浪底工程全部机电设备安装及相关土建工程、建筑装修工程。在充分进行市场调研的基础上,结合国内水电机组

表 4-3-17　小浪底工程机电设备采购国内标中标情况

序号	名称	采购方式	中标厂家	中标金额（元）	合同签订时间
1	小浪底水电站水轮发电机、励磁系统及附属设备制造供货	邀请议标	哈尔滨电机有限责任公司	369 800 000	1996 年 8 月 13 日
2	小浪底水库闸门控制系统	邀请招标	南瑞自动化总公司自动控制分公司	5 985 013	1997 年 12 月 15 日
3	小浪底水利枢纽安全监控系统施工一标	协商委托	河海大学	1 198 000	1998 年 3 月 15 日
4	小浪底水利枢纽安全监控系统施工三标		水利部东北勘测设计研究院水利科学研究院	1 129 500	1998 年 3 月 18 日
5	小浪底水利枢纽安全监控系统总装标和施工二标		中国水利水电科学研究院	3 025 500	1998 年 3 月 28 日
6	小浪底水电站 220 千伏变压器	邀请招标	沈阳变压器有限责任公司	56 229 062	1998 年 5 月 9 日
7	小浪底水电站 220 千伏断路器五项设备		西安电力机械制造公司	17 694 300	1998 年 5 月 19 日
8	小浪底水电站 220 千伏电流互感器		上海互感器有限公司	7 124 660	
9	小浪底水电站厂坝用电系统 35 千伏高压开关柜设备	邀请询价	厦门 ABB 开关有限公司	710 030	1998 年 6 月 28 日
10	小浪底水电站厂坝用电系统 10 千伏高压开关柜设备		北京开关厂	13 324 800	
11	小浪底水电站离相封闭母线及配套设备		北京电力设备总厂	12 206 800	

续表 4-3-17

序号	名称	采购方式	中标厂家	中标金额（元）	合同签订时间
12	小浪底水电站0.4千伏低压开关柜（MLS）	邀请询价	上海广电电气（集团）有限公司	12 230 032	1998年6月28日
13	小浪底水电站厂坝用电系统0.4千伏低压开关柜（MCC）		镇江默勒电器有限公司	9 227 690	
14	小浪底水电站深井泵设备		南京古尔兹制泵有限公司	3 225 390	1998年9月15日
15	安全监测数据采集系统		中国航空技术进出口深圳公司	8 023 487	1998年10月12日
16	滤水器设备		大连华峰发展有限公司	2 044 370	1998年11月15日
17	小浪底水电站厂坝用电系统10千伏干式变压器		广东顺德特种变压器厂	5 032 000	1998年12月9日
18	小浪底水电站火灾报警及联动控制系统		清华同方股份有限公司	2 836 500	
19	直流系统、通信电源		深圳华达电源有限公司	3 938 440	1998年12月10日
20	小浪底水电站厂坝用电系统35千伏及18千伏干式变压器		山东金曼克集团郑州金曼克公司	3 493 225	
21	小浪底水电站阀门设备		长沙阀门厂	3 185 320	1999年2月10日
22	小浪底水电站阀门设备		上海良工开维喜阀门有限公司	1 926 775	1999年2月26日
23	小浪底水电站减压阀设备		湘潭阀门有限公司	1 098 000	1999年3月19日

续表 4-3-17

序号	名称	采购方式	中标厂家	中标金额（元）	合同签订时间
24	小浪底水电站电制动装置	邀请招标	哈尔滨电机有限责任公司	1 748 330	1999 年 3 月 22 日
25	小浪底水电站发变组及 220 千伏厂变保护设备	邀请询价	奥地利伊林公司	4 680 000	1999 年 3 月 25 日
26	小浪底水电站厂坝用电二、三级盘柜		江苏华峰控制设备厂	2 093 325	1999 年 3 月 30 日
27	小浪底水电站电磁流量计		北京恩德斯豪斯电子有限公司	1 734 561	1999 年 4 月 20 日
28	小浪底水电站烟烙尽设备		郑州鸿达电子技术有限公司	1 710 452	1999 年 4 月 26 日
29	小浪底水电站系统调度自动化系统等	协商委托	河南省电力公司	3 790 000	1999 年 4 月 28 日
30	小浪底水电站计算机电缆		中美天津德塔控制系统有限公司	6 075 254	1999 年 4 月 29 日
31	小浪底水电站控制电缆		扬州曙光电缆厂	2 013 089	
32	小浪底水电站电力电缆（8.7/10 千伏）		宝胜科技创新股份有限公司	6 105 972	
33	小浪底水电站电力电缆及其附件（0.6/1 千伏）	邀请询价	山东电缆电器股份有限公司	5 353 135	
34	小浪底水电站电力电缆及其附件（8.7/10 千伏）		江苏宝胜集团有限公司	4 649 168	1999 年 5 月 4 日
35	电缆桥架		镇江市电器设备厂	3 500 000	
36	小浪底水电站低压母线槽		镇江默勒母线有限公司	3 000 000	

续表 4-3-17

序号	名称	采购方式	中标厂家	中标金额（元）	合同签订时间
37	小浪底水电站清水供水及通风空调自动控制系统	邀请询价	西安长峰科技产业集团公司	3 046 000	1999 年 5 月 10 日
38	照明灯具、插座、开关		郑州利邦电子有限公司	4 228 746	1999 年 6 月 7 日
39	地面副厂房及坝顶控制楼空调工程	邀请招标	北京尤里克斯机电设备有限公司	3 920 000	1999 年 6 月 18 日
40	小浪底水利枢纽工程安全监控系统计算机设备		北京小浪底科工贸发展有限公司	1 247 675	1999 年 7 月 15 日
41	小浪底水电站球阀设备	邀请询价	上海耐莱斯－詹姆斯伯雷阀门有限公司	660 038	1999 年 9 月 9 日
42	美孚润滑油		北京小浪底科工贸发展有限公司	2 777 320	1999 年 11 月 16 日
43	液压工作平台车	邀请招标	北京欣亚中科贸有限公司	1 047 895	2000 年 4 月 28 日
44	小浪底水电站 220 千伏耐压设备		武汉市泛科变电检修设备制造有限公司	1 800 000	2001 年 1 月 4 日
45	电站专用无线移动通信系统	邀请询价	深圳爱华天元实业公司	2 033 330	2001 年 4 月 13 日
46	东河清 110 千伏主变压器	邀请招标	沈阳变压器有限责任公司	1 940 000	2001 年 4 月 28 日
47	东河清 110 千伏变电站及蓼坞 35 千伏变电站 35 千伏及 10 千伏开关柜设备		北京北开电气股份有限公司	6 082 800	2001 年 5 月 14 日

续表 4-3-17

序号	名称	采购方式	中标厂家	中标金额（元）	合同签订时间
48	施工供电改造工程10千伏干式变压器及箱式变电站设备	邀请询价	广东顺得特种变压器厂	5 032 000	2001年7月9日
49	小浪底水利枢纽电视监视系统	邀请招标	北京明鹏电力设备有限公司	2 699 253	2001年8月9日
50	小浪底水电站及郑州调度中心门禁系统		北京澎达安全系统有限公司	2 724 206	2002年3月4日
51	河南省电力市场技术支持系统工程	协商委托	河南省电力公司	2 819 000	2002年4月29日
52	多波束条带测深系统（GeoSwath）	邀请询价	河南黄河水文仪器有限公司	2 148 212	2003年9月9日

表 4-3-18　小浪底工程金属结构设备采购国内标中标情况

序号	名称	招标方式	中标厂家	中标金额（元）	合同签订时间
1	导流洞固定卷扬启闭机、台车启闭机设备	邀请招标	江河水利水电机械工程有限公司	11 709 454	1995年10月5日
2	导流洞固定卷扬启闭机设备		中信重型机械公司	33 100 000	
3	固定卷扬启闭机设备		江河水利水电机械工程有限公司	12 108 630	
4	液压启闭机		国营三八八厂	20 585 140	
5	排沙洞、发电塔液压启闭机设备制造		国营武进液压启闭机总厂	16 139 236	1996年6月6日
6	防淤闸液压启闭机设备制造			9 932 158	

续表 4-3-18

序号	名称	招标方式	中标厂家	中标金额（元）	合同签订时间
7	门式启闭机、清污机、设备制造	邀请招标	江河水利水电机械工程有限公司	25 079 360	1996 年 6 月 6 日
8	导流洞封堵闸门制造			8 870 167	
9	排沙洞、孔板洞检修闸门制造		三一三联合体	15 515 969	1996 年 8 月 8 日
10	明流洞检修闸门制造		一四八联营体	8 526 480	
11	排沙洞、孔板洞事故闸门制造		江河水利水电机械工程有限公司	32 500 837	
12	明流洞、发电洞事故闸门制造		一四八联营体	35 581 172	
13	1~4 号发电洞主拦污栅制造		黄委会黄河机械厂	14 105 047	
14	5、6 号发电洞主拦污栅制造		中国水利水电第十一工程局	7 734 090	
15	发电洞副拦污栅制造		一四八联营体	11 517 533	
16	电站增补的尾水闸门	邀请议标	三门峡水工机械厂	1 968 440	1999 年 11 月 9 日
17	发电洞检修闸门设备	邀请招标	郑州水工机械厂	6 900 000	2001 年 10 月 30 日
18	孔板洞弧形闸门制造		富春江水电设备总厂	28 804 298	1997 年 7 月 4 日
19	明流洞弧形闸门制造		江河水利水电机械工程有限公司	14 662 240	

续表 4-3-18

序号	名称	招标方式	中标厂家	中标金额（元）	合同签订时间
20	排沙洞弧形工作闸门、电站尾水检修闸门等	邀请招标	江河水利水电机械工程有限公司	14 655 120	1997 年 7 月 4 日
21	防淤闸弧形闸门			10 439 397	
22	灌溉塔事故闸门		三门峡水工机械厂	845 169	1999 年 4 月 19 日
23	灌溉洞检修闸门及其拦污栅设备		黄委会黄河机械厂	302 013	2001 年 10 月 30 日
24	灌溉洞出口弧形工作闸门		三门峡水工机械厂	89 000	2002 年 2 月
25	灌溉洞出口液压启闭机		国营武进液压启闭机总厂	394 000	2002 年 4 月
26	1 号孔板洞出口浮式叠梁检修闸门门体制造		郑州通达水工机械厂	268 109	2000 年 9 月 8 日
27	溢洪道弧形工作闸门设备		郑州水工机械厂	5 709 332	1999 年 4 月 19 日
28	溢洪道液压启闭机设备		力士乐(中国)有限公司	9 600 000	1999 年 9 月 3 日
29	西沟水库事故门拦污栅固定卷扬启闭机		三门峡水工机械厂	538 490	2002 年 5 月
30	进水塔充水平压和冲水管道系统成套供应		郑州通达电力设备有限公司	3 378 430	1996 年 2 月 28 日
31	发电塔孔板塔高压充水系统泵室设备成套	协商委托	洛阳石化配件厂	379 641	1999 年 3 月 9 日
32	进水塔充水平压系统管件			369 550	
33	进水塔充水平压系统伸缩器		江苏正大波纹管厂	283 600	1999 年 4 月 2 日

续表 4-3-18

序号	名称	招标方式	中标厂家	中标金额（元）	合同签订时间
34	事故闸门水封背腔增压系统金属软管	协商委托	江苏正大波纹管厂	484 392	1999 年 4 月 28 日
35	孔板洞、排沙洞事故闸门水封背腔增压设备及材料		北京昌宁集团公司	285 000	1999 年 4 月 30 日
36	小浪底水电站主厂房250 吨+250 吨桥式起重机设备	邀请询价	太原重型机器厂	10 039 800	1996 年 2 月 13 日
37	检修用桥式起重机	邀请招标	新乡中原起重机厂	2 469 460	1998 年 6 月 25 日
38	进水塔事故门井吊厢系统及爬梯设备		湖北蒲起机械股份有限公司	4 466 094	1999 年 1 月 13 日
39	小浪底水利枢纽洛阳办公楼电梯设备	邀请询价	广东蒂森电梯公司	3 471 660	1998 年 12 月 3 日
40	小浪底水利枢纽工程电梯设备(7、8 号)		上海三菱电梯公司	2 425 630	
41	进口电梯	邀请招标	天津奥的斯电梯公司	10 288 000	1999 年 1 月 19 日
42	消力塘排水泵房竖井交通罐系统		洛阳矿山机械工程设计研究院	1 929 000	2001 年 9 月
43	郑州生产调度中心电梯设计制造安装	邀请询价	上海三菱电梯公司	3 941 000	2002 年 1 月 30 日
44	小浪底人工砂石生产系统	邀请招标	洛阳矿山机械工程设计研究院	7 554 280	2000 年 11 月 2 日

安装行业状况,确定小浪底工程机电安装招标方式为邀请招标,中标标准为:技术先进,报价合理,具备水利水电安装一级资质和单机容量大于 200 兆瓦的水轮发电机组安装业绩,具有与国外设备供货商打交道的经验。邀请投标单位有

3家,分别为中国水利水电第一、第八、第五工程局组成的185联营体,中国水利水电第十四、第四、第三工程局组成的FFT联营体和葛洲坝工程局。1997年3月3日,小浪底建管局向上述3家投标人发出投标邀请函,3月10日组织现场查勘,6月3日开标。小浪底建管局组织成立机电安装标评标委员会,评标委员会由小浪底建管局、黄委会设计院、监理单位有关领导和专业技术人员组成,下设商务、机电和技术3个工作组。6月17日评标结束,经评审,FFT联营体中标。8月12日,小浪底建管局向FFT联营体发出中标通知。8月19日,小浪底建管局和FFT联营体签订承包合同,合同总价为136 296 462.25元。

第四节　合同管理

小浪底工程建设部分利用世界银行贷款,主体土建工程和部分机电设备采用国际招标,按照FIDIC合同条件进行合同管理;其他工程进行国内招标,主要包括前期准备工程和提前开工的主体工程、土建国内主体工程和尾工工程、机电及金属结构国内标采购、机电设备安装工程,按照国内合同管理相关法规进行合同管理。小浪底建管局成立合同管理组织机构,制定合同管理办法,结合小浪底工程实际,有效解决了合同变更、索赔和争议,保障工程建设顺利进行。

一、国际标合同

根据工程分标和利用外资要求,小浪底工程主坝,进水口、洞群及溢洪道和发电设施3个土建施工标,水轮机及其附属设备和220千伏干式电缆、计算机监控系统、发电机出口断路器3项电气设备采购等利用外资,按照FIDIC合同条件进行合同管理。

(一)土建国际标合同

小浪底土建国际标合同管理主要包括组织设备和人员进场,审查批复进度计划和施工组织设计,办理各类保险,工程量计量、签认、核查和工程款支付,处理合同变更和索赔,解决合同争议等内容。

1.组织机构

小浪底建管局成立由业主和监理工程师共同组成的合同管理领导小组。合同管理领导小组为小浪底工程合同管理决策机构,定期召开会议了解工程情况,对合同管理重大问题及时做出决策。同时,小浪底建管局聘请CIPM公司作为合同管理咨询机构。

小浪底工程土建国际标合同日常管理工作由小浪底建管局授权小浪底咨询公司(FIDIC 合同条件定义的工程师)负责,包括现场管理工作,发布变更指令,对变更索赔进行评估和协商,做出"工程师决定",审核承包商支付申请并开具支付证书等。

1997 年 4 月 18 日,小浪底建管局成立变更索赔工作领导小组,变更索赔工作领导小组下设变更索赔工作组。变更索赔工作组具体负责处理小浪底工程重大变更索赔和争议,代表监理工程师做出"工程师决定",代表业主起草立场报告。

为及时、公正地解决合同争议,1998 年 4 月,小浪底建管局引进争议评审团(英文简称 DRB)。争议评审团成员由 3 人组成,均来自业主和承包商的非所在国。争议评审团通过举行听证会,对合同争议提出正式建议或推荐性意见,供业主和承包商在技术协商和商务谈判时参考。

2. 合同文件

小浪底工程土建国际标合同文件由 A、B、C、D 4 卷 13 章组成,其中Ⅱ标在第 3 章增加了 1 号、2 号协议补充备忘录。小浪底工程土建国际标合同文件组成见表 4-4-1。

3. 合同变更处理

根据 FIDIC 合同条件,增加或减少合同中任何一项工作、改变合同中任何一项工作标准或施工顺序等,均称为合同变更。小浪底工程土建国际标发生的合同变更,按照 FIDIC 合同条件规定程序进行处理。

(1)合同变更原因。在小浪底工程施工过程中,合同变更主要有以下原因:设计变更直接引发合同变更;实际出现的地质条件与设计地质条件存在较大差异引发合同变更;施工条件或施工顺序发生改变引发合同变更;后继法规引发合同变更;外部条件干扰或要求保证工期增加资源引发合同变更等。

(2)合同变更处理程序。业主、监理工程师和承包商均可提出合同变更,监理工程师进行审查后发布变更估价,经业主批准后发布变更令。如承包商对监理工程师发布的合同变更事项不认同,可由此演变为合同索赔或合同争议。业主授予监理工程师处理土建国际标合同变更的权力,包括发出变更意向通知、变更评估和协商。

表 4-4-1　小浪底工程土建国际标合同文件组成

序号	内容		
1	A 卷　合同条件	第 1 章　合同协议书(包括授权书和履约保证书)	
2		第 2 章　中标通知书(包括承包商书面回函)	
3		第 3 章　合同协议书备忘录(协议补充备忘录)及附件	附件 A:开工前联合测量协议
4			附件 B:使用留庄铁路转运站机车和设施协议
5			附件 C:承包商当地劳务营地租用或转让使用协议
6			附件 D:指定供应的当地材料采购指标和价格调差协议
7			附件 E:承包商施工设备、进口永久工程设备和材料管理规定
8			附件 F:谈判中双方同意的标价工程量清单
9			附件 G:谈判中双方同意的外币部分价格调差
10			附件 H:承包商设备与进口材料
11			附件 I :出口信贷保险
12		第 4 章　投标书及附件	
13		第 5 章　招标文件补遗	
14		第 6 章　合同特别条件	
15		第 7 章　合同专用条件	
16		第 8 章　合同通用条件	
17	B 卷　技术规范	第 9 章　技术规范	
18	C 卷　图纸和资料	第 10 章　招标图纸	
19		第 11 章　参考资料	
20	D 卷　参考资料	第 12 章　标前会议纪要、质疑和答复	
21		第 13 章　1、2、3 号通函	

（3）变更处理结果。小浪底工程土建国际标最终确认处理合同变更 230 项。其中,2000 年 5 月 1 日,黄河水利水电开发总公司和小浪底联营体就Ⅲ标合同争议签署协议,最终确定合同变更 28 项,变更金额 36 540 223.04 元人民币、9 715 182.21 美元;2000 年 8 月 7 日,黄河水利水电开发总公司和黄河承包商签署《关于 51 个项目估价协议备忘录》,Ⅰ标合同变更全部通过协商得到处理,最终确定合同变更 52 项,变更金额 25 999 369.84 元人民币、10 437 601.69 美元;2001 年 2 月,黄河水利水电开发总公司和中德意联营体就Ⅱ标合同变更索赔达成一揽子协议,最终确定合同变更 150 项,变更金额 297 621 174.24 元人民币、90 382 208.26 德国马克。

4. 合同索赔处理

根据 FIDIC 合同条件,合同索赔指对于非自身原因引起的损失,向对方提出费用、工期或其他方面补偿要求,以弥补自己的损失,维护自身的合法利益。小浪底工程土建国际标发生的合同索赔,按照 FIDIC 合同条件规定程序进行处理。

（1）合同索赔起因。小浪底工程土建国际标合同索赔起因有以下情况:由于地质条件改变,承包商产生了额外费用并导致工期延长,提出合同索赔;合同变更处理不能达成一致时演变为合同索赔;承包商就赶工增加的资源和相关费用提出补偿要求;承包商对"后继法规"引起的费用增加要求补偿;由于施工条件或周边环境不满足合同条件而引起索赔。

（2）合同索赔处理程序。业主授权监理工程师处理土建国际标合同索赔。一般索赔,监理工程师做出最终补偿金额决定;重大索赔,监理工程师负责评估、协商,最终补偿金额由监理工程师与业主和承包商协商后确定。如承包商对监理工程师评估不满意,形成合同争议,则通过争议评审团听证和商务谈判解决。

（3）合同索赔处理结果。小浪底工程土建国际标最终确认的合同索赔 26 项。其中,Ⅰ标索赔全部以合同变更方式处理;Ⅱ标索赔项目按照商务谈判结果,部分作为变更处理、部分作为争议处理,单独支付索赔项目 20 项,索赔补偿金额 468 754 802.25 元人民币、194 331 567.16 德国马克;Ⅲ标索赔项目根据商务谈判协议,部分作为变更处理,6 项作为索赔处理,索赔补偿金额为 126 109 298.96 元人民币、23 560 507.16 美元。

5.合同争议处理

小浪底工程土建国际标合同管理中,按照 FIDIC 合同条件,采用争议评审团听证程序,通过技术协商和商务谈判有效解决了合同争议。

(1)合同争议起因。按照 FIDIC 合同条件,合同争议起因于合同或工程施工的任何争执,或任何一方对监理工程师的意见、指示、决定、估价方面提出异议。

合同争议包括正式争议和潜在争议。正式争议指业主或承包商根据合同条款提请"工程师决定"后仍未解决,然后以书面形式提交给争议评审团,要求争议评审团举行听证会和做出建议的问题;在举行听证会之前,双方要准备正式书面材料,全面准确地阐述自己对正式争议的立场。潜在争议指没有要求"工程师决定",但可能在将来成为争议的问题;双方可以在争议评审团现场访问之前,对于自己希望提出的问题提供一份清单,通知争议评审团并告知对方;对于潜在争议,争议评审团提供推荐性意见。

小浪底工程土建国际标中,Ⅰ标没有提出合同争议,Ⅱ标由承包商或业主提出 4 个正式争议、9 个潜在争议,Ⅲ标由承包商提出 2 个正式争议、3 个潜在争议。

(2)合同争议处理程序。在业主和承包商因监理工程师的任何意见、指示或评估等形成争议时,根据 FIDIC 合同条件,将争议正式提交给监理工程师,要求做出"工程师决定"。业主和承包商任何一方如对"工程师决定"不满,可将该争议提交给争议评审团。争议评审团举行听证会,提出建议或意见。如果双方都没有表示不接受争议评审团的意见,则争议评审团建议具有约束力;否则,任何一方都可以将争议提交仲裁。在仲裁开始之前,双方可以尝试通过协商友好解决。

(3)工程师决定。根据 FIDIC 合同条件,监理工程师对合同变更和索赔,经分析计算工程同期记录等内容,提出的评估意见称为"工程师决定"。小浪底咨询公司共做出"工程师决定"16 个,其中国际Ⅱ标 10 个、国际Ⅲ标 6 个。

(4)争议评审团听证。听证会是争议评审团解决合同争议的主要方式。争议评审团于 1998 年 9 月第一次到小浪底,2001 年 2 月最后一次检查小浪底工程,其间访问施工 9 次,针对Ⅱ标、Ⅲ标的正式争议和潜在争议,举行 8 次听证会(见图 4-4-1),做出 8 个正式建议(Ⅱ标 R1~R6、Ⅲ标 R1~R2)和 4 个推荐性意见（Ⅱ标 S1~S4）。小浪底工程土建国际标争议评审团听证情况见表 4-4-2。

图 4-4-1　争议评审团(DRB)召开听证会

表 4-4-2　小浪底工程土建国际标争议评审团听证情况

序号	听证时间	业主或承包商提出的正式争议及潜在争议	争议评审团提出的正式建议(R)或推荐意见(S)
1	1998 年 9 月 1—23 日	Ⅱ标承包商提出的正式争议：当地劳务费用调差 Ⅲ标承包商提出的正式争议：当地劳务费用调差	Ⅱ标-R1：关于Ⅱ标"当地劳务费用调差争议"的建议 Ⅲ标-R1：关于Ⅲ标"当地劳务费用调差争议"的建议
2	1998 年 12 月 7—15 日	Ⅱ标承包商提出的正式争议：导流洞开挖和支护遇到不可预见的外界条件	Ⅱ标-S1：关于Ⅱ标承包商提出的"导流洞开挖和支护遇到不可预见的外界条件"争议的推荐意见
3	1999 年 3 月 8—19 日	Ⅱ标承包商提出的正式争议：导流洞开挖和支护遇到不可预见的外界条件(继续)	Ⅱ标-R2：关于Ⅱ标承包商提出的"导流洞开挖和支护遇到不可预见的外界条件"争议的建议

续表 4-4-2

序号	听证时间	业主或承包商提出的正式争议及潜在争议	争议评审团提出的正式建议(R)或推荐意见(S)
4	1999 年 5 月 31 日至 6 月 12 日	Ⅱ标承包商提出的正式争议:工程师指令的赶工措施 Ⅱ标承包商提出的潜在争议:导流洞灌浆支付问题 业主提出的潜在争议:留庄转运站业主供应设备的卸货费用	Ⅱ标-R3:导流洞的工期延长和赶工
5	1999 年 8 月 12—26 日	Ⅱ标承包商提出的潜在争议:明流泄槽开挖区排水项目支付问题;冲击锚杆单价确定事项 业主提出的潜在争议:明挖断层带 Ⅲ标提出的正式争议:工程实施中遇到的不可预见条件 Ⅲ标提出的潜在争议:Ⅱ标供应给国际Ⅲ标的砂子质量问题;中国税率调整问题;汇率损失问题	Ⅲ标-R2:工程实施中遇到的不可预见条件
6	2000 年 1 月 23 日至 2 月 3 日	业主提出的正式争议:明挖断层带计量和支付	Ⅱ标-R4:明挖断层带计量和支付
7	2000 年 5 月 2—15 日	Ⅱ标承包商提出的正式争议:导流洞开挖与支付 Ⅱ标承包商提出的潜在争议:第六个中间完工日期赶工 业主提出的潜在争议:明挖断层带计量和支付	Ⅱ标-S2:关于导流洞开挖和支护争议的推荐意见 Ⅱ标-S3:关于明挖断层带计量和支付的推荐意见 Ⅱ标-R5:第六个中间完工日期之后的赶工
8	2000 年 10 月 8—15 日	Ⅱ标承包商提出的潜在争议:对于可补偿的额外费用所适用的管理费和税费;第六个中间完工日期赶工有关内容	Ⅱ标-S4:关于导流洞赶工的推荐意见 Ⅱ标-R6:成本、管理费和补充费用
9	2001 年 2 月 11—22 日	对Ⅱ标承包商提出的导流洞开挖与支付有关内容以仲裁方式进行推演	仲裁方式推演情况

（5）主要争议内容和争议评审团建议。小浪底工程土建国际标合同争议处理过程中,有些争议是相关联的,"遇到不可预见的外界条件""延误和赶工""当地劳务费用调差" 3 个争议内容和争议评审团建议如下。

关于Ⅱ标承包商提出的导流洞开挖和支护"遇到不可预见的外界条件"争议。Ⅱ标承包商认为在导流洞开挖期间遇到的"不可预见的外界条件"包括 3 个方面:断层带比可预见的更宽、更连续、更恶劣,实际遇到的断层带长 1 328 米,一个有经验的承包商可以预见的长度仅为 260 米;围岩中存在大量的剪切夹泥层;其他承包商前期施工的中导洞不安全、有缺陷,特别是顶拱支护不足、不稳定,导致在导流洞一期扩挖之前顶拱围岩松弛。业主认为承包商所说的 3 种情况一定程度上存在,但不是不可预见的,如断层和夹泥层在招标资料中已显示,从现场裸露的岩面和探洞也可以观察到;尽管断层带的数量有所增加,但在工程量清单中已包含断层带的开挖;业主承认承包商不能预见的条件是中导洞支护使用了短于设计要求的锚杆和断层带支护锚杆存在缺陷。争议评审团先提出一个推荐性意见,随后给出正式建议,认为中导洞岩石松弛原因及范围不是一个有经验的承包商可以合理预见的;业主委托进行的中导洞监测报告应该提供给承包商,业主未能提供这些资料,构成了承包商强调的"隐瞒不利条件";争议评审团认为不利的外界条件既不是承包商所说的到处都是,也不是根本不存在;导流洞中出现无法合理预见的、不利的外界条件的洞段至少长 740 米。

关于Ⅲ标承包商提出的"遇到不可预见的外界条件"争议。Ⅲ标承包商认为在地下厂房开挖中遇到了投标时不可预见的外界条件,断层、泥化夹层与招标时的资料相比大量增加;实际遇到的围岩条件引起了大量设计变更,导致工程量增加;由于设计变更等引起工期延误,业主和监理工程师的赶工指令引起工程量、施工方法和资源投入增加。业主不同意承包商的观点,但对于地下厂房顶拱大范围增加锚索证明围岩条件发生变化的情况,难以做出有力反驳。争议评审团在建议中指出:地下厂房顶拱增加锚索,不足以说明存在不可预见的外界条件。

关于"延误和赶工"争议。由于导流洞塌方等因素,监理工程师指令Ⅱ标承包商采取赶工措施,Ⅱ标承包商要求业主补偿赶工费用。Ⅲ标承包商提出施工中普遍存在赶工现象,评估赶工费用应该采用新单价。争议的焦点是赶工的合法性、工期延误的责任划分和计价方法等。争议评审团提出如下观点：一是业主和承包商在技术或财务方面没有达成一致，监理工程师无权发出赶工指令；二是没有书面的赶工协议仍然可以要求承包商履行赶工义务，承包商丧失了使用延期施工的权利，承包商可以要求补偿；三是业主提出的"按延误责任比例分摊赶工费用"的方法在法律中不存在，合适的做法是对克服"可原谅"延误的赶工费用进行评估，以此为基础衡量承包商的额外费用或延期；四是赶工通常会导致效率降低，赶工费用评估应将工程量清单的单价和实际费用单价相结合。

关于"当地劳务费用调差"争议。小浪底工程国际标合同规定劳务调差采用公式法。合同执行过程中承包商和业主对合同中劳务费用调价条款的理解出现差异，导致调差费用的计算结果相距甚远。Ⅱ标承包商和Ⅲ标承包商认为业主存在"欠支付"并表示不满。争议评审团建议应该遵守合同规定，不同意采取合同规定以外的方法。

（6）技术协商和商务谈判。争议评审团的建议或意见基本上是原则性的，对合同双方没有约束力；如果双方认可争议评审团的建议，争议评审团的建议就具有约束性，双方应当执行。同时，任何一方都可以在规定时间内提出书面反对意见，随后的合同争议将以仲裁方式解决。但在进入仲裁程序之前，双方可以通过技术协商和商务谈判就合同争议达成一致。

技术协商是针对争议中每一个具体问题，按照争议评审团建议，尽可能进行量化和评估。技术协商中达成一致的事项以书面方式给予确认；没有达成一致的，则将双方立场和争论的详细内容完整记录下来，形成会议纪要，由双方签字确认。商务谈判是针对双方在技术协商中所未能解决的问题，本着友好协商、互谅互让和积极解决分歧的精神，以综合、灵活的方法解决所有存在的问题。

1999年9月至2000年7月，业主与Ⅱ标承包商对"导流洞开挖和支护"争议进行技术协商，共举行了58次正式会谈；2000年7—12月，业主和Ⅱ标承包商对"赶工"争议进行技术协商，共举行78次正式会谈。在技术协商基础上，2001年1—6月，业主和Ⅱ标承包商共进行4轮商务谈判，于2001年7月1日举行最后一次商务谈判，就解决Ⅱ标所有的合同争议和工程支付达成"一揽子"协议。

Ⅲ标承包商提出的"不可预见的条件"争议,以项目变更为基础,业主与承包商进行了技术协商和商务谈判,在2000年5月1日签署全面解决合同争议的"一揽子"协议。

6.国际仲裁准备

根据FIDIC合同条件,以仲裁方式作为合同争议的最终解决方式,对双方均具有约束力。小浪底工程土建国际标合同规定,仲裁地为瑞典斯德哥尔摩商会仲裁院(SCC),仲裁语言为英语。2000年6月3日,Ⅱ标承包商提出将争议提交仲裁。2000年6月,业主在协商谈判的同时,启动仲裁准备程序,主要开展以下工作:

(1)熟悉仲裁程序。全面了解仲裁程序的有关内容,如斯德哥尔摩商会仲裁院仲裁规则、仲裁庭组成、仲裁员选择、仲裁步骤、仲裁文件准备等。

(2)选择国际律师。业主先后派员对英国基庭律师事务所和阿特金律师事务所、瑞典曼哈莫律师事务所、香港丹顿浩律师事务所等国际知名律师事务所及律师深入考察,并向这些律师事务所提出所关心问题清单。

(3)选择中国律师。小浪底工程土建国际标合同争议仲裁适用中国法律。业主对国内律师进行了考察和选择,2001年1月,与北京市竞天公诚律师事务所签订法律服务委托合同,委托其就与本案仲裁相关问题提供中国法律咨询,按业主要求出具中国法律意见、协助业主确定及聘请境外法律顾问、制订本案仲裁工作计划等。

(4)国际、国内律师对主要争议全面评估。业主在综合各位律师评估和建议的基础上,形成仲裁准备工作指导意见。

(5)组成业主律师班子。基于小浪底土建国际标合同争议特点和国际仲裁要求,组成了业主律师班子:出庭律师为英国基庭律师事务所麦瑞大律师和香港国际仲裁中心副主席郑若骅大律师,事务律师由香港孖士打律师事务所律师承担,瑞典斯德哥尔摩商会仲裁院副主席叶南德律师作为境外法律顾问,北京竞天公诚律师事务所为中国法律顾问。

(6)组建仲裁准备工作组。仲裁准备工作组由业主人员、律师、专家证人和事实证人等组成。仲裁准备工作组开展仲裁准备工作,主要包括对中国法律、施工法律、事实证据、仲裁程序和策略的分析与研究,形成对各项争议每一具体事项法律原则和评估意见,同时也对每一项争议准备任何可能的抗辩。

（7）仲裁员初步人选。根据斯德哥尔摩商会仲裁院规则，双方当事人各指定 1 名仲裁员，斯德哥尔摩商会仲裁院指定第三名仲裁员作为仲裁庭的首席仲裁员（仲裁庭主席）。业主在考察仲裁员人选时，考虑到仲裁员应精通中国法律、熟悉仲裁程序、了解瑞典法律并与瑞典法律界密切合作，且为斯德哥尔摩商会仲裁院注册仲裁员等因素，初步拟定了仲裁员人选。

（8）仲裁准备成果。2001 年 5 月，业主召开律师班子会议，参加会议的有出庭律师、事务律师、境外法律顾问和中国法律顾问。仲裁准备进入实质性阶段，同时，对协商产生积极影响，为业主在协商中充分争取主动创造了必要条件，推动了争议协商进程，对于争议解决发挥了重要作用。小浪底工程合同争议均通过 DRB 协商解决，未进入仲裁程序。

7. 工程担保

小浪底工程土建国际标工程担保主要包括履约担保、预付款担保、缺陷责任担保、进口关税担保 4 种形式。

（1）履约担保。小浪底工程土建国际标履约担保采用由承包商提供银行保函方式，担保金额为合同总价的 10%，有效期为合同生效之日起至工程缺陷责任满之日止。承包商在收到中标函 21 天内，向业主提交履约保函。业主不承担承包商与履约担保有关的任何利息或其他类似的费用或者收益。

（2）预付款担保。小浪底工程土建国际标预付款为合同金额的 12%，在支付预付款前，承包商向业主提供全额预付款价值的担保保函。预付款扣除从中间支付金额中逐步冲消，相应担保在所有预付款冲消完后失效。

（3）缺陷责任担保。缺陷责任担保指承包商对项目竣工验收后至缺陷责任期满期间出现的质量问题进行担保。小浪底工程土建国际标缺陷责任担保方式为保留金和履约保函。保留金在每期支付工程款时扣除 10%，直到扣除金额累计达到合同金额的 5%。保留金在工程颁发移交证书时返还 50%，剩余 50% 在工程缺陷责任期满且没有承包商责任缺陷时返还。在合同执行中，业主提前返还了承包商大部分保留金，要求承包商提供与提前返还保留金等额的银行保函作为承包商履行缺陷责任的担保。

（4）进口关税担保。海关要求承包商缴纳一笔关税保证金，作为承包商带入国内的设备及其他物品在工程结束后"再出口"的进口关税担保。小浪底工程 3 个土建国际标关税保证金由承包商向海关缴纳，业主按照实际缴纳数额在次月支付中进行一定补偿。在工程结束完成清关后,承包商向海关申请返还关税保证金,再由海关返还给业主冲抵承包商缴纳的款项。

8. 工程保险

根据小浪底工程土建国际标合同条件,小浪底工程土建国际标保险包括工程一切险、第三方责任险和人身意外险。业主和承包商按照合同要求进行投保。

(1)工程一切险。根据合同规定,工程一切险以业主和承包商联合名义,对工程现场内的工程、材料、建筑、设施及在施工现场以外临时存放或修理的设备等在施工期间由于受自然灾害、意外事故、操作疏忽和过失所造成的损失和损害进行保险,包括由于骚乱和民暴所引起的损失,但不包括由于战争、内乱、核污染、罢工等政治风险引起的损失。工程一切险的保险金额为全部工程重置成本的115%,包括业务费、拆除费用等,保险期限从施工开工到工程缺陷责任期满。

(2)第三方责任险。按照FIDIC合同条件,第三方责任险指在施工现场或其附近进行施工过程中,对工地或其邻近区内的第三方造成人身或财产损失时,保险公司对业主、承包商、分包商应支付的赔款和发生的诉讼费等进行赔偿。合同规定了第三方责任险保险金额最低额度,以业主和承包商联合名义投保。

(3)人身意外险。人身意外险是承包商按FIDIC合同条件,对雇用的施工人员在施工过程中发生意外伤亡事故进行保险。

9. 合同管理效果

Ⅰ标,大坝工程施工进度始终比合同计划超前,主体工程完工日期比合同工期提前11.5个月,实际完成投资72 667万元人民币、21 642万美元,为合同金额的107.29%。

Ⅱ标,进水口、洞群及溢洪道工程由于导流洞塌方等原因出现工期滞后,通过实施赶工,如期实现截流目标,此后工程进展顺利。主体工程完工日期比合同工期提前3.5个月,实际完成投资269 105万元人民币、42 390万美元,为合同金额的164.40%。

Ⅲ标,发电设施工程在施工初期造成一定延误,通过增加交通通道等有效工程措施,保证工程正常进行。主体工程完工日期比合同工期提前7个月,实际完成投资64 985万元人民币、11 592万美元,为合同金额的158.90%。

小浪底工程土建国际标投资计划完成情况见表4-4-3。

表4-4-3　小浪底工程土建国际标投资计划完成情况

标段	合同额 （1美元=8.277元人民币）			实际完成投资 （1美元=8.277元人民币）			完成 比例 （%）
	人民币 （万元）	美元 （万美元）	折合人民币 （万元）	人民币 （万元）	美元 （万美元）	折合人民币 （万元）	
Ⅰ标	56 040	21 585	234 699	72 667	21 642	251 798	107.29
Ⅱ标	113 469	31 853	377 116	269 105	42 390	619 967	164.40
Ⅲ标	31 576	8 421	101 277	64 985	11 592	160 932	158.90

（二）机电设备采购合同管理

国际招标采购的机电设备主要有水轮机及其附属设备、220千伏干式电缆、计算机监控系统、发电机出口断路器等。其中以水轮机及其附属设备采购合同管理最具代表性，主要包括合同前期准备、双方服务内容、验收检查、货物交接、合同支付和索赔等内容。

水轮机及其附属设备合同于1996年1月正式签字，由于受到当时中美关系影响，直到1997年4月28日，水轮机及其附属设备合同信贷协议生效，1997年6月12日水轮机及其附属设备合同正式生效。

1. 合同前期准备

小浪底建管局进行了水轮机及其附属设备的清关转运代理、免税、商检等前期准备工作。

（1）确定清关转运代理。水轮机及其附属设备合同交货地点为上海，海关手续和内陆运输由业主负责。1997年10月29日，小浪底建管局与中国水利电力对外公司（责任方）和中国水利电力物资总公司组成的联营体签订小浪底水电站水轮机及其附属设备清关转运代理合同，委托对方负责小浪底水电站水轮机及其附属设备项目下设备在上海的清关并转运至小浪底工程留庄转运站的全部工作，包括清关、完税、理货、转运和验收事宜。

（2）办理免税手续。为减轻还贷压力，小浪底建管局多方争取利用世界银行贷款和美国出口信贷进口的货物免税。1998年7月6日，水轮机及其附属设备免税申请成功，免税额度超过1亿元人民币。

（3）商检。根据《中华人民共和国进出口商品检验法》，进口商品检验具有法律强制性。1999 年 4 月 13 日，小浪底建管局与洛阳进出口商品检验局签订《小浪底水利枢纽工程部分进口商品检验实施备忘录》。双方协商同意一次报检，分期支付费用，商检工作持续到设备质量保证期满结束。

2. 买卖双方服务

买方为卖方提供的服务主要包括协助办理出入境签证及国内居留手续、免费配备办公室及提供交通工具和住房，大多服务限于小浪底工地现场。

卖方服务包括国外服务、技术培训和现场服务 3 部分。国外服务包括买方人员到水轮机及其附属设备制造商所在国参加水轮机及其附属设备的设计联络、技术培训、试验、验收、监造、检验等合同规定的工作期间往返机票预订、当地食宿安排和交通安排。

技术培训分为工厂培训和现场培训。合同规定买方 16 名技术人员到卖方工厂进行 60 天技术培训。经双方协商，1999 年 5 月 13 日至 6 月 12 日，买方 16 名技术人员到调速器制造商工厂进行为期 31 天的技术培训；1999 年 8 月 18 日至 9 月 3 日，买方 9 名技术人员到水轮机制造商工厂进行为期 16 天的技术培训；2001 年 5 月 28 日至 6 月 1 日和 2002 年 2 月 2 日至 3 月 9 日，卖方专家在小浪底工程现场对小浪底水电站运行人员进行 2 次专题技术培训，培训内容包括调速系统组成和原理，并对机组初期运行中发生的问题进行解读和实践操作演示。

现场服务主要为卖方在工程现场提供安装技术服务。合同规定，买卖双方各设 1 名工地总代表处理现场安装、服务事务。1998 年 3 月 30 日，卖方工地总代表到位；1998 年 6 月 8 日，小浪底建管局任命机电工程师代表部主要负责人为买方工地总代表。卖方工地总代表现场事务包括正常安装指导与设备缺陷、问题处理，准备工作日志、考勤表、支付证书等，现场到货设备缺陷由卖方自行处理。买方工地总代表全权处理现场安装事务，包括考勤表、试运行资料和工作日志的签认、安装进度协调等，但不涉及合同商务问题，同时及时把现场有关情况及来往函件、资料通报给业主合同执行部门。

3. 设计联络会

合同规定召开 5 次设计联络会，实际召开 3 次。第一次设计联络会于 1997 年 1 月 15—30 日在中国郑州召开，主要讨论和确定厂房的结构与总布置，审查主要设备设计方案,确定模型试验的设计、制造及其他有关项目。第二次设计联络会于1997年10月15日至11月10日在美国召开,主要确定水轮机、筒形阀、调速器及其附属设备的安装和布置,审查设备结构设计和质量保证体系,卖方详细介绍技术说明和总体设计与系统结构。第三次设计联络会于1998年4月8—17日在中国郑州召开,主要讨论水轮机、发电机与计算机控制系统之间设计和接口协调,并向安装承包商简单介绍各部件的安装要求。

另外,召开十数次规模大小不等的协调会议和执行级会议,解决设计安装问题。

4.验收、检查和检验

小浪底水电站水轮机及其附属设备合同对设备制造过程中的验收、检查和检验进行了规定,实际进行的验收、检查和检验次数少于合同规定,共进行1次模型试验验收、1次完工的转轮部件检验、1次导水机构厂内组装检查、1次调速器和筒阀出厂验收、2次完工转轮尺寸检查。小浪底水电站水轮机及其附属设备验收、检查和检验见表4-4-4。

表4-4-4 小浪底水电站水轮机及其附属设备验收、检查和检验

序号	项目名称	合同规定的验收、检查和检验		实际执行的验收、检查和检验		
		设备台数	参加人数	设备台数	参加人数	时间
1	模型试验验收	1套	16	1套	15	1997年3月17日至4月6日
2	完工的转轮部件检验	6台	5	1台	5	1998年3月3—16日
3	导水机构等的组装试验	1套	15	1套	9	1998年9月16日至10月5日
4	调速器工厂组装和试验	2台	5	1台	6	1998年12月2—18日
5	制造过程监造和检查	2台	4	2台	4	1999年7月13日 2002年1月23日

1997年3月17日至4月6日,小浪底建管局与水利部外资办、中国水科院、水规总院和黄委会设计院组成验收代表团,赴德国对模型水轮机进行验收。验收项目分为验收试验项目和目击试验项目,其中验收试验项目包括效率试

验、空蚀试验、飞逸转速试验和压力脉动试验,目击试验项目包括轴向水推力试验、活动导叶扭矩试验、威特-肯尼迪(蜗壳压差与流量关系)试验和补气试验。认为模型水轮机具有优良的综合性能,能够满足小浪底水电站运行条件下对真机的各项性能要求,同意接受模型及其特性,福依特公司可以基于验收的模型安排真机制造。

5. 货物交接

小浪底水电站水轮机及其附属设备合同对设备交货方式和交接与开箱内容进行了规定。

(1)交货方式。水轮机及其附属设备交货方式分为成本、保险加运费交货,完税后交货,未完税交货和工厂交货4种方式。

成本、保险加运费交货方式的货价构成包括从装运港至约定港的通常运费和约定保险费,成交的货物主要为从美国运出的完工部件,包括导叶、筒阀、顶盖等,货物总价31 851 251美元,约占设备总价的52.8%。货物交货地点为上海港,由业主负责清关和内陆运输。

完税后交货方式指卖方负责把货物运至进口国指定的目的地交货,成交的货物主要为从美国运出制造水轮机部件所需的钢材,货物总价7 298 829美元,占设备总价的26.9%。根据双方1997年12月签订的协议,完税后交货方式关税由卖方承担,增值税由买方承担。

未完税交货方式指卖方负责承担货物运至指定地点的一切费用和风险,买方负责办理清关手续,成交的货物主要为从美国运到小浪底工地的组装转轮所需的散件、材料及加工设备等,总价15 963 248美元,占设备总价的12.3%。

工厂交货方式指卖方在其所在地将备妥的货物交付买方,交货的设备主要是座环、蜗壳等埋设部件,总价3 454 269美元,占设备总价的8.0%。

(2)交接与开箱。货物交接由业主、监理工程师、安装单位和运输单位4方参加并在交接单上签字,业主负责交接单制作,内容包括部件名称、编号、尺寸、重量,交货批次、数量、包裹号、备注(用以注明包装完好程度及设备有无损坏等)。货物开箱由安装单位根据安装进度组织召集,事先通知业主、监理工程师、安装单位和供货商4方参加,并做好开箱记录。

备品备件和专用工具直接交由设备运行单位管理。如出现缺件,经卖方现场服务人员确认后,通知其总部随后补发,或先挪用其他机组备品备件,待最后一并补发。

6.合同支付

小浪底水电站水轮机及其附属设备所有货款通过信用证支付。卖方向买方提供信用证规定的支付申请单,买方在接到信用证支付申请单30天内如审单无误向卖方支付货款。合同规定了预付款、各种交货方式的支付比例和技术服务费等支付方式。

根据合同规定,1996年11月18日,买方支付卖方设备价15%的预付款作为启动资金。

卖方交货后,对于成本、保险加运费交货方式,完税后交货方式和未完税交货方式,支付75%的设备款;对于工厂交货方式,支付90%货款。在每台机组安装完毕,经过试运行检验,临时验收结束后,再支付10%的设备款。

在每一次技术服务结束后,买方支付给卖方85%的技术服务费。

预付款中包含了工厂交货方式15%的设备费,经过买方合同支付统计,多付的预付款补给技术服务费,多余部分直接退还给业主。水轮机及其附属设备合同规定,设备从签发临时验收证书开始算起,设置3年质保期。合同没有设质保金,信用证支付完成后合同支付结束。质保期的资金保证为合同价款10%的履约保函。

7.合同索赔

小浪底水电站第一台水轮机(6号)投入运行1330小时后,检查发现转轮13个叶片均在出水边距上冠50毫米附近出现有规律的裂纹,长度300~450毫米不等。相继投入运行的5号、4号、3号机组,转轮叶片均不同程度地出现裂纹,且裂纹的形状、部位、性质与6号机组相同。

买方会同卖方、监理、安装等单位对产生裂纹的原因进行分析,认为裂纹是叶片承受的动应力过大引起的,属于设计制造缺陷。随后经缺陷处理,转轮叶片未再出现裂纹。

2002年初,买方就水轮机转轮出现裂纹正式向卖方提出索赔,要求卖方根据合同要求,在影响机组投入商业运行时间、裂纹修补等方面给予补偿。经协商,2003年1月23日,双方签订解决合同问题协议备忘录,卖方同意给予补偿,扣减50万美元合同支付款,免费向买方提供一批进口水轮机配件和现场专业培训,支付由于水轮机设备缺陷处理引起的机组安装承包商额外修补费用255

万元人民币。

8.合同终止

根据水轮机及其附属设备合同,质保期截至 2005 年底。2006 年 12 月中下旬,合同执行部门经征求运行管理部门意见,设备运行总体正常。2007 年 2 月 15 日,合同终止。

二、国内标合同

小浪底工程国内标合同管理主要包括前期准备工程和提前开工的主体工程合同管理、土建国内主体工程和尾工工程合同管理、机电及金属结构设备国内采购合同管理、机电设备安装工程合同管理,小浪底建管局制定了合同管理办法,明确了各部门职责分工,合同变更得到处理,工程进度和质量得到保证。

(一) 前期工程合同

小浪底建管局明确前期准备工程和提前开工的主体工程合同管理职责,执行合同签订程序,履行合同内容,保障了工程建设进展。

1.合同管理职责

前期准备工程和提前开工的主体工程合同主管部门为小浪底建管局计划合同处。计划合同处负责办理合同签订手续、处理合同变更、办理合同支付等。监理单位负责现场管理,主要职责为发布开工令、批准施工组织设计和进度计划、控制工程质量、发布变更通知、签认工程量和组织单项工程验收等。技术处负责协调解决图纸设计、施工技术等有关问题,组织合同验收。财务处负责办理结算。

2.合同签订程序

前期准备工程和提前开工的主体工程主要采用邀请议标的方式选择承包单位,小浪底建管局计划合同处为合同管理主办单位,按照以下程序和承包单位签订施工合同:

(1)合同立项。小浪底建管局计划合同处根据工作安排和投资计划,提出需要签订实施的合同项目,报小浪底建管局批准。

(2)施工详图审查。技术处负责组织对项目施工详图进行审查,将审查后的图纸及审查意见送计划合同处。

(3)选择承包单位及编制施工图预算和施工组织设计。小浪底建管局根据项目工作要求及实施单位资质、业绩等情况确定项目承包单位,并由计划合同处通知承包单位编制项目施工图预算、施工组织设计文件。

(4)项目审查及谈判。技术处负责审查承包单位编制的施工组织设计。计划合同处负责审查承包单位编制的施工图预算并与承包单位进行谈判。

(5)合同签订。计划合同处负责起草合同文件,经与承包单位协商一致,报小浪底建管局审查批准后,办理合同签订手续。

3. 合同管理内容

合同执行过程中,计划合同处、监理单位、技术处和财务处等按照职责分工和内容做好合同日常管理工作,并按照程序对计量支付和合同变更进行处理。

(1)前期准备工程和提前开工的主体工程施工合同主要为单价合同,除国家政策性调整、指定供应材料进行价格调差外,合同单价不调整。前期交通道路工程发生了较大合同变更,主要原因是交通部于1992年5月颁发《公路工程预算定额》及概预算编制办法,按照新的定额标准、取费标准、人工标准对交通道路工程项目价格进行了调整。

(2)合同工程量为设计量,实际结算时根据设计文件、设计变更文件、现场变更签证单,由监理部门对实际完成工程量进行测量、审核,并按照审核工程量进行支付结算。

(3)设计变更由设计单位出具设计变更文件,由监理单位通知承包单位实施;业主提出的变更由监理单位通知承包单位实施;承包单位提出的变更,经监理单位审核同意后实施;现场条件变化引起的变更,由承包单位、监理单位对变更进行确认。

承包单位根据变更确认文件提出变更费用申请报计划合同处,计划合同处根据国家、行业预算费用标准和文件、定额进行审核;变更工程量由计划合同处根据设计变更文件、业主变更通知、现场签证单进行计算,或者由设计单位、监理单位提交变更计算工程量。

计划合同处审核变更费用并与承包商谈判完成后,办理部门内部审核、复核、批准程序,根据变更投资金额大小、变更性质,签订补充协议或直接办理变更支付。

(4)合同完工后,由承包单位向监理单位提出验收申请并提交验收资料;监理单位审查后认为具备验收条件,将验收申请资料及意见报技术处,由技术处组织合同验收。

(二) 土建国内标主体工程和尾工工程合同

小浪底建管局制定了合同管理办法,明确合同管理职责,执行合同签订程序,履行合同内容,为国内标主体工程和尾工工程建设提供保障。

1. 合同管理职责

1996 年 8 月,小浪底建管局印发《小浪底工程合同管理暂行办法》(局发〔1996〕57 号),明确国内标合同实行归口管理:小浪底工程施工区营地小型基建项目合同由行政处管理;供水、供电、通信等小型基建项目合同由水电管理处管理;物资供应合同由物资处管理;贷款合同由财务处管理;土建国内标、其他费用合同等由计划合同处管理。

2000 年 1 月,小浪底建管局成立坝后保护区项目管理部,由坝后保护区项目管理部对坝后保护区场地整治和绿化工程等尾工工程项目行使业主管理职能,合同管理主要职责包括组织签订合同、处理合同变更、审核支付申请并开具支付凭证等。

在土建国内标主体工程和尾工工程合同管理中,小浪底建管局计划合同处的主要职责是:负责办理除物资供应、坝后保护区场地整治和绿化工程项目合同以外的所有合同的立项、审批、签订,处理合同变更索赔并开具支付凭证等。归口合同管理部门负责所辖范围合同的签订、处理合同变更和开具支付凭证等。

根据项目所在区域,小浪底建管局委托小浪底咨询公司负责相应项目合同的监理工作,主要职责是发布开工令,批准施工组织设计和进度计划,控制工程质量、进度和投资,发布变更通知,签认工程量,组织工程竣工验收等。

2. 合同签订程序

小浪底工程国内土建工程和尾工工程主要按照以下程序进行合同签订:

(1)合同立项。计划合同处提出立项报告,报告内容包括项目内容、规模、工程量、投资估算等,报小浪底建管局批准。

(2)施工详图审查。技术处负责组织对施工详图进行审查,将审查后的图纸及审查意见报计划合同处。

(3)选择承包单位。50 万元以上项目原则上通过招标方式选择承包单位;投资额小于 50 万元或特殊应急项目,经小浪底建管局批准后可直接委托承包单位。

（4）合同文件的起草及会签。计划合同处负责起草合同文件，与承包单位协商一致后，分别送技术处、物资处、监理单位、财务处、审计处、监察处会签。

（5）合同文件批准。计划合同处将会签后的合同文件报小浪底建管局批准；重大合同经小浪底建管局局务会研究批准。

（6）合同签订。合同文件批准后，一般工程项目合同由项目法人授权委托计划合同处签署，加盖小浪底建管局建设工程合同专用章；重大工程项目由局长签订，加盖小浪底建管局公章。

3.合同管理内容

（1）合同日常管理。小浪底建管局计划合同处为土建国内标和尾工工程合同的日常管理主管部门，负责协调监理单位、设计单位、承包单位及小浪底建管局内部有关部门按照合同条款履行合同，开具合同支付证书，处理合同变更；监理单位负责项目现场管理、协调工作，对合同项目质量、进度进行控制，签认合同完成项目工程量，组织合同验收；技术处负责协调解决设计图纸、施工技术等有关问题；财务处负责办理结算。

（2）合同价款支付。承包商按照合同规定的支付时间提出支付申请后，监理单位对承包商支付申请中的完成项目及工程量、完成质量签字确认；计划合同处根据监理单位签认的项目及工程量、合同单价计算支付价款，在扣除预付款、质保金或其他应扣款项后开具支付证书；财务处根据计划合同处开具的支付证书办理结算。

（3）合同变更处理。业主、承包商提出合同变更后，监理工程师对变更事实、变更项目、工程量进行评估、审核和确定；计划合同处对变更费用进行审查并与承包单位进行商谈，达成一致意见后，由监理工程师发布变更通知。副坝、帷幕补强灌浆等合同因地质条件变化引起合同变更，经协商进行了变更处理，所有合同均没有发生索赔和争议。

（4）合同完工验收。合同完工后，由承包商向监理单位提出验收申请并提交验收资料；监理单位审查后，认为具备验收条件，将验收申请资料及意见报请验收委员会办公室；验收委员会办公室主持合同完工验收。

（三）机电及金属结构设备国内采购合同

小浪底建管局机电处负责机电及金属结构设备国内采购合同管理。机电处制定设备采购管理制度,采取驻厂监造、巡检、验收等多种措施保证设备制造质量、工期和投资,保证了工程建设设备安装需要。

1. 设备质量控制

小浪底工程机电及金属结构设备通过设备制造监造、巡检、验收和检测等进行质量控制。

(1)驻厂监造。机电处选择有相关资质单位承担设备驻厂监造任务,对发电机、主变压器、封闭母线、闸门、拦污栅、启闭机等设备开展驻厂监造工作。小浪底工程主要机电及金属结构设备驻厂监造情况见表4-4-5。

表4-4-5 小浪底工程主要机电及金属结构设备驻厂监造情况

序号	承担驻厂监造单位	监造内容	制造厂监造人数
1	水利部水工金属结构质量检测测试中心	防淤闸弧形工作闸门、排沙洞事故闸门固定卷扬启闭机、5号与6号发电洞主拦污栅、明流洞检修闸门、1号明流洞事故闸门	三门峡水工机械厂3人;刘家峡水工机械厂2人
2	电力部水工金属结构质量检验测试中心	尾水防淤闸、排沙洞、孔板洞和明流洞弧形工作闸门及发电塔事故闸门的液压启闭机	国营武进液压启闭机总厂2人;国营三八八厂2人
3	水利部产品质量标准研究所	发电洞检修闸门、门式启闭机	郑州水工机械厂2人
4		孔板洞弧形工作闸门	富春江水电设备总厂2人;郑州水工机械厂1人
5	中国水利水电第一工程局	发电洞事故闸门	中国水电八局水工机械厂2人
6	电力部水工金属结构质量检验测试中心	1号孔板洞出口浮式叠梁检修闸门	郑州通达水工机械厂2人
7		人工砂石生产系统设备、消力塘竖井交通罐设备	洛阳矿山机械工程设计研究院2人
8	水利部水工金属结构质量检测测试中心	灌溉洞出口弧形工作闸门及埋件、西沟水库发电洞事故闸门及埋件、拦污栅及埋件、固定卷扬启闭机	三门峡水工机械厂1人
9	中国水利水电第一工程局	主变压器、厂用变压器、断路器、隔离开关、电压互感器、支柱绝缘子、管道母线	沈阳变压器有限责任公司2人;西安电力机械制造公司2人

承担驻厂监造任务的单位派出监造工程师进驻设备制造厂家进行驻厂监造。监造工程师编制监造实施细则,负责审查制造厂家的质量保证体系,组织技术交底,按工艺指导书和进度计划审批制造厂家编制的工艺措施,下达开工令。在制造过程中,按照工序进行质量检查和控制,履行见证手续,签署材料进厂证明和制造进度证明。关键工序和质量点,进行旁站监督并参加质量检验,对制造的全过程进行检查监督。出厂前,审核卖方整理的设备竣工资料,签发出厂证明。

监造工程师每天详细记录设备制造情况,每半个月向小浪底建管局机电处报送监造半月报,发现问题及时与制造厂家沟通处理,先后处理了小浪底2号发电机转子中心体裂纹等制造缺陷,使设备出厂合格率达到100%,避免了工期延误,部分设备实现提前交货。

(2)巡检。在设备制造期间,小浪底建管局组织成立巡检小组,不定期对机电及金属结构设备制造厂家进行巡回检查。1998年11月,小浪底建管局与电力部水工金属结构质量检验测试中心签订小浪底工程机电及金属结构设备质量监督巡检协议,由电力部水工金属结构质量检验测试中心派员担任巡检小组组长,业主和设计单位派人参加组成巡检小组。巡检小组主要职责是检查制造厂家质量体系运作情况,检查和落实设备质量和进度,监督和检查监造工程师工作,协助监造工程师解决监造过程中遇到的问题。约定每台(套)设备至少巡检1次,重要设备巡检3次以上。

(3)出厂验收。出厂验收由业主、设计、监造、巡检等单位组成验收小组负责。设备制造完毕,制造厂家自检合格,提出全套竣工资料经监造工程师审查后,由验收小组组织出厂验收。出厂验收对设备进行全面检查,抽查测量主要项目并进行必要试验,最终形成出厂验收会议纪要。出厂验收发现的问题在监造工程师监督下逐项处理落实。

(4)专业质量检测。对于重要的关键设备,在设备制造过程中,小浪底建管局委托专业质量检测部门进行全面质量检测,出具检测报告。

2.设备交货与开箱验收

设备交货包括预埋件交货和主设备交货,制造厂家需在发货前2天书面通知业主。设备运到合同交货地点,由业主、监理工程师、安装承包商和制造厂家4方参加,对包装箱、外裸件等外部质量进行全面检查,并在设备交接单签字认可后将货物移交设备安装承包商负责保管,待现场安装时逐箱进行开箱验收。

设备开箱验收由业主、监理工程师、安装承包商和制造厂家4方参加,根据制造厂家提供的装箱单对设备外观质量、数量等进行验收,详细记录开箱验收中设备数量、尺寸、变形量等方面的问题或缺陷,澄清事实后分清责任,通知相关责任方进行处理。

3.制造厂家现场服务

机电及金属结构设备采购合同对制造厂家现场服务做出明确规定,要求制造厂家对现场安装工作进行技术指导和对其进行技术培训。

在设备安装期间,制造厂家派出技术人员跟踪服务,指导并监督安装调试,纠正安装承包商的错误工艺和施工方法,现场处理制造缺陷。对于一些技术含量高的系统设备如保护设备、电站监控系统、励磁系统等,一般由制造厂家负责现场静态和动态调试,安装承包商配合。

运行管理人员在参与设备安装和调试基础上,由制造厂家对运行管理人员进行现场技术培训,包括设备总体介绍、操作程序、注意事项、故障处理等理论培训和实际操作培训,熟悉和掌握设备的技术原理、操作程序和操作规程。

4.合同支付

小浪底工程机电及金属结构采购合同支付一般包括预付款(投料款或进度款)、交货款、初步验收款和质保金退还4项支付内容。

预付款支付需要合同卖方提交预付款保函,投料款或进度款需要监造工程师签署材料进厂和制造进度证明。交货款在设备交货后进行支付,制造厂家填报基本建设工程量及投资完成情况报表报小浪底建管局机电处,经机电处审核后报计划合同处,计划合同处审核通过后开具支付凭证,转财务处支付。设备经现场调试性能正常,正式投入运行后,业主、监理、安装承包商、制造厂家和运行单位联合签署初步验收证书,办理初步验收款支付手续。合同规定的质保期满后,如果设备运行正常,业主、运行单位和制造厂家签署最终验收证书,并根据最终验收证书退还合同质保金。

5.合同争议处理

小浪底工程机电及金属结构设备采购合同执行过程中,由于对合同条款的理解或责任无法区分等因素而产生了合同纠纷,双方本着公平、公正原则,以满足现场设备安装为第一需要出发,通过签署备忘录、搁置争议、双方互让等协商谈判,解决了所有合同纠纷。

(四)机电设备安装合同

机电设备安装工程合同管理与土建国内主体工程合同管理基本相同,小浪底建管局计划合同处为合同管理责任部门,日常合同管理授权小浪底咨询公司机电工程师代表部负责。

1. 合同转包、分包控制

根据合同规定,严格要求承包单位不得将合同转让,不得将工程整体转包,不得把工程的主要部分分包出去。所有分包事前报小浪底建管局批准。实际施工时,要求监理单位对分包项目严格按合同要求进行监督控制。

2. 合同支付管理

机电工程师代表部依据承包商提出的支付申请,按照合同规定的支付条件、时间和实际完成工程量等开具支付证书,由小浪底建管局计划合同处审查后开具支付凭证,交财务部门办理结算手续。

3. 合同变更管理

机电设备安装工程合同变更程序与土建国内主体工程合同变更程序相同。合同变更评估和协商由机电工程师代表部负责,需要发布变更令的,报小浪底建管局审查并签字同意后,机电工程师代表部向承包商发布变更令。机电设备安装工程最终协商同意的变更有150项,没有索赔和争议。

4. 合同验收

机电工程师代表部负责机电设备安装工程中间完工、单项工程等验收工作。FFT联营体向机电工程师代表部提出验收申请并提交验收资料,机电工程师代表部审查后认为具备验收条件后组织验收。合同完工验收由验收委员会办公室组织。

第五节　物资管理

小浪底建管局物资管理部门针对工程建设实际物资需求和市场供应情况,制订物资采购计划,分国家统配物资和市场供应物资两种类型进行采购,采用批复供应、实物调拨两种方式进行供应;加强采购物资质量、结算和价格调差管理,控制物资供应质量、进度和资金,为工程建设提供了物资保障。

一、物资管理机制

小浪底建管局设立物资管理部门,明确物资采购和供应的职责与范围,根据工程建设进度,编制物资采购计划,加强物资供应管理。

(一)管理机构

1991年10月,小浪底建管局成立时设立设备材料处,负责前期工程建设物资管理工作;1994年9月,小浪底主体工程开工,小浪底建管局撤销设备材料处,设立物资处,负责物资管理工作。

小浪底建管局物资处与设备材料处物资管理职责大体相同,主要包括制定物资管理制度,编制物资采购计划,组织物资采购,签订物资供应协议,建立物资供应合同台账;建立与供货商、承包商的沟通渠道,协调供货商、运输单位、资金结算部门和物资库存管理部门等业务关系,构建完整的物资供应管理体系;及时掌握物资供应和物资质量的动态变化,协调解决物资管理中出现的问题。

(二)管理范围

小浪底工程合同条件规定了建设物资管理分为业主指定供应材料和非业主指定供应材料。小浪底建管局负责用于永久工程的主要材料(如钢材、水泥、硅粉、粉煤灰等)和用于施工对工程造价有影响的大宗消耗材料(如火工材料、汽柴油等)采购,称为业主指定供应材料;对于用量很少、业主不便于采购的材料,由承包商负责采购,称为非业主指定供应材料。

(三)采购计划

小浪底前期工程建设期间,承包商在当月25日前,向小浪底建管局报送下月业主指定供应材料需求计划,内容包括材料名称、规格、单位、数量及使用工程部位等。小浪底建管局设备材料处据此编制采购计划。

小浪底主体工程建设期间,依据合同文件规定,在每年8月15日前,承包商编制下一年度业主指定供应材料需求计划,包括货名、规格、国标号、单位、数量、工程应用部位和要求的交货日期,经监理单位批准后报业主。其中,在每年4月15日前,承包商向业主报送当年7—12月每月业主指定供应材料详细需求计划;在每年10月5日前,承包商向业主报送下一年1—6月每月业主指定供应材料详细需求计划。小浪底建管局物资处结合国家对相关物资管理权限和有关政策规定,编制物资采购计划,包括年度计划、上半年计划、下半年计划、月计划,作为组织物资采购依据。对于国家统配物资,小浪底建管局在每年10月向水利部物资局报送下一年度物资需求计划,包括物资数量、供应渠道、资金计划、采购方式等。

二、物资采购

小浪底工程建设期间,中国处于由计划经济向市场经济转型期,物资管理逐步由国家统配物资向市场供应转变。钢材、水泥在小浪底工程开工建设时属于国家统配物资,逐步转变为市场采购物资,小浪底建管局参加国内贸易部在1992年组织的最后一次水泥产品全国订货会和1993年5月最后一次钢材产品全国订货会后,钢材、水泥供应完全转变为市场采购供应。在工程建设期间,火工材料和汽柴油一直属于国家统配物资。其中,火工材料属于中央部委分配物资;汽柴油属于地方分配物资,由河南省石油公司统一分配;粉煤灰和硅粉属于市场采购供应物资。

(一)国家统配物资采购

1993年5月前,小浪底工程建设用的钢材、水泥等物资主要通过参加全国订货会进行采购。小浪底建管局物资处按照国家贸易部当年分配的统配物资指标,每年分两次参加上半年、下半年全国订货会,按照国家贸易部"物资分配单"中注明的物资名称、规格型号、技术标准和数量等与供货商协商,达成一致后订货。为了补充全国订货会上的缺口,水利部物资局每年两次(上半年、下半年)组织召开水利系统内部调剂会,解决系统内部单位工程施工中的物资缺口。调剂会上,根据各单位上报的库存多余物资明细表,需要单位和多余物资单位之间商谈达成一致后,由水利部物资局开具《物资分配单》,注明物资名称、型号规格、交货日期、运输方式、结算方式等具体内容。供货单位依据水利部物资局开具的《物资分配单》组织发货、办理结算等手续。

炸药、雷管等火工材料由小浪底建管局向水利部物资局报送需求计划,水利部物资局将全国水利系统需求计划汇总后报国防科工委,并参加国防科工委组织的全国民用爆破产品订货会,统一与供货商签订供货合同。供货合同经国防科工委审批通过后生效。小浪底建管局随水利部物资局一同参加全国民用爆破产品订货会订货,并尽量向有关部门申请向距工程较近的生产厂家订货,以节约运费和便于管理。

汽柴油等燃料油由国家计委定价,河南省石油公司负责分配。小浪底建管局根据工程建设施工进度,统一落实货源,按照上半年和下半年需求计划与洛阳石油公司、济源石油公司等供货单位具体对接,价格在国家规定批发价基础上给予一定比例优惠,以统一采购或委托承包商采购等形式,签订长期供货协议,实施燃料油采购。

(二)市场供应物资采购

小浪底工程建设中,市场供应中的钢材、水泥等通用物资主要采用邀请竞争报价方式选定供货单位进行采购;硅粉和粉煤灰等专用物资,通过市场调研进行专门采购。

1.通用物资采购

钢材、水泥等通用物资在主体工程建设期间通过市场采购满足使用需求,小浪底建管局主要采用邀请竞争报价方式确定供货单位。

根据物资供应计划,小浪底建管局物资处书面邀请指定供货商参与竞争报价。被邀请竞争报价单位均是业主指定供货商,且商务资信和技术资信经过业主评价和确认。邀请书中规定需采购材料品种、数量、规格、质量标准、服务标准和产品生产厂家(例如钢材规定使用全国知名大厂产品)、报价表送达时间等,同时要求各供货商所报价格为到达洛阳价格,洛阳以外的供货商所报价格应包含供货单位所在地到达洛阳的运杂费及其他各种费用。业主对邀请竞争报价表进行价格分析和评议,一般选取最低报价者为供货单位。如果材料数量较大,为避免一家供货困难,影响工程施工进度,经供货方同意,业主可以与其他实力较强的供货单位协商,如同意按同一供货价执行,可以由其他供货商供应部分材料。

对货源短缺和不宜频繁更换生产厂家的材料,根据工程使用要求和其他具体情况,采用首次邀请竞争报价采购,以后延续执行或定向采购等方式确定供货商。

2.专用物资采购

根据小浪底工程建设的实际需求,小浪底建管局物资处对硅粉和粉煤灰等专用材料进行专门采购。

(1)硅粉采购。小浪底建管局物资处对国内硅粉生产厂家进行考察后,发现符合小浪底工程技术要求的硅粉货源非常紧缺,仅青海民和镁厂生产的硅粉符合小浪底工程技术要求,由于货源唯一,采用定向采购方式。经与青海民和镁厂协商,在参考该厂供给其他用户价格的基础上,以优惠价格供给小浪底工程。

(2)粉煤灰采购。小浪底工程建设需要30多万吨二级粉煤灰,小浪底建管局经对河南省内热电厂和宝鸡、太原等附近热电厂进行考察,所有热电厂均没有生产二级粉煤灰的能力。为满足工程建设对粉煤灰的需求,减少长距离运输对粉煤灰采购供应的影响,小浪底建管局与有潜力生产二级粉煤灰的焦作热电厂经过多次洽谈,促使该厂投资购进设备生产二级粉煤灰。首阳山电厂随后也购置安装了生产二级粉煤灰的设备。小浪底建管局与焦作热电厂和首阳山电厂签订了采购粉煤灰合同。

(三)质量控制

为确保物资采购质量,业主、供货单位、承包商、监理单位分别制定措施,把控采购物资质量。

1. 业主控制

(1)邀请指定供货商。在选择指定供货商时,将确实符合小浪底工程规定物资品质要求的供货商确定为"业主指定供货商"。在物资采购时,只邀请指定供货商参与竞争报价,对未经过考察的非业主指定供货商不予邀请。

(2)对指定供货商定期检查。对指定供货厂家(如水泥、粉煤灰、火工材料等厂家)定期走访,检查其生产原料、生产控制和质量检测体系;不定期对其产品进行抽样,并送国家认可的质量检验部门进行检验,以此监测材料质量动态变化情况,严防劣质材料用于小浪底工程。

(3)指定品牌产品。经销商供货,必须使用业主指定产品品牌,其他产品不予接受。

2. 供货商控制

供货商对产品质量严格把关,对供给小浪底工程的每批货物,必须附带该批产品质量证明书或业主要求的其他质量证明资料。

3. 承包商控制

合同规定了承包商对业主指定供应材料应承担的质量责任。承包商在物资材料到场后,要立即通知监理单位组织验收。承包商按合同规定批量对材料质量进行抽样自检,如发现质量问题,立即通知监理单位和业主进行处理。如果承包商将不合格材料用于工程,业主将依据合同规定,对其追究责任。

4.监理单位控制

监理单位依据合同负责材料的质量检查和验收工作。监理单位组织承包商进行物资材料到场验收,对材料货名、规格、国标号、单位、数量、使用工程部位和日期、供货商、材料供应合同号、价格审批表和厂家质量证明等进行检查,并且逐项记录在册。对没有材质证书或材料数量、质量不符合相关标准的不予验收,由供货商自行运出现场。监理单位可指令承包商在其监督下对材料取样,并送监理单位认可的实验室进行检验。检验结果符合国家有关标准和小浪底工程技术规范要求,才同意用于工程施工;否则,指令承包商将不合格材料退交供货商并运出现场。

同时,小浪底咨询公司实验室根据工程建设情况,对进场材料随时进行抽样检验,严防不合格材料用于工程。

三、物资供应

小浪底工程建设物资供应主要采用批复供应方式,创建了业主无库存管理模式。对于1993年5月之前的钢材供应模式,采用租用洛阳433仓库通过实物调拨方式进行供应。

(一) 批复供应

小浪底主体工程建设期间,业主指定供应材料主要采用批复供应方式进行物资供应。小浪底建管局物资处负责确定业主指定供应材料供货商和价格,承包商依据材料批复表向指定供货商下达材料订单,供货商依据其材料订单直接向承包商供货。各承包商按业主指定价格向业主指定供货商进行采购,具体交货时间、运输方式、质量检查、计量方式、验收方式等工作由承包商与供货商协商确定。

(二) 实物调拨

在1993年5月前,钢材主要由小浪底建管局负责集中采购,采用调拨方式直接调拨供应给承包商。小浪底建管局组织落实货源,签订物资采购合同,组织运输、中转并办理到货验收,直接向供货商支付货款。钢材到货后,存放在小浪底建管局租用的洛阳433仓库。小浪底建管局物资管理部门依据承包商提交的材料需求计划明细表,按照库存平衡开具内部调拨单,调拨单中单价为合同指定单价。承包商凭调拨单到仓库领取材料,仓库依据调拨单发料。调拨材料款由小浪底建管局从向承包商应支付工程款中扣回。留庄转运站吊卸设备见图4-5-1。

图4-5-1　留庄转运站吊卸设备

(三)应急供应

小浪底工程建设期间,某些材料出现货源短缺、采购困难等情况,小浪底建管局对此采取应急供应方式。1996年柴油供应紧张时期,为保证小浪底工程柴油供应,业主采取了直接付款收购地方石油经销部门库存柴油,再以调拨方式供给承包商,保证了柴油应急供应。1997年夏季,连续阴雨使焦作热电厂、首阳山电厂燃煤含水量增加,导致粉煤灰烧失量超标,粉煤灰供应量减少,影响混凝土生产和工程施工,小浪底建管局直接组织湖北汉川电厂粉煤灰运送到施工现场。

(四)主要物资供应

小浪底工程建设期间,小浪底建管局累计供应钢材21.88万吨、水泥142.05万吨、木材4.08万立方米、柴油17.5万吨、炸药1.64万吨、粉煤灰30.94万吨、硅粉0.88万吨等,所供材料全部符合国家技术标准,满足小浪底工程技术规范和施工进度要求。小浪底建管局主要物资供应见表4-5-1。

表 4-5-1 小浪底建管局主要物资供应

物资种类	供应方式	运输方式	供应厂商
钢材	全国订货会与厂商签订供应协议,委托承包商按照指定供应商和价格与供应商签订协议	铁路和货运汽车	鞍山钢铁厂 天津钢铁厂 安阳钢铁厂 济源钢铁厂 钢材供应商
水泥	全国订货会与水泥厂签订供应协议	水泥散装罐车	洛阳水泥厂 渑池水泥厂 焦作水泥厂
木材	与供货商签订供应协议	货运汽车	洛阳、济源等地供货商
粉煤灰	与厂家签订供应协议	粉煤灰散装罐车	焦作热电厂 首阳山电厂
硅粉	与厂家签订供应协议	火车运至留庄转运站	青海民和镁厂
火工产品	全国订货会	专用汽车	荥阳60厂 宜阳化工厂 巩义103化工厂
柴油	河南省石油公司分配资源	专用油罐车	洛阳石油公司 济源石油公司

四、材料结算与价格调差

(一) 材料结算

1993年,国内物资市场处于计划分配和市场调节共存状态,供应材料价格分计划价和市场价;小浪底建管局和设计单位对业主指定供应材料进行市场调研,确定了业主指定供应材料合同基价。小浪底工程合同基价采用计划价或市场平均价格的80%。

对于实物调拨供应材料,由小浪底建管局按照合同基价从向承包商应支付工程款中直接扣回;对于批复供应材料,承包商在工程款结算中,按照合同基价进行结算。对超出合同基价的价款,采用价格调差方式进行补偿。

(二) 价格调差

小浪底建管局制定了材料调差实施细则,明确材料调差的范围、方式和程序,对业主指定供应材料价格超出合同基价部分,结算时进行调差。

1. 调差范围

合同条款中对业主指定供应材料采购指标和价格调整进行了规定,价格调差限定为业主指定材料,包括货源交货价格调整和运费调整两部分。

2. 调差方式

对于承包商直接付款的业主指定供应材料货源交货价格调整,若该批货物实际价格(以开出的发票为准)高于合同基价,业主补偿给承包商价差;如果实际价格低于合同基价,业主扣回价差。运费调整采用合同规定的铁路、公路运费调整公式计算,按照货物实际运距的运输费率或吨费率与报价截止日期28天前的运输费率或吨费率计算相应的运费差,增加的费用由业主补偿给承包商,减少的费用由业主从承包商工程款中扣回。

3. 调差程序

小浪底建管局制定了材料调差程序和要求。承包商材料调差申请必须使用业主制定的表格,并附以下文件:监理单位签字的材料入库验收单复印件,业主对承包商的批复表复印件,承包商与供货商(业主批复表中指定的供货商)签订的供货合同复印件,供货发票复印件,材料质量证明书复印件。承包商调差申请表由监理单位对调差材料数量进行审核、小浪底建管局物资处对调差材料金额进行审核后,转入承包商下月支付程序中进行支付。

承包商调差申请每月报业主一次,报送的调差材料发票须为同一个月内全部发票,不允许有不同月份发票混合在一起申报。承包商没有按业主批复表内容购买材料不予调差。国际承包商的指定材料调差在合同中规定,累计价差达到20万元人民币时,监理单位在开具下月支付证书时予以调差支付;国内承包商基本按月进度支付进行调差。

业主批准的承包商材料调差视为暂定调差,最终调差依据监理单位批准的施工详图加合理损耗量确定,并与承包商、监理单位共同核实确认。

五、设备管理

小浪底工程建设前期,国内施工单位经济困难、设备缺乏,小浪底建管局结合实际情况并报告水利部,使用投资概算中特殊技术装备费集中购买了价值8 500万元的44台(套)大型施工设备,采用租赁方式提供给施工承包商,加快了工程建设进度。

(一)管理机构

1992年,小浪底建管局分批购买44台(套)大型施工设备,主要包括钻爆、土石方开挖、运输等设备。小浪底建管局购置设备见表4-5-2。前期工程建设期间,小浪底建管局设备材料处负责设备租赁管理工作。主体工程开工后,小浪底建管局成立设备公司(设备处),负责设备租赁管理工作。1998年6月,在设备公司和小浪底实业公司所属工程公司基础上,组建小浪底水利水电工程公司,由小浪底水利水电工程公司负责设备租赁管理。

表4-5-2　小浪底建管局购置设备

序号	设备名称	品牌	规格型号	数量
1	正铲	日立	6立方米	2
2	反铲		PC400	2
3	装载机	小松	6立方米	2
4	推土机		320P	2
5	多臂钻	阿特拉斯		2
5	潜孔钻	英格索兰	HQZ180	2
6	空压机		15千瓦	2
7	矿用汽车	包头	45吨	30

(二)管理方式

小浪底建管局购置的设备采用租赁方式,出租给在小浪底工程施工的国内外承包商。前期工程建设期间,主要按照定额台班费向国内施工单位收取费用。主体工程开工后,主要出租给国际承包商。为提高机械设备出租率,减少退租频繁造成修理费过高等问题,分3、6、9、12、18、24、30个月7个档次拟定不同标准出租价格,租期越长,价格越低,租期越短,价格越高,促使承包商租期一般都在1年以上。

小浪底建管局设备公司与承包商签订设备租赁协议,确定租赁设备时间、数量、价格和租金支付条款,同时,合同中明确设备维护保养管理内容,包括日常保养、定期维修、安全检查等。设备公司派出设备工程师按照合同维护保养内容,不定期深入现场检查设备运行和维护保养情况,避免承包商急功近利拼设备,保障出租设备完好率和使用率。

(三)设备使用成效

小浪底建管局使用技术装备费集中购置机械设备,在前期工程以较低价格出租给施工单位,加快了工程建设进度,为保障前期工程"三年任务、两年完成"起到重要作用。在主体工程出水口开挖、主坝加速填筑、副坝施工,以及西霞院工程坝基开挖等工程施工中,机械设备均发挥了重要作用。

小浪底主体工程结束后,回收租金已超过设备原值,部分设备已超过规定的总耐用台班数。小浪底水利水电工程公司将其中16台设备转让给施工单位,以原剩余设备为基础,购进30台(套)中小型设备,做到设备资源合理配置,增强了实力。

第六节　技术管理

工程建设过程中,小浪底建管局完善技术管理体系,加强制度建设,落实技术咨询和决策机制,重视科学试验与研究,严格执行技术标准,采用新技术、新工艺、新材料和先进配套的大型施工设备,解决了一系列工程技术难题,取得了一批重大技术成果,为工程建设提供了技术支撑。

一、技术管理体系

小浪底工程建设技术管理实行业主总工程师负责制,落实业主、监理和设计单位技术管理责任,并设立技术咨询机构对工程建设技术问题进行咨询。

(一)业主总工程师负责制

小浪底工程建设实行业主负责制,小浪底建管局不断完善责任体系,加强技术管控。1996年9月以前,小浪底工程建设技术问题由业主、监理、设计三方以会议形式协调解决。1996年9月,为协调设计、监理和承包商等各方关系,小浪底建管局完善技术管理体系,确立业主在技术决策中的地位和权威,明确了业主总工程师的职责和权力,规定在工程技术管理上实行业主总工程师负责制。小浪底建管局总工程师代表业主进行工程技术问题总决策。

(二)参建方技术职责

1991年10月,小浪底建管局成立时设立技术处,由技术处负责小浪底工程建设技术管理日常工作。技术处主要负责审查设计图纸、文件,施工措施和计划,新技术应用和技术总结等。1992年6月,技术处改为总工程师办公室,1993年7月,改为三总师办公室;1994年11月,恢复技术处编制;1996年8月,技术处划归小浪底咨询公司,称工程技术部,具有小浪底建管局技术处和小浪底咨询公司工程技术部双重职能,技术管理职责基本不变。

小浪底咨询公司在前期工程建设期间设立监理处,在主体工程建设期间设立工程师代表部,分别由监理处和工程师代表部负责建设项目的技术工作,主要职责包括审批承包商的施工组织设计、技术方案、进度计划、资源配置等内容。

黄委会设计院承担小浪底工程设计任务,对小浪底工程设计方案、施工图纸等技术质量负责。黄委会设计院成立小浪底工程设计分院,常驻小浪底工程现场,负责技术交底、处理工程设计技术问题等。小浪底工程设计实行设计总工程师负责管理体制。

(三)技术咨询机构

小浪底工程规模宏大、地质条件复杂、水沙条件特殊、设计和施工难度大,为有效解决技术难题,确保工程安全可靠、经济合理,小浪底工程汇聚国内外水利水电技术专家和机构广泛开展技术咨询。技术咨询机构主要包括小浪底工程建设技术委员会、加拿大国际工程管理咨询公司(CIPM公司)、大坝安全特别咨询专家组。技术咨询机构是小浪底工程技术保障体系的重要部分,为重大技术问题决策提供了技术支持和帮助。

小浪底工程主体工程建设技术管理体系见图4-6-1。

二、技术决策与信息共享

1996年9月,为加强小浪底工程建设技术管理工作,小浪底建管局制定《关于加强技术管理的若干规定》《关于落实技术管理若干规定的实施意见》,明确业主总工程师负责制,并对小浪底工程建设技术决策原则、技术决策权限、技术联络会议和技术资料共享做出明确规定。

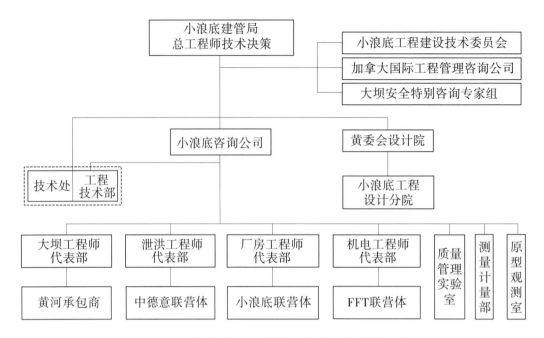

图 4-6-1　小浪底工程主体工程建设技术管理体系

（一）技术决策原则

小浪底工程建设技术决策坚持"尊重科学、实事求是，质量、进度和投资统筹考虑"原则，依据技术标准、规程、规范、规定等，并参照类似工程中可借鉴的成熟经验，保证工程质量和安全，严格执行合同文件技术规范有关条款；当意见有分歧时，充分协调和听取各方意见，在满足规范的前提下，决策意见要从工程施工实际出发，尽可能便于实施；综合考虑对工程进度的影响和可能引起的承包商索赔，保证关键工期实现和尽可能节省投资。当技术决策涉及变更、延期等合同问题时，根据合同条件和实际情况提出相应费用评价。

（二）技术决策权限

工程建设过程中，一般技术问题由工程师代表助理与设计工程师商定；如未能取得一致意见，由工程师代表与设计院设计总工程师协调确定。较大技术问题，或有意见分歧的技术问题，小浪底建管局总工程师主持召开专题技术会议研究解决。工程建设中的重大技术问题，由小浪底建管局提请小浪底工程建设技术委员会召开专题会议，提出咨询意见，作为决策依据；对于涉及设计方案重大变更等问题，由设计单位提供研究成果，召开小浪底工程建设技术委员会咨询会议，将会议决定报水利部审查、批准。

按以上程序,一般技术问题在现场及时决策,较大或急需解决的技术问题在 3 天内决策,确保不影响工程施工。

(三)技术联络会和信息共享

业主、监理和设计单位对小浪底工程建设技术工作分工负责。为及时解决工程建设中出现的较大技术问题或有意见分歧的技术问题,由业主总工程师主持,组织业主、监理和设计单位相关人员定期召开技术联络会议,对有关技术问题形成会议纪要,分发相关单位贯彻执行。如有急需解决的技术问题,可适时召开专题技术会议。

工程建设过程中,在业主、监理和设计单位之间建立技术信息共享机制,有关试验、原型监测、质量检测、地质预报、科研成果、阶段性总结分析等信息资料做到及时传递和交流,以便各方及时掌握工程信息,共同采取措施,预防工程安全、施工质量事故的发生。同时,验证设计成果,进一步促进优化设计。

三、技术标准

根据小浪底工程设计文件、施工图纸、合同技术条款、规程规范、技术标准和长期安全运行要求,小浪底工程建设执行的技术标准共 131 种。同时,根据国际工程施工管理特点,在土建国际标技术规范中还纳入了美国材料与试验协会 ASTM（American Society for Testing and Materials）和美国机械工程师协会 ASME（American Society of Mechanical Engineers）等发布的 145 种国际标准。

小浪底工程建设期间,国家和行业颁布与修编的有关技术标准均在施工中贯彻执行。小浪底工程合同技术规范明确规定各类规范优先次序及使用原则:当本技术规范要求与其他规程规范、技术标准、推荐施工方法发生矛盾时,应优先采用本技术规范。当规程规范、技术标准、推荐施工方法发生矛盾时,应优先采用监理工程师决定的更为严格的技术标准。

四、技术咨询

鉴于小浪底工程地质条件复杂、规模宏大、技术难度高,且由国际承包商按照 FIDIC 合同条件进行合同管理,小浪底建管局组建或聘用小浪底工程建设技术委员会、CIPM 公司、大坝安全特别咨询专家组对小浪底工程建设进行技术咨询。

（一）小浪底工程建设技术委员会

为借鉴国内水利水电建设经验、广泛征求国内水利专家对小浪底工程建设的指导意见,1996 年 7 月 23 日,小浪底建管局在小浪底工地召开小浪底工程建设技术委员会(简称技术委员会)成立大会。技术委员会由 50 位水电专家组成,聘任张光斗、李鹗鼎、陈赓仪、潘家铮和罗西北为顾问,主任由中国工程院院士陈明致担任。技术委员会下设工程技术组、合同管理组和机电组 3 个专业组。

技术委员会职责是:对小浪底工程建设中重大技术问题提出咨询意见,并为小浪底建管局提供科学决策依据;对国际合同管理中重大问题和索赔、争议的处理等提出建议;对有关小浪底工程重大科研项目和新技术应用推广提出建议。

技术委员会一般每年召开 1 次全体会议,各专业组可根据需要不定期聘请有关专家开展专题咨询活动。自技术委员会成立至工程竣工,共召开了 5 次全体会议,分别对小浪底工程建设各关键阶段的重大技术课题进行讨论和咨询。根据建设过程中出现的问题,分别邀请部分技术委员会委员和有关专家进行专题咨询,其中工程技术组召开专题咨询会 20 次、合同管理组召开专题咨询会 2 次、机电组召开专题咨询会 8 次。小浪底工程建设技术委员会全体会议见表 4-6-1。

表 4-6-1　小浪底工程建设技术委员会全体会议

序号	时间	重点咨询专题
1	1996 年 7 月 23—26 日	技术委员会成立会议,制定工作规则,提出小浪底工程建设重点咨询专题建议
2	1997 年 5 月 3—5 日	小浪底工程截流准备、方案审查及合同管理索赔处理等技术问题
3	1998 年 4 月 7—10 日	水库下闸蓄水、第一台机组发电、混凝土骨料碱活性等技术问题
4	1999 年 9 月 13—14 日	水库蓄水安全鉴定、水库运用调度方案等技术问题
5	2001 年 4 月 24—26 日	枢纽运行管理、两岸坝肩渗漏、水轮机转轮裂纹处理、孔板洞原型过流试验等技术问题

(二) CIPM 公司

主体工程开工后,经世界银行批准,小浪底建管局聘请 CIPM 公司作为常驻小浪底工地国际咨询机构,按 FIDIC 合同文件要求全面协助小浪底建管局对设计图纸、承包商施工及国际合同事务进行管理咨询。CIPM 公司主要咨询服务范围见图 4-6-2。

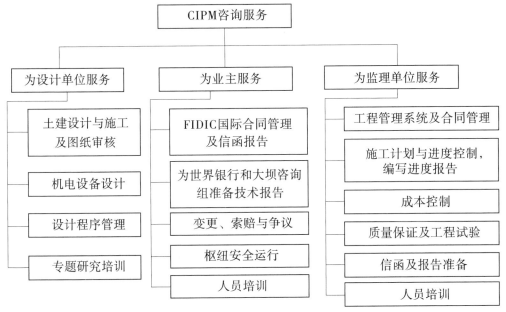

图 4-6-2　CIPM 公司主要咨询服务范围

在 1994—2002 年工程建设期间,CIPM 公司共有 53 位专家计 1 007 人·月投入小浪底工程现场咨询服务工作。CIPM 公司专家组的组长以业主首席顾问身份出席现场重要会议,就有关技术和合同管理问题及时提出咨询意见,并递交书面信函供业主研究、决策;业主分别委派 4 位 CIPM 公司专家进驻工程师代表部和实验室,协助监理工程师对承包商进行全面监理。在国际合同管理方面,CIPM 公司专家受业主委派,代表业主与承包商直接进行协商、技术谈判,在索赔争议处理中为业主和监理工程师起草应对承包商索赔的回应报告和陈述报告,在国际合同争议评审团听证会上代表业主陈述和答辩。此外,CIPM 公司专家组还参与和承担一些日常工作,按月编写英文版工程进度报告,起草或审改业主与国际承包商的来往信函,在引进先进程序和技术方面对中方人员进行集中培训。

（三）大坝安全特别咨询专家组

针对主体工程施工特点，根据世界银行要求和推荐，小浪底建管局组建由7位国际资深专家组成的大坝安全特别咨询专家组。大坝安全特别咨询专家组的主要职责是为业主提供设计、施工、水库移民、环境影响等咨询，成员包括水利工程坝工专家、专家组组长赵传绍（中国），水利工程施工专家卡萨诺（Cassano，意大利），地质及岩石力学专家布鲁克（Broch，挪威），水工结构混凝土专家塔勃思（Tarbox，美国），大坝及土力学专家萨巴内里（Sembenelli，意大利），机械及水轮机专家汉德尔（Handel，加拿大），电气机械专家拉尔森（Larson，美国）。

大坝安全特别咨询专家组以国际工程经验和标准，客观、公正、全面地审查小浪底工程设计和施工，对业主、监理和设计单位所提出的技术问题予以评价并提出建议（见图4-6-3）。大坝安全特别咨询专家组在小浪底工地共召开10次大坝安全特别咨询会议，提出10份咨询报告。大坝安全特别咨询专家组会议情况见表4-6-2。

图4-6-3　大坝安全特别咨询专家组考察现场

业主对大坝安全特别咨询专家组提出的咨询意见，逐项研究并提出落实建议，分发到有关单位，限期采取措施落实；对于一些限于各种条件无法采纳执行的意见，分别予以书面回应，使专家咨询意见尽可能发挥应有作用。

五、世界银行检查与评估

按照世界银行协定条款要求，为保证贷款全部用于确定的贷款项目，且达

表 4-6-2 大坝安全特别咨询专家组会议情况

序号	会议日期	咨询会议审查主要议题
1	1994 年 10 月 17—22 日	地下厂房,进出口开挖高边坡岩石支护,各标施工方法和进度,水轮机组标书审查
2	1995 年 10 月 16—23 日	导流洞施工开挖,截流总体进度,进口边坡稳定,地下厂房交通洞,防渗墙施工
3	1996 年 3 月 21—26 日	截流目标,大体积混凝土温控,基础灌浆,下游边坡稳定
4	1996 年 9 月 16—26 日	1997 年截流计划,尾水隔墙稳定,混凝土强度及质量控制,消力塘底板厚度
5	1997 年 4 月 3—10 日	截流施工方案及 1998 年度汛措施,主坝左坝肩处理,孔板洞改建施工,消力塘边坡稳定
6	1997 年 9 月 19—26 日	大坝 3 区过渡料级配,排沙洞预应力方案选择,孔板段临时钢板衬砌,混凝土碱骨料反应
7	1998 年 6 月 3—12 日	1999 年发电目标,金属结构及机电安装,加强消力塘边坡稳定措施,原型观测成果分析
8	1999 年 9 月 2—8 日	水库下闸蓄水计划,第一台机组发电,隧洞裂缝检查和修补,建立自动观测系统
9	2000 年 9 月 23—29 日	左右岸坝肩深层渗漏应对措施,F_1 断层渗压计观测分析,水轮机叶片裂缝原因,枢纽运行管理
10	2004 年 3 月 15—18 日	主要建筑物初步分析及性能审查,并就高水位运行提供安全性评估

到预定开发目标,在项目前期、工程建设期和实施完成后,世界银行组织检查组对项目进行检查与评估,主要包括贷款批准前检查评估、资金使用期检查评估和实施情况考核总结评价。

(一)贷款批准前检查评估

鉴于小浪底工程技术复杂、国内建设资金缺乏等因素,水利电力部拟引进世界银行贷款建设小浪底工程。1988 年 7 月,以古纳(Gunaratnam)为组长的世界银行专家组首次考察小浪底工程,开始对小浪底工程进行预评估。经过世界银行检查团 11 次检查与评估,1992 年 10 月,小浪底工程通过世界银行预评估。在正式评估阶段,世界银行组织专家对小浪底工程费用预算、财务分析、工程招标文件、运行管理、移民规划等 29 个专题进行审查,于 1993 年 5 月通过正式评估。1994年4月,世界银行批准小浪底工程第一期4.6亿美元硬贷款,同时给予移民项目1.1亿美元软贷款。

1997年3月,世界银行检查团对小浪底工程二期贷款项目进行评估,检查评估了小浪底工程技术管理、机构支持、财务管理和环境管理等内容,认为小浪底工程第一期贷款执行情况良好,工程进展顺利,符合世界银行贷款要求。1997年6月,世界银行批准小浪底工程二期贷款金额2.3亿美元、3.465亿马克。

(二)资金使用期检查评估

工程建设过程中,世界银行检查团定期到小浪底工程现场进行检查评估,掌握工程进展情况,对工程建设提出咨询意见,保证按照世界银行预期目标完成工程建设。世界银行检查团检查小浪底工程情况见表4-6-3。

(三)实施情况考核总结评价

世界银行为确保自我评价程序完整性,检验世界银行贷款是否达到预期效果,同时总结经验教训,完善相关方针、政策和办法,在项目实施完成后组织考评组对项目实施情况进行考核总结评价。

表4-6-3 世界银行检查团检查小浪底工程情况

序号	时间	团长	主要检查内容
1	1994年5月23—25日		前期工程完成情况,主体工程进展,成立大坝安全小组和环境专家组,配套资金,车辆、办公用品和其他设备采购,坝址洪水预报等
2	1994年10月20—25日		主要施工现状,监理人员,大坝安全专家组,洪水预报和坝址安全,水文和泥沙监测等
3	1995年5月3—10日	古纳	主体工程施工监理现状,合同变更问题,施工安全,大坝安全小组,环境监测,技术问题,进口税,坝址洪水预报等
4	1995年10月23日至11月1日		主体工程施工现状,施工监理及质量控制,合同变更问题,大坝安全小组等
5	1996年4月1—8日		主体工程施工现状,施工监理及质量控制,施工安全问题,大坝安全小组,环境监测,洪水预报等

续表 4-6-3

序号	时间	团长	主要检查内容
6	1996 年 11 月 9—16 日		施工现状,工程费用,变更和索赔问题,对承包商支付,承包商现金流问题,施工监理,施工现场安全问题,洪水预报等
7	1997 年 3 月 17—23 日		施工现状,主体工程合同管理,机电设备问题,技术问题等
8	1997 年 10 月 28 日至 11 月 3 日		施工进度,工程师效率,截流后施工计划,索赔处理,变更,工程量清单项目,劳务调差等
9	1998 年 5 月 24 日至 6 月 3 日	古纳	实际进度和计划,工程质量,索赔管理,财务管理,防洪、排沙、抗旱和防凌预报系统等
10	1998 年 10 月 25 日至 11 月 2 日		实际进度和计划,索赔处理,财务管理,环境管理与监测,财务支付,科研和机构支持等
11	1999 年 8 月 23 日至 9 月 3 日		实际进度和计划,索赔处理,财务管理,环境管理与监测,财务支付等
12	2000 年 3 月 24—29 日		实际进度和计划,索赔处理,财务管理,环境管理与监测,财务状况和财务管理,项目运行安排等
13	2001 年 9 月 2—6 日		实施进度,投资进度,工程质量,索赔解决,环境管理与监测,地震监测,下游水文与泥沙监测,财务状况和财务管理,项目运行安排等
14	2002 年 6 月 11—17 日	李晓凯	实施进度,大坝运行和维护,组织机构和财务评估,运行费用,净收入,财务管理,竣工报告等
15	2002 年 10 月 28 日至 11 月 3 日		运行情况,运行和维护手册,大坝安全评估,应急计划,财务分析,发电和售电,经济分析,环境管理,竣工报告等
16	2003 年 4 月 1—12 日	古纳	工程运行重点,竣工图纸,原型观测,风险分析及大坝安全,合同管理及索赔,环境管理,安全保卫等
17	2003 年 10 月 25—29 日	阿里桑多	应急计划,运行维护监测手册,大坝安全文件,大坝安全主管人员,监测系统,水库滑坡等

2004年6月,组织考评组对小浪底工程实施情况进行考核评价,提交了小浪底工程世界银行贷款实施总结报告,主要结论认为:小浪底工程是中国迄今为止最大世界银行贷款项目,工程规模宏大,以大型地下洞室为主,技术难度高,地质条件复杂,是国际上非常具有挑战性的工程。黄河水利水电开发总公司成功实现工程建设各关键工期,工程提前一年完工,施工质量达到国际标准。黄河水利水电开发总公司能够采纳最先进的组织机构和工程管理体制,把国内外专家组成功纳入工程管理体系,对提高施工管理水平发挥了重要作用。

2006年10—11月,世界银行独立考评代表团赴华访问,对小浪底工程、黄土高原水土流失治理和塔里木河治理等4个世界银行贷款项目绩效进行考核评价。本次考核评价,世界银行对小浪底工程评定结果非常满意,认为小浪底工程完全达到预期目标,并节省费用;黄河下游泥沙淤积已停止,为河南和山东提供防洪保障,为大中城市、工业中心和农田灌溉供水进行有效调节,为河南省电网提供优质电能。

六、重大技术难题与科研试验

小浪底工程建设中,存在诸多复杂的技术难题,业主、设计等单位加大科研经费投入,加强科学试验,保证了工程建设顺利实施。

(一)重大技术难题

小浪底工程由于独特的水文泥沙条件、复杂的工程地质条件、适应多目标开发的严格运用要求,以及巨大的工程规模和在治理黄河中重要的战略地位,工程建设存在的重大技术难题有:

(1)枢纽建筑物布置复杂,坝址区水沙条件和地形地质条件复杂。

(2)坝基覆盖层厚70余米,防渗墙造孔深、混凝土强度高,施工难度大。

(3)左岸山体单薄,断层裂隙发育,在1平方千米的山体内,布置108条(个)大小洞室,洞室布置及围岩稳定问题复杂,施工难度大。

(4)采用孔板消能技术将导流洞改建为孔板洞,洞内消能技术复杂。

(5)泄洪排沙和引水发电系统16条隧洞进口集中布置,进水塔结构复杂;出口集中布置3座两级消力塘,规模巨大。

(6)进、出水口开挖形成百米高边坡,边坡支护难度大,边坡稳定至关重要。

(7)高速含沙水流对水工流道磨蚀严重,水轮机抗磨蚀技术复杂。

（8）坝体填筑工程量大、强度高,施工设备配置和组织难度大。

（9）砂页岩不良地质条件下地下厂房开挖,保持顶拱和边墙稳定技术复杂。

（10）20万水库移民的生产性安置强度高,难度大。

（二）科研试验

针对小浪底工程重大技术难题,业主、设计等单位开展大量科研试验,初步设计及招标设计阶段专题研究经费1 250万元,建设期间科研试验经费6 344.69万元,先后实施科研试验项目200项,为小浪底工程建设质量、进度和安全提供了可靠的技术支撑。

小浪底工程科研试验项目大多联合科研、高校、设计、咨询等单位共同实施。小浪底建管局技术处是科研试验项目管理职能部门,按照立项、招标、合同签订、实施、鉴定和推广应用等程序进行管理。技术处对各相关单位提交的科研试验项目提出初步审查意见,经总工程师审批后,由计划合同处会同技术处采取招标或邀请招标方式择优选择科研单位,进行合同谈判并签订合同。根据科研试验项目专业特点,小浪底建管局明确有关单位作为项目实施管理单位,承担项目实施过程监督管理职能,定期检查项目质量和进展情况,初步审查实施单位提交的专题报告。科研成果由总工程师组织召开鉴定验收会议进行鉴定,提交小浪底工程建设技术委员会审议后,由小浪底建管局批准应用。

小浪底工程建设期间,开展的主要科研试验项目有:地下工程设计施工专题研究,地下厂房围岩稳定研究,水轮机抗磨蚀技术研究,孔板消能泄洪洞试验研究,土石坝动力分析和试验研究,高边坡稳定分析和支护研究,排沙洞预应力衬砌研究,安全监测自动化系统研究,高强混凝土试验研究,粉煤灰对混凝土性能影响试验研究,进水塔前泥沙淤积漏斗监测分析研究,水库蓄水后左岸山体稳定性及其对建筑物影响研究等。

七、技术创新

小浪底工程建设通过科学试验,并采用新技术、新工艺、新材料和先进配套的大型施工设备,解决了工程建设中一系列高难度技术课题,取得了一批重要的技术创新成果:创新了综合利用水利工程泥沙设计理论,提出并形成一整套多泥沙河流水工建筑物设计技术和方法;充分利用黄河多泥沙特点,采取以混凝土防渗墙垂直防渗为主、内铺盖结合天然淤积作为水平辅助防渗措施的大坝防渗体系,简化了坝基渗流控制措施;创造性地采用多级孔板洞内消能技术,将3条大直径导流洞改建为孔板泄洪洞,减缓高速含沙水流对流道的磨蚀,推进了洞内消能技术发展;采用双圈缠绕无黏结后张预应力混凝土衬砌技术,解决了高压水外渗影响左岸单薄山体稳定技术难题;在地质条件极为复杂的左岸单薄山体内建造了规模宏大和数量众多的地下洞室群,成功解决了洞室群围岩稳定性、隧洞开挖支护、隧洞新型结构等重大关键技术问题;土石坝填筑中实现机械化联合作业、高强度填筑施工技术;大坝基础防渗墙施工采用抓斗和双轮铣开挖设备、横向接头槽孔技术;创造性地采用多项新技术,解决了高含沙水流抗磨蚀问题;金属结构设备制造和安装实现多项技术创新与突破等。

第七节　进度管理

小浪底工程建立了完善的进度管理体系,业主、设计、监理等单位各司其职。在工程建设过程中,小浪底建管局通过进度计划分析,把控工程整体进度,控制关键项目实施,合理调配施工资源,优化改进施工条件等,确保工程进度符合总体计划要求,主体工程均较合同约定工期提前完工。

一、进度管理体系

小浪底工程建立进度管理体系,业主、设计、监理、承包商分级负责,相互配合,共同保障工程进度目标的实现。

小浪底建管局负责小浪底工程建设进度的管理和协调,负责工程总进度计划和关键节点进度计划的控制,综合分析各分项工程进度计划是否满足总进度计划要求,检查承包商进度计划执行情况,统筹协调进度计划实施过程中的资源配置,对发生偏移的工程进度进行纠偏。

黄委会设计院在招标设计阶段编制小浪底工程总进度计划和各标中间完工日期;在施工过程中,检查和评价各标施工进度进展情况,优化各标段中间完工日期,参与各标段进度计划相关问题协调。

小浪底咨询公司负责工程进度计划具体控制,负责审批承包商提交的施工进度计划和资源配置情况,对进度计划修正提出要求,确保工程关键工期按照合同中间完工日期要求进行;负责将进度计划管理要素和职责分解到部门、个人和工作面,通过召开调度会、协调会、典型进度事件分析会,督促承包商落实日、周、月进度计划;负责协调各标段之间进度计划的不平衡问题,确保各中间节点按期完工。

承包商负责工程进度计划的具体落实。根据工程总进度计划,承包商编制所负责项目的基线进度计划,报监理工程师批准后执行;按月编制项目进度计划并报监理工程师,定期分析实施进度是否符合进度计划要求,通过日、周进度计划,保证月进度计划落实;对出现偏差的进度计划及时修正,并通过资源调配进行优化。

小浪底工程建设进度管理体系见图 4-7-1。

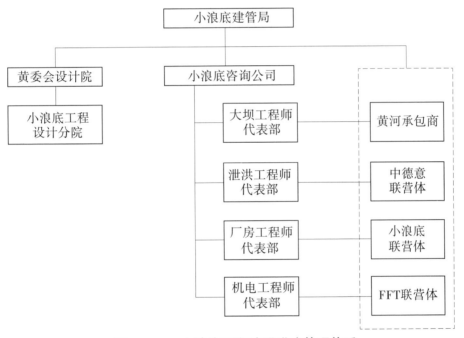

图 4-7-1　小浪底工程建设进度管理体系

二、进度管理措施

在小浪底工程建设过程中,小浪底建管局按照确定的进度目标,通过进度计划分析,实时掌握现场进度情况,利用合同条件干预关键项目、调配施工资源、改进施工条件等,确保了进度目标实现。

(1)明确进度目标。小浪底建管局明确工程施工总进度目标,作为进度控制依据。小浪底工程施工总工期 11 年,其中前期准备工程 3 年、主体工程施工8 年;主体工程 1994 年开工,1997 年汛后实施截流,1999 年汛后进行下闸蓄水,2000 年初首台机组发电,2001 年底工程完工。同时,为保证各标段施工进度符合工程总进度要求,对各标分别制定中间完工日期及其相应完成的工作内容:主坝标设置 4 个中间完工日期和 1 个合同完工日期,进水口、洞群和溢洪道标设置 13 个中间完工日期和 1 个合同完工日期,发电设施标设置 6 个中间完工日期和 1 个合同完工日期,机电安装标设置 6 台机组的安装投运时间。

(2)把控实时进度。按照小浪底建管局统一要求,业主、监理和 3 个土建标国际承包商统一使用美国项目管理专业软件公司(Primavera Systems Inc.)P3软件进行施工进度计划编制和审查。应用 P3 软件,小浪底建管局宏观上把控工程整体进度计划,实现跨标段、跨专业掌控作业属性和逻辑关系。通过对单项工程作业逻辑关系、资源配置、施工强度等数据进行整理、分析,找出与现场施工相偏差内容,通过局部调整计划或改善资源配置等,将实际进度调整到目标进度计划上,有效控制工程整个施工进度,使各标之间施工进度计划更趋合理。

(3)修正进度计划。小浪底建管局依据工程进度目标计划安排,及时检查承包商资源配置和现场施工进度,并对现场进度情况进行评价,发现偏差时,及时要求承包商进行资源配置调整和进度计划修正。在工程建设期,通过监理工程师,要求承包商根据现场情况,每 3~6 个月提交一次进度修正计划,Ⅰ标进行 10 次计划修正,Ⅱ标进行 25 次计划修正,Ⅲ标进行 12 次计划修正,并根据进度计划修正情况调整施工资源配置,确保进度按计划实施。

(4)控制关键项目。小浪底建管局掌控工程总体进度计划,对出现严重偏差或有重要影响的项目实施干预,确保关键项目进展顺利。在前期准备工程施工期间,提前施工部分主体工程,有效降低主体工程关键线路项目施工强度。在导流洞开挖出现多次塌方、施工进度严重影响截流节点工期时,小浪底建管局成建制引进中国水利水电专业施工队伍,以劳务分包方式承担导流洞开挖衬砌任务,挽回延误工期,保证按期截流。在坝体填筑中,为提高度汛标准,小浪底建管局与黄河承包商签订大坝加速填筑协议,在 1999 年汛前坝体填筑到 210米高程,提高了 1999 年汛期度汛标准。

(5)改进施工条件。在施工过程中,小浪底建管局根据施工现场情况,增加资源投入,开辟施工通道,优化进度计划,确保项目进度目标按期实现。在厂房开挖实施中,由于增加 325 根预应力锚索,影响到关键工期,小浪底建管局采纳承包商建议,增设 17C 交通洞,增加新工作面,独立于厂房开挖工作进行发电洞下平段和斜井段施工,避免了工期延误。在孔板洞改建施工中,中闸室、孔板环和龙抬头等多个工作面同时施工,原设计只有 1 条交通洞和吊物井作为施工通道,交通条件严重影响工程进展,小浪底建管局在孔板塔塔后平台增设穿过导流洞顶拱的临时施工竖井作为施工通道,改变了工期紧张局面,保证了施工进度。

(6)引进先进技术。在小浪底工程建设过程中,小浪底建管局大胆创新,科学试验,引进应用诺泰克(ROTEC)混凝土浇筑系统、灌浆强度值(GIN)法、预应力锚索、硅粉混凝土等新技术、新材料、新工艺,解决了工程建设中一系列难题,引进先进成套大型施工设备,加快坝体填筑进度,保障了工程建设顺利实施。

三、工程建设进度

小浪底工程建设进度满足总进度计划要求,其中前期工程建设进度和主体工程建设进度较总进度计划超前完成。

(一)前期工程建设进度

1991 年 9 月 1 日,小浪底前期工程开工,主要包括前期准备工程和提前开工的主体工程。在前期工程施工中,小浪底建管局在确保前期准备工程施工的前提下,尽量多干主体工程,2 年 7 个月完成了 3 年的任务。1994 年 4 月 21日,前期工程通过水利部组织的检查验收。前期准备工程主要项目实际进度见表 4-7-1,提前施工部分主体工程实际进度见表 4-7-2。

(二)主体工程建设进度

1994 年 5 月 30 日,监理工程师发布主坝标和发电设施标开工令。1994 年 6 月 30 日,监理工程师发布进水口、洞群及溢洪道标开工令。

主体工程开工后,主坝工程和发电设施工程进展顺利,基本符合工程建设总体进度要求。泄洪排沙系统在施工中,由于中德意联营体进场设备不足,加之雇用无经验零散劳务等因素,导流洞出现塌方,工期延误,影响截流目标。针对导流洞施工出现的问题,业主成建制引进中国水利水电第一、三、四、十四工程局组成 OTFF 联营体,以劳务分包形式承担 3 条导流洞施工任务,挽回施工工期,确保 1997 年 10 月 28 日实现截流。

表 4-7-1 前期准备工程主要项目实际进度

序号	项目名称	开工时间	完工时间
1	1 号公路(南岸对外公路)	1991 年 9 月	1993 年 3 月
2	2 号公路(东官庄至右坝肩)	1991 年 12 月	1993 年 4 月
3	3 号公路(右坝肩至赤河滩)	1992 年 12 月	1994 年 3 月
4	4 号公路(右坝肩至东河清)	1991 年 11 月	1994 年 5 月
5	5 号公路(西苗家至大坝基坑)	1991 年 11 月	1994 年 5 月
6	6 号公路(风雨沟至小南庄)	1992 年 1 月	1994 年 4 月
7	7 号公路(蓼坞至风雨沟)	1992 年 1 月	1994 年 4 月
8	8 号公路(蓼坞至副坝)	1992 年 2 月	1994 年 3 月
9	9 号公路(连地至蓼坞)	1991 年 12 月	1994 年 1 月
10	10 号公路(北岸对外公路)	1991 年 11 月	1994 年 3 月
11	黄河公路桥	1991 年 11 月	1994 年 3 月
12	留庄铁路转运站	1992 年 1 月	1993 年 9 月
13	施工供水工程	1991 年 11 月	1993 年 1 月
14	施工供电工程	1992 年 3 月	1994 年 2 月
15	施工通信工程	1994 年 2 月	1995 年 1 月
16	砂石骨料系统	1991 年 1 月	1992 年 4 月
17	房屋建筑工程	1992 年 3 月	1994 年 9 月
18	1 号、2 号导流洞施工支洞	1991 年 9 月	1992 年 9 月

表 4-7-2 提前施工部分主体工程实际进度

序号	项目名称	开工时间	完工时间
1	导流洞上中导洞及中闸室吊物井开挖与支护工程	1992 年 11 月	1994 年 3 月
2	主坝混凝土防渗墙一期工程	1992 年 5 月	1994 年 3 月
3	上游围堰防渗墙一期工程	1993 年 1 月	1994 年 3 月
4	泄洪系统进水口边坡开挖及支护一期工程	1992 年 9 月	1994 年 3 月
5	泄洪系统出水口边坡开挖与支护一期工程	1992 年 9 月	1994 年 3 月
6	尾水渠一期开挖及边坡支护	1992 年 9 月	1993 年 12 月
7	1 号~2 号交通洞开挖与支护工程	1992 年 10 月	1994 年 3 月
8	3 号交通洞开挖与支护工程	1993 年 1 月	1994 年 4 月
9	4 号交通洞开挖与支护工程	1993 年 3 月	1994 年 4 月
10	1 号排水洞开挖与支护工程	1992 年 10 月	1994 年 3 月

小浪底工程截流后,各项施工进展顺利,截至 1999 年 8 月,大坝填筑至 230 米高程,进水塔浇筑至设计高程 283 米,3 条排沙洞具备过流条件;水库直接淹没区 215 米高程以下移民搬迁完毕,库底清理工作完成;具备水库下闸蓄水条件。根据小浪底工程下闸蓄水实施方案和黄河实际水情,1999 年 10 月 5 日,小浪底工程 2 号导流洞封堵门下闸;10 月 25 日,小浪底工程 3 号导流洞封堵门下闸,小浪底工程开始蓄水运用。

小浪底建管局按照"建管结合、无缝交接"模式进行接机发电各项工作。机电安装工程于 1998 年 4 月 1 日开工,1999 年 12 月 18 日,首台(6 号)机组充水;12 月 25—26 日,水利部主持了首台机组启动验收;2000 年 1 月 9 日,首台机组并网发电。2001 年 12 月 31 日,6 台机组全部并网发电,主体工程完工。

主坝标合同规定完工日期与实际完工日期见表 4-7-3,进水口、洞群及溢洪道标合同规定完工日期与实际完工日期见表 4-7-4,发电设施标合同规定完工日期与实际完工日期见表 4-7-5,机电安装标合同规定完工日期与实际完工日期见表 4-7-6。

表 4-7-3　主坝标合同规定完工日期与实际完工日期

名称	项目和形象	合同规定完工日期	实际完工日期
第一个中间完工日期	完成导流前的所有工程	1997 年 10 月 31 日	1997 年 10 月 28 日
第二个中间完工日期	上游围堰达到 185 米高程	1998 年 7 月 1 日	1998 年 4 月 24 日
第三个中间完工日期	主坝填筑到 200 米高程	1999 年 7 月 1 日	1999 年 5 月 11 日
第四个中间完工日期	主坝填筑到 236 米高程	2000 年 7 月 1 日	1999 年 10 月 30 日
第五个中间完工日期	完成主坝填筑施工	2001 年 12 月 31 日	2000 年 11 月 30 日
合同竣工日期		2001 年 12 月 31 日	2001 年 1 月 16 日

(三)尾工工程建设进度

2001 年 12 月底,小浪底工程 6 台机组全部投入商业运行,主体工程建设内容基本完工,工程进入收尾阶段。2001 年 2 月,小浪底建管局成立尾工工作领导小组,负责尾工项目建设组织和管理,主要工作内容包括主体工程配套项目、工程缺陷处理项目、场地整治等。承包商需按合同规定,按周或月向监理工师汇报工程项目实时进度。主要尾工工程建设在 2004 年底基本结束,全部尾工项目在 2007 年底完成。主要尾工项目开工日期与完工日期见表 4-7-7。

表 4-7-4　进水口、洞群及溢洪道标合同规定完工日期与实际完工日期

名称	项目和形象	合同规定完工日期	实际完工日期
第一个中间完工日期	完成 1 号、2 号和 3 号尾水明渠,防淤闸,尾水护坦,尾水导墙开挖,喷混凝土和岩石支护,以及 13 号公路修建工作,并将该区域移交给Ⅲ标承包商	1995 年 9 月 30 日	1995 年 9 月 30 日
第二个中间完工日期	完成 21 号交通洞开挖、喷混凝土、岩石支护和混凝土衬砌,并将该区域移交给Ⅲ标承包商	1995 年 10 月 31 日	1996 年 7 月 18 日
第三个中间完工日期	完成 1~6 号发电洞前 50 米开挖、喷混凝土和岩石支护工作,并将该区域移交给Ⅲ标承包商	1995 年 12 月 31 日	1996 年 1 月 20 日
	生产规定数量的混凝土骨料		1996 年 2 月 12 日
第四个中间完工日期	完成 2 号、3 号灌浆洞施工,并将灌浆洞移交给其他承包商;生产规定的各类骨料	1996 年 12 月 31 日	1997 年 4 月 25 日
第五个中间完工日期	完成尾水护坦、右岸边墙和尾水导墙混凝土浇筑,并把场地移交给Ⅲ标承包商	1997 年 4 月 30 日	1997 年 4 月 30 日
第六个中间完工日期	完成合同规定的导流设施的相关工作,并完成 4 号排水洞与 3 号中闸室连接部位 30 米范围内的施工	1997 年 10 月 31 日	1997 年 10 月 19 日
第七个中间完工日期	生产规定的各类骨料	1997 年 12 月 31 日	1997 年 12 月 31 日

续表 4-7-4

名称	项目和形象	合同规定完工日期	实际完工日期
第八个中间完工日期	完成灌溉洞上游 150 米开挖、岩石支护、混凝土衬砌和固结灌浆工作,并将该区域移交给其他承包商	1998 年 5 月 30 日	1998 年 5 月 29 日
第九个中间完工日期	完成通往 1 号、2 号和 3 号中闸室的电梯竖井、步行梯和通风竖井施工;完成 1 号、2 号和 3 号明流洞开挖、岩石支护、回填等工作	1998 年 9 月 30 日	1998 年 8 月 4 日
第十个中间完工日期	生产规定的各类骨料	1998 年 12 月 31 日	1998 年 12 月 31 日
第十一个中间完工日期	完成排沙洞和 1 号孔板洞施工	1999 年 7 月 1 日	1999 年 7 月 1 日
第十二个中间完工日期	生产规定的各类骨料	1999 年 12 月 31 日	1999 年 12 月 31 日
第十三个中间完工日期	完成孔板洞、明流洞施工	2000 年 7 月 1 日	2000 年 7 月 1 日
最终完工日期		2001 年 6 月 30 日	2001 年 3 月 15 日

表 4-7-5 发电设施标合同规定完工日期与实际完工日期

名称	项目和形象	合同规定完工日期	实际完工日期
第一个中间完工日期	完成 5 号和 6 号机组段、变压器洞、尾水闸门室、5 号和 6 号压力钢管下平段、安装间、副厂房、4 号排水洞和 6 号通风井全部工作,并把该作业区和主厂房左端桥吊移交给Ⅳ标承包商	1998 年 2 月 14 日	1998 年 2 月 14 日

续表 4-7-5

名称	项目和形象	合同规定完工日期	实际完工日期
第二个中间完工日期	完成 3 号和 4 号机组段、变压器洞、尾水闸门室、3 号和 4 号压力钢管下平段等全部工作,并将该作业区移交给Ⅳ标承包商	1999 年 6 月 30 日	1998 年 12 月 30 日
第三个中间完工日期	完成 1 号和 2 号机组段、变压器洞、尾水闸门室、1 号和 2 号压力钢管下平段等全部工作,并将之移交给Ⅳ标承包商	2000 年 7 月 31 日	1998 年 12 月 30 日
第四个中间完工日期	完成 3 号通风井的开挖和混凝土施工,并将 3 号通风井范围之外的作业区移交给Ⅱ标承包商	1999 年 1 月 2 日	1998 年 7 月 15 日
第五个中间完工日期	完成 19 号、20 号高压电缆洞和地面副厂房 4 号电梯井的地下开挖,并将该作业区移交给其他承包商	1999 年 1 月 1 日	1998 年 11 月 30 日
第六个中间完工日期	完成 1 号、2 号、3 号尾水明渠和防淤闸施工,包括防淤闸门的安装、尾水导墙和尾水混凝土护坦的施工,并将该作业区移交给业主	1999 年 12 月 31 日	1999 年 12 月 29 日
最终完工日期		2000 年 7 月 31 日	1999 年 12 月 29 日

表 4-7-6 机电安装标合同规定完工日期与实际完工日期

机组编号	合同规定完工日期	实际完工日期	备注
6 号	1999 年 12 月 31 日	1999 年 12 月 31 日	
5 号	2000 年 5 月 31 日	2000 年 10 月 12 日	主变影响
4 号	2000 年 10 月 31 日	2000 年 12 月 25 日	设备供货影响
3 号	2001 年 3 月 31 日	2001 年 4 月 22 日	
2 号	2001 年 8 月 31 日	2001 年 10 月 16 日	设备供货影响
1 号	2001 年 12 月 31 日	2001 年 12 月 26 日	

表 4-7-7 主要尾工项目开工日期与完工日期

序号	名称	主要内容	开工日期	完工日期
1	坝后保护区	黄河大观、瀑布、主体雕塑、坝后保护区整治、九曲桥等	2000 年 2 月	2002 年 9 月
2	消力塘雾化区	土方开挖、场地平整、浆砌石护坡、混凝土等	2001 年 11 月 10 日	2002 年 2 月 10 日
3	蓼坞区整治	沿黄河观景平台、地形整治、区域道路、大门工程、污水处理设施改造等	2001 年 11 月 15 日	2002 年 7 月 30 日
4	老神树及右坝肩整治	混凝土地坪拆除、场地平整、场地回填、大门工程等	2001 年 10 月 15 日	2002 年 7 月 15 日
5	槐树庄渣场整治防护	石渣挖运、场地平整、边坡修整等	2001 年 2 月 22 日	2002 年 6 月 23 日
6	11 号公路以西中部区整治	石渣开挖、土工布铺设、回填腐殖土、岩面喷混凝土、浆砌石护坡、浆砌石挡墙及排水沟等	2001 年 10 月 5 日	2002 年 3 月 20 日
7	尾水检修闸门	增设两扇尾水闸门	第一台交货时间 1999 年 12 月 1 日 第二台交货时间 2000 年 1 月 20 日	
8	永久码头（临时码头）	主体框架、灌注桩基础、简易人行桥等	2001 年 1 月 19 日	2002 年 12 月 12 日
9	枢纽管理区南北岸管理大门	大门设计、土建和安装等	2005 年 10 月 20 日	2006 年 3 月 10 日
10	电厂远控系统	小浪底—郑州 SDH 数字微波通信系统、郑州集中控制系统	2005 年 5 月 10 日	2005 年 12 月 19 日
11	供电系统改造	东河清变电站及供电系统改造	2001 年 11 月 1 日	2002 年 10 月 31 日

四、关键节点实施

小浪底工程建设包括前期准备工程开工、主体工程开工、大河截流、下闸蓄水、首台机组发电和工程竣工等关键节点。针对工程建设关键节点,小浪底建管局组织有力资源,解决重大问题,确保了工程建设进展。

(一)前期准备工程开工

小浪底工程开发任务以防洪、防凌、减淤为主,兼顾供水、灌溉和发电。1984年9月,水利电力部批准小浪底工程可行性研究报告;1987年2月,国家计委批准小浪底工程设计任务书;1988年7月,世界银行专家查勘小浪底工程坝址;1989年4月,水利部批准成立黄河水利水电开发总公司,由黄河水利水电开发总公司负责小浪底工程世界银行贷款的相关准备工作。

1990年6月,国务院总理李鹏视察黄河,并做重要讲话,指示小浪底工程要在第二年开工。1991年2月,中共中央总书记江泽民在河南视察时专程赴小浪底工程坝址察看,并做出重要指示。1991年4月,第七届全国人民代表大会第四次会议批准国民经济和社会发展十年规划和第八个五年计划纲要,小浪底工程列入国家"八五"计划,确定在"八五"期间开工建设。1991年8月,中共中央政治局常委、中央书记处书记李瑞环视察小浪底工程坝址,强调要依靠中国共产党的坚强领导,发挥社会主义制度的优越性,加快小浪底工程建设步伐。

1991年4月3日,水利部成立"黄河小浪底工程建设准备工作领导小组",全面负责小浪底工程准备工作。1991年9月1日,小浪底水利枢纽前期准备工程开工典礼在小浪底黄河南岸举行,河南省省长李长春、水利部副部长严克强出席开工仪式。

(二)主体工程开工

1993年3月,国家计委以《关于黄河小浪底水利枢纽工程初步设计的复函》(计农经〔1993〕459号)批复小浪底工程初步设计。1993年4月,小浪底工程通过世界银行评估。1994年2月,小浪底工程签订世界银行贷款协议。

按照世界银行采购导则,小浪底工程主坝,进水口、洞群及溢洪道和发电设施3个主体土建工程进行国际招标,以意大利英波吉罗公司为责任方的黄河承包商中标主坝工程,以德国旭普林公司为责任方的中德意联营体中标进水口、洞群及溢洪道工程,以法国杜美兹公司为责任方的小浪底联营体中标发电设施工程。1994年7月16日,黄河水利水电开发总公司在北京签订3个国际标施工合同。

1994年8月,国家审计署驻郑州特派员办事处派出审计组对小浪底工程进行了开工前审计,审计认为小浪底工程基本符合基建程序和国家有关规定,具备开工条件。1994年8月,小浪底建管局以水小建局〔1994〕30号申请小浪底水利枢纽主体工程开工。同时,小浪底工程被国家计委列入1994年新开工项目,并列为国家重点工程。

1994年9月12日,小浪底水利枢纽主体工程开工典礼在小浪底工区举行。国务院总理李鹏宣布主体工程开工。水利部部长钮茂生、河南省省长马忠臣和山西省省长孙文盛在开工典礼上讲话,水利部副部长张春园主持开工仪式。国务委员陈俊生,国务院有关方面负责人韩杼滨、徐有芳、姚振炎、王梦奎、姜云宝等出席开工典礼。

(三)大河截流

1995年2月16日,小浪底建管局召开"97截流"目标动员大会,提出"行动起来,为实现'97截流'目标而奋斗"。1996年7月17日,小浪底建管局召开保截流动员大会,局长张基尧作动员报告,小浪底咨询公司、黄委会设计院、各施工单位参加大会。1997年2月27日,小浪底建管局在小浪底工区主持召开确保"97截流"誓师大会,水利部有关司局、小浪底建管局、小浪底咨询公司、黄委会设计院、各施工单位等参加会议。

小浪底工程主体工程开工后,主坝工程和发电设施工程进展顺利,基本符合工程建设总体进度要求。泄洪排沙系统施工中,由于中德意联营体进场设备不足,加之雇用零散劳务、管理能力不足等因素,在导流洞开始施工时出现工期延误,至1995年8月,导流洞工期与基线工期延误超过11个月,严重影响1997年10月截流目标的实现。

针对导流洞施工中出现的问题,在水利部领导下,小浪底建管局和小浪底咨询公司通过与中德意联营体多次谈判,成建制引进中国水利水电第一、三、四、十四工程局组成OTFF联营体,以劳务分包形式承担3条导流洞赶工任务,在体制上和组织上对工程截流给予保证,彻底扭转导流洞工期延误的被动局面,掌握赶工的主动权,对工程按期实现大河截流起到决定性作用。同时,得到了世界银行的支持。

1997年7月13日,小浪底建管局成立小浪底工程截流总指挥部,局长张基尧任总指挥,常务副局长陆承吉任副总指挥。总指挥部下设截流工程组和截流活动组。截流工程组下设水情组、截流组、测流组、导流组及生产保障组,截流活动组下设会务组、生活接待组、宣传组及保卫组。

1997年10月5—8日,水利部主持小浪底工程截流预验收。1997年10月15—18日,国家计委主持小浪底工程截流阶段验收,认为小浪底工程有关导截流工程基本完成,截流方案和措施已经安排,截流所需的料物和施工设备已准备充足,能够满足截流需要;后续工程,截流第二年安全度汛措施基本落实;同意小浪底工程通过截流阶段验收,可以按照预定计划实施截流。

小浪底工程于1997年10月26日下午4时开始截流进占,28日上午10时28分龙口正式合龙,截流总填筑量9.12万立方米。

1997年10月28日,小浪底工程截流仪式在小浪底工区举行。中共中央政治局常委、国务院总理李鹏,中共中央政治局委员、国务院副总理姜春云,中共中央政治局委员、河南省委书记李长春,全国政协副主席马万祺,水利部部长钮茂生,河南省省长马忠臣,山西省省长孙文盛,中共中央、全国人大、全国政协、国务院有关部门负责人,主体工程施工标段责任方承包商所在国驻华大使,世界银行代表和其他国际友人等出席截流仪式。截流仪式由钮茂生主持,李鹏代表党中央、国务院发表重要讲话。中央电视台现场直播了截流盛况。10月29日,《人民日报》头版以《中华民族治黄史上最壮丽的篇章 黄河小浪底工程截流成功》进行报道。

1997年10月29日,小浪底建管局召开截流庆功表彰大会,授予OTFF联营体等15个单位先进集体称号,授予李武伦等18人一等功、魏小同等50人二等功、刘岩等948人三等功。

(四) 下闸蓄水

小浪底工程施工总进度计划安排1999年11月下闸蓄水。

小浪底工程截流后,各项施工进展顺利,截至1999年8月,大坝填筑至230米高程以上,进水塔混凝土浇筑至设计高程283米,3条排沙洞具备过流条件;水库直接淹没区215米高程以下移民已搬迁完毕,库底清理工作已完成;具备水库下闸蓄水条件。

1999年7月6日,小浪底建管局向黄河防总办公室报送《关于请求解决小浪底水库下闸蓄水发电涉及的有关问题的函》。黄委会经过多次会商,全面考虑 1999 年黄河水情和各种因素,提出《1999 年小浪底水库下闸蓄水调度方案简要报告》和补充方案,并报请国家防总同意,采用以下水库联合调度方案:2号导流洞 1999 年 10 月 5 日下闸,3 号导流洞间隔 20 天左右时间下闸。刘家峡水库 9 月 20 日至 10 月 15 日加大泄量(日平均流量 850 立方米每秒),以使三门峡水库预蓄一定水量,在 3 号导流洞下闸后适时控泄至小浪底水库,使小浪底工程下游断流时间缩短为 4 天左右。

1999 年 5—9 月,受小浪底建管局委托,水利部水规总院和中国水科院承担了小浪底工程蓄水安全鉴定工作。1999 年 9 月 24—26 日,水利部会同河南、山西两省人民政府主持了小浪底工程蓄水验收。

根据小浪底工程下闸蓄水实施方案和黄河实际水情,1999 年 10 月 5 日,2号导流洞封堵门下闸;10 月 25 日,3 号导流洞封堵门下闸,小浪底工程开始蓄水运用;10 月 28 日,下闸 75 小时后库水位上升至 175 米,达到排沙洞进口高程,3 条排沙洞开始向下游泄水。

1999 年 10 月 25 日,小浪底建管局在工地现场举行小浪底工程下闸蓄水仪式,水利部副部长兼小浪底建管局局长张基尧、河南省常务副省长李成玉、山西省副省长范堆相出席下闸蓄水仪式。

(五)首台机组发电

小浪底建管局负责小浪底工程建设管理和运行管理,按照"建管结合、无缝交接"模式进行接机发电各项工作。1996 年 8 月,小浪底建管局成立电厂筹备处,着手筹建运行管理工作。1999 年 1 月,小浪底建管局成立水力发电厂,负责枢纽运行、维护、管理,同时撤销电厂筹备处。

水力发电厂(电厂筹备处)按照"精干高效、一专多能""运行维护一体化"进行机构设置和人员配备,采取外出和现场结合开展培训工作,分专业参与机组安装建设和监理工作,并编制了设备运行和操作规程。

小浪底工程机电安装项目于 1998 年 4 月 1 日开工,1999 年 12 月 25—26日,水利部主持了首台(6 号)机组启动验收;2000 年 1 月 9 日,首台机组正式并网发电。

1999 年 12 月 30 日,小浪底建管局以《关于表彰小浪底工程保发电先进集体和一、二、三等功的决定》,授予 FFT 联营体等 19 个单位先进集体称号,授予李武伦等 19 人一等功、孙国纬等 112 人二等功、张新民等 561 人三等功。

2000 年 1 月 9 日,小浪底建管局在工区举行首台机组并网发电仪式。水利部部长汪恕诚、水利部副部长张春园、水利部副部长兼小浪底建管局局长张基尧、河南省副省长张以祥、山西省副省长范堆相、水利部党组成员鄢连安、水利部总工程师高安泽、河南省人大副主任亢崇仁、黄委会主任鄂竟平等出席发电仪式,国家计委、国家开发银行、财政部、海关总署、中国建设银行、国家电力公司等单位应邀参加发电仪式。张基尧发表讲话,小浪底建管局与河南省电力公司签订《调度协议》《并网协议》《购售电协议》。

(六) 工程竣工

2001 年 2 月,小浪底建管局成立尾工工作领导小组,负责尾工项目建设管理工作,主要工作包括主体工程配套项目、工程缺陷处理项目、场地整治等。

针对运行初期出现的两岸及坝肩山体渗漏、主坝坝顶表层裂缝等问题,小浪底建管局组织设计、监理等单位,与科研单位合作,有针对性地开展分析、研究、探测、试验,提出有效措施并加以实施,并委托水利部水规总院和中国水科院进行专题安全鉴定,鉴定结论认为不影响枢纽安全稳定运行。

从 2002 年开始,小浪底建管局开始进行工程竣工验收的各项准备工作。按照行业管理要求,通过了水土保持、工程档案、工程消防、环境保护、劳动安全卫生、征地补偿和移民安置等专项验收;对历次验收提出问题的处理情况进行了整理,并通过竣工验收技术鉴定;编制完成竣工财务决算,并通过了审计署驻郑特派办和水利部审计室对小浪底工程竣工财务决算审计;竣工验收资料已准备就绪,竣工验收方案已编制;2008 年 12 月 14—18 日,小浪底工程通过了竣工技术预验收;2009 年 4 月 6—7 日,国家发展改革委会同水利部主持了小浪底工程竣工验收,国家发展改革委副主任穆虹担任验收委员会主任委员,水利部副部长矫勇和刘宁、河南省人民政府副省长刘满仓、山西省人民政府副省长刘维佳、黄委会主任李国英担任副主任委员。4 月 7 日当晚,中央电视台新闻联播报道小浪底工程竣工验收;4 月 8 日,《人民日报》头版以《安澜黄河铺展青春画卷——写在黄河小浪底水利枢纽竣工验收之际》进行报道。

五、进度管理成效

小浪底工程初步设计总工期 11 年,其中前期准备工程工期 3 年、主体工程工期 8 年。小浪底工程按期实现各阶段目标,各主体土建工程较合同工期提前完成。

主坝标工程 1994 年 5 月 30 日开工,合同完工日期为 2001 年 12 月 31 日,实际完工日期为 2001 年 1 月 16 日,工期提前 11.5 个月。

进水口、洞群及溢洪道标工程 1994 年 6 月 30 日开工,合同完工日期为 2001 年 6 月 30 日,实际完工日期为 2001 年 3 月 15 日,工期提前 3.5 个月。

发电设施标工程 1994 年 5 月 30 日开工,合同规定完工日期为 2000 年 7 月 31 日,实际完工日期为 1999 年 12 月 29 日,工期提前 7 个月。

机电安装标工程 1998 年 2 月 15 日开工,合同规定完工日期为 2002 年 3 月 31 日,实际于 2002 年 3 月 31 日按期完工。

第八节　质量管理

小浪底工程建设落实全面质量管理理念,建立健全质量管理体系,业主、监理、设计、承包商和政府质量监督机构各负其责,对工程质量进行全方位、全过程的管理、控制和监督,对出现的质量事故、缺陷及时组织处理。经评定,小浪底工程质量达到设计和规范要求,工程施工质量等级为优良。

一、质量管理体系

小浪底工程建设实行项目业主负责、监理单位控制、施工(设计)单位保证和政府质量监督相结合的质量管理体系。建立质量责任制度,通过一系列措施保证质量管理体系的有效运行。

(一)业主单位质量管理机构

小浪底建管局成立小浪底工程质量管理委员会。小浪底工程质量管理委员会主任由小浪底建管局主要领导担任,成员由小浪底建管局相关职能部门负责人和设计、监理、施工安装单位质量负责人组成。小浪底工程质量管理委员会负责领导质量管理工作,贯彻执行国家和有关主管部门颁布的质量管理法规、条例、办法和技术标准,组织建立质量管理网络,开展质量宣传和质量评比活动,对参建各方质量体系进行检查和评价。

小浪底建管局技术处负责小浪底工程质量管理委员会日常工作,组织设计、监理、施工及有关单位进行施工图会审和技术交底;参与审定施工组织设计或施工技术方案;检查工程质量,签发设计修改通知;参与设备调试和质量评定;组织工程阶段验收和单项工程竣工验收;收集整理文件资料,按照要求归档。

(二)监理单位质量控制机构

小浪底咨询公司建立分级负责的质量控制体系。小浪底咨询公司质量控制的主要内容为审查设计图纸、车间图、施工措施,以及施工过程监控、材料检验、缺陷处理、工程验收、质量等级评定等。根据检测工作需要,成立地质监理部、测量计量部、质量管理实验室、原型观测室等部门,采用地质素描、测量计量、试验检测和原型观测等手段开展质量检查与试验。

业主赋予监理单位"质量认证权"及"工程付款凭证签字权",即施工承包商必须在"三检"(初检、复检、终检)合格基础上,经监理工程师检查认证合格,方可进行下一道工序施工;未经质量检验或检验不合格,不能验收,不得支付工程进度款。监理工程师有权对质量可疑部位进行抽检,有权要求承包商对不合格的或者有缺陷的工程部位进行返工或修补。

1999年12月,小浪底咨询公司通过ISO9002质量管理体系国际标准认证,取得国际尤卡斯(UKAS)资格证书。

(三)设计单位质量保证机构

黄委会设计院设立设计总工程师负责的小浪底工程设计分院(前期称小浪底工程项目组),对工程设计进行总体策划,负责协调处理有关小浪底工程设计各个专业所涉及的工作。

从招标设计开始,小浪底工程项目组制定设计总纲,编制各个单项工程的设计大纲,对设计过程实行严格的校、审、会签制度。在工程建设阶段,设计人员参加施工质量检查(验收),对施工质量进行巡查,收集施工反馈信息,确认现场地质情况,规范设计变更管理。

1997年5月,黄委会设计院通过GB/T 19001—ISO9001质量体系认证,小浪底工程设计过程及现场设代服务按照体系文件进行控制。

(四)施工单位质量保证机构

承包商对施工质量负有主体责任。承包商建立质量保证体系,配备质量负责人和专门质量管理部门。承包商积极推行全面质量管理,保证全员、全过程、全企业的工作质量,严格执行"三检制",逐步实现标准化、规范化、系列化,保证工程质量。

参加工程建设的各联营体责任方英波吉罗公司(意大利)、旭普林公司(德国)和杜美兹公司(法国)等国际承包商,具有较强实力和较高信誉,在投标中完全响应招标文件质量要求,并严格按照合同文件的规定进行质量控制;国内承包商为中国水利水电建设集团公司成员单位,贯彻执行国家有关质量管理法规,建立健全工程质量保证体系,落实质量责任制,制定严格的质量保证措施,加强工序控制和试验检测,按照规程要求进行施工质量等级评定。

(五)政府质量监督机构

1997 年 8 月,水利部水利工程质量监督总站根据水利部《水利工程质量监督管理规定》(水建〔1997〕339 号),成立水利部水利工程质量监督总站小浪底项目站(简称水利部小浪底质监站)。水利部小浪底质监站依据《水利工程质量监督管理规定》等文件规定开展质量监督工作,按计划实施全过程监督,主要职责是对监理单位和承包商的资质、质量管理体系及特殊执业人员资格进行检查和监督;对关键隐蔽工程、重要分部工程、单位工程验收及质量评定情况进行监督、检查和审核。

小浪底工程质量管理体系见图 4-8-1。

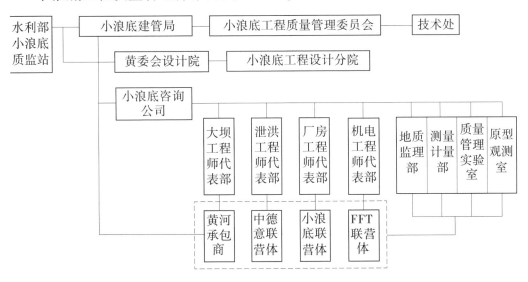

图 4-8-1 小浪底工程质量管理体系

二、质量管理措施

小浪底建管局建立质量管理制度,落实建设各方质量管理责任,明确质量管理目标,加强质量过程控制,落实质量奖罚制度,保证了小浪底工程建设质量。

(1)建立质量管理制度。小浪底建管局结合工程建设情况,建立健全质量管理制度。1997年3月,小浪底建管局印发《小浪底工程质量管理规定》,制定小浪底工程质量管理目标、基本要求,明确业主、设计、监理和承包商各自的质量管理责任;小浪底建管局会同小浪底咨询公司印发《工程质量月报制度》《工程质量例会制度》,完善工程质量报告制、质量例会制、质量奖罚制等,为工程质量提供制度和机制保障。

(2)明确质量标准。小浪底建管局制定了"建设一流工程"的质量管理目标。同时,合同技术规范涵盖国家和行业所有标准、规程,并纳入国际先进技术标准,共同作为工程质量控制标准。在工程建设过程中,小浪底建管局始终贯彻落实质量总目标,优先使用合同技术规范质量标准,核查承包商施工质量标准,对承包商的质量活动进行监督检查。

(3)引进先进技术。工程建设过程中,小浪底建管局鼓励创造、引进、推广、使用新技术、新设备、新工艺,包括核子密度仪检测压实度、排沙洞后张法无黏结预应力混凝土衬砌技术、高速水流抗磨层环氧砂浆施工工艺、中子法检测压力钢管回填混凝土及接触灌浆质量等,有效提高了工程质量。

(4)做好过程控制。小浪底建管局从原材料供应、实施过程到最终验收各阶段做好质量把控。小浪底建管局择优选择重合同、生产能力强的企业供应原材料,并定期抽查原材料供应质量;择优选择实力强、信誉好、资质高的公司承担工程施工,确定每道工序质量控制要素,强化旁站监理,做好过程控制;制定验收质量标准,明确验收程序,严把最后一道质量关,确保工程质量满足合同技术规范要求。

(5)强化缺陷处理。对工程建设过程中出现的质量事故或质量缺陷,小浪底建管局要求责任者认真处理,要求处理后不降低质量标准、不影响工程运行。对质量事故和重要质量缺陷,小浪底工程质量管理委员会组成调查组,准确查清事故原因,查明事故性质和责任,提出整改措施,并对事故责任者提出处理意见。对于责任者提出的事故或缺陷修复处理方案,小浪底建管局一般委托小浪底咨询公司进行审查,并监督责任者实施,组织验收合格后方可进行下道工序实施。

(6)落实质量奖罚。小浪底工程质量管理委员会根据建设进展情况适时召开专题质量管理工作会议,总结质量管理经验和存在的不足,并对质量管理先进单位和质量优良的工程项目进行表彰和奖励;同时,加强质量责任追究,对出现质量问题的项目,除要求返工外,还对责任单位和责任人进行调查、追究和处罚。

三、政府质量监督

水利部小浪底质监站对小浪底工程建设阶段的施工质量实施全过程监督检查,包括施工行为监督、实体工程质量监督检查、质量责任制落实、施工质量等级核验及抽查与工程质量有关的文件资料。采取以抽查为主的监督方式,辅以必要的现场实际测量检查,同时督促参建各方质量体系正常运行。

水利部小浪底质监站对各参建单位质量管理体系运行,以及有关法律、法规、工程建设标准强制性条文执行情况进行监督检查。1998年6月,对施工、监理单位的资质,以及建设、设计、监理、施工单位的质量体系和运行情况进行全面检查。结合工程项目对17个施工单位的资质、22个施工单位的质量体系和18个项目的施工组织设计进行抽查,对监理单位的质量体系进行5次抽查;对8个参建单位关键岗位人员持证率进行抽查,对验收资料进行2次抽查;对原材料管理制度进行3次抽查。抽查情况显示,参建单位资质符合要求,质量管理体系健全,运转正常,质量行为基本符合要求。

根据工作需要,水利部小浪底质监站对主要材料进场验收进行3次抽查;对施工单位原材料合格证、试验报告及施工检测资料进行9次抽查;对施工单位主要原材料检测和监理单位抽检情况进行6次检查;委托检测单位对工程实体质量进行5次检测,对监理工程师的检测成果进行4次检查,对原材料检测资料进行7次检查,对质量缺陷及处理进行8次抽查,对单元工程质量检验及等级评定进行10次抽查;对工程项目划分进行认定,参加60次闸门和启闭机无水及有水试验验收工作,参加30次重要隐蔽工程及工程关键部位的验收,参加230个主要单元工程施工质量等级评定,主持49个单位工程外观质量评定,对393个分部工程及60个单位工程质量等级进行核定,参加55次中间完工验收,参加60次缺陷责任期满验收,参加12个单位工程验收。

2008 年 12 月,水利部小浪底质监站提交施工质量监督报告,认为小浪底工程施工质量符合合同技术规范要求,质量评定为优良。

四、质量问题处理

小浪底工程建设期间,小浪底建管局贯彻落实质量责任制,加强质量责任追究,对 2 号灌浆洞混凝土衬砌一般质量事故进行了处理。对发现的质量缺陷首先由施工和监理单位共同进行检查与记录,必要时进行拍照或录像,双方检查人员在记录单上签字确认;其次由监理单位及时向施工单位发出修补质量缺陷指令,施工单位提出方案,监理单位批准后实施。质量缺陷修补完成后,由监理单位组织验收,合格后方可进行下一工序施工。小浪底工程发现的质量缺陷主要有大坝 3 区过渡料级配超出包络线、F_1 断层混凝土盖板缺陷、2 号发电塔 4 号发电洞渐变段流道混凝土过火问题、安装间清水回水池混凝土质量缺陷、水轮机转轮叶片裂纹问题、5 号主变压器返厂处理等,均进行认真处理和验收。

五、施工质量评定

小浪底工程施工质量评定按照《水利水电工程施工质量评定规程(试行)》(SL 176—1996)(简称《质量评定规程》)进行。对国际标工程,在征得水利部小浪底质监站同意后,将国际标控制和评价施工质量内容、标准进行对比转化,参照《质量评定规程》编制评定表格,按照《质量评定规程》规定的程序、内容和方法,由业主组织监理单位对施工质量进行补充等级评定。国内标工程按照《质量评定规程》规定,随施工进展进行施工质量等级评定。

(一)工程项目划分

根据《质量评定规程》有关规定,结合小浪底工程特点,对小浪底工程进行了项目划分。小浪底工程项目划分确定为三级,即单位工程、分部工程和单元工程。参照《质量评定规程》规定和建筑物设计等级,根据不同的单位工程、分部工程和单元工程在工程运用和施工过程中所起的作用,确定了主要单位工程、主要分部工程和主要单元工程,形成了《小浪底水利枢纽施工质量评定项目划分表》(简称《项目划分表》)。

《项目划分表》经水利部小浪底质监站核定,枢纽工程共划分为 60 个单位工程(其中主要单位工程 41 个)、476 个分部工程(其中主要分部工程 94 个)、26 643 个单元工程。

(二)评定程序

小浪底工程施工质量评定总体按照《质量评定规程》和《水利水电基本建设工程单元工程质量评定标准》规定进行,按国内标工程和国际标工程分别进行质量评定。

1. 国内标工程

国内标单元工程质量由施工单位组织评定,监理单位复核。重要隐蔽工程及工程关键部位在施工单位自评合格后,由监理单位、质量监督、设计和施工单位组成联合小组,共同核定其质量等级,报水利部小浪底质监站核备。分部工程质量评定在施工单位自评的基础上,由监理单位复核,报水利部小浪底质监站审查核定或核备。单位工程质量评定在施工单位自评的基础上,由监理单位复核,报水利部小浪底质监站核定。

2. 国际标工程

按照 FIDIC 合同条件,国际标工程施工质量分为"合格"和"不合格",小浪底土建国际标合同技术规范中没有质量等级评定相关要求。小浪底建管局将国际标控制和评价施工质量内容、标准转化为国内标准,然后根据转化后的标准,在水利部小浪底质监站指导和监督下,由项目法人组织、设计单位参加、监理单位具体承担,参考《水利水电基本建设工程单元工程质量评定标准》的单元工程评定表,结合小浪底工程国际标合同技术规范的规定,编制了 62 种国际标单元工程质量评定表,经水利部小浪底质监站审查批准后执行。国际标工程施工质量评定按照《质量评定规程》程序进行。

(三)评定结果

1998 年 2 月,小浪底建管局着手研究将国际标工程施工质量控制与验收成果转化为水利施工质量评定与验收标准要求的成果。1998 年 8 月,监理单位开始对已完国际标工程施工质量控制与验收成果进行相应的转化工作。1999 年 9 月,编制完成《工程施工质量等级评定工作的安排意见》,报水利部小浪底质监站批准。根据《工程施工质量等级评定工作的安排意见》和《质量评定规程》

的规定,结合现场值班记录、工序检查表、中间验收资料及检测资料,监理工程师对国际标工程进行施工质量等级评定。

机电安装工程、副坝及帷幕补强灌浆工程等为国内标工程,施工期间按国家和水利部有关技术标准进行单元工程质量评定与验收。1998年6月和12月,监理工程师分别印发了《XLD/C4标土建工程质量检验评定办法》和《C4标土建工程施工质量管理和施工质量检验评定办法》,并对机电安装工程、副坝及帷幕补强灌浆工程等国内标工程进行了施工质量等级评定。

外观质量评定工作由业主组织,水利部小浪底质监站主持,业主、设计、监理和施工单位共同组成外观质量评定小组进行评定。2001年4月和10月,小浪底建管局编制了《小浪底工程外观质量评定标准》和《小浪底工程外观质量评定办法》,并经过水利部小浪底质监站批准。2002年1—8月,外观质量评定小组组织17次专题会议,研究确定单位工程评定项目、评定分项、分值分配和现场检查部位等,对水面以上具备现场检查条件的单位工程或部位,进行外观质量现场检查、检测验证。对不具备现场检查条件的工程部位,由监理单位依据完工联合测量记录,按照外观质量评定小组确定的各单位工程评定项目、评定因素和检查、检测断面,填写检查、检测记录表。

枢纽工程共有26 643个单元工程,主要(重要、关键)单元工程3 545个,单元工程质量合格率100%,优良率87.4%。其中,土建工程24 956个单元工程,主要单元工程2 822个,单元工程优良率89%;机电安装工程963个单元工程,主要单元工程165个,单元工程优良率90.3%;金属结构制作与安装工程724个单元工程,关键单元工程558个,单元工程优良率82.3%。

枢纽工程共有476个分部工程,其中主要分部工程94个,分部工程优良率95.8%,合格率100%。

枢纽工程共60个单位工程,57个单位工程优良,单位工程优良率95%;其中主要单位工程41个,主要单位工程优良率100%。

依据《质量评定规程》,经施工和监理单位评定、业主单位复核、水利部小浪底质监站核定,小浪底工程施工质量评定结果为:枢纽工程共60个单位工程,合格率100%,优良率95%,其中主要单位工程优良率100%,平均外观质量得分率90.2%,工程质量等级评定为优良。小浪底工程施工质量评定见表4-8-1。

表4-8-1　小浪底工程施工质量评定

单位工程			单元工程			分部工程		
序号	名称	评定	个数	评定情况		个数	评定情况	
				优良个数	优良率（%）		优良个数	优良率（%）
1	★大坝坝基开挖	优良	236	236	100	4	4	100
2	★大坝基础处理		1 156	1 130	97.8	5	4	80.0
3	★大坝基础工程		400	396	99.0	6	6	100
4	围堰及截流工程		253	253	100	3	3	100
5	★大坝填筑		1 018	961	94.4	15	15	100
6	★右坝肩防渗排水设施		184	168	91.3	6	6	100
7	★左坝肩防渗排水设施		113	109	96.5	12	12	100
8	★副坝工程		895	800	89.4	8	8	100
9	西沟坝工程		149	118	79.2	9	8	88.9
10	★进水口开挖、支护及堆石填筑		410	363	88.5	6	6	100
11	★引水导墙		293	259	88.4	5	5	100
12	★1号塔群		693	556	80.2	13	12	92.3
13	★2号塔群		664	552	83.1	13	12	92.3
14	★3号塔群		784	668	85.2	16	14	87.5
15	★1号孔板洞		554	448	80.9	8	8	100
16	★2号孔板洞		549	455	82.9	8	8	100
17	★3号孔板洞		546	457	83.7	8	8	100
18	★1号排沙洞		356	316	88.8	8	8	100
19	★2号排沙洞		359	327	91.1	8	8	100
20	★3号排沙洞		363	325	89.5	8	8	100
21	★1号明流洞		249	218	87.6	6	6	100
22	★2号明流洞		241	214	88.8	6	6	100
23	★3号明流洞		219	195	89.0	6	6	100
24	★正常溢洪道		277	252	91.0	5	5	100
25	灌溉洞		60	51	85.0	4	4	100
26	★消力塘		1 997	1 746	87.4	9	9	100
27	★泄水渠		243	199	81.9	5	5	100

续表 4-8-1

单位工程			单元工程			分部工程		
序号	名　称	评定	个数	评定情况		个数	评定情况	
				优良个数	优良率（%）		优良个数	优良率（%）
28	东苗家滑坡体排水	优良	125	94	75.2	4	4	100
29	★1号引水发电洞		237	226	95.4	8	8	100
30	★2号引水发电洞		228	221	96.9	8	8	100
31	★3号引水发电洞		229	218	95.2	8	6	75.0
32	★4号引水发电洞		218	200	91.7	8	7	87.5
33	★5号引水发电洞		214	193	90.2	8	8	100
34	★6号发电引水洞		208	180	86.5	8	8	100
35	★地下厂房工程（土建及桥机安装）		1 040	964	92.7	16	14	87.5
36	★地下厂房工程（砌体与装修）		468	386	82.5	11	11	100
37	★水轮机、发电机组安装工程		536	512	95.5	10	10	100
38	★主变室和电缆洞		689	561	81.4	11	11	100
39	地面开关站		838	667	79.6	8	8	100
40	★尾水管洞和尾闸室		464	428	92.2	8	7	87.5
41	★1、2号尾水洞		528	432	81.8	4	3	75.0
42	★3、4号尾水洞		559	509	91.1	4	3	75.0
43	★5、6号尾水洞		561	513	91.4	4	3	75.0
44	★1、2、3号尾水渠及防淤闸工程		664	620	93.4	6	5	83.3
45	交通辅助工程		354	280	79.1	8	7	87.5
46	排水辅助工程		699	584	83.5	5	5	100
47	通风辅助工程		62	62	100	3	3	100
48	观测设备	合格	141	102	72.3	17	16	94.1
49	枢纽辅助系统工程		773	574	74.3	6	5	83.3

续表 4-8-1

| 序号 | 单位工程 | | 单元工程 | | | 分部工程 | | |
| | 名　称 | 评定 | 个数 | 评定情况 | | 个数 | 评定情况 | |
				优良个数	优良率（％）		优良个数	优良率（％）
50	★地面副厂房工程	优良	763	642	84.1	14	14	100
51	清水供水池		766	638	83.3	8	8	100
52	油库		382	261	68.3	11	10	90.9
53	★坝顶控制楼		802	671	83.7	12	12	100
54	泄洪排沙系统电气设备安装工程		118	107	90.7	15	15	100
55	混凝土路面		331	291	87.9	7	7	100
56	黄河大桥		105	105	100	4	4	100
57	供水系统		166	166	100	7	7	100
58	永久生活房屋		58	53	91.4	7	7	100
59	永久辅助生产房屋		24	16	66.7	3	3	100
60	通信工程	合格	32	26	81.3	5	5	100
合计			26 643	23 274	87.4	476	456	95.8

注:单位工程名称前带★号的为主要单位工程。

第九节　安全生产管理

小浪底建管局落实各项法律法规,建立健全安全生产管理体系,制定安全管理制度,层层落实安全生产责任,开展安全教育培训,强化安全生产检查,做好防汛安全管理,完善应急救援体系,确保工程建设期间安全生产,先后获得1997 年度河南省安全生产先进奖、1998 年度水利部安全生产先进奖。

一、安全生产管理体制

按照"安全第一、预防为主"方针,小浪底工程安全生产实行分级管理、层层负责原则,建立网格化安全生产管理体系,落实安全生产责任制,小浪底建管局成立以局长为主任的安全委员会。安全委员会负责小浪底工程安全生产组织领导工作,明确安全职责,建立健全管理制度;安全委员会下设办公室,办公室设在小浪底咨询公司办公室安全部,负责小浪底工程安全生产日常管理工作。小浪底建管局各二级机构成立安全工作领导小组,负责本单位职责范围内的安全管理工作。小浪底咨询公司成立施工安全委员会,负责对各施工单位安全生产的组织领导和监督检查工作;施工安全委员会下设办公室,办公室设在小浪底咨询公司办公室安全部,负责施工过程中安全管理日常事务。河南省公安厅小浪底公安处负责施工区道路交通安全管理和消防安全工作,并接受小浪底建管局安全委员会的统一领导。各施工单位建立相应的安全机构,负责工程施工过程中的安全管理。小浪底工程安全生产管理体系见图4-9-1。

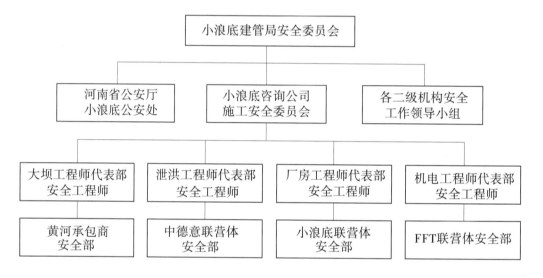

图 4-9-1 小浪底工程安全生产管理体系

各单位对安全生产工作做到组织落实、制度落实、措施落实,按规定建立相应的组织或指定人员负责安全工作,建立健全各项安全制度、操作规程。同时制定防范措施,配备安全器材,以防万一。

(一)业主安全生产管理机制

1996年3月,小浪底建管局制定《安全生产管理规定》,从机构、人员、职责、施工过程、事故处理等方面明确安全生产管理机制和要求。

(1)会议和检查制度。小浪底建管局安全委员会每季度召开1次会议,每年组织2~3次安全生产检查,了解安全生产工作情况,研究和协调解决有关问题,提出下一阶段工作要求;小浪底建管局安全委员会办公室每季度召开两次会议,检查各单位安全工作情况,协调解决安全生产中的一般问题,对需要向安全委员会汇报解决的问题提出意见。

（2）安全事故报告制度。小浪底建管局《安全生产管理规定》明确了安全事故报告的责任范围、事故程度、书面格式、时间要求等内容。小浪底建管局各处室和单位发生人员轻伤以上事故或500元以上财产损失灾害事故，按隶属关系，以书面统一格式在24小时内上报小浪底建管局安全委员会办公室。

工程施工中发生人员重伤以上事故或1 000元以上财产损失灾害事故，由小浪底咨询公司施工安全委员会以书面统一格式，在24小时内上报小浪底建管局安全委员会。

施工区内发生人员重伤以上或5 000元以上财产损失的交通安全事故，由小浪底公安处以书面统一格式，报公安系统上级部门的同时，在48小时内抄报小浪底建管局安全委员会。

小浪底建管局安全委员会办公室负责安全生产情况汇总，并上报小浪底建管局安全委员会，重大事故报水利部备案。

（3）事故处理制度。事故处理原则上由事故责任人所在单位负责，交通事故和火灾事故按公安部门规定办理，牵涉两个以上单位的重大事故处理由安全委员会负责协调。死亡事故和重大安全事故报告地方安全管理部门，由地方相关部门负责事故调查处理工作，小浪底建管局安全委员会办公室做好协调工作。

（4）奖惩制度。小浪底建管局安全委员会定期或不定期对安全生产工作中成绩突出的单位和个人进行奖励。小浪底建管局安全委员会办公室提出奖励建议，安全委员会主任审批。忽视安全生产给工程建设和人民生命财产造成重大损失的单位和个人，视不同情节给予处罚，同时给予责任人政纪处分，直至追究刑事责任。

（二）监理单位安全生产管理机制

小浪底咨询公司施工安全委员会负责对工程安全生产工作进行指导和监督检查。施工安全委员会主任委员由小浪底咨询公司总经理担任，副主任委员由小浪底公安处和小浪底咨询公司安全部负责人担任。1994年9月，小浪底咨询公司制定《小浪底工程安全生产系统监理工作条例》，随后制定《施工安全委员会各级岗位安全职责》。

小浪底咨询公司施工安全委员会办公室负责小浪底工程施工过程中安全管理日常事务，其中施工区消防和交通安全由小浪底公安处负责。施工安全委员会办公室设在小浪底咨询公司办公室安全部,主要工作职责是负责施工区安全生产监督、检查和协调工作,包括组织季度、年度安全生产大检查;审查承包商安全经理资质;审查各项目安全生产措施的制定和落实情况;检查安全生产责任制落实情况;组织安全生产协调会议;进行经常性安全检查;向承包商发布安全检查函、安全检查纪要、安全指令、安全通报等;对于查处的违章作业,指令承包商限期整改;处置或协助处置发生的安全事故;检查各标对进场职工的安全教育和培训情况,审查承包商编制的安全培训教材,检查特殊工种持证上岗情况。

各标工程师代表部设安全工程师,其主要职责是检查施工现场有无违章指挥和违章操作,有无危及工程安全、人身安全的现象和事态;检查施工现场有无违反防火要求的现象;检查施工现场有害气体、噪声、粉尘的含量有无超标现象;检查承包商在施工中有无违反环境保护要求的现象。

(三)承包商安全生产管理机制

承包商依据合同设立安全生产管理机构,成立安全部,明确划分各部门安全管理职责。承包商现场经理是安全生产第一责任人,全面负责本标段安全生产管理,督促安全部经理和相关部门经理抓好安全生产工作。

承包商安全部负责制定和落实安全措施,购置安全生产设施,负责现场安全检查,负责编写安全培训教材对新进场职工进行安全教育,发送爆破通知书,布置爆破作业安全警戒,负责安全事故呈报,参与安全事故调查,负责落实安全工程师下发的整改指令等。

承包商部门经理对本部门安全生产负责,执行现场经理的指示,落实安全部提出的安全整改通知、备忘录等;发生事故后维持好事故现场,并及时报告,配合事故调查组调查,落实事故处理决定等。

二、施工现场安全生产管理

小浪底工程安全管理工作以国家有关安全生产法律法规和施工承包合同为依据,按照合同文件中有关安全、消防、环保和职业健康条款执行。小浪底建管局安全委员会、小浪底咨询公司和各承包商经协商共同制定了《小浪底工程施工安全公约》,明确安全奖罚指标、办法等内容。

(一)安全教育培训

承包商依据合同对进场职工进行安全生产三级教育和业务培训。为提高新进场人员自我保护能力和自我保护意识,各标承包商编写了安全培训教材,培训内容涵盖施工安全、特种作业、安全驾驶、事故预防和火灾预防等,培训对象包括所有进场施工人员,还利用每天上班前 15 分钟时间强调本班安全生产注意事项。

(二)安全生产检查

1. 定期安全生产检查

定期安全生产检查由小浪底咨询公司施工安全委员会办公室(小浪底咨询公司办公室安全部)组织,小浪底公安处、工程师代表部安全工程师和承包商安全部经理参加,包括月度、季度和年度安全生产检查。定期安全生产检查按事先制定的检查路线、检查项目和时间安排,对各标安全生产情况进行全面检查。1995—2000 年,共进行 19 次定期安全生产检查,发现安全隐患 400 余条。承包商全部进行整改,有效防止安全事故发生。

2. 日常安全生产检查

日常安全生产检查主要由各标工程师代表部安全工程师组织实施,如检查中发现安全事故隐患,立即向承包商发出书面整改指令;一般问题也可以在现场口头提出整改意见,事后补发书面事故隐患整改指令;在出现严重事故隐患的紧急情况下,安全工程师可当即指令停工整改,消除事故隐患后方可复工。

1996 年 5 月 11 日,安全工程师对 Ⅱ 标承包商现场检查时,发现进水口汽车保养厂出现险情,厂房基础沉陷,墙体开裂严重、发生变形。为确保厂内工作人员安全,安全工程师即致函承包商,要求其立即采取措施进行处理,承包商按安全工程师的要求进行了整改。

(三)施工干扰协调

1. 召开安全协调会

根据生产需要,安全工程师不定期召开施工安全协调会,协调解决相近工作面施工干扰安全问题,形成会议纪要,有关各方按会议纪要执行。

1996 年 9 月,国际 Ⅱ 标承包商进行明流洞开挖爆破作业,该部位与 Ⅲ 标发电洞混凝土作业面很近,为防止明流洞爆破作业影响 Ⅲ 标发电洞混凝土施工质量和人员安全,安全工程师组织召开安全施工协调会,解决了明流洞爆破作业影响发电洞混凝土施工质量和安全问题,保证了各部位施工人员安全。

2. 下达安全指令

对于现场干扰问题,通过安全协调会无法解决时,安全工程师依据合同下达安全指令。

Ⅲ标发电洞进口开挖和混凝土衬砌工作,与Ⅱ标承包商孔板洞和排沙洞开挖工作面距离很近,一方爆破直接影响到另一方施工安全。安全工程师召开数次爆破安全专题协调会,承包商不能达成一致意见。安全工程师下达安全指令,通知承包商必须执行,确保施工安全。

(四) 交通安全管理

小浪底工程施工机械化程度高,重型机械设备多、种类多,施工高峰时各种施工设备 2 700 多台(套)。同时,小浪底工程地处孟津、济源交界,地方车辆较多,给交通管理增加了难度。为防止发生交通事故,主要采取以下措施:对外公路实行封闭管理,在南岸东官庄、北岸连地村分别设立交通管理站,严控外部车辆进入施工区,以减少车流量;在北岸 9 号路旁菜市场处,另修 1 条专用公路,供地方车辆通行;施工车辆实行挂牌制度,没有挂"施工车辆"牌照的车辆不准进入施工区;加强交警巡逻,设交通事故报警点;在一些特殊路段设置限速标志、安全标志牌、感应安全灯等警示,在交叉路口设交通安全指挥人员,指挥来往车辆。

(五) 火工材料安全管理

小浪底建管局十分重视火工材料安全管理,采取多项安全管理措施。

(1) 对易燃、易爆物品的安全运输、使用、存放严格按照有关规定管理,对炸药、雷管严格按照《煤炭部关于加强火药、雷管管理的指令》(煤炭部安全指令〔1981〕第 4 号)进行管理。对油库、加油站严格按照《易燃易爆化学物品消防安全监督管理办法》(公安部令〔1994〕第 18 号)进行管理。

(2) 对炸药库实行特别管理,没有安全部指令任何人不准进入炸药库,并且要求所有入库人员必须严格登记。确保炸药库保安人员的报警畅通无阻,保证不发生火灾和爆炸,不发生火工材料失窃事件。1996 年在对承包商炸药库进行安全检查时,发现炸药库防雷装置的保护范围不符合规范要求,小浪底咨询公司安全部以水小监安〔1996〕44 号通知要求重新设计,并且将方案报安全工程师批准后实施。

(3) 组织爆破安全专业培训。为防止因爆破器材管理不当和爆破作业违章操作而引起事故,由小浪底公安处和小浪底咨询公司安全部共同对承包商发出通知,要求施工区内各承包商对参与爆破作业的所有在岗人员进行考试,给考试合格者换发爆破作业上岗证。对考试不合格者进行培训,由小浪底公安处指派爆破专业人员对其进行培训,通过学习培训经考试合格后,发给爆破作业上岗证。

(六)事故预防

为确保小浪底工程建筑物长久安全运行,在建筑物中埋设不同类型的观测仪器。为了施工安全,承包商埋设一些临时观测仪器。通过对观测仪器读数分析,判断边坡位移情况,及时发现问题,采取合理对策。

消力塘开挖后,西边坡应力释放。安全工程师现场检查时预判该部位可能发生塌方,立即向相关部门反映。相关部门通过观测资料分析,提出预防措施,有效控制边坡稳定,避免了可能发生的人员伤亡、财产损失和工期延误。

三、工伤保险

小浪底工程施工承包合同要求承包商为其雇员投保雇主责任险。1996年10月,劳动部实施《企业职工工伤保险试行办法》,提高工人的工伤保险待遇,新的待遇水平与原有雇主责任保险待遇水平相比提升较多。为切实维护各方利益,小浪底建管局与相关政府主管部门、保险公司、司法机关进行多轮沟通协商,争取到相关部门理解与支持,同意继续维持承包商在商业保险公司的雇主责任保险方式,力促承包商按最高保额投保。

四、安全事故处理

在工程建设期间,发生的主要安全事故按事故原因分为两大类:一是人为原因造成的安全事故,如交通安全事故、作业人员失误造成的安全事故等;二是不可预见因素造成的塌方等安全事故。

发生安全事故后,小浪底建管局安全委员会按照国家安全生产管理法规要求上报相关部门。同时,小浪底建管局安全委员会牵头成立事故调查组进行调查处理,本着实事求是的原则,坚持"事故原因不调查清楚不放过、事故责任不明确不放过、事故整改措施不制定不放过"原则,把事故发生原因、责任、人员伤亡、设备损失等情况调查清楚;对事故责任者的处理,坚持严肃认真,根据责任大小和情节轻重,进行批评教育或给予必要的行政处分;对不服从管理、违反规章制度,或强令工人违章冒险作业,因而发生重大伤亡事故,后果严重已构成犯罪的,报请检察机关提起公诉。

在日常事故责任追究中,坚持不放过任何小事故的责任者。2001年1月26日,在3号孔板洞出口处Ⅱ标承包商发生一木板房因用电取暖起火事件(后被责任人扑灭),安全工程师认真进行了事故调查处理,对值班保安给予开除处分。

五、防汛管理

小浪底工程建设期防汛工作实行防汛指挥部指挥长负责制,确立"早来水、防大汛、排暴雨、保工程"的防汛指导思想,坚决贯彻"安全第一、常抓不懈、以防为主、全力抢险"方针,坚决执行国家防总、黄河防总批准的小浪底工程年度度汛工作安排,落实"谁承包施工,谁负责防汛安全",组织指导承包商做好工程防汛准备工作,确保工程安全度汛。

(一)防汛管理机制

1995年4月,小浪底建管局印发《小浪底工程防汛工作职责若干规定》《小浪底水利枢纽建设管理局防汛办公室值班制度》,小浪底建管局成立防汛指挥部。小浪底建管局防汛指挥部在黄河防总的领导下,全面负责小浪底工程防汛工作。小浪底建管局常务副局长任指挥长,其他局领导班子成员任副指挥长,各部门负责人任指挥部成员。小浪底工程防汛实行防汛指挥部指挥长负责制,统一指挥,统一调度,全力抢险。

小浪底建管局防汛指挥部下设办公室,办公室设在小浪底咨询公司办公室,负责小浪底工程日常防汛管理工作和防汛值班。防汛指挥部各成员单位职责如下:

小浪底公安处负责维护施工区的防汛治安,对破坏防汛工程、防汛设施和妨碍防汛抢险工作的人员依法查处;在紧急情况下,调集车辆、设备、人员投入抢险。

技术处负责防汛技术方案制订;与设计单位配合,提出不同流量时各防汛重点部位的相应水位;做好工程防护设计的修改、补充和审定等工作。

生产筹备处负责保证供水、供电、通信等设施的安全和畅通,负责防汛通信电话、传真机、微波线路的布设和维护,保证汛情和防汛指令的及时、准确传递。

行政处负责防汛后勤保障,保证防汛专用车辆;负责桥沟生活区的防汛工作。

设备处负责防汛设备购置和配备,负责留庄铁路转运站防汛工作。

物资处负责防汛用的麻袋、草袋、编织袋、铅丝等防汛物资购置和储备;与设备处协同负责留庄铁路转运站防汛工作。

工程师代表部负责各标防汛方案审定,执行防汛指挥部颁布的年度度汛工作安排,检查督促防汛工程质量和进度。

(二)报汛信息管理

小浪底工程建设期间,小浪底建管局每年按照"防大汛"要求做好各项准备工作,组织进行汛前安全大检查,根据检查结果和工程情况制订防汛方案。小浪底建管局专门建立一套与黄委会连接的报汛信息系统;汛期安排专门人员24小时防汛报汛值班,每天向各承包商和有关单位、部门发出水情日报,确保各承包商、有关单位和部门随时掌握水情,科学安排施工,及时备汛、防汛。

(三)防汛抢险队伍

小浪底建管局在准备防汛抢险物资和力量的同时,与邻近解放军驻军舟桥部队、高炮部队建立了"军民联防",联合组织成立防汛抢险队,保证小浪底工程防汛、抢险方案落实。

(四)工程度汛

小浪底工程自1991年9月前期准备工程开工至1997年汛期,采用原河槽过流;1997年10月工程截流后,采用导流洞过流。

1998年度汛标准按照百年一遇洪水设防,施工区内工程施工按照10年一遇暴雨洪水设防。汛期采用上游围堰挡水,利用3条导流洞自然泄洪。小浪底工程的防汛调度纳入黄河防汛调度系统,利用水情自动化系统加强水情预报和监测。

1999年原设计度汛标准为主要建筑物按300年一遇洪水标准设防、其他临时建筑物按20年一遇洪水标准设防。水库按敞泄滞洪运用,投入使用的泄水建筑物有2号导流洞、3号导流洞、1号排沙洞、2号排沙洞、3号排沙洞、1号孔板洞。业主与承包商签订坝体加速填筑协议,1999年6月30日主坝填筑高程达到210米,提高了度汛安全标准。

2000年原设计度汛标准为主要建筑物按500年一遇、其他临时建筑物按20年一遇洪水标准设防。2000年6月26日,主坝提前填筑到281米设计高程,实际度汛标准提高到千年一遇。汛期投入使用的泄水建筑物为所有排沙洞、孔板洞和明流洞。

2001年6月30日前,主坝建成,汛期枢纽主要建筑物按千年一遇、其他临时建筑物按20年一遇洪水标准设防。汛期全部泄洪设施可投入使用,包括孔板洞、排沙洞、明流洞和正常溢洪道。

2002年及以后,汛期按千年一遇洪水标准设防,枢纽所有孔洞均具备过水条件。2003年后汛期,黄河中下游发生较大洪水过程,小浪底工程投入防洪运用,经受了高水位运行考验。

整个工程建设期,工程进展按照合同规定完工日期进行,全部在当年汛前达到或超过设防标准要求;同时,在汛前制订完善的防汛预案、落实各种防汛措施,做到有备无患,小浪底工程在整个施工期安全度汛。

第五章 工程施工

小浪底工程施工分为前期工程、主体工程和尾工工程3个阶段。前期工程于1991年9月1日开工建设,1994年4月21日通过验收;主体工程于1994年9月12日开工,2001年12月31日最后一台机组并网发电,主体工程基本完工;尾工工程从2001年开始实施,2005年基本结束。

小浪底工程建设资金部分利用世界银行贷款,主体土建工程由国际承包商施工,主要包括主坝、泄洪排沙系统和引水发电系统。其他土建工程和机电安装工程由国内承包商施工。

小浪底工程规模宏大、地质条件复杂、工期紧、技术要求高,承包商与参建各方密切配合,采用新技术、新设备、新工艺和新材料,克服施工中遇到的诸多不利因素,圆满完成施工任务。工程施工实现质量优良、进度提前、费用相对节省的目标。

施工完成主要工程量为:土石方明挖3 777万立方米、石方洞挖315万立方米、土石方填筑5 307万立方米、混凝土浇筑347万立方米、金属结构安装3万吨、压力钢管制作安装6 720吨、水轮发电机组安装6台(套)、帷幕灌浆41万米、固结灌浆36万米、主坝帷幕防渗墙施工21 120平方米。小浪底水利枢纽工程施工总布置见图5-0-1。

第一节 前期工程

小浪底工程前期工程包括前期准备工程和提前施工的部分主体工程。前期准备工程是为主体工程施工和国际承包商进场提供工作条件。部分主体工程提前开工,以降低后续主体工程施工强度。前期工程由国内施工单位承建,历时2年7个月。

一、前期准备工程

根据施工规划,前期准备工程主要包括交通工程、施工供水、施工供电、通

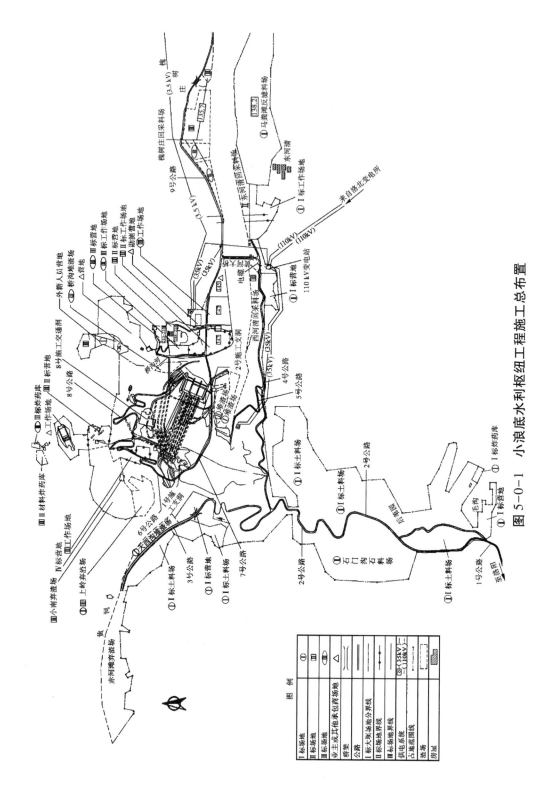

图 5-0-1　小浪底水利枢纽工程施工总布置

信、房屋建筑和导流洞施工支洞。前期准备工程于 1991 年 9 月 1 日开工,1994 年 4 月 21 日通过水利部验收。

(一) 交通工程

交通工程包括南北两岸外线公路、场内公路、黄河公路大桥及留庄铁路转运站等。

1. 交通公路

小浪底工程干线交通公路有 10 条,分为外线公路和场内公路,分布在黄河两岸。南北岸外线公路沿线地质条件主要为黄土,场内公路沿线主要是岩石地层。公路施工采用就近挖填,土方开挖采用推土机松土,石方开挖采用钻爆法,装载机或反铲配合自卸汽车运输。填筑采用分层碾压常规施工方法。右坝肩部位公路施工边坡开挖采用控制爆破技术,减少爆破对山体的影响。泥结碎石路面自下而上分为基层碎石、泥灰结碎石、磨耗层和保护层。经对比试验,泥灰结碎石路面采用灌浆法施工。交通公路施工完成情况见表 5-1-1。

2. 黄河公路大桥

黄河公路大桥位于泄洪排沙系统出口建筑物下游 2 千米处。大桥全长 508 米,分 10 孔,每孔跨度 50 米。行车道宽 14 米,两侧人行道各宽 1 米。1991 年 11 月工程开工,1994 年 3 月大桥贯通,项目由河南黄河工程局施工。

大桥设计荷载为汽-85,是当时国内荷载最大的公路桥。大桥下部为双柱桥墩,混凝土灌注桩基础,桩基最大直径 2.2 米、最深 66 米。大桥上部结构为预应力 T 形梁,每孔 7 片梁,单片梁重 174 吨。

大桥桩基施工采用两岸进占、中间搭建浮箱作业平台、冲击钻钻孔、水下混凝土浇筑施工方案。大桥上部结构采用 2 台龙门吊和 1 台架桥机施工。单台龙门吊起吊重量为 100 吨,架桥机起吊重量为 180 吨。

3. 留庄铁路转运站

留庄铁路转运站是小浪底工程建设物资主要集散地,主要设施有铁路专用线、储存仓库和办公生活房屋建筑,占地面积 16.6 万平方米,站内铁路专用线长 6.359 千米。留庄铁路转运站位于焦枝铁路留庄车站以北,从留庄车站引出牵引线,牵引线从西侧接轨,装卸线与焦枝线平行。该项目由中国水利水电第十一工程局设计并施工,于 1992 年 1 月开工,1993 年 9 月完工交付使用。留庄车站扩建线路 2.488 千米,由郑州铁路局设计并施工。

表 5-1-1　交通公路施工完成情况

序号	项目名称	起点	终点	长度（千米）	宽度（米）	路面结构	开工时间	完工时间	施工单位
1	1号公路（南岸外线公路）	柿园村	东官庄	24.4	9	混凝土	1991年9月	1993年3月	中国水利水电第十一工程局
2	2号公路	东官庄	右坝肩	5.2	16.5	泥结碎石	1991年12月	1993年4月	中国水利水电第三工程局、河南省水利第一工程局
3	3号公路（临时）	右坝肩	赤河滩	4.7	16.5		1992年12月	1994年3月	中国水利水电第五工程局、济源市公路工程公司
4	4号公路		东河清	4.6	16.5		1991年11月	1994年5月	河南黄河工程局、陕西省水电工程局、中铁隧道局
5	5号公路	西苗家	大坝基坑	1.1	16.5		1991年11月	1994年5月	陕西省水电工程局
6	6号公路（临时）	风雨沟	小南庄	2.6	14		1992年1月	1994年4月	中国水利水电第十一工程局
7	7号公路（临时）	蓼坞	风雨沟	2.5	14		1992年1月	1994年4月	中国水利水电第六工程局
8	8号公路		副坝	3.9	14		1992年2月	1994年3月	
9	9号公路		连地	6.3	14		1991年12月	1994年1月	河南省水利第一工程局
10	10号公路（北岸外线公路）	连地	留庄铁路转运站	4.3	9	混凝土	1991年11月	1993年12月	济源市公路工程公司

(二)供水工程

小浪底工程施工供水主要有南岸临时供水系统、洞群供水系统、蓼坞供水系统、马粪滩供水系统和其他供水系统。供水泵站见图5-1-1。

图5-1-1 供水泵站

1.南岸临时供水系统

南岸临时供水系统由2个水源井和1个500立方米水池组成。水源井位于右岸坝基部位,水池建在附近山坡上。南岸临时供水系统主要为右岸防渗墙施工和业主南岸临时办公生活区提供生产、生活用水,保障前期工程施工需要。主体工程开工时,该供水系统水源井被覆盖,南岸临时供水系统完成使命。

2.洞群供水系统

洞群供水系统承担Ⅰ标、Ⅱ标和Ⅲ标施工供水任务,水源取自黄河左岸地下水。洞群供水系统由8个水池和四级加压泵站及管道组成。水流经一、二级泵站加压送至230米高程水池,再经三级泵站加压送至290米高程水池,最后经四级泵站加压送至308米高程水池。一级泵站水池和230米、290米、308米高程水池设置有分水器,为承包商提供用水接口。该项目由中国水利水电长江葛洲坝工程局施工,于1991年11月开工,1993年1月建成。洞群供水系统示意见图5-1-2。

3.蓼坞供水系统

蓼坞供水系统水源为黄河岸边地下水,主要供左岸生活用水和Ⅱ标、Ⅲ标

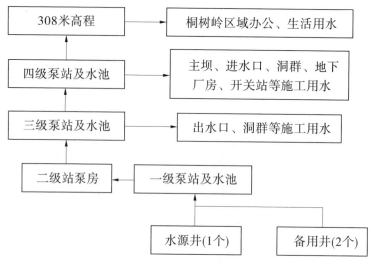

图 5-1-2　洞群供水系统示意

辅助生产用水。蓼坞供水系统供水能力为 370 立方米每小时,由 1 个容量 1 000 立方米水池、2 个容量 500 立方米水池、1 个容量 200 立方米水池、3 座泵站、1 个配水厂和管道组成。该项目由中国水利水电第十一工程局施工,于 1991 年 11 月开工,1993 年 1 月建成。

4. 马粪滩供水系统

马粪滩供水系统位于右岸黄河公路大桥下游 100 米处马粪滩,包括 1 个水源井、1 座泵站和 1 座水池,主要供马粪滩工作场地生产、办公用水和 I 标中方劳务营地生活用水。马粪滩供水系统由 I 标承包商修建并运行管理,业主提供场地和水文资料。

5. 其他供水系统

其他供水系统包括连地供水系统和留庄铁路转运站供水系统。连地供水系统和留庄铁路转运站供水系统由承包商修建并运行管理,业主提供场地和水文资料。

供水工程施工过程中,沿线没有道路,供水管线安装作业和材料运输以人力为主,配合小型机具完成。水池基础开挖及混凝土浇筑工作以机械施工为主。

(三)供电工程

供电工程包括临时供电和主体工程施工供电。供电系统示意见图 5-1-3,图中虚线表示前期工程临时供电。

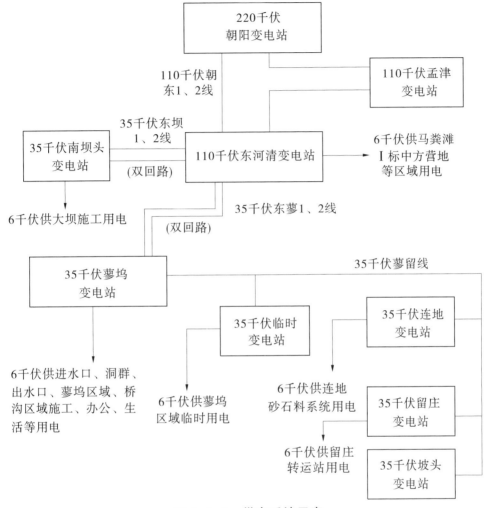

图 5-1-3　供电系统示意

1. 临时供电

1992 年,在小浪底工程黄河北岸建设 1 座 35 千伏临时变电站,安装 1 台容量为 5 000 千伏安变压器,用于黄河北岸道路、黄河北岸供水等初期用电。电源取自济源市 35 千伏坡头变电站,经蓼坞—留庄(坡头)输电线路供电。1994 年该临时变电站拆除,蓼坞—留庄(坡头)输电线路与坡头变电站连接断开。

2. 主体工程施工供电

主体工程施工用电来自洛阳朝阳 220 千伏变电站,采用 110 千伏双回路送至东河清 110 千伏变电站,再由东河清变电站送至 5 座分布在不同工程部位的 35 千伏变电站,供施工单位引线取电。小浪底工程施工供电系统示意见图 5-1-3。

供电工程于 1992 年 3 月开工,1994 年 2 月完工。业主负责 35 千伏变电站及以上线路建设和运行管理,施工单位负责所接线路的建设和运行管理。

(1)变电站施工。东河清 110 千伏变电站是小浪底工程施工期供电总电源,工程建成后作为坝区用电和电厂用电备用电源。东河清变电站安装 2 台 25 000 千伏安变压器,进线 2 回 110 千伏,分别为 I 输电线路和 II 输电线路,出线 4 回 35 千伏和 4 回 6 千伏。变电站主楼地基进行强夯处理以消除湿陷性。该项目土建部分由中国水利水电第十一工程局施工,电气部分由洛阳市供电局施工。

蓼坞 35 千伏变电站主要供北岸洞群及发电系统用电,安装 2 台 5 000 千伏安变压器,进线 2 回 35 千伏,出线 8 回 6 千伏。该项目土建部分由中国水利水电第十一工程局施工,电气部分由洛阳市供电局施工。

连地 35 千伏变电站主要供连地砂石料系统用电,安装 1 台 5 000 千伏安变压器,进线 1 回 35 千伏,出线 6 回 6 千伏,由济源市电业局施工。

留庄 35 千伏变电站,包括 2.3 千米 35 千伏"T"接线工程,主要供铁路转运站用电。变电站安装 1 台 2 000 千伏安变压器,进线 1 回 35 千伏,出线 4 回 6 千伏。该项目由济源市电业局施工。

南坝头 35 千伏变电站,主要用于大坝施工及土石料场供电,安装 2 台 5 000 千伏安变压器,进线 2 回 35 千伏,出线 8 回 6 千伏。该项目土建部分由中国水利水电第十一工程局施工,电气部分由洛阳市供电局施工。

坡头 35 千伏变电站为前期工程电源点,经留庄(坡头)—蓼坞输电线路供电。1994 年蓼坞—留庄(坡头)输电线路与坡头变电站连接断开。

(2)输电线路施工。朝阳—东河清 110 千伏 I 输电线路长 27 千米,杆塔 104 座,由洛阳市供电局施工。

朝阳—东河清 110 千伏 II 输电线路长 26.7 千米,杆塔 98 座,其中铁塔 51 座、混凝土双杆塔 47 座,由洛阳市供电局和河南省送变电公司施工。

东河清—南坝头引 35 千伏 I 、II 输电线路两个回路,I 输电线路长 2.9 千米,杆塔 14 座;II 输电线路长 3 千米,杆塔 16 座。工程由洛阳市供电局施工。

东河清—蓼坞 35 千伏 I 输电线路,长 2.59 千米,由中国水利水电第五工程局施工。II 输电线路长 2.3 千米,电缆跨河段由河南黄河工程局施工,架空段由中国水利水电第三工程局施工。

蓼坞—连地—留庄—坡头 35 千伏输电线路长 12.8 千米,杆塔 62 座。施工初期用于从坡头向蓼坞临时变电站供电;施工供电系统建成后,利用该线路从蓼坞变电站送电至留庄变电站。该项目由济源电业局施工。

(四)通信工程

小浪底工程开工前,工区内基本是通信盲区。业主与有关方面协调,先后修建了临时通信网和永久通信网。

临时通信网主要有:1992年在黄河左岸、右岸业主办公区和洛阳办事处建设3套40门空分交换机系统,解决了内部临时通信问题;1993年1月建设一卫星地球站,设4条中继线接入水利专网,实现与水利部通信联系;1993年2月建设1套200门程控交换机,负责前期工程防汛、生产调度、业主与工区各参建单位之间通信联系。

永久通信网主要有:交换机部分,1995年5月在业主桥沟办公楼建1台800门程控交换机为主交换机,在洛阳办事处建1台400门程控交换机;信号传输部分,工地现场程控机通过光缆接入济源市话网,通过微波接入黄委会专网和洛阳市话网。在右岸寺院坡建1套800兆赫集群系统,提供移动通信服务。1994年9月,在黄河右岸东河清和左岸蓼坞,业主投资各建1个邮电支局。建成后,业主将相关设施设备移交地方邮电部门,由地方邮电部门运行管理。

通信工程施工主要承包商为黄委会通信总站、洛阳市邮电局和济源市邮电局。该工程于1991年9月开工,1995年5月完成。

(五)房屋建筑工程

房屋建筑工程包括施工用房和基地房屋。房建工程1992年3月开始建设,1994年9月基本完工。

1. 施工用房

业主、设计代表、监理工程师、外籍咨询机构、地方政府部门等单位办公、生活用房和服务设施由业主统一建设和运营,主要分布在桥沟东区和西区,总建筑面积58 098平方米。桥沟东一区主要房屋有办公楼、小浪底宾馆、招待所、1~4号公寓楼、5号楼、外国咨询专家公寓、桥沟餐厅、锅炉房、制冷站、配电房等;桥沟东二区主要房屋有试验楼、司机楼及车库;桥沟西二区主要房屋有综合楼、食堂、职工医院、邮电楼等。桥沟东区业主办公、生活用房见图5-1-4。

另外,业主在连地、东山、桐树岭3地修建了中方劳务营地,租赁给国际标承包商中方人员使用。承包商外籍人员营地由业主提供土地,位于桥沟西一区,承包商自己建设和管理。

图 5-1-4　桥沟东区业主办公、生活用房

2. 洛阳和郑州基地房屋

洛阳基地房屋建筑面积 41 473 平方米。1 号楼供办公、宿舍、通信机房、地震台网接收中心和派出所等使用,2~7 号楼为住宅用房,8~9 号楼为后续建设住宅楼。基地配套用房主要有老年活动中心、幼儿园等。洛阳基地示意见图 5-1-5。

郑州基地金苑小区 6 号楼、15 号楼为外购商品住房,总建筑面积 6 619 平方米。

(六)导流洞施工支洞

小浪底工程布置 3 条导流洞,成洞直径 14.5 米,单洞长约 1 100 米。导流洞施工工期紧、地质情况复杂。由于隧洞进出口开挖量大,不能作为隧洞开挖工作面,因此在导流洞中间部位布置了 2 条施工支洞。

1 号施工支洞长 481 米,分别交于 1 号导流洞桩号 0+132 米,交于 2 号和 3 号导流洞桩号 0+178 米,1 号和 2 号导流洞之间用斜坡道连接;2 号施工支洞全长 549.6 米,洞中设 1 座钢结构吊桥跨过 1 号导流洞顶部,与 2 号和 3 号导流洞相交。2 号施工支洞设有通往 1 号导流洞的中叉洞,中叉洞与 1 号导流洞相交桩号为 0+700 米。2 条施工支洞均为城门洞形,断面尺寸为 9.1 米(宽)×7.5 米(高)。

施工支洞采用钻爆法施工,多臂钻钻孔,装载机配合自卸车出渣,砂浆锚杆和干喷法喷射混凝土支护,机械通风与排水。工程由中国水利水电第六工程局施工,于 1991 年 9 月开工,1992 年 9 月完工。

二、提前施工的部分主体工程

提前施工的主体工程主要有主坝防渗墙一期工程、上游围堰防渗墙一期工程、导流洞上中导洞工程、进水口一期工程、出水口一期工程、1 号通风竖井及

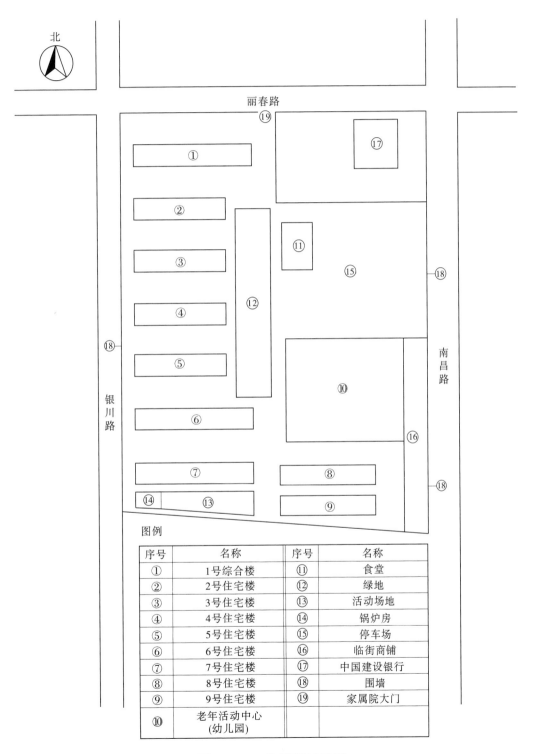

图 5-1-5　洛阳基地示意

其他工程。这些项目在施工网络计划上均为关键工作,提前安排这部分主体工程施工,可以有效缓解后续施工工期压力,降低施工强度。

(一)主坝防渗墙一期工程

主坝防渗墙一期工程位于右岸滩地,墙体轴线方向长 256.4 米、厚 1.2 米,最大深度 81.9 米,阻水面积 10 540.63 平方米,混凝土强度 35 兆帕。

主坝防渗墙一期工程于 1992 年 5 月开始施工,1994 年 10 月完工。该项目最初由北京市水利工程基础总队承建,施工过程中遇到困难,后由中国水电基础工程局施工。

主坝防渗墙一期工程施工采用"钻劈法"造孔,导管法浇筑水下混凝土,槽孔间的连接为套接。现场拌和站拌制混凝土,搅拌车运输。

主坝防渗墙一期工程分为 43 个槽段施工,偶数槽段为 Ⅰ 序槽,奇数槽段为 Ⅱ 序槽。防渗墙造孔采用 CZ30 型和 CZ22 型冲击钻机造主孔,液压导板抓斗抓部分副孔,另一部分副孔采用钻劈法施工。

防渗墙施工过程中,混凝土早期强度达 17 兆帕以上,后续造孔难度大,孔斜不易控制。经研究,在混凝土中掺加 40% 粉煤灰,使混凝土初凝时间延长,早期强度降低,降低接头孔施工难度,后期强度仍能够满足要求。

(二)上游围堰防渗墙一期工程

上游围堰防渗墙一期工程位于右岸滩地,长 239.41 米,最大深度 73.4 米。混凝土墙厚 0.8 米,为塑性混凝土。

施工中采用冲击钻造孔成槽,导管法水下混凝土施工,槽孔连接为套接。该项目由中国水电基础工程局施工,于 1993 年 1 月开工,1994 年 3 月完工。

上游围堰防渗墙墙体混凝土设计强度为 2 兆帕、弹性模量不大于 500 兆帕,一期工程实际检测的弹性模量与强度比值为 99∶1,达到国内领先水平。

(三)导流洞上中导洞工程

导流洞上中导洞断面为城门洞形,尺寸 8 米(宽)×7.8 米(高),顶部与导流洞开挖边线重合。上中导洞开挖采用钻爆法施工,顶部光面爆破,多臂钻钻孔,装载机配自卸车出渣。顶部安装砂浆锚杆,干喷法喷射混凝土支护,施工采用机械通风。

中国水利水电第十四工程局负责 3 条导流洞 0+400 桩号上游侧部分施工,中国水利水电第六工程局负责其余部分施工,累计完成开挖量 22 万立方米。该项目于 1992 年开工,1994 年 3 月完工。

(四)进水口一期工程

进水口一期工程包括风雨沟左岸 230 米高程以上边坡土石方开挖和支护,风雨沟右岸 156 米高程以上土石方开挖,156 米高程以下 6 号公路围堰段占压引水渠部分土石开挖、边坡支护及围堰填筑。实际施工中受客观因素制约,风雨沟左岸边坡 250 米高程以下部分开挖和支护工作由 Ⅱ 标承包商实施。

进水口一期工程主要施工内容有土石方开挖、边坡支护和进水口部位施工围堰填筑。土方开挖采用推土机分层剥离,装载机配合自卸汽车运往小南庄弃渣场。石方采用台阶式开挖,沿开挖边线分层预裂爆破,履带式液压钻机垂直钻孔,液压正铲或装载机配合自卸汽车运石渣至桥沟堆渣场。开挖后对边坡进行砂浆锚杆和喷混凝土支护。

该项目由中国水利水电第十一工程局施工,于 1992 年 9 月开工,1993 年 12 月完工。共完成土石方开挖 152.9 万立方米,围堰土石方填筑 34 万立方米。

(五)出水口一期工程

出水口一期工程主要包括出口边坡 160 米高程以上土石方开挖和支护工作,3 条明流洞、1 号排沙洞和溢洪道出口段开挖和支护工作。开挖和支护施工方法与进水口基本相同,开挖料运至槐树庄弃渣场。该项目由中国水利水电第三工程局施工,于 1992 年 9 月开工,1994 年 3 月完工。

(六)1 号通风竖井

1 号通风竖井位于地下厂房顶部中间部位,井底高程 165 米,井高 121 米、直径 4 米。竖井施工自上而下分层进行,采用钻爆法施工。手风钻钻孔,卷扬机吊斗出渣,锚喷支护。该项目由河南省义马矿务局施工,于 1992 年 12 月开工,1993 年 5 月完工。

(七)其他工程

其他工程包括尾水出口一期工程、1~4 号交通洞工程、1 号排水洞工程和西沟水库泄洪洞工程。尾水出口一期工程包括边坡开挖与支护工作,由中国水利水电第六工程局和河南四达公司施工,于 1992 年开工,1993 年 12 月完工。1 号、2 号交通洞和 1 号排水洞开挖与支护工程,由黄委会设计院地勘总队施工,于 1992 年 10 月开挖,1994 年 3 月完工。3 号交通洞开挖与支护工程,由中国水利水电第六工程局施工,于 1993 年 1 月开工,1994 年 4 月完工。4 号交通洞开挖与支护工程,由中国水利水电第十一工程局施工,于 1993 年 6 月开工,1994 年 4 月完工。西沟水库泄洪洞工程,由中国水利水电第十一工程局施工,于 1993 年 3 月开工,1994 年 5 月完工。

第二节 主 坝

小浪底工程主坝(Ⅰ标工程)属国际标,由以意大利英波吉罗公司为责任方的黄河承包商(YRC)施工。1994 年 5 月 30 日总监理工程师发布Ⅰ标工程开工令,合同规定完工日期为 2001 年 12 月 31 日,实际完工日期为 2001 年 1 月 16 日,工期提前 11.5 个月。主坝坝体结构复杂、填筑量巨大、施工强度高,承包商与参建各方密切协作,解决了施工中遇到的各种技术难题,采用大型施工设备联合机械化作业,实现工期提前、质量优良、费用相对节省的目标。

主坝标完成的主要工程量有:土石方开挖 867 万立方米,土石方填筑 5 070 万立方米,混凝土浇筑 7.96 万立方米,固结灌浆 6.74 万米,帷幕灌浆 5.91 万米。

一、施工组织

Ⅰ标合同规定 4 个中间完工日期和 1 个合同完工日期,合同完工日期为 2001 年 12 月 31 日。

(一)施工范围

Ⅰ标工程施工范围主要包括坝基开挖、基础处理、防渗墙施工、主坝施工和安全监测仪器埋设安装。

(二)施工技术要求

小浪底主坝为带内铺盖壤土斜心墙堆石坝,坝顶高程 281 米,最大坝高 160 米,坝顶长 1 667 米、宽 15 米,坝底最大宽度 864 米,上游坝坡比 1:2.6,下游坝坡比 1:1.75。考虑到沉降影响,河床部位预留 2 米沉降量,竣工高程为 283 米。小浪底工程主坝典型断面见图 5-2-1。

河床段砂砾石基础设混凝土防渗墙,两岸岩石岸坡设灌浆帷幕。上游围堰是主坝组成部分,主坝心墙和防渗墙通过内铺盖与上游围堰防渗体及上游泥沙淤积所形成的铺盖连接,共同构成大坝防渗体系。

坝体填筑工程量巨大,坝体结构分 17 个区,各区填筑材料技术标准不同、来源不同。主坝坝料来源与技术标准见表 5-2-1。

(三)施工布置

1. 外线公路

外线公路包括 1 号公路和 10 号公路。主坝施工物资主要经 1 号公路进

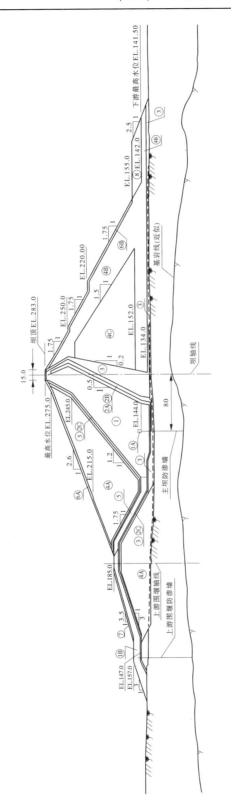

图 5-2-1　小浪底工程主坝典型断面

① ①B 黏土；①A 高塑性黏土；②A 下游第一层反滤料；②B 下游第二层反滤料；②C 上游反滤料；③ 过渡料；
④A ④B 堆石料；⑤ 掺和料；⑥A ⑥B 护坡块石；⑦ 堆石护坡；⑧ 压砂石渣；⑨ 回填砂砾石；⑩ 上游铺盖；

注：图中桩号、高程、尺寸以米计。

场,1号公路在洛阳市北郊柿园村与310国道连接,向北至官庄接入场内2号公路;10号公路东连留庄铁路转运站,西经9号公路连接工程现场。

2. 场内公路

2号、3号、4号和5号场内公路分布在坝址右岸,通过黄河公路大桥与左岸6号、7号、8号和9号场内公路连接,可达主坝填筑现场、料场和弃渣场。这些公路由业主在前期组织修建,主体工程建设期间委托承包商进行管理维护。

3. 施工用水

施工用水分左岸用水和右岸用水两部分。左岸用水方面,业主在蓼坞河滩打井并建水厂,通过四级泵站输水至不同高程水池,提供施工和生活用水;右岸用水方面,业主提供场地,承包商自行钻井并修建供水系统。

4. 施工用电

承包商通过东河清变电站和南坝头变电站取电。

5. Ⅰ标开采料场、堆渣场和弃渣场

(1)开采料场。小浪底主坝开采料场主要有寺院坡土石料场、会瀍沟土料场、马粪滩砂石料场和上游土料场。寺院坡土石料场南北长3千米、东西宽1~1.5千米,包括石门沟石料场及李家坡、前苇园、后苇园、艮沟等8个土料场;上游土料场包括小浪底、大西沟、小西沟3个土料场,实际施工中有变化。

(2)堆渣场。根据施工规划,枢纽建筑物如导流洞等部分开挖石渣可就近临时堆存,随主坝填筑施工可回采上坝。堆渣场主要有:4C区料堆渣场,包括桥沟口、桥沟桥部位堆渣场和东河清、西河清堆渣场;8区料堆渣场,包括槐树庄堆渣场,东河清、西河清堆渣场和桥沟口堆料场;9区料堆渣场,主要有右岸上游大西沟堆渣场。

(3)弃渣场。弃渣场有左岸小南庄弃渣场、上岭弃渣场及右岸赤河滩弃渣场。

6. 生产办公区

主坝标生产办公区布置在右岸,主要有东河清生产区、现场办公室、混凝土拌和站、护坡抛石料筛选场。

(1)东河清生产区。位于黄河大桥下游,东西方向长900米、南北宽600米,左邻东河清堆渣场,平整后场面高程140米。承包商在东河清生产区布置有马粪滩砂石料加工厂、机械设备维修车间、钢筋加工厂、油库、主仓库、实验室和主办公室等。

表 5-2-1　主坝坝料来源与技术标准

填筑区号	填筑部位	坝料来源	坝料技术标准
1 区	主坝心墙区	寺院坡土料场	防渗料,钙质结核最大粒径小于 100 毫米,含量小于 8%。压实前含水量与最优含水量之差一般为 -1%~2%,近基岩面 1 米内为 1%~3%(最优含水量按美国 ASTM 标准进行击实试验确定)
1A 区	高塑性区	会滦沟土料场	高塑性防渗料压实前含水量与最优含水量之差一般为 3%~1%
1B 区	上、下游围堰斜墙区	大西沟、小西沟和小浪底土料场	同 1 区
2A 区	下游第一层反滤区	马粪滩砂石料场	反滤料,粒径 0.1~20 毫米,细骨料坚固度符合美国 ASTM 标准
2B 区	下游第二层反滤区		反滤料,粒径 5~60 毫米,细骨料坚固度符合美国 ASTM 标准
2C 区	上游反滤区		反滤料,粒径 0.1~60 毫米,细骨料坚固度符合美国 ASTM 标准
3 区	过渡区		过渡料,最大粒径不大于 250 毫米,5 毫米以下含量小于 30%,0.1 毫米以下含量小于 5%,粉砂岩和黏土岩含量小于 5%
4A 区	4A 区	石门沟料场	堆石料,最大粒径小于 1 米,粒径小于 5 毫米含量小于 25%,粒径小于 0.1 毫米含量小于 5%,粉砂岩和黏土岩含量小于 5%
4B 区	4B 区		堆石料,粉砂岩和黏土岩含量小于 10%,其余要求同 4A 区料
4C 区	4C 区	桥沟、东河清、西河清堆渣场	堆石料,最大粒径小于 1 米,粒径小于 5 毫米含量小于 30%,粒径小于 0.1 毫米含量小于 5%,粉砂岩和黏土岩含量小于 20%
5 区	内铺盖	寺院坡土料场和马粪滩砂石料场	混合不透水料,黄土掺砂砾石
6A 区	上游块石护坡	石门沟料场	粒径大于 700 毫米含量不小于 50%,粒径小于 400 毫米含量小于 10%
6B 区	下游块石护坡		粒径大于 500 毫米含量不小于 50%,粒径小于 80 毫米含量小于 10%

续表 5-2-1

填筑区号	填筑部位	坝料来源	坝料技术标准
7 区	堆石护坡	石门沟料场	最大粒径小于 500 毫米,粒径大于 400 毫米含量大于 50%,粒径小于 100 毫米含量不大于 10%
8 区	压戗石渣区	围堰后、槐树庄、大西沟	最大粒径小于 1 米,粒径小于 0.1 毫米含量不大于 10%
9 区	回填砂砾石	大西沟堆料场	
10 区	上游铺盖区	坝基 140 米高程以上及右岸开挖黄土	

（2）现场办公室。主坝标现场办公室设在右坝肩上游 300 米处。

（3）混凝土拌和站。设在 4 号公路与 5 号公路交叉口下游侧西河清堆料场范围内,基础由不分类料回填压实后形成,拌和站生产能力为 60 立方米每小时。

（4）护坡抛石料筛选场。设在石门沟石料场东北角 2 号公路拐弯处,可直接从石料场进料,筛选后的成品料通过 2 号公路上坝。

7. 东官庄炸药库

设在东官庄 2 号公路东侧毛沟土料场东南角,距右坝端 6.5 千米。

8. 坝区气象站

设在右岸坝下游小山包上,主要观测项目有雨量、蒸发量、气温等,为主坝施工提供必要的气象资料。

9. 生活营地

外籍人员营地设在桥沟西一区,业主提供场地,承包商自行建设和管理。Ⅰ标承包商中方人员营地设在西河清。

（四）主要施工机械设备

Ⅰ标工程施工主要工作为主坝填筑。主坝填筑作业主要施工机械见表 5-2-2。

表 5-2-2 主坝填筑作业主要施工机械

序号	机械类型		数量	容量	功率（马力）	性能及用途
1	推土机	CAT-D8N	9	37.5 吨	285	D8N 型推土机铲容 11.7 立方米，铲宽 4.26 米、高 1.74 米，车长 4.95 米、车宽 3.05 米；用于土料开采、坝面平料、道路养护等作业
		CAT-D9N	3	42 吨	370	
		轮式（814/824）	4	32.7 吨	315	
2	液压挖掘机	KOMATSU-PC220	3	1.0 立方米	153	臂及铲长 6.93 米，最大挖距 10 米，挖深 6.92 米；用于开挖、平料、削坡等作业
		HITACHI-EX400（反铲）	2	2.2 立方米	296	臂及铲长 6.37 米，最大挖距 12 米，挖深 7.89 米；用于开挖、平料、削坡等作业
		HITACHI-EX1100（反铲）	4	5.1 立方米	630	最大挖距 13.78 米，挖深 7.88 米；用于开挖、装料、削坡等作业
		HITACHI-EX1800（正铲）	4	10.3 立方米	1 000	最大挖距 13.4 米，挖深 5.92 米，挖高 14.55 米；用于装料工作
3	液压装载机	CAT-988F	3	5.9 立方米	400	铲斗举高 3.69 米；用于装料作业
		CAT-992D	2	10.7 立方米	735	铲斗举高 6.26 米；用于装料作业
		CAT-436B	1	—	77	用于蛙夯区运料、刨毛等工作
4	自卸汽车	PERLINI-DP366	14	20 立方米/36 吨	450	车长 8.3 米、宽 3.81 米、高 3.92 米，车轮直径 1.4 米；用于坝料运输作业
		PERLINI-DP755	41	30 立方米/65 吨	720	车长 9.75 米、宽 4.65 米、高 4.53 米，车轮直径 2.1 米；用于坝料运输作业

续表 5-2-2

序号	机械类型		数量	容量	功率（马力）	性能及用途
5	光面振动碾	INGERSOLL-RAND-SD170D	6	碾重17吨	202	频率18.3~30.4赫兹，最大振幅1.65毫米，鼓直径1.6米；用于堆石料和粗粒料碾压及修路作业
	凸块振动碾	INGERSOLL-RAND-SD170F	6	碾重17吨	203	频率18.3~30.4赫兹，最大振幅1.65毫米，鼓直径1.58米；用于防渗土料碾压作业
6	平地机	CAT-14G	6	自重20.7吨	200	车长10.67米、宽2.83米、高3.38米，犁齿宽2.59米，犁深0.36米；用于平料、松土、刨毛、养路等作业
7	洒水车	IVECO	3	20立方米	370	用于坝面洒水、路面洒水等作业
		TEREX	2	50立方米	—	
8	保养车	IVECO-135E18	2	—	177	用于维修、加油等作业
9	流动维修车	IVECO-135E18	2	—	177	用于现场维修作业
10	加油车	IVECO-380E37H	2	20立方米	370	用于流动加油作业
11	履带式钻机	TAMROCK-CHA660	1	自重13.4吨	145	钻孔直径64~102毫米，水平、倾斜、垂直向最大孔深32米；车长9.2米、宽2.45米、高2.6米；用于开挖钻孔作业
		TAMROCK-CHA1100C	5	自重15.9吨	224	钻孔直径76~152毫米，水平、倾斜、垂直向最大孔深25米；车长9米、宽2.6米、高2.6米；用于开挖钻孔作业

注：1 马力＝0.735 千瓦。

二、坝基开挖

主坝坝基开挖工作于 1994 年 12 月 15 日开始,2000 年 6 月 19 日完工,共完成坝基土石方开挖 867.24 万立方米,其中不分类料开挖 800.44 万立方米、石方开挖 66.80 万立方米。国际标合同规定,土石方开挖包括不分类开挖和石方开挖,不分类开挖是指土方开挖或无须进行爆破作业的松散石方开挖,石方开挖是指须进行爆破作业的石方开挖。

根据大河截流和主坝填筑工作计划安排,坝基开挖区域顺序为:1994 年 12 月至 1995 年 11 月,进行右岸滩地和右坝肩开挖工作;1996 年 2—11 月,进行左坝肩截流前分标线以内开挖;1997 年 1—10 月,主要进行右岸扩大河滩和左岸坝轴线下游滩地开挖工作;1997 年 11 月至 1998 年 7 月,进行截流后河床基础开挖;1998 年 8—12 月,进行左岸坝肩开挖;1999 年 1 月至 2000 年 4 月,进行左岸下游岸坡及压戗区基础开挖;2000 年 4—6 月,进行右岸坝肩和 4 号公路以北小山包开挖。

主坝基础开挖年工程量见表 5-2-3。

表 5-2-3　主坝基础开挖年工程量　（单位:万立方米）

年份	右岸开挖工程量		左岸开挖工程量		累计工程量
	不分类料	岩石	不分类料	岩石	
1995	478.04	40.32			518.36
1996		0.43	116.34	9.39	126.16
1997	42.98		116.36	6.25	165.59
1998			26.60	3.57	30.17
1999			15.23	4.10	19.33
2000	4.89	2.74			7.63
总计	525.91	43.49	274.53	23.31	867.24

不同区域不分类料开挖自下而上进行,各区内开挖自上而下进行,开挖料由自卸车运至弃渣场。

主坝坝基岩石开挖范围主要为心墙槽区域,开挖采用钻孔爆破工艺。根据现场实际,坝基岩石爆破开挖分 4 种情况:心墙槽上下游边坡采用预裂爆破工艺;心墙槽底部采用预留保护层浅孔爆破开挖;左岸边坡下部心墙槽临近固结灌浆区域采用防震孔加预裂爆破技术;其他部位采用台阶爆破开挖。采用芬兰汤姆洛克公司(TAMROCK)的 CHA660 和 CHA1100C 设备进行钻孔。

为控制爆破对围岩的影响,采用瑞典低频震动监测仪对爆破震动进行监测,震动监测仪安装在距爆破点 30 米和 60 米处。

三、基础处理

主坝基础处理工作主要有基础面处理、心墙区基础固结灌浆和坝基帷幕灌浆。

(一)基础面处理

基础面处理包括心墙区基础面处理和坝壳区基础面处理,见图 5-2-2。

图 5-2-2　右岸坝肩边坡基础面处理

1. 心墙区基础面处理

主坝帷幕轴线上、下游各 4 米范围基础面浇筑 0.8 米厚钢筋混凝土盖板,其他部位心墙区域浇筑 0.20~0.30 米钢筋混凝土盖板,局部陡坡喷混凝土覆盖。心墙填筑前将混凝土面清理干净。混凝土盖板上出现的裂缝,铺贴两层 0.5 米宽沥青麻片。

2. 坝壳区基础面处理

坝壳区基础面是指心墙区以外坝基范围,分为岩石基础面和软基面。岩石基础面按要求开挖至设计边线;软基面开挖至合适基础,采用振动碾压实,压实前后取样做试验。8 区和 10 区基础面只清除表土、杂物。

1995 年 8 月开始浇筑混凝土盖板,2000 年 3 月完成。共完成混凝土浇筑 61 649.63 立方米,喷混凝土 1 973.12 立方米,岩基面处理 8.11 万平方米。

(二)心墙区基础固结灌浆

心墙区岩石基础面进行固结灌浆,灌浆深度 5 米,排距、孔距均为 3 米,灌浆后透水率不大于 5 吕荣。1995 年 10 月,在右岸 130 米高程平台进行了灌浆试验,灌浆试验取得相关参数后开始正式灌浆施工。F_1 断层带垂直于坝轴线,在主河槽靠近右岸部位穿过坝基,对 F_1 断层带进行了专门处理,沿 F_1 断层浇筑 1 米厚混凝土盖板,F_1 断层区布置 10 米深固结灌浆孔。

固结灌浆造孔采用冲击钻。灌浆采用孔口封闭纯压灌浆技术,灌浆压力为 0.2 兆帕。初始阶段,浆液采用先稀后浓的传统灌浆技术。由于岩石破碎,冒浆现象严重,且难以检查和堵塞。后经参建各方研究,对固结灌浆技术要求进行了调整:局部区域浇筑混凝土盖板或喷混凝土,使灌浆在有盖板条件下进行;采用相对较浓的稳定浆液代替稀浆开灌逐级加浓的工艺。

心墙区基础固结灌浆工作于 1995 年 10 月开工,1999 年 11 月完成,累计完成钻孔灌浆 67 410.97 米。

(三)坝基帷幕灌浆

I 标承包商负责坝基地表以下至灌浆廊道以上部分坝基帷幕灌浆,包括右岸边坡、防渗墙底部、左岸边坡和左岸山脊。F_1 断层带区采用 5 排灌浆孔,右岸为单排孔,左岸为 3 排孔,孔距一般为 2 米。要求灌浆后透水率不大于 5 吕荣。采用回转钻机造孔,孔径 56~110 毫米。具体灌浆情况如下:

(1)右岸边坡灌浆段长 718.3 米,采用"孔口封闭、孔内循环"灌浆工艺,1995 年 12 月开始施工,1996 年 12 月完工。

(2)防渗墙底部灌浆段长 119 米,采取"自下而上、分段卡塞纯压"灌浆工艺,1998 年 2 月开始施工,同年 6 月完工。

(3)左岸边坡灌浆段长 275.3 米,主要采用"自下而上、分段卡塞纯压"灌浆工艺;少部分采用"孔口封闭、孔内循环"工艺,1996 年 10 月开工,1997 年 8 月完工。

(4)左岸山脊段长 318.5 米,穿过断层破碎带区,在断层带区采用"孔口封闭、孔内循环"工艺,其他部位采用"自上而下"或"自下而上、分段卡塞纯压"工艺。1999年2月开始施工,同年11月完工。

主坝坝基帷幕灌浆于1995年12月开工,1999年11月结束,完成灌浆59 051米。

四、防渗墙施工

防渗墙工程包括主坝防渗墙二期工程和上游围堰防渗墙二期工程两部分。

(一)主坝防渗墙二期工程

主坝防渗墙工程分两期施工,前期由国内承包商完成右岸滩地部分防渗墙一期工程施工。主坝防渗墙二期工程包括左岸槽孔防渗墙工程和防渗墙地面以上加高。

左岸地下槽孔混凝土防渗墙在河床部位,长151.0米,最大深度70.3米。槽孔防渗墙二期工程施工主要工作有槽孔开挖和混凝土浇筑。加高部分在槽孔混凝土防渗墙顶部进行,须凿除槽孔混凝土顶部不密实的混凝土,采用钢筋混凝土加高。

1. 槽孔开挖

小浪底主坝防渗墙二期工程施工采用抓斗和双轮铣造孔。双轮铣由法国索列丹斯公司制造,型号为 HF4000,由 HS882 履带式起重机控制,配有抓斗和重锤等。双轮铣可完成抓槽、碎石、切削、抽排过滤泥浆、测量、基岩鉴定和混凝土浇筑等功能(见图5-2-3)。

槽孔开挖过程中采用泥浆工艺,使用法国产优质膨润土,用振动筛除渣保证泥浆可重复使用。泥浆比重小于1.1克每立方厘米,黏度系数为35~50秒,含砂率不大于3.2%。高质量泥浆有助于提高混凝土防渗墙整体性。

图5-2-3 抓斗开挖槽孔

2. 混凝土浇筑

槽孔开挖后,经检查合格,可进行混凝土施工。混凝土施工采用导管进行水下混凝土浇筑。

因主坝防渗墙混凝土强度较高,进行Ⅱ序槽孔造孔时困难,经参建各方研究,混凝土防渗墙二期工程接头采用了"横向槽孔回填塑性混凝土保护下平板式接头"施工工艺,防渗墙整体质量和防渗效果更可靠,施工效率大幅提高。横向槽孔布置及接头处理见图5-2-4。

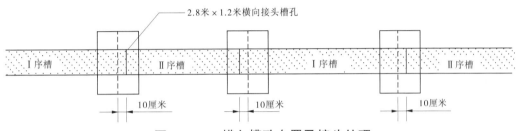

图5-2-4　横向槽孔布置及接头处理

横向槽孔布置及接头处理主要工艺为:

(1)在Ⅰ序槽孔和Ⅱ序槽孔接头位置预先开挖一条横向接头槽孔,尺寸为2.8米×1.2米。接头槽孔中浇筑塑性混凝土,塑性混凝土28天强度为2~4兆帕。

(2)Ⅰ序槽孔施工时,超过横向接头槽孔中心线(Ⅰ、Ⅱ序槽孔接头位置)10厘米。

(3)Ⅱ序槽孔开挖时,将Ⅰ序槽孔超浇的10厘米混凝土用双轮铣自上而下铣掉,形成一个竖向新鲜混凝土毛面,以便Ⅰ、Ⅱ序槽孔结合部位混凝土密实。

(4)槽孔施工中,横向接头是强度较低的塑性混凝土,可与砂卵砾石覆盖层一起用抓斗开挖。未挖除部分对接头起防渗保护作用。

3. 质量检查

槽孔混凝土完成后进行钻孔取芯检查和压水试验。检查结果显示,混凝土芯完整,混凝土芯获得率达97%以上。芯样表明,墙体混凝土坚硬、密实、完整,未见夹泥现象。压水试验22段,透水率最大为2.42吕荣;混凝土28天期的抗压强度最大为49.3兆帕,平均为45兆帕。混凝土强度及防渗满足设计要求。

主坝防渗墙二期工程槽孔部分长151米,成墙面积5 176.8平方米。1997年12月开始槽孔开挖,1998年3月完成混凝土浇筑。

(二)上游围堰防渗墙二期工程

上游围堰防渗墙分两期施工,右岸滩地部分防渗墙为一期工程,墙体为素混凝土,由国内承包商在前期工程中完成;二期工程包括河床段防渗墙及一期防渗墙加高。

上游围堰防渗墙二期工程施工采用高压旋喷灌浆工艺,施工在截流后枯水围堰堰顶进行。右岸滩地部分轴线长 167.49 米,从已建成的塑性混凝土防渗墙顶 130 米高程加高至 150 米高程;河床段及左岸部分长 233.28 米,从枯水围堰堰顶 152 米高程旋喷灌浆至砂砾石底部基岩。施工历时 8 个月,形成截水面积 9 913.68 平方米。

为确保高压旋喷灌浆施工质量,施工前承包商进行了现场试验。试验分单桩试验和围井试验两部分,在上游围堰防渗墙附近地质条件相同部位进行。首先进行单桩试验,承包商施喷了 4 个单桩,桩深 10 米。通过单桩试验选定浆液配比和灌浆参数,检验了设备性能、施工工艺和人员配置。根据单桩试验情况进行围井试验,围井试验的目的是检查帷幕连续性和桩间的衔接情况,检验浆液参数和指标,检验高喷参数和工艺,检验单排桩渗透系数。试验表明,原地层渗透系数平均为 2.81×10^{-3} 厘米每秒,围井内渗透系数在 $1.41 \times 10^{-5} \sim 8.34 \times 10^{-6}$ 厘米每秒,比原地层渗透系数减小 2~3 个数量级,灌浆防渗效果明显。

高压旋喷灌浆采用 3 序孔逐级加密的施工方法,防渗墙底部深入基岩 0.5 米。高压旋喷灌浆主要施工工序有钻孔和灌浆。钻孔采用回旋冲击钻;旋喷灌浆采用双重管法,浆气同轴,浆液从喷嘴喷出后,在环绕压缩空气保护下,对周围地层进行搅动、破碎和胶结,形成固体桩。施工过程中,承包商和监理工程师对孔位、孔斜、孔深、浆液指标等技术参数进行检查。对孔斜率大于 1.1% 的 11 个孔,旋喷时降低喷嘴提升速度,并增加 2 个加密桩,保证墙体连续性。

五、主坝施工

主坝施工主要包括坝料准备和填筑碾压。

(一)坝料准备

小浪底大坝填筑材料品种多,按材料性质划分主要有防渗料、反滤料、过渡料和堆石料。根据施工规划,坝料准备工作主要有防渗料开采加工、反滤料和过渡料开采加工、堆石料开采和堆渣场回采。料场开采前,须对周边排水系统进行规划,尽量保持原区域排水流向,保护原有排水设施并定期清理。

1.防渗料开采加工

小浪底主坝填筑防渗材料有心墙1区土料、上下游围堰1B区土料和1A区高塑性土料、5区混合不透水料。坝料开采前,须对料场表层土进行剥离清除,并堆存到指定场地,便于后期农田复耕。

(1)心墙1区土料开采。主坝心墙1区黏土取自寺院坡土料场。寺院坡土料场位于黄河南岸,包括石门沟、寺院坡、李家坡、艮沟、后苇园、前苇园等料场,勘探储量2 640万立方米,以中、重粉质壤土为主,上坝平均运距6.5千米。

土料开挖前,在料场各区域开挖探坑取样,一是通过探坑了解土层分布情况,便于分区开挖控制;二是进行取样试验,获得各土层或混合土现场控制指标。根据土层分布情况,选用适当的开挖方式。均匀土层区域,采用反铲立采,开采厚度为6~8米;不均匀土层区域,采用平采和立采相结合的开挖方式,由推土机和反铲配合开采(见图5-2-5)。

图5-2-5　防渗土料开采

1区土料部分来自石门沟料场,主坝堆石料也从石门沟料场开采。根据主坝填筑进度安排,先进行石门沟料场上部土料开采,剥离土料后才能进行石料开采。1995年开始进行石门沟土料开采。料场表土堆存在指定区域,用于后期复耕;弃料堆存在弃渣场;当时主坝还不具备填筑条件,开挖土料临时堆存在李家坡,具备条件时倒运上坝。1996年4月,大坝具备填筑条件,挖运土料可直接上坝,不再进行倒运。土料开采采用推土机集料、装载机装料、自卸汽车运输,或反铲开挖装料、自卸汽车运输。

(2)上下游围堰1B区土料开采。截流前上游围堰1B区防渗土料取自坝址上游小浪底、大西沟和小西沟土料场。1B区防渗土料开采和运输方式与1区土料基本相同。1995年9月小浪底土料场开采工作开始,1996年10月上游围堰右岸部分填至185米高程,该料场暂停开采。小浪底土料场1B区土料天然含水量偏高,需在料场进行晾晒,调节含水量。

截流过程中,因上游枯水围堰水下部分和下游围堰填筑、闭气等工作需要,1997年10月恢复小浪底土料场开采。截流后,1B区土料主要来自石门沟、艮沟和后苇园料场。

(3)1A区高塑性土料开采。为适应结构变形,在主坝心墙基础混凝土面和防渗墙顶部一定范围设置了1A区高塑性防渗土料。主坝左岸山坡"驼峰形"地段原设计为1区防渗料,后变更为1A区高塑性防渗土料。1A区高塑性防渗土料取自会瀍沟土料场,会瀍沟土料场位于马屯西,1号公路从料场中间穿过。为提高设备利用率并方便土料含水量调节,承包商先把土料开采后运到李家坡土料场临时堆存。经试验,李家坡土料场土料质量满足高塑性防渗土料技术标准,2000年初承包商开始开采李家坡土料场土料。

(4)5区混合不透水料加工。5区混合不透水料填筑在主坝内铺盖部位,材料由防渗土料和碎石、砂按一定比例混合而成。防渗土料为1区土料,碎石和砂来自马粪滩砂石料加工厂。经现场试验,实际施工中采用"三明治"法进行拌制:紧靠上游枯水围堰分层摊铺碎石、砂、土,堆成高度为6米的长方形土体,用反铲混合,装车时再拌和一次。试验检测显示,混合料级配符合设计要求。

2.反滤料和过渡料开采加工

主坝填筑所需反滤料(2A、2B、2C区)、过渡料(3区)、混合不透水料(5区)中骨料均在马粪滩砂石料加工厂生产,混凝土骨料和公路养护材料也在此生产,毛料来自马粪滩砂石料场。

马粪滩砂石料加工厂布置在右岸东河清马粪滩,占地面积5.1万平方米。加工系统分为反滤料加工系统和过渡料加工系统。两个系统均按筛分、破碎、制砂工艺流程布置。进料口设在马粪滩砂石料场一侧,成品料出料口在上坝方向一侧。砂石料加工系统设3个计算机控制室,分别控制过渡料生产、反滤料生产和反滤料掺配,互相独立运行。加工系统除钢结构和非标设备外,其他设备从国外采购。

加工所需毛料来自马粪滩砂石料场,马粪滩砂石料场高程135~137米,面积100万平方米,料层厚度5~15米,勘探储量766万立方米。因地下水丰富,毛料开采过程中,在开采坑内布设排水沟渠和集水坑,安装潜水泵,降低坑内水位。毛料采挖采用反铲装车,自卸车运输。

原计划3区过渡料在石门沟料场开采,因马粪滩砂石料天然级配中粗颗粒偏高,粒径大于80毫米的占比达48%,而生产反滤料和混凝土骨料等最大颗粒粒径不超过80毫米,承包商建议在马粪滩用超径石加工生产过渡料,代替在石门沟料场爆破生产。经加工试验,监理工程师批准了承包商的建议。

根据Ⅰ标工程施工目标进度计划,测算马粪滩砂石料加工厂生产反滤料能力为500吨每小时,过渡料生产能力为1 100吨每小时,总生产能力为1 600吨每小时。

1995年10月,马粪滩砂石料加工厂投产运行,至砂石料加工生产完成,累计生产反滤料606万吨、3区过渡料526.7万吨、混凝土骨料160万吨、5区混合不透水料中骨料44.5万吨。

3. 堆石料开采

堆石料主要有坝壳料、护坡料和8区压戗石渣。坝壳料中4A和4B区料,护坡料中6A、6B区和7区料来自石门沟料场。1999年起大坝填筑4C和8区石料也来自石门沟料场。6A、6B、7区石料爆破后需经筛分,符合粒径要求才可上坝。石门沟料场开采情况见表5-2-4。

石门沟料场位于黄河南岸2号公路旁。料场南北长1千米、东西宽0.5千米,岩石顶部黄土覆盖层厚10~30米,地下水位以上勘探储量3 700万立方米,为计划开采量的1.4倍。

黄土层剥离后,开始进行石料开采。石料开采采用钻爆法进行台阶作业,开挖高程范围为280~380米。料场开采分10个台阶,每个台阶高10米、宽45~50米、长400~800米。装载机和液压正铲装车,自卸车运输上坝。

石门沟料场于1995年9月开始开采,2000年6月完成开采任务。

4. 堆渣场回采

小浪底主体工程3个国际标设计开挖总量3 427万立方米,其中石方开挖

表 5-2-4　石门沟料场开采情况

料种	时段(年-月)	填筑方量(立方米)
4A 区	1995-09—2000-06	13 360 474
4B 区	1996-01—2000-06	11 092 977
4C 区	1999-05—1999-10	922 825
6A 区	1997-03—2000-06	513 120
6B 区	1996-10—2000-06	330 700
7 区	1996-05—1998-04	45 106
8 区	1999-08—2000-05	1 777 033
总计	1995-09—2000-06	28 042 235

1 590 万立方米。施工规划考虑将进水口、导流洞、地下厂房等部位开挖质量较好的石渣堆存在指定料场,由Ⅰ标承包商回采用于大坝填筑。回采石料主要用于 4C 区和 8 区填筑。实际施工中从东河清堆渣场、西河清堆渣场、桥沟河口堆渣场、桥沟河桥堆渣场回采石料用于主坝 4C 区填筑;从东河清堆渣场、西河清堆渣场、槐树庄堆渣场回采石料用于压戗区 8 区填筑。坝基部分开挖石料结合坝体填筑直接上坝。

(二)填筑碾压

坝体填筑工作主要有坝料水分调节、运输、现场摊铺、碾压、施工缝处理、质量检测等施工过程。坝体填筑前进行碾压试验确定施工参数。主坝填筑碾压参数及试验检测见表 5-2-5。

表 5-2-5　主坝填筑碾压参数及试验检测

料区		1	1A	1B	2A	2B	2C	3	4A	4B	4C	5	8	9
试验方法		灌砂			灌水									
碾压设备		17 吨凸块振动碾			17 吨光面振动碾									
碾压参数	填筑层厚(厘米)	25	25	25	25	25	25	50	100	100	100	25	100	80
	碾压遍数	6	1~2	6	2	2	2	4	6	6	6	4	4	8
	频率(赫兹)	21.7												

1.防渗料填筑

主坝防渗料填筑区域有心墙 1 区、心墙内防渗墙顶 1A 区、上下游围堰斜墙 1B 区、内铺盖 5 区和上游铺盖 10 区。

防渗料填筑工作主要包括水分调节、运输、现场铺料、压实、特殊部位处理、冬雨季施工措施等。主要施工工艺流程为:65 吨(或 36 吨)自卸车运输上坝→CAT-D8N 推土机平料→CAT-14G 平地机配合耙松、平整→必要时 23 吨 IVECO 洒水车配合洒水→17 吨自行式凸块振动碾压实→质量检测。

(1)水分调节。1 区和 1A 区料场土料天然含水量接近最优含水量,无须在料场进行水分调节,可直接开采上坝。小浪底 1B 区土料场土料含水率较低,开采上坝前需进行水分调节。5 区混合料是由土料和级配良好的砂砾石配制而成的,试验表明其最优含水率为 8% ~ 10%。马粪滩加工厂生产的砂砾石料含水率偏高,先堆料降低含水率,再运到指定场地与 1 区土料掺和。

(2)运输及现场铺料。采用自卸汽车配合反铲运料上坝。铺料前检查已压实层表面含水率和刨毛情况。采用进占法铺料,重型推土机摊铺。采用钢钎、尺量和目测等方法控制摊铺厚度,辅以平地机翻松平整表面。铺料厚度不超过 30 厘米,压实后厚度 25 厘米。主坝填筑施工见图 5-2-6。

图 5-2-6　主坝填筑施工

(3)压实。振动碾平行于坝轴线方向进行碾压,按规定的遍数、行走速度进行连续碾压,以保证填筑层各部位压实度达到要求。采用 17 吨自行凸块振动碾进行压实。在心墙区截水槽内或边坡附近等特殊部位,碾压工作有特殊处理措施。

(4)特殊部位处理。特殊部位是指振动碾无法到达,需要专门设备进行压实的部位。这些部位主要有建筑物附近、基础局部填方部位、陡峭和不规则边坡、观测仪器槽。特殊部位填筑工作主要有混凝土基础面清理、洒水湿润、刷泥浆、已压实面刨毛、铺料、蛙夯击实和质量检测。为保证特殊部位压实质量,填筑前进行专项压实试验。

(5)冬季施工措施。冬季施工时,料场作业优先考虑在向阳、背风处取土,开采前清除表面冻土,装车时土料温度不低于 0 ℃;现场填筑控制土料含水量在规范允许范围内;冻土层须进行处理,含水量合适无风干的冻土,迅速翻耙、整平,用凸块碾击碎后,再快速铺料;为保证层间结合良好,压实后对表面风干土进行洒水湿润;缩小作业面,每 40～60 米为一碾压段;下雪停工复工前将坝面积雪、不合格土层清理干净。

(6)雨季施工措施。防渗料雨季填筑采取的主要施工措施有:心墙区每层填筑面略向上游倾斜,便于排水;大雨来临前,用光面碾将表层压成光滑面,以利排水。雨后迅速组织低洼处排水工作;填筑表面未达到规定含水量时,暂不进行土料填筑;恢复填筑前,清除不合格湿料,表面用平地机刨毛。

2. 反滤料和过渡料填筑

反滤料(2A、2B、2C)和 3 区过渡料施工的关键环节是防止材料分离、控制料界偏差。反滤料从马粪滩砂石料加工厂装运上坝,填筑层一般厚 25 厘米,采用德国电子全站测距仪及微机测量放线控制反滤料边界,采用 17 吨自行式平面振动碾碾压,与防渗土料、3 区过渡料及不同反滤料保持平层填筑,跨缝碾压。

3. 堆石料填筑

堆石料填筑流水作业主要工序为:65 吨自卸汽车运输上坝→CAT-D9N 推土机平料→17 吨自行式光面振动碾压实。铺料作业采用进占法。

合同技术规范未明确要求堆石料碾压施工中是否加水,而《碾压式土石坝施工技术规范》(SDJ 213—83)明确要求碾压施工中加水。根据监理工程师意见,承包商在现场进行了加水碾压和不加水碾压对比试验,结果表明两种施工工艺对压实质量影响甚微,实际施工过程中采用了不加水施工技术。

4.护坡施工

小浪底主坝护坡厚度为垂直坡面方向上 1.0~2.0 米。护坡用大块石堆成,无须碾压。护坡填筑随堆石料填筑进行,堆石料填高 2.0~3.0 米后开始填筑护坡,自卸车上料,液压反铲铺料并沿垂直坡面方向拍打压实,保证坡面平整。

主坝填筑工程量见表 5-2-6。

表 5-2-6 主坝填筑工程量 （单位:立方米）

料区	1995 年	1996 年	1997 年	1998 年	1999 年	2000 年	小计
1	0	830 133	1 525 686	1 655 384	3 029 536	710 829	7 751 568
1A	0	2 386	0	9 294	0	20 917	32 597
1B	0	613 827	359 884	465 934	0	0	1 439 645
2A	0	68 567	124 997	132 435	352 719	139 799	818 517
2B	0	48 735	78 329	88 432	235 225	111 641	562 362
2C	0	244 904	180 940	277 367	260 347	181 937	1 145 495
3	22 000	431 500	378 687	887 324	913 861	275 882	2 909 254
4A	425 400	1 538 228	3 518 007	1 689 234	5 359 702	829 903	13 360 474
4B	0	1 685 221	1 704 256	3 930 915	2 856 462	916 123	11 092 977
4C	0	326 427	281 633	1 454 742	2 275 276	0	4 338 078
5	0	149 095	61 634	232 696	86 975	0	530 400
6A	0	0	77 508	3 153	230 816	201 643	513 120
6B	0	6 470	20 215	68 660	121 036	114 319	330 700
7	0	16 243	0	28 863	0	0	45 106
8	336 480	1 223 071	776 317	472 303	669 251	1 107 782	4 585 204
9	26 000	21 068	230 259	58 175	0	0	335 502
10	837 500	34 740	37 309	0	0	0	909 549
合计	1 647 380	7 240 615	9 355 661	11 454 911	16 391 206	4 610 775	50 700 548

1995 年 4 月 22 日,开始进行主坝坝体填筑作业,2000 年 6 月 26 日主坝填筑完成,总填筑量为 5 070 万立方米。1998 年 7 月至 2000 年 6 月,是主坝填筑施工高峰期,完成填筑 2 685 万立方米,主坝升高 152 米,月平均填筑强度 112

万立方米,平均月升高 6.33 米。主坝最高填筑强度发生在 1999 年,当年完成填筑 1 639 万立方米,其中 1999 年 3 月填筑 158 万立方米,1999 年 1 月 22 日填筑 6.7 万立方米。

六、安全监测仪器埋设安装

安全监测仪器安装工作包括监测仪器埋设安装和施工期安全监测。

(一) 监测仪器埋设安装

主坝监测仪器主要布置在 3 个有代表性横断面和 2 个纵断面上,包括变形监测、渗流监测和应力应变监测。监测仪器主要由 Ⅰ 标承包商埋设安装,部分仪器由国内承包商在前期工程施工中安装。

根据坝体填筑施工进度,承包商提交年度监测仪器埋设计划。监理工程师批准后,承包商按批准的型号、规格和数量采购监测仪器。

监测仪器安装前须进行率定,仪器率定工作由水利部基本建设工程质量检测中心和南京水科院试验中心完成。率定不合标准的仪器返回厂家调换或修复。监测仪器安装与埋设严格按技术规范、工作手册和仪器说明书进行。

Ⅰ 标监测仪器埋设安装随坝体填筑进行,大致分 4 个阶段。

第一阶段是 Ⅰ 标工程开工至截流前(1995 年 12 月至 1997 年 10 月),主要工作是在大坝基础部位安装了部分渗压计、堤应变计和测斜管,并在右岸修建了监测终端站。

第二阶段是截流至 1998 年汛前(1997 年 11 月至 1998 年 6 月),主要工作是在主坝基础及坝体内安装部分渗压计、堤应变计和测斜管,在防渗墙加高部分安装混凝土应变计、钢筋计、倾角计和土压力计,在右坝肩安装测压管。

第三阶段是 1998 年汛期至水库蓄水前(1998 年 7 月至 1999 年 10 月),主要工作是在坝体内安装部分渗压计、堤应变计、土压力计、沉降计、界面变位计和测斜管。

第四阶段是水库下闸蓄水至工程完工,主要工作是在坝体内安装部分渗压计、堤应变计、沉降计和界面变位计,完成外部变形监测标点和监测终端站建设。

主体工程施工期间,承包商安装埋设监测议器有:内观方面埋设 183 支渗压计、11 支测压管、18 支测斜管、23 支沉降计、138 支堤应变计、11 支界面变位

计、50 支土压力计、6 支钢筋计、6 支混凝土应变计、2 支无应力计、3 支倾角计,
共 451 支监测仪器;外部变形监测方面,在主坝上、下游设置 8 条观测视准线,
埋设 153 个监测标点;另外,还设置 9 个量水堰和 16 个终端站。

(二)施工期安全监测

监测仪器安装后,承包商开展了施工期监测数据的读取、整理和初步分析
工作,并在工程验收时,一并把这些资料移交给业主。施工期变形及渗透监测
数据显示主坝是稳定的,防渗墙工作正常。水库蓄水初期坝基、左右岸渗流量
较大,经帷幕补强灌浆处理,渗漏量明显下降。

第三节 泄洪排沙系统

泄洪排沙系统(Ⅱ标)属国际标,由以德国旭普林公司(Züblin)为责任方的
中德意联营体(CGIC)承建。1994 年 6 月 30 日,总监理工程师发布Ⅱ标工程开
工令,合同规定完工日期为 2001 年 6 月 30 日,实际完工日期为 2001 年 3 月 15
日,工期提前 3.5 个月。

1997 年 10 月以前,主要进行进水口区、进水塔、导流洞和出水口区消力塘
工程施工;1997 年 10 月小浪底工程截流后至 1999 年 10 月主要进行进水塔、排
沙洞混凝土、1 号导流洞改建和金属结构安装等;1999 年 11 月至 2001 年 3 月,
主要进行金属结构安装、2 号和 3 号孔板洞改建、明流洞和溢洪道施工。

泄洪排沙系统工程量大、建筑物结构复杂、施工强度高,多为地下工程,施
工过程中遇到导流洞塌方等问题,致工期延后。采用引进中国成建制水电施工
队伍等多项措施,实现按期截流,在进度、质量、安全等方面达到合同目标。Ⅱ
标承包商完成的主要工程量有:土石方开挖 1 814.9 万立方米,混凝土浇筑
243.6 万立方米,钢筋制作安装 10.5 万吨,喷混凝土 4.4 万立方米。

一、施工组织

Ⅱ标合同计划工期 7 年,合同规定有 13 个中间完工日期,主要进度目标是
1997 年截流准备、1999 年汛后下闸蓄水。

泄洪排沙系统建筑物位于左岸风雨沟与葱沟之间的单薄山体中,主要建筑
物有进水塔、3 条导流洞、3 条孔板洞(由导流洞改建而成)、3 条排沙洞、3 条明

流洞、1 条正常溢洪道、1 条灌溉洞和 1 座消力塘。工程所在区域主要断层有 F_{28}、F_{236}、F_{238}、F_{240}、F_{241}。其中，F_{28} 断层大致呈南北走向，对进水口部位建筑物施工有较大影响；其他断层基本呈东西走向，对洞群系统和出水口边坡开挖支护有较大影响。

（一）施工范围

Ⅱ标工程施工范围主要包括骨料开采及混凝土拌和，进水口工程，进水塔工程，导流洞、孔板洞、排沙洞、明流洞、溢洪道、出水口工程，金属结构安装和安全监测仪器埋设安装。灌溉洞工程施工在本章其他节中叙述。

根据合同安排，Ⅱ标承包商还须向Ⅲ标承包商提供混凝土骨料，负责发电洞前 50 米和灌溉洞前 150 米开挖及支护工作，以及尾水部分工程开挖支护和混凝土浇筑工作。

（二）建筑物特性

泄洪排沙系统建筑物特性见表 5-3-1。

（三）施工布置

1. 外线公路

外来物资经右岸 1 号公路和左岸 10 号公路进场。10 号公路东连留庄铁路转运站，西与 9 号场内干线公路连接。

2. 场内公路

经 2 号公路、4 号公路、黄河大桥和 6 号、7 号、8 号、9 号场内干线公路，可达泄洪排沙系统进水口、出水口、导流洞 1 号和 2 号施工支洞、连地砂石场、堆料场和弃渣场。

3. 施工用水

业主在左岸修建洞群供水系统和蓼坞供水系统，满足施工和生活用水需求。

4. 施工用电

通过业主建设的蓼坞、连地 35 千伏变电站取电。

5. 办公区

由业主提供场地，承包商自行建设和管理办公设施。Ⅱ标承包商主办公区位于 7 号公路以北东山脚下，占地约 39 000 平方米。办公设施主要有主办公楼、仓库、车库、卫生所、资料室和分包商办公室。

6.蓼坞工作区

蓼坞工作区是Ⅱ标工程一个主要施工辅助设施区,南邻黄河、西靠桥沟河口,与办公区隔7号公路相对。主要建设设施有下游混凝土拌和站、实验室、混凝土构件预制厂、木工厂、钢筋加工厂、机修车间、电工车间和设备场,占地面积13.6万平方米。

表 5-3-1 泄洪排沙系统建筑物特性

类别	项目	特性及尺寸
孔板洞	型式	3 级孔板消能
	条数	3
	直径(米)	14.50
	长度(米)	1 134(1 号)、1 121(2 号)、1 121(3 号)
	进口底坎高程(米)	175
明流洞	条数	3
	断面尺寸(宽×高)(米)	10.5×13(1 号)、10×12(2 号)、10×11.5(3 号)
	长度(米)	1 093(1 号)、1 079(2 号)、1 077(3 号)
	进口底坎高程(米)	195(1 号)、209(2 号)、225(3 号)
排沙洞	型式	后张拉预应力钢筋混凝土衬砌压力洞
	条数	3
	直径(米)	6.5
	长度(米)	1 105(1 号)、1 105(2 号)、1 105(3 号)
	进口底坎高程(米)	175
灌溉洞	型式/数量	压力洞/1
	直径(米)/洞长(米)	3.5/870
	进口底坎高程(米)	223
正常溢洪道	型式	陡坡式
	堰顶高程(米)	258
	净宽(米)	3×11.5(3 孔,单宽 11.5 米)
消力塘	型式	钢筋混凝土 2 级消力塘
	一级消力池规模(长×宽×深)(米)	(140~160)×319×28
	二级消力池规模(长×宽×深)(米)	35×354×15
	护坦规模(长×宽)(米)	82×360

下游混凝土拌和站在蓼坞工作区靠近7号公路,主要为消力塘、尾水导墙、

正常溢洪道下游部分,以及Ⅱ标洞群系统供应混凝土。

木工厂主要为工程制作模板,占地面积37 000平方米。机修车间是Ⅱ标施工设备维护、保养和修理场所,包括汽车修理车间、电器维修车间、水泵和混凝土泵维修车间、焊接车间、电机维修车间等。

7. 生活营地

生活营地包括承包商外籍人员营地和中方雇员营地。

外籍人员营地布置在桥沟西一区,业主提供场地,承包商自行建设并运行管理。

中方雇员营地包括东山营地、桐树岭营地和连地营地。中方雇员营地由业主组织建设,承包商负责运行管理。东山营地在东山台地上,建筑面积10 327平方米,供联营体中国水利水电第七工程局和部分外聘中国劳务人员居住;桐树岭营地位于风雨沟西北侧桐树岭台地,建筑面积8 076平方米,主要供联营体中国水利水电第十一工程局施工人员居住;连地营地位于连地村东侧、连地砂石料场附近,建筑面积5 531平方米,主要供砂石料场工作人员和部分外聘劳务人员居住。

8. 砂石料场

Ⅱ标连地砂石料场位于黄河左岸,在坝址下游10千米处连地村滩地,与10号公路连接,由连地滩和西滩两个砂石料骨料开采场组成。承包商在此建有连地砂石加工厂。

9. 渣场

渣场包括堆料场和弃渣场,其中,堆料场为Ⅱ标承包商开挖的石渣临时堆放,后期由Ⅰ标承包商回采上坝。

堆料场有桥沟口堆料场、东河清堆料场和槐树庄堆料场。桥沟口堆料场在7号公路附近,存放导流洞和进口部位开挖料,用于主坝4C区填筑,堆料高程135~160米。桥沟口堆料场至导流洞运距1.1千米,至进水口部位运距2千米;东河清堆料场位于右岸东河清,为主坝4C料堆存场地,存放进水口部位开挖料,堆料高程130~150米,运距6千米;槐树庄堆料场在黄河公路桥左岸下游2千米9号路南侧,为主坝8区料堆料场,主要堆放出水口部位、排沙洞和明流洞开挖料。

弃渣场主要有小南庄弃渣场和上岭弃渣场。小南庄弃渣场位于进水塔西北,主要堆存出水口部位、尾水部位和溢洪道开挖的不分类料,堆渣高程200～292米,由6号公路与场内干线公路连接。小南庄弃渣场部分场地平整后作为Ⅱ标施工设备、金属结构组装和存放的临时场地;上岭弃渣场位于风雨沟北端,堆存进水口部位和灌溉洞开挖的不分类料,堆渣高程150～230米,经6号公路与场内干线公路连接。

二、骨料开采和混凝土拌和

泄洪排沙系统工程和引水发电系统工程混凝土骨料均来自连地骨料加工厂。此外,喷混凝土、灌浆和公路养护等所需砂石料也在连地骨料加工厂生产。Ⅱ标承包商在进水口和出水口附近修建2个混凝土拌和站。

(一)混凝土骨料开采加工

连地骨料加工厂位于坝址左岸下游连地村黄河滩地,距坝址约10千米,经10号公路和9号公路与场内公路网相连。骨料加工厂占地面积46万平方米。

1.毛料开采

骨料加工厂毛料来自连地滩砂石料场。连地滩砂石料场东西长约2.5千米,南北宽约1千米,面积230万平方米。滩面高程130～133米,覆盖层厚0.5～2.8米,有效开采层厚15米,储量2 400万立方米。

在料场周围修筑防洪堤进行封闭,可全年进行开采作业。料场分7个开采区,优先选择天然级配较好、距加工厂较近的4个区进行开采。推土机清除覆盖层,然后分层开采,每层开挖深度2.5米。液压挖掘机配合自卸汽车运输毛料至加工厂。干料直接卸入加工系统受料仓,含水量偏大的毛料在料堆场进行脱水。

毛料开采作业从1995年6月开始进行,1999年1月完成,共开采毛料424.83万立方米。

2.骨料加工

连地滩砂石料场不同部位颗粒粒径天然级配存在差异,料源中普遍缺少粗砂,天然砂细度模数为1.7,洗后为1.9左右,需用人工制砂补充。天然级配中卵石粗颗粒较多,经计算约有40%卵石破碎加工后可供利用。

连地骨料加工厂由意大利罗罗帕里尼公司设计并提供主要设备。骨料加工厂可生产规范要求的7种材料,粒径范围分别为0.074～2毫米、2～5毫米、5～10

毫米、5~19毫米、19~38毫米、38~63毫米、63~150毫米。加工厂设计生产能力为26万吨每月。骨料加工厂主要技术指标见表5-3-2。

表5-3-2 骨料加工厂主要技术指标

序号	项目	单位	数量	备注
1	开采能力	吨每小时	大于700	
2	受料站能力		大于700	
3	成品生产能力	万吨每月	26	成品砂9万吨每月
4	毛料堆容量	万立方米	100	
5	成品料堆容量		7.2	13天使用量
6	生产供水	立方米每小时	1 500	
7	装机容量	千瓦	2 864	

1995年2月28日,骨料加工厂开始建设,同年9月试运行,经过系统增容改造,1996年1月正式投产。1999年6月完成骨料加工生产任务。

(二)混凝土拌和

泄洪排沙系统混凝土总量243.55万立方米。Ⅱ标承包商在洞群系统上下游各修建1个混凝土拌和站。上游混凝土拌和站位于进水口风雨沟左侧210米高程平台上,距进水塔北侧直线距离200米;下游混凝土拌和站位于原蓼坞村,距出水口消力塘下游200米。拌和站采用美国约翰逊型(Johnson)设备。为适应工程需要,拌和站配置了制冷和加热系统。

1.混凝土拌和站设计

上游混凝土拌和站主要为进水塔、引水导墙、灌溉洞和正常溢洪道上游部分供应混凝土。设计生产能力为常温常态混凝土200立方米每小时、6.5万立方米每月,低温常态混凝土100立方米每小时、3.4万立方米每月。

下游混凝土拌和系统主要为消力塘、尾水导墙、正常溢洪道下游部分、导流洞、排沙洞和明流洞等部位供应混凝土。生产能力为常温常态混凝土200立方米每小时、6.5万立方米每月,低温常态混凝土140立方米每小时、5.6万立方米每月。

2.拌和站安装及生产

两个混凝土拌和站设备基本相同,主要包括自动化控制系统、拌和系统、冷却系统、原材料储存衡量系统、原材料输送系统、硅粉浆制备系统和维修站。

1995年6月,上游混凝土拌和站开始设备安装,1996年2月进行调试和试运行。同年3月28日投产,1999年7月完工停产。

1995年6月,下游混凝土拌和站开始设备安装,10月进行调试和试运行。1996年1月正式投产,2000年7月完工停产。

3. 生产工艺

成品骨料由料堆下的廊道取料。粗骨料(粒径5~19毫米、19~38毫米、38~63毫米、63~150毫米)经过冲洗、脱水、二次筛分后堆存在配料楼骨料仓内,细骨料(粒径0~2毫米、2~5毫米)经胶带机直接上楼储存在配料楼粗细砂仓内。仓内骨料称量后运至拌和站混合水泥、粉煤灰、水、冰、外加剂进行拌和。

4. 制冷和加热系统

拌和站配有制冷系统和加热系统。制冷系统主要有水冷系统、风冷系统和加冰系统。水冷系统流量为1.9升每秒,冷水水温为4.5 ℃。上游拌和站制冷容量186万千卡每小时,下游拌和站制冷容量262万千卡每小时。拌和站配有制冰设备,上游拌和站每天产冰123吨,下游拌和站每天产冰163吨。

三、进水口工程

进水口工程施工内容主要包括边坡开挖支护和引水渠。进水口边坡开挖支护分两期施工。一期工程在前期工程中由国内承包商完成,主要完成边坡250米高程以上开挖及支护工作。二期工程由Ⅱ标承包商实施,主要完成边坡250米高程以下部分开挖和支护,并相机完成洞群系统进口段开挖与支护工作。引水渠开挖及支护工作随进水口边坡开挖进行,混凝土浇筑采用常规施工方法。

(一) 边坡开挖

开工初期,Ⅱ标承包商大型设备还未进场。Ⅱ标承包商将230~250米高程边坡开挖及支护工作分包给中国承包商。

Ⅱ标承包商设备进场后,开始进行230米高程以下开挖和支护工作。一是在230米高程平台上进行爆破试验,获取相关爆破参数,并在该平台上进行预裂爆破;二是在230米高程平台上自西向东、自南向北进行大规模的梯段爆破作业,大致形成175米高程和200米高程两个施工平台;三是进行175米以下边坡及基础面开挖,并相机进行 132~141.5 米高程间引水渠、引水导墙基础开挖作业。

进水口开挖包括不分类开挖和石方开挖。不分类开挖采用推土机分层剥离,装载机配合自卸汽车运往小南庄弃渣场;石方开挖采取预裂爆破和梯段爆破技术。液压钻机钻主爆破孔、缓冲孔和预裂孔,梯段爆破钻孔深度 6~9 米,采用非电毫秒雷管微差起爆。开挖石渣用液压正铲或装载机配合自卸汽车运往桥沟堆渣场。

1994 年 9 月进水口边坡二期开挖开工,1996 年 11 月完成。共完成不分类开挖 101.2 万立方米,石方开挖 315.5 万立方米。

（二）边坡支护

进水口开挖后,在进水塔后形成高 120 米、平均坡度 1:0.3 的边坡。为保持边坡稳定,在高边坡上采取了综合支护措施。进水口边坡支护部位主要包括进水塔后及两侧边坡、引水导墙边坡和引水渠边坡等。

边坡支护作业随着边坡开挖台阶下降及时实施,与本层出渣和下层钻孔作业同时进行。边坡支护工作分两期进行,一期由国内承包商实施,完成了 250 米高程以上支护工作。根据边坡一期开挖工程中揭露出的地质情况,1994 年 8 月黄委会设计院提出"进水口岩石边坡加固设计报告",对 230~250 米高程边坡提出了新的支护方案,增加了支护工程量。

进水口边坡支护二期工程主要措施有喷混凝土、安装砂浆锚杆或张拉锚杆、安装预应力锚索,局部打排水孔。

喷混凝土厚度一般为 5~10 厘米,分 2 层或 3 层进行喷射作业,喷混凝土作业优先选择湿拌法。喷混凝土料来自下游蓼坞拌和站,自卸车或混凝土搅拌车运料到施工现场。人工卸料到混凝土喷射机,操作手站在升降机平台上,自下而上进行旋喷。

锚杆直径分别为 22 毫米、28 毫米、32 毫米,长 8~12 米,孔距、排距分别为 3 米×3 米和 1.5 米×1.5 米。排水孔孔径 100 毫米、孔深 7~12 米,孔距、排距均为 3 米。锚杆和排水孔施工均采用液压钻机造孔。

210~250 米高程安装锚索为 1 000 千牛,长 30~35 米,孔距、排距均为 6 米;210 米高程以下安装锚索为 2 000 千牛,长 35~40 米,孔距、排距为 6~9 米。230 米高程以下采用双层保护自由张拉锚索。

在边坡上搭设脚手架进行高程 230~250 米锚索施工,潜孔钻钻孔。断层及破碎带等成孔困难部位采用水泥灌浆固壁。锚索加工在进水口附近加工厂进行,索体材料采用低松弛高强度钢绞线。索体由 7 根钢绞线组成,每根钢绞线直径为 15.24 毫米。锚索加工完成后送至现场进行安装、张拉。

250 米高程以下边坡共安装 600~1 000 千牛锚索 470 根、2 000 千牛锚索 108 根。锚索安装工作于 1996 年 4 月完成。

(三) 洞群系统进口段开挖与支护

洞群系统 16 条隧洞进口全部集中布置在左岸山体,隧洞进口段开挖长度为 10~50 米。根据各洞进口高程不同,边坡开挖降至各洞洞口时,即开始进行洞口段施工。

进洞前须先对洞脸周围进行喷锚支护,以防塌方。进洞段开挖采用传统钻爆法施工,液压多臂钻钻孔。明流洞、孔板洞和导流洞分 3 层开挖,灌溉洞一次开挖成型,喷锚支护及时跟进。1 号明流洞进口段地质条件复杂,岩体破碎,为保证工程安全,在明流洞顶拱部位增加了锚索。

四、进水塔工程

小浪底工程布置 10 个相对独立的进水塔,自右向左依次是 1 号明流塔、1 号孔板塔、1 号发电塔、2 号孔板塔、2 号发电塔、2 号明流塔、3 号孔板塔、3 号发电塔、3 号明流塔和灌溉塔。10 座进水塔呈"一"字形排列,彼此相连,形成长 276.4 米、宽 70 米、高 113 米的塔群。进水塔塔基高程 170~171 米、塔顶高程 283 米,塔后与进水口边坡连接部位混凝土结构顶部高程 210 米,上部填反滤料至 230 米高程。

进水塔施工主要包括基础开挖和混凝土施工。

(一) 基础开挖

进水塔基础面高程 170~171 米,边坡开挖时预留 2 米厚保护层。原计划导流洞进口段混凝土衬砌后再进行保护层开挖。1996 年 3 月,进水塔基础大面已挖至 175 米高程,因导流洞施工进度滞后,进口段混凝土还未衬砌。鉴于 2 号、3 号导流洞洞顶距进水塔塔基只有 10.4 米,为保证塔基开挖和导流洞施工安全,对塔基进行自重固结灌浆和增加锚杆加固。具体方案是在 2 号、3 号导流洞顶部 30 米范围内,布置钻孔,钻孔排距 2 米、孔深 6~12 米、倾角 60 度,在孔内进行自重固结灌浆,灌浆完成后灌入水泥浓浆,再安装锚杆。水泥浆达到设计强度后,对保护层进行开挖,开挖采用分层控制爆破技术。爆破作业时对震动进行监测,以控制爆破对周边岩体的影响。

(二)混凝土施工

原计划进水塔混凝土工程1995年10月开始施工,拟采用混凝土搅拌车运输、塔吊配合吊罐入仓浇筑方案。由于开挖支护工作滞后,进水塔混凝土浇筑实际于1996年9月开始,而完工时间不变,工期压缩近11个月。为加快施工进度,Ⅱ标承包商引进了先进的混凝土运输浇筑设备,主要有美国诺泰克混凝土系统(ROTEC)和德国多卡(DOKA)组合模板等。

诺泰克混凝土系统(ROTEC)是美国诺泰克公司生产的大型混凝土运输和浇筑设备。该系统自1968年问世后已在世界上100多个工程中应用。小浪底工程在国内率先引进ROTEC系统。ROTEC系统主要设备有塔带机和胎带机(见图5-3-1)。实际施工中,ROTEC公司负责设备安装和维修,Ⅱ标承包商租用并负责运行管理。

图5-3-1 进水塔混凝土施工中罗塔克系统的应用

进水塔混凝土施工中主要采用ROTEC系统进行混凝土运输和浇筑,安装2台塔带机,布置1台胎带机。胎带机主要用于进水塔171~180米高程基础部位及塔带机覆盖范围外混凝土浇筑。180米高程以上混凝土施工由2台塔带机分两期完成。一期施工时,塔带机安装在塔前 175 米高程平台上,浇筑 180~250 米高程的混凝土,混凝土从上游拌和站经皮带水平运至塔前,经塔带机入仓。皮带机长约 300 米,是塔带机的一部分。二期施工时,塔带机安装在塔后 230 米高程平台上,主要完成 250 米高程以上塔体混凝土浇筑。此外,塔群周围还布置有 5 台塔吊,用于钢筋、模板和其他施工材料吊运。进水塔混凝土仓号立模采用德国 DOKA 组合模板。

为使进水塔塔群大致均衡上升,混凝土浇筑按塔体高程大致分 4 个施工阶段进行。第一阶段塔体浇筑高程范围为 170~187 米,第二阶段塔体浇筑高程范围为 187~210/230 米,第三阶段浇筑高程范围为 210/230~265/270 米,第四阶段浇筑高程范围为 265/270~283 米。进水塔各施工阶段,各塔之间高差一般控制在 15 米以内,最大高差不超过 18 米;塔内不同仓号间高差一般控制在 12 米内,最大高差不超过 15 米。

进水塔结构孔洞多、体型复杂,既有大体积混凝土,又有闸墩及筒状结构。混凝土浇筑采用分层分块方式进行,根据结构形式和地质条件,在满足温控要求及浇筑设备能力前提下,尽量减少分缝分块数量,分缝避开流道及结构复杂部位,保证结构整体性。实际施工中,210 米高程以下浇筑分层厚度一般为 1.5~2 米,每仓浇筑量 300~1 000 立方米,最大仓号浇筑量 1 333.4 立方米;210 米高程以上浇筑层厚度一般为 3 米;1 号明流塔 230 米、3 号明流塔 255 米和 3 座发电塔 235 米高程以上混凝土浇筑层厚 4 米。整个塔群结构共分为 1 302 个浇筑仓。

1996 年 9 月 4 日进水塔混凝土开始施工,1997 年 10 月 26 日塔群大面达到 195 米高程,1999 年 6 月 30 日塔群大面达到 283 米高程,1999 年 8 月 9 日进水塔混凝土施工完工。

五、导流洞工程

小浪底工程设 3 条导流洞,导流洞开挖洞径 16.4~19.8 米,混凝土衬砌后洞径 14.5 米,每条洞长约 1 100 米。1 号导流洞进口高程 132 米,2 号、3 号导流洞进口高程 141.5 米。F_{238}、F_{240}、F_{241} 断层穿过 3 条导流洞,断层带规模较大,给导流洞开挖支护工作带来很大困难。

导流洞开挖分两期实施,一期工程由国内承包商实施,主要任务是完成导流洞上中导洞开挖和支护工作;二期工程由Ⅱ标承包商实施,完成剩余工作。导流洞二期工程于 1994 年 12 月开始,1997 年 9 月结束,完成石方开挖 65 万立方米、混凝土浇筑 26.7 万立方米、固结灌浆 7.1 万米。导流洞工程施工主要工作有开挖、支护和混凝土衬砌。

1995 年 4—5 月,导流洞开挖过程中多次出现塌方,滞后工期 11 个月。监理工程师、业主和Ⅱ标承包商协商,引进中国成建制水电施工队伍 OTFF,以劳务分包形式承担导流洞剩余部分开挖、支护和混凝土衬砌施工。

(一)导流洞二期开挖

利用前期工程修建的 1 号、2 号施工支洞作为导流洞开挖交通道路,通过 6 号公路等左岸交通道路连接堆渣场和弃渣场。2 条施工支洞将 3 条导流洞各分成 3 段,开挖与支护工作自施工支洞分别向上、下游进行,形成 12 个工作面。根据结构形式和地质情况,导流洞开挖分为洞身段开挖、断层带开挖和中闸室开挖。导流洞开挖施工见图 5-3-2。

图 5-3-2 导流洞开挖施工

1. 洞身段开挖

洞身段开挖分为 3 个台阶 4 个阶段进行。第Ⅰ阶段在上部中导洞基础上扩挖上半圆,第Ⅱ、Ⅲ阶段开挖腰线以下 6 米,第Ⅳ阶段开挖底部圆弧部分。

洞身段开挖采用钻爆法,周边光面爆破,出渣用装载机配合自卸汽车运往指定渣场。第Ⅰ阶段开挖采用多臂钻钻水平孔,单循环进尺 1.5~4 米;第Ⅱ、Ⅲ阶段先在中间拉槽,潜孔钻造垂直孔,单循环进尺 10 米,后开挖两边,多臂钻水平造孔,单循环进尺 2~3 米;第Ⅳ阶段开挖方法与Ⅱ、Ⅲ阶段类似。

2. 断层带开挖

导流洞开挖穿过 F_{238}、F_{240}、F_{236} 断层带,断层带附近裂隙发育,岩石破碎。为防止开挖过程中导流洞发生坍塌,断层带开挖中采用短进尺、弱爆破、强支护、勤监测等手段。循环进尺限制在 2 米内,开挖后立即进行喷锚支护。

尽管如此,导流洞开挖中仍出现多次塌方。塌方集中发生在 F_{236}、F_{238} 断层带内。规模较大的塌方有 1 号、3 号、4 号和 8 号塌方。根据监理工程师和黄委会设计院意见,承包商对这些塌方进行了处理。

(1)1 号塌方及处理。1 号塌方为顶部破碎岩体层间脱落,塌方高度 4~5 米,塌方量 208 立方米。处理方法是对塌方区及外围一定范围喷锚支护。

(2)3 号塌方及处理。3 号塌方发生在 2 号导流洞桩号 0+710~0+680 处,在 F_{238} 断层破碎带内,最大塌方高度 30 米,塌方量 2 147 立方米。处理方案是在地表钻 5 个导孔,对塌方渣体进行固结灌浆,固结灌浆后用混凝土沿导孔回填塌方空腔。洞内喷混凝土将渣体封闭,安装钢管向渣体灌浆。开挖支护自下游向上游进行,先开挖支护塌落体两侧导洞,后开挖支护顶拱部分,最后开挖中下部的渣体,并拆除两边导洞内侧的钢拱架,每进尺 1.0~1.2 米安装一榀钢拱架。

(3)4 号塌方及处理。4 号塌方发生在 1 号导流洞桩号 0+610~0+640 处,洞上部左拱肩发生塌落,未及时处理逐渐引起顶拱塌方,塌方高度 10 米,塌方量 2 636 立方米。采用喷锚支护进行处理,锚杆长 5~7 米,喷 25 厘米厚混凝土,挂双层钢筋网。

(4)8 号塌方及处理。8 号塌方发生在 1 号导流洞桩号 0+600~0+580 处,塌方高度 10 米,塌方量约 2 000 立方米。塌方空腔距地表不足 40 米,自地表钻孔至塌方空腔,用混凝土回填空腔。洞内采用全断面钢拱架支护。处理塌方前,用钢拱架对塌方前沿 5 米范围内洞身加固。开挖先从两侧进行,支护完成后,再挖除中部渣体。

3. 中闸室开挖

中闸室开挖工作主要包括闸室和竖井开挖支护。中闸室埋深 100 米左右,平面开挖尺寸 27 米×16 米,高约 22 米。施工采用水平分层钻爆,开挖石渣下落到导流洞内,经导流洞出渣。竖井深 120 米,连通闸室与地面,施工中用反井钻机钻一直径为 2 米的导井,再自上而下扩挖。

(二)导流洞支护

导流洞支护措施主要有喷混凝土、挂钢筋网、安装张拉锚杆。喷混凝土厚度 10~15 厘米,锚杆直径 25~32 毫米,孔距、排距 1.25~1.5 米,长度 5~7 米,支护范围在顶拱 240 度以内。在断层带或塌方区采用钢拱架或挂双层钢筋网、喷混凝土厚 25 厘米、管式锚杆进行支护。

(三)导流洞混凝土衬砌

导流洞混凝土衬砌包括进出口渐变段混凝土衬砌、洞身段混凝土衬砌和中闸室段混凝土衬砌。

1. 进出口渐变段混凝土衬砌

导流洞进口和出口部位为渐变段,进口部位由方形断面渐变为圆形断面,进口段长 22 米;出口部位由圆形断面渐变为城门洞形,出口段长 30 米。混凝土衬砌分段分层实施,采用 DOKA 组合模板立模,混凝土搅拌车运输,混凝土泵送入仓。

2. 洞身段混凝土衬砌

导流洞洞身段为圆形断面,3 条导流洞洞身段总长 2 869.56 米,分 251 个浇筑段,标准段长 12 米,分底拱和边顶拱两次浇筑成型。中闸室上游侧混凝土强度为 30 兆帕、下游侧为 70 兆帕。混凝土浇筑采用成套钢模台车,每套钢模台车包括底拱模板台车、顶拱钢筋台车、配电台车、顶拱模板台车和修补台车,每条导流洞布置两套钢模台车。混凝土衬砌从上游、下游方向向中间进行。混凝土运输采用 6~9 立方米混凝土搅拌车,混凝土泵送入仓。

为给后期导流洞改建孔板洞工作创造条件,承包商与参建各方紧密协作,采取多项技术措施。这些技术措施主要有:孔板环部位设计为高强度等级混凝土,考虑到后期改建拆除困难,将孔板环部位改为低强度等级混凝土和钢板联合衬砌;导流洞衬砌施工时,在混凝土内预埋钢筋连接套筒,解决了后期改建施工时钢筋焊接工作量大、混凝土凿除界限不易控制等问题;3 条导流洞投运后,2 号施工支洞不封堵,在 2 号施工支洞与导流洞交界部位安装临时钢板门,以便在导流洞改建时打开,恢复交通。

3. 中闸室段混凝土衬砌

导流洞中闸室段长 121 米,由上游渐变段、闸室段、下游渐变段组成,洞身上面为闸室。闸室段长28米、宽23.4米,底板厚2.5米,边墙厚2米,顶拱衬砌厚度1米。

中闸室段混凝土施工顺序先底板或底拱,再边墙和顶拱,最后浇筑中隔墩。采用DOKA轨道式钢结构台车和DOKA异型爬升式模板系统,两台移动式混凝土泵入仓。中闸室主体混凝土和一期金属结构埋件在截流前完成。

六、孔板洞工程

导流任务完成后,根据施工安排将导流洞改建为多级孔板消能泄洪洞(简称孔板洞)。导流洞改建工作分两期进行,第一期完成1号导流洞改建工作,第二期完成2号、3号导流洞改建工作。改建工作主要内容有:龙抬头段施工、导流洞进口段封堵、孔板环施工和中闸室段改建。1号导流洞改建自1998年10月至1999年6月,2号、3号导流洞改建自1999年11月至2000年6月。

(一)龙抬头段施工

孔板洞龙抬头段施工包括开挖、支护和混凝土衬砌。1号孔板洞龙抬头段长85.78米,进出口高差31米。根据结构特点,龙抬头段开挖包括上弯段、斜井段和下弯段3部分。施工采用钻爆法分层分区进行,全断面分6个区开挖。根据建筑物结构特点,上弯段和斜井段施工采用人工搭设脚手架、手风钻钻孔爆破,每循环进尺2米。上弯段175米高程以上采用反铲配合东风车出渣;斜井段用卷扬机牵引矿车配合农用三轮车出渣;下弯段采用多臂钻钻孔,爆破开挖,反铲配合自卸车从下游2号施工支洞出渣。支护采用喷混凝土和系统锚杆联合支护。

混凝土衬砌采取先底拱、后边顶拱的施工顺序。龙抬头段是渐变双曲面结构,无法使用钢模板进行衬砌施工,采用专门设计制作的DOKA组合木模板立模,混凝土泵送入仓。在孔板塔后增设通往导流洞的临时交通竖井,解决了中闸室以上导流洞改建的施工交通问题。

(二)导流洞进口段封堵

1号导流洞进口封堵段混凝土方量18 200立方米,沿洞轴线方向分3段施工,每段长36米,分4层进行浇筑施工。混凝土通过设在孔板塔175米高程平台处的混凝土泵入仓。

(三)孔板环施工

孔板环施工包括孔板处临时钢板拆除、高铬铸铁安装就位、混凝土衬砌等工作。孔板环采用 70 兆帕高强度等级混凝土,施工中分底拱、边拱和顶拱 3 次浇筑完成。

高铬铸铁安装在孔板环端部,高铬铸铁为单块制造,安装前先在洞外进行预组装,然后进行现场安装。铸铁块之间缝隙用环氧砂浆填充。

(四)中闸室段改建

中闸室段改建工作主要内容有:凿除边墙和中墩闸门侧轨部位导流洞衬砌和钢筋,将渐变段、闸室中墩和边墩牛腿部位混凝土凿毛,浇筑渐变段、牛腿和闸门侧轨区及底槛混凝土,安装启闭机预制平台梁和浇筑启闭机平台板。

导流洞、孔板洞纵断面见图 5-3-3。

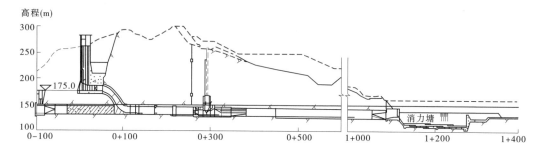

图 5-3-3　导流洞、孔板洞纵断面

七、排沙洞工程

排沙洞包括上游渐变段、上弯段、洞身段、下游渐变段、工作闸室段和明槽段。排沙洞工程自 1996 年 11 月开工,1999 年 6 月完工。排沙洞施工主要包括开挖、支护和混凝土衬砌。

(一)排沙洞开挖

排沙洞开挖直径 7.8～9.2 米,开挖工作从进口和出口两端向中间掘进。进口段开挖采用手风钻钻孔爆破,反铲配合自卸车或卷扬机拉三轮车出渣。下游洞身段采用多臂钻全断面一次爆破成型,一般钻孔深度 3.5～4 米,断层破碎带处钻孔深度 2～2.5 米。工作闸室、明槽段和挑流鼻坎部位采用分层开挖、预裂爆破技术。

排沙洞纵断面见图 5-3-4。排沙洞开挖工作于 1996 年 11 月开工,1997 年 12 月结束。完成土石方明挖 16 万立方米,石方洞挖 16 万立方米。

(二)排沙洞支护

排沙洞洞身采用素喷混凝土和系统锚杆联合支护,不良地质段增加 1～2

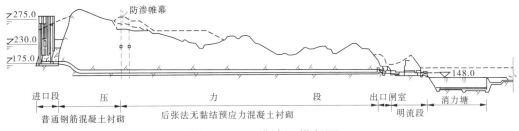

图 5-3-4　排沙洞纵断面

层网喷混凝土或增设钢支撑,系统锚杆施工困难时改用管式锚杆。

排沙洞围岩支护工作挂钢筋网 15 902 平方米,喷混凝土 3 179 立方米,安装锚杆 19 755 根,安装钢支撑 31 榀。

(三) 排沙洞混凝土衬砌

以防渗帷幕线为界,排沙洞洞身分为上游段和下游段。上游段采用普通钢筋混凝土衬砌,衬砌厚度 70 厘米;下游段采用后张法无黏结预应力混凝土衬砌,衬砌厚度 65 厘米。

排沙洞预应力混凝土衬砌原设计为有黏结方案,招标阶段承包商已有意向改变设计方案,并在合同备忘录中进行了说明。1995 年 11 月,承包商向监理工程师提交排沙洞无黏结预应力混凝土衬砌方案。

无黏结预应力混凝土在国内水利水电工程中首次采用,特别是双环形后张拉预应力混凝土衬砌应用在世界尚属首例,没有施工经验可以借鉴。为掌握施工工艺,承包商在 1 号排沙洞内进行生产性试验。采用有黏结和无黏结两种方案进行对比试验。1997 年 8 月承包商提交了对比试验测试报告。

1997 年 9 月,业主组织召开排沙洞预应力混凝土衬砌专家咨询会。会议认为:"无黏结和有黏结方案在技术上均是可行的。无黏结方案由于采用 PE 套管内充油脂的钢绞线,张拉时摩擦损失小,可采用双圈布置,预应力均匀,结构受力性能好,张拉槽数量少、施工简单、节省材料等方面均比有黏结方案优越。"世界银行特别咨询团肯定了无黏结方案的优越性。1997 年 10 月,监理工程师批准无黏结预应力混凝土方案。

无黏结预应力混凝土试验形成一套成熟的施工工艺,填补了国内预应力混凝土技术领域一项空白。无黏结方案预应力系统包括锚索、锚具、锚具槽及张拉设备。每根锚索由 8 根直径 15.7 毫米钢绞线组成,每根钢绞线由 7 股高强度低松弛钢丝组成。索体全长涂防腐油脂并由聚乙烯套管保护。钢绞线在混凝土衬砌中采用双圈布置。无黏结预应力混凝土衬砌工艺流程见图 5-3-5。

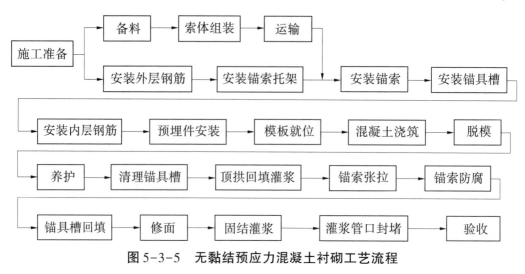

图 5-3-5　无黏结预应力混凝土衬砌工艺流程

排沙洞预应力混凝土衬砌分段进行,每段长度 12.05 米。每段安装 24 束锚索,锚索间距 0.5 米,预留锚具槽设在衬砌下半圆周两侧。

排沙洞混凝土衬砌于 1997 年 12 月 29 日开工,1999 年 5 月 25 日完工,共完成混凝土浇筑 90 425.41 立方米。

八、明流洞工程

明流洞由进口渐变段、洞身段、埋管段、泄槽段和挑流段组成。1 号、2 号和 3 号明流洞长度分别为 1 093 米、1 079 米和 1 077 米。明流洞洞身段为城门洞形,衬砌后 1 号洞断面尺寸为 13.5 米×10.5 米、2 号洞为 12 米×10 米、3 号洞为 11.5 米×10 米。明流洞施工主要工作有开挖与支护、混凝土衬砌。

(一)明流洞开挖与支护

明流洞开挖主要有洞身段开挖和泄槽段开挖。

洞身段开挖采用分层分区进行,垂直方向上分 3 层。第一层为顶拱开挖,先进行上中导洞开挖,然后两侧扩挖。隧洞贯通后依次开挖第二、第三层,洞底板预留 0.5 米厚保护层。顶拱开挖采用多臂钻钻水平孔,钻孔深 4.0 米,周边孔采用光面爆破。第二、第三层开挖采用潜孔钻垂直钻孔,每循环进尺 20～30 米。

1 号、2 号明流洞开挖过程中遇到不良地质条件。黄委会设计院对原开挖和支护方案进行调整:1 号明流洞桩号 0+318～0+540 米处 F_{236} 断层穿过,岩石破碎,洞口位置由桩号 0+318 米上移至 0+460 米,并在洞口顶部削坡减载,增加洞脸锁口锚杆,安装 78 棡钢支撑;2 号明流洞桩号 0+472.8~0+500 米处有 F_{240} 断层穿过,施工时采用小导洞、短循环、勤支护方式进行开挖。

明流洞泄槽段为明挖,采用分层开挖,周边预裂爆破,常规锚喷支护方法。

明流洞开挖和支护工作自 1996 年 6 月开始,1998 年 3 月结束。

(二)明流洞混凝土衬砌

明流洞混凝土衬砌包括洞身段衬砌和泄槽段衬砌。为提高隧洞衬砌抗冲耐磨性能,明流洞部分过流面混凝土浇筑使用 C70 高强度硅粉混凝土。C70 高强度混凝土选用洛阳和渑池生产的 525R 和 525MH 两种水泥;粉煤灰掺量 20% 左右;硅粉掺量 5%~8%,主要成分是二氧化硅,表面积大、活性高;骨料最大粒径 63 毫米;外加剂为瑞士 SIKA 公司产品;坍落度 16~18 厘米。C70 混凝土水泥用量在 350 千克每立方米以上,为满足温控要求,在混凝土拌和、运输、施工过程中采取了多项降温措施。明流洞混凝土衬砌于 1997 年 2 月开工,2000 年 6 月完工,完成混凝土浇筑 20.13 万立方米。

(1)洞身段衬砌。混凝土浇筑采用分段进行,3 条明流洞混凝土浇筑分 147 个施工段,每段长 12 米。先进行底板混凝土施工,然后进行边顶拱混凝土浇筑,边顶拱混凝土施工采用液压钢模台车浇筑。混凝土搅拌车运料,混凝土泵车供料入仓。

(2)泄槽段衬砌。明流洞泄槽段有直墙式、重力式和衡重式 3 种结构形式。泄槽段混凝土浇筑采用分段施工,3 条明流洞泄槽段混凝土浇筑分 110 段,每段长 12 米。施工中先浇筑底板混凝土,后浇筑边墙混凝土。边墙混凝土分层浇筑,分层高度一般为 1.5~3 米,采用 DOKA 组合模板。

九、溢洪道工程

溢洪道长 988 米,主要由引渠、渠首闸、泄槽段和挑流鼻坎 4 部分构成。渠首闸设有 3 扇弧形闸门,闸顶部设有 10 号人行桥和 9 号公路桥。溢洪道工程于 1996 年 8 月开工,2001 年 1 月完工。完成土石方开挖 107.82 万立方米,混凝土浇筑 7.5 万立方米,渠首安装 3 扇工作闸门。

溢洪道工程施工主要包括开挖支护和混凝土衬砌。

(一)溢洪道开挖支护

溢洪道开挖包括不分类料开挖和石方开挖。不分类开挖采用推土机集料,挖掘机装料,自卸汽车运输;石方开挖采用分层梯段开挖,边坡轮廓线部位进行预裂爆破。溢洪道开挖工作于1996年8月开始,1997年12月结束,比目标进度计划提前2年完成。

溢洪道围岩支护采用常规锚喷支护措施,支护工作随开挖进行。

(二)溢洪道混凝土衬砌

溢洪道混凝土衬砌采用分段施工,先浇筑底板混凝土,再浇筑边墙混凝土。底板混凝土厚3米,浇筑段长10米、宽8~12米;边墙混凝土分层浇筑,每层高3米。仓号准备采用DOKA组合模板,混凝土搅拌车运输,混凝土给料机、混凝土泵或塔吊入仓。

溢洪道衬砌工作自1998年3月开始,2000年6月结束。

十、出水口工程

泄洪排沙系统出水口工程主要有消力塘和泄水渠。根据分标方案,引水发电系统尾水部分工程由Ⅱ标承包商实施。

(一)消力塘

消力塘包括一级消力池、二级消力池和护坦。一级消力池和二级消力池之间设有尾堰。为便于检修,在一级消力池和二级消力池中设有2道隔墙,隔墙把消力池分为3个消力塘。1号明流洞、1号孔板洞和1号排沙洞水流注入1号消力塘,2号孔板洞、2号排沙洞、2号明流洞和3号孔板洞水流注入2号消力塘,3号排沙洞、3号明流洞和正常溢洪道水流注入3号消力塘。一级消力池末端设有尾堰,尾堰顶部高程135米。二级消力池以下为护坦,护坦长70~98米,底板高程130米。

1.消力塘开挖

消力塘开挖包含泄洪排沙系统出水口边坡开挖,出水口边坡开挖分两期进行。一期工程为国内标,在前期工程实施,基本完成160米高程以上开挖及边坡支护工作。二期工程由Ⅱ标承包商实施,主要施工任务是160米高程以下土石方开挖与支护。

消力塘区域开挖范围为顺水流向324米,垂直水流向400米,最大开挖深度110米。一级消力池基础高程110~107米,二级消力池基础高程123米,护坦基础高程129米,1号、2号隔墙基础高程100~103米。

出水口区域工作面开阔,开挖工作分3个区域。Ⅰ区和Ⅱ区开挖范围为一级消力池,其中Ⅰ区范围为1号消力塘和2号消力塘右半部分,Ⅱ区范围为3号消力塘和2号消力塘左半部分,Ⅲ区开挖涵盖二级消力池和护坦。3个开挖区又细分为14个开挖阶段。

消力塘不分类料开挖采用推土机集料,自卸汽车配合正铲、反铲和装载机出渣至槐树庄弃渣场。

石方开挖采用分层梯段爆破,梯段高度一般为10米。采用液压钻和潜孔钻钻孔,单次爆破规模5 000~15 000立方米。边坡开挖采用预裂爆破技术。底板预留2米保护层,保护层开挖采用水平钻孔、光面爆破技术。自卸汽车配合装载机、正铲、反铲出渣(见图5-3-6)。

图5-3-6 出水口消力塘基础开挖

消力塘开挖自1994年9月开始,1998年6月完工,共完成土石方开挖1 019万立方米,其中不分类料开挖482万立方米、石方开挖537万立方米。

2.消力塘支护

原设计消力塘边坡岩石支护主要措施有喷混凝土、安装锚杆和锚索、挂钢筋网。实际开挖过程中,受 F_{236}、F_{238} 断层带影响,消力塘上游边坡,特别是3号排沙洞、3号孔板洞出口部位岩石破碎。为确保边坡安全,黄委会设计院对消力塘边坡及底板、护坦等部位支护措施进行了调整。主要变更有:增加5根抗滑桩,边坡内增加排水洞,增加预应力锚索和锚杆,张拉锚杆变更为砂浆锚杆。

（1）常规支护。边坡支护随开挖工作进行。边坡开挖完成后进行坡面清理,然后进行喷混凝土和挂钢筋网,再进行锚杆和锚索安装。支护工作完成后进行下一层开挖;有时为了安装工作需要,在边坡处留一临时马道,待支护完成后进行马道开挖。

消力塘上游侧锚索施工在预留施工平台上进行。锚索施工主要工序有钻孔、压水试验、固壁灌浆、扫孔、安装索体、安装导向管、浇筑混凝土垫墩、锚固灌浆、张拉和安装保护罩。

边坡安装 2 000 千牛锚索 248 根,最大长度 35 米;安装 3 000 千牛锚索 111 根,最大长度 55 米;安装锚杆 65 150 根,总长度 32.9 万米。

（2）抗滑桩施工。为防止 3 号导流洞和 3 号排沙洞出口边坡滑移,1996 年 8 月黄委会设计院提出抗滑桩方案。具体情况是在桩号 1+104～1+116.6 间 144 米高程平台上增设 5 根抗滑桩,断面尺寸为 3 米×3 米,后方案修改为 2 米× 5.5 米椭圆形断面,抗滑桩桩底高程 96 米、深 40 米。为增强抗滑桩整体性,在 1 号、2 号和 3 号抗滑桩之间设连接平洞。

抗滑桩施工不在Ⅱ标工作范围内,由冶金部第一勘察基础工程总公司和中国水利水电第三工程局施工。施工初期采用大直径旋转牙轮钻机在桩井上下游钻挖,中间部位钻爆开挖。地质条件复杂、设备能力不足等因素导致进度缓慢,后改为全断面钻爆施工。采用手风钻钻孔,井下人工装运、卷扬机提升出渣。

桩井围岩支护随开挖工作进行。根据岩石条件,分别采用喷素混凝土、挂网喷混凝土或现浇钢筋混凝土圈梁等支护措施。

抗滑桩混凝土施工包括钢筋笼制作安装和混凝土浇筑 2 个环节。在钢筋加工厂分段制作钢筋笼,平板车运到施工现场,吊车送入桩井中,焊接钢筋笼成为一个整体。固定钢筋笼,进行混凝土浇筑。混凝土由Ⅱ标提供,混凝土搅拌车运到现场,混凝土泵车送入仓,人工振捣。抗滑桩施工完成混凝土浇筑 1 300 立方米。

（3）排水洞施工。为降低消力塘周围边坡地下水水位,沿消力塘上游边坡和两侧边坡布置了 1 条排水洞,排水洞底板高程约 114 米。排水洞两端与消力塘抽水竖井相连。排水洞内设直径 100 毫米排水孔,孔深 10～15 米。排水洞和排水孔施工于 1995 年 2 月开工,1996 年 11 月完工。

3. 混凝土施工

根据消力塘建筑物混凝土浇筑分块情况和入仓手段,消力塘混凝土施工包括消力池底板、边坡、隔墙和尾堰浇筑工作。

混凝土拌合物来自下游拌和站,水平运输设备有高位混凝土自卸汽车和混凝土搅拌车。施工中采用DOKA组合模板。入仓主要设备有塔带机、胎带机和混凝土泵车。

1台塔带机安装在消力塘上游边坡附近,采用轨道移动方式,轨道安装靠近上游边坡,与上游边坡平行。塔带机主要用于上游坡面、洞群和溢洪道出口混凝土施工,左右边坡和隔墙上游部位混凝土施工可相机使用。塔带机覆盖不到的区域,或塔带机安装调试期间,采用胎带机送混凝土入仓,辅以混凝土泵车。在消力塘上游侧和下游侧设置2台轨道式塔吊,用于垂直运输钢筋、模板、埋件和止水材料。

(1) 消力池底板混凝土浇筑。消力池底板包括一级消力池底板和二级消力池底板。

一级消力池底板厚3米,上部1米为B2级混凝土,下部2米为D4级混凝土。原计划消力池底板混凝土分两层浇筑,两次浇筑时间间隔5~7天。1996年6月,承包商建议底板混凝土一次浇筑完成。经现场浇筑试验,1996年8月监理工程师批准承包商提出的施工方案。一级消力池底板混凝土施工采用分块跳仓浇筑。1号、2号消力池底板标准块为15米×15米,3号消力池底板标准块为12米×12米。底板混凝土浇筑主要使用胎带机,辅以混凝土泵车和塔吊。

二级消力池底板和护坦混凝土浇筑与一级消力池底板施工方法相同。

(2) 边坡混凝土浇筑。消力塘左、右岸边坡坡比为1:1,上游边坡坡比为1:0.85。135米高程以上混凝土衬砌厚度2米,135米高程以下为1~1.5米。混凝土施工分层、分块进行。每块混凝土长度15米,采用滑模浇筑,分层高度1.87~2.02米。

消力塘边坡混凝土浇筑采用2套滑模,滑模平均浇筑速度每天5.3米。较低部位施工采用混凝土泵车入仓,较高部位施工采用塔带机入仓浇筑。

(3) 隔墙混凝土浇筑。消力塘沿水流方向设置2道隔墙,隔墙长240米、顶宽3米、高28米,顶部高程138米。隔墙上接上游坡面,下游到护坦。施工中隔墙沿水流方向分13个结构块进行混凝土浇筑,每个结构块长20米。垂直方向分

16 层浇筑,最大分层高度 3 米,底板以上采用 DOKA 爬模。

(4)尾堰混凝土浇筑。在一级消力池和二级消力池之间设有尾堰,尾堰堰顶高程 135 米、顶宽 3 米。1 号消力塘对应尾堰分两期施工,一期工程截流前浇筑到 130 米高程,截流后第二年汛前加高到 135 米高程。尾堰混凝土浇筑采用分段、分层施工。1 号和 3 号消力塘对应尾堰混凝土浇筑分 6 段施工,2 号消力塘对应尾堰分 5 段施工。

(二) 泄水渠

泄水渠位于发电尾水护坦和消力塘护坦下游,汇集发电尾水、消力塘泄水和桥沟河天然径流后注入黄河。泄水渠长 750 米、宽 300 米,渠底高程 130 米。泄水渠渠底和边坡基础为砂砾石,局部岩石出露,开挖区内原始地面高程为 140~147 米。

1. 泄水渠开挖

不分类料开挖采用正铲装车,自卸汽车运至槐树庄弃渣场;石方开挖采用松动爆破。泄水渠开挖工作于 1995 年 2 月开始,1996 年 10 月结束。完成不分类料开挖 333 万立方米,石方开挖 31 万立方米。

2. 泄水渠岸坡防护

泄水渠岸坡防护工程包括左岸防护堤和右岸控导工程两部分。左岸防护堤自 8 号公路桥沟桥至入河口,全长 1 350 米;右岸控导工程从消力塘右导墙末端沿桥沟滩至河边,全长 431 米。

左岸防护堤与右岸控导工程均采用浆砌石护砌。边坡设有排水孔,防护墙后设两层反滤料。基础采用浆砌石镇墩,镇墩前用钢筋笼块石水平防护。浆砌石、钢筋笼块石主要由人工完成。

泄水渠边坡防护工程于 1996 年 11 月开始,1997 年 8 月完工。

十一、金属结构安装

泄洪排沙系统金属结构安装主要部位有进水塔、导流洞进口、孔板洞中闸室、排沙洞出口和溢洪道。根据分标方案,引水发电系统进口部位拦污栅和快速闸门安装工作由 Ⅱ 标承包商实施,并安装在进水塔内。

金属结构安装主要施工工序有二期埋件安装、二期混凝土施工、轨道埋设、闸门组合及安装、启闭设备安装、荷载试验和调试运行。

(一)进水塔金属结构安装

进水塔部位安装有泄洪、排沙、引水等各类闸门及启闭设备(见图5-3-7),主要金属结构安装有44扇闸门、26扇拦污栅、2台门式启闭机、17台固定卷扬式启闭机、10台液压启闭机和1台清污机,还安装有渗漏排水、充水平压、高压冲沙系统。进水塔部位金属结构安装工作于1998年5月开工,2000年6月完成。

图 5-3-7 进水塔顶部门机安装

(二)导流洞金属结构安装

每条导流洞进口安装1号扇平面封堵闸门,闸门尺寸为12米×14.5米,并配置1套固定卷扬式启闭机。1号导流洞封堵闸门设计水头28米,配置固定卷扬式启闭机1台,启闭力2×2 500千牛、扬程25米。2号和3号导流洞封堵闸门水头72.5米。导流任务完成后,导流洞改建为孔板洞,3扇封堵闸门全部留在导流塔中,不再回收。

(三)孔板洞金属结构安装

孔板洞事故闸门和检修闸门安装在进水塔流道内,工作闸门安装在中闸室。工作闸门为偏心铰弧形闸门,每条孔板洞安装2扇工作闸门,利用液压启闭机主机和副机带动偏心铰系统,实现工作闸门升降。1号孔板洞工作门孔口宽4.8米、高5.4米,2号、3号孔板洞工作门孔口宽4.8米、高4.8米。1号孔板洞出口设浮箱式叠梁检修闸门1套。

(四)排沙洞金属结构安装

排沙洞检修闸门和事故闸门安装在进水塔内。工作闸门安装在出口闸室内,包括3扇弧形工作闸门和3台配套的液压启闭机。工作闸门为偏心铰弧形闸门,孔口尺寸为4.4米×4.5米。排沙洞金属结构安装工作于1999年2月开始,1999年8月完工。

(五)明流洞金属结构安装

3条明流洞设置4扇检修闸门、4扇事故闸门和3扇工作闸门。事故闸门配置4台5 000千牛固定卷扬启闭机,工作闸门配置3台液压启闭机。这些金属结构和设备安装在进水塔内。

检修闸门为平面滑动闸门。1号明流洞安装2扇检修闸门,孔口尺寸5.6米×18米;2号明流洞安装1扇检修闸门,孔口尺寸9米×17.5米;3号明流洞安装1扇检修闸门,孔口尺寸9米×14.5米。

事故闸门为平面定轮闸门。1号明流洞安装2扇事故闸门,孔口尺寸4米×14米;2号明流洞安装1扇事故闸门,孔口尺寸8米×11米;3号明流洞安装1扇事故闸门,孔口尺寸8米×11米。

工作闸门为圆柱铰深孔弧形闸门。1号工作闸门孔口尺寸8米×10米,2号工作闸门孔口尺寸8米×9米,3号工作闸门孔口尺寸8米×9米。

(六)溢洪道金属结构安装

溢洪道渠首安装3扇工作闸门和3台配套的液压启闭机。工作闸门孔口尺寸为11.5米×17米。发生停电或设备故障紧急情况时,可利用启闭机自带手动油泵开启闸门。溢洪道金属结构安装自2000年3月开始,2001年1月完工。

十二、安全监测仪器埋设安装

安全监测仪器埋设安装包括监测仪器安装和施工期安全监测。泄洪排沙系统主要埋设有渗流监测、变形监测、应力应变监测、水力学监测4类监测仪器设备。渗流监测仪器有渗压计、测压管和量水堰;变形监测仪器有多点位移计、测缝计、测斜管和静力水准;应力应变监测仪器有锚索测力计、锚杆测力计、混凝土应变计、应变片、无应力计、钢筋计和总压力盒;水力学监测仪器有脉动压力计、水听器、时均压力计、掺气仪、流速仪、强震仪。

监测仪器设备埋设工作随土建施工同步进行,仪器安装、调试及施工期监测由承包商委托专业仪器厂商完成。这些监测仪器主要埋设安装在进水塔、进水口高边坡、孔板洞、明流洞、排沙洞、出水口边坡和左岸山体部分。

(一)监测仪器埋设安装

1. 进水塔监测仪器安装

(1)塔体与基础变形监测仪器。塔体变形监测安装的仪器有视准线、引张线、静力水准、几何水准和正倒垂线。

视准线布置在塔顶,引张线设在 276.5 米高程廊道内。在 189 米高程交通廊道内安装 1 套静力水准和几何水准系统,以监测垂直变形。正、倒垂线共 3 套,安装在 1 号、3 号明流塔和 2 号发电塔内。

监测塔基垂直变形仪器有 3 套多点位移计,分别安装在 1 号、2 号、3 号发电塔段,仪器最深测点埋设在塔基下 40 米处。进水塔各塔体间埋设了 27 支测缝计。

(2)塔基应力监测仪器。在 1 号、2 号、3 号发电塔基础上埋设 9 支总压力盒和 9 支渗压计,监测塔基面承受的总压力和水压力。

(3)塔体动水压力及地震反应监测仪器。在地震作用下,塔体上游动水压力会影响塔体安全运行。在塔体上游面 220 米和 260 米高程安装 6 支渗压计,以监测动、静水压力影响。地震反应监测由设在塔顶和塔基的强震仪实施。

2. 孔板洞监测仪器埋设

(1)应力应变及围岩稳定监测仪器。孔板洞应力应变监测重点部位是第 3 级孔板环和其后半倍洞径处,以及穿断层破碎带部位。3 个监测断面共埋设钢筋计 32 支、混凝土应变计 24 支,其中两个断面上埋设渗压计和多点位移计,监测洞外水压力和围岩稳定情况。

(2)水力学监测仪器。水力学监测有水流脉动压力、时均压力和气蚀监测。孔板环段和中闸室段埋设 7 支脉动压力计、10 支时均压力计、4 支水听器。结构振动采用强震仪监测,仪器埋设在第三级孔板环中。

水力学监测属非经常性和不连续监测项目,为避免仪器损坏和老化,施工时仅将仪器底座和电缆预埋入混凝土中,监测工作开始时临时安装仪器。

3. 明流洞监测仪器埋设

3 条明流洞中,1 号明流洞位置最低,地质条件最差,洞内最大流速可达 40

米每秒,故选择1号明流洞为代表进行监测。

(1)应力应变及围岩稳定监测仪器。1号明流洞设3个监测断面,隧洞衬砌段设2个监测断面,明流衬砌段设1个监测断面。共埋设12支应变计、24支钢筋计、7套多点位移计、10支测缝计、16支锚杆测力计和11支渗压计。埋管段安装9支土压力计。

(2)水力学监测仪器。1号掺气坎下游部位为水力学监测重点,埋设6支脉动压力计底座、4支掺气仪和4支流速仪底座。其他3道掺气坎下游部位,安装有掺气仪和流速仪底座,仪器间距50~60米。

(3)闸墩应力监测仪器。明流洞进口弧形闸门承受总推力76 000千牛,在闸墩和混凝土支撑梁中安装36支钢筋计、66支应变计、4支锚杆计和2套多点位移计。

4.排沙洞监测仪器埋设

选取3号排沙洞为代表埋设监测仪器。监测项目主要有围岩稳定监测和预应力锚索监测。

(1)洞身衬砌段监测仪器。洞身衬砌段设2个监测断面,监测项目有围岩变形、外水压力、衬砌与围岩结合、衬砌结构应力应变等。共埋设76支钢筋计、38支应变计、4支锚索测力计、6套多点位移计和4支渗压计。

(2)出口闸室应力监测仪器。出口闸室弧形工作门承受最大推力50 000千牛。闸墩采用预应力锚索结构,闸墩上埋设5支锚索测力计、47支应变计和17支钢筋计。

5.进水口高边坡监测仪器埋设

(1)变形与渗流监测仪器。进水口高边坡部位主要监测边坡变形和地下孔隙水压力,在竖直方向上设3个监测断面。断面分别位于1号和3号孔板塔轴线左侧12米、2号发电塔轴线左侧6米。

每个断面埋设测斜仪1支、多点位移计2套。测斜孔孔底深入岩层以下,多点位移计埋深分别为45米和50米。为监测岩体表面变形,在250米高程平台上安装视准线1条。视准线两端点各设单点位移计1支。

监测断面水位变化区230米高程上,各埋设渗压计2支,分别深入岩体内6米和12米。

(2)锚索测力计。进水口高边坡加固措施中安装了部分预应力锚索。为监测锚索工作状况,在边坡不同高程安装 25 支锚索测力计。

6.出水口边坡监测仪器埋设

在出水口边坡坡面上安装 6 支测斜仪、14 套多点位移计和 5 条测距线,监测边坡变形情况。为监测围岩稳定性,在边坡上安装 19 支锚索测力计和 5 支锚杆测力计。在边坡下部排水洞两侧安装有渗压计,监测排水洞排水效果。

消力塘基础和边坡埋设有渗压计和锚杆测力计,监测消力塘底板扬压力和锚杆应力状况。

7.左岸山体监测仪器埋设

左岸山体主要监测项目有山体变形、洞群渗流和山体振动监测。

山体变形监测包括山体表面变形监测和山体内部变形监测。山体表面变形监测采用视准线法,工作基点利用测量控制网。山体内部变形监测采用静力水准系统和引张线配合正、倒垂线。引张线和静力水准系统安装在 3 号排水洞内,引张线端点设有倒垂线。

主要安装变形监测仪器 11 支,渗流监测仪器渗压计 86 支、测压管 14 支和量水堰 5 支,山体振动监测安装强震仪 8 支。

(二) 施工期安全监测

安全监测仪器安装后,承包商进行了初始数据收集工作,开展了施工期监测数据的读取、整理和初步分析工作,并在工程验收时把这些资料移交给业主。施工期监测数据显示进水塔、进水口高边坡、洞群系统、出水口边坡、消力塘和左岸山体是稳定的。

第四节　引水发电系统

引水发电系统(Ⅲ标)属国际标,由法国杜美兹公司(Dumez)为责任方的小浪底联营体(XJV)中标承建。1994 年 5 月 30 日,总监理工程师发布Ⅲ标开工令,合同规定完工日期为 2000 年 7 月 31 日,实际完工日期为 1999 年 12 月 29 日,工期提前 7 个月。

引水发电系统施工过程中遇到厂房顶拱增加锚索等情况,Ⅲ标承包商与参建各方密切协作,克服各种不利因素,实现工期提前、施工质量优良和费用相对节省的目标。

引水发电系统完成主要工程量为土石方明挖 185.78 万立方米、石方洞挖 142.5 万立方米、混凝土浇筑 33.65 万立方米。

一、施工组织

引水发电系统建筑物以地下厂房为核心,形成地下厂房、主变压器室(简称主变室)和尾水闸门室(简称尾闸室)典型 3 洞室平行布置,发电洞采用进水塔"两洞一塔"、"一机一洞"、尾水洞"两机一洞"。引水发电系统示意见图 5-4-1。

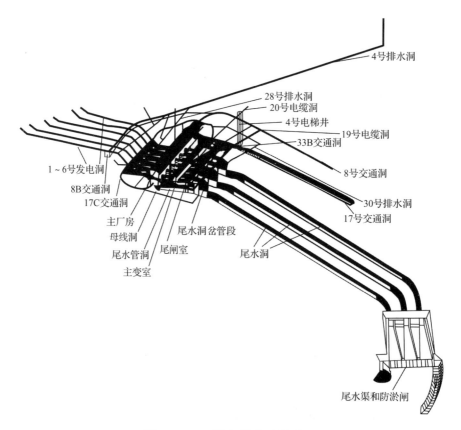

图 5-4-1 引水发电系统示意

引水发电进水塔位于大坝左岸,与泄洪排沙系统进水塔形成一体。地下厂房位于左侧山体内,尾水泄水渠位于泄洪排沙系统出口消力塘左岸。为避免施工干扰,合同将发电进水塔、发电洞进口前 50 米开挖和尾水出口部分工作交由 II 标承包商完成。

（一）施工范围

引水发电系统施工范围主要是：地下厂房，主变室、尾闸室、母线洞，引水发电洞，尾水洞、尾水管洞，尾水出口建筑物，以及配套的交通洞、通风竖井、排水洞、电缆洞等附属设施。引水发电系统典型剖面见图5-4-2。

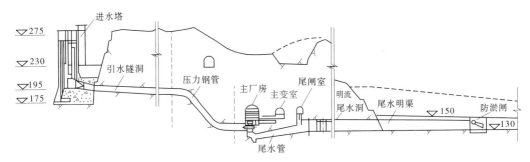

图 5-4-2　引水发电系统典型剖面

（二）施工布置

Ⅲ标工程施工区域场内主要交通公路有 8 号、12 号、13 号、14 号公路，这些公路由业主组织修建，移交给承包商使用并负责维护；施工用水、用电从业主指定地点接引；砂石骨料由Ⅱ标承包商提供。

1.工作场地

Ⅲ标承包商工作场地包括 1 号工作场地和 2 号工作场地。

1 号工作场地位于黄河左岸 9 号公路南侧，西临Ⅱ标工作场地和业主供水厂，东西向长 440 米、南北向宽约 370 米。1 号工作场地布置有承包商办公室、仓库、实验室、混凝土拌和系统、压力钢管制作车间、木工和钢筋加工厂、修理车间等。2 号工作场地位于东山中方营地南侧桥沟河及 8 号公路东侧。

2.渣场

引水发电系统工程开挖使用槐树庄弃渣场和桥沟堆渣场。部分石渣先堆放在桥沟堆渣场，后转运至槐树庄弃渣场；部分石渣倒运上坝。

3.承包商营地

Ⅲ标承包商生活营地包括外商营地和中方营地两部分。外商营地位于桥沟西一区，占地面积 3.8 万平方米。业主提供场地，承包商自己建设并管理。中方营地位于业主办公楼南东山上，占地总面积约 4.3 万平方米，营地由业主建设，承包商使用并负责管理。

(三)施工设备

Ⅲ标承包商投入的主要施工设备设施见表5-4-1。

表5-4-1 Ⅲ标承包商投入的主要施工设备设施

名称	招标投标阶段计划投入(台、套)	实际投入(台、套)
空压机	9	13
装载机	12	20
正/反铲	18	30
钻机	10	21
起重机	2	5
混凝土拌和站	1	1(140立方米每小时)
搅拌车	4	16
混凝土泵	2	6
喷浆泵	3	7
维护车	21	30
发电机组	5(890千伏安)	7(1 923千伏安)
通风器	8	10
水泵	36	93
变压器	10(5 380千伏安)	29(16 275千伏安)

二、地下厂房

地下厂房主要交通通道有17号交通洞和8号交通洞。8号交通洞通往厂房顶拱,17号交通洞通向厂房发电机层。根据实际情况,施工中修建了部分临时交通洞,主要有:为进行发电洞上平段施工,延长8号交通洞到发电洞上平段形成8B交通洞;为赶回厂房顶拱增加锚索造成的工期延误,修建了通向厂房右端的17C交通洞,作为发电洞斜井段、下平段开挖施工通道;从8号交通洞沿28号排水洞下游段开挖交通洞至尾闸室和主变室形成33B交通洞,进行尾闸室和主变室顶拱开挖。地下厂房施工主要作业包括开挖与支护和混凝土施工。

(一)地下厂房开挖与支护

1995年2月5日,地下厂房开挖工作开工,1998年3月7日完成。地下厂房开挖采用分区分层实施,自上而下分3个开挖区。1区为厂房顶拱开挖,开挖高程范围是165.05~156米;2区为台阶开挖,开挖高程为156~122米;3区为机坑开挖,开挖高程为122~103.61米。每一区又细分为若干层,地下厂房开挖分 11 层。地下厂房分层开挖示意见图 5-4-3。

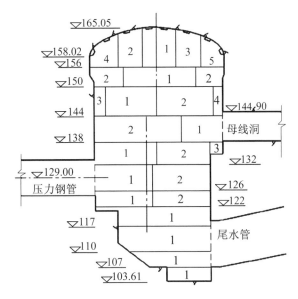

图 5-4-3　地下厂房分层开挖示意

高程 150 米以上部分开挖施工通道为 8 号交通洞,高程 138～150 米部分开挖施工通道为 17 号交通洞,高程 138 米以下部分开挖通过厂房斜坡道和 17C 交通洞运输。

1. 厂房顶拱开挖与支护

(1)厂房顶拱开挖。顶拱开挖层高度约 9 米,开挖划分为 5 个断面、3 个阶段进行,第一阶段对前期工程开挖的探洞进行扩挖,将原探洞扩大为 6.2 米宽的中导洞,形成断面 1;第二阶段中导洞两边各扩挖 5 米,完成第 2、第 3 断面开挖;第三阶段进行剩余部分开挖工作,完成第 4 断面和第 5 断面开挖。

顶拱开挖采用光面爆破技术,多臂钻钻水平孔,非电毫秒雷管起爆。出渣采用装载机配合自卸车运往桥沟堆渣场。

(2)厂房顶拱支护。厂房顶拱支护随开挖工作进行,主要支护措施有喷混凝土、挂钢筋网、安装锚杆和预应力锚索等柔性支护。地下厂房顶拱支护见图 5-4-4。

厂房顶拱开挖分 5 个断面水平掘进。为降低爆破振动,断面开挖依序进行:断面 1 开挖支护 6 个循环后进行断面 2 开挖和支护;断面 3 比断面 2 滞后 6 个循环。在此过程中进行一期支护,主要工作是喷第一层混凝土,安装张拉锚杆,挂钢筋网,喷第二层混凝土。断面 3 开挖支护 60 米后,在断面 1、断面 2 和断面 3 范围内进行二期支护工作,安装预应力锚索。断面 1、断面 2 和断面 3 范围内锚索安装完成后,其后 60 米范围外可进行断面 4 和断面 5 开挖支护工作,然后再安装断面 4 和断面 5 范围锚索。厂房顶拱锚索施工结束后,进行排水孔施工,最后喷第三层混凝土。

因厂房顶拱存在"水平岩层、垂直节理并伴有泥化夹层"特殊地质条件,施

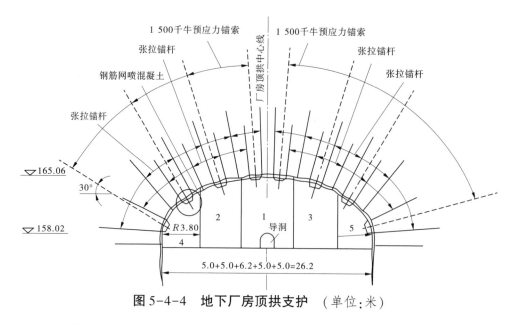

图 5-4-4　地下厂房顶拱支护　（单位：米）

工开始后，黄委会设计院在厂房顶拱增加 325 根预应力锚索进行支护。

厂房顶拱锚索为双层保护无黏结预应力锚索，由内锚固段、自由段和外锚头 3 部分组成。锚索长 25 米，设计荷载 1 500 千牛，超张拉荷载 1 900 千牛，考虑顶拱变形产生的附加荷载，锁定荷载 1 000 千牛。地下厂房锚索施工流程见图 5-4-5。

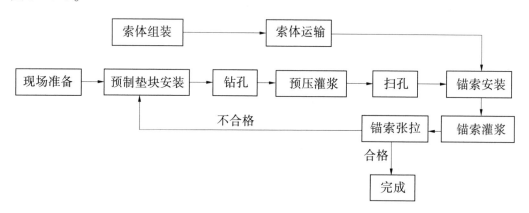

图 5-4-5　地下厂房锚索施工流程

2.厂房台阶开挖及支护

地下厂房台阶开挖分为高程范围 150~156 米和高程范围 122~150 米两部分。

高程 150~156 米台阶开挖，涉及岩壁梁基础开挖，先开挖中部断面 1，潜孔钻垂直钻孔、梯段爆破,然后开挖上下游两侧断面。上下游两侧断面开挖错开20米以减少干扰,用多臂钻水平钻孔,光面爆破。高程122~150米台阶开挖,工程量大,施工中用潜孔钻垂直钻孔,轮廓线部位采用预裂爆破,大面开挖梯段爆破作业。地下厂房台阶开挖见图5-4-6。

图5-4-6　地下厂房台阶开挖

地下厂房台阶开挖边墙支护采用常规支护形式,喷混凝土、挂钢筋网、安装锚杆。原设计边墙安装树脂张拉锚杆,长度为6米和10米,施工中发现10米树脂张拉锚杆施工困难,后将张拉锚杆改为砂浆锚杆。

3.厂房机坑开挖

厂房机坑开挖分4层进行,开挖高程103.61~122米,采用潜孔钻和多臂钻钻孔。原计划机坑开挖通过竖井和尾水管洞出渣,因尾水洞和尾水管洞进度滞后,机坑开挖时通道还未形成,为保证第一个中间完工日期按期完成,实际施工中采用厂房斜坡道施工方案,即沿厂房下游边墙修建1条斜坡道,斜坡道通过1号发电洞与17C洞连接,作为4号、5号和6号机坑开挖出渣通道,同时穿插进行1号、2号和3号机坑上部开挖工作。

(二)地下厂房混凝土施工

地下厂房混凝土施工主要包括岩壁梁混凝土浇筑和机坑一期混凝土浇筑。

1.厂房岩壁梁混凝土浇筑

因安装和维修水轮发电机组需要,在地下厂房顶拱附近安装了2台桥式起重机(简称桥机),单台桥机起吊能力为 2×2 500 千牛。桥机轨道梁为钢筋混凝土岩壁梁,采用双排 500 千牛预应力锚杆进行锚固。地下厂房岩壁梁结构见图 5-4-7。

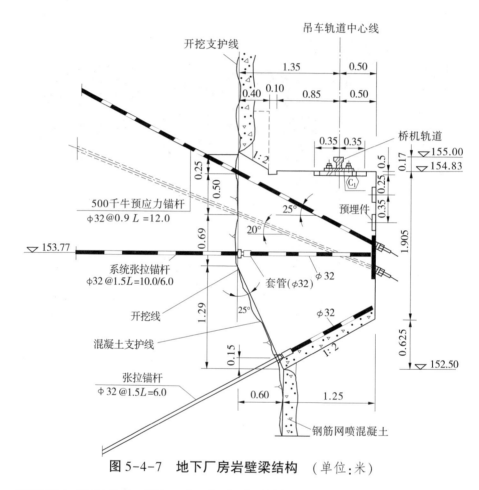

图 5-4-7 地下厂房岩壁梁结构 (单位:米)

岩壁梁包括厂房上下游 2 条,每条岩壁梁长 220.66 米。岩壁梁混凝土浇筑采用分段施工,13 米为 1 仓。施工中用跳仓浇筑,在 1 号工作场地制作绑扎成钢筋笼,分仓整体运到现场,吊装就位。仓号准备采用大面积钢模板。混凝土搅拌车运输,混凝土泵车入仓,插入式振捣器振捣。

500 千牛预应力锚杆是岩壁梁主要受力构件,锚杆长 15 米,入岩 12 米。15 米长锚杆由两根 7.5 米长螺纹钢通过连接器组合而成。预应力锚杆施工主要工序有锚杆制作、钻孔、安装、灌浆和张拉。

2.厂房机坑一期混凝土浇筑

厂房机坑混凝土施工分两期。一期混凝土施工是指机坑开挖完成后随即进行的主体混凝土浇筑,范围是 103.61～125 米高程,由Ⅲ标承包商施工;二期混凝土施工是指水轮机安装前进行的混凝土浇筑,在水轮机部位一期混凝土预留位置,与埋件及监测仪器安装一起进行,二期混凝土施工由Ⅳ标承包商实施。

地下厂房机坑一期混凝土施工范围包括水轮机肘管、检修排水洞、上下游操作廊道、机组间连接廊道、楼梯井、渗漏集水井和水泵房等。机坑一期混凝土施工自 1997 年 9 月开始,1998 年 10 月完成。1 号、2 号机坑混凝土浇筑完成时间较合同工期提前 21 个月,为机电安装工作提供了便利条件。

(1)模板制作及安装。水轮机肘管段结构复杂,承包商制作两套大型双曲木模板。双曲模板在加工厂制作,并进行预组装,根据肘管混凝土施工进度,分段分块运至地下厂房施工现场组装。检修廊道、操作廊道和交通廊道等部位采用全断面整体钢木模板,用厂房临时桥吊分段吊运现场组装。

(2)混凝土浇筑。混凝土浇筑以机组为单位进行,根据计划安排,施工顺序为 6 号机组依次到 1 号机组。机坑混凝土浇筑采用分层分块施工,每台机组机坑混凝土分 7 层 13 块浇筑。钢筋在 1 号工作场地加工,运到现场后利用厂房临时桥吊入仓,人工绑扎。混凝土搅拌车运输,经 17C 交通洞运至地下厂房,混凝土泵车配合布料臂入仓,插入式振捣器振捣。因工期紧张,基础固结灌浆安排在混凝土浇筑完成后进行。

三、主变室、尾闸室和母线洞

主变室和尾闸室开挖、支护与主厂房同步进行,开挖断面面积超过 100 平方米,开挖采用顶部分块开挖、底部台阶开挖的施工方法,顶拱设计轮廓线采用光面爆破,台阶开挖轮廓线采用预裂爆破。

主变室开挖分顶拱层、中间层和底层 3 层进行。顶拱层开挖范围是 155～162 米高程,导洞先行扩挖跟进;中间层开挖范围是 149～155 米高程;底层开挖范围是 144.25～149 米高程。

尾闸室开挖分顶拱开挖和台阶开挖 2 层进行。顶拱开挖范围是 156～162.65 米高程,开挖采用中间掏槽全断面掘进。156 米高程以下为台阶开挖,154.18 米高程处为设计预留岩台,开挖中在 154.18 米高程以上预留 2 米保护层,采用控制爆破结构开挖。

1～6 号母线洞开挖断面较小,全断面开挖掘进。施工中采用多臂钻钻孔、直孔掏槽、光面爆破技术。

主变室、尾闸室和母线洞采用常规锚喷支护。

四、引水发电洞

小浪底工程设 6 条引水发电洞(简称发电洞),发电洞内径 7.8 米,混凝土衬砌厚度 0.8 米,洞长 423.79~324.27 米,总长 2 047 米。发电洞施工包括开挖与支护、衬砌和灌浆工作。发电洞衬砌施工分为防渗帷幕线上游钢筋混凝土衬砌和防渗帷幕线下游钢管衬砌两部分。

(一) 开挖与支护

发电洞开挖工作分 3 段进行,依次是上平段、下平段和斜井段。先从 8B 交通洞和 17C 交通洞开挖上平段和下平段,最后开挖斜井段。上平段和下平段开挖分上、下两层,上层为 240 度圆心角底线以上部分,其余部分为下层开挖。上层开挖采用多臂钻钻孔全断面一次爆破,装载机配合自卸车出渣;下层采用潜孔钻垂直钻孔爆破。斜井段施工先从顶部开挖中导井,再进行二次扩挖。

发电洞采用喷混凝土和安装锚杆支护等常规支护方式,随开挖工作进行。

(二) 钢筋混凝土衬砌

根据计划安排,发电洞钢筋混凝土衬砌从 6 号洞开始,按 6 号、5 号、3 号、1 号、2 号、4 号洞顺序进行施工。发电洞混凝土施工分为底拱和顶拱两部分,底拱部分对应圆心角 90 度,其余部分为顶拱。先进行底拱部分施工,底拱混凝土衬砌自上游开始向下游进行。混凝土施工采用分段分仓进行,发电洞进口段和曲线段每仓长 4.85 米,进入直线段后分段长度为 9 米,底拱浇筑采用钢模台车。底拱浇筑完成后,进行顶拱部分混凝土施工,顶拱混凝土施工从上游向下游进行,顶拱混凝土浇筑使用 2 套钢模台车。顶拱分仓形式与底拱相同,施工程序与底拱基本相同,混凝土运输采用混凝土搅拌车,混凝土泵入仓,附着式振捣器和插入式振捣器实施振捣。

(三) 钢管衬砌

发电洞钢管衬砌工作包括压力钢管制作、压力钢管拼装、压力钢管安装和混凝土回填。

1. 压力钢管制作

压力钢管制作在 1 号工作场地压力钢管制作车间完成。根据起吊设备和运输设备容量,将压力钢管分成若干制作单元。标准制作单元长度为 3 米,最大质量 25 吨。制作单元每段由 2 块瓦片组成。压力钢管制作主要工序有:钢板检查、划线和标记、切割下料、打磨坡口、加工灌浆孔、卷制瓦片、瓦片对圆、接缝焊接、无损探伤、安装加筋环和喷砂除锈,检查合格后放入储存区等待运输。

2. 压力钢管拼装

压力钢管制作单元完成后,用平板拖车运输,经 8 号洞、8B 交通洞到发电洞压力钢管安装间。在安装间内把压力钢管制作单元组装焊接为安装单元。标准安装单元长 9 米,最大质量 75 吨。考虑到弯管段情况,非标准安装单元长度有 1.5 米、3 米、5 米、8 米和 8.5 米 5 种。

3. 压力钢管安装

用拼焊台车把安装单元运至 8B 洞与发电洞交叉处,调整拼焊台车位置,使拼焊台车轨道与发电洞轨道对齐,用千斤顶将安装单元放到沿发电洞纵向布置的安装台车上,利用电动牵引装置将安装单元送至设计位置。安装就位后,底部用型钢支撑。根据需要安装支撑固定压力钢管;压力钢管设内支撑,确保回填混凝土时钢管不变形。

压力钢管施工主要通道为 8B 交通洞,8B 交通洞横穿 6 条压力钢管上平段。交通洞所在位置的钢管作为封闭段最后安装,此时其他部位钢管已安装完毕并完成了混凝土回填,封闭段两端形成两个硬连接的固定端,给安装焊接工作带来很大困难,为避免焊缝出现拉裂,最后一条环缝采用对接接头,减小最后一条环缝拼装间隙以减小拼焊应力,保证压力钢管封堵部位安装质量。

4. 混凝土回填

压力钢管安装完成后,钢管外壁与岩石之间空间回填混凝土。回填混凝土过程中,控制混凝土面上升速度和两侧高差,以防钢管发生移动或变形。

(四) 发电洞灌浆

根据设计要求,发电洞衬砌完成后须进行回填灌浆、固结灌浆、环形灌浆和接触灌浆。

1. 回填灌浆

发电洞混凝土衬砌段和压力钢管衬砌段均须进行回填灌浆。回填灌浆主要在洞顶部位进行,用以回填混凝土与围岩之间的缝隙。回填灌浆在混凝土强度达到设计强度的 70% 时进行,浆液通过预埋的 PVC 管注入混凝土与围岩之间的缝隙。回填灌浆主要工序有钻孔、灌浆、质量检查和灌浆孔封堵。

2. 固结灌浆

固结灌浆在隧洞径向一定范围内进行,目的是增加围岩的整体性,保证混凝土与围岩紧密结合。固结灌浆一般在混凝土衬砌前后分两次进行,两次灌浆入岩深度不同。第二次固结灌浆后在混凝土衬砌达到设计强度,且周围 20 米范围内回填灌浆完成 7 天进行。固结灌浆主要施工工艺是:通过预埋的 PVC 管进行钻孔,钻孔深入围岩,灌注浆液,质量检查。压力钢管衬砌段采用台车进行固结灌浆。

3. 环形灌浆

发电洞环形灌浆是左岸帷幕灌浆的一部分,具体位置在混凝土衬砌段和压力钢管段交界处下游 15 米处。环形灌浆轴线与发电洞轴线在平面上不正交,灌浆孔与洞壁不垂直,施工困难。为便于现场操作,施工中对 1 号、2 号、4 号、5 号和 6 号发电洞环形灌浆孔布置进行了调整,调整后灌浆孔与洞壁垂直。环形灌浆在发电洞衬砌前进行。隧洞上半部分采用单臂钻钻孔,下半部分采用液压潜孔钻钻孔。用西安石油勘探仪器总厂的多点测斜仪进行孔斜测控。采用单孔纯压式灌浆法,灌浆数据由自动记录仪采集。

4. 接触灌浆

接触灌浆是压力钢管和回填混凝土之间的灌浆,目的是填充混凝土和压力钢管之间的缝隙。接触灌浆从压力钢管上预留的回填灌浆或固结灌浆孔进行。为避免在压力钢管上增加孔口,接触灌浆采用 FUKO 灌浆技术。FUKO 灌浆管可进行重复灌浆,避免在压力钢管上增加灌浆孔口。

五、尾水洞和尾水管洞

水流经过水轮发电机组后进入 6 条尾水管洞,在尾水检修闸门下游合汇入 3 条尾水洞,经尾水出口进入下游泄水渠。引水发电系统流道示意见图 5-4-8。

(一)尾水洞

尾水洞施工主要工作包括开挖与支护和混凝土衬砌。

1. 开挖与支护

尾水洞断面为城门洞形,成洞尺寸 12 米×19 米。尾水洞洞挖方量 65.49 万立方米。尾水洞包括出口段、中间段、岔洞段和尾闸室连接段。出口段开挖

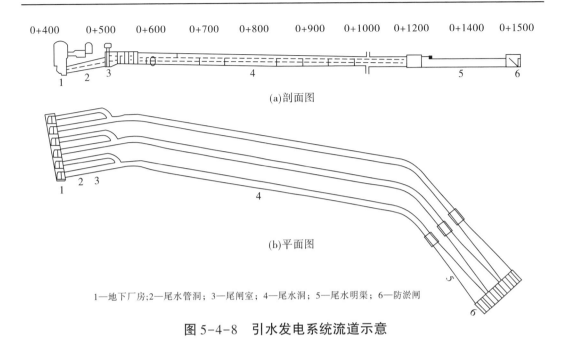

（a）剖面图

（b）平面图

1—地下厂房；2—尾水管洞；3—尾闸室；4—尾水洞；5—尾水明渠；6—防淤闸

图 5-4-8　引水发电系统流道示意

断面宽 16.4 米、高 23.2 米；中间段开挖断面宽 12.9 米、高 19.8 米；岔洞段最大开挖跨度达 28 米。为保证施工安全，尾水洞开挖过程中采取措施控制爆破对围岩的影响，同时加强支护和排水，在尾水洞岔管段顶拱安装了部分锚索。

尾水洞开挖从出口部位向上游方向掘进。开挖采用分层分块施工方案，共分 3 层，分别是顶拱、中间层和底层。

顶拱采用分块开挖、周边光面爆破技术，开挖过程中及时做好支护工作；中间层和底层先预裂再进行台阶开挖，毫秒非电雷管起爆；底层开挖预留保护层。施工过程中，考虑到交通运输问题，根据承包商建议，修建 2 条尾水洞连接洞。

尾水洞主要支护措施有安装砂浆锚杆、挂钢筋网和喷混凝土，特殊部位安装钢支撑和锚索，局部使用了特殊锚杆，如自钻锚杆和水胀锚杆。

2. 混凝土衬砌

尾水洞混凝土衬砌有 3 种断面形式：出口段混凝土衬砌厚度 2 米、中间段混凝土衬砌厚度 0.35~0.40 米、岔管段混凝土衬砌厚度 1 米。

尾水洞不同断面混凝土衬砌施工方法基本相同，采用分段分层进行混凝土浇筑。先浇筑底板混凝土，再浇筑边墙和顶拱混凝土。边墙和顶拱混凝土施工利用钢筋台车和钢模台车，边墙混凝土施工采用分层浇筑，尾水洞岔管段施工采用异型钢木模板。施工过程中，根据现场实际情况和 CIPM 专家的建议，取消尾水洞中间段顶拱混凝土衬砌。

(二)尾水管洞

尾水管洞开挖支护方法与尾水洞基本相同。尾水管洞开挖分顶拱开挖和台阶开挖两层。根据目标进度计划,尾水管洞开挖从尾水洞方向进行,实际施工中因尾水洞进度滞后,4号、5号和6号尾水管洞开挖分别从厂房和尾水洞两个方向掘进。

尾水管洞施工混凝土衬砌采用分段分仓作业,按底板、边墙和顶拱顺序进行。边墙和顶拱采用钢模台车施工,靠近上游侧渐变段采用特殊木模板。

六、尾水出口建筑物

尾水出口建筑物主要包括尾水明渠、防淤闸、尾水护坦和尾水导墙。尾水出口建筑物施工主要包括开挖与支护和混凝土浇筑。

(一)开挖与支护

尾水出口开挖与支护分期进行,一期工程在前期由中国水利水电第六工程局和河南四达公司完成,完成160米高程以上开挖和支护。二期工程由Ⅱ标承包商完成,主要是160米高程以下开挖和边坡支护。二期工程自1994年开始,1995年10月完成,共完成开挖量168万立方米。预留结构开挖部位由Ⅲ标承包商实施。受断层带影响,尾水渠地质条件复杂,施工时尾水隔墩和右边墙发生多次塌方,为稳定边坡需要,增加了部分支护工作。

(二)混凝土浇筑

根据分标方案,尾水右导墙、部分左导墙和尾水护坦混凝土施工由Ⅱ标承包商完成。Ⅲ标承包商主要实施尾水渠、防淤闸和部分左导墙混凝土浇筑工作。尾水出口建筑物混凝土施工(见图5-4-9)包括底板混凝土、边墙混凝土、闸墩混凝土和导墙混凝土浇筑。底板混凝土采用分段分块浇筑,边墙、闸墩和导墙混凝土浇筑采用爬模方案进行。

尾水渠底板沿水流方向分11段,每段沿渠底板轴线分两块,共22块,每块长度13~15米。尾水渠边墙混凝土采用分段分层浇筑,沿水流方向分段与底板对应,分11段,每段分7~8层。

防淤闸混凝土施工分闸基和闸墩两部分。闸基混凝土施工分块进行,闸墩高20米,混凝土浇筑分8层实施。

图 5-4-9　尾水出口建筑物施工

尾水渠边墙、防淤闸闸墩采用悬臂模板进行混凝土浇筑,模板和钢筋用设在防淤闸部分的塔吊进行运输,混凝土泵送入仓。

尾水渠是进入尾水洞施工的通道,尾水渠混凝土施工在不影响尾水洞施工情况下进行。

七、附属设施

引水发电系统附属工程主要有交通洞、排水洞和竖井。

交通洞主要有 8 号、17 号、33 号、34 号交通洞,以及 8B、17C 和 33B 交通洞。其中,8 号交通洞断面尺寸为 9.4 米×7.3 米,17 号交通洞断面尺寸为 9.4 米×8.25 米,均为城门洞形。这些隧洞开挖断面面积在 100 平方米以下,采用多臂钻钻孔,全断面爆破和喷锚支护。爆破采用光面爆破、直孔掏槽方式。交通洞工程部分洞段进行了混凝土衬砌,其余部分以锚喷支护代替永久支护。

排水洞主要有 4 号、28 号、30 号和 32 号排水洞,为城门洞形,断面尺寸有 2.6 米×3.05 米和 3.5 米×4.0 米两种。排水洞开挖断面面积在 20 平方米以下,采用传统手风钻钻孔爆破,人工配合小型农机具或绞车出渣,喷混凝土和砂浆锚杆支护。4 号、30 号和 32 号排水洞采用钢筋混凝土衬砌。

竖井工程主要有 2 号、3 号、5 号和 6 号通风竖井,4 号电梯井,5 号交通竖井,19 号和 20 号电缆竖井。竖井工程开挖自上而下进行,采用手风钻钻孔爆破,卷扬机出渣,常规锚喷支护。

八、金属结构安装

Ⅲ标工程所属金属结构安装主要有厂房桥机安装、尾水检修闸门安装、尾水防淤闸工作闸门安装。

(一)厂房桥机安装

为机组安装和维修需要,地下厂房安装2台2×2 500千牛桥式起重机。桥机部件在留庄转运站进行组装调试,运到现场进行安装(见图5-4-10)。安装后进行了桥机荷载试验,荷载试验由Ⅳ标承包商完成。桥机荷载试验的同时进行了岩壁梁荷载试验,结果表明岩壁梁是安全的,桥机运行正常。桥机安装工作于1997年7月开始,1998年12月结束。

图5-4-10 地下厂房桥机安装

(二)尾水检修闸门安装

尾闸室布置6个检修门槽,安装2扇尾水检修闸门和1台启闭机。每扇闸门由2节门叶通过栓销连接。闸门门叶运到工地后,承包商在现场进行拼装和安装。尾闸室安装1台台车式启闭机,工作荷载2×2 500千牛,配有液压自动抓梁。启闭机安装后进行了空载试验和荷载试验。2004年增加4扇检修闸门,实现"一孔一门"格局。

(三)尾水防淤闸工作门安装

防淤闸安装 6 扇弧形工作闸门,用于封闭 3 条尾水渠。防淤闸工作闸门为斜支臂圆柱铰弧门。1 条尾水渠对应 2 扇弧形闸门,封闭孔口尺寸 14 米×11.3 米,弧面半径 17 米。防淤闸安装 6 台双缸液压启闭机,工作荷载 2×2 500 千牛。施工过程中,4 号闸门安装时门体右侧偏移严重,火焰校正后支臂出现扭曲变形,重新制作了支臂前段、斜撑和拉杆,处理后满足要求。防淤闸工作门及启闭机安装工作于 1998 年 4 月开始,1999 年 9 月结束。

九、安全监测仪器埋设安装

引水发电系统安全监测仪器主要安装在地下厂房、发电洞和尾水洞等部位。仪器埋设安装与建筑物施工同步进行。安全监测仪器埋设安装工作包括监测仪器埋设安装和施工期安全监测。

(一)监测仪器埋设安装

1.地下厂房监测仪器安装

地下厂房监测重点项目是围岩稳定性,重点监测部位是厂房上下游边墙、顶拱和岩壁梁。在地下厂房设 3 个监测断面,分别是 1 号机组部位桩号 0+55.25、5 号机组部位桩号 0+129.25、安装间部位桩号 0+235.25 处。

地下厂房监测项目主要是变形监测,辅以渗流监测。变形监测分外部变形监测和内部变形监测。外部变形监测采用标点收敛监测,内部变形监测采用多点位移计、锚杆测力计、锚索测力计和测斜仪监测。厂房内部建筑物各层沉陷监测采用静力水准配合几何水准实施。岩壁梁变形利用测缝计、引张线和锚杆测力计监测。

地下厂房部位安装的监测仪器主要有 4 根测斜管、32 套多点位移计、32 支测缝计、19 支测力计、27 支锚杆测力计、45 支钢筋计、13 支渗压计、6 组边墙收敛计,岩壁梁引张线 9 个测点、静力水准 19 个测点、厂房沉陷 6 个测点。另外,在肘管段、蜗壳和机墩等部位安装部分结构监测仪器。

2.发电洞监测仪器安装

发电洞监测仪器布置在 1 号和 5 号发电洞内。每条洞设 3 个监测断面,其中 1 个断面设在钢筋混凝土衬砌段,2 个断面设在压力钢管段。混凝土衬砌段监测项目有应力应变、围岩变形、外水压力、接缝开合度等。钢管衬砌段监测项目有钢板应力、混凝土应力应变、围岩变形、外水压力,以及钢管与外围混凝土、混凝土与围岩间接缝开合度,接缝间渗流压力等。

3. 尾水洞监测仪器安装

尾水洞监测仪器布置在 1 号和 5 号尾水洞洞内。每条尾水洞设 3 个监测断面,主要监测项目有围岩变形、渗水压力和接缝开合度。

(二) 施工期安全监测

水库蓄水前后,地下厂房顶拱、上下游边墙、岩壁梁部位监测仪器读数没有异常变化。发电洞和尾水洞监测仪器测值也在正常范围内。监测数据表明引水发电系统建筑物处于安全稳定状态。

第五节　机电安装

小浪底工程机电安装为国内标工程,由 FFT 联营体实施,包括发供电主设备安装、发电控制及辅助设备安装、相关土建工程和机组试运行、泄水建筑物附属机电安装。1998 年 2 月 15 日机电安装工程开工,1999 年 12 月 18 日首台机组安装完成,2001 年 12 月 15 日末台机组安装完成。2002 年 3 月 31 日全部完工。机电安装工程开工日期和完工日期均按目标进度计划执行,部分中间完工日期受设备到货和工作面移交影响进行了调整。

一、施工组织

机电安装标工程为Ⅳ标,由 FFT 联营体承建。FFT 联营体由中国水利水电第十四工程局、中国水利水电第四工程局和中国水利水电第三工程局组成。具体施工安排,由中国水利水电第三工程局负责 2 号机组安装工作,中国水利水电第四工程局负责 3 号、5 号和 6 号机组安装工作,中国水利水电第十四工程局负责 1 号和 4 号机组安装工作。实际安装过程中部分工作有所调整。

(一) 施工布置

FFT 联营体办公生活营地由 OTFF 联营体分阶段移交。业主提供施工用水和施工用电,承包商从已建成的 6 千伏蓼开线引接电源,在 290 米高程水池供水线路上引接水源。小浪底工程公司供应商品混凝土。

业主在留庄铁路转运站提供 3 500 平方米工作场地,转运站距地下厂房约13 千米,运输大件要求专线公路宽度和桥涵净高均不小于 7 米。主要交通通道有 8 号、9 号、14 号公路和 17 号交通洞。

机电设备安装主要在厂房安装间、机坑和设备布置区域进行。水轮机转轮在留庄转运站加工,对转轮进行总体组装焊接和抗磨蚀处理。主变压器由火车运至留庄车站,整体转运至安装间,沿厂房和主变洞轨道牵引就位。

(二) 主要设备制造厂家

根据招标情况,机电设备主要制造厂家如下。

1. 水轮机制造厂家

水轮机全套设备由美国福依特(Voith)公司制造或供货,其中检修密封、主轴密封及水导轴承来自德国福依特公司,部分埋件由上海希科(Shec)公司制造。座环机加工由美国福依特公司承担。

2. 发电机制造厂家

哈尔滨电机厂有限责任公司总承包发电机设备制造,并负责 2 号、4 号和 6 号发电机主要部件制造及 6 台机组全部自动化元件和励磁装置供货。东方电机有限公司负责按哈尔滨电机厂有限责任公司提供的图纸制造 1 号、3 号和 5 号发电机主要部件。哈尔滨电机厂有限责任公司负责发电机设备安装现场指导工作。

3. 主变压器制造厂家

沈阳变压器有限责任公司负责主变压器及配套设备制造工作,主要包括主变压器、主变冷却器、主变控制箱、主变运输轨道、主变压器中性点隔离开关、中性点电流互感器、中性点避雷器、六氟化硫(SF_6)管道母线和 35 千伏厂用高压电缆。

4. "三项电气"设备制造厂家

"三项电气"指 220 千伏高压干式电缆、计算机监控系统和发电机出口断路器。220 千伏高压干式电缆由德国西门子公司负责供货并现场指导安装。发电机出口断路器由瑞士 ABB 高压技术有限公司负责制造并现场指导安装及调试。计算机监控系统由奥地利 ELIN 公司负责供货,指导现场设备安装调试,负责和业主联合进行软件开发。

5. 其他主要设备制造厂家

西安电力机械制造公司负责生产 220 千伏断路器等五项设备,上海互感器有限公司生产 220 千伏电流互感器。

山东金曼克集团负责制造 35 千伏及 18 千伏干式变压器,广东顺德特种变压器厂生产 10 千伏干式变压器,北京开关厂生产 10 千伏高压开关柜。

奥地利 ELIN 公司提供发变组及 220 千伏厂用变压器保护设备,上海继电器有限公司提供母线保护设备,清华同方股份有限公司提供火灾报警及联动控制系统,北京明鹏电力设备有限公司提供枢纽电视监视系统(工业电视)。

二、发供电主设备安装

小浪底水电站安装 6 台 30 万千瓦水轮发电机组,采用发电机—主变压器单元接线,以 220 千伏电压接入系统,主接线采用双母线 4 分段出线带旁路形式。机组安装从 6 号机开始,按照从 6 号到 1 号顺序展开。发供电主设备包括水轮机、发电机、主变压器、开关站 220 千伏配电及出线设备、发电机出口断路器和高压电缆。

水轮发电机组剖面见图 5-5-1。

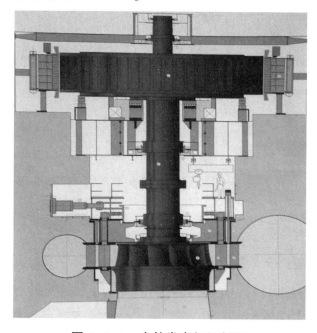

图 5-5-1　水轮发电机组剖面

(一)水轮机安装

小浪底水电站水轮机为混流式水轮机,主要由尾水锥管、基础环、座环、蜗壳等埋入部分和转轮、主轴、导水机构、筒形阀、顶盖、调速器等部件组成,单台总质量 1 049 吨。水轮机主要技术参数见表 5-5-1。

表 5-5-1　水轮机主要技术参数

设备性能	技术参数或数量
水轮机型号	HL160-LJ-635
最大水头	141.67 米
最小水头	67.91 米
额定水头	112 米
额定流量	296 立方米每秒
额定出力	306 兆瓦
最大出力	331 兆瓦
原型最高效率	96.02%
额定转速	107.1 转每分钟
飞逸转速	204 转每分钟
安装高程	129.5 米
吸出高度	−4.64 米
转轮质量	127 吨

1. 尾水锥管安装

尾水肘管和压力钢管下水平段施工完成后进行尾水锥管安装。尾水锥管里衬为分瓣结构,上部与基础环连接。锥管上部 500 毫米为不锈钢板,其余为碳素钢板,在工地组装焊接,焊缝按厂家要求进行目视、磁粉或超声波探伤合格后吊入机坑调整。尾水锥管里衬厚 25 毫米、外侧有筋板,保证混凝土浇筑期间不变形。尾水锥管上部设有进人门。

2. 基础环安装

基础环是座环的基础,在座环下面,支撑座环。基础环是焊接不锈钢板结构,分 4 瓣加工运输。基础环固定在二期混凝土中,设有转轮支撑面,机组安装或检修时支撑转轮重量,支撑面与转轮之间有空隙,允许转轮轴向移动。基础环向下流道表面设不锈钢补偿段,与尾水锥管里衬焊接。

3. 座环安装

座环为无蝶形边平行板式结构,由上、下环板和 20 个固定导叶组成,材质为 ASTMA516,A533 碳素钢板。座环在工厂内焊接制造,退火处理后粗加工,分 4 瓣运抵工地,总质量 94 吨。座环在安装间完成拼装后,使用 E7018 焊条,预热 93 ℃施焊。检查合格后,利用桥机将座环吊至安装位置,用预埋基础螺栓紧固达到设计要求。

水轮机埋设部件安装完成,机坑二期混凝土浇筑后,对座环6个配合面进行现场机械加工,以消除焊接过程造成的形位偏差,加工裕量5~10厘米。加工工具由美国福依特公司提供。通过座环现场加工保证机组安装质量,在国内尚属首次。

4. 蜗壳安装

座环安装后,进行蜗壳挂装和拼焊作业。小浪底水电站蜗壳与压力钢管之间不设伸缩节,连接环缝由水轮机厂设计。压力钢管为调质钢,该部位厚35毫米,蜗壳进口段壁厚40毫米,设"K"形焊口,开口在蜗壳端。此焊缝在蜗壳与座环安装完毕、埋入二期混凝土前施焊。焊接时预先松开固定座环的67个基础螺丝,以吸收焊接应力,由此引起座环中心变化,通过对座环精加工以弥补。

蜗壳制造由美国福依特公司分包给上海希科公司。蜗壳制造分26节,总质量214吨,钢板厚度19~44毫米,除尾端3节外,其他各节均由3个瓦片焊接而成,现场安装时共有21条环缝和若干纵缝,另有1条与压力钢管末端对接的环缝。蜗壳材质为VY-2000高强调质钢,预热65℃施焊。蜗壳安装时,先进行小节拼装,然后将蜗壳节扣装在座环平行环板上进行调整和焊接。压力钢管与蜗壳连接处不设伸缩节,蜗壳其他各节安装完成后,再安装首节,并根据压力钢管与蜗壳之间实际间距切割下料、制作安装。蜗壳安装焊接后不进行压水试验,所有焊缝射线探伤检查,蜗壳和座环连接焊缝进行100%超声波探伤检查。

安装过程中5号、6号水轮机蜗壳出现下料错误,周长误差超标造成错牙,焊缝过宽。为避免发生相同错误,福依特公司对蜗壳下料程序进行了调整。根据业主要求,承包商对4号机蜗壳进行工厂组装。

6号水轮机蜗壳安装中,因承包商工作人员首次实施VY-2000高强调质钢焊接、不熟悉焊接工艺、作风不严谨、未严格按焊接工艺操作,造成焊缝大量返修,一次合格率不足70%,有些部位返修多达4次。根据中国规范,焊缝最多允许返修3次,但福依特公司对返修次数不作要求,仅要求返修至质量合格。焊缝缺陷处理后,郑州焊接研究所进行应力测试,结果为相关技术指标满足要求。

5. 转轮安装

水轮机转轮标称直径6.356米,单台转轮质量约127吨,材料为S41500马氏体不锈钢。转轮叶片采用模压制造,上冠、下环、叶片、转轮抗磨环等部件在国外制造。福依特公司在留庄转运站加工车间完成转轮加工,整体运至地下厂房。转轮现场加工包括奥氏体焊丝焊接把 14 个叶片与上冠、下环连接为一体,下环进水边整体热套转轮抗腐环并进行精加工,现场进行静平衡检查,关键部位高温喷涂碳化钨抗磨材料等 4 个主要工艺过程。

焊接全部采用氩气保护焊,手工操作半自动焊机,焊后不再进行热处理,每焊 1~2 遍后,用风镐振动锤锉焊缝以释放应力。采用平俯位焊接,在上冠焊缝焊接完之后,将转轮翻身焊接下环处焊缝。转轮组装后,对法兰平面、端面、下环止漏环外圆等进行机加工。加工完成后,利用压力传感器测量,适当配重达到要求后出厂。

小浪底水轮机转轮采用散件运输、现场加工成整体,避免了超大件运输问题,在国内尚属首次。整体转轮直接联轴吊入机坑,减少了安装工作量。

6. 主轴安装

水轮机主轴安装包括水轮机联轴安装和主轴补气装置安装。

(1)水轮机联轴安装。水轮机转轮运到厂房后,在安装间通过螺栓与水轮机轴连接。为增加摩擦力,联轴时在转轮法兰面上喷涂碳化硅,使摩擦系数达到 0.4,并按设计扭矩拧紧 24 个连接螺栓。水轮机轴为锻钢焊接结构,质量 43.43 吨。转轮与水轮机轴连接后由桥机吊装到位。因工位紧张,6 号、5 号、4 号机转轮联轴工作在 1 号机坑部位临时施工平台上进行。3 号机安装时,1 号机蜗壳安装工作已开始,临时平台已拆除。承包商建议转轮进厂后直接吊入机坑,在机坑内联轴。福依特公司和监理工程师研究后,同意该方案。

(2)主轴补气装置安装。在主轴内安装补气管道,以便外部大气向尾水锥管补气降低负压,补气管从转轮泄水锥上部至发电机顶罩。补气装置安装在发电机层上游侧夹墙内,采用蜂窝对称进气消声结构。补气管进口设两道阀门,一是气动操作蝶阀,蝶阀操作由调速器控制;二是单向止回阀,转轮内真空度达到设定标准时外部大气压力顶开止回阀实现转轮补气。

7. 导水机构安装

导水机构和筒形阀、顶盖先进行预装,再正式安装。导水机构由 2 个导叶接力器、20 个活动导叶、拐臂、联板、控制环和推拉板组成。1 号、2 号水轮机导水机构预装过程中,对称位置 4 个导叶不参与预装,方便顶盖和底环导叶轴孔同心度检查和调整,可提高安装精度。

底环为活动导叶支撑环,钢板焊接结构,安装在座环内圈。底环下设活动导叶下端轴支撑套筒。活动导叶为对称叶形,进口边及导叶正、背面一定范围内喷涂碳化钨钴保护层,增强抗磨蚀性。

导水机构安装中先吊装活动导叶,再吊装顶盖,穿销钉定位,对称拧紧与座环的连结螺栓。检查转轮与顶盖间止漏环间隙,调整好水轮机轴垂直度。吊装导水机构接力器、控制环、拐臂等部件,连接接力器与控制环。调整导叶上下端部间隙,分上、中、下调整导叶立面间隙。检测导叶开度与接力器行程关系,确定导叶最大开度位置。

8. 筒形阀安装

为减少停机时高泥沙水流磨蚀导叶,保证设备安全,小浪底水电站没有采取常规球阀和蝶阀,改为筒形阀,可动水关闭,相当于电站事故门。筒形阀内径8.1米、高1.69米,由普通钢板加工,分2瓣出厂,在工地拼装焊接后安装。筒形阀安装在水轮机导水机构内,布置在固定导叶和活动导叶之间。筒形阀启闭由5个液压接力器驱动,接力器与调速器共用一套油压装置,采用电气和液压同步。筒形阀通过双头螺栓预拉伸与接力器连接,关闭时筒形阀处在固定导叶和活动导叶之间起止水作用,开启时位于水轮机座环和顶盖间的腔室内。检查筒形阀全行程及上下部位密封情况。

筒形阀控制方式有现地手动、现地自动和远控3种。6号机筒形阀安装中阀体上导轨与位于座环固定导叶和顶盖支撑环上导轨不匹配,后进行了处理。因筒形阀接力器位置传感器偏差,6号机筒形阀调试中出现手动控制方式无法全开及无法自动操作等问题,通过加大锁定杆长度及调整更换位置传感器得到解决。

9. 顶盖安装

顶盖为钢板焊接结构,分2瓣制造运输,现场采用螺栓连接组合成整体。顶盖组装质量116吨,由桥机吊入机坑。顶盖用螺栓与座环连接,支撑水导轴承、主轴密封、筒形阀和筒形阀操作机构等。

水导轴承为分瓦块、稀油自润滑结构,共有10块瓦。瓦块包括基体部分和滑触面两部分,基体部分为普通钢母材,滑触面为浇铸后加工的巴氏合金里衬。水轮机主轴密封为水平轴向密封结构,滑环安装在转轮顶部,随转轮同步旋转,支撑环安装在顶盖上,起结构支撑作用,密封环为上下浮动结构。紧邻主轴密封支撑环下方设有主轴检修密封,采用压缩空气充气橡胶密封。顶盖排水采用自动控制排水系统。

10. 调速器安装

小浪底水电站每台机组配置 1 套独立的液压调速系统,额定压力为 6.4 兆帕,包括电气柜、液压控制单元和测速单元。液压控制单元包括控制阀组、调速器泵组、回油箱、压力油罐及附属设备。测速单元包括安装在发电机轴顶端齿盘和机端电压测速两种方式。导叶接力器开启及关闭全程时间为 6~25 秒。调速系统管路安装采用热油冲洗工艺,管路系统按图纸要求装配完成后重新分解,现场进行热油循环。系统充油上电后,进行调速器静态试验和动态试验,调整相关参数设定。

(二)发电机安装

发电机为半伞式凸极同步发电机,采用密闭自循环空气冷却系统,主要由定子、转子、上机架、下机架、发电机轴、顶轴、转子中心体、推力轴承、空气冷却器、制动系统及其他附件组成,具有静态励磁系统和全封闭双路挡风板端部回风循环的空气冷却系统。发电机采用 3 段轴(含转子中心体)结构,推力轴承在下机架中心体上,上导轴承及下导轴承分别位于转子上方的上机架和下机架中心体内。发电机主要技术参数见表 5-5-2。

表 5-5-2　发电机主要技术参数

设备性能	技术参数	备注
发电机型号	SF300-56/13600	立轴半伞式
额定容量	300 兆瓦	
视在功率	333.33 兆伏安	
额定电压	18 千伏	
额定电流	10 692 安培	
额定频率	50 赫兹	
额定转速	107.1 转每分钟	
飞逸转速	244 转每分钟	
槽数	576	
额定功率因数(cosφ)	0.9(滞后)	
发电机效率	98.56%	
绝缘等级	F 级	定子、转子绕组和铁芯绝缘

每台发电机总质量 1 870 吨,上机架由中心体与 4 个支臂组焊而成,重量 49.166 吨,中心体部件尺寸 8 750 毫米×940 毫米;下机架由中心体与 12 个支臂组焊而成,质量 158 吨,中心体部件尺寸 5 000 毫米×2 650 毫米;发电机轴质量 66 吨,直径 1 750/2 100 毫米,轴高 5 885 毫米;顶轴质量 22 吨,直径 1 250 毫米,轴高 3 150 毫米,发电机大尺寸部件受运输限制采用分瓣加工运输。

根据安装顺序,发电机安装主要有下机架、推力轴承、定子、转子和上机架安装,进行了轴线调整,安装了配套的空气冷却器、制动装置和励磁系统。

1. 下机架安装

下机架由中心体和 12 个支臂组成。中心体为整圆结构,支臂与中心体在现场组焊,下机架支臂与基础之间设置 12 个千斤顶装置。小浪底水电站为地下厂房,安装间工位紧张,下机架安装占用临时工位,必须在吊转子前吊到机坑内,需在下机架支臂上开吊孔,且起吊行程还要跨越转子。地下厂房允许起吊高度较低,2×2 500 千牛桥机单钩起吊下机架无法越过正在组装的转子。后采用双钩抬下机架入机坑,同时在安装时将下机架中心体方位摆放到与设计工位相一致,吊入机坑后不需换钩和调整方位。

2. 推力轴承安装

小浪底水电站发电机推力负荷较高,达 367 000 千牛,推力轴承为发电机关键部件。推力瓦采用俄罗斯弹性金属塑料瓦,这种瓦片摩擦系数小、耐磨性好、承压能力强、安装检修方便、使用寿命长。推力轴承为油浸式、内循环冷却弹性油箱自调式支撑双层分块结构,共有 20 块瓦。发电机上导和下导轴承各有 12 块瓦,均为油浸式自循环和巴氏合金瓦结构,采用自调式楔形支撑,保证轴瓦间隙保持不变。

推力轴承安装就位后,测量并调整弹性油箱平面度在规范要求范围内。上、下导及水导轴承瓦初步安装就位。机组轴线检查、弹性盘车后,检查弹性油箱轴向跳动量。根据机组弹性盘车数据计算并调整上、下导及水导轴承瓦每块瓦和轴领间隙。注油检查各轴承油箱无渗漏后,进行各部油槽封闭。

3. 定子安装

发电机定子装配质量 428 吨,包括定子铁芯和定子机座。定子铁芯高 2 300 毫米、内径 12 790 毫米;定子机座分 6 瓣,每瓣质量 16.43 吨,在安装间组装焊接成整体,机座焊接质量 126.3 吨。定子铁芯通过定位筋和穿心螺杆固定在定子机座上,定位筋为进口材料,材质为ST52-34双鸽尾筋。定子铁芯采用低损耗、高导磁、不老化的0.5毫米厚优质冷轧无取向扇形硅钢片,在工地叠成整圆。为使定子铁芯压紧,分段冷压及铁损试验后再热压紧。定子铁芯叠装完成,经磁化试验合格后整体吊入机坑下线。

由于定子采用双鸽尾筋装配工艺,即鸽尾筋与定子机座、铁芯冲片两者之间均是鸽尾定位,有1.5～2.0毫米间隙,安装难度较大。为适应现场施工,承包商采用"T"字形小斜楔子板解决了双鸽尾筋装配困难。

4.转子安装

发电机转子由转子中心体和扇形支臂组成,磁极挂装后转子质量850吨,吊装质量910吨(含起吊平衡梁)。转子为无轴结构,转子支架为圆盘式焊接支臂结构。支臂分8瓣组件运输,每瓣质量8.8吨。转子磁轭采用2.2毫米厚的高强度合金钢薄板冲制的扇形片叠装而成。叠片时按重量分类采用层间相错1.5倍极距和正反向叠片的方法。磁轭和转子支架间采用切、径向复合键连接结构,通过热打键工艺安装磁轭凸键及冷打副键确保磁轭紧度。每台机共有28对56个磁极,磁极采用1.5毫米Q235薄钢板冲片组装成单体,通过冲片上的T尾将磁极挂在磁轭相应键槽上,并通过打紧磁极键固定。上述工作均在安装间进行,最后整体吊入基坑。

5.上机架安装

发电机上机架由中心体和支臂现场组焊,中心体兼作上导轴承油箱。上机架4个支脚与基础之间有一定间隙,允许上机架径向自由膨胀,避免机坑壁承受热应力。

6.轴线调整

机组安装调整以精加工后座环为基准,确定机组的中心、水平和高程,机组轴线调整采用电动弹性盘车方法。顶轴位于转子上部,采用20SiMn锻钢制成,下端与转子中心体连接。发电机轴位于转子下部,轴身采用变径20SiMn整锻结构。发电机轴上端法兰与转子中心体下圆盘采用螺栓连接,以十字键传递扭矩,下端法兰与水轮机轴通过螺栓连接。

依据合同,发电机单独盘车后再与水轮机连轴进行整体盘车,进行机组轴线调整工作。小浪底水电站首先进行6号机组轴线调整,即6号发电机在单独盘车后再与水轮机联轴整体盘车,现场施工表明,这种盘车方式效率低,影响安装进度。经论证,5 号机组采用整体盘车方式,比 6 号机组工期提前 20 天,抢回了因设备到货晚延误的工期。此后 4 台机组均采用整体盘车方案进行机组轴线调整。

7. 空气冷却器安装

在发电机定子机座外壁对称布置 12 个空气冷却器,空气冷却器采用水冷却,冷却水流量为 900 立方米每小时。为防止沉淀物堆积和便于冲洗,空气冷却器可以正反向供水。发电机内空气由转子支架、磁轭和磁极旋转形成压力,气流经定子铁芯、定子机座进入空气冷却器,冷却后气流经上下风道流回到转子。为避免定子、转子上下两端气隙漏风,采用了旋转挡风板结构。用厂房桥机逐个吊装空气冷却器就位并固定,再实施进出口阀门安装,连接到供水环路上。

8. 制动装置安装

发电机设有机械制动和电制动装置各 1 套。发电机母线层安装两台制动变压器,每台机组机旁安装交直流制动开关。电制动短接开关设置在发电机断路器内。机械制动装置主要由制动器、制动环及配套油气管路组成。制动器包括制动闸板、顶起装置、制动气管路和顶起油管路等。0.7 兆帕制动气压在规定的水轮机漏水量情况下,水轮发电机转动部分从 20% 额定转速投入机械制动后 120 秒内停机。顶转子时采用 11 兆帕油压操作,在顶起位置,油压撤除,转子可锁定在既定位置。制动环整圆由 56 个扇形板组成,材质为 16Mn 钢。

9. 励磁系统安装

发电机励磁系统采用自并激静止可控硅整流励磁方式,主要由励磁电源变压器、整流装置、灭磁装置、转子过电压保护装置、起励装置、自动励磁调节器、励磁系统控制、保护和检测等部分组成。除励磁电源变压器外的其他设备均安装在机旁励磁柜内。励磁系统上电检查后,结合机组启动进行静态、动态和 PSS 试验,设置相关参数,使各功能指标符合要求。

励磁系统设有直流起励和残压起励两种方式,其中残压起励保证发电机在 2% 额定电压情况下可靠起励。可控硅整流装置采用三相全控桥式整流电路,每个支臂上配置 1 个可控硅整流元件和 1 个限流熔断器,并设置熔断器熔断信号输出。采用独立的双微机双通道励磁调节器,可互为备用,也可并列运行,保证在切换时机端电压和无功功率的平稳无波动。励磁调节器还设有手动控制单元,以满足对线路初始充电的要求。励磁调节器采用数字电压给定装置,并设置多种辅助单元。采用双断口灭磁开关,转子回路装设过电压保护,正常停机采用逆变灭磁,事故停机采用灭磁开关和碳化硅电阻灭磁,并设有逆变失败转灭磁开关与非线性电阻灭磁的措施。

(三)主变压器安装

小浪底水电站安装 6 台主变压器,主变压器主要技术参数见表 5-5-3。主变压器本体尺寸为 8 370 毫米×3 040 毫米×3 950 毫米,充氮运输总质量 194.23 吨,安装在主变室。主变压器高压侧与 220 千伏管道母线连接,低压侧与 18 千伏离相封闭母线连接。管道母线型式为 SF_6 单相,额定电压 220 千伏,额定电流 1 250 安,分别安装在主变压器高压侧至电缆夹层干式电缆终端处。

表 5-5-3　主变压器主要技术参数

设备性能	技术参数或数量	设备性能	技术参数或数量
型号	SSP10-360000/220	频率	50 赫兹
额定容量	360 兆伏安	线圈连接组别	Y-N/d-11
额定电压	242±2×2.5%/18 千伏	阻抗电压	14%
相数	3 相		

6 台主变压器及配套设备安装在主变室内,主要包括 6 台主变压器、主变冷却器、主变控制箱、主变运输轨道(1 660 米)、主变压器中性点隔离开关、中性点电流互感器、中性点避雷器、SF_6 管道母线、35 千伏高压电缆。

主变压器主要安装流程为:主变压器从留庄转运站运至地下厂房安装间,沿主变轨道至主变室就位、主变压器安装、高低压套管和附件安装、冷却器运输和安装、绝缘油处理、变压器内检(不吊罩检查)、检查性测试、抽真空和真空注油、热油循环静置 48 小时、变压器相关内部检查试验、额定电压下 5 次冲击合闸试验、零起升压试验等。变压器安装在厂家技术人员指导下进行。

主变压器经铁路运到留庄转运站,用卷扬机和液压千斤顶把主变压器从凹形车上卸下,装到 250 吨汽车上,运至地下厂房安装间。安装间内桥机卸车至主变室轨道,卷扬机及液压推进装置将主变压器推运至主变洞安装就位。

(四)开关站 220 千伏配电及出线设备安装

原设计方案中小浪底水电站出线两级,500 千伏送出至华中电网,220 千伏送出至河南省电网。1997年5月电力工业部、电力规划设计总院在北京召开小浪底水电站接入系统修改设计审查会。会议决定电站只出220千伏一级电压，6台机组全部接入220千伏母线，电站采用双母线双分段带旁路接线。电站出线6回，其中4回至洛北500千伏升压站（后来建的牡丹变电站）、1回至豫北、1回备用。

开关站内220千伏电气设备为户外式布置，接线采用双母线双分段带旁路形式。共有6回进线和6回出线，主要设备有高压断路器、220千伏隔离开关、避雷器、220千伏电流互感器、220千伏电压互感器。开关站接地采用预埋接地桩，扁钢引入站内并与电气设备相连接。

地面开关站由中国水利水电第四工程局承建，先后进行构架及设备支架基础开挖、混凝土工程、回填工程、支架制安工程、开关站电缆沟及道路工程、开关站接地装置的安装、开关站电气设备安装及调整试验。除土建工程外，金属结构和机电设备制作安装149.69吨。主要电气设备有17组断路器、51组隔离开关、28只电压互感器、51只电流互感器、34只避雷器、54只支柱绝缘子、2台阻波器和接地体铺设。地面开关站工程从1998年9月15日开始施工，于2000年3月10日全部完工。施工程序主要为基础开挖、混凝土浇筑、构架钢基座制作、去锈防腐、吊装、调整、回填、母线压接挂装、设备运输场内就位、设备安装、电气交接试验、场地平整路面硬化。

（五）发电机出口断路器安装

发电机出口断路器（GCB）选用瑞士ABB公司生产的HEC3型产品，其操作机构为AHMA型，采用液压系统为盘形弹簧储能。

小浪底水电站GCB选型时，要求将发电机电制动短路开关、隔离开关、接地开关、电压互感器、避雷器和保护电容器组合进GCB。一个单元内组合多种功能元件，使GCB不仅具有开断功能，而且成为一个集回路操作、机组制动、测量、保护、试验为一体的小型配电站。将电气制动短路开关组合在GCB内，在国际及国内水电站建设中尚属首次。

小浪底水电站机组制动采用机械制动与电制动联合方式，其中电制动短路开关组合在GCB中，是一组能承受短时短路负荷电流的隔离开关，其短时载流量为10 000安培，只能在无压情况下合分。

短路开关布置在断路器主变压器侧，停机操作程序为断开断路器及主回路隔离开关→合短路开关→合断路器→加励磁→完成电制动后断开断路器→断开短路开关。每次停机时多操作一次断路器,是空载操作,对断路器主触头和弧触头影响不大,主要影响操动机构使用寿命。

出口断路器现场运输就位、连接、安装及调试试验均由 ABB 公司(瑞典阿西亚公司和瑞士布朗勃法瑞公司)技术人员现场指导。

(六) 高压电缆敷设安装

高压电缆为 220 千伏干式电缆,总长 6 149 米。高压电缆经 19 号、20 号电缆洞引至地面开关站。每条电缆洞敷设 3 回共 9 根电缆。2 回沿楼梯敷设,1 回沿墙壁敷设。为保证安装质量,电缆安装工作包含在采购合同内,由德国西门子公司负责提供安装专用设备及安装工作,Ⅳ标承包商技术工人参与安装。安装前现场检查中发现电缆洞表面不平度超出规范,德国西门子公司免费提供专用支架。安装工作主要包括埋件设置、C 型支架固定、电缆本体敷设、户内外高压电缆头终端制作、测温电阻布设、附件安装和电缆防火涂料涂刷等。主要安装流程为:施工准备、埋件埋设、支架安装、户外终端支架安装、安装敷设托辊、卷扬机安装、固定牵引电缆头、敷设电缆、卡具固定电缆、户外终端制作、户内终端支架安装、户内终端制作、回流、电缆敷设、附件安装、涂刷防水防火漆、户内终端同 GIB 管道母线连接、相关电气试验(242 千伏耐压试验)、试运行。

220 千伏高压电缆技术参数见表 5-5-4。

三、发电控制及辅助设备安装

小浪底水电站发电控制及辅助设备主要包括计算机监控系统、继电保护系统、厂坝用电系统、直流系统、辅机系统和消防系统。

(一) 计算机监控系统安装

计算机监控系统包括发电计算机监控系统和水库闸门监控系统。

1. 发电计算机监控系统

发电计算机监控系统为开放式分层分布结构,系统由电站控制中心和现地控制单元组成,采用冗余设计。

电站控制中心包括 7 套工作站及外围设备。工作站包括 2 套厂级工作站、2 套操作员工作站、1 套培训工作站、1 套工程师工作站和 1 套多媒体工作站。外围设备有计算机模拟屏、监视终端服务器、GPS 卫星时钟及同电网调度、水库调度系统进行通信的计算机接口。

表 5-5-4　220 千伏高压电缆技术参数

设备性能		技术参数或数量
型号		XLPE 单芯铜导体
额定电压 U_0/U		140/242 千伏
最高工作电压		252 千伏
额定传输容量		360 兆伏安
最大工作电流		859 安
三相短路电流		(3 秒)50 千安(有效值)
额定动稳定电流		125 千安(峰值)
单相短路电流		50 千安(有效值)
线芯对绝缘屏蔽层绝缘水平	雷电冲击耐压	1 050 千安(峰值)
	工频耐受电压	30 分钟 350 千伏(有效值)
电缆保护层绝缘水平	直流耐受电压	1 分钟 25 千伏
	雷电冲击耐压	50 千伏(峰值)

现地控制单元共 8 套,其中 6 套现地控制单元对应 6 台机组、1 套公用设备、1 套设在地面的开关站。电站控制中心设备之间及现地控制单元之间通信采用总线式以太网和令牌环网。

计算机监控系统功能包括监视控制和数据采集、自动发电控制、自动电压控制和事故分析处理、趋势分析处理、培训仿真等。厂级工作站主要完成全厂运行自动化管理,包括历史数据存档、归类、检索和管理,运行报表生成与打印,对外通信管理等;工作方式为 2 套互为热备用。操作员工作站主要完成人机接口功能,完成设备运行实时监视与控制,现地控制单元(LCU)实时信息显示在操作员工作站上。工程师工作站用于系统和 LCU 软件开发、编制和修改,为操作员工作站备用。培训工作站用于运行人员操作培训工作。多媒体工作站与全厂工业电视系统联网,获取现场影像记录。

在控制中心退出运行后,现地控制单元能独立完成设备监视和操作工作。

前期业主和制造商进行了系统软件联合开发。硬件设备到场后,FFT 在 ELIN 公司技术人员现场指导下,按技术要求进行安装。经过计算机设备和盘柜就位、硬件检查、外部端子点对点试验、厂内与现地控制单元 LCU 相连的自动装置、自动化元件对点及传动、联调等工作后,2000年1月9日,在中控室通过计算机监控系统顺利实现首台机组一次并网发电。2001年12月31日,6台机组全部投运,计算机监控系统令牌环网最终形成。

2.水库闸门监控系统

水库闸门监控系统为分层分布式结构,设主控级和现地控制级两层。主控级包括2套主控站、1套网络设备、1套通信服务器、1套编程工作站。现地控制级包括现地控制单元54套。系统监控范围包括泄洪排沙洞群、灌溉洞和溢洪道内事故闸门与工作闸门,以及进水塔内充水平压阀门等。

主控级设2台主计算机工作站,作为运行人员控制台,完成实时监视与控制。2台工作站采用主机热备方式,当工作主机发生故障时,热备用机可自动切换为主机。现地控制级分5个支路,每1支路配1套工控机,工控机安装在现地控制屏内,工控机通过光纤与主控级以太网相连。工控机用于监视现场闸门状态、数据采集和事件上报。

南瑞自动化公司为水库闸门监控系统供货商。现场安装工作由FFT在南瑞公司技术人员指导下进行,南瑞公司负责安装后检测及调试工作。该项目自1999年9月2日开始安装,2001年7月24日安装完成。

(二)继电保护系统安装

继电保护系统采用先进成熟的集成电路或微机装置,主要有发电机和主变压器保护、送出线路保护、开关站母线保护和故障录波器。

1.发电机和主变压器保护

发电机和主变压器保护采用奥地利ELIN公司微机型数字保护系统。主要配置有2套发电机独立纵差保护、2套变压器独立纵差保护、发电机过激磁保护、定子接地保护、转子接地保护、失磁保护、过负荷保护、过电压保护、失步保护、轴电流保护、阻抗保护、瓦斯保护、温度保护、断路器失灵保护、冷却器全停保护、压力释放保护、油位异常保护等。

2.送出线路保护

送出线路保护对象主要是220千伏高压线路。220千伏线路采用双重保护,线路保护配置为:Ⅰ、Ⅱ、Ⅲ、Ⅳ牡黄线第一套保护采用许继公司WXH-35型光纤差动微机线路保护装置,第二套保护采用南瑞继保公司LFP-902C型纵联距离微机线路保护装置;吉黄线第一套保护采用南瑞继保公司LFP-901B微机高频方向保护装置,第二套保护采用南自公司 WXB-11 型高频闭锁距离保护装置。线路保护装置均配置有自动重合闸功能。

3. 开关站母线保护

开关站母线保护配置母线差动保护和断路器失灵保护。断路器失灵保护和母线保护共用出口跳闸回路,安装在母线保护屏内。

4. 故障录波器

故障录波器是武汉哈德威公司的 DFR1200 型设备,负责开关站设备录波功能。DFR1200 型故障录波器为单机设备,具备数据采集、数据处理和数据通信特性,可协助电力工程人员对电厂和变电站系统进行故障分析。共设 4 台故障录波器,开关站南段 2 台录波器组成 1 号屏,开关站北段 2 台录波器组成 2 号屏。

继电保护系统安装工作主要有盘柜就位、接线、回路检查及上电、保护定值设置、传动试验、保护出口模拟、故障录波各开关量和模拟量的模拟、监控联调和带负荷校保护。FFT 实施安装工作。生产厂家技术人员现场指导安装并负责检测和调试。

(三)厂坝用电系统安装

厂坝用电系统主要包括厂用电和坝用电。施工期电缆通道尚未形成而坝顶控制楼急需供电,在开关站 220 千伏厂用变压器低压侧增设了厂用电 13 段,引出 3 回 10 千伏出线,分别供厂用电Ⅲ段、地面副厂房配电中心和坝顶控制楼。

1. 厂用电

厂用电采用 10 千伏和 400 伏两级电压供电,有 4 个电源:2 个电源分别从 3 号、6 号机端接线;2 个外来电源,一个由蓼坞变电站引接,另一个由厂用电 13 段引接。

2. 坝用电

坝用电系统包括泄洪系统、溢洪道、消力塘等部位的供配电。坝顶控制楼设 10 千伏母线两段,Ⅰ段和Ⅱ段母线电源分别来自厂用电 10 千伏侧和东河清变电所 10 千伏侧(各 2 回),满足坝区用电需求。

厂坝用电系统安装工作主要包括电气设备运输、基础件埋设、开关柜就位安装、一次接线、二次回路控制接线、接地、全面检查及上电试验等。

(四)直流系统安装

小浪底水电站机组台数多,直流负荷分布广。为方便运行,直流系统采用单一电压等级,电压为 220 伏。根据电站直流负荷分布情况,在地下厂房和地面副厂房各配置 1 套直流系统。

地下厂房设有逆变电源屏,装有 10 千伏安逆变器和交流负荷屏 1 面。厂用电源消失时,可由直流电源逆变后供给交流负荷。

1. 地下厂房直流系统安装

地下厂房直流系统主要供给机组现地控制单元、发电机出口断路器、厂用电系统开关、继电保护装置及事故照明系统。直流系统电源为蓄电池,蓄电池采用 1 000 安小时铅酸免维护蓄电池组。充电装置为可控硅整流装置。

2. 地面副厂房直流系统安装

地面副厂房直流系统主要供给计算机监控系统、开关站设备和继电保护装置。蓄电池选用 830 安小时铅酸免维护蓄电池组,充电装置为可控硅整流装置。

直流系统安装工作主要有电气设备运输、基础件埋设、开关柜安装、一次接线、二次回路控制接线、接地、检查和上电试验等。

(五)辅机系统布设安装

小浪底水电站辅机系统主要包括技术供水系统、排水系统、油系统、供气系统和通风系统。辅机系统安装主要包括管路配置、焊接、设备安装、清洗、打压及系统调试等。安装工作由 FFT 负责实施,中国水利水电第十四工程局负责 1 号和 4 号机组段施工,中国水利水电第四工程局负责 6 号、5 号和 3 号机组段和厂内油库,高、中、低压空压机房施工,中国水利水电第三工程局负责 2 号机组段和通风系统施工。

1. 技术供水系统布设安装

技术供水系统由库水供水系统和清水供水系统两部分组成,两部分供水系统可以实现互补。非汛期及汛期过机水流泥沙含量较少时段采用库水供水系统,库水水质无法满足要求时采用清水供水系统。

库水供水系统由机组压力钢管取水,经减压阀和滤水器后供给发电机组和主变压器作为冷却用水。供水系统设联络干管,以满足各台机组间技术供水相互备用。

清水供水系统由蓼坞、葱沟两处水源井取水,经水泵加压送至电站厂外万方清水池,再自流供给机组等设备。水流经过设备后,一部分经尾水管排向下游;另一部分排至厂内回水池,经回水泵扬水至厂外清水池,与水源井提供的清水混合,循环供机组冷却使用。

为保证技术供水可靠性,西沟水库作为应急备用水源,在西沟水库坝内埋设输水管至厂外清水池。

2. 排水系统布设安装

电站排水系统包括机组检修排水系统和厂房渗漏排水系统,两个排水系统分别设置、独立运行。

机组检修排水采用排水廊道内敷设排水干管直接排水方式。检修机组时,关闭上游闸门、尾水闸门,压力钢管、蜗壳及尾水管中积水通过蜗壳及尾水管排水盘阀排至排水干管,经排水泵排至 4 号或 6 号机尾水管。尾水洞和尾水门槽检修排水与机组检修排水共用一套排水系统。排水廊道端部排水泵房安装 1 台渣浆泵和 2 台双吸泵。

厂房渗漏水主要有厂内水工建筑物渗水、辅助设备冷却排水和管道阀门漏水。厂房渗漏排水系统包括渗漏泵房、渗漏集水井和排水管。渗漏泵房设在 3 号、4 号机组之间,排水管出口引至 4 号、5 号机闸门外侧,排至 2 号和 3 号尾水洞。在 30 号排水洞 6 号机组端附近修建渗漏集水井和 17C 排水泵房,出水管沿 17C 交通洞至 17 号交通洞后,穿过尾水闸门室排至尾水洞。

3. 油系统

电站油系统包括透平油系统和绝缘油系统两部分。

(1)透平油系统。透平油系统供机组轴承和调速器用油,并在必要时进行油处理工作,更换新油,排出和运出废油。透平油系统包括厂外油库和厂内油系统。厂外油库接收新油、储存新油、向运油车供油,对设备检修排油进行净化处理。为满足消防需要,油库周围设挡油坎,并设事故油池。厂内油系统接收新油,利用油泵向设备供油,对设备运行油进行现场净化处理,接收设备检修排油经运油车送往厂外油库。

(2)绝缘油系统。电站绝缘油系统为主变压器和厂用变压器供油。绝缘油系统由厂外油库和主变室绝缘油系统组成。主变室绝缘油系统接收新油并向主变压器供油,接收设备检修排油并送往厂外油库。

4. 供气系统

供气系统由空压机、储气罐和管道组成，分为6.4兆帕高压空气系统、2.5兆帕中压空气系统和0.7兆帕低压空气系统。高压空气系统主要供调速器和筒阀共用的液压装置用气，中压空气系统主要供技术供水取水口吹扫用气，低压空气系统主要供机组制动用气、水轮机检修密封用气和工业用气。

5. 通风系统

电站通风系统为地下厂房、主变室、母线洞、高压电缆洞及尾水闸门室等部位通风换气。系统选用机械送风、机械排风相结合的强迫通风方式。夏季经尾水洞引外部新风，经尾水闸门及33号交通洞进入17号交通洞；其他季节直接经17号交通洞引外部新风。新风分为3路，一路经17C交通洞由主厂房下部操作廊道进入主厂房；一路直接进入主变洞；一路进入安装间作为厂房主要通风风源。8号交通洞引来的新风，一部分通过地下副厂房通风竖井，作为地下副厂房各层通风风源；另一部分通过清水技术供水管井进入安装间下层回水泵房和空压机室。

通过1号通风竖井将地下厂房循环空气排出，主变室和母线洞等处热风通过3号通风竖井和19号、20号高压电缆洞排出。尾闸室通过2号通风竖井形成循环。

电站排风通道兼作事故排烟通道，事故排烟通道与安全出口分开。主厂房事故排烟与通风系统相结合，主厂房发生火灾事故时，烟气经1号、2号通风竖井排出。

（六）消防系统布设安装

小浪底工程消防范围涵盖发电建筑物、机电设备和水工建筑物，分三部分：第一部分为电站厂房及其附属建筑物，包括地下主厂房、地下副厂房、主变室、地面副厂房、开关站、油库等；第二部分为电站机电设备，包括水轮发电机组、主变压器、电缆等；第三部分为泄水建筑物及其附属设施，包括进水塔、洞群系统闸室、防淤闸室和坝顶控制楼等。

1. 电站厂房及其附属建筑物消防

地下厂房消防系统水源取自坝顶控制楼附近290米高程水池，通过消防管路供水至室内消火栓系统。地下厂房和母线洞灭火用水排至渗漏集水井，主变室灭火用水排至事故集油井。地下主厂房发电机层、母线层、水轮机层各机组段、副厂房、桥机、主变室、母线洞、尾闸室、开关站和油库等区域配置消火栓、推车式及手提式干粉灭火器。

地面副厂房中央控制室、继电保护室设有火灾自动报警系统及"烟烙尽"灭火系统(烟烙尽是由3种惰性气体组成的灭火剂,对大气无污染),布置有感温、感烟型火灾探测器。中央控制室及继电保护室下电缆夹层设固定式水喷雾灭火系统。中央控制室及继电保护室设室外消火栓。

中央控制室设有1套火警上位机系统,在计算机上能实现火灾报警及联动控制功能。运行人员在此24小时值班,中央控制室设有119消防专用电话。

2. 电站机电设备消防系统

发电机采用喷雾灭火,在发电机风罩内布置灭火环管,环管上设有喷雾头。每台发电机均设有灭火控制箱,内配置1套雨淋阀。发电机设有火灾自动报警装置,发电机喷雾灭火采用手动和自动操作两种方式。发电机喷雾灭火用水排至主厂房渗漏集水井。

主变压器周围设喷雾灭火系统和水幕灭火系统。消防水来自主变消防供水干管,主变压器消防用水排至事故集油井。

3. 泄水建筑物及其附属设施系统

泄水建筑物变压器室、配电室、机房等重要部位配有移动式灭火器。在进水塔、中闸室、泄水建筑物出口、消力塘内泵房、枢纽廊道内重点防火部位配有移动式灭火器。泄水建筑物及其附属设施消防用水取自坝顶控制楼附近290米高程水池。

地下厂房、泄水建筑物和坝顶控制楼等部位配置的移动灭火器随施工安装到位。电站消防供水和生活用水取自同一个水源,消防供水系统在施工初期形成。电站消防栓系统和厂房主变喷淋系统安装、调试和检测随机组安装进行。

2002年8月河南省公安厅消防总队对小浪底工程消防系统进行了验收,2002年9月签发消防专项验收合格证书。

四、机电安装标土建工程

机电安装标涉及的土建工程项目主要有地下厂房二期土建工程、主变室和电缆洞土建工程、地面副厂房、坝顶控制楼、清水供水池和厂外油库。

(一)地下厂房二期土建工程

地下厂房二期土建工程包括混凝土工程、砌体与装修工程。

1.混凝土工程

地下厂房混凝土工程分两期实施,一期工程由Ⅲ标承包商完成,二期工程由Ⅳ标承包商负责实施。地下厂房土建工程包括安装间、副厂房、主厂房和母线洞。工程于1998年2月开工,2001年12月完工。二期工程混凝土由小浪底水利水电工程公司提供,采用混凝土搅拌车运至现场,在17号交通洞布置1台拖泵,将混凝土输送至仓面,吊罐配合入仓,振捣棒平仓振捣(见图5-5-2)。钢筋在桐树岭钢筋厂加工运至现场,人工配合桥机吊运至工作面。

图5-5-2 地下厂房二期混凝土施工

蜗壳外围工程有通风井、楼梯井、吊物井、接力器坑和进人门等孔洞,结构复杂。为确保混凝土浇筑时设备稳定,蜗壳外围混凝土浇筑采取下列措施:单一机组段分层不分块通仓台阶浇筑,层厚30厘米;为防止液态混凝土浮力对蜗壳变位影响,放慢浇筑速度;控制入仓温度不高于15 ℃。

2.砌体与装修工程

地下厂房砌体与装修工程主要有厂房砌体与装修工程、母线洞砌体与装修工程和主厂房吊顶工程。主厂房发电机层为重点装饰部位,其余部位按通常标准设计施工。工程于1998年7月开始,2002年3月完工。

厂房顶拱安装有锚索、锚杆和排水管,对吊顶作业有影响,综合考虑后选择钢龙骨加压型钢板吊顶。

(二)主变室和电缆洞土建工程

主变室和电缆洞土建工程施工有主变室二期混凝土浇筑和砌筑装修、电缆洞混凝土衬砌。工程于1998年8月开始,2002年4月结束。

主变室混凝土工程施工分两期进行,一期工程由Ⅲ标承包商完成,二期工程由Ⅳ标承包商实施。二期混凝土施工采用泵送混凝土入仓,混凝土泵布置在33号洞口处。19号和20号电缆洞衬砌施工中,混凝土泵车设在开关站廊道上口,经上平洞接150余米导管至斜洞段上口,通过溜槽入仓浇筑。

(三)地面副厂房

地面副厂房主要由水电站中央控制室、继电保护室、变配电室、微波通信和实验室组成,为钢筋混凝土框架结构,建筑面积3 554平方米,高度17.25米,建筑物4层。工程于1998年5月开工,1999年8月完工。

地面副厂房主要工作有基础开挖、土方回填、混凝土浇筑和屋面施工。

(四)坝顶控制楼

坝顶控制楼位于主坝左岸坝顶,西临进水塔群,主要由办公室、机房中控室、试验测试室、主机房、管理室和放映间组成。工程建筑面积3 942平方米,主楼长67.94米、宽14.4米、高18米,塔楼高度39.18米,建筑物4层;配楼长35.76米、宽9米、高10.8米,建筑物2层。工程于1998年5月开工,2001年5月完工。

坝顶控制楼施工前期以土建工程为主,机电安装工程配合土建工程施工,后期以装修为主。坝顶控制楼工程主要包括基础工程、主体工程、地面工程、屋面工程、室外工程、装饰工程、卫生工程、电气设备安装、电梯安装、空调安装、消防设备安装等。

(五)清水供水池

清水供水池又称万方水池,是机组技术供水重要组成部分。供水池为钢筋混凝土框架结构,有效容积10 000立方米。清水供水池工程主要有土石方开挖、边坡支护、混凝土浇筑、浆砌石和排水系统施工。设有3条管道向清水供水池供水。工程于1998年2月开工,2002年4月完工。

(六)厂外油库

厂外油库用于透平油和绝缘油的储备与处理,油库主要由油罐、事故油池、配电中心及油库库房等设备和建筑物组成。厂外油库土建工程主要包括基础开挖,三七灰土回填,钢筋制作安装,基础混凝土、结构混凝土、砖砌体和屋面工程施工。工程于1999年8月开工,2001年5月完工。

五、机组试运行

1999年12月20日,水库蓄水至205.4米高程,满足最低水头发电条件;6号机组机电设备安装调试和试验完成,满足试运行条件。1999年12月25—26日,水利部组织相关部门和单位,对6号机组进行启动验收。2000年1月2日,6号机组通过72小时试运行,1月9日,6号机组投入商业运行。1号机组于2001年12月完成启动验收。

机组试运行包括启动验收和试运行等工作,机组启动验收在第九章中叙述。

机组安装完工、试运行和投产日期见表5-5-5。

表5-5-5 机组安装完工、试运行和投产日期

机组	安装完工日期 (年-月-日)	试运行日期 (年-月-日)	正式投产日期 (年-月-日)
6号	1999-12-18	1999-12-28—2000-01-02	2000-01-09
5号	2000-07-24	2000-10-09—2000-10-12	2000-10-15
4号	2000-12-04	2000-12-22—2000-12-25	2000-12-30
3号	2001-04-11	2001-04-19—2001-04-22	2001-07-06
2号	2001-09-20	2001-10-14—2001-10-16	2001-11-01
1号	2001-12-15	2001-12-23—2001-12-26	2001-12-31

第六节 其他主体工程

其他主体工程是指国内标主体工程土建部分,主要有副坝、开关站、灌浆洞及帷幕灌浆、排水洞及排水孔、灌溉洞和西沟坝。下闸蓄水后,两岸及坝基渗漏量偏大,且有增加趋势,根据专家咨询会意见,实施了帷幕灌浆补强工作。

一、副坝

副坝位于主坝左岸风雨沟东侧垭口处,为土质心墙堆石坝,最大坝高47米,坝顶长191.2米、宽15米,上下游坡均为1:2.5,为1级建筑物。副坝工程由小浪底工程公司和中国水利水电第十四工程局施工,于2000年2月开工,2001年6月主体工程完工。副坝典型剖面见图5-6-1。

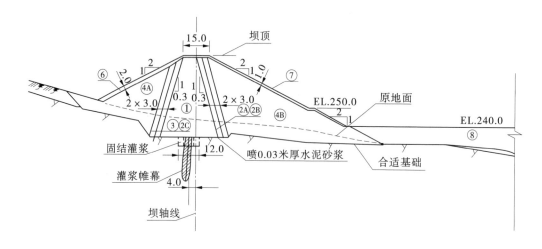

图 5-6-1　副坝典型剖面　（单位：米）

（一）坝基开挖

副坝垭口两岸为岩石，沟底有约 10 米厚覆盖层。根据现场地形情况，坝基开挖分 7 个区：Ⅰ区为左岸坝肩 256 米高程以上心墙部位，Ⅱ区为左岸 246～256 米高程心墙部位，Ⅲ区为高程 246 米以下心墙部位，Ⅳ区为高程 246～274 米右岸心墙部位，Ⅴ区为高程 274 米以上右岸心墙部位，Ⅵ区为上游坝壳料区，Ⅶ区为下游坝壳料区。

坝基开挖自上而下分区、分层进行。一般每层开挖高度 8 米，覆盖层开挖采用推土机集料，反铲配合自卸车出渣。石方开挖用手风钻垂直钻孔，根据爆破试验和振动监测确定爆破参数。

坝基开挖于 2000 年 2 月开始，2000 年 3 月结束，共完成土方开挖 18 万立方米、石方开挖 1.2 万立方米。

（二）基础面处理

心墙部位要求开挖到完整岩石，坝壳部位开挖到合适基础。心墙部位浇筑 0.3 米厚混凝土作为灌浆盖板，两岸陡峭部位混凝土盖板增设锚筋。

2000 年 3 月混凝土盖板开始施工，混凝土浇筑由下而上进行。盖板施工分 26 个仓，每仓长 8～12 米，采用混凝土泵或溜槽入仓，于 2000 年 4 月结束，浇筑混凝土 4 665 立方米。

（三）坝基灌浆

坝基灌浆有固结灌浆和帷幕灌浆。在帷幕轴线两侧布置 6 排固结灌浆孔，孔深 5 米。坝基防渗帷幕作为左岸山体防渗系统的延伸,布置 2 排帷幕孔。上游排帷幕底高程 200~210 米,幕底进入相对不透水层;下游排帷幕底高程 125~135 米,幕底进入相对隔水层。

固结灌浆和帷幕灌浆由中国水电基础工程局和中国水利水电第一工程局分包。完成固结灌浆进尺 1 994 米、灌入水泥 472.5 吨,帷幕灌浆进尺 17 207 米、灌入水泥 9 060.29 吨。

(四)坝体填筑

副坝采用土料防渗,上下游各设 2 层反滤料,坝体总填筑方量 48 万立方米。填筑前通过碾压试验确定施工参数,包括铺土厚度、碾压设备、碾压遍数、填筑含水量和干容重等。坝体填筑于 2000 年 9 月开始,2001 年 6 月填筑到坝顶。

(1)心墙料填筑。心墙 1 区土料从黄河南岸前苇园料场开采,反铲配合自卸汽车运输。推土机平料,近岸坡段辅以人工平料,铺料厚度不大于 30 厘米,凸块碾碾压 8 遍。边角处用蛙式振动夯夯实,夯实厚度为 13 厘米。

(2)反滤料填筑。2A、2B 区反滤料来自留庄砂石料厂。施工时保证反滤料有效宽度,填筑层厚度 0.25 米,平碾碾压 2 遍。土料与反滤料平起填筑,高差不超过一层。反滤料两侧的心墙料、坝壳料与反滤料填平后用振动平碾骑缝碾压。

(3)排水料填筑。坝壳砂卵石排水层厚度为 1 米,料源取自马粪滩料场,装载机装料,自卸汽车运输,推土机或反向铲平料,振动平碾错缝碾压 4 遍。

(4)堆石料填筑。4 区堆石坝壳料从槐树庄料场回采,自卸汽车运输,推土机和反铲铺料,填筑厚度不超过 0.8 米,振动平碾碾压 8 遍。

(5)块石护坡填筑。6 区护坡块石取自石门沟料场,自卸汽车运输。填筑层垂直高度不超过 3 米,紧随 4 区堆石料填筑。坡面采用反铲修整,人工摆平。

(6)石渣压戗填筑。压戗填筑料取自槐树庄堆渣场,最大粒径不超过 1 米,小于 0.1 毫米粒径含量控制在 10% 以下。自卸汽车运输,填筑层厚度不超过 1米,振动平碾碾压 6 遍。

(五)监测仪器埋设

副坝埋设有渗压计,仪器安装在心墙底部、心墙 250 米高程和两岸。监测仪器埋设前先对仪器进行率定,埋设过程中注意保护电缆,水平安装时电缆呈蛇形布置,垂直安装时留有富余量。

二、开关站

开关站位于地面副厂房东侧,北临 8 号公路,南北长 219 米、东西宽 112.6 米。开关站土建工程分两期实施,一期工程由河南黄河工程局施工,二期工程由 Ⅳ 标承包商施工。

(一)开关站一期工程

开关站一期工程施工主要内容包括开挖和支护、谷地回填、挡土墙及排水设施。

1. 开挖和支护

开关站地处山区阶地,根据地形条件分区,由高到低分层开挖。先进行土方剥离,岩石出露后进行松动爆破,开挖料用自卸汽车运至小南庄弃渣场。

岩石开挖边坡坡比 1∶0.5,土坡开挖边坡坡比 1∶1,岩石边坡开挖后进行喷混凝土处理。开挖高度大于 15 米岩石边坡,15 米以下范围进行喷锚挂网联合支护。

2. 谷地回填

开关站谷地回填采用石料、黏土和碎石 3 种材料。石料有 A、B 两种材料,A 料最大粒径 1.0 米,从槐树庄料场回采,每层填筑厚度 1 米,18 吨振动碾碾压 6~8 遍;B 料最大粒径 0.2 米,从桥沟料场回采,每层填筑厚度 0.5 米,18 吨振动碾碾压 6~8 遍。黏土从桐树岭北部土料场开采,填筑厚度 0.5 米,振动碾压实。最后上部铺 0.2 米厚碎石覆盖层,粒径 1~2 厘米,平整铺好后振动碾稳压。

3. 挡土墙及排水设施

填方高边坡部位底部修建浆砌石挡土墙,坡脚处设有浆砌石排水沟。浆砌石为人工砌筑。

开关站一期工程,于 1995 年 11 月开工,1998 年 3 月完工。完成土石方开挖 6.0 万立方米、块石回填 66.6 万立方米、碎石回填 3.11 万立方米、黏土回填 2.22 万立方米、碎石覆盖层回填 3.44 万立方米、浆砌石 1.58 万立方米。

(二)开关站二期工程

开关站二期工程主要工作有 220 千伏配电构架及设备支架基础开挖、基础回填、基础混凝土浇筑。工程于 1998 年 9 月开工,2000 年 3 月完工。完成土石方开挖 17 658 立方米、土方填筑 13 799.21 立方米、混凝土浇筑 6 425.21 立方米。

三、灌浆洞及帷幕灌浆

小浪底工程右岸布置有 1 号和 2 号灌浆洞,左岸布置有 3 号和 4 号灌浆洞,灌浆洞开挖、混凝土衬砌和帷幕灌浆属国内标工程。

(一)右岸灌浆洞

右岸 1 号灌浆洞底板高程 281 米、洞长 120 米,洞身段为城门洞形,采用钢筋混凝土衬砌,开挖和衬砌由中国水利水电第十四工程局施工,于 2001 年 1 月开工,2001 年 5 月完工,完成石方开挖 1 426.47 立方米、混凝土浇筑 240 立方米。1 号灌浆洞帷幕灌浆施工在下闸蓄水后实施。

右岸 2 号灌浆洞位于主坝心墙底部,底板高程 147.74~122.41 米,下平段长 42.7 米,末端紧临 F_1 断层。开挖和衬砌施工由黄委会设计院地勘总队实施,开挖后全断面混凝土衬砌,衬砌厚度 0.7 米。工程于 1994 年 12 月开工,1995 年 12 月完工,完成石方开挖 2 640.85 立方米、混凝土浇筑 1 677.99 立方米。帷幕灌浆工程由中国水电基础工程局施工,于 1996 年 8 月开工,1997 年 3 月完工。设计为单排帷幕灌浆孔,施工采用"孔口封闭,孔内循环,自上而下,分段灌浆",最大灌浆压力 3.5 兆帕。部分洞段采用灌浆强度值法(GIN 法)进行灌浆。完成灌浆总进尺 5 291.05 米,注入水泥 1 342 吨。

2 号灌浆洞剖面见图 5-6-2。

(二)左岸灌浆洞

3 号灌浆洞位于左岸山体,洞底高程 145~171 米,开挖和衬砌工程由河南黄河工程局施工,于 1994 年 9 月开工,1996 年 1 月完工,完成石方开挖 15 000 立方米、锚杆支护 4 418 根、衬砌混凝土 8 400 立方米。3 号灌浆洞帷幕灌浆由中国水电基础工程局施工,于 1996 年 7 月开工,1997 年 4 月完工。设计为单排帷幕灌浆孔,采用"孔口封闭,孔内循环,自上而下,分段灌浆",最大灌浆压力 4 兆帕。完成帷幕灌浆孔 368 个,灌浆总进尺 14 816.29 米,共注入水泥 3 246 吨。

4 号灌浆洞位于左岸山体,在 3 号灌浆洞上部,洞底板高程 205~236 米。

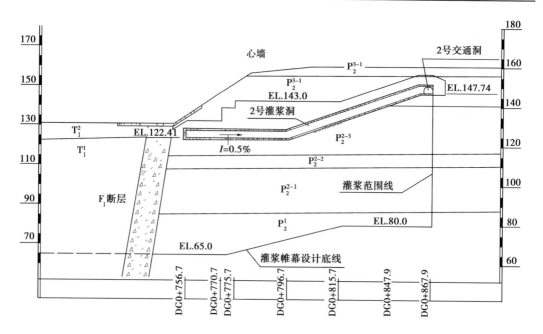

图 5-6-2　2 号灌浆洞剖面

开挖和衬砌工程由中国水利水电第十一工程局施工,于 1994 年 7 月开工,1995 年 12 月完工,完成石方开挖 16 025 立方米、锚杆安装 4 266 根、混凝土浇筑 8 160 立方米。4 号灌浆洞帷幕灌浆工程由黄委会设计院地勘总队施工,于 1996 年 7 月开工,1998 年 4 月完工。设计为单排帷幕灌浆孔,采用"孔口封闭,孔内循环,自上而下,分段灌浆",最大灌浆压力 3 兆帕。共完成帷幕灌浆孔 369 个,灌浆进尺 28 209.6 米,注入水泥 6 315 吨。

四、排水洞及排水幕

为降低主坝两岸山体地下水水位,在灌浆帷幕下游布置了排水幕。为实施排水幕,须先行修建排水洞,右岸布置了 1 号排水洞,左岸布置了 2 号、3 号和 4 号排水洞。右岸 1 号排水洞和排水孔施工为国内标工程;左岸排水洞开挖和混凝土衬砌施工属国际标工程,洞内排水孔施工为国内标工程。

(一)右岸排水洞

右岸 1 号排水洞与 1 号、2 号交通洞相连,底板高程 147.00~149.00 米,洞长 777 米。1 号排水洞中段修建了通风竖井,竖井直径为 2.5 米、高 97 米,排水帷幕顶部最高 180 米高程、底部最低 100 米高程。

1 号排水洞工程包括开挖、支护、混凝土衬砌和排水孔施工。开挖与支护工作为提前开工的主体工程。混凝土衬砌和排水孔工程由黄委会设计院地勘总队施工,于1998年6月开工,1999年7月完工。1号排水洞混凝土衬砌采用常规分段分仓浇筑方案。排水孔间距3米,孔径110毫米,采用地质钻成孔。因排水孔穿过黏土岩,在排水孔内安装组合过滤体。

(二)左岸排水洞排水孔

左岸布置有2号、3号和4号排水洞。2号、3号和4号排水洞形成左岸排水体系,排水洞内排水孔间距3米,孔径110毫米。断层影响带内排水孔安装组合过滤体。2号排水洞排水孔工程由中国水电基础工程局施工,于1998年7月开工,1999年4月完工,完成170个排水孔,钻孔进尺5 016.09米,安装组合过滤体1 555.1米。3号排水洞排水孔工程由金龙工程公司施工,于1998年9月开工,1999年6月完工,完成104个排水孔,钻孔进尺6 703.37米,安装组合过滤体1 973.8米。4号排水洞排水孔工程由黄委会设计院地勘总队施工,于1998年9月开工,1999年6月完工,完成568个排水孔,钻孔进尺17 758.89米。

五、帷幕灌浆补强工程

水库下闸蓄水后,两岸排水洞渗水量偏大,且随着库水位上升,渗水量有明显增大趋势。经分析认为,悬挂式帷幕和帷幕体单薄是渗漏的主要原因,长期渗漏会对左右岸山体内软岩、泥化夹层、断层破碎带等产生渗透破坏。此时,小浪底工程帷幕灌浆绝大部分工作已完成,尚未完成的工作主要有左岸山体地面帷幕灌浆、右岸1号灌浆洞帷幕灌浆。根据水库蓄水初期渗漏情况,需对已实施的帷幕灌浆进行补强,未实施部分按新标准灌浆。

针对不同蓄水阶段渗漏特性,根据地质地形条件,主要采取3项补强灌浆措施:一是对部分灌浆帷幕加深,2号灌浆洞内帷幕灌浆底线降低到65米高程,4号灌浆洞帷幕底线由130米高程降低到80米高程;二是对部分灌浆帷幕增加1排副孔,1号灌浆洞增加1排灌浆帷幕孔,3号、4号灌浆洞内增加1排灌浆帷幕孔;三是对特殊地质条件部位进行加固处理,F_1断层带帷幕实施水泥化学复合灌浆。

(一)帷幕补强

根据水库蓄水后渗漏情况,帷幕灌浆补强施工分3个阶段实施。

1. 第一阶段

第一阶段施工自 2000 年 3 月至 2001 年 12 月, 库水位在 235 米高程以下, 主要工作有:

(1) 在 2 号灌浆洞内对 F_1 断层以右强透水岩层进行补强灌浆, 帷幕底线高程降到 65 米。工程由中国水电基础工程局施工, 于 2000 年 3 月开始, 2001 年 2 月完成。

(2) 3 号灌浆洞内增加 1 排灌浆帷幕孔。工程由黄委会设计院地勘总队施工, 于 2000 年 3 月开始, 2001 年 3 月完成。

(3) 4 号灌浆洞内增加 1 排灌浆帷幕孔, 帷幕底线高程由 130 米降到 80 米。工程由中国水电基础工程局施工, 于 2000 年 4 月开始, 2001 年 2 月完成。

(4) 左岸山体地面灌浆工程, 由原设计 1 排孔增加为 2 排孔, 孔深延长到强透水层下, 帷幕底线高程由 130 米降到 90 米。工程于 2001 年 4 月开始实施, 2002 年 1 月完成。左岸山体补强灌浆帷幕布置见图 5-6-3。

左岸山体地面灌浆分 4 个标段, 分别是溢洪道及以右帷幕灌浆工程、溢洪道北侧至 4 号灌浆洞北端帷幕灌浆工程、4 号灌浆洞北端至副坝南端帷幕灌浆工程、副坝以北帷幕灌浆工程。溢洪道及以右帷幕灌浆工程由中国水利水电第六工程局和闽江工程局实施;溢洪道北侧至 4 号灌浆洞北端帷幕灌浆工程由中国水利水电第三工程局实施;4 号灌浆洞北端至副坝南端帷幕灌浆工程由中国水利水电第一工程局实施;副坝以北帷幕灌浆工程由中国水电基础工程局和小浪底水利水电工程公司实施。

(5) 1 号灌浆洞帷幕灌浆由 1 排孔增加到 2 排孔, 帷幕底线高程达到 220 米, 由洛阳兴河水利水电工程公司和中国水利水电第一工程局施工, 于 2001 年 8 月开始, 2002 年 2 月完成。

2. 第二阶段

第二阶段补强灌浆施工自 2002 年 1 月至 2003 年 8 月。2001 年底库水位超过 235 米, 2 号、30 号排水洞渗水量明显增大。小浪底建管局委托河海大学采用同位素综合示踪法、黄委会设计院物探总队采用瞬变电磁法探测出集中渗漏通道。根据检查出的集中渗漏通道, 针对性地对帷幕灌浆进行补强加固。主要帷幕灌浆补强措施如下:

(1) 在 2 号灌浆洞内对 F_1 断层带进行水泥化学复合灌浆。工程由中国水

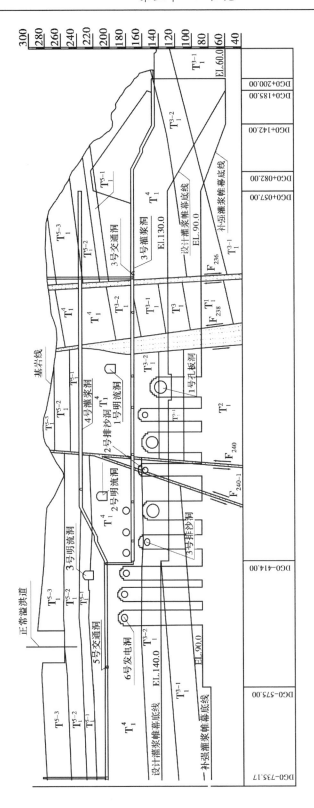

图 5-6-3 左岸山体补强灌浆帷幕布置

电基础工程局施工,于 2001 年 12 月开始,2002 年 12 月完成。

(2)在 4 号灌浆洞内对 2 个集中渗漏通道实施灌浆封堵,对 F_{238} 断层带再次补强灌浆。工程由中国水利水电第三工程局施工,于 2003 年 8 月开始,2003 年 10 月完成。

(3)对 3 号灌浆洞右端洞顶以上左岸岸坡"三角区"进行补强灌浆。工程由小浪底水利水电工程公司施工,于 2003 年 5 月开始,2003 年 8 月完成。

(4)封堵帷幕轴线上游侧 5 个地质探洞,并对已封堵的探洞采用灌浆补充封堵。工程由中国水利水电第十四工程局施工,于 2002 年 5 月开始,2003 年 7 月完成。

3. 第三阶段

第三阶段施工自 2003 年 9 月至 2005 年 7 月。受"华西秋雨"影响,2003 年 8 月库水位超 240 米,左岸山体出现壳状渗漏,位置较高的 4 号排水洞、28 号排水洞及厂房顶拱渗水量增加。为减少左岸山体渗水,改善地下厂房运行环境,对左岸山体帷幕进行了补强,主要有:

(1)从 3 号灌浆洞左端对 4 号、5 号、6 号发电洞下部围岩实施补强灌浆。在 4 号灌浆洞内从 3 号明流洞以北向下补打 1 排灌浆孔,孔底高程 140 米,封堵强透水层。工程由洛阳兴河水利水电工程公司施工,于 2004 年 6 月开始,2005 年 3 月完成。

(2)在灌溉洞内向下实施封堵灌浆,孔底高程到 90 米;向上灌浆到 245 米高程,封堵渗漏通道。两端通过地面灌浆与左岸山体帷幕灌浆连接。工程由中国水电基础工程局施工,于 2004 年 6 月开始,2005 年 6 月完成。

(3)3 号明流洞以左,自地面进行补强灌浆,设 2 排灌浆孔。4 号灌浆洞内灌浆封堵左岸山体上部风化岩体。工程由中国水利水电第一工程局施工,于 2004 年 6 月开始,2004 年 12 月完成。

(4)在 3 号、4 号灌浆洞内对 F_{236} 和 F_{238} 断层影响带进行补强灌浆。工程由中国水利水电第一工程局和中国水利水电第十一工程局施工,于 2005 年 2 月开始,2005 年 7 月完成。

(5)在 4 号和 28 号排水洞内补打部分排水孔。工程由黄委会设计院地勘总队施工,于 2003 年 6 月开始,2004 年 2 月完成。

(二)施工方法

帷幕灌浆补强工程主要采用"孔口封闭,孔内循环,自上而下"灌浆工艺。

围岩条件较好部位采用自下而上分段纯压灌浆,左岸山体局部灌浆采用 GIN 灌浆技术。

GIN 灌浆又称灌浆强度值,是单位长度上灌浆消耗的能量,即使用单一配合比、具有宾汉流体特性的稳定浆液,通过自动记录仪对选定的 GIN 曲线进行过程监控,以获得密实、均匀的灌浆帷幕体。小浪底工程于 1995 年在左岸山体进行了 GIN 法灌浆现场试验,1996 年在 2 号灌浆洞进行了 GIN 试验性生产,2000 年 4 月至 2000 年底在左岸山体溢洪道北侧至 4 号灌浆洞北端和副坝以北两个标段采用 GIN 灌浆法施工。

(三)完成主要工程量

帷幕灌浆补强工程完成帷幕钻孔进尺 279 773 米,灌浆 250 955 米,注入水泥、化学材料 62 441 吨。各阶段帷幕灌浆补强工程量见表 5-6-1。

表 5-6-1　各阶段帷幕灌浆补强工程量

序号	施工部位	孔数(个)	钻孔进尺(米)	灌浆长度(米)	水泥灌入量(千克)	单位长度灌浆量(千克每米)
	第一阶段	1 850	142 700	131 317	52 962 665	403.3
1	2 号灌浆洞内补强灌浆					
1.1	帷幕灌浆	76	3 493	3441	864 332	251.2
1.2	副帷幕灌浆	38	671	647	190 596	294.6
2	右岸 F_{231} ~ F_{233} 断层带封堵灌浆	61	7 707	4 785	2 156 975	450.8
3	3 号灌浆洞内补强灌浆	312	21 116	20 960	4 507 006	215.0
4	4 号灌浆洞内补强灌浆	396	30 429	30 232	6 954 898	230.0
5	大坝左端以北地面灌浆					
5.1	溢洪道以右灌浆	184	13 881	11 063	8 724 561	788.6
5.2	溢洪道北至 4 号灌浆洞北端灌浆	176	15 859	12 873	4 191 252	325.6
5.3	4 号灌浆洞北端至副坝南端灌浆	102	10 756	10 144	6 023 960	593.9
5.4	副坝	195	17 787	17 397	9 543 803	548.6
5.5	副坝北端以北灌浆	161	12 344	11 207	6 344 730	566.1

续表 5-6-1

序号	施工部位	孔数（个）	钻孔进尺（米）	灌浆长度（米）	水泥灌入量(千克)	单位长度灌浆量（千克每米）
6	1 号灌浆洞内帷幕灌浆	149	8 657	8 568	3 460 552	403.9
	第二阶段	222	12 622	10 796	1 686 705	156
1	F_1 断层带补强加固					
1.1	水泥灌浆	28	520	428	11 174	26.1
1.2	化学灌浆	14	259	215	13 760	64
2	渗漏通道封堵灌浆及 F_{238} 断层带补强灌浆	85	6 846	5 896	33 032	5.6
3	3 号灌浆洞洞顶三角区补强灌浆	73	2 427	2 392	160 808	67.2
4	F_{28} 封堵灌浆	22	2 570	1 865	1 467 931	787.1
	第三阶段	1 257	124 451	108 842	7 791 281	72
1	左岸山体帷幕补强灌浆					
1.1	3 号灌浆洞内灌浆	24	12 500	2 233	77 017	34.5
1.2	4 号灌浆洞内灌浆	184		8 897	133 450	15.0
2	灌溉洞向下帷幕灌浆	209	27 800	27 658	2 766 413	100.0
	灌溉洞向上帷幕灌浆	105	1 943	1 885	175 235	93.0
3	左岸山体地面灌浆	380	43 000	32 521	2 700 951	83.1
4	左坝肩帷幕补强灌浆					
4.1	3 号灌浆洞内灌浆	219	29 158	26 507	1 596 565	60.2
4.2	4 号灌浆洞内灌浆	126	9 900	8 991	259 574	28.9
5	副坝前渗漏点封堵灌浆	10	150	150	82 076	547.2
	总　计	3 329	279 773	250 955	62 440 651	

六、灌溉洞工程

北岸灌溉洞是为小浪底工程北岸灌区和西沟水库供水,进口底板高程 223 米,全长 865.71 米。由于北岸灌区处于规划阶段,桩号 0+865.71 之后建筑物由地方政府续建,尚未实施。

随小浪底工程施工的灌溉洞主要建筑物包括进水塔及控制闸门、压力洞和西沟水库供水支洞及其控制闸门等。灌溉洞施工分两期实施,一期工程由 Ⅱ 标承包商施工,施工范围是灌溉洞进水塔和前 150 米压力隧洞;其余部分为二期工程,由小浪底水利水电工程公司和中国水利水电第十四工程局联营体施工。二期工程于 2001 年 11 月开工,2003 年 7 月完工。

灌溉洞为压力隧洞,开挖洞径 4.5 米,衬砌后洞径 3.5 米。西沟水库供水支洞与灌溉洞斜交于桩号 0+818.44,全长 172.85 米,洞径与灌溉洞相同,出口设置弧形闸门;闸门后设置有消能设施,而后进入西沟水库。

灌溉洞采用钻爆法开挖,采用喷混凝土加锚杆支护,采用钢模台车进行混凝土衬砌。

七、西沟坝工程

西沟坝位于地下厂房东北 500 米石板沟上游,坝址控制流域面积 0.532 平方千米,水库最高蓄水位 223 米时库容 41.59 万立方米。西沟水库主要功能有两个方面:一是拦截坝址以上洪水,保护地下厂房和技术供水池运行安全;二是从灌溉洞供水支洞取水,作为小浪底水电站机组技术供水备用水源。

西沟坝工程为 Ⅱ 级建筑物,主要建筑物有坝体和泄洪洞等。西沟坝坝型为黏土心墙土石坝,最大坝高 39 米,坝顶高程 225 米,正常蓄水位 223 米,坝顶长 170 米。西沟坝工程分期实施,西沟坝拦洪围堰和泄洪洞在前期工程中由中国水利水电第十一工程局实施。坝体填筑由小浪底水利水电工程公司和中国水利水电第三工程局实施,1998 年 10 月开工,1999 年 12 月完工;泄洪洞改造工程由中国水利水电第三工程局实施,2002 年 6 月开工,2003 年 7 月完工。西沟坝典型剖面见图 5-6-4。

(一)坝基开挖及处理

坝基除围堰和 8 号公路占压范围外均开挖至基岩。挖除右岸防渗体 1 区

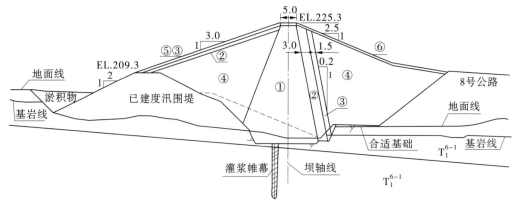

①—壤土心墙；②—反滤层；③—过渡层；④—土石混合料；
⑤—上游干砌石护坡；⑥—下游干砌石护坡

图5-6-4 西沟坝典型剖面 （单位：米）

范围内倾倒变形体；河床及左岸部位，防渗体1区范围开挖至完整岩石，其他部位开挖至基岩面下1米。根据开挖后基岩面实际情况，沿帷幕线浇筑混凝土盖板，盖板以外心墙基础面实施喷混凝土。

（二）帷幕灌浆

河床及坝肩范围布置1排主帷幕孔。主帷幕深入相对隔水层，河床部位帷幕底线高程165米，向左岸逐渐抬高到高程195米；向右岸岸边延伸2倍坝高，帷幕底线高程200米。主帷幕两侧各设1排副帷幕，孔深12米，主、副帷幕排距1米，孔距2米。帷幕灌浆完成钻孔260个，进尺4 926米，灌浆进尺4 286米，共注入水泥523.06吨。

（三）坝体填筑

根据坝体分区，西沟坝坝体填筑主要包括防渗土料、反滤料、过渡料、石渣料和干砌石护坡填筑与施工。坝体施工采用平起填筑，分层碾压。防渗土料铺土厚度20～23厘米，凸块振动碾碾压8遍；坝壳石渣料铺层厚度60厘米，振动平碾碾压8遍；反滤料和过渡料填筑铺层厚20～25厘米，振动平碾碾压8遍。上下游坝面采用干砌石护坡，人工砌筑。

（四）泄洪洞改造工程

西沟水库泄洪洞改造工程主要包括引水渠、进水塔、启闭机室、交通桥、泄洪洞改建。

进水塔内布置拦污栅、1扇事故闸门和800千牛固定卷扬式启闭机，上部

225~238 米高程为启闭机室,通过交通桥与坝顶公路连接。交通桥桥面高程225 米,净宽 4.8 米。

泄洪洞原为无压城门洞形,改建为半径 1.4 米圆形有压隧洞,混凝土衬砌厚度 0.4 米。

(五)水库充水试验及防渗处理

2003 年 9 月,西沟水库进行充水试验,发现清水池泵房北侧和 5 号尾水洞洞顶渗水,水库无法正常蓄水运用。2006 年 5 月至 2008 年 11 月,小浪底水利水电工程公司对西沟水库进行了防渗处理。

第七节 尾工工程

小浪底主体工程基本完工后,进行了主体工程缺陷处理,完善配套设施,并按照统一规划对施工场地进行整治、道路硬化,改善了枢纽管理区生态环境和工作环境。

一、主体工程缺陷处理

主体工程缺陷处理工作包括主体工程缺陷处理和部分完善项目。主体工程缺陷处理工作主要有混凝土裂缝、伸缩缝渗水、混凝土掉块处理等。完善项目包括岩石边坡支护、增加排水管和排水沟、主体建筑物外观装修等工作。主要承包商有小浪底水利水电工程公司、中国水利水电第十四工程局、中国水利水电第三工程局。施工时间为 2001 年 1 月到 2003 年底。

二、主体工程配套项目

小浪底主体工程配套项目主要包括电厂远程自动化控制系统、郑州生产调度中心、武警营地、永久码头、枢纽管理区南北岸大门、左岸山体及坝基防渗处理工程,还相继实施了消防站工程、坝下水文站工程、索道桥工程、中闸室和进水塔新增通风系统、地下厂房通风机楼工程。主要承包商有中国水利水电第十四工程局、河南黄河工程局、小浪底水利水电工程公司、北京中水科自动化工程公司、河南省第六建筑工程公司。配套工程于 2001 年初开始施工,2006 年 3 月完成。

三、施工场地整治及绿化

根据枢纽管理区统一规划,对已完成工程施工场地进行了整治和水土保持工作。

施工场地整治工作主要有场地平整、不规则山包挖除、基坑回填、不稳定边坡防护,以及环境绿化。主要承包商有小浪底水利水电工程公司和河南省小浪底绿化工程公司。场地整治工作于1999年开工,2003年底完工。

水土保持工作结合工程特点和进度安排,进行了水土流失防治总体规划,采取了具体的工程措施,主要有修建挡墙、开挖排水沟、削坡开级和混凝土护坡。

四、管理区公路路面硬化

枢纽管理区施工期道路为泥结碎石路面。主体工程完工后,将泥结碎石路面进行硬化,改建为混凝土路面。改建公路主要包括2号、4号、5号、8号、9号、15号、16号和17号公路。2号、15号、16号和17号公路路面硬化由小浪底水利水电工程公司施工,4号公路路面硬化由中国水利水电第十一工程局施工,5号公路路面硬化由小浪底实业公司施工,8号公路路面硬化由中国水利水电第三工程局施工,9号公路路面硬化由中国水利水电第三工程局和河南黄河工程局施工。施工时间为2001年5月至2002年6月。

第六章　工程监理

小浪底工程建设部分资金利用世界银行贷款,按照世界银行采购导则,结合中国水利工程建设领域体制改革,为更好地做好工程进度、质量、投资控制,做好现场协调工作,小浪底工程实行业主负责制、招标投标制、建设监理制和合同管理制,形成了与国际惯例接轨并具有中国特色的建设管理模式。

为适应国际工程建设管理需要,小浪底工程根据分标和工程情况,设立监理机构,配备足额监理人员,实行"小业主、大监理"、全过程旁站监理、与承包商同步开展试验检测和测量,全面履行进度控制、质量控制、投资控制、合同管理、信息管理和组织协调职责。

小浪底工程施工过程中,监理工程师以合同为依据,收集、整理、分析工程信息,组织协调相关问题,采取有效措施,把控施工质量,挽回中间延误工期,合理处理变更和索赔,有效控制项目投资,协助业主引进争议评审团,解决合同争议。小浪底工程实现工期提前、质量优良、投资节余的建设目标。

第一节　监理机制

为满足国际标工程建设监理要求,水利部批准成立小浪底咨询公司,由小浪底咨询公司承担工程监理工作。小浪底工程建设监理实行"小业主、大监理"管理模式,按照 FIDIC 合同条件全面履行监理职责,并根据工程分标情况设置监理机构,配置试验、检测和测量设备,同步开展质量检查与试验。

一、监理机构

1991 年 9 月,小浪底前期工程开工,小浪底建管局设立内部处室履行监理职责,主要包括大坝项目处(监理一处)、泄洪项目处(监理二处)、厂房项目处(监理三处)、机电项目处(监理四处)、房建项目处(监理五处)、实验室、测量处等。监理处室主要承担项目监理工作,同时代表业主负责项目管理工作。

为满足小浪底工程国际工程建设监理要求,1992 年 9 月水利部批准成立小浪底咨询公司。小浪底咨询公司作为独立第三方承担小浪底工程监理任务,党组织关系和行政后勤由小浪底建管局代管。

按照工程分标情况,小浪底咨询公司先后设置大坝工程师代表部、泄洪工程师代表部、厂房工程师代表部、机电工程师代表部,由工程师代表部直接负责项目监理工作;设置质量管理实验室、测量计量部、原型观测室、地质监理部等专业处室,负责专业监理工作;设置办公室、工程技术部、合同部、前方总值班室等职能处室,负责相关职能业务工作。

其他主体工程按照区域相近或内容相关原则,分别由4个工程师代表部承担监理职责,小浪底工程实现监理全覆盖。根据工程建设进展情况,2001年3月,土建主体工程基本完工,进入尾工工程建设阶段,小浪底咨询公司成立土建项目部,由土建项目部负责国际标剩余工程和尾工工程监理工作。

二、监理人员

小浪底前期工程开工时,小浪底建管局监理处室工作人员主要从水电工程局或设计院选调高级技术和管理人员,从高等院校招聘应届毕业生,采用以老带新工作模式。

小浪底主体工程开工时,当时国内没有具备监理资质的监理队伍和监理人员可供选择,小浪底咨询公司以原有监理处室工作人员为班底,邀请国内水利水电设计或施工单位选派部分技术人员,经审查后选聘充实监理队伍。大坝项目处和西北勘测设计研究院联合组建大坝工程师代表部,负责主坝标施工监理工作,施工高峰期监理人员60余人;厂房项目处和天津水利水电勘测设计院联合组建泄洪工程师代表部,负责泄洪工程标监理工作,后期又从中国水利水电第三工程局、中国水利水电第四工程局等选聘监理人员,施工高峰期监理人员220余人;泄洪项目处和黄委会设计院、中国水利水电第五工程局联合组建厂房工程师代表部,负责引水发电设施标监理工作,施工高峰期监理人员80余人;机电项目处部分工作人员和中国水利水电第五工程局联合组建机电工程师代表部,负责机电安装标监理工作,施工高峰期监理人员60余人;质量管理实验室在原实验室工作人员基础上,选聘中国水利水电第三工程局、中国水利水电第四工程局、黄委会设计院等部分技术人员;测量计量部在原班工作人员基础上,选聘黄委会设计院测绘总队部分技术人员;地质监理部主要为黄委会设计院地勘总队技术人员；办公室、工程技术部、合同部、前方总值班室工作人员主要为小浪底咨询公司职工。

为适应国际招标工程监理要求，小浪底建管局先后组织监理工程师、英语等专业培训班，提高监理人员工作能力。工程建设高峰期，小浪底咨询公司监理人员达 650 余人。工程建成后，小浪底咨询公司部分职工转入枢纽运行管理工作，部分职工从事其他工程监理工作。小浪底咨询公司为中国水利水电行业培养了监理队伍和大批监理人才。

三、监理职责

小浪底前期工程监理参照国内工程监理试点情况履行监理职责，主要包括进度控制和质量控制、审核工程量、组织单项工程验收等，并结合实际情况，承担部分用地征迁及施工协调等工作。主体工程建设期间，小浪底咨询公司履行进度控制、质量控制、投资控制、合同管理、信息管理和组织协调等监理职责；尾工工程建设阶段，基本上按主体工程监理模式实施监理工作。

按照 FIDIC 合同条件，小浪底咨询公司定义为工程师单位，是独立于业主和承包商之外的第三方，公平、公正地履行监理工程师职责，主要包括：负责合同管理工作，协调、督促合同各方执行合同规定的权利、责任和义务，处理合同问题；监督检查施工进度和质量，督促承包商按批准的进度计划组织施工；审核承包商提出的支付申请，开具支付证书；按合同规定时间向承包商提供设计图纸，并审查承包商提交的车间图；向承包商发布工程变更指令，确定工程变更价格和工期影响；检查承包商提供的建筑材料和永久设备，保证其符合合同要求和技术规范；审核承包商提出的索赔报告，进行评估并提出评估意见；组织召开施工进度协调会并形成会议纪要，协调解决相关技术问题；记录施工过程中的日常工作、重大事件，整理施工记录，对来往函件及相关文件进行整理归档；协调在同一区域内施工各承包商工作安排；向承包商颁发工程移交证书、缺陷责任期满证书等。

小浪底工程分为国内标工程和国际标工程，业主赋予监理工程师相同监理职责。国际标工程监理工程师按照 FIDIC 合同条件履行职责，内容全面，程序严格，变更和索赔属于正常合同管理业务。国内标工程合同管理，原则性条款较多，合同变更和索赔带有补偿含义，监理工程师对国内标合同问题主要以协商方式进行处理。

四、监理分工

前期工程施工中,监理一处负责1~5号公路和黄河大桥、主坝防渗墙一期工程、上游围堰防渗墙一期工程、1号和2号交通洞、1号排水洞、2号灌浆洞施工监理工作;监理二处负责6~10号公路、导流洞1号和2号施工支洞、泄洪排沙系统进水口一期工程、出水口一期工程、导流洞上中导洞工程、尾水渠一期工程、3号和4号交通洞工程施工监理工作;监理三处负责留庄转运站、施工供电系统的土建部分、北岸洞群和蓼坞供水系统、砂石料系统项目的施工监理工作;监理四处负责施工供电系统机电安装部分施工监理工作;监理五处负责房建项目施工监理工作。

主体工程施工中,各监理部门分工如下:

(1)总监理工程师办公室负责小浪底工程咨询公司劳务、财务、文档、文印、行政党务、安全、防汛等工作。

(2)大坝工程师代表部、泄洪工程师代表部、厂房工程师代表部代表总监理工程师行使职权,负责本标段工程施工进度、质量、投资控制,负责合同管理、信息管理和施工协调工作。

(3)机电工程师代表部主要负责机电设备和金属结构安装监理工作,为协调设备安装与土建施工关系,土建国际标金属结构设备安装监理工作后期划入泄洪和厂房工程师代表部。

(4)质量管理实验室是小浪底工程监理质量控制的关键部门。从原材料试验、土工试验、混凝土试验、岩石力学试验等方面对施工全过程质量进行检验和检查。

(5)测量计量部负责工程测量监理、工程计量和外部变形监测系统建设监测工作。全面负责小浪底工程的监测控制网、放线、计量、检验和校核、竣工验收等方面监测校核工作。负责工程量计量和审查工作,为监理工程师审核和签发支付凭证提供依据。

(6)原型观测室负责安全监测仪器率定、埋设和安装过程监理工作。主要负责审查监测设计图,审查承包商提交的施工进度计划并进行控制;监测仪器进场验收、检验、测试和标定过程监理;监测仪器埋设安装过程监理。

（7）工程技术部主要负责对设计图纸进行审查、发放和管理，负责与黄委会设计院业务交接，编制监理月报，组织或参与验收工作。

（8）合同部负责合同管理工作，协助工程师代表部处理国际标变更、索赔、材料调差、劳务调差及后继法规等合同问题，审查工程师代表部起草的支付证书，编写商务简报。

（9）前方总值班室负责现场施工协调工作，根据进度计划对承包商进行监督检查，及时掌握现场情况，反馈各种信息，召开监理工程师与承包商现场协调会，协调和处理现场施工干扰和问题。

五、监理规划和制度

工程师代表部根据工作范围和职责，编制监理规划和实施细则，编制进度控制计划，用于指导监理工作。监理规划编制依据有工程建设法律法规、施工承包合同和设计文件，主要内容包括监理工作内容、监理工作目标、监理组织机构、监理措施、监理工作制度和监理设施。监理实施细则主要内容包括监理工作流程、监理工作控制要点、监理方法和措施等。

根据监理工作实际情况，小浪底咨询公司逐步完善各项监理工作制度，主要包括监理例会制度、监理报告制度、现场值班制度、工程师代表部内部会议制度、计量支付管理办法、变更索赔管理办法、质量控制管理办法和材料管理办法等。

六、监理模式

小浪底工程实行建设监理制，监理工程师依据合同和国内水利工程建设监理相关制度，结合小浪底工程实际情况开展监理工作。

（1）"小业主、大监理"管理模式。小浪底主体工程建设监理实行"小业主、大监理"管理模式，小浪底建管局不断优化业主单位组织机构，将业主单位国际合同管理和技术管理部门划归小浪底咨询公司，并调整机关单位技术人员充实小浪底咨询公司力量。同时，小浪底建管局各种资源向监理一线倾斜，在后勤保障、车辆使用、计算机配置、奖金分配、荣誉评选等方面优先保障，充分调动监理一线人员的积极性。

（2）全面履行 FIDIC 合同条件监理职责。按照 FIDIC 合同，小浪底建管局与小浪底咨询公司签订监理服务协议,给监理工程师充分授权。在技术问题决策上,除涉及全局重大问题提交技术委员会确定外,一般技术问题均由工程技术部和工程师代表部确认批复;在合同范围内,监理工程师与业主和承包商协商后,确定合同变更和暂定单价,对于后继法规、差价补偿等共性问题,由监理工程师统一受理,经与业主和承包商协商后做出决定;在质量管理上,监理工程师有验收和签证的权力。

(3)提前介入项目技术方案。主体工程招标阶段,监理工程师提前介入承包商投标文件评审和施工方案审查,准确掌握工程设计和承包商施工组织;工程建设过程中,监理工程师提前审核批准承包商单项工程施工方案和技术措施,全面掌握施工技术控制要点。后续建设项目中,监理工程师提前介入项目设计方案审查、招标文件评审和施工技术审查等工作,做到全过程掌握项目建设情况。

(4)同步开展检测、试验和测量计量。小浪底工程从前期工程开始到工程完工,在实施旁站监理和见证监理的同时,与承包商同步开展质量检测、试验和测量计量工作。小浪底咨询公司购置测量、试验、检测等设备仪器,测量计量设备仪器主要有电子经纬仪、全站仪、断面仪、测距仪、水准仪和 GPS 接收机等;混凝土和原材料检测设备主要有液压(万能)试验机、混凝土抗冻机、回弹仪、抗渗仪、锚杆砂浆饱锚度测定仪(瑞典)等;土工检测设备主要有核子密度仪(美国)、无黏性土相对密度测定仪、振动筛、击实仪、土壤剪力仪和三轴剪力仪等。小浪底咨询公司检测、试验和测量结果具有权威性,对确保小浪底工程质量起到重要作用。

(5)全过程实施旁站监理。小浪底前期工程建设期间,监理工程师主要通过巡视和关键环节检查做好现场控制;主体工程及尾工建设期间,现场监理实行三班(两班)值班制,对每个工作面全过程进行翔实记录和监控,对关键部位和关键工序进行检查与验收。监理工程师每班记录监理日志,主要内容包括具体工作内容、范围、技术要求,承包商人员和设备投入,发现和处理的主要问题等。

第二节　进度控制

前期工程施工中,监理工程师主要通过现场巡视和周例会进行进度控制;

主体工程国际标施工中,监理工程师采取发布开工令、审批目标进度计划、检查承包商资源配置、审批修正计划、妥善处理影响进度事件等措施实施进度控制;主体工程国内标和尾工工程基本采用国际标模式实施进度控制。

监理工程师与参建各方密切协作,采取各种进度控制措施,挽回延误工期,保证项目实施符合总体目标进度计划,工程施工进度比计划工期提前完工。

一、进度控制依据

小浪底工程Ⅰ标、Ⅱ标、Ⅲ标和Ⅳ标合同中规定各标进度目标和工作内容,前期工程、国内标主体工程和尾工工程合同规定的完工日期,作为监理工程师进度控制依据。

(一)Ⅰ标进度控制依据

Ⅰ标合同技术规范规定4个中间完工日期和1个合同完工日期。

第一个中间完工日期为1997年10月31日,完成截流前全部准备工作。第二个中间完工日期为1998年6月30日,上游围堰填筑到185米高程。第三个中间完工日期为1999年6月30日,主坝填筑到200米高程。第四个中间完工日期为2000年6月30日,主坝填筑到236米高程。Ⅰ标合同规定合同完工日期为2001年12月31日。

(二)Ⅱ标进度控制依据

Ⅱ标合同技术规范规定13个中间完工日期和1个合同完工日期。

第一个中间完工日期为1995年9月30日,完成1号、2号、3号尾水渠和尾水出口、右边墙、尾水护坦、尾水导墙等工程开挖与支护工作,完成13号公路建设,并将该区域移交给Ⅲ标承包商。第二个中间完工日期为1995年10月31日,完成21号交通洞开挖、支护和上部混凝土施工,并将该区域移交给Ⅲ标承包商。第三个中间完工日期为1995年12月31日,完成1~6号发电洞前50米开挖和支护工作,并将该区域移交给Ⅲ标承包商;在连地滩料场加工规定数量的骨料。第四个中间完工日期为1996年12月31日,完成2号、3号灌浆洞施工,并将灌浆洞移交给其他承包商;在连地滩料场加工生产合同规定数量的混凝土骨料。第五个中间完工日期为1997年4月30日,完成尾水护坦、右岸边墙和尾水导墙混凝土浇筑,并把场地移交给Ⅲ标承包商。第六个中间完工日期为1997年10月31日,完成截流前准备工作,完成4号排水洞与3号中闸室连接部位 30 米范围内施工。第七个中间完工日期为 1997 年 12 月 31 日,在连地滩料场加工生产合同规定数量的各类骨料。第八个中间完工日期为 1998 年 5 月 30 日,完成灌溉洞上游 150 米开挖、支护和混凝土衬砌工作,并将该区域移交给其他承包商。第九个中间完工日期为 1998 年 9 月 30 日,完成通往 1 号、2 号和 3 号中闸室的电梯竖井、步行梯和通风竖井施工,完成 1 号、2 号和 3 号明流洞开挖、支护和回填工作。第十个中间完工日期为 1998 年 12 月 31 日,在连地滩料场加工生产合同规定数量的各类骨料。第十一个中间完工日期为 1999 年 7 月 1 日,完成导流相关排沙洞和 1 号孔板洞施工工作。第十二个中间完工日期为 1999 年 12 月 31 日,在连地滩料场加工生产规定数量的各类骨料。第十三个中间完工日期为 2000 年 7 月 1 日,完成导流相关孔板洞、明流洞施工工作。Ⅱ标合同完工日期为 2001 年 6 月 30 日。

(三) Ⅲ标进度控制依据

Ⅲ标合同技术规范规定 6 个中间完工日期和 1 个合同完工日期。

第一个中间完工日期为 1998 年 2 月 15 日,完成 5 号、6 号机组段及与之对应的主变洞、尾水闸门室部分,完成 5 号和 6 号压力钢管下平段、安装间、副厂房、4 号排水洞和 6 号通风井,并把该作业区和主厂房左端桥机移交给Ⅳ标承包商。第二个中间完工日期为 1999 年 6 月 30 日,完成 3 号、4 号机组段及与之对应的主变洞、尾水闸门室部分,完成 3 号和 4 号压力钢管下平段施工,并将该作业区移交给Ⅳ标承包商。第三个中间完工日期为 2000 年 7 月 31 日,完成 1 号、2 号机组段及与之对应的主变洞和尾水闸门室部分,完成 1 号、2 号压力钢管下平段施工,并将该区域移交给Ⅳ标承包商。第四个中间完工日期为 1999 年 1 月 2 日,完成 3 号通风井施工。第五个中间完工日期为 1999 年 1 月 1 日,完成 19 号、20 号电缆洞和 4 号电梯井开挖工作,并将该区域移交给其他承包商。第六个中间完工日期为 1999 年 12 月 31 日,完成 1 号、2 号、3 号尾水明渠、防淤闸施工,并将该作业区移交给业主。Ⅲ标合同完工日期为 2000 年 7 月 31 日。

(四) Ⅳ标进度控制依据

Ⅳ标合同技术规范规定 6 台水轮发电机组投入试运行时间。

小浪底工程首台(6 号)机组投入试运行时间为 1999 年 12 月 31 日,第二台(5 号)机组投入试运行时间为 2000 年 5 月 31 日,第三台(4 号)机组投入试运行时间为 2000 年 10 月 31 日,第四台(3 号)机组投入试运行时间为 2001 年 3 月 31 日,第五台(2 号)机组投入试运行时间为 2001 年 8 月 31 日,第六台(1 号)机组投入试运行时间为 2001 年 12 月 31 日。机电设备安装及土建工程的竣工时间为 2002 年 3 月 31 日。

二、进度控制措施

监理工程师通过发布开工令、审批目标进度计划、检查承包商资源配置、审批修订计划、审批施工延期等措施,确保各项实施符合总体目标进度计划。

(一) 发布开工令

依据国际标合同,合同签订后 14 天内,监理工程师发布合同开工令。1994 年 5 月 30 日,总监理工程师发布Ⅰ标和Ⅲ标工程开工令;1994 年 6 月 30 日,总监理工程师发布Ⅱ标工程开工令。

承包商进场后,监理工程师检查承包商人员、设备、材料现场准备情况,认为具备单项工程开工条件时,适时发布单项工程开工令,单项工程开工令由各标工程师代表发布。

(二) 审批目标进度计划

承包商进场后,提交一份目标进度计划报请监理工程师审批。监理工程师根据合同工期,对承包商目标进度计划进行审查,主要包括检查进度计划是否满足合同规定工期要求;检查进度安排的合理性;检查目标计划网络中各作业逻辑关系的合理性;检查关键路线和关键作业确定的合理性和可行性;检查资源配置是否满足进度计划要求;检查场地使用、施工进度与其他承包商及业主的关系是否符合合同要求;检查承包商现金流的合理性。监理工程师检查满足合同要求后,批准承包商目标进度计划。

(三) 检查承包商资源配置

承包商进场阶段,监理工程师按照投标文件检查承包商入场条件,主要包括审查承包商现场组织机构,审查承包商目标进度计划和施工组织设计,检查承包商现场实验室和测量部门建设,检查承包商需要办理的工商税务等各类行政审批手续,检查承包商办理的各类保险等。对不满足投标文件要求的事项,督促承包商尽快落实。

在单项工程开工前,监理工程师检查承包商资源配置情况,主要包括人员、设备、材料等进场情况,如果不符合投标文件要求,在承包商补充完善后方可开工。在施工过程中,随时检查承包商人员、设备等配置情况,并与施工强度分析对比,发现问题督促承包商采取措施进行整改。

(四) 审批修正计划

按照业主要求,监理工程师和国际承包商统一使用 P3 软件进行进度计划编制和修订。通过 P3 软件,监理工程师全面掌握工程整体进展情况和资源投入情况,分析关键线路与高峰资源情况。当实际进度计划与目标计划发生偏离时,监理工程师进一步分析原因,督促承包商调整或改善资源配置、优化紧前和紧后施工工序等,使偏离工作进度尽量调整到总体进度目标上。

当现场实际进度发生较大偏差时,监理工程师批准的进度计划已不符合进度控制要求,承包商需要重新修订进度计划,并报监理工程师审批。监理工程师通过审批承包商进度计划,督促承包商合理调配资源,确保总体进度目标实现。

(五) 审批施工延期

依据合同,因地质条件变化、设计变更等因素造成工期延误,承包商有权申请费用补偿和工期延长。监理工程师在收到延期申请报告后,首先进行调查、分析、研究,然后审慎地界定各方延期责任及责任大小,对延期做出客观准确的评估,对非承包商原因导致的延期进行批复。监理工程师批准的延期均处在项目网络计划的关键线路上,非关键线路上延误的工期不予批准,关键线路上工期延误会对后续工作产生影响。对于工程延期,业主一般采取两种对策:一种是顺延工期;另一种是要求承包商采取赶工措施,增加资源投入,加快施工进度,抢回工期,为此业主需支付赶工费用。小浪底工程采用第二种对策,局部工期延误后采取赶工措施,以保证中间完工日期和竣工日期的实现。如Ⅱ标导流洞塌方后工期延误较多,业主同意支付非承包商原因延误而产生的赶工费用,监理工程师协助承包商制订了赶工计划,并监督承包商实施,赶回了延误的时间,保证第六个中间完工日期实现。

非业主原因产生的工期延误包括两部分:一是承包商原因产生的延误,二是非承包商原因产生的延误。对于承包商原因导致的延误,如施工组织管理不善等,承包商应承担责任。监理工程师督促承包商采取措施,实施赶工计划,追回滞后的工期;否则,承包商要向业主支付误期赔偿金。部分工期延误既非业主的过错,也不是承包商的原因,如地震等不可抗力,但根据合同风险分配机制,这部分责任由业主方承担。

三、进度计划修正

工程建设过程中,国际标承包商根据合同和现场施工条件变化情况,每 3~6 个月提交 1 次修正计划。合同周期内,Ⅰ标承包商提交 10 次修正计划,Ⅱ标承包商提交 25 次修正计划,Ⅲ标承包商提交 12 次修正计划,监理工程师进行审查批复。国内标工程合同中没有规定修正进度计划要求,监理工程师一般根据现场实施情况,通过进度计划会议,调整相关工程进度安排和承包商资源投入,保证项目符合整体进度计划。

(一)Ⅰ标进度计划修正

1994 年 8 月,Ⅰ标承包商提交目标进度计划,包括主要施工方法和施工设备。经监理工程师审查和承包商 3 次修改后,1995 年 3 月,监理工程师批准Ⅰ标目标进度计划。

1995 年 7 月,由于地质条件变化,设计单位调整大坝心墙槽建基面高程,右岸坝基开挖量大幅减少;同时,设计单位对右岸 2 号灌浆洞布置进行变更,缩短了灌浆洞长度。Ⅰ标承包商据此进行第一次进度计划修正,监理工程师进行批复。

1995 年 11 月,承包商完成右岸坝基开挖,比目标进度计划提前 2.5 个月;同时,右岸坝基灌浆工作滞后 1 个月。监理工程师要求承包商进行进度计划修正,1995 年 12 月,监理工程师批复承包商第二次修正进度计划。

1996 年 8 月,大坝右岸填筑、右岸主坝防渗墙地面加高和左岸开挖工作同时进行。监理工程师发现承包商机械设备配置不合理,要求承包商提交第三次修正计划,合理配置施工机械设备。

1997 年 1 月,承包商对截流前准备工作重新进行规划,提出截流前大坝右岸填至 240 米高程,并提交第四次修正计划。监理工程师依据合同,结合现场实际情况进行批复。

1997 年 6 月,主坝右岸填至 212 米高程。承包商根据施工效率和工程进展情况,提出截流前主坝右岸填至 280 米高程,并对施工进度计划进行第五次修正。

1997 年 10 月 28 日黄河截流,11 月 25 日大坝基坑开挖基本完成,大坝左岸下游区填筑提前施工。12 月 8 日左岸河床部位防渗墙开始施工,防渗墙下帷幕灌浆工程量因地质条件变化而增加。鉴于现场条件发生变化,监理工程师要求承包商进行第六次进度计划修正。1997 年 12 月,监理工程师批复承包商第六次进度修正计划。

1998 年 3 月 10 日,主坝防渗墙施工完成,比目标进度计划提前 58 天;4 月 24 日,上游围堰填筑完成,比目标计划提前 67 天。1998 年 5 月,承包商据此向监理工程师和业主提交"大坝填筑加速施工计划",计划明确提前一年完成大坝填筑工作。业主与承包商未达成一致意见,监理工程师要求承包商提交第七次修正计划。

经过业主和承包商合同谈判,1998 年 12 月,双方签订"大坝填筑加速施工协议"。协议规定 1999 年 6 月 30 日大坝填筑到 210 米高程,9 月 30 日填筑到 230 米高程。1999 年 2 月,监理工程师批复承包商第八次进度修正计划。

1999 年 11 月,大坝填至 240 米高程,承包商提交第九次进度修正计划,监理工程师与业主协商后进行了批复。

2000 年 6 月,大坝填筑到设计高程,剩余工作主要有坝顶结构施工,要求承包商对剩余工作提出进度计划。监理工程师批复承包商第十次进度修正计划。

(二) Ⅱ 标进度计划修正

1994 年 8 月 25 日,Ⅱ 标承包商向监理工程师递交 XIAO 进度计划。经监理工程师审查、承包商修改完善,1994 年 12 月 3 日,承包商重新报送 IT00 计划,监理工程师进行批复,作为 Ⅱ 标目标进度计划。

1995 年 3 月,进水口边坡变更增加岩石支护工程量,承包商提交 IT01 进度修正计划,进水塔最终完工日期延期 70 天。监理工程师审查认为修正计划满足总体进度计划要求,并进行批复。

1995 年 4—5 月,导流洞发生多次塌方。1995 年 5 月 13 日,承包商报送 IT02 进度修正计划,进水塔完工时间延期 110 天,导流洞完工时间延期 55 天。监理工程师审核认为该计划不能满足中间完工日期和合同完工日期要求,未进行批准,要求承包商进一步修改。

1995 年 8 月 25 日,承包商报送 IT03 进度修正计划,进水塔完工时间延期 9 个月,导流洞延期 11 个月,导流洞改建孔板洞延期 1 年。监理工程师审查后未批准该计划,并要求承包商对计划进行修改。

1995 年 9 月 14 日、1996 年 1 月 8 日和 1996 年 1 月 13 日,承包商按照现场实际情况,分别报送进度修正计划,并按照监理工程的要求,增加资源投入,实施赶工计划。经过监理工程师审核、承包商修改,承包商提交的 IT07 计划作为赶工修正计划,监理工程师提出附加调价并进行批复。

1996 年 10 月 1 日,承包商致函监理工程师提出有权得到如下延期:第一个中间完工日期延期 6.5 个月,第六个中间完工日期延期 24 个月,合同完工日期延期 10.9 个月。同时表示如果采用 IT08 计划则可减少工期延误,第六个中间完工日期延期 3.5 个月。1996 年 10 月 22 日,承包商报送 IT09 计划,承包商称之为全面赶工计划。该计划满足第六个中间完工日期和合同完工日期要求,同时提出全面赶工费用补偿申请。监理工程师审查后认为 IT09 计划中大部工作安排合理,有附加条件地批准该计划,并要求承包商对部分项目进行修改。

此后,承包商根据现场实际情况和监理工程师要求,报送了 15 次修正计划,这些计划基本满足中间完工日期和合同完工日期要求,对于部分不能满足合同要求的项目,根据监理工程师的要求,承包商进行了修改,监理工程师审查后批准了进度修正计划。

(三) Ⅲ 标进度计划修正

1994 年 7 月,Ⅲ 标承包商提交目标进度计划。经监理工程师审查、承包商修改完善,1995 年 2 月,监理工程师批准 Ⅲ 标承包商进度计划,作为 Ⅲ 标目标进度计划。

合同执行过程中,Ⅲ 标承包商共提交 12 个修正计划。监理工程师依据合同,结合现场实际情况对这些计划进行批复。1~5 号修正计划不能满足合同规定的中间完工日期和合同完工日期,原因是厂房顶拱增加了锚索,导致工期延长,监理工程师审查后未批准这些计划,要求承包商提交修正计划满足各个中间完工日期和合同完工日期。承包商没有提交满足合同要求的修正计划,而要求监理工程师对变更引起延误影响进行评估,然后再提交满足各中间完工日期的计划,但其实际施工进度与目标进度基本吻合。监理工程师注意到承包商在此问题上采取的策略:先要求监理工程师对延期进行评估,然后再要求监理工程师同意赶工,进而要求支付赶工费用。监理工程师没有按承包商的思路处理这一问题,而是发出变更令,通过变更处理程序来处理进度延期问题。

随后承包商提交的进度计划基本上满足中间完工日期和合同完工日期,监理工程师审查后批准了这些进度计划。Ⅲ标施工过程中虽然出现一些延误,但总进度与目标计划基本一致,局部工程进度拖后,监理工程师及时发布变更令,要求承包商采取措施,挽回了耽误的时间。

(四)Ⅳ标进度计划修正

Ⅳ标合同技术规范规定 6 台水轮发电机组投入试运行时间。在实际实施过程中,5 号机组受主变压器影响,进度滞后;4 号、3 号和 2 号机组分别受到设备供货影响,进度均滞后。监理工程师和承包商共同针对进度计划影响因素,修正进度计划,合理调配资源投入,最后 1 台(1 号)机组满足目标进度计划要求。机组安装实际施工进度和目标计划对比见表 6-2-1。

表 6-2-1 机组安装实际施工进度和目标计划对比

机组编号	合同计划完成时间	实际完成时间	备注
6 号	1999 年 12 月 31 日	1999 年 12 月 28 日	提前完成
5 号	2000 年 5 月 31 日	2000 年 10 月 9 日	受主变压器质量影响,进度滞后
4 号	2000 年 10 月 31 日	2000 年 12 月 22 日	受设备供货影响,进度滞后
3 号	2001 年 3 月 31 日	2001 年 4 月 19 日	
2 号	2001 年 8 月 31 日	2001 年 10 月 14 日	
1 号	2001 年 12 月 31 日	2001 年 12 月 23 日	提前完成

四、影响进度事件及处理

工程施工过程中,遇到多项影响进度事件,监理工程师与承包商分析原因,根据现场实际情况,合理调整资源配置,优化进度计划,确保工程目标进度实现。

(一)前期工程进度事件

1.4 号公路大垭口设计方案优化

4 号公路大垭口段由陕西省水利水电工程局承建,原设计方案为明挖,开挖后将形成深槽,因地质条件复杂,多次发生滑坡,轴线外移后不能满足施工要求。经监理工程师组织地质、设计人员协商研究,并与业主进行沟通,最终将大垭口部位改为洞挖,采用"双洞"通过大垭口,并在隧洞内进行固结灌浆、安装钢支撑,选择铁道部隧道工程局承建大垭口隧洞工程。

2. 留庄铁路转运站线路变更

1992年上半年,留庄铁路转运站开工建设。留庄铁路转运站为小浪底工程主要物资集散地,位于焦枝线留庄火车站北侧。转运站附近地形狭窄,东边是马洞沟,西边是留庄沟。为了便于布置机车调车线,郑州铁路局设计院提出在留庄沟上修建一座铁路桥,其设计方案投资大、工期较长,难以满足工程进度要求。监理工程师查阅大量资料,找铁路专家进行咨询。铁道部线路研究所提出了可行性咨询意见,建议采用复式交分道岔,可以减少调车线长度,不必修建留庄沟铁路桥。监理工程师与业主进行了沟通,业主支持这一方案,并迅速组织专家论证会。1992年10月,铁道部线路研究所牵头在宝鸡召开留庄铁路转运站线路论证会。经过讨论,专家一致同意采用复式交分道岔,不再修建留庄沟铁路桥。

3. 更换右岸主坝防渗墙施工队伍

主坝防渗墙处在Ⅰ标工程进度计划网络图的关键线路上,后续工作为大坝填筑,业主将右岸滩地防渗墙作为控制主体工程关键项目提前施工。1992年5月,防渗墙工程开始建设,最初由北京水利水电基础工程局施工,施工进度滞后较多。监理工程师综合考虑各方面因素,向业主建议更换施工队伍,业主采纳了监理工程师的建议。后该工程由中国水电基础工程局承建,1994年10月完工。

4. 施工度汛

1993年3月黄河发生桃花汛,洪水冲垮了浮桥,此时小浪底黄河大桥基础桩基正在施工,形势危急。监理工程师现场指挥舟桥部队和河南黄河工程局,把断开的浮桥推向右岸,避免了浮桥断片对正在施工的大桥基础造成冲击,也避免了对下游焦枝铁路、京广铁路等重要桥梁造成损害。

(二)Ⅰ标工程进度事件

1. 右岸坝基开挖进度滞后

1994年12月15日,右岸坝基开挖开工。由于承包商设备陈旧、生产效率低,联合测量成果提交缓慢,开挖工作面不足等因素,施工进度滞后较多。到1995年1月共完成土石方开挖量13万立方米,是计划量的65%。监理工程师多次在周监理例会上督促承包商采取措施,加快测量成果上报,扩大开挖工作面,新设备早日进场。同时,监理工程师与业主协助承包商办理设备通关手续。1995年2月,一批大型设备进场投入使用,并开辟了新的工作面。1995年3月,开挖量超过当月计划量,累计开挖量接近计划量。1995年6月,开挖量达到101万立方米,创造了月开挖强度的最高纪录,解决了坝基开挖进度滞后问题。

2. 大坝右岸基础处理

主体工程开工后,大坝右岸基础处理工作进度滞后较多,一是承包商混凝土配比试验用时较长,进度滞后,影响现场施工;二是地基基础破碎,灌浆工作进展缓慢,固结灌浆和帷幕灌浆工程分别晚于计划2个月和2.5个月。灌浆开始后发现基岩情况比预期的要差,钻孔过程中频繁出现卡钻、掉钻、塌孔现象,且基础面喷混凝土覆盖质量达不到设计要求。监理工程师提出3项建议:一是改喷混凝土覆盖为现浇混凝土覆盖;二是采用稳定浆液和"孔口封闭,孔内循环",取代技术规范自下而上分段灌浆和从稀到浓逐渐变浆施工工艺;三是为减少灌浆对大坝填筑影响,先进行160米高程以下部位灌浆工作,然后再进行其他部位灌浆。通过采取这些措施,主坝基础处理工作满足计划要求。

3. 防渗墙加高与心墙填筑干扰

原施工方案中防渗墙加高与心墙填筑同步进行,易产生施工干扰且影响心墙填筑质量。监理工程师建议防渗墙加高工作分阶段进行,在加高完第一层后,将工作面移交给心墙填筑作业队伍,待心墙填筑到一定高度,将心墙填筑施工暂停下来,集中力量进行第二层防渗墙加高工作。承包商采纳了监理工程师的建议,减少了施工干扰、加快了施工进度,且有利于施工质量控制。

4. 主坝心墙设置横缝

F_1断层在右岸穿越大坝心墙基础,断层处理需较长时间,原计划右岸心墙区全长平起上升,受断层处理影响,该部位心墙填筑迟迟不能开工。监理工程师建议在心墙和断层交界处预留一条横缝,将断层以右部分作为后填区域,这样可提前开始左侧部位的填筑施工。实际施工中,1996年9月2日完成断层处理工作,9月12日断层以右部分开始填筑。此时断层以左心墙已填至137.5米高程,承包商按监理工程师建议填至138米高程后暂停,等断层区缺口部位填至132米高程后再继续填筑。10月11日断层区填筑已赶上左岸心墙填筑高程,自此左右心墙填筑平起上升,此时心墙大面已填筑至141米高程。这项技术措施使右岸心墙施工缩短工期3个月。

5. 防渗墙建基面变化处理

招标图纸显示左岸河床段防渗墙建基面为一坡度约 1:1.7 的斜坡。合同签订后进行补充勘探,显示该部位地质复杂,呈现台阶状分布,并有陡坎和反坡等不良地形。1997 年 7 月,黄委会设计院发布防渗墙施工图纸,要求对不良地形进行防渗封闭,按传统施工方法,防渗墙施工需增加大量岩石开挖,开挖达几十米深且要成型,施工非常困难。承包商提出索赔意向,要求增加 7.5 个月工期和 8 000 多万元人民币赶工费用。

监理工程师要求承包商对防渗墙左端头、老虎嘴和悬石等部位进行施工勘探。最后查明槽孔左端头为一陡坎,没有反坡;距左端头 28 米处陡坎有一凹向左岸约 6 米的反坡,即老虎嘴;距左端头 104 米处有一陡坎,为悬石,可按正常防渗墙工艺进行施工。根据探明的地质情况,监理工程师与设计单位、承包商共同拟订施工方案:左端头防渗墙范围内进行预钻孔,将该区域岩石钻成蜂窝状,便于重锤破碎,提高开挖效率;老虎嘴部位采用旋喷灌浆,并采用高压旋喷纯水泥浆液代替稳定浆液,以提高防渗体强度和防渗效果。该方案减少岩石开挖量,降低工程费用,加快施工进度。1997 年 12 月 8 日开始槽孔开挖,1998 年 3 月 10 日完成,比原计划提前 58 天,节约投资 7 000 多万元人民币。

6. 左坝心墙与岸坡接头处陡坡处理

大坝左岸心墙区开挖后,坡脚 135 米高程以下为陡坡,直到 110 米高程,上下游长度约 140 米,横贯整个心墙区,且该区域基础承载力低,存在不均匀沉陷和应力集中问题,不满足技术规范要求。黄委会设计院拟在岩坎下进行大开挖,将沙砾石全部挖掉,用素混凝土回填一个 1:1 的人工边坡。承包商估算变更费用 2 000 万元人民币,需增加 7 个月工期。经补充勘察,监理工程师提出采用旋喷灌浆对基础进行加固。工程于 1998 年 3 月 18 日开工,5 月 28 日完工,历时 72 天,未占用直线工期,为大坝填筑赢得了 37 天时间。

7. 大坝加速填筑施工

1998 年 5 月,承包商向监理工程师和业主提交大坝填筑加速施工计划。承包商认为根据现有生产能力可提前一年完成大坝填筑工作,同时提出了赶工费用补偿申请。在随后信函中承包商又表示,如果业主不同意赶工,承包商将把部分设备撤离现场,也可保证合同工期实现。为提高工程建设期防洪标准,1998 年 12 月 16 日业主和承包商签订大坝加速施工协议。协议规定 1999 年 6

月30日大坝填筑达到210米高程,9月30日大坝填筑到230米高程,业主对承包商实施赶工计划所发生的费用进行补偿。

(三)Ⅱ标工程进度事件

1.导流洞工期延误处理

导流洞施工处于小浪底工程进度计划关键线路。1995年4—5月,导流洞开挖过程中出现多次塌方。承包商未能积极应对、妥善处理,而是消极等待。1995年5月27日,承包商擅自全面停止导流洞开挖施工,致使工期延误加剧。7月12日,监理工程师强令陆续复工。另外,导流洞施工过程中,黄委会设计院发布多项变更,如固结灌浆变更等,增加了工程量,承包商要求延长工期。同时,承包商雇用大量缺乏水电施工技术和经验的矿工与民工,加之管理松懈,现场存在出工不出力现象。

受上述三重因素叠加影响,导流洞工程施工初期进度严重滞后。1995年8月承包商提交修正计划,提出导流洞开挖及混凝土衬砌工作延期11个月。1995年9月8—13日,业主多次召集承包商和监理工程师研究导流洞工期问题,明确要求确保1997年截流。在监理工程师的协调下,业主和承包商达成"搁置争议,实施赶工"的共识,承包商同意采取赶工措施。

(1)采取组织管理措施,成建制引进中国水电专业队伍OTFF。为确保1997年截流目标实现,业主和承包商对赶工计划和赶工措施进行了14轮技术谈判和6轮商务谈判,由于双方对赶工费用分歧巨大,谈判未取得预期成果。经水利部决策,成建制引进中国水电施工队伍进行劳务分包,承包商在不承诺按期截流的情况下,开始和中国水电工程施工队伍协商导流洞分包事宜。1996年1月20日,Ⅱ标承包商与OTFF联营体就导流洞劳务分包达成谅解备忘录。2月7日,双方签订导流洞劳务分包协议。2月8日,OTFF进入导流洞施工,协议规定,OTFF对3条导流洞混凝土衬砌、灌浆和剩余开挖工作进行劳务总分包,而施工方案等技术文件、设备和材料仍由Ⅱ标承包商提供。2月8日,OTFF联营体进入导流洞施工。

(2)增加资源投入。根据赶工计划,承包商增加导流洞资源投入。增加2套混凝土衬砌模板,原计划6米长模板改为12米,增加4台导流洞进口渐变段模板台车、2台中闸室模板台车、9台混凝土搅拌车、1台制冰设备、混凝土泵车和振捣设备。

（3）中闸室混凝土衬砌双层施工。中闸室位于导流洞中部偏上游,闸室段结构复杂、施工干扰大、交通不便。中闸室施工处于导流洞施工计划网络图的关键线路上,也处于大河截流的关键线路上。原施工方案是自下而上分层浇筑混凝土,在底板混凝土浇筑完成后,沿闸室边墙逐层绑扎钢筋,安装金属结构埋件,固定模板、混凝土浇筑到启闭机室顶拱。中隔墩安排在闸室边墙完成后开始混凝土浇筑。整个闸室段分为57层,最大层高3米。监理工程师与承包商反复研究,提出闸室段混凝土衬砌双层施工方案。新方案将闸室段分为上、下两个施工区,采取双层平行施工方法。闸室底板混凝土浇筑完成后,在闸室和启闭机室交界处,安装1榀环形钢梁,将闸室段分隔为两个工区。两区钢筋绑扎、金属结构埋件安装、模板架立及混凝土浇筑平行作业。该方案比原方案节省工期3个多月时间。

（4）台阶开挖方案变更。导流洞洞身段采用3个台阶4个阶段进行开挖。前期工程开挖上部中导洞。Ⅱ标承包商进场后先扩挖上半圆(Ⅰ阶段),再开挖腰线以下6米(Ⅱ、Ⅲ阶段),最后开挖底部圆弧(Ⅳ阶段)。原计划Ⅱ、Ⅲ阶段以中心线为界形成两个掌子面,采用多臂钻水平钻孔,两个掌子面之间的间距为10米,单循环进尺3米左右。后对开挖方案进行了调整,采用中间挖槽,潜孔钻造垂直孔,单循环进尺10米,后开挖两边,多臂钻造水平孔,单循环进尺2~3米。Ⅳ阶段采用与Ⅱ、Ⅲ阶段类似的开挖方式。采用潜孔钻造垂直孔提高了开挖效率。

（5）财务支持。尽管业主和承包商就赶工费未能达成一致,在承包商同意赶工的前提下,业主同意对承包商提供财务支持。这些财务支持主要有:赶工费未最终确定前,业主以挂账支付方式支付承包商部分赶工费用;缓扣6个月工程预付款;提前支付部分退场费用;为承包商生产的骨料支付流动资金;提前支付劳务调差款项;为承包商在当地银行贷款提供信用担保等。这些措施有效地缓解了承包商的财务压力,使承包商有资金调配各种资源实施赶工计划。业主对承包商的财务支持也包括进水口赶工和消力塘部位赶工。

经过各方共同努力,赶回了延误的工期,保证了截流目标的实现。

2. 进水口工期延误处理

前期工程施工过程中,开挖发现进水口高边坡地质条件比预计的差。黄委会设计院对该部位稳定性进行了复核计算,对原设计的支护方案进行了系列调整。主要变更有预应力锚索型号和布置方式变化，增加2 000千牛预应力锚索，张拉锚杆和砂浆锚杆直径及长度变更，对F_{28}断层带进行额外处理。这些变更增加了Ⅱ标工作量，对Ⅱ标目标进度计划产生一定影响。

1995年3月，承包商报送IT02计划，要求把进水塔最终完工日期延期70天。1995年8月，承包商在报送的IT04计划中，要求进水塔完工延期9个月。

根据"搁置争议，实施赶工"的共识，监理工程师与业主、设计院和承包商协商优化施工方案，督促承包商采取赶工措施。主要赶工措施有进水塔塔基薄层开挖、双层防腐锚索工艺优化、采用先进设备进行混凝土浇筑和增加资源投入，并对进水塔之间的联系梁施工工艺进行优化，采用预制构件代替现浇混凝土。

（1）进水塔基础浅埋薄层开挖。导流洞洞顶至进水塔建基面覆盖层很薄，特别是2号、3号导流洞洞顶至塔基171米高程只有11米厚，不足0.6倍洞径的规范要求，属于浅埋薄层开挖。按常规做法，要求2号、3号导流洞进口部位衬砌后才能进行上部薄层开挖。承包商在施工初期没有意识到这个问题，从目标进度计划看，塔基开挖和导流洞混凝土衬砌是两个互不关联的工序。直到1995年9月经监理工程师提醒，承包商才认识到这个问题的严重性。由于导流洞工期延误，薄层开挖前不可能完成2号、3号导流洞进口段衬砌。

在这种情况下，有两个方案可以实施：一是等待导流洞进口部位衬砌后进行薄层开挖；二是采取加固措施，保证导流洞顶部稳定的同时，进行薄层开挖。1996年3月，进水塔基础大面已开挖至175米高程，而2号、3号导流洞正在开挖，尚未衬砌，如果等待衬砌完成后再进行薄层开挖，则至少延误工期3~4个月。经监理工程师与各方协调沟通，决定对薄层开挖部位进行加固，具体方案是在2号和3号导流洞顶部30米范围内进行钻孔，孔内进行自重灌浆，然后在孔内插入锚杆。待灌浆达到设计强度后，对薄层进行分层光面爆破开挖。爆破时进行震动监测和岩体变形监测。

（2）双层防腐锚索工艺优化。为加快施工进度，避免承包商对工期进行索赔，经监理工程师建议，对高边坡230~250米高程安装的部分1 000千牛锚索施工工艺进行优化，由双层防腐自由张拉锚索变更为全长二次黏结锚索，简化了施工工艺，节约了施工时间。

（3）采用先进设备进行进水塔混凝土浇筑。招标阶段，黄委会设计院计划采用塔吊配合吊罐进行进口部位混凝土浇筑。实际施工中,由于进口部位开挖和岩石支护进度滞后,影响到后续的混凝土浇筑施工,承包商租用美国 ROTEC 系统进行混凝土运输和浇筑,ROTEC 系统由塔带机、胎带机和水平运输设备组成。该系统操作灵活方便、覆盖范围广(最大工作半径 75 米,最大起吊高度 85 米)、入仓准确,施工效率高,可显著加快施工进度。施工中也采用了德国 DOKA 模板系统,经统计分析,较传统模板工效可提高 1 倍。

(4)增加资源投入。根据赶工计划,承包商增加了施工设备,将原计划 1 台塔带机增加为 2 台,并增加了部分焊接设备和塔吊。

3. 消力塘工期延误处理

受 F_{236} 和 F_{238} 断层带影响,泄洪系统出口边坡围岩条件比预计的差,黄委会设计院对出水口边坡支护做出一些变更。这些变更主要有:一是在坡内 144 米高程增加一条排水洞,二是边坡增加预应力锚索,三是增加抗滑桩,四是在 3 号孔板洞和 3 号排沙洞出口部位顶部增加部分砂浆锚杆。

这些变更增加了工作量,同时承包商设备进场缓慢,导致支护工作进度严重滞后,并引发边坡局部塌方,进一步延误了工期。而 1 号、2 号消力塘处于第六个中间完工日期的关键线路上。根据业主和承包商达成的协议,承包商同意赶工。经各方研究,消力塘部位采取的主要赶工措施有增加资源投入、展开平行作业和改进技术措施。

(1)增加的主要资源包括人员和设备,增加的主要设备有开挖设备和混凝土浇筑设备,其中混凝土浇筑设备主要增加了 1 套滑模、部分电焊设备和吊车。

(2)平行作业。消力塘部位工作面开阔,便于组织平行作业,为此承包商调整了部分开挖工作的逻辑关系,采取多部分同时施工,以便提前进行混凝土浇筑。根据目标进度计划,1 号和 2 号隔墙混凝土施工须等其紧前工作 1 区支护完成后进行。实际施工中,隔墙混凝土浇筑于 1996 年 9 月开始,早于 1 区支护完成时间 5 个月。

(3)改进技术措施主要是采用先进的 ROTEC 系统和 DOKA 模板进行混凝土浇筑,消力塘底板混凝土一次性浇筑。

消力塘一级池底板混凝土厚度为 3 米,包括 5 厘米喷混凝土封闭开挖面、1.95 米厚的 D4 混凝土和顶部 1 米厚 B2 混凝土。技术规范规定混凝土浇筑分层厚度不应大于 1.5 米,但同时明确,如果试验证明浇筑层内混凝土温升没超过规定温度,可适当提高浇筑层厚度。承包商最初报送的混凝土衬砌施工方案是:底板浇筑 0.1 米厚的混凝土垫层,垫层上面立模,采用一次立模两次浇筑,第一层厚度为 1.5 米,第二层厚度为 1.4 米。该方案需要在第一层浇筑完成后,等待 5~7 天,对施工缝进行处理后,再浇筑第二层混凝土。监理工程师建议承包商探索进行底板一次性浇筑技术,并进行试验论证,同时委托西北勘测设计研究院对浇筑温度进行监控计算。通过试验和温度计算,证明不分层浇筑方案温升可满足规范要求。1996 年 8 月,经与黄委会设计院和业主协商,监理工程师批准同意采用一次性浇筑底板方案。后来在进水塔施工中,也采用了类似的分层方案,加快了施工进度。

4. 导流洞改建孔板洞赶工措施

原方案中导流洞改建为孔板洞时只有一条施工通道,即 2 号施工支洞。在中闸室、孔板环和龙抬头等多个工作面同时施工的情况下,且工期十分紧张,一条通道不能满足施工需要,客观上需要增加施工通道。承包商提出在孔板塔后每条导流洞增设一个临时交通竖井。监理工程师审查后认为方案合理,与业主、黄委会设计院协商后,同意承包商建议。

(四) Ⅲ标工程进度事件

1. 厂房顶拱支护工期延误处理

为加强地下厂房顶拱支护,1994 年 11 月黄委会设计院发放了地下厂房施工图纸,与招标图纸相比,厂房顶拱支护增加 167 根预应力锚索和 1 675 根预应力锚杆。依据合同,该项工作属于重大设计变更。

地下厂房施工处在Ⅲ标进度计划网络图关键路线上,监理工程师向承包商发布设计变更通知书,确认上述施工图为设计变更。1994 年 12 月至 1995 年 1月,监理工程师与承包商进行多次会谈,研究厂房顶拱增加支护的技术问题和合同问题。承包商提出,由于支护形式改变,厂房顶拱施工工期由计划的 144天延长到 431 天,即延期 287 天。

监理工程师与黄委会设计院、业主、CIPM 专家和部队锚索专家多次开会研究锚索施工问题。经认真分析,大家一致认为承包商延长工期的要求基本合理。以此推算,则第一个中间完工日期及首台机组发电日期要推迟一年。

经监理工程师提议,业主和黄委会设计院同意,决定在厂房顶拱增加 325根锚索,代替原设计锚索加锚杆支护方案,该方案可显著加快施工进度,也得到了承包商的积极响应。1995年1月28日,承包商来函明确提出"厂房顶拱施工还要延期约4个月,只要在下一阶段采取赶工措施,拖延的工期是可以赶回来的,不影响合同总工期"。

　　考虑到锚索施工设备、材料进场,以及现场试验等准备工作需要时间,监理工程师和承包商商定,1995年6月15日开始锚索安装工作(见图6-2-1),1996年1月22日进行厂房下一层台阶开挖。按照目标计划,厂房顶拱最迟完工日期为1995年9月15日,监理工程师评估增加锚索造成工期延误4个月零7天。

图6-2-1　地下厂房顶拱锚索安装

　　现场实际施工情况是:1996年2月12日开始厂房下一个台阶(150米高程台阶)的开挖,比预计晚了20天。原因是初期顶拱锚索施工只有一台专用钻机,且设备保证率低,在监理工程师的催促下,承包商又进场了一台钻机,现场施工进度才满足要求。为了使承包商安心进行锚索施工,监理工程师组织技术及合同管理人员与承包商进行谈判,按国际惯例确定了锚索单价,并签订了会谈"备忘录"和支付协议。

　　厂房顶拱支护方案变更后的调整,减少了工期延误,但总工期仍然处于滞后状态。监理工程师又和承包商研究赶回工期延误措施。1995年7月10日,承包商提出增加 17C 交通洞的建议,提交了修建 17C 交通洞施工方案。该方案改变了发电洞下平段和斜井段开挖交通道路。原计划地下厂房开挖至 124 米高程后,停工 9 个月进行发电洞下平段和斜井段的开挖,而后再进行厂房开挖,下平段和斜井段的开挖料通过厂房平台、溜渣竖井和尾水管洞,经过尾水洞出渣;在新方案中,17 号交通洞引伸一条施工支洞(17C 交通洞),绕过地下厂房左端墙,穿过 1~6 号发电洞下平段,利用 17C 交通洞作为交通道路开挖发电洞下平段和斜井段,使该部位的开挖与地下厂房开挖脱离开来,为厂房施工节省了近 9 个月时间,解决了厂房工期延误问题,避免了发电洞下平段和斜井段出渣二次倒运。

监理工程师会同黄委会设计院和 CIPM 专家对承包商的方案进行了优化,将 17C 交通洞轴线向上游平移至发电洞斜井段以下,减少了发电洞施工干扰,同时将 17C 交通洞延长至地下厂房右端墙,为后期地下厂房混凝土浇筑和 30 号排水洞施工提供通道。17C 交通洞平面布置和典型断面见图 6-2-2。

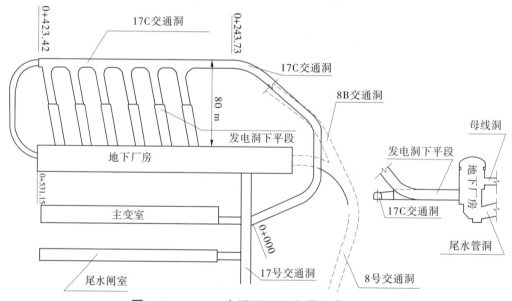

图 6-2-2　17C 交通洞平面布置及典型断面

依据合同,监理工程师与承包商就上述赶工费用进行了谈判,并发布变更令。因双方对单价意见不一致,监理工程师按照合同原则,确定了暂定单价和费用,使承包商有财务能力实施赶工计划。1995 年 12 月承包商开始开挖 17C 交通洞,1996 年 4 月开始开挖发电洞下平段,1997 年 2 月 18 日完成发电洞下平段与斜井段的开挖与支护,较目标计划提前 2 个月。

2. 尾水管洞工期滞后处理

依据合同文件,地下厂房132米高程以下、发电洞下平段和斜井段开挖料通过厂房内临时竖井卸到5号及2号尾水管洞,再经尾水洞出渣。增加17C交通洞后,地下厂房120.7米高程以上、发电洞下平段和斜井段开挖都经过17C交通洞出渣,但120.7米高程以下厂房机坑开挖仍要通过尾水管洞出渣。由于承包商在尾闸室施工上的延误(有地质原因,也有施工原因),影响了尾水管洞的开挖进度,不能按期形成出渣通道,影响机坑施工。监理工程师与业主和承包商进行协商,决定在厂房修建斜坡道,并由承包商提出修建斜坡道建议。该方案通过17C交通洞、1号发电洞下平段,沿厂房下游侧,从120.7米至103米高程开挖形成一条斜坡道,作为出渣通道。该方案解决了5号、6号机坑施工进度问题。

3. 尾水渠和尾水洞工期延误处理

Ⅲ标承包商在尾水渠和尾水洞施工中遇到如下困难:尾水渠开挖工作由其他承包商完成,Ⅲ标承包商接收工作面后,因地质因素和原施工不当,边坡和隔墩发生多次塌方,增加了开挖和支护工程量;设计变更增加尾水渠底板保护层结构开挖,尾水洞D—D断面增加了支护,C2断层面增加了支护,尾水岔管段增加了锚索。工程量增加引起尾水洞和尾水渠施工进度滞后,尾水部位塌方造成尾水洞开挖交通困难。承包商申请索赔工期134天,监理工程师评估影响工期57天。

厂房斜坡道方案未确定前,通过尾水洞、尾水管洞进行厂房120.7米高程以下机坑开挖,是保证第一个中间完工日期的前提,因此必须采取赶工措施挽回延误的工期。

承包商提出在3条尾水洞之间修建2个连接洞,在2号尾水隔墩塌方缺口处修建通道,通过这些通道使3条尾水洞、3条尾水渠之间的工作互不干扰,交通道路互相调剂。监理工程师与业主和黄委会设计院协商后批准了承包商提出的方案,并签发了变更暂付款。此后,监理工程师又根据CIPM专家建议,取消了尾水洞顶拱部分混凝土衬砌,保证了第一个中间完工日期实现。

4. 尾水洞工期索赔处理

尾水洞为明流无压隧洞,原设计30厘米厚顶拱混凝土衬砌是为了降低糙率,起不到支护围岩的作用。同时顶拱部位围岩呈向下游倾斜的水平状,出现几个泥化夹层,顶拱超挖过大,平均超挖厚度50厘米,局部超挖超过1米。如顶拱进行混凝土衬砌,超挖部位会形成局部荷载,对薄层大跨度混凝土衬砌稳定不利。1996年CIPM专家建议取消尾水洞C1和C2断面顶拱混凝土衬砌,建议采用锚喷支护代替混凝土衬砌。世界银行特咨团专家也赞成这一方案。经测算,该项设计变更可节约投资1 200万元,同时也可避免承包商因地质问题造成超挖而提出索赔。

1996年3月黄委会设计院发布通知,取消C1和C2断面顶拱混凝土衬砌,代之以喷20厘米厚混凝土,挂双层钢筋网。承包商收到设计通知后致函监理工程师,以尾水洞部分地段已开挖下卧、锚喷施工困难为由,要求延长尾水洞工期4.5个月。监理工程师与业主协商,由业主授权监理工程师全权处理顶拱衬砌取消事宜。监理工程师致函承包商,撤销设计变更,恢复尾水洞顶拱衬砌。承包商在对变更方案认真研究后发现变更对其有利,仅顶拱部位超挖回填一项就为其节约费用1 000万元人民币,最后同意执行设计变更,放弃工期索赔。

5. 压力钢管安装工期延误处理

依据合同,压力钢管制作安装工作由承包商选择分包商完成,属于专业分包项目。Ⅲ标承包商选择法国FCB公司作为分包商。

FCB公司进场后,将压力钢管制作分包给洛阳矿山机械厂,将压力钢管安装工作分包给中国水利水电第四工程局。压力钢管制作安装工作开始后,制作比较顺利,但安装工作滞后。到1997年11月15日钢管安装工作滞后计划68天,随后FCB公司解除了与中国水利水电第四工程局的分包合同,自己进行安装施工,中国水利水电第四工程局继续提供劳务和设备,仍不能有效扭转进度滞后的局面。1998年2月4日,Ⅲ标承包商解除了与FCB公司之间的合同,自己组织钢管安装工作,此时进度已经滞后108天。监理工程师全力支持承包商采取的措施,并协助承包商处理与分包商的矛盾,使施工转移工作顺利进行。Ⅲ标承包商接过钢管安装工作后,精心组织、加大投入,在业主和监理工程师的协助下,赶回了延误的工期。

(五) 其他工程进度事件

1. 降低开关站回填高程

1995年12月,Ⅲ标工程师代表部在充分研究设计图纸的基础上,根据现场实际情况,提出降低开关站回填高程的建议。1996年1月,监理工程师与黄委会设计院协商确定具体方案,新方案减少土石方回填,增加石方开挖,解决了开关站回填部分料源,有利于挖填平衡。

2.西沟坝工程多项变更

1998年10月,西沟坝工程开工建设。因地质条件和现场施工条件变化较大,监理工程师与设计院和承包商沟通,形成8项设计变更。西沟坝设计变更见表6-2-2。

表6-2-2　西沟坝设计变更

序号	变更项目
1	帷幕灌浆轴线及盖板变更
2	边坡喷混凝土厚度变更
3	1B区钙质结核含量和结核料粒径变更
4	坝体下游增设3区过渡料
5	心墙基础面喷混凝土改为现浇混凝土
6	1B区填筑料变更
7	观测房位置调整
8	坝体下游堆石护坡变更

3.副坝工程土料场变更

原设计规划副坝土料场在桥沟河附近,土料物理力学性能试验发现土料黏粒含量偏低,含水量不易调节,土料碾压后易出现剪切破坏。监理工程师多次召集业主、设计院和承包商开会研究技术方案,最终将土料场变更为南岸前苇营料场。

4.副坝工程进度计划调整

2000年1月,承包商提交了"副坝施工总进度计划"。2000年4月,监理工程师批准了该计划,并以此作为合同目标进度计划。工程开工后,帷幕灌浆工程量增加较多,由原来的4 620米增加到18 059米,使原计划于2000年6月30日完成帷幕灌浆的目标无法实现,承包商提出了工程延期申请。依据现场实际情况,考虑到该工程进度有限推迟对后续工作影响不大,监理工程师与业主协商后,批准了承包商的延期申请。

5.防渗补强灌浆工程

水库下闸蓄水后,发现1号排水洞、2号排水洞、地下厂房和30号排水洞渗水比设计值偏大,并且随着水库水位上升渗水量增大。监理工程师和业主、设计院一起分析原因,研究处理办法,协助业主召开多次帷幕防渗专家咨询会,认为悬挂式帷幕和帷幕体单薄是渗漏的主要原因,长期渗漏会对软岩、泥化夹层和断层破碎带产生渗透破坏,建议进行补强帷幕灌浆。2000年3月至2005年7月小浪底工程先后进行3次补强灌浆。补强灌浆有效地降低了渗漏量,且渗漏量已趋稳定。

第三节　质量控制

前期工程施工中,监理工程师主要通过旁站监理、测量和试验检测等手段实施质量控制。主体工程施工中,监理工程师健全质量控制体系,审查承包商质量保证体系,加强试验、测量工作,把控关键部位、关键工序质量,提出合理化建议,对发生的质量事故和质量缺陷严格处理,确保工程施工全过程处于可控在控状态。尾工工程施工中,监理工程师质量控制措施参照主体工程执行。小浪底工程施工质量等级为优良。

一、质量控制依据

质量控制依据是国家有关法律法规、技术规范、技术标准、施工承包合同、设计图纸和承包商质量保证体系、质量保证措施。

小浪底国际标合同采用的技术标准有234个,包括中国标准89个、国际标准145个。国际标准主要是美国材料与试验协会(ASTM)标准、美国认证协会(ACI)标准和美国内务部垦务局(USBR)标准。

国际标合同规定,当小浪底工程合同规范与其他规程、标准、规范发生矛盾时,应优先采用小浪底工程合同规范;当涉及的规程、标准、施工规范中两个或多个之间发生矛盾时,应优先采用监理工程师确定的标准。

二、质量控制措施

监理工程师质量控制措施主要有:审查承包商质量保证体系、审查设计图纸、审批承包商技术文件、提出合理化建议、原材料进场检查、试验检测、测量控制、施工过程质量控制等。

（一）审查承包商质量保证体系

依据国际标合同,单项工程开工之前,承包商向监理工程师报送质量保证体系文件,供监理工程师审查。承包商质量保证体系主要包括质量管理组织机构、施工组织设计和施工方案、工地实验室、测量人员及设备等。

1. 审查承包商质量管理机构

监理工程师对承包商质量管理机构审查的重点是质量检查部门组成、职责分工,以及专职质量检查人员配置和工作经历等。

2. 检查承包商工地实验室

依据合同,承包商建立工地实验室,进行施工过程质量检测。工地实验室投入运行前,承包商将相关资料报监理工程师审查。监理工程师对承包商实验室审查由试验工程师完成,审查主要内容是:实验室资质等级及其试验范围;实验室人员的资质;管理制度是否健全、切实可行;试验设备、检测仪器能否满足质量检测要求,是否处于良好状态,精度是否满足要求;法定计量部门对试验设备出具的计量鉴定证明;本工程的试验项目及要求。工地实验室无法进行的项目,承包商可委托具有相应资质的实验室进行试验。

3. 检查承包商测量工作准备

监理工程师对承包商测量准备工作的检查由测量工程师完成,主要包括对测量人员资质审查和对测量仪器鉴定资料检查。

（1）测量人员资质审查。根据工作需要,要求测量技术人员具有丰富的施工测量经验和相应技术职称。对外籍雇员,监理工程师采用面试方式进行考试;对中方雇员,检查专业资质证书和学历证书,并通过面试和笔试进行考试。

（2）测量仪器鉴定资料检查。督促承包商将测量仪器送往法定计量部门进行鉴定,并定期进行校验。承包商将仪器检定资料提交监理工程师,得到监理工程师批准后才能用于工程测量。

（二）审查设计图纸

根据合同,承包商只能从监理工程师处获得施工图纸。设计图纸、设计文件和修改通知在发给承包商之前,须经监理工程师审批。监理工程师对设计图纸的审批由工程师代表部和工程技术部协作完成。审查的主要内容有:一是设计图纸与合同是否一致,如有变化,查明变化的原因和涉及工程量;二是设计图纸的合理性和可行性;三是本套设计图纸与其他建筑物的相对关系,特别是相邻建筑物结合部位;四是设计图纸的说明、标注、尺寸有无错误和遗漏。对于审查中发现的问题和错误,监理工程师及时与设计院沟通,协商处理。

1991年11月,北岸洞群供水系统开工建设,系统中2个水池设在泄洪排沙系统进口顶部290米高程,每个水池容量1000立方米。工程由葛洲坝水利水电工程局施工,1993年1月工程完工。1994年上半年设计院发放溢洪道施工图纸,监理工程师发现水池和溢洪道平面布置存在矛盾,水池位置侵占了溢洪道位置,而此时水池已施工完成。监理工程师及时向业主汇报了情况,并与设计院进行了沟通。鉴于溢洪道为主体工程,最终设计院调整了水池位置,避开了溢洪道,在其他部位重新修建2个规模相同的水池。

(三)审批承包商技术文件

承包商上报的技术文件主要有施工组织设计、单项工程施工方案和车间图。承包商还会根据现场实际情况提出优化方案。监理工程师对这些文件进行例行审查,对于优化方案,与设计院和业主协商后予以批复。同时,监理工程师凭借专业,在方案审批过程中,提出意见和建议,形成合理化建议和咨询意见。

1.审查承包商施工组织设计

承包商随同目标进度计划将施工组织设计报送监理工程师,施工组织设计是整个合同项目的施工方案。监理工程师审查内容主要有:施工方案和施工工艺的合理性;组织机构是否科学合理,人员配置是否能满足施工需要,人员素质是否符合岗位要求;资源配置方面,材料采购、施工设备和技术力量是否满足施工强度和施工质量要求;安全、环保规划的合理性;临建设施规划的合理性;场地的使用是否符合合同规定。

2.审查单项工程施工方案和车间图

单项工程开工前,承包商根据施工图纸,制订相应的施工方案和车间图,提交监理工程师审查。监理工程师审查车间图的主要依据是设计图纸和技术规范。监理工程师对施工方案审查的重点是科学性、可操作性和实用性。监理工程师对车间图和施工方案提出意见和建议,反馈给承包商,承包商进行修改和完善。

(1)上游枯水围堰防渗墙塑性混凝土配合比设计。上游枯水围堰防渗墙为塑性混凝土。为了寻找合适的混凝土配合比,监理工程师组织中国水电基础工程局进行了大量试验,最终确定了低弹性模量配合比。作为衡量塑性混凝土性能的重要指标,试验确定的弹性模量与抗压强度比值为 99:1,该指标优于"七五"国家科技攻关项目设定的 250:1,也优于当时国外最高水平 219:1,在国内外处于领先水平。上游枯水围堰防渗墙塑性混凝土配合比见表 6-3-1。

表 6-3-1 上游枯水围堰防渗墙塑性混凝土配合比

水灰比	砂率 (%)	每立方米材料用量(千克)						
		水泥	砂	卵石	膨润土	水	YW 添加剂	YNH-1 添加剂
1.53	45.5	150	760	910	40	230	0.02	0.6

(2)主坝防渗墙缓凝混凝土。主坝混凝土防渗墙设计 28 天强度为 35 兆帕,早期强度较高,不利于后期接头槽孔施工,造孔难度大,孔斜难以控制。监理工程师与中国水电基础工程局多次研究混凝土施工方案,并协助承包商对混凝土配合比进行室内试验和现场试验。通过试验改变了原混凝土配合比,掺加 40%粉煤灰,制成缓凝型混凝土,这种混凝土早期强度低,有利于接头孔施工,后期强度逐渐增长,能满足合同要求。监理工程师与设计院协商,设计院修改了混凝土强度指标,由 28 天 35 兆帕修改为 20 兆帕,以 90 天龄期强度 33 兆帕作为控制指标。缓凝混凝土力学指标见表 6-3-2。

表 6-3-2 缓凝混凝土力学指标 （单位:兆帕）

强度	R_7	R_{14}	R_{28}	R_{60}	R_{90}	R_{360}
实验室	7.8	16.7	24.7	34.2	37.8	46.5
出机口	15.8	19.4	28.7	31.4	38.7	47.8

注:R_7 表示 7 天龄期混凝土抗压强度,余同。

3. 审批承包商优化方案

监理工程师鼓励承包商钻研技术、大胆创新。根据实际情况,承包商提出了不少有益的建议和意见。经论证,并与设计院和业主协商,监理工程师批准了承包商提出的优化方案。主要有以下几个方面:

(1)增加弃渣场。合同规定大坝基础开挖弃渣场在赤河滩和大西沟。施工过程中,承包商根据现场实际情况,向监理工程师提出建议,利用坝址附近的冲沟增设 3 处弃渣场,就近堆存右坝肩上部开挖料约 90 万立方米,运距比赤河滩弃渣场近 5 千米。经研究并与设计院和业主沟通,监理工程师审查批准了承包商的建议。

(2)3 区过渡料加工场地改变。依据合同,大坝 3 区过渡料在石门沟料场生产,马粪滩料场是大坝反滤料、混凝土骨料和道路磨耗层料的来源地。由于马粪滩料场天然沙砾石料中 80 毫米以上粒径颗粒占总量的 50% 左右,而生产反滤料和混凝土骨料需要的颗粒粒径都在 80 毫米以下,筛分出来的超径石堆放困难。1994 年 8 月,承包商提出利用马粪滩料场超径石生产过渡料。监理工程师经过认真研究,并组织承包商进行了多次加工试验,试验表明各项指标可以达到设计要求,并明确过渡料合同单价不变。在此基础上,监理工程师与设计院和业主协商,批准了承包商的建议。另外,在马粪滩加工生产 3 区过渡料,减轻了 2 号公路交通压力,并缩短了运输距离。随后 5 区内铺盖混合料骨料部分也改在马粪滩料场加工生产。

(3)场内施工道路裁弯取直。场内交通道路是由国内承包商在前期工程完成的,国际标承包商进场后,施工道路由他们使用和维护。为缩短运距,Ⅰ标承包商根据实际地形,对右岸 2 号、3 号和 5 号公路局部急转弯处进行了裁弯取直,缩短运距 1 千米左右。

(4)堆石料填筑中不加水施工技术。小浪底国际标合同技术规范对堆石料的材质、粒径和施工方法提出了明确要求,但未提是否加水,而《碾压式土石坝施工技术规范》(SDJ 213—83)则明确要求碾压施工中加水。根据工程实践经验,承包商建议堆石料填筑过程中不加水。监理工程师组织承包商对 4A 料进行了两次加水和不加水对比试验。试验表明,4A 料填筑过程中加水对碾压质量影响甚微。经与设计院协商,设计院同意堆石料施工中不加水的建议。该项技术可节约投资,也有助于加快施工进度。

(5)排沙洞无黏结预应力混凝土施工技术。招标阶段,设计院提出排沙洞衬砌采用有黏结预应力混凝土施工方案。合同谈判期间,承包商提出了无黏结预应力混凝土施工方案。工程开工后,承包商对无黏结预应力混凝土方案进行了细化,报监理工程师审查。当时国际上无黏结预应力混凝土在重大水电工程隧洞施工上应用较少;而无黏结环形锚索双圈双层结构,在世界范围内首次采用。为了验证方案可行性,监理工程师要求承包商对两个方案进行 1∶1 仿真试验。监理工程师对两个试验的设计参数、试验数据进行了对比分析,认为无黏结预应力混凝土方案结构合理、应力分布均匀、预应力效率高、节省锚件材料,可减少张拉工序,缩短工期,节省投资。在业主组织国内外专家会商评审意见的基础上,监理工程师批准了该方案。

(四)提出合理化建议

在实际工作中,监理工程师通过研究图纸和施工方案,结合现场实际情况提出了多项合理化建议。

1. 帷幕灌浆盖板施工缝处理建议

设计院要求大坝基础帷幕灌浆在有盖板条件下进行,盖板为现浇混凝土,相邻两块盖板间结构缝只进行凿毛处理,先浇块混凝土达到 28 天强度后,才能进行后浇块的施工。监理工程师认为,混凝土收缩不可避免地引起盖板产生裂缝,在水库高水头的作用下,盖板间缝隙会形成基础渗流通道,渗流沿接缝冲刷上部心墙土料,随着时间推移,冲刷的发展可能导致严重的后果,对大坝安全不利;另外,28 天后浇筑相邻块影响盖板浇筑和帷幕灌浆施工进度。监理工程师建议,盖板接缝不需凿毛,在接缝面涂刷一层防渗材料,允许自由伸缩;盖板浇筑后不需等待 28 天;心墙填筑前,将接缝两侧一定范围清理干净,粘贴 5 层沥青麻片。经会议研究,设计院、CIPM 专家和业主同意了监理工程师的建议。

2. 上游围堰防渗墙"围井试验"方案建议

依据施工工艺,上游围堰防渗墙分为两部:塑性混凝土防渗墙和高压旋喷防渗墙。合同要求,高压旋喷防渗墙由单排旋喷桩搭接而成,桩中心间距 1 米,成桩直径不小于 1.2 米。旋喷灌浆施工前须进行试验,选定各项施工参数。试验内容包括浆液试验、单桩桩径试验、桩体强度试验和 10 个相互搭接的单桩渗透试验。监理工程师认为,旋喷桩体强度太低,取样无法成型,无法进行强度试验,且强度不起控制作用,建议取消强度试验。另外,原方案不能形成一个封闭整体,无法进行墙体渗透试验,监理工程师建议用旋喷桩体形成一闭合区域,并对该区域底部进行封闭,通过注水试验测定渗透系数,这就是"围井试验"。为慎重起见,业主请水利部江河水利水电咨询中心专家对该方案进行论证,专家认为监理工程师所提方案合理。设计院和业主采纳了这项建议,世界银行特咨团也对方案持肯定态度。承包商按此进行了试验,取得了预期效果。

3. 取消大坝下游侧基础面上铺设过渡料建议

设计大坝下游 4B 区岸坡基础铺设一层 1 米厚的 3 区过渡料。监理工程师认为上述部位填筑过渡料没有必要,主要原因是:右岸大坝下游 F_1 断层以右、左岸下游 4B 区岸坡基础均为岩石,且在下游最高水位以上;岸坡高陡,设置摩擦系数较小的过渡料起不到水力过渡作用,反而会对坝体稳定不利;取消这层过渡料可加快施工进度、降低投资。1996 年 1 月和 1997 年 1 月,监理工程师致函业主和设计院,建议取消这些部位的过渡料。设计院和业主勘察了现场,最后同意监理工程师的建议。

4. 高铬铸铁衬套施工方案建议

监理工程师在审查孔板洞改建施工方案时,发现承包商计划先浇筑孔板环混凝土,再安装环外部的高铬铸铁衬套,这种工艺难以保证衬套埋件安装精度,易在衬套和混凝土之间形成缝隙,施工后还需要进行特殊处理,消耗人力、物力。监理工程师建议先安装衬套,再架立模板,衬套安装和混凝土浇筑同时进行。但是承包商不同意监理工程师的提议。监理工程师分析后认为,尽管承包商的方案不科学,但如果监理工程师主动提出改变施工方法,将会形成合同变更,增加业主经济负担。基于上述分析,监理工程师采取权宜之计,同意暂按承包商方案在 1 号孔板洞 1 号孔板环上进行生产性试验,根据试验情况再确定其他孔板环施工方案。1 号孔板环施工中,出现了监理工程师预料的情况,承包商意识到监理工程师建议的价值,主动提出按监理工程师建议进行后续施工。按此方案施工后衬套与混凝土之间缝隙填充密实。

5. 尾水洞系列优化建议

原设计尾水洞部分开挖断面钢支撑布置过密,按 1 米 1 榀钢支撑进行支护。监理工程师认真研究图纸,结合现场开挖暴露的地质条件,认为设计支护方案过于保守,建议取消 360 多榀钢支撑。经协商,黄委会设计院同意变更支护方式,减少钢支撑数量,节约投资 1 500 多万元,加快了施工进度。尾水洞混凝土衬砌施工图中部分断面钢筋布置过密,与招标文件相比工程量增加过多,承包商将会提出高额索赔。监理工程师建议减少相关部位钢筋工程量,黄委会设计院采纳监理工程师建议,对图纸进行较大修改,减少了钢筋用量 6 600 多吨,节约投资 3 300 多万元。

6. 转轮机坑连轴方案建议

由于工位紧张,4 号、5 号和 6 号水轮机转轮连轴在 1 号机坑临时搭建平台上进行。3 号机安装时 1 号机蜗壳开始施工,临时平台已拆除。如果将转轮放在安装间工位上连轴,转轮连轴后受起吊最大高度限制,转轮底部距地面仅300毫米。转轮送到3号机坑过程中,须拆除沿途高于300毫米建筑物,工作量很大,拆除后还须恢复。监理工程师研究了现场情况,提出在机坑内进行转轮连轴方案,顺利解决了问题。

(五)原材料进场检查

工程建设所需材料包括原材料、半成品和成品,根据来源不同又分为外购材料和本地材料。监理工程师对外购材料检查包括质量文件检查和外观质量检查。

外购材料进场后,承包商通知监理工程师到场检查。监理工程师对照批复材料名称、规格、型号、数量、工程应用部位、日期、供货商、材料供应合同号、价格审批表和制造厂质量检验证书进行检查,并对外观质量进行检查,必要时通知试验工程师取样复检。经监理工程师检查合格后才准入库存放待用。入库材料由承包商进行标识,保证可追溯性。检查不合格的材料清除出场,不准入库。对于非指定材料,承包商先提出采购申请,监理工程师批准后方可采购,承包商须提供证明材料,证明该材料在同类工程中至少使用两年。

(六)试验检测

工程和材料内在质量通过试验检测进行控制,试验检测包括两部分内容:承包商的质量保证试验和监理工程师的质量控制试验。承包商按技术规范要求的项目和频次完成质量保证试验,并定期将试验成果报送监理工程师。监理工程师按承包商试验数量的一定比例进行质量控制试验,同时对承包商的试验检测活动进行现场监督。试验工程师每周把试验检测结果汇总报送工程师代表部和业主,每月进行一次质量检测结果统计分析,对存在的质量问题及时通知工程师代表部和承包商。

依据合同,承包商在试验工程师的监督下,取样送到监理工程师实验室,由监理工程师独立进行质量控制试验(见图6-3-1),试验包括原材料和半成品试验,以及工程质量控制试验。小浪底工程原材料试验主要有水泥、粉煤灰、砂石料、钢筋、硅粉、外加剂、大坝填筑材料和混凝土拌合物,工程质量控制试验主要有大坝填筑、混凝土工程和锚喷支护等,检测情况如下:

(1)水泥检测。小浪底工程施工所用水泥主要有洛阳 P.O425R、P.O525R,焦作 P.O425 和渑池 P.O425R,按《硅酸盐水泥、普通硅酸盐水泥》

图6-3-1 质量控制试验

（GB 175—1992）规定，共计取样试验 1 008 批次，进行了物理、化学和少量的热学性能试验，除 P. O525R 水泥有极少量抗压强度略低于标准外，其余各项检测指标均能满足要求。1996 年 6 月起，对 P. O425R 和 P. O525R 水泥进行碱含量试验。

（2）粉煤灰检测。混凝土中掺用的粉煤灰主要有首阳山、焦作、鹤壁和郑州电厂提供，共抽检近 500 批次，焦作粉煤灰烧失量和首阳山粉煤灰细度模数少量超标，综合检测结果满足 II 级灰要求。

（3）砂石骨料检测。I 标混凝土骨料来自马粪滩料场天然砂砾石，II 标和 III 标混凝土骨料来自连地料场天然砂砾石。为满足混凝土性能要求，加工了部分粗砂和一级碎石，与天然砂砾石掺合使用。砂石骨料共取样 1 180 多批次，按美国 ASTM 标准和中国《水工混凝土试验规程》（SD 105—82）进行检测，其力学性能、级配、含泥量、坚固性、洛杉矶磨耗性能等指标都满足要求。业主先后委托黄委会设计院和长江水利委员会科学院研究骨料碱活性问题。两家单位分别采用了岩相法、砂浆棒法等试验对小浪底骨料碱活性进行了试验研究。1998 年长江水利委员会科学院提出长龄期试验报告，根据 2 年半的试验数据，基本判定骨料中存在低碱活性。考虑到小浪底工程混凝土施工中已经采取了相关措施，水泥碱含量控制在 0.6% 左右，混凝土中掺加了 20% 以上的低碱低钙粉煤灰，使混凝土中总碱含量满足要求，论证小浪底工程不会出现碱骨料反应危害。鉴于骨料碱反应往往需要经历较长时间才能表现出来，因此在坚持做长龄期试验的同时,也应加强对建筑物关键部位尺寸监测。

（4）钢筋检测。工程所用钢筋主要来自河南安阳、济源,河北承德,北京等地的钢铁企业。共抽样近 1 600 批次,按《钢筋混凝土用热轧带肋钢筋》（GB 1499—1998）和《钢筋混凝土用热轧圆钢筋》（GB 13013—1991）进行力学性能检测,除极少数批次外观质量不合格外,其余各项指标符合要求。

（5）硅粉检测。小浪底高强混凝土 C70 中掺加了硅粉,工程所用硅粉主要来自青海民和镁厂。工程建设过程中,监理工程师共取样 13 批次,按《水工混凝土用硅粉质量标准》进行试验检测,各项主要性能指标满足要求。

（6）外加剂检测。国际标工程外加剂采用瑞士 SIKA 公司系列产品,国内标工程采用北京力利新技术公司 FS 系列产品。主要外加剂有减水剂 VE、增塑剂 NN 和引气剂 ARE,共计抽样 60 批次,性能指标符合《水工混凝土外加剂技术规程》（DL/T 5100—1999）要求。

（7）混凝土拌和监控。试验工程师在承包商混凝土拌和楼 24 小时跟班监控。主要任务是:监控混凝土配合比执行情况;监督承包商的试验活动,并对检测结果签认;对各种原材料和混凝土出机口温度进行检测与记录;现场取混凝土试样。

（8）大坝填筑材料试验。依据合同,小浪底大坝填筑材料中有 13 种材料需要进行控制试验和记录试验。填筑前进行控制试验（见图 6-3-2）,包括在监理工程师实验室进行的室内、室外试验,以确认材料符合要求;填筑碾压工序完成后,监理工程师按规定频度和项目进行记录试验,试验结果达到要求后才能进行下一道工序施工。

工程建设过程中,监理工程师

图 6-3-2　监理工程师进行主坝填筑
质量控制试验

进行的试验数据统计为:填筑工程现场密度检测 35 790 余组次,室内试验检测 790 余组次;混凝土试验 44 700 余组次,砂浆试验 4 200 余组次。

(七) 测量控制

承包商在施工测量作业前,向监理工程师报送施工控制网方案和施工测量方案。监理工程师对这些方案进行审查,并对施测过程进行监督,对测量成果进行审查。

1. 测量方案审查

监理工程师对承包商提交的施工控制网方案、测量放线方案进行审查,督促承包商按批准的方案进行控制网点实测。完成控制网实测后,将测量结果报监理工程师复检和确认后,作为建筑物施工放线的依据。

2. 实测结果检查

测量工程师随时对承包商放线结果进行检查,对建筑物重要的点、线、面进行抽检和校核,以保证建筑物位置的准确性。关键部位,如压力钢管安装单元环缝位置、进水塔结构混凝土模板,以及金属结构安装测量结果,须监理工程师现场校核。现场校核采用联合测量或监理工程师独立测量方式。督促承包商对测量资料进行收集整理,作为工程计量和验收的依据。

(八) 过程控制

施工过程中,监理工程师质量控制的主要内容包括工序质量控制、跟班检查监督和施工质量记录。

1. 工序质量控制

施工阶段质量控制的主要目标是对承包商的所有施工活动和工艺过程进行质量监控,以确保工程质量,实现设计意图。承包商按照合同规定做好工艺控制和工序质量自检,每道工序结束后,由承包商通过质量控制体系进行自检,检查合格后报请监理工程师,监理工程师检查合格后才能进行下道工序施工。

2. 跟班检查监督

主要检查承包商是否按批准的施工技术措施组织施工,抽查特种岗位操作人员持证情况,操作工艺是否规范,在用材料是否有损坏、变形、污染等不符合合同条件要求的情况,现场施工质量控制是否有效等。当发现有影响施工质量的行为和现象时,立即指令承包商采取措施改正处理。对于重点工程、隐蔽工程及关键工序、关键部位,则采取旁站的方式进行全过程的监督。

3. 施工质量记录

监理工程师跟班监督承包商按照技术规范、施工图纸及批准的施工方法和工艺进行施工，对于施工过程中资源配置、工作情况和质量问题进行核查，并进行翔实的记录。交班时，经承包商现场人员签字认可，作为监理信息资料留存。

现场工程师实施"三班倒"工作制度，保证24小时现场有人值守。监理工程师对工作面施工进行详尽记录。发现违规操作，监理工程师及时指出，要求承包商立即纠正，对已构成质量缺陷或事故的，以书面形式通知承包商，按质量问题处理程序进行处理。

监理工程师和承包商协商确定施工需要的各种记录表格，作为反映工程实施情况的记录资料，同时监理工程师内部还有监理班报、日报、周报和月报。

利用这些报表可以对工程施工过程中出现的各种问题进行跟踪检查、原因分析，并确定处理方案，也可作为合同争议处理的证明文件。

三、关键部位和关键工序质量控制

小浪底工程施工中，监理工程师质量控制的关键环节是关键部位和关键工序。关键部位和关键工序分土建、金属结构和机电部分。

（一）土建专业质量控制

土建部分关键部位和关键工序主要有主坝混凝土防渗墙施工、主坝填筑、石方开挖、锚喷支护、不良地质部位施工、预应力锚索安装、混凝土施工、灌浆施工和安全监测仪器安装。

1. 主坝混凝土防渗墙施工质量控制

按照传统施工工艺，防渗墙施工采用冲击钻造孔，而小浪底坝基覆盖层深厚，如采用这种方式施工，工期长、费用高，孔间对接精度难以控制，施工质量无法保证。在业主和监理工程师支持下，承包商引进了法国地基公司的抓斗和双轮铣等新型设备。采用双轮铣配合抓斗开挖槽孔施工技术。具体施工工艺是：在重锤配合下，抓斗抓取砂卵石成孔，双轮铣为主槽接头切割出新鲜混凝土接触面及岸坡和底部的基岩，膨润土浆液固壁，泵吸循环出渣，槽孔平接头塑混凝土保护，水下混凝土导管浇筑。监理工程师质量控制的重点是造孔和水下混凝土浇筑。

造孔过程中，监理工程师督促承包商控制泥浆的比重、黏度，防止塌孔，并随时测量孔斜,发现倾斜及时纠正,孔倾斜率控制在设计规定的范围内。开挖到基岩时取岩渣进行鉴定,由地质工程师确认开挖最终深度。造孔结束后,承包商填写槽孔检查报验单,报监理工程师检查验收。现场工程师确认合格后,方可进行清孔,清孔完后承包商再次报验。监理工程师检查孔底淤积、接缝刷洗、泥浆比重、黏度、含沙率等指标合格后,批准进行水下混凝土浇筑。

混凝土浇筑前,监理工程师对水下混凝土浇筑准备情况进行检查。主要检查内容为混凝土拌和站、钢筋笼、混凝土罐车和导管的准备情况。浇筑过程中监理工程师进行旁站监督,督促承包商进行施工记录,控制槽孔内混凝土面上升速度,控制导管埋深和提升速度,按规定的高程收仓;检查钢筋笼的埋设,发现上浮,督促承包商采取措施,防止发生断墙。浇筑过程中导管在混凝土内的埋深始终保持在 3~6 米,不允许导管拔出混凝土面。要求承包商按批准配合比拌制混凝土,使用一级配混凝土,骨料最大粒径不超过 20 厘米。

混凝土施工完成后,督促承包商对墙体进行钻芯取样,检查混凝土芯完整性、密实性,并对混凝土芯进行强度检验。

防渗墙施工过程中,受地质条件限制,左岸"老虎嘴"部位槽孔施工困难。根据承包商的建议,监理工程师与业主和黄委会设计院协商采用高压旋喷技术进行防渗墙施工。前期工程防渗墙施工中存在一些质量缺陷,经监理工程师协调,承包商同意对这些缺陷进行处理,业主以计日工或变更方式进行补偿。

2. 主坝填筑质量控制

监理工程师通过审查承包商提交的大坝填筑技术方案、碾压试验报告,检查填筑工作面准备情况、施工工序、试验检测等工作,对大坝填筑质量进行控制。大坝填筑质量控制程序见图 6-3-3。

(1)审查大坝填筑技术方案。大坝填筑开始前,承包商须提交大坝填筑技术方案和车间图供监理工程师审批。技术方案主要说明总体布置、施工道路、施工方法、施工设备、质量检验、信息记录等,并详细说明施工缝处理方法、多种料施工方法、防渗土料及反滤料冬季和雨季施工方法,经监理工程师审批后实施。监理工程师还组织承包商进行了堆石料中加水与不加水对比试验,结果表明加水对碾压质量影响不大,因此采用了不加水施工方法,加快了施工进度。

(2)审查碾压试验报告。大坝 17 种填筑材料中有 13 种材料须经过碾压试验确定施工参数,施工参数包括土料最优含水量、铺层厚度、碾压设备型号、碾压遍数和设备行走速度等。如料场发生变化或同一料场材料特性发生变化，须进行补充碾压试验确定新的施工参数。如防渗料施工中先后启用了石门沟料场、李家坡料场、前苇营料场，这些料场开采上坝前都进行了碾压试验。

（3）检查填筑工作面准备情况。坝体填筑过程中，每一填筑区开工前，承包商都要提交开工申请单。接到开工申请单后，监理工程师对填筑现场准备情况进行检查，主要检查填筑区内基础面情况、联合测量、观测仪器埋设、施工机械配置、人员状况、施工道路布置、安全措施等。监理工程师检查合格后，才能进行填筑作业。为保证大坝形体和分区形体尺寸满足设计要求，每一区块、每一层填筑中，都要监督承包商测量放线。心墙 1 区和上游围堰斜墙 1B

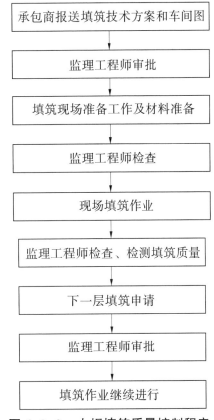

图 6-3-3 大坝填筑质量控制程序

区土料填筑过程中，每层压实后还定点测量检查厚度。测量结果表明，小浪底工程大坝填土层铺料厚度不超过 30 厘米，压实后 25 厘米左右，压实度检测满足设计要求。

（4）施工工序检查。填筑碾压过程中，监理工程师对材料外观质量、铺料顺序、厚度、碾压顺序、碾压遍数和界面处理情况进行检查，发现问题通知承包商进行处理。依据技术规范，结合填筑作业实际情况，监理工程师制定了土石坝填筑质量控制要点（见表 6-3-3）、土料填筑现场质量控制方法（见表 6-3-4）、反滤料和砂砾石填筑质量控制方法（见表 6-3-5）。

（5）试验检测。碾压工作完成后，监理工程师督促承包商及时进行试验检测，以确定填筑质量。监理工程师按规定的频次进行独立试验。具体的试验方法是：心墙土料主要采用美国 MC-3 型核子密度仪检测压实密度和含水量，采用灌砂法进行校核试验；反滤料和砂砾石料采用灌水法或灌砂法进行密度检测；

表 6-3-3　土石坝填筑质量控制要点

料种	防渗土料及 5 区混合不透水料		堆石料	反滤料、过渡料
料场	土料均匀性、黏粒含量、钙质结核含量和土料含水量；冬季施工土温及冻土处理情况；混合不透水料堆存厚度、拌和均匀性和含水量		材料粒径、级配、粉砂岩和黏土含量	材料级配、含水量、分离情况，生产加工系统工作情况
填筑现场	局部压实区	混凝土表面残留浆皮和虚土清理情况、洒水湿润、刷泥浆情况；压实面刨毛和铺土厚度；脱皮土层清理情况，夯实宽度；蛙夯夯实区与凸块碾压实区搭接情况；压实面洒水湿润和防冻保护情况	铺层厚度、施工缝处理、与山坡和过渡料接触部位集中大块石处理、压实遍数及质量	填筑料均匀性，级配试验情况；测量放样确定各区填筑边界；多种料填筑顺序；相邻各料区平起填筑施工与跨缝碾压；临时道路路口处污染料清理；光面振动碾工作频率检查；压实遍数和行走速度；冬季施工冻结材料处理
	大面碾压区	施工道路布置是否合理；压实度和含水量检测；是否有弹簧土及剪切破坏现象；压实面是否存在干缩开裂；铺土厚度；凸块碾压实参数及行走方向；雨后及寒冷天气出现的不合格土料清理；施工横缝的削坡处理；压实面刨毛及洒水湿润		

堆石料采用挖坑灌水法检测密度；颗粒级配试验采用筛分法。

3.石方开挖质量控制

国际标开挖工程分为两类，即不分类料开挖和石方开挖。不分类料开挖包括土方和松散风化岩石，不须进行爆破；石方开挖须进行爆破，两者之间的土岩分界线由地质工程师和承包商地质工作人员联合确定。小浪底工程开挖多为石方开挖，分为石方明挖和石方洞挖。石方开挖采用钻孔爆破作业。爆破作业又分为松动爆破、预裂爆破和光面爆破等。根据开挖目的不同，石方开挖又分为结构开挖和大坝填筑堆石料开挖。

表 6-3-4　土料填筑现场质量控制方法

检验项目	质量控制方法
压实度	定期取样进行击实试验确定最大干密度,计算采用移动三点平均值法。采用灌砂法和核子密度仪进行压实度试验检测,核子密度仪在现场进行检测,定期用灌砂法进行率定。每层土料碾压后,督促承包商进行记录试验,并填写下一层土料填筑申请单,提交监理工程师审签。监理工程师确认试验结果合格,且满足下一层填筑条件后,批准进行下一层土料填筑作业
含水量	督促承包商在土料上坝前进行含水量试验,并把含水量调节到设计允许范围内。含水量不合格土料不能上坝
土料铺筑	要求铺土厚度均匀且无超厚现象,表面平整,无土块及石块,边线整齐。检查上坝车辆行走方向正确,并经常变换上坝路口。特殊部位(如岸坡基岩面、防渗墙两侧、混凝土基面)必须清理干净,洒水湿润并刷 3~5 毫米厚泥浆后再铺土。监理工程师通过观察和定点测量检查铺土厚度
土料碾压	顺坝轴线方向进行碾压;特殊部位 1.5~2.0 米范围内采用蛙夯夯实,与凸块碾碾压区搭接宽度不小于 1 米。监理工程师检查是否漏压、欠压,表面是否平整,是否有弹簧土、起皮、脱空和剪切破坏现象,发现问题要求承包商及时处理
上下层结合面处理	填筑上一层土料前,监理工程师对碾压好的土料表面进行检查,督促承包商对土料表面洒水并保持湿润,对光滑表面进行刨毛。雨雪后出现土料表层含水量过大或结冰时,要求承包商将表面土料清除
界面处理	相邻料区边界偏差应满足规范要求。要求土料与反滤料平起填筑,检查缝边碾压质量

表 6-3-5　反滤料和砂砾石填筑质量控制方法

检验项目	质量控制方法
材料质量	反滤料按设计级配要求,承包商经过试验生产,确定合适的掺合比例。现场检查反滤料不发生分离现象,不被其他材料污染。卸料时反滤料易产生分离,须现场处理。填筑过程中督促承包商按要求进行试验,监理工程师根据试验结果和现场检查情况判断上坝材料质量是否合格。不合格材料清除出现场
铺料厚度	反滤料填筑厚度通过现场观察和测量相结合的方法进行控制。超厚填筑或厚度不均匀的填筑层,要求承包商进行返工处理,并做好记录
碾压参数	大面采用大型碾压设备进行碾压,特殊部位反滤料采用手扶振动器夯实,监理工程师通过观察设备运行情况和时间控制碾压参数
接缝处理	按测量放线确定的边界进行反滤料铺料,测量标桩上须标明本层所在的高程、桩号。监理工程师经常检查承包商是否按多种料施工方法进行施工,确保平起填筑、填筑次序正确、相邻料区跨缝碾压及填筑误差满足要求
压实质量	监督承包商按技术规范要求进行碾压设备操作,设备行走方向、行走速度、振动频率应满足要求。督促承包商对特殊部位采用专门压实机械进行压实。岸坡部位每一层反滤料填筑均须进行密度试验

石方开挖工作开始前,承包商提出开工申请,监理工程师检查开挖准备情况。审批承包商提交的施工技术措施,确认具备开工条件后批准开工。监理工程师对石方开挖质量控制的主要措施有爆破试验审查、爆破设计审查、测量放线检查、钻孔装药检查和基岩面验收。为确保爆破安全,监理工程师督促承包商进行爆破震动监测和变形收敛监测。

(1)爆破试验审查。爆破工作前,承包商报送爆破试验方案供监理工程师审查。监理工程师依据现场情况,审查和批复承包商的爆破试验方案,并督促承包商按批准的方案实施爆破试验。爆破试验完成后,达到了预期效果,承包商上报爆破试验报告,提出建议使用的爆破参数。监理工程师对爆破试验进行审查,依据现场实际情况确认爆破参数,作为基准爆破参数。例如,寺院坡石料场开采过程中,为获得基准爆破参数,承包商在现场进行了大型颗粒级配试验,对逾千吨开挖料进行颗粒分析,确定砂岩松动爆破参数。

(2)爆破设计审查。每次钻爆工作开始前,承包商根据基准爆破参数编制爆破设计,报监理工程师审批,批准后才能实施钻孔。监理工程师审查的主要内容是钻孔位置、排距、倾斜度和方向、孔深、孔径。检查单孔装药量、导线连接方式、起爆顺序等。督促承包商根据地质条件,结合爆破效果对爆破参数进行动态调整。例如,厂房岩壁梁台阶开挖采用了光面爆破技术,用多臂钻进行水平钻孔,孔径45厘米、孔距30厘米、孔深4米。

(3)检查测量放线成果。测量工程师对承包商测量放线成果进行检查,通过联合测量控制洞轴线,常规开挖工作采用抽查方式。

(4)钻孔装药检查。监理工程师现场检查承包商钻孔装药情况,抽查钻孔排距、孔深和孔径,检查炸药型号、单孔装药量和导线连接方式等。

(5)基岩面验收。某一区域开挖工作完成后,承包商首先进行自检,自检合格后,向监理工程师提出验收申请。现场工程师、地质工程师和承包商一起进行初验。初验合格后,工程师代表部组织设计院、地质工程师和测量工程师进行最终验收和联合测量,并对超挖、欠挖情况进行评估,由工程师代表签发验收证书。如超过设计要求,指示承包商进行处理,再按程序对爆破开挖进行验收。督促承包商检查爆破出渣后的工作面,及时进行地质素描和锚喷支护。

监理工程师督促承包商安装临时监测仪器,对开挖边坡和隧洞进行震动监测与变形监测,监测仪器一般布置在隧洞交界处和高边坡地质条件较差部位。

督促承包商定期提交震动监测记录和变形收敛数据,并对数据进行分析,用于指导现场施工。如出现变形异常情况,督促承包商及时采取安全措施,防止塌方。

4. 锚喷支护质量控制

小浪底工程地下洞室和边坡开挖后,都对围岩进行了锚喷支护。依据新奥法原理,锚喷支护作为柔性支护可与围岩共同承担荷载,可充分发挥围岩承载力,提高施工期安全。根据作用不同,小浪底地下工程锚喷支护分为两类:第一类是永久支护,包括地下厂房、主变室、尾闸室、尾水洞顶拱部分,以及部分交通洞、排水洞、电缆洞和通风竖井;第二类是临时支护,包括导流洞、明流洞、排沙洞和发电洞等。锚喷支护主要形式有安装锚杆和锚索、喷混凝土、挂钢筋网和钻排水孔。

(1)锚杆安装质量控制。小浪底工程使用锚杆种类繁多,根据不同地质特性和建筑物结构特点,分别安装了砂浆锚杆、树脂张拉锚杆、水泥卷锚杆,在地质条件较差部位安装了胀壳锚杆、水胀锚杆、自钻锚杆和管式锚杆。地下厂房岩壁梁施工中安装了 15 米长的 500 千牛双层保护预应力锚杆。具有代表性的是树脂张拉锚杆,树脂张拉锚杆安装中监理工程师质量控制的主要内容有:检查树脂卷质量合格证、树脂卷是否破损变质,检查合格才能使用;检查锚杆的规格、型号、尺寸是否符合设计要求;钻孔前检查孔位放线是否正确,钻孔完成后检查钻孔角度、孔深,以及孔内是否冲洗干净;检查树脂卷填充是否饱满;检查张拉荷载是否满足要求。达到龄期后督促承包商进行拉拔试验,验证锚杆安装质量,试验频率按 5% 控制。

(2)喷混凝土质量控制。喷混凝土前,监理工程师对钢筋网和锚杆进行检查。喷混凝土优先采用湿拌法,施喷过程中,监理工程师随时检查喷射距离、角度和顺序。监督承包商在规定时间、规定的环境温度下完成施喷工作,分层喷射时每层最小厚度不得小于设计允许的最小厚度,并在前一层初凝前喷护第二层。

(3)挂钢筋网质量控制。安装钢筋网片前,承包商须对岩石表面进行清理,清理掉松动石块和浮土,经监理工程师检查合格后才能进行挂钢筋网作业。

监理工程师对排水孔施工质量控制的主要内容有排水孔定位检查、钻孔深度和钻孔角度检查、孔口管安装检查。

5. 不良地质部位施工质量控制

小浪底工程施工过程中,特别是地下工程开挖过程中遇到的不良地质条件较多,对于不良地质条件的处理方法也很多,具有代表性的是导流洞塌方处理。针对导流洞开挖过程中发生的塌方,监理工程师和承包商研究综合支护措施进行处理(见图6-3-4)。

图6-3-4　导流洞塌方处理

导流洞开挖过程中,先后发生多次塌方,较大规模的塌方有4次,分别为1号、3号、4号和8号塌方。塌方发生后,监理工程师与承包商共同研究塌方处理措施,经与设计院和业主沟通协商,业主和设计院同意了这些处理方案,具体情况为:

(1)1号塌方处理方案。塌方发生在3号导流洞,塌方主要表现是洞顶部层间脱落,高度4~5米,塌方量约200立方米。处理方案是对塌方区两端6米范围及塌方区顶部进行喷锚支护。

(2)3号塌方处理方案。塌方发生在2号导流洞,塌方高约30米,塌方量2 000多立方米。处理方案包括地面处理措施和洞内处理措施。地面处理措施是在地表钻导孔,对塌方体自地表至洞内进行固结灌浆,灌浆后用混凝土沿导孔回填塌方空腔。洞内处理措施为先素喷混凝土将渣体封闭,并安装钢管向渣体内灌浆。开挖支护自下游向上游进行,先开挖支护塌落体两侧的导洞,后开挖支护顶拱部分,最后开挖中下部的渣体,并拆除两边导洞内侧的钢拱架。

（3）4号塌方处理方案。塌方发生在1号导流洞，先是洞顶左拱肩部位发生塌落，由于承包商没有及时处理，逐渐引起顶拱塌方，高度10米，塌方量约2 600立方米。采用喷锚支护进行处理。

（4）8号塌方处理方案。塌方发生在1号导流洞，塌方高度10米，塌方量约2 000立方米。处理方案是自地表钻孔至塌方空腔，然后用混凝土回填，洞内采用全断面钢拱架支护。

6.预应力锚索安装质量控制

小浪底工程地质条件复杂，为确保高边坡、地下洞室围岩稳定，设计院在泄洪系统进出口、地下厂房顶拱等部位布置了规格不同的预应力锚索。为加强排沙洞混凝土衬砌强度，降低渗水对单薄山体的影响，在排沙洞内布置了双层保护无黏结预应力锚索。具有代表性的是地下厂房顶拱锚索安装，厂房顶拱锚索为无黏结预应力锚索，其结构特点是每根钢绞线的自由段表面涂有防腐剂和润滑剂，外套塑料套管，使钢绞线和被锚固的围岩不发生黏结，自由段全长能够长久地保持和传递应力，在钢帽内灌注水泥浆前可随时调整预应力大小。监理工程师质量控制的主要环节有索体加工、钻孔、固壁灌浆、索体安装、灌浆和张拉等。锚索施工质量控制程序见图6-3-5。

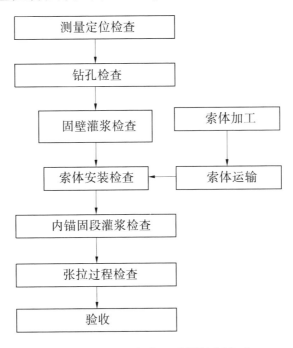

图6-3-5 锚索施工质量控制程序

（1）索体加工质量控制。监理工程师对加工锚索的材料钢绞线等进行检查,检查质量证书和规格型号;监督承包商按车间图尺寸进行切割和下料;监督承包商将钢绞线内锚固段套管拆除,并用高压热水脱脂清洗;检查承包商根据车间图进行编索,锚索加工完进行编号并标记,经监理工程师检查合格后运到现场。

（2）钻孔质量控制。锚索孔位定位后须经监理工程师检查合格后才能进行钻孔。钻孔完成后监理工程师检查孔位、孔深、方向和角度。监督承包商对索孔锚固段进行压水试验。进水口高边坡和厂房顶拱部位地质条件较差,成孔困难,不进行压水试验,采用固壁灌浆提高钻孔质量。地下厂房顶拱锚索施工中,监理工程师与承包商协商对270个锚索孔进行了固壁灌浆,固壁灌浆采用纯水泥浆液。

（3）安装及灌浆质量控制。锚索安装前,检查孔壁是否残存水泥浆,如影响锚索安装,则进行扫孔。锚索安装中使用对中器,确保索体位于钻孔中心。索体安装完成后,经监理工程师检查合格,对内锚固段进行灌浆。灌浆浆液配合比事先须得到监理工程师批准。

（4）张拉质量控制。张拉工作开始前,监理工程师督促承包商进行张拉试验,确定张拉程序和荷载分级,绘制张拉荷载与锚索伸长变形曲线,作为判断锚索施工质量的依据。监理工程师对张拉设备、锚具进行检查,确认量具、仪器仪表经过率定并在有效期内。灌浆结石达到28天强度后,开始进行索体张拉。张拉过程中监理工程师检查荷载与位移、位移与时间的关系,确认加载过程和变形满足要求。检查承包商施工记录是否真实、完整。锚索张拉后,还须对外锚头和锚具进行密封保护。

7.混凝土施工质量控制

混凝土施工质量控制主要措施有审查施工方案、审查混凝土配合比、检查仓号、混凝土拌和质量控制、混凝土浇筑质量控制和混凝土温度控制。

（1）审查施工方案。混凝土浇筑前,承包商须向监理工程师提交混凝土浇筑施工方案,内容主要有材料供应计划、施工组织、人员配置、混凝土拌和、运输、入仓、平仓振捣方式方法、温度控制和养护措施、模板安装与拆卸方法、钢筋、埋件安装固定方法、混凝土表面处理及凿毛冲洗方法等,经监理工程师批准后实施。方案审批中,监理工程师鼓励承包商使用先进技术,如Ⅱ标混凝土施工中采 ROTEC 浇筑系统和 DOKA 模板,加快了施工进度。

（2）审查混凝土配合比。承包商按技术规范进行混凝土配合比试验,并将试验成果报监理工程师审批。监理工程师审批后进行混凝土生产。

（3）检查仓号。混凝土仓号准备好后,承包商先自检,自检合格后,向监理工程师提交报验单。监理工程师检查仓号准备情况,检查内容包括钢筋安装位置、规格、型号、间距、加固情况,模板及止水片安装位置、高程及平整度、加固支撑,埋件的品种数量、加固情况、垫块固定,仓面凿毛冲洗等。基岩面先经过地质工程师检查验收。检查合格后签发开仓证,批准开仓浇筑。

（4）混凝土拌和质量控制。监理工程师在混凝土拌和站值班,对混凝土拌和全过程进行监督检查。首先对混凝土拌和用的各种材料进行检查,对不合格材料指令承包商清理掉。开拌前检查衡量器设定是否符合配料单,拌和过程中检查下料顺序和拌和时间是否充分,下料顺序和拌和时间事先通过拌和试验确定。监督承包商按规定的频率取样试验,试验工程师按一定的比例进行试验。不合格混凝土,指令承包商弃掉。

（5）混凝土浇筑质量控制。混凝土仓号经监理工程师检查合格后,签发开仓证。承包商填写混凝土要料单,并送至混凝土拌和站。要料单须注明混凝土种类、估算数量、浇筑部位和开盘时间等。混凝土运到现场后,现场工程师要对混凝土品种、运输时间进行检查,检查无误后才准许卸料入仓。浇筑过程中,监理工程师进行旁站监督,重点检查入仓、平仓振捣、层厚控制,检查混凝土有无离析和泌水现象,严禁仓内加水。检查仓内混凝土面有无初凝现象,避免出现冷缝。

（6）混凝土温度控制。为防止混凝土产生温度裂缝,技术规范对大体积混凝土浇筑层高、层间浇筑最少时间间隔,以及浇筑后混凝土最高温升都有明确要求。承包商按规范规定,制定详细的冬季、夏季温控措施,监理工程师重点检查温度控制措施的落实情况。具有代表性的是进水塔和消力塘部位混凝土浇筑温控措施,主要措施有:冬季对骨料和混凝土拌和物进行保温,对拌和用水进行加热,混凝土浇筑完毕后进行覆盖保温;夏季施工时控制水泥、粉煤灰温度,对骨料进行预冷,加冰拌和混凝土,仓号埋管通冷水进行冷却,错开高温时段浇筑混凝土。

孔板洞、排沙洞和明流洞使用了 C70 高强混凝土。高强混凝土（又称高标号混凝土)含水泥量大,水化热高,容易产生温度裂缝。为控制温度裂缝,监理工程师和承包商对混凝土配合比进行长时间研究,最终确定的配合比特点是低碱含量、低水化热水泥、高效减水剂、优质粉煤灰及硅粉,水灰比为 0.23~0.26。

水轮机肘管段混凝土衬砌结构复杂,根据设计图纸外形要求,监理工程师督促承包商预制两套肘管衬砌大型双曲面模板。双曲面模板面部材料采用木料,经烘干处理后,加工成 5 厘米×5 厘米的方木条,用胶将木条黏结在一起,形成所需的外形。双曲面肘管模板在加工场进行预组装,经测量检验合格后,分段分块运至地下厂房施工现场;在现场进行组装,加上必要的内外支撑以保证浇筑时肘管的外形。

8.灌浆施工质量控制

小浪底工程技术条件复杂,灌浆种类齐全,有帷幕灌浆、固结灌浆、回填灌浆、环形灌浆和接触灌浆,具有代表性的是帷幕灌浆和固结灌浆。监理工程师与承包商协作,在帷幕灌浆中运用了 GIN 灌浆法。监理工程师对灌浆工作质量控制的主要措施有制定灌浆技术要求、审查灌浆技术方案、检查钻孔、检查灌浆和评价灌浆效果。

(1)制定灌浆技术要求。监理工程师根据设计图纸,结合钻孔和压水试验情况,判断灌浆区域地质条件,依据灌浆试验制定灌浆技术要求,确定灌浆方法、灌浆压力和灌浆工艺。灌浆过程中,根据实际情况,对技术要求进行适时修改。

(2)审查灌浆技术方案。根据监理工程师发布的灌浆技术要求,承包商提交灌浆技术方案和车间图。监理工程师从科学性和有效性方面对技术方案进行审查。

(3)检查钻孔。钻孔前,监理工程师对孔口位置进行检查,成孔后检查孔深和孔斜,并进行记录。孔深不够的,要求承包商进行补钻,孔斜超过规定的按废孔处理并在附近增加 1 孔。控制钻孔按顺序进行,先 Ⅰ 序后 Ⅱ、Ⅲ 序,检查孔在该区域灌浆结束 14 天后开钻。

(4)检查灌浆。监理工程师抽查灌浆管深度及灌浆塞位置,防止漏灌和重灌。监理工程师对水泥、澎润土、外加剂进行检查,随时抽查浆液各项技术指标,如密度、析水率及黏度等,发现材料和浆液存在问题时,要求承包商立即采取措施改进,杜绝不合格浆液用于工程。监理工程师及时绘制灌浆成果图,分析地质情况和灌浆效果资料,并按灌浆孔数10%的比例布置检查孔。

（5）评价灌浆效果。监理工程师根据灌浆量、取芯和压水试验情况,评估灌浆效果,对不合格区域指令承包商进行补灌处理。

GIN 灌浆法。GIN 是一种灌浆施工工艺,称为灌浆强度值法,在国外已有应用。其特点是采用稳定浆液,操作简单,速度快,灌浆质量容易控制。根据国外工程实践经验,监理工程师组织承包商采用 GIN 法进行帷幕灌浆试验。1995年在左岸山体进行了 GIN 灌浆现场试验,1996 年在 2 号灌浆洞进行了 GIN 灌浆试验性生产。根据试验成果,小浪底左岸山体帷幕灌浆工程采用 GIN 灌浆技术。

FUKO 灌浆系统。FUKO 是一种灌浆管材,在国外已有成功应用。根据Ⅲ标承包商建议,经现场试验和审慎研究,监理工程师批准承包商在压力钢管接触灌浆中采用 FUKO 灌浆系统。FUKO 灌浆系统的特点是利用同一根软管可以进行多次灌浆,避免了传统灌浆方法对压力钢管钻孔破坏。灌浆后南京水利科学研究院用中子法对灌浆效果进行检查,灌浆质量满足要求。

9. 安全监测仪器安装质量控制

监测仪器安装质量控制主要措施有审查监测仪器安装分包商和专业人员资质、审查承包商监测仪器采购计划、监测仪器进场检查验收、安装过程旁站监督。

（1）审查承包商技术人员的资格和经历,对技术人员考核。外籍人员采用面试进行考核,中方雇员采用资格证明加面试方式考核。

（2）承包商向监理工程师报送监测仪器采购计划,采购计划包括拟采购仪器厂家、仪器型号和主要技术性能指标等。监理工程师根据设计图纸和进度计划进行审批。

（3）仪器进场后,监理工程师组织承包商代表和厂家代表进行开箱验收。监测仪器原始资料由监理工程师存档,复印资料由承包商保存。

仪器安装前,承包商须到技术监督部门对每支仪器进行检验、测试和标定,以确定仪器可以正常工作,并将检验结果报送监理工程师。

（4）监测仪器埋设安装过程中,监理工程师进行旁站监督。监测仪器安装完成后,承包商立即测取监测仪器初始读数。施工期间,监理工程师督促承包商定期对监测仪器进行读数记录,并进行数据整理和分析。工程完工后,承包商把监测仪器和相关数据资料移交给运行管理单位。

(二)金属结构和机电专业质量控制

金属结构和机电安装关键部位和关键工序主要有金属结构和机电设备监造、压力钢管制作安装、发电机"三架一座"拼焊、定子组装和安装、发电机转子安装和机组轴线调整。

1. 金属结构和机电设备监造

小浪底机电设备和金属结构设备种类多,制造难度大,制造工期长。为保证设备制造质量和交货进度,业主成立了设备监造领导小组。领导小组向设备制造厂派驻了监造工程师,进行设备监造。监造工程师主要职责是检查控制设备制造质量和进度。同时,领导小组适时派出巡检小组监督检查监造工程师工作,并就重大问题做出决策。驻厂监造工程师和巡检组人员由业主和监理工程师专业人员组成。机电设备制造过程中,主要对水轮机(SHEC)部分、发电机、主变、管道母线和高压开关等关键设备进行了驻厂监造。监造工作主要有以下几个方面:

(1)监造工程师根据图纸和合同编制监造实施细则。实施细则主要内容有拟采用的质量控制方式、质量工作程序、质量检验控制点和拟采用的监造工作表格。

(2)监造工程师审查生产厂家的质量保证体系,包括组织机构、职责分工、管理制度、制造设备工艺、设备检验方法、人员配置和资质。

(3)组织技术交底,对相关技术问题展开讨论,确保制造人员了解设计意图和设计要求。审查厂家编制的加工工艺。

(4)检查原材料和外购部件,确认合格后才允许使用。

(5)审查制造厂家提交的开工申请报告,检查开工前各项准备工作,确认具备开工条件后,下达开工令。

(6)监造工程师对设备制造全过程进行检查监督,发现问题及时与制造厂家进行沟通,并向领导小组报告出现的问题与处理结果。小浪底2号发电机转子中心体出现裂纹,1号、2号机座环焊接出现裂纹后,监造工程师与厂家协商处理方案,改变焊接工艺,保证制造质量。

(7)制造过程中发现的质量问题,操作人员不能自行处理。一般质量缺陷须经制造商技术人员和质检人员共同研究处理措施,按处理措施进行处理。较大的质量问题处理方案须经监造工程师批准后实施。

（8）设备制造完成后，厂家须进行自检，合格后编写完工验收资料。监造工程师复检、审核合格后，厂家向业主申请出厂验收。出厂验收时发现的问题，监造工程师监督厂家进行整改。经检查合格，监造工程师批准包装发运。

2. 压力钢管制作安装质量控制

压力钢管质量控制包括制作环节质量控制和安装环节质量控制。压力钢管在制作车间完成制作单元的制作，运输到8B洞进行安装单元制作，最后运输到发电洞进行定位安装。

（1）压力钢管制作质量控制。压力钢管制作在蓼坞制作车间进行。压力钢管制作质量控制主要有3个方面，分别是审查车间图、过程控制和出厂前联合检查。压力钢管制作质量控制程序见图6-3-6。

一是审查车间图。承包商根据设计图纸和技术方案绘制车间图。车间图报监理工程师审查批准后方可使用，如要修改，需经监理工程师批准。审图过程中监理工程师发现，封堵段技术方案进行了重大调整，而压力钢管制作车间图未能反映这一变化，监理工程师立即通知承包商修改车间图，避免了重大损失。

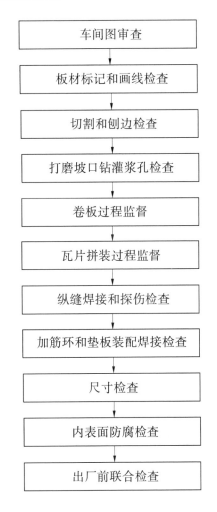

图6-3-6　压力钢管制作
质量控制程序

二是过程控制。监理工程师对板材画线、切割、卷板和瓦片拼装等过程进行现场监督检查，发现问题及时指令承包商改正，随时抽查外形尺寸和焊缝质量并作记录。

三是出厂前联合检查。质量检查采用"三检制"：厂家自检，承包商复检，监理工程师组织承包商和厂家三方联合检查。成品钢管制作单元须经三方联检合格才能出厂。探伤检查时,监理工程师跟踪监督,必要时进行抽查。

(2)压力钢管安装质量控制。压力钢管安装,监理工程师质量控制主要包括钢管拼装、钢管安装、钢管焊接、防腐处理和无损检测等。压力钢管安装质量控制程序见图6-3-7。

一是钢管拼装。在8B洞拼装车间把制作单元拼装成安装单元,在发电洞进行定位安装。质量控制的重点是钢管外形尺寸准确性和拼装缝焊接质量,重点检查拼装后管口圆度和坡口角度。环缝焊接时,监理工程师监督检查焊接工艺和施焊顺序。拼装工作完成后承包商对安装单元外观和焊缝质量进行自检,自检合格后报监理工程师检查,监理工程师检查合格后,从拼装间运抵安装位置。

二是钢管安装。监理工程师重点检查外形尺寸、安装位置和焊接质量。钢管就位后,监理工程师对坡口形状、尺寸、钝边、坡口角度、间隙进行检查。

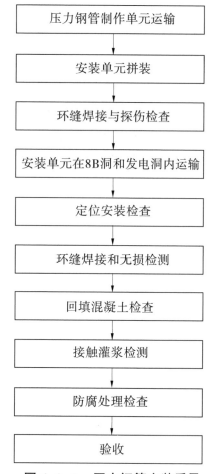

图6-3-7　压力钢管安装质量控制程序

三是钢管焊接。焊接过程中,监理工程师对坡口修整除锈、焊条烘烤、焊缝加热、焊接顺序进行检查,对清根、打磨、清理工作进行监督检查。施工过程中,曾发生焊接质量问题。监理工程师通过现场调查,召开中外专家咨询会,最后确定产生质量问题的主要原因是洞内空气湿度过大,进而确定了整改措施,钢管焊接前后进行加热保温,采取通风措施降低洞内空气湿度。

四是防腐处理。防腐工作主要包括除锈工作和涂刷油漆。外部环境对防腐工作质量影响较大,施工过程中监理工程师对场地温度和湿度进行检查,确保工作环境符合规范要求。监督承包商按规范进行作业,除锈后4小时内须喷涂油漆,超过时限须重新除锈。涂漆完成后进行质量检查,检查项目包括漆膜表面目测、漆膜厚度测量、针孔缺陷扫瞄和黏结力试验等项目。

五是无损检测。无损检测是对压力钢管不造成损害的检测。无损检测监理控制措施主要有检查承包商检测人员资质和检测设备、无损检测工作程序和检测时间。监理工程师还对重要部位和重要焊缝进行现场监督,对有争议的焊缝进行独立检测。

3. 发电机"三架一座"拼焊质量控制

发电机"三架一座"是指下机架、上机架、转子圆盘支架和定子机座 4 大部件。根据厂家要求,发电机焊接采用二氧化碳保护焊接工艺。监理工程师检查中发现大部分焊工不熟悉这种焊接方法。监理工程师与厂家代表协商,部分部位可以使用手工电弧焊代替二氧化碳保护焊,特殊部位仍采用二氧化碳保护焊。

为减少焊缝残余应力和焊接变形,监理工程师对焊接过程跟踪检查,督促焊工适时调整焊接顺序和焊接方向。"三架一座"焊接完毕后,监理工程师联合承包商进行了外表检查和探伤检查,检查结果表明焊接质量满足合同要求。

4. 定子组装和安装质量控制

小浪底发电机定子采用浮动式双鸽尾定位筋,定位筋与定子铁芯及托块间有一定径向间隙,防止铁芯受热膨胀产生挤压应力。监理工程师与 FFT 和厂家代表协商,在定位筋与托块间加垫片临时固定定位筋,待全部定位筋挂装定位后,再逐一进行定位筋托块的焊接,保证了安装质量。叠片工作开始时,监理工程师发现工人进行整型用的工具只有铁锤,而没有规范要求的铜锤,这样作业可能破坏片间绝缘。监理工程师及时叫停现场施工,要求承包商配备足够铜锤后再恢复施工。

5. 发电机转子安装质量控制

发电机转子安装精度要求很高,除通常的测量手段外,监理工程师还要求承包商采用校尺寸平台进行内径校核。

承包商在清理 3 号发电机转子磁轭螺杆时发现几根螺栓有裂纹。监理工程师与厂家代表进行了联合检查,最终确定为螺栓质量问题,要求生产厂家更换了螺栓,保证了机组安装质量。

发电机转子吊装前,监理工程师召开专题会研究吊装方案,审查承包商提交的吊装措施,并逐一检查吊装准备工作,包括转子施工情况、起吊设备、桥机检查维护情况、施工人员,以及机坑内其他工作的准备情况。

第二台发电机转子安装中,监理工程师对准备工作检查时发现桥机检查维护工作还没完成。监理工程师坚守现场,与承包商一起落实准备工作。为了次日能够顺利吊装,监理工程师同意进行原位吊装试验,当两台桥机钢丝绳开始受力时,一台桥机主提升抱闸突然失灵,好在转子还没有吊离支墩座,未受到损害,避免了一次质量安全事故。

6. 机组轴线调整质量控制

水轮机为美国福依特公司生产,发电机为国内厂家制造。为理清生产厂家各自的责任,根据厂家之间技术条款,首先进行发电机单独盘车,合格后再进行发电机轴和水轮机轴连轴工作,再进行整体盘车,也就是机组轴线调整。按照这一要求,首台机组盘车耗时 20 天,进度缓慢。原因是发电机单独盘车合格而连轴后部分数据达不到要求。根据厂家要求,水轮机轴与发电机轴须反复连轴和分拆,耗时较多。监理工程师认为这种盘车方案不合理,经协调沟通,说服厂家代表采用整体盘车方案,并确定后 5 台机组均采用整体盘车,如出现严重超差,则分拆水轮机轴和发电机轴,根据情况决定是否对发电机进行单独盘车。实际情况是后 5 台机组均是一次通过整体盘车。

四、工程质量问题处理

小浪底工程建设过程中,监理工程师加强质量控制,对出现的质量缺陷和质量事故,严格按照程序进行处理,并严格追究质量事故责任。

施工中发现质量缺陷或质量事故,监理工程师联合承包商进行检查、记录,对缺陷范围进行界定,必要时进行拍照或录像,并组织承包商进行原因分析,分析事故危害程度,提出处理方案和整改措施。承包商按要求提出处理方案,报监理工程师批准后实施,如方案涉及新技术、新材料,须经论证和现场试验。监理工程师检查承包商质量处理工作。质量处理完成后,由监理工程师进行检查和验收,合格后方可进行下道工序施工。质量问题处理程序见图 6-3-8。

小浪底工程施工过程中,发生 2 号灌浆洞混凝土衬砌一般质量事故,出现 F_1 断层混凝土盖板缺陷、3 区过渡料不良级配、水轮机转轮裂纹缺陷等质量缺陷,均按照质量问题处理程序进行了处理。

(一)质量事故处理

2 号灌浆洞轴线长 106 米,成洞尺寸 2.5 米×3.5 米,设计采用钢筋混凝土衬砌,混凝土厚 0.7 米、强度 25 兆帕。2 号灌浆洞由黄委会设计院地勘总队承建,中国水利水电第十一工程局分包混凝土衬砌工作,于 1994 年 12 月开工,1995 年 12 月竣工。1996 年 4 月,业主组织完工验收。1999 年 10 月,水库下闸蓄水后,发现 2 号灌浆洞出现严重漏水。

经监理工程师现场勘察,并经钻孔检查,发现混凝土欠浇严重,最小衬砌厚度 0.3 米,顶拱空腔较大,洞内有很多部位渗水,确认混凝土衬砌为一般质量事故。

业主和监理单位组织力量对事故进行调查处理,制订质量事故处理技术方案,由原施工单位进行处理。业主下发《关于 2 号灌浆洞质量问题调查处理的通报》,对责任人予以行政处分。在质量事故处理工程完工后,业主和监理工程师组成验收小组

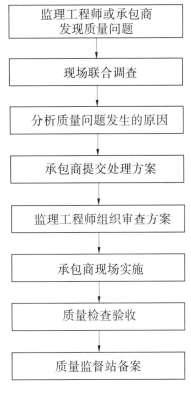

图 6-3-8　质量问题处理程序

进行完工验收,认为事故处理技术措施可靠,处理后 2 号灌浆洞投入正常使用。

(二)质量缺陷处理

(1)大坝 3 区过渡料级配不良。合同规定大坝 3 区过渡料从石门沟石料场开采进行加工,技术规范规定过渡料最大粒径小于 250 毫米,粒径小于 5 毫米颗粒质量含量小于 30%,粒径小于 0.1 毫米颗粒质量含量小于 5%,填筑材料应具有良好的级配,并在规定的级配范围内。

在实施过程中,监理工程师根据承包商要求,经过较长时间研究,在征得设计院同意后,批准承包商利用马粪滩加工厂反滤料生产过程中剩余的超径料,经过筛分、破碎进行 3 区过渡料加工生产。

1995 年 11 月,3 区过渡料按照批准后的料源进行加工生产。现场填筑中发现 3 区过渡料出现级配不良、颗粒分离现象,40~150 毫米的粗颗粒,中值粒径平均值约为 90 毫米,不满足级配包线要求;有时干密度偏低,平均值小于设计要求。1996 年 10 月至 1997 年 4 月,在 3 区过渡料填筑现场采集 23 个试样,

级配试验表明 40% 的试样级配不符合技术规范规定,且粒径小于 40 毫米的颗粒含量平均不足 7%。

3 区过渡料级配不良和颗粒分离主要是马粪滩料场加工设备造成的。经 1997 年 2 月和 1998 年 5 月两次对加工系统及工艺进行改造,生产的过渡料级配比较稳定,经监理工程师检查,基本满足级配包线要求。

(2)F_1 断层带混凝土盖板质量缺陷。F_1 断层带混凝土盖板施工期间出现如下质量问题:盖板混凝土设计强度等级为 C25,取样 31 组,混凝土 28 天强度平均值为 22.5 兆帕,最大值 35.2 兆帕,最小值 14.0 兆帕,抗压强度不满足设计要求。断层带 A 型板 A4~A9 在固结灌浆和帷幕灌浆时发生严重上抬,其中 A6 板上抬 0.9 米;A6、A7、A8 三块盖板产生贯穿性裂缝。

按照大坝安全特别咨询专家组和小浪底工程建设技术委员会咨询意见,经设计、监理和业主多次研究,确定了处理方案:沿裂缝凿槽回填 IGAS MASTIC 玛蹄脂,并对开裂盖板凿毛后浇筑厚约 0.2 米的 C25 钢筋混凝土板。对于因上抬而被破坏的沉陷缝,沿缝凿槽后填 IGAS,用土工膜封盖。最后在盖板上填筑 1 米厚 1A 区高塑性黏土。处理后,经监理工程师检查,符合设计要求。

(3)发电洞流道混凝土被烧问题。1998 年 2 月 10 日,2 号发电塔 4 号发电洞渐变段流道由于当班工人违反操作规程进行电弧切割,焊渣溅落,导致 195 米高程混凝土模板被烧,同时烧坏渐变段混凝土。经监理单位检查,影响深度 10 毫米左右,影响范围为顶拱和左、右边墙及底板部位。

经监理单位批准,施工单位进行修补,先凿除火损混凝土,再喷涂基层黏结材料,喷涂厚度不小于 15 毫米,在上游及顶拱严重部位喷涂厚度为 30~50 毫米,个别部位达 100 毫米,人工抹子收面,涂抹 Sika 养护剂。修补后的混凝土经监理单位检查,符合 D3 级混凝土要求,平整度满足 F2 要求,拉拔强度在 1.43~1.66 兆帕。

(4)安装间清水回水池混凝土质量缺陷。安装间清水回水池位于地下厂房安装间,为混凝土框架结构,安装 6 台水泵,为机组提供冷却循环水,由 FFT 联营体施工。

1999 年 1 月,发现清水回水池边墙错台、柱子变形、24 根顶梁裂缝等问题。2000 年 5—6 月,FFT 对缺陷进行处理。宽度小于 0.3 毫米的裂缝,采用环氧树脂浆液表面封闭;大于 0.3 毫米的裂缝,采用环氧树脂浆液灌注;对清水回水池全部顶梁粘贴钢板加固,并涂刷防水保护层;对部分渗水裂缝,凿 U 形槽用快速堵漏粉嵌补。处理后,经监理工程师检查验收,认为施工质量符合要求。

(5)水轮机转轮叶片裂纹问题。小浪底工程第一台(6 号)机组运行 1 330 小时后,停机检查发现转轮 13 个叶片均在上冠与叶片出水边联结端弯角处出现裂纹,裂纹长 150 毫米,最大裂口 15 毫米,属于贯穿性裂纹。福依特公司实施补焊后,机组运行不久在原位置再次发现裂纹。2000—2001 年,业主召开 5 次技术委员会机电专家组会议,与福依特公司共同分析研究产生裂纹的原因,并将 5 号机组提供给福依特公司进行全面测试,确认开机时大轴抖动产生较大应力是裂纹产生的主要原因。采取以下处理措施:优化调速参数,增大导叶启动开度,缩短启动时间,优化开机程序和尾管强制性补气;对转轮叶片出水边修形;在转轮上冠与叶片出水边连接端头弯角处增焊外形尺寸 40 毫米×300 毫米×300 毫米消应力三角体,降低应力峰值。这些措施在各台机组上陆续实施,运行后检查,未再发现转轮叶片出现裂纹现象。

(6)5 号主变压器返厂处理。5 号主变压器油过滤时,由于泵轴磨损,变压器油中游离了金属粉末。承包商取油样送河南省电业局中试所检验合格,监理工程师同意注油,但制造厂家认为油中少量金属粉末无法用油强度试验测出,但长期运行,金属粉末在磁场作用下将破坏变压器固体绝缘,存在无法预估的安全隐患。业主请国内专家现场评估,认为 5 号主变压器受到含有金属粉末的油污染,不能投入运行,建议返厂清理。业主遂将 5 号主变压器返厂清理,将原 4 号主变压器用于 5 号发电机组。

(7)5 号发电洞事故闸门启闭机缺陷处理。5 号发电洞事故闸门液压启闭机安装过程中,部分杂物进入启闭机油缸,现场不能彻底清理,最后进行了返厂处理,设备安装承包商承担了相关费用。

第四节　投资控制

前期工程施工中,监理工程师主要通过审查技术方案、审核已完工程量进行投资控制。主体工程施工中,监理工程师依据合同工程量清单,按照计量支付程序,严把工程计量关,审查承包商提交的支付申请,按月签发支付证书。合同执行过程中,监理工程师严格控制变更和索赔,完成项目调差和计日工审查工作。尾工工程施工中,监理工程师主要通过签认工程量进行投资控制,未发生索赔和争议。小浪底工程投资相对节省。

一、投资控制内容

投资控制主要内容是依据合同工程量清单和支付条件,做好合同内项目、合同外项目和价格调差投资管理。

(一)合同内项目投资控制

合同内项目分为单价项目和总价项目,单价项目的单价在合同签订时已确定,列在工程量清单中的量是估算量,实际支付的工程量根据合同计量原则对现场完成的工作进行计量得出。合同内项目投资控制重点是工程计量。

总价项目是合同工程量清单中规定的按总价支付的项目,如在小浪底Ⅱ标合同中,进出场费、钢筋混凝土桥和金属结构安装工作是总价项目。承包商把总价项目按进度进行分解,并将分解表提交给监理工程师,经监理工程师批准后执行。监理工程师依据现场实际进度,按分解表确定的比例进行计量签认,避免一次将总价项目款项全部支付给承包商。

部分施工项目的费用已包含在合同工程量清单其他项目单价或总价中,不再单独计量支付,如Ⅱ标隧洞回填灌浆不单独计量支付,相关费用已进入混凝土单价中。由于承包商自身原因引起的欠挖处理、超挖和相应回填混凝土费用均不进行计量支付。

(二)合同外项目投资控制

合同外项目包括计日工、变更和索赔。

1.计日工

计日工以总价项目列在合同工程量清单中,合同规定一些项目如监测仪器变更按计日工方式支付,一些无法计量、零星项目也按计日工支付。小浪底国际标工程中采用计日工方式实施的项目主要有金属结构、监测仪器安装过程中发生的调整和变更、标段之间移交工作面后施工缺陷处理等工作。计日工项目实施前须得到监理工程师的书面指示。计日工费用包括设备费、人工费和材料费3部分。

设备费包括折旧费、财务费、备用零件及附件、维修费(包括相应的劳务)、燃料和润滑油、消耗品、轮胎、保险、管理费和利润。合同执行过程中,承包商实际使用的部分设备功率、容量或特性与合同规定设备不同,设备小时费通过内插法、外延法或类推法进行调整。以计日工方式计算的设备费可参与调差。

人工费为设备操作人员费用,包括承包商的直接费和管理费。根据合同细目表中的劳务小时工资和现场工作时间确定直接费。管理费包括承包商的人工代理费、管理费和利润,该费用为直接费的一个百分比。例如,Ⅱ标合同采用32.17%的管理费,Ⅲ标合同则规定为20%的管理费。以计日工方式支付给承包商的劳务费可参与调差。一直在现场工作的队长和工长的费用包括在计日工直接费内;而部分时间随队工作的队长和工长及监管人员不计算工时,这部分费用包括在管理费中。

材料费包括直接费和管理费。直接费是承包商购买材料实际发生的费用,包括采购费、运输费、搬运费和正常损耗,以供货商和运输单位开具的发票为准。管理费包括承包商提供材料管理成本和利润,该费用为材料价格的一个百分数,例如Ⅱ标合同采用22.17%,Ⅲ标合同为20%。以现价支付给承包商的材料费不进行调差。

计日工项目实施过程中,监理工程师每天检查现场施工情况,并做翔实记录,审查并签认承包商提交的计日工报表,主要审查设备、人员和材料的数量与工作时间。

施工过程中,Ⅰ标工程发生60多项计日工,主要是监测仪器采购和安装,前期施工的防渗质量墙缺陷处理,以及大坝左岸心墙基础混凝土面处理等工作。Ⅱ标工程发生260多项计日工,主要为金属结构缺陷修补配合工作,标段交界处干扰,以及业主提供条件不满足合同要求等,如6号公路危险边坡部位安全保护、8号公路清理和拌和系统变更等项目。Ⅲ标工程发生计日工近100项,主要有尾水出口部位Ⅱ标承包商施工遗留问题处理、塌方和施工干扰,以及金属结构超差修补配合工作等。

合同执行中,监理工程师和承包商就计日工项目计量支付产生了一些争议。部分项目监理工程师未发出计日工指令,而承包商按计日工项目申请费用;有些项目监理工程师同意按计日工处理,但现场工作时间认定存在差异;双方对计日工项目适用单价和费率存在争议。对于这些问题,监理工程师依据合同,根据现场实际情况,与承包商充分协商后予以解决。如Ⅱ标工程施工中使用的36台设备不在合同计日工清单中,其小时单价存在较大争议,主要是管理费标准问题。监理工程师经过多种尝试,并与 CIPM 专家协商,采用国际通用的设备费率计算方法,同时分解合同中设备费率反推计日工设备管理费率,确定了新增设备小时单价,最终得到承包商认可。

计日工费用计算见表 6-4-1。

2. 变更

监理工程师控制变更项目措施主要有减少变更项目,特别是业主和设计院提出的变更;在变更不可避免的情况下,根据现场实际情况,及时提出变更,确定一个技术可行、经济合理的变更方案,变更方案要一次到位,避免同一部位出现多次变更;加强对变更项目的现场管理,一方面加强变更项目现场记录,另一方面加强变更项目实施时间和施工工艺控制;合理确定变更价格,及时评估变更对工期产生的影响。

3. 索赔

监理工程师控制索赔项目主要有减少索赔因素和及时处理索赔申请。减少索赔因素的措施主要有:协助设计院提出切实可行的方案,减少地质条件变化引起的索赔;通过对罢工和阻工事件协调,减少外部影响因素,减少或避免承包商提出工期索赔;协助业主按时提供满足合同要求的施工条件;及时处理变更,避免变更久拖不决,最后演变成索赔。索赔事项一旦发生,监理工程师须合理评估、及时处理承包商提出的索赔申请。

小浪底工程国际标索赔处理中,赶工索赔占很大比例。监理工程师处理赶工索赔主要包括确定是否需要赶工、审查赶工措施和评估赶工费。

一个工程项目滞后于计划工期,是否进行赶工,决定权在业主,业主在进行决策前,需要听取监理工程师的意见和建议。监理工程师对项目实施赶工或顺延工期两种情况进行经济和技术对比分析,认真权衡,若认为赶工是经济的、必要的,则建议业主进行赶工。对于一些重要项目关键节点延误,比如导流洞塌方引起的近 11 个月的延误,监理工程师不仅要考虑经济和技术两方面问题,还要考虑社会影响和政治因素等。

决定赶工后,承包商报送赶工计划和赶工措施,监理工程师认真审查赶工措施或协助承包商完善赶工措施。实施项目赶工计划,可采取的工程措施很多。不同的工程技术措施,赶工效果和代价差异也很大,确定合适的赶工措施

表6-4-1 计日工费用计算

合同编号：

工作说明：

日期：1998-12-21—25

劳务

姓名	工号	级别	周一 小时	周二 小时	周三 小时	周四 小时	周五 小时	周六 小时	周日 小时	合计 小时	单价 人民币元	单价 美元	总价 人民币元	总价 美元
小计														

设备

设备名称	规格	型号	周一 小时	周二 小时	周三 小时	周四 小时	周五 小时	周六 小时	周日 小时	合计 小时	单价 人民币元	单价 美元	总价 人民币元	总价 美元
北京吉普														

材料

材料名称	规格	单位	工程量	单价 人民币元	单价 美元	总价 人民币元	总价 美元
小计							

劳务	管理费/利润
设备	管理费/利润
材料	管理费/利润
	总计

备注：工程师为管理人员，不在计日工中支付。

是监理工程师控制赶工费的重要手段。

赶工措施确定后,监理工程师开始评估赶工措施相应的费用。有些项目的赶工费容易确定,如增加设备所发生的赶工费,只要承包商提供采购新设备发票,并明确设备在赶工后所有权的归属就能确定补偿金额;有些赶工费评估起来比较困难,如因赶工引起的人员和设备施工效率降低、赶工引起的各工序之间干扰等,需要监理工程师做大量的分析比较工作,甚至最终难以量化,只能采用商务谈判解决。

(三)价格调差投资控制

价格调差有 2 种方式,分别为指数调差法和票据证据调差法。指数调差法是依据合同规定调差公式,根据合同实施过程中实际使用资源情况和合同规定指数计算出调差金额。票据证据调差法是合同签订时确定调差项目基础价格,合同执行过程中该项目价格如有变化,根据两者之间的价格差确定调差金额。小浪底工程国际标合同中,价格调差包括当地劳务调差、业主指定材料调差和外币调差。当地劳务调差和外币调差采用指数调差法,业主指定材料采用票据证据调差法。

1. 当地劳务调差

合同规定劳务调差计算公式:

$$A = \left[(L_i - L_0)/L_0 \right] \times W$$

式中,L_i 为前一年劳务工资指数;L_0 为提交投标书当年劳务工资指数,本合同规定 $L_0 = 109.72$;W 为承包商在前一年支付给当地劳务全部费用,合同协议书中进一步明确前一年的工资应当根据投标时工资标准进行计算;L_i 采用水利部水规总院发布的数据。

承包商每月上报一次劳务调差申请,包括计算过程和相关证明材料。监理工程师对劳务调差审查的主要内容有确定参加调差劳务的范围、实际工作时间、工资标准和女性雇员调差等。

1995 年初,水利部水规总院发布 1994 年劳务工资指数,指数为 192.83。根据劳务调差公式计算,1994 年劳务调差系数为 75.07%,而同期Ⅲ标外币调差系数在 3%左右,调差水平相差巨大。监理工程师仔细研究合同文件,并征得业主同意后,与水规总院进行沟通,反映了小浪底工程劳务工资的实际情况。水规总院充分考虑了监理工程师的建议,妥善处理了劳务工资指数事宜。

合同执行过程中,由于监理工程师和承包商对劳务调差相关合同条款理解不同,发生的一些争议,最后通过 DRB 协调解决。

2. 业主指定材料调差

小浪底工程业主指定材料调差采用票据证据调差法,由材料实际价格和运费减去合同规定的基价,差额部分补偿给承包商或从承包商当月应得款项中扣除。调差工作由监理工程师和业主物资管理部门协作完成,监理工程师主要审查材料使用量,物资部门工作人员主要审查材料价格。材料调差严格限定在业主指定材料范围内,包括货源地交货价格调差和运费调差两部分。

货源地交货价格调差主要确定参加调差材料的种类、使用量和采购价格。首先,承包商须向监理工程师提交全套调差证明材料。参与调差的材料必须用于本工程、已采购且运抵现场,经监理工程师检查,满足质量要求。

监理工程师控制材料的使用量分为过程控制和最终控制。过程控制的依据是承包商报送的进度计划和物资采购计划。最终控制是根据图纸计算所需材料量,再加上合理损耗,得出材料理论使用量。因承包商管理不善原因造成的返工,如不合格混凝土返工处理引起材料用量增加,不在调差范围之内。

合同明确了参加调差材料的种类。但在工程建设过程中,某些材料生产工艺随技术发展而变化,实际使用材料的种类和规格发生了变化,与合同规定不同,如电缆材料和观测仪器,从而使原定材料种类和基价不再适用。这种情况下,业主和承包商通过协商,确定新的规格和基价。

对于运费调差,合同中明确了材料交货地点,根据国家铁路和公路运费标准确定基础运费。合同执行过程中,如交货地点发生变化,或运费标准发生变化,按运费票据核实,价差部分由业主补偿给承包商。

依据税法,材料调差金额构成了承包商的收入,应征收 3%的营业税。但从材料调差设置的合同本意出发,是为补偿承包商因价格变动所蒙受的损失,不能简单视为承包商营业收入。为避免后期索赔,1995 年 11 月业主同意对指定材料调差增列 3.09%的金额,加到支付证书中,与工程进度款一起构成计税额,并以 3%的税率计缴营业税。1996 年 3 月,业主与济源市国税局达成协议,材料调差税款由业主直接上缴,承包商不再缴纳该项税款。

指定材料调差营业税问题解决后,1995 年 12 月,Ⅲ标承包商要求解决外币调差和劳务调差营业税问题,监理工程师与业主协商后拒绝了承包商的要求。

3. 外币调差

监理工程师审查外币调差主要有 2 个方面,即确定参与外币调差的项目和调差系数。

参与外币调差的项目包括工程量清单项目、变更、计日工及索赔等。而根据实际费用或当时价格确定的计日工、变更和索赔不进行外币调差。

合同规定了调差系数计算公式和相关指数来源。调差公式中包括固定部分和可调部分,固定部分权重为 15%,可调部分权重为 85%。可调部分采用 5 个指数,依次是外籍劳务指数、承包商设备指数、海上运输指数、钢材指数和杂项指数,合同对这 5 个指数赋予不同权重。

外籍劳务指数采用联营体责任方总部所在国官方发布的建筑工人价格指数;承包商设备指数采用货源国官方价格指数平均值;海上运输指数采用有关海运协会发布的海上运输官方指数;钢材指数采用货源国官方发布的指数;杂项费用指数采用承包商总部或联营体责任方总部所在国官方发布的价格指数加权平均值。

承包商每月向工程师代表部提供载有上述指数的期刊,工程师代表部将这些文件转咨询公司合同部。合同部对这些资料进行审查,并按合同规定的公式对调差系数进行测算,经与业主协商后确定调差系数,并将结果通知工程师代表部。合同执行过程中,由于相关指数发布不及时,或承包商未能按时提交,为及时进行外币调差,监理工程师通常确定一个暂定系数进行调差。随着时间的推移,实际系数逐渐增大,并超过暂定系数,此时监理工程师根据承包商提交的资料,再确定一个新的暂定系数。例如,Ⅲ标工程在合同周期内曾使用过 3%、4%、5.5% 和 7.5% 的暂定系数。

二、工程计量

小浪底工程合同属于单价合同,合同工程量清单中所列量为估算工程量。实际支付量依据计量规则按实际完成工程量进行计量,计量签认是监理工程师投资控制的关键环节。

(一)计量依据

小浪底工程计量严格依照施工承包合同、技术规范、设计图纸和监理工程师制定的国际标计量支付管理办法执行。

计量是通过实测或计算复核承包商每月申报完成工程量,承包商虚报部分和未达到质量要求部分不予计量。计量范围包括合同工程量清单列出的计量项目、业主批准的变更项目、监理工程师指令增加的项目。

合同中规定的总价项目,如承包商自行设计施工的便道、交通洞和交通竖井,按合同规定的计量支付原则,单次或分次进行计量。而安全防护、脚手架和临时观测等辅助施工工作已进入合同单价,不再单独计量。承包商自身原因造成的返工不予计量。

(二)计量方法

监理工程师制定了小浪底工程国际标计量办法。计量方法包括测量计量、图纸计算计量和统计计量。土石方开挖、大坝填筑等工程采用联合测量计量,混凝土、钢筋、模板、灌浆和喷混凝土等工程根据实际完成情况采用图纸计算计量,锚杆和锚索工程采用统计法计量。

计量分为中间计量和完工计量。施工过程中,承包商每月 25 日前对当月工程完成情况提出中间计量申请,报送工程量签认单。工程量签认单包括计量项目、工程量清单序号、工程部位和申请工程量,并附工程量计算资料、联合测量资料、质量检查资料等。监理工程师根据现场实际情况,结合联合测量和质量检查资料进行审查、签认。合同完工后,承包商提出完工计量申请。监理工程师根据竣工图纸、设计变更、现场指令、联合测量和质量检查等资料,对完工项目进行最终计算,确认最终工程量。

(三)计量内容

小浪底工程计量主要内容包括土石方开挖、填筑工程、岩石支护、混凝土工程、钻孔和灌浆工程。

1. 土石方开挖计量

土石方开挖包括明挖和洞挖。土石方明挖工程量由监理工程师和承包商进行联合测量确定。开工前监理工程师和承包商联合测量确定原始地形地貌(见图 6-4-1),作为中间计量的重要依据。施工过程中,每月进行一次联合测量确定月完成工程量。根据承包商的申请,双方联合确定不分类料开挖和石方开挖分界线。根据地质素描,地质工程师和现场工程师共同确定断层带及断层影响带位置和范围,测量工程师根据图纸确定的支付线进行计量。洞挖工程量按设计支付线,由联合测量确定洞挖完成桩号后进行计量。

图 6-4-1　监理工程师和承包商进行联合测量

2. 填筑工程计量

填筑工程主要是大坝填筑。每月月末对大坝不同区域进行联合测量,测量工程师在图纸支付线内计算月完成工程量。监理工程师确定的工程量是已经完成的且质量合格的工程量。因质量问题进行返工的工作不予计量,如大坝1B 区出现裂缝后的返工处理工作。费用已包含在合同工程量清单中其他项目中的工作也不单独计量,如截流合龙时填筑工程损失量、截流时准备的块石及铅丝笼不单独计量、基础沉陷增加的工程量或因侵蚀增加的工程量不单独计量。

3. 岩石支护计量

锚杆和锚索须在安装工作全部完成后,并经抽样拉拔试验或荷载试验合格,依据图纸按实际完工量进行统计计量。对于钢筋网和喷混凝土工作,在完成技术规范全部工作内容后,经检查合格,通过联合测量计算实测面积,按图纸支付线进行计量。取样试验质量没达到要求的部分,经处理合格后再计量。

4. 混凝土工程计量

混凝土工程计量包括混凝土工程、钢筋制安、模板、止水和伸缩缝。已浇筑到永久工程部位并形成一个完整的仓号,可进行月中间计量。支付线以外的混凝土未经监理工程师批准,不进行计量。强度不满足要求或拆模后外观质量较差的混凝土,监理工程师暂停计量,经处理合格后计量。按监理工程师批准的钢筋车间图及钢筋工程的计量规则计算钢筋量,随着混凝土浇筑所安装的钢筋经验收合格予以计量。因混凝土不合格,凿除混凝土重新安装的钢筋不再计量。因施工需要而设置的架立筋和搭接筋及切割和弯曲中损耗的钢筋,不单独计量。混凝土拆模后,按支付线以内模板面积进行计量。止水和伸缩缝在混凝土先浇块拆模后,经检查合格进行计量。

5.钻孔和灌浆工程计量

钻孔和灌浆工程计量包括灌浆管系统、钻孔、PVC 管、灌注浆液、灌浆塞、压水试验和排水孔。灌浆管系统为总价支付项目,按监理工程师批准的计量分解计划进行计量。灌浆孔(包括固结灌浆孔、环形灌浆、帷幕灌浆和检查孔)在完成钻孔、冲洗,经联合检查合格后进行计量。埋入混凝土的 PVC 管,在开挖或混凝土支付线范围内予以计量,因超挖原因埋设的部分不计量。注入孔内的浆液,按灌浆自动记录仪实际记录的有效量计。灌浆塞在完成最后一段或最后一区灌浆并完成封孔后进行计量。回填灌浆不单独计量,接缝灌浆注浆也不单独计量。对固结灌浆孔、帷幕灌浆孔、环形灌浆孔、勘探孔、观测仪器孔进行的压水试验,按图纸和监理工程师要求,依据压水试验开始到结束按小时计量,并精确到 0.1 小时。对于排水孔工程,钻孔达到要求后,通过联合测量,按新鲜岩石和断层带分别计量。

三、开具支付证书

监理工程师通过审查承包商提交的支付申请,开具支付证书,协助业主进行投资控制。

支付证书中的项目分为支付项目和扣款项目。支付项目包括工程量清单、计日工、变更、索赔、工程预付款、材料预付款、价格调差、特别预付款、保留金的返还和关税补偿等,扣款项目包括工程预付款、材料预付款、保留金、特别预付款、水电房租和租用业主设备费等。

(一)工程量清单项目

单价项目,按监理工程师确认的月中间完成工程量,乘以合同规定的单价得到月进度款项;总价项目,根据监理工程师批准的总价项目分解表,按进度进行计量支付。

(二)计日工

承包商随月支付申请提交完整的计日工表,以便监理工程师审查。计日工表记录了现场工程师和承包商代表共同签认的劳务、设备和材料数量。合同工程师对这些数据进行核实,乘以合同单价或经协商确定的单价,计算得出当月计日工应付金额。

(三)变更项目

通常情况下,监理工程师发布变更令,确定变更项目的单价和总价,变更项目实施完成后,按变更令确定的原则计量支付。

特殊情况下,监理工程师和承包商对部分项目的合同性质存在争议。承包商认为属于变更项目,要求按变更程序处理,监理工程师认为不是变更,应按合同内项目单价进行计量支付,如最终认定为变更,则按变更程序进行处理。部分项目已认定为变更,但双方对变更项目单价和总价难以达成一致。这种情况下,监理工程师与承包商协商后,确定一个暂定单价,在变更项下计量支付,待发布变更令后进行价格调整。

(四)索赔项目

承包商提出索赔后,监理工程师与业主和承包商就索赔问题进行沟通,在此基础上对索赔进行评估,并将评估结果书面告知承包商。如承包商同意,则在下一个月进度付款中进行计量支付。多数情况下,监理工程师和承包商难以在短时间内就索赔问题达成一致,特别是金额巨大的索赔项目,需要双方长时间的沟通和协调,甚至需要 DRB 居中协调才能解决。在这种情况下,根据索赔谈判进展情况,对双方认可部分进行临时支付,未认可部分继续谈判协商。有时为保证承包商有足够的财务能力调配资源,特别是赶工情况,监理工程师与业主协商后,采用挂账支付的形式对承包商提供财务支持。

(五)工程预付款支付与扣除

合同签订后,承包商按要求提交履约保函,监理工程师开具支付证书,支付工程预付款。小浪底工程合同规定,工程预付款分两次支付。例如,Ⅱ标合同规定协议签订后 35 天内支付 70%工程预付款;完成现场营地、办公设施和生产设施建设,主要设备进场后支付 30%。

工程预付款在每次月进度支付证书中逐步扣回,每月扣除金额按合同规定的公式进行计算,工程量清单中支付项目的总金额达到合同总价的 90%时,工程预付款全部扣完。

(六)材料预付款支付与扣除

材料预付款是为了解决承包商购买材料所占压资金,与材料投入工程后资金回收的时间差而对承包商进行财务支持的措施。小浪底工程国际标合同对材料预付款的支付与扣除有详细规定,材料预付款的审查工作由监理工程师和业主物资部门协作完成。材料预付款支付范围是承包商已采购的、运到现场且未用于工程的材料。经监理工程师检查合格,业主按材料发票价值的70%支付材料预付款。

材料已用于工程建设,在下个月支付证书中扣除材料预付款。小浪底工程通常是下个月扣除上个月的材料预付款。

(七)保留金扣留与返还

监理工程师在月支付证书中扣除保留金,扣除金额为当月完成工程价值的10%,即在支付证书中工程量清单项、计日工项、变更和索赔项总金额的10%。保留金扣留累计达到合同总价5%时停止扣除。

当工程进展到某一中间完工日期时,监理工程师颁发中间完工证书,并将中间完工日期对应工程项目保留金一半返还给承包商。当整个合同项完工时,监理工程师颁发合同项目移交证书,同时将全部保留金的一半返还给承包商。当工程缺陷责任期满时,监理工程师开具支付证书,将另一半保留金返还给承包商。小浪底国际标工程中,Ⅱ标和Ⅲ标就索赔问题与业主达成了一揽子补偿协议,业主同意以现金的形式留存一小部分保留金,其余部分由银行保函代替,业主提前返还大部分保留金。

(八)价格调差

价格调差包括当地劳务调差、指定材料调差和外币调差。根据承包商的申报,经监理工程师和业主相关部门审核确定,在月进度支付证书中支付。关于劳务调差的支付周期,承包商要求每月进行支付,监理工程师则认为每年支付一次,经 DRB 协调,最后双方同意每年支付 4 次。

(九)特别预付款

特别预付款采用临时支付或挂账支付形式,本质上是对承包商的一种财务支持。小浪底工程特别预付款主要有变更预付款和索赔预付款。特别预付款要求承包商采取银行保函进行全额担保,最终通过工程款冲销或扣除。

引起临时支付的原因有多种:一种情况是由于各种因素,承包商面临资金压力,影响现场施工,向业主提出财务支持。为缓解承包商的财务压力,保证现场施工顺利进行,或实施赶工计划,监理工程师与业主协商,对承包商进行必要的财务支持。导流洞赶工期间,业主以挂账支付形式向Ⅱ标支付赶工费用,用缓扣工程预付款、提前支付退场费、为承包商银行贷款提供担保等方式对承包商提供财务支持;通过改变压力钢管支付条件向Ⅲ标提供财务支持。另一种情况是变更索赔处理过程中,对部分监理工程师认定的费用进行临时支付。如Ⅱ标和Ⅲ标变更索赔谈判中,业主以挂账支付方式对承包商进行支付,具有代表性的财务支持有压力钢管支付条件改变和尾水洞及尾水渠变更预付款。

(1)压力钢管支付条件改变。压力钢管制安为单价合同,随工程进度进行计量支付。由于压力钢管施工进度滞后,承包商现金流出现困难,产生了较大财务压力。Ⅲ标承包商向监理工程师和业主寻求财务支持。考虑到承包商财务困难会对后续施工产生不利影响,监理工程师与业主协商后,同意向承包商提供财务支持。具体方法是改变合同中压力钢管支付条件:压力钢管制作车间完成并投入生产,支付1 000万元人民币特别预付款;调整压力钢管前5 000吨单价冲减特别预付款;压力钢管制安单价进一步分解为制作单价和安装单价,按制作和安装两个工序进行计量支付。

(2)尾水洞及尾水渠变更预付款。尾水部位开工后,因地质因素产生多项变更,承包商提出变更申请。因尾水洞施工交通困难,承包商建议修建尾水洞连接洞。考虑到连接洞有益于缓解进度压力,监理工程师接受了承包商的建议。承包商提出了变更费用申请。由于承包商一时难以提供完整资料,监理工程师难以准确评估变更费用及工期影响,1996年11月,应承包商的请求,为支持承包商动员资源实施变更工作,经协商业主,决定支付Ⅲ标承包商1 000万元人民币变更预付款。

(十)水电房租扣除

依据合同,业主为承包商提供水电和部分中方雇员生活营地,以及留庄铁路转运站。承包商需向业主支付水费、电费和房租。实际执行中,监理工程师在月支付证书中扣除相应款项。水费和电费由业主水电处确认,并将费用单据抄送监理工程师;房租由业主行政处负责核实,将费用单据抄送监理工程师。监理工程师依据业主提供的单据在月支付款中进行抵扣。

(十一)进口环节税补偿

依据合同,业主对承包商进口货物缴纳的海关环节税进行全额补偿。进口货物包括承包商施工设备、永久设备和材料,涉及的进口环节税包括关税、增值税和消费税,俗称关税。关税补偿不随月进度支付进行,监理工程师单独开具关税补偿证书。关税补偿申请的审核工作由监理工程师和业主机电处协作完成。

承包商向海关缴纳关税后,向监理工程师申请关税补偿,并附全套完税证明材料。监理工程师根据业主审查情况开具关税补偿证书。监理工程师和业主对关税补偿审查主要有4个方面:一是进口设备和材料必须用于工程;二是这些货物不是承包商雇员个人物品;三是督促承包商将现场不再需要的设备及时退场出关,减少关税支出;四是关税补偿申请必须提供完整的进口手续和完税证明。

为使货物快速通关,监理工程师和业主一起与海关沟通达成共识:业主永久设备如水轮机等免征关税;零配件和材料由承包商缴纳关税,业主进行补偿;临时进口施工设备和工具,业主向海关支付保证金1 500万元人民币,海关对这些设备进行监管。

合同规定,临时进口设备和工具不能在当地销售。考虑到承包商部分设备和工具比较先进,经业主与海关协商,在满足海关监管的条件下,承包商出售了部分货物,主要是零配件和小型工具。部分设备出售给了业主,部分设备出售给了国内承包商。原来由业主补偿的关税返承包商还给业主。

2000年5月,业主和Ⅲ标承包商就一揽子索赔达成协议,作为让步条件,Ⅲ标承包商同意将两个混凝土拌和楼、蓼坞办公室、设备维修车间、压力钢管制作车间和外籍营地无偿移交给业主,同时将这些设施中使用的小型设备、工具、办公设备、家具和家电无偿移交给业主。业主承担这些进口设备和工具的关税。

2001年2月,经监理工程师协商,Ⅱ标承包商把部分二手设备、试验和测量仪器出售给业主,这部分物资的海关手续由业主办理。小浪底工程咨询公司和小浪底水利水电工程公司接收了这些仪器和设备。

四、审查支付申请

承包商上报的支付申请分为月支付申请、完工支付申请和最终支付申请,其中主要是月支付申请。监理工程师建立了一套支付申请审查程序,规定了支付申请审查工作流程。支付申请审查分为4个阶段,分别是承包商提交支付申请、工程师代表部审查、合同部审查、监理工程师开具支付证书。工程师代表部审查阶段包括与试验工程师协作确定完成工程的质量,与测量工程师协作确定完工工程量。

(一) 月支付申请审查

承包商每月月末向工程师代表部提交月支付申请,支付申请一式6份,并按监理工程师批准的格式编制,附相关证明材料和电子文档。

工程师代表部收到月支付申请后,现场工程师与测量工程师协作确定当月完成的工程量,与试验工程师协作确定工程质量,只有质量合格才能进行计量;材料调差和材料预付款由工程师代表部和业主物资处联合审查;变更、索赔和挂账支付须有业主批示。

工程师代表部收集各部门审查结果和签认单,按合同规定审查支付条件,核对当期和历次支付的工程量及价款,按合同规定的单价,逐项计算当月应付金额,同时扣除承包商到期应付业主金额,制作一系列表格,编制支付证书,报送合同部。支付证书格式见表6-4-2。

合同部主要检查计量支付手续是否齐全,支付证书是否完备和支付金额是否准确;审核无误后,呈送总监理工程师。总监

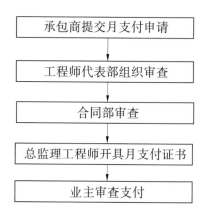

图6-4-2　工程计量支付流程

理工程师签发月支付证书,并向业主行文列明当月应付金额。业主对支付证书进行审查,如无异议,向承包商进行支付。工程计量支付流程见图6-4-2。

(二) 审查完工支付申请

根据合同,监理工程师颁发整个合同项目移交证书后84天内,承包商向监理工程师提交完工支付申请,并附证明文件。证明文件详细说明到移交证书注明日期为止承包商完成的所有工作价值和应得的额外款项。

监理工程师根据实际情况,审查承包商提交的完工支付申请。主要审查完工工程量、变更和索赔。监理工程师根据合同规定,在收到支付申请28天内向业主开具完工支付证书。

(三) 审查最终支付申请

监理工程师颁发缺陷责任证书后56天内,承包商向监理工程师提交最终支付申请,并附证明文件,详细说明其完成的所有工作价值和应得的最终金额。

表6-4-2 支付证书格式

承包商：
监理工程师：
截至日期：
签发日期：

款项说明	开工至上次支付累计金额					本月应付金额				
	金额		外币部分分解			金额		外币部分分解		
	人民币元	美元	美元	法国法郎	德国马克	人民币元	美元	美元	法国法郎	德国马克
应付款项										
预付款										
1 工程预付款										
2 材料预付款										
3 特别预付款										
小计										
工程款										
工程量清单项										
1										
2 计日工										
3 变更										
4 索赔										
小计										
合计										
应扣款项										
1 工程预付款										
2 材料预付款										
3 保留金										
4 水电房租										
5 特别预付款										
合计										
净支付金额										

监理工程师依据合同和现场实际情况审查最终支付申请。如监理工程师对支付申请有异议,承包商应提交进一步证明资料,或对支付申请内容进行修改。双方达成一致意见后,监理工程师开具最终支付证书。

业主和承包商通过商务谈判解决了Ⅱ标和Ⅲ标所有合同问题,并就最终支付金额达成一揽子索赔补偿协议,根据协议所做的支付就是最终支付。

第五节　合同管理

前期工程施工中,监理工程师主要通过审查设计图纸和施工方案,减少变更实施合同管理。

主体工程国际标施工中,监理工程师按 FIDIC 合同条件督促业主和承包商认真履行合同义务,维护合同双方权益,公平、公正地处理合同问题。通过协商和工程师决定,解决了工程变更和大部分索赔事项。监理工程师协助业主和承包商引进了争议评审团协商机制,通过技术协商和商务谈判有效解决合同问题。

主体工程国内标工程和尾工合同执行过程中,合同问题主要通过变更程序解决,未发生合同争议。

一、合同管理依据

业主和承包商签订的施工承包合同是监理工程师进行合同管理的依据。小浪底工程国际标合同文件分为四卷,依次是合同条件、技术规范、图纸和现场资料、参考资料。构成合同的文件可以相互解释说明,但出现含糊或歧义时,监理工程师依据文件优先顺序对合同进行解释。

合同文件规定业主对监理工程师授权。合同专用条件还规定了监理工程师在行使部分权力之前需要得到业主批准,主要有批准工程分包、决定增加费用、延长工期、确定变更项目费率和价格、改变指定材料来源。当现场出现危及人员生命、工程或财产安全的紧急事件时,监理工程师可以指示承包商采取紧急措施。尽管没有业主批准,承包商也应立即执行监理工程师指示。监理工程师确定一个合适单价补偿承包商所做的额外工作。

二、变更及处理

工程变更由合同当事人、设计院或监理工程师提出,经监理工程师审批后签发变更令。承包商实施变更工作,监理工程师按合同程序对变更工作费用和工期进行评估。业主支付相关费用,并决定是否延长工期。

工程变更严格限定在工程施工范围内,是对合同技术规范、设计图纸、施工方法和进度的变更,而不能对合同条件、履约保函、保险、合同争端处理条款进行变更。

(一)变更原因

根据 FIDIC 合同条件,与合同内容不符情况均属变更,主要情况有:增加或减少合同中任何一项工作;取消合同中任何一项工作;改变合同中任何一项工作的标准、质量和工程量;改变工程任何部分的标高、基线、位置和尺寸,改变实施工程必需的辅助工作;改变合同中任何一项工程施工时间或顺序。

1.地质条件变化

大型工程规模宏大、工期长,涉及水文地质条件复杂,地下工程施工开挖深度和范围大,遇到特殊的不利条件实属正常。由于地质勘探工作局限性,招标文件没有完全反映现场实际情况。施工中发生了塌方和滑坡等地质问题,如导流洞发生塌方,承包商进行了额外工作,形成变更。尾水渠部位发生塌方,监理工程师与设计院沟通后,发布变更令。

2.设计变更

设计院根据前期工程施工出现的地质情况,对原设计方案进行稳定性复核,根据复核结果提出了部分变更。这些变更主要有泄洪排沙系统进水口边坡支护形式变更、出口部位边坡支护形式变更、消力塘系列变更和厂房顶拱增加预应力锚索变更。

3.施工顺序改变

受工程变更或其他因素影响,承包商重新安排工作,或对主要工程进行重新规划。如根据目标进度计划,导流洞固结灌浆在隧洞全部衬砌完成后,从进口向出口方向顺序进行施工。由于导流洞开挖进度严重滞后,承包商被迫安排固结灌浆和衬砌同步进行,并将计划中的 3 个工作面增加到 8 个工作面。施工顺序改变,一方面增加了资源投入,包括灌浆台车、钻机和人员;另一方面由于采用交叉作业,施工干扰很多,导致生产效率降低。

4.施工条件变化

监理工程师出于协调工作需要,指示承包商进行额外工作。如根据业主要求,监理工程师指示Ⅱ标承包商向抗滑桩承包商提供混凝土,向排水洞内施工的承包商提供支持,这些附加工作形成了变更。设计院要求采用更高的施工标准也形成了变更。为减少设计变更对工期的影响,需要修建临时施工通道。如Ⅲ标施工过程中,为消除厂房顶拱增加锚索对完工日期的影响,增加17C交通洞,沿厂房下游边墙修建一条从1号发电洞到5号和6号机坑的斜坡道,解决厂房机坑开挖的交通问题;为解决尾水渠部位边墙塌方引起延误影响,在尾水洞之间修建2条连接洞,在2号尾水隔墩塌方缺口处修建连接通道。

(二)处理程序

依据合同,变更处理程序包括提出变更、审查变更、变更估价、批准变更、发布变更令、争议处理6个环节。

1.提出变更

合同双方当事人或设计院认为设计文件不再适用于工程实际时,可向监理工程师提出变更建议书,监理工程师也可提出变更建议。变更建议书的主要内容包括变更原因及依据、变更范围及内容、变更对价格的影响、变更对工期的影响、变更方案附图及计算资料等。

2.审查变更

监理工程师负责审查工程变更建议书。审查原则是:变更的必要性;变更技术上的可行性;变更不降低工程质量标准,不影响后期运行和管理;工程变更便于现场施工;变更费用及工期是经济合理的,不能导致合同价格大幅度增加和合同控制性工期推迟,若对工期产生影响,必须有解决措施。

3.变更估价

根据合同,如果工程量清单中有适用变更工程单价,采用合同单价。如工程量清单中只有类似变更工程单价,则在合理范围内使用合同中的费率和价格作为估价基础。工程量清单中没有适用或类似变更工程单价,承包商提出变更工程所需费用细节及单价组成有关说明和计算,监理工程师与业主和承包商协商确定;当双方意见不一致时,由监理工程师确定单价。在单价达成一致意见之前,监理工程师可以确定暂定单价,作为暂付款支付给承包商。

小浪底工程发生的变更均按上述原则进行了处理。例如,地下厂房、尾水渠等部位安装的直径 25 毫米和 32 毫米砂浆锚杆为变更项目,合同中没有相应单价,但合同中有 22 毫米砂浆锚杆单价,经与承包商协商,监理工程师在 22 毫米砂浆锚杆单价基础上,对 25 毫米和 32 毫米锚杆多用材料进行补偿,确定这两种锚杆单价。泄洪系统出口边坡和厂房顶拱增加锚索变更项目,因合同工程量清单中没有合适单价,也没有类似单价可以参考,监理工程师采用重新定价方式确定了新单价。灌浆工程量仅涉及工程量变化,经与承包商协商,按合同价进行支付。

4. 批准变更

批准变更的程序为:现场工程师核实变更工程量,工程师代表部起草变更令;工程师代表或总监签署变更令,报送业主;业主收到变更令后,根据变更性质,或批准或备案;最后,工程师代表签发变更令。紧急情况下,监理工程师可以先行处理变更,然后通知业主。

5. 发布变更令

业主批准变更令后,监理工程师向承包商发布变更令,承包商实施变更工作。变更工作完成后,或变更进展到某一阶段时,承包商按月支付申请格式上报变更工程费用。监理工程师按变更令确定的价格或暂定金额,以及现场工程师签认当月实际完成工程量,核定变更工作当月应付金额,计入支付证书。业主根据监理工程师开具的支付证书支付承包商。

若监理工程师未能与承包商就变更价格达成一致,为避免耽误现场工作,监理工程师可根据合同确定暂定单价,并在变更令中明确。若承包商接受监理工程师确定的价格,则变更处理结束,否则进入合同争议处理程序。

6. 争议处理

变更令发布后,若承包商不接受监理工程师确定的变更价格,可要求监理工程师做出工程师决定。工程师决定发出后,承包商如同意,则合同争议处理结束。如承包商仍不接受工程师决定,则可提交 DRB 进行协调解决。如在 DRB 框架内仍未达成协议,可提交仲裁进行裁决。

小浪底工程国际标变更处理程序见图 6-5-1。

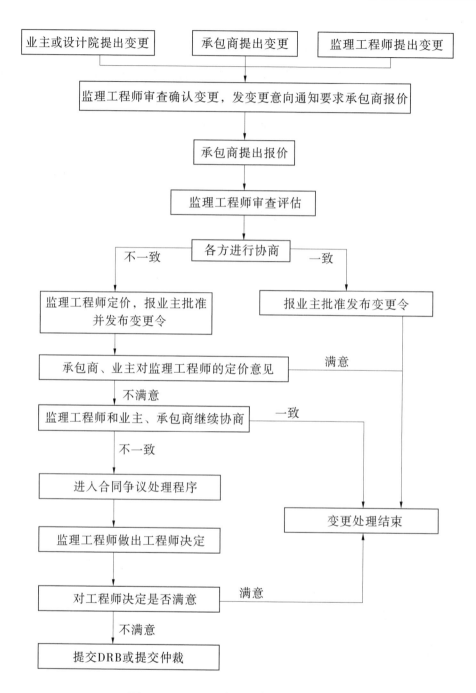

图 6-5-1　国际标变更处理程序

(三) 变更处理

1. Ⅰ标变更处理

工程建设过程中,对涉及主坝工程出现的变更,监理工程师根据现场实际情况,经与Ⅰ标承包商协商,部分变更得到双方认可,部分变更引发索赔。1999年11月,Ⅰ标承包商向监理工程师提出建议,希望通过"一揽子"谈判解决所有变更和索赔问题,监理工程师和业主研究后接受承包商建议。监理工程师和承包商进行技术谈判,认定基本事实和补偿费用分析计算,业主和承包商进行商务谈判,最终确定涉及主坝工程的变更和索赔52项。2000年8月7日,业主和承包商就合同问题达成一致,签署备忘录,变更和索赔问题全部解决,没有产生争议。Ⅰ标变更索赔情况见表6-5-1。

表6-5-1　Ⅰ标变更索赔情况

编号	变更索赔事项
1	新增37号勘探洞回填工作
2	前期工程防渗墙接缝缺陷处理
3	ES-2观测仪器新增工作
4	上游围堰旋喷灌浆施工中034/035/036号孔柱直径变更
5	新增1号板墙旋喷灌浆
6	河床部位赶工
7	坝基覆盖层和岩石基础内钻孔安装Ⅵ10仪器
8	新增岩石内钻孔安装Ⅵ1仪器
9	灌浆中使用新型SIKA R-4添加剂
10	前期工程实施的防渗墙顶部拆除
11	增加E1级混凝土回填
12	左坝肩增加回填混凝土
13	安装水平仪和测斜仪罩增加工作
14	TS1终端站额外工作
15	TS2终端站额外工作
16	TS2A终端站额外工作
17	老虎嘴区域增加旋喷灌浆工作
18	左岸基础固结增加的旋喷灌浆工作
19	防渗墙基础延伸段3号勘探孔额外工作
20	前期工程实施的防渗墙6号板墙缺陷处理
21	前期工程实施的防渗墙7号板墙缺陷处理
22	旋喷灌浆试验板墙变更
23	前期工程实施的防渗墙1号板墙缺陷处理
24	防渗墙底部帷幕灌浆灌浆塞消耗量过大

续表 6-5-1

编号	变更索赔事项
25	混凝土防渗墙 DW-07 板墙浇筑脱模
26	TS4 终端站变更
27	超挖导致防渗墙浆液损耗过大
28	F_1 断层带灌浆变更
29	帷幕灌浆孔内增加锚束
30	观测仪器 ES3 增加的工作
31	防渗墙基础地质条件变化变更
32	孔板洞中闸室竖井焊接钢筋额外费用
33	左岸心墙区基础处理钻孔和灌浆工程变更
34	防渗堤增加的工作
35	主坝坝基覆盖层内安装测斜仪套管变更
36	1B 区增加的碾压施工工序
37	左岸心墙槽增加的工作
38	大坝心墙材料含水量调节
39	垂直测斜仪套管变更
40	1 区增加的碾压作业
41	左岸一期帷幕灌浆变更工作
42	防渗墙基础地质条件变化
43	大坝填筑加速施工计划
44	向其他承包商提供石料
45	石门沟料场农民干扰
46	马粪滩料场农民干扰
47	洛阳海关保税仓库费用
48	劳动法变更补偿
49	印花税补偿
50	消费税补偿
51	机动车辆额外收费及外籍人员费用
52	过桥费补偿

2.Ⅱ标变更处理

工程建设过程中,Ⅱ标承包商提出变更申请 324 项,经过监理工程师审查并与承包商协商,45 项按合同单价结算、21 项转入计日工、56 项合并转入其他变更项目、22 项转入索赔、30 项撤销,有效变更为 150 项。经过监理工程师与承包商协商谈判,2001 年 2 月,Ⅱ标变更项目及补偿相应金额达成一致。Ⅱ标变更情况见表 6-5-2。

表 6-5-2　Ⅱ标变更情况

编号	变更事项
1	取消导流洞通风竖井
2	进水口锚索变更
3	消力塘岩石支护变更
4	引水导墙设计变更
5	消力塘竖井设计变更
6	连地采料场围堰变更
7	其他承包商施工的导流洞中导洞欠挖处理
8	3 号导流洞出口增加岩石支护
9	11 号和 13 号公路路面变更
10	原型观测仪器变更
11	混凝土衬砌止水变更
12	引水渠支护变更
13	导流洞中闸室增加工作
14	额外的防汛工作
15	21 号交通洞工作空间变小和钢筋混凝土变更
16	交通道路额外工作
17	导流洞增加的固结灌浆
18	进水口左侧 F_{28} 断层带处理额外工作
19	2 号排沙洞变更
20	导流洞中闸室岩石支护变更
21	导流洞及中闸室混凝土衬砌增加钢筋
22	混凝土键槽变更
23	导流洞支护变更
24	明流洞上游洞脸设计变更
25	导流洞塌方处理
26	中闸室交通洞和排沙洞交叉口支护变更
27	明流塔混凝土增加钢筋
28	导流洞封堵范围增加

续表 6-5-2

编号	变更事项
29	2号和3号导流洞上游洞脸岩石支护变更
30	明流洞与探洞交叉部位封堵
31	泄水渠额外工作
32	1号、2号和3号排沙洞过渡带薄层混凝土桥
33	明流塔基础混凝土变更
34	排水洞额外工作
35	明流洞埋管段岩石支护变更
36	明流洞泄槽段岩石支护变更
37	1号明流洞泄槽段变更
38	1号明流洞下游洞口附近滑坡处理
39	发电洞额外的岩石支护
40	孔板塔剪力筋变更
41	到4号交通洞的新路
42	2号和3号明流洞间开挖边坡加固
43	导流塔增加钢筋
44	3号排沙洞变更
45	灌溉塔基础混凝土变更
46	进水口区2号和3号导流洞上部固结灌浆
47	孔板洞岩石支护变更
48	明流洞泄槽段喷混凝土变更
49	发电塔增加钢筋
50	11号公路边坡修整
51	1号明流洞埋管段加固
52	1号明流泄槽增加预埋件
53	明流塔固结灌浆变更
54	7号交通洞洞口喷混凝土
55	出口170米高程平台混凝土盖板
56	交通洞斜坡开挖、支护和混凝土变更
57	消力塘尾堰排水孔变更
58	排沙洞挑流鼻坎增加工作
59	7号交通洞变更
60	2号明流洞F_{240}断层带额外支护

续表 6-5-2

编号	变更事项
61	2 号导流洞 0+605 桩号增加的锚索
62	2 号排水洞和 3 号交通洞防洪、滑坡处理
63	连地围堰改线
64	消力塘增加 24 根锚索
65	2 号明流洞洞口上部滑坡处理
66	明流洞增加混凝土
67	高压冲水管
68	业主营地设施修理
69	进水口 F_{28} 断层带基础混凝土
70	发电塔下部断层处理
71	明流洞进水塔的可压缩层
72	1 号明流洞洞脸增加工作
73	进水口边坡砂浆锚杆代替张拉锚杆
74	消力塘底板断层带处理
75	消力塘 D5 混凝土施工
76	导流洞钢衬砌代替混凝土
77	3 号排沙洞和 3 号导流洞出口塌方处理
78	消力塘设计变更
79	清除溢洪道松散料
80	中导洞超挖回填混凝土
81	为业主排水廊道内渗压计提供电力
82	正常溢洪道喷混凝土变更
83	3 号明流洞洞脸塌方处理
84	1 号明流洞洞脸附近探洞清理和混凝土回填
85	为抗滑桩施工承包商供应混凝土
86	抗滑桩周围开挖限制
87	进水口 3 号明流塔 283 米高程部位加固
88	1 号排沙洞变更
89	3 号导流洞下游增加模板台车
90	1 号明流洞桩号 0+990～1+018 段额外开挖
91	导流洞开挖支护变更
92	3 号明流洞泄槽段右边坡加固

续表 6-5-2

编号	变更事项
93	消力塘护坦因地质条件变化进行的混凝土回填
94	引水导墙 ROTEC 塔基处理
95	9 号交通道路排水系统清理
96	3 号排沙洞挑流鼻坎混凝土变更
97	进水口接地导线变更
98	1 号消力塘护坦开挖填石和钢筋笼
99	1 号消力塘尾堰提升至 135 米高程
100	排沙洞闸室设计变更
101	3 号消力塘尾堰支护变更
102	增加 A 型栏杆
103	因导流洞 PVC 衬砌取消对已采购材料补偿
104	桥沟石渣开挖
105	喷混凝土变更
106	焊接钢丝网
107	1 号导流洞平洞回填
108	1 号导流洞引渠额外工作
109	排水孔附加工作
110	进水口模板变更
111	进水塔环氧砂浆
112	1 号明流洞 201 米高程控制裂缝增加钢筋
113	吊物井超挖处理
114	通风管制造和安装
115	1 号导流洞和 1 号明流洞进行的回填灌浆
116	2 号、3 号导流洞孔板环加固
117	排沙洞交通洞
118	断层带开挖
119	非加密硅粉试验
120	15 号路工作平台
121	2 号、3 号和 5 号交通桥变更
122	地质超挖和回填
123	孔板塔后面增加临时竖井
124	溢洪道引渠及渠首

续表 6-5-2

编号	变更事项
125	进口混凝土建筑物右侧回填混凝土加长
126	21 号探洞中部灌浆回填
127	引水导墙 1 号、2 号和 3 号块混凝土变更
128	孔板塔系梁变更
129	洞中额外灌浆工作
130	墙顶栏杆扶手工作
131	引渠导墙下 E 边坡
132	灌溉塔边坡防护变更
133	1 号、2 号和 3 号明流塔变更
134	1 号孔板洞中闸室起重机架扶梯变更
135	堰后弃料区开挖
136	进水口 183 米高程左边坡处理
137	进口混凝土建筑物测量墩
138	孔板洞改建工作设计变更
139	溢洪道引渠和渠首额外工作
140	3 号明流洞交通斜坡道回填
141	1 号、2 号和 3 号明流塔铰支梁接缝灌浆
142	进口 230 米高程浆砌石挡墙
143	2 号交通洞洞口封堵
144	1 号和 7 号桥干砌石施工
145	导流洞勘探孔封堵
146	导流洞封堵段设计变更
147	业主使用骨料费用
148	1 号、2 号和 3 号排沙洞闸室变更
149	进水塔金属结构安装附加工作
150	导流洞劳务分包

3. Ⅲ标变更处理

工程施工过程中,Ⅲ标承包商提出 290 多项变更意向,涉及地质条件变化、设计变更、施工干扰、业主提供施工条件存在瑕疵、后继法规等方面。监理工程师对这些变更意向进行分析,认为部分项目不成立,回绝了承包商的申请;部分项目属于零星工程,按计日工进行处理;部分项目实际性质为索赔,按索赔处理。监理工程师最终确认变更 28 项,大部分通过"一揽子"合同解决。Ⅲ 标变更情况见表 6-5-3。

表 6-5-3　Ⅲ 标变更情况

编号	变更事项
1	厂房顶拱增加 1 500 千牛预应力锚索
2	尾水渠和尾水出口保护层开挖变更
3	新增直径 25 毫米和 32 毫米砂浆锚杆
4	17C 交通洞及相关工作
5	6 号通风竖井不分类料开挖单价调整
6	4 号排水洞增加工作
7	5 号交通洞增加工作
8	发电洞前 50 米增加工作
9	厂房岩壁梁超挖增加混凝土
10	尾水隔墙开挖变更
11	5 号、6 号尾水管岔洞增加 1 500 千牛锚索
12	尾水隔墙和边墙增加岩石支护
13	1 号尾水渠右边墙塌方处理
14	尾水渠左边墙卸荷处理
15	厂房增加斜坡道
16	30 号排水洞 5 号通风井增加工作
17	3 号、4 号尾水洞岔洞段增加岩石支护
18	尾水洞连接洞
19	厂房顶拱锚索压力盒安装
20	压力钢管加筋环预留串浆孔
21	水胀锚杆和自钻锚杆
22	压力钢管焊剂改变
23	尾水洞顶拱取消混凝土衬砌模板补偿
24	压力钢管 FOKO 接触灌浆系统
25	尾水洞变更工作
26	尾水洞和尾水管洞增加悬挂锚杆
27	尾水闸左肩人行道变更
28	未安装的监测仪器移交

三、索赔及处理

小浪底工程国际标发生的索赔,按照 FIDIC 合同条件,通过监理工程师与业主和承包商协商解决。

(一) 索赔原因

国际标合同执行中,小浪底工程引起索赔的主要因素有地质条件变化等 5 个方面。

(1)地质条件引起的索赔。在施工过程中,实际遇到的地质情况和合同文件中描述的地质情况存在一定差异。承包商常以地质条件变化为由提出索赔,并援引合同"遇到了一个有经验的承包商无法预见到的外界障碍或条件"伸张权益。如地下厂房和导流洞工程施工中承包商提出多项索赔涉及地质条件变化。

(2)工程变更引起的索赔。在变更处理过程中,监理工程师虽然发布了变更令,确定了单价,业主支付了暂付款,但承包商未明确是否接受变更估价,加之部分变更估价未对工期影响进行评估,或评估结果存在争议,工程后期,承包商根据财政状况,尤其在可能亏损的情况下,要求业主进一步补偿相关变更项目的费用,从变更的间接影响入手提出索赔,包括变更引起工期延误,变更对后续工作或对某个区域甚至整个工程施工干扰产生的费用。

(3)赶工增加资源导致的索赔。由于地质条件变化和设计变更,不能按合同工期完工,承包商提出延长工期。如业主不同意延长工期,要求承包商采取赶工措施。承包商实施赶工后,就赶工增加的资源和相关费用提出补偿要求,形成索赔。

(4)业主提供施工条件未完全满足合同要求引起的索赔。依据合同,业主提供的施工条件、周边环境和设施发生变化或存在问题,使承包商承担了额外费用,承包商有权提出索赔。小浪底工程施工过程中业主提供的条件存在问题主要有:施工环境干扰,指定材料供应存在质量问题,材料供应不能满足要求,金属结构交货日期滞后,水电供应及设施故障等。

(5)合同歧义引起的索赔。合同某些规定含混不清或存在漏洞导致的索赔,如合同中劳务调差的相关规定及技术规范对断层带开挖的说明等。

(二)处理程序

索赔处理包括索赔意向书、索赔报告、索赔评估、争议处理4个环节。

1. 索赔意向书

索赔事件发生后28天内,承包商向监理工程师提出索赔意向书,将副本提交业主,并跟踪记录索赔事件发展情况,做好同期记录。

2. 索赔报告

承包商提出索赔意向书后,按要求还要向监理工程师提交索赔报告,索赔报告详细说明索赔依据和索赔金额等内容。对于影响时间较长的事件,承包商每隔28天向监理工程师提交中间索赔报告,并在索赔事件结束后28天内向监理工程师提交最终索赔报告。

3. 索赔评估

监理工程师收到索赔报告后,开始进行索赔审查与评估。如监理工程师认为索赔资料不充分,可要求承包商进一步提交资料。监理工程师索赔评估工作主要内容有:首先进行索赔事件有效性分析,根据承包商提出的索赔依据,从合同条款优先顺序和合同解释等方面分析承包商索赔是否成立。其次对索赔原因和导致结果的关联性进行分析,确认索赔有合同依据后,对构成索赔的事件进行分析和核实。监理工程师把索赔原因和结果逐条列出,核实其真实性,界定其范围,分析原因和结果之间的逻辑关系,从而确认那些与业主有关联的原因,以及由这些原因导致的结果。然后划分责任,对于由交叉责任引起的索赔,监理工程师通过分析确定各方应该承担的责任,并确定有关费用。最后进行索赔费用核定,合理计算承包商应得的补偿金额。监理工程师将索赔评估结果通知承包商和业主,如果业主或承包商任何一方对评估结果不满,则进入争议处理环节。

4. 争议处理

争议处理包括工程师决定和DRB争议评审两个阶段。

(1)工程师决定。承包商收到监理工程师评估意见后,如接受监理工程师的评估意见,则索赔处理完成;如果不同意,则可要求监理工程师依据合同做出决定。监理工程师做出的决定称为工程师决定,监理工程师须在84天内做出决定。小浪底工程国际标合同处理过程中,监理工程师共做出16个决定,涉及

Ⅱ标工程 10 个、Ⅲ标工程 6 个。工程师决定统计见表 6-5-4。

表 6-5-4　工程师决定统计

标段	工程师决定编号	工程师决定内容
Ⅱ标	1	泄洪系统进口边坡 1 000 千牛和 2 000 千牛锚索单价
	2	3 号导流洞和 3 号排沙洞出口砂浆锚杆单价
	3	泄洪系统出口边坡 2 000 千牛和 3 000 千牛锚索单价
	4	当地劳务调差
	5	第六个中间完工日期赶工费
	6	导流洞开挖与支护索赔
	7	消力塘开挖与支护额外费用和延期评估
	8	泄洪系统进口开挖与支护额外费用和延期评估
	9	明挖断层带的计量与支付
	10	承包商租赁业主自卸车的优惠费率
Ⅲ标	1	第一个中间完工日期延期
	2	厂房断层带开挖
	3	半秒雷管
	4	二滩进口设备关税
	5	当地劳务调差
	6	Ⅲ标工程施工中遇到不可预见地质条件

（2）DRB 争议评审。承包商在收到工程师决定后，如果同意决定内容，则索赔处理结束；如果不同意工程师决定，可在 70 天内向业主提出仲裁意向，启动仲裁程序。在小浪底工程国际标合同中，经业主与承包商协商，仲裁之前，增加了一个协调机制，即争议评审团（DRB）。小浪底工程合同争议均在 DRB 框架内通过谈判协商友好解决，未进入仲裁程序。

国际标索赔处理程序见图 6-5-2。

（三）索赔处理

经监理工程师与业主和承包商协商，小浪底工程 Ⅰ 标索赔事项与合同变更一并处理，Ⅱ标确定索赔事项 20 项，Ⅲ标确定索赔事项 6 项，最后通过"一揽子"合同解决。Ⅱ标主要索赔情况见表 6-5-5。Ⅲ标主要索赔情况见表 6-5-6。

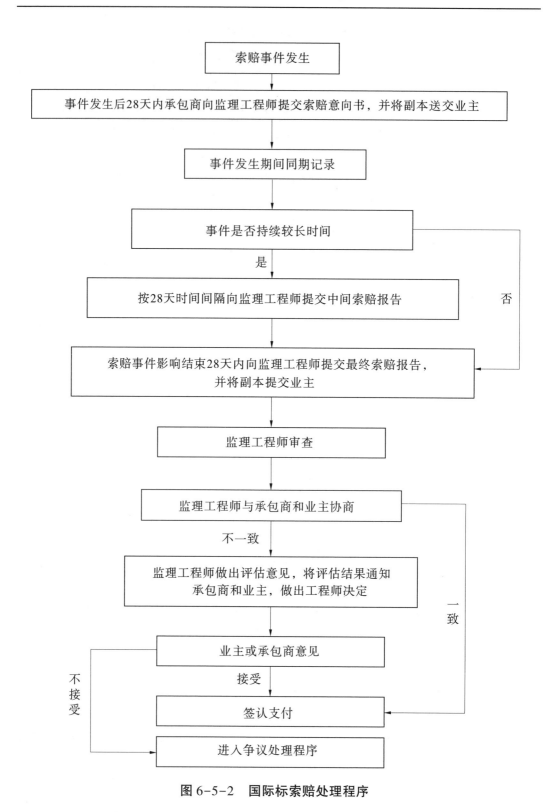

图 6-5-2　国际标索赔处理程序

表 6-5-5 Ⅱ标主要索赔情况

序号	索赔事项
1	劳动法变更
2	印花税
3	养路费
4	车辆牌照费
5	道路维护费
6	营业性车辆车牌费
7	现场车辆登记车牌费
8	钢绞线价格调差迟付利息
9	业主限制进口 TEREX 轮胎引起的额外费用
10	消力塘帷幕灌浆取消索赔
11	设计变更导致车间图修改
12	硅粉储备费用
13	3 号排沙洞和 3 号导流洞 109 天延误费用
14	导流洞开挖与支护索赔
15	1997 年 7 月 1 日额外的公共假期
16	1999 年 12 月 20 日澳门回归公共假期
17	连地变电站变压器维修
18	渗水造成 2 号消力塘泵房延误和干扰
19	排沙洞开挖与支护赶工索赔
20	赶工费

表 6-5-6 Ⅲ标主要索赔情况

序号	索赔事项
1	施工中遇到的不可预见条件——"一揽子"索赔
2	印花税
3	消费税
4	当地劳务调差
5	管理费
6	劳动法变更

四、典型合同问题处理

施工过程中发生的合同问题,监理工程师与承包商和业主协商,大多得到合理解决。监理工程师未解决的争议,通过 DRB 予以解决。

(一) Ⅰ 标典型合同问题处理

1999 年 6 月,承包商提出招标图纸防渗墙地质条件和施工中遇到的实际情况变化很大,主要是覆盖层和基岩分界线变化,导致岩石开挖量相对增加,这是承包商在投标阶段无法预见的,因而提出变更费用补偿。

防渗墙槽孔开挖单价构成中包括覆盖层开挖费用和石方开挖费用,石方开挖工作费用所占比重较大,通过单价分析,石方开挖占比承包商测算为 89.43%,监理工程师测算为 86.6%。石方开挖量增加导致施工费用增加,合同单价不再适用,须制定新单价。监理工程师分析后认为该项工作属变更范畴,并以合同单价为基础,增加额外石方开挖机械设备费,确定了新单价。监理工程师与业主和承包商沟通后,发布了变更令。

(二) Ⅱ 标典型合同问题处理

1. 限制进口 TEREX 轮胎

1994 年 Ⅱ 标工程正常施工。依据合同,承包商的施工设备大多为国外进口,相应的轮胎也计划进口。实际合同执行过程中,业主考虑采用国产轮胎代替,要求承包商使用国产轮胎,限制进口轮胎。承包商认为进口轮胎同国产轮胎相比,虽然价格高,但使用寿命长(进口轮胎保证使用寿命 4 000 小时,国产轮胎保证使用寿命 700 小时),性价比更优。承包商认为由于业主限制进口轮胎,其发生了额外费用,提出索赔。索赔内容包括直接费、管理费和财务费用。

在 1994 年至 1995 年间,承包商只同业主直接联系,监理工程师并不了解具体情况。直到 1996 年承包商才向监理工程师提出索赔意向。监理工程师认为承包商违反了合同关于索赔处理程序的规定,未能及时提出索赔申请,进口一年后才向监理工程师提出索赔,且并未提交同期记录,对承包商的索赔权利提出质疑。2000 年,承包商提出详细证据。根据承包商提供的证据,监理工程师与业主和承包商多次协商,同承包商达成一致。2000 年 9 月,业主与承包商签订了协议,同意对承包商进行补偿。

2. 硅粉供应索赔

硅粉是指定材料,业主指定的供应商为青海省西宁硅粉厂。Ⅱ 标承包商考察时发现厂家供应能力不足,要求增加供应商。1995 年 5 月,业主指定青海省民和厂为供应商,承包商考察后认为两个厂仍不能满足需要,向业主提出进口部分硅粉。1995 年 11 月,业主致函承包商,认为两个厂生产的硅粉可以满足工程需要,不同意进口。承包商被迫在现场储存大量硅粉以满足施工高峰需要。1996 年 2 月,承包商在留庄转运站租用场地,修建仓库储存硅粉。后留庄转运站仓库仍不能满足需要,承包商又委托金达公司储存硅粉。

承包商认为在工地储存大量硅粉超出合同规定,所发生的费用应当得到补偿,据此提出索赔申请。监理工程师对承包商的索赔文件进行了分析,认为承包商索赔的主要理由是指定材料供应不足而不得不进行储备,承包商估算的数量是合理的,实际供应量确实满足不了施工需要,特别是 1997 年施工高峰,承包商的储存量也是合理的。监理工程师与业主和承包商进行协商,同意对承包商进行补偿,各方对直接费用部分达成一致,但对管理费争议很大。最后通过DRB 协调解决。

3. 导流洞固结灌浆变更

导流洞固结灌浆施工过程中,设计院对灌浆孔间距、孔深等进行调整,增加了工程量。由于导流洞开挖支护工作延误,承包商被迫改变施工计划,由原计划先进行混凝土衬砌再进行固结灌浆的顺序施工,改为混凝土浇筑和固结灌浆错开距离同时进行,增加了施工干扰,降低了施工效率。为加快施工进度,监理工程师要求承包商增加工作面和资源,工作面由 3 个增加到 8 个,施工平台、钻机和灌浆设备均相应增加,也增加了施工人员和管理人员。承包商申请对增加资源投入和施工效率降低等产生的费用进行补偿。

监理工程师认为,依据合同该项工作形成了变更,接受承包商的费用补偿申请,并对承包商增加的资源进行了确认。1998 年 7 月,监理工程师依据承包商目标计划中资源配置和实际资源配置之差确定了补偿金额。

承包商对监理工程师的评估金额不满意,双方争议的焦点是管理费。承包商把固结灌浆工作分包给意大利 RODIO 公司;RODIO 公司根据业主要求又将该项工作分包给 OTFF,具体施工由 OTFF 完成。承包商计算补偿费用时,在直接费用的基础上增加了 RODIO 管理费,并以此作为直接费,再加上承包商自己的管理费进行滚动计算,最后得到总补偿费用。监理工程师认为,分包商的管理费属于总承包商管理费,不应重复计算,并对承包商自身的管理费比例提出异议,承包商申请自身管理费为 89.16%,监理工程师根据合同工程量清单测算管理费,按钻孔灌浆单价分解,确定承包商的管理费为 14.23%。鉴于双方争议较大,该问题提交 DRB 协调,DRB 认为分包商的费用应作为直接费处理。对于承包商管理费问题双方又进行协商,后通过谈判降为 43.19%。

4. 取消消力塘帷幕灌浆

1995 年 4 月,黄委会设计院通知取消消力塘帷幕灌浆工程,而代替帷幕灌浆的排水洞工程由其他承包商实施。Ⅱ标承包商致函监理工程师,认为业主违背了合同,并对由此产生的损失提出补偿申请。补偿申请包括 4 部分:投资回收损失、利润损失、银行保函费用和利息。

1996 年 8 月,监理工程师致函承包商,确认取消消力塘帷幕灌浆构成工程变更,同意给予承包商利润补偿。承包商不同意监理工程师意见,但要求监理工程师对同意支付的部分进行挂账支付。监理工程师没有接受承包商的意见。

2000 年 11 月,承包商要求监理工程师做出工程师决定。经多次谈判,并与业主协商,监理工程师与承包商达成 4 点共识:一是帷幕灌浆取消是在工程刚开始就提出的,承包商现场实际并未投入人力、设备等资源,承包商没有对本工程投入,也就没有投资回收损失;二是由于工程取消,承包商得不到分摊在本项目的利润,形成了利润损失,应予以补偿;三是同意对履约保函费用进行补偿;四是同意对上述费用产生的利息进行补偿。2001 年 2 月,监理工程师同业主和承包商协商,最终达成一致,业主对承包商进行了补偿。

5. 导流洞赶工

受合同谈判等因素影响,导流洞开工比计划晚 3 个多月,从 1994 年 9 月推迟到 12 月。开工初期中导洞发生塌方,设计院提出了变更,对施工进度影响较大。1995 年 8 月,承包商提出导流洞延期 11 个月。

1996 年 4 月,监理工程师就承包商提出的导流洞塌方和变更及产生的影响进行分析、评估,提出了初步评估意见。监理工程师认为,导流洞地质条件不是不可预见的,隧道局分包延期批准和 OTFF 的引进也不是业主的责任,有关变更可按合同处理,工期延误主要是承包商管理不善、效率低下、主要施工设备没有进场等造成的。

1996 年 6 月 6 日,监理工程师发布 1 号变更令,确认部分赶工措施和赶工费。监理工程师明确变更金额是整体赶工费用的一部分,监理工程师将对实际发生的赶工费用进行评估,并确定业主和承包商各自应承担的费用。

1997 年 5 月 23 日,承包商对导流洞开挖和支护施工中遇到的问题正式提出不可预见的不利地质条件索赔报告,报告包括工期和费用两个方面。工期索赔采用事件分析法,索赔工期429天;费用索赔采用总费用法计算。监理工程师对索赔进行了评估,并与承包商进行了数十次谈判。1998年1月,监理工程师同承包商就导流洞索赔补偿签订了16个协商备忘录。

1998年5月,承包商致函监理工程师,对其评估表示不满,并要求监理工程师做出决定。1998年7月,监理工程师做出决定,承包商有权得到128天延期。

承包商不同意工程师决定,1998年7月,承包商将争议提交给DRB。根据DRB建议,业主和承包商进行了协商。2000年7月,大部分争议项目达成一致,确定了补偿金额;未达成一致部分,2001年7月通过商务谈判"一揽子"解决。

6. 进水口赶工

进水口边坡开挖和支护发生了系统变更,影响到第六个中间完工日期实现。承包商对这些变更影响的时间进行了评估,提出了有权获得工期延长的申请,声称有权获得关键线路上工期延长366天。

承包商认为进水口工期延误的主要因素是施工图纸发布延迟,1 000千牛、2 000千牛锚索变更,监理工程师对锚索施工参数批准迟缓,锚索工程量增加,监理工程师对分包商RODIO批准推迟,2号、3号导流洞进口段浅埋薄层开挖等。同时,承包商还提出,由于对分包商RODIO批准延迟,不但影响到进水口边坡支护工作,同时还影响到出口边坡支护工作。

监理工程师认为,进水口进度施工滞后有设计变更的原因,也有承包商的原因。承包商的原因主要有未按时提交技术方案、设备和人员进场迟缓、施工技术力量薄弱、现场管理松懈。对于边坡发生的变更,监理工程师认为承包商有权得到工期延期,但在具体延期时间计算上,不同意承包商将平行作业延误时间进行叠加,而应按关键线路分析法进行工期延误分析,只有在关键线路上的工作才能考虑延期问题。同时,监理工程师认为对分包商RODIO审批符合合同精神。承包商不同意监理工程师的评估意见,于1998年12月致函监理工程师要求其做出决定。1999年1月,监理工程师做出决定,评估承包商有权得到延期40天时间。进水口变更延期时间承包商申请和工程师决定对比见表6-5-7。

承包商对监理工程师的决定不满,提交DRB协调解决,最后通过"一揽子"索赔谈判解决。

表 6-5-7　进水口变更延期时间承包商申请和工程师决定对比

序号	影响事件	承包商索赔时间(天)	监理工程师评估时间(天)
1	230 米高程以下锚索开工延期	152	21
2	230 米高程以下锚索变更延期	58	
3	230 米高程以下额外工作延期	131	7
4	发电洞洞口工作延期	16	3
5	175 米高程以下浅埋层开挖处理延期	9	9
	关键线路工期延期总计	366	40

7. 第六个中间完工日期后赶工

2000 年 1 月,承包商向监理工程师报送截流后赶工索赔报告,要求对截流后至第十一个中间完工日期采取的赶工措施进行补偿(具体时段为 1997 年 11 月 1 日至 1999 年 7 月 1 日)。承包商认为截流后其仍按截流前确定的"全面赶工计划"实施赶工,而该计划已经得到监理工程师批准,实际施工中也采取了赶工措施。

监理工程师对索赔报告进行了认真研究,并征求了 CIPM 专家的意见,监理工程师认为第六个中间完工日期后不存在赶工问题,监理工程师从未发布过赶工指令,承包商采取的措施只是在完成合同规定义务,因此不同意进行赶工费用补偿。经与业主协商,2000 年 5 月,监理工程师把评估意见转告了承包商。承包商不同意监理工程师的评估意见,并把争议提交 DRB。DRB 做出了有利于承包商的推荐意见,认为尽管监理工程师未发布赶工指令,但承包商仍实施了赶工措施,是事实上的"推定赶工",业主应补偿相关费用。

8. 工程干扰导致利润损失

2000 年 12 月,承包商以施工干扰导致利润损失为由向监理工程师报送索赔报告。索赔报告列举了 Ⅱ 标工程建设中发生的各种干扰:施工图纸提供太晚、设计变更、对隧道局分包批准延迟、地质资料不完整、导流洞塌方、赶工指令和强行指定 OTFF 分包商等。小浪底工程施工中遇到的各种干扰,实际施工条件与预计的条件完全不同,承包商无法对施工计划进行优化,导致计划利润损失。承包商根据 2000 年 5 月前业主已支付的工程款和承包商申请索赔金额，乘以合同利润率 7.46%，加合同规定的财务费率。

监理工程师认为，Ⅱ标工程施工中确实发生一些变更和干扰，如导流洞塌方等。这些变更和干扰已通过变更、索赔和工期补偿等合同机制对承包商进行了补偿。与合同相比，工程总体没有大的变化，工程设计布置、工期没有变化，质量标准也没有变化，地质条件变化和设计变更是所有土建工程通常遇到的问题，不同意承包商索赔申请。最后该项索赔作为承包商谈判筹码，在"一揽子"索赔谈判中处理。

9. 明挖断层带计量

合同工程量清单中，断层带开挖单价高于一般开挖，因此承包商倾向按断层带开挖进行计量和支付，这是监理工程师现场投资控制的一项重要工作。合同规定断层带开挖的位置和范围由监理工程师确定，具体工作由地质工程师和现场工程师协作完成，并由计量工程师进行测量计量。依据合同，监理工程师确定了断层带开挖的位置和范围，并确定了对原支付线的修改。

Ⅱ标工程涉及断层带明挖的部位有进水口、中部区、消力塘和尾水部位，承包商申请 170 多万立方米，而监理工程师只签认 4.2 万立方米。监理工程师签认量和承包商申请量之间差距很大，形成争议。争议的根源在于双方对合同技术条款中断层带开挖的理解不同，主要有两个方面：一是原支付线以上是否属于断层带开挖；二是原支付线以下断层带开挖的确定。

监理工程师认为，依据中国水利水电工程实践，断层部位需要进行基础处理，而原支付线以上断层仅进行开挖，无须进行基础处理工作，因此不属于断层带开挖范围。承包商认为技术规范未规定断层带需要进行处理，要求自土岩开挖分界线到原支付线以上部分均按断层带开挖进行计量支付，这是双方争议的主要部分。对于原支付线以下部分，承包商认为断层带宽度应当包括断层本身和处理断层带时形成的斜坡、台阶与处理深度，同时还要考虑断层影响区域，包括断层周围的裂隙和泥化夹层，如比邻部位有多条断层，则这一范围内的开挖均属断层带开挖范围；监理工程师同意断层带包括断层本身和影响带，但不同意把断层带附近的裂隙和泥化夹层包括在断层带范围，同时也不同意把距离较远的几条断层之间定义为断层带。监理工程师认为，断层带内的松散材料是判断断层的基本标准；承包商认为，松散材料不是判断断层带的唯一标准，断层带中也存在岩石。

(三) Ⅲ标典型合同问题处理

1. 厂房顶拱增加预应力锚索变更处理

厂房顶拱增加了 325 根预应力锚索,属于重大设计变更。依据变更处理程序,承包商提出锚索报价。鉴于因合同中没有适用的单价,也没有类似单价可以参考,承包商编制了新单价,根据设备、人工和材料计算出直接费用,在此基础上加上现场管理费和总部管理费用。设备、人工和材料费采用合同价,钢绞线采用现行价格,设备小时费率采用国际工程通用商务手册计算方法,并按合同基础费率进行计算。监理工程师请 CIPM 专家对承包商报价进行核算,业主计划合同处也对报价进行了测算。

1995 年 9 月,监理工程师组织业主和承包商进行 3 次合同谈判,承包商同意将原报价中部分设备费率进行核减,将钻机、空压机和灌浆机设备费用核减40%。经协商,确定了新增预应力锚索单价。变更对工期的影响另行评估。随后业主和承包商签订了"厂房顶拱 1 500 千牛锚索价格澄清备忘录"和"厂房顶拱 1 500 千牛锚索单价及支付条件协议",监理工程师发布 1 号变更令。

2. 增加 17C 交通洞变更处理

由于厂房顶拱增加预应力锚索,影响关键线路项目完工时间,根据承包商的建议,监理工程师与各方协商后,同意修建 17C 交通洞以挽回工期。

1995 年 10 月,承包商报送 17C 交通洞变更费用报价。鉴于该项变更工程的性质与合同项目类似,监理工程师在确定单价时,参考了合同单价,同时考虑到 17C 交通洞具体施工难度,对原合同单价进行了调整。监理工程师认为,修建 17C 交通洞可节省发电洞下平段和斜井段施工占用厂房直线工期 7.5 个月,承包商对此有异议。经业主批准后,监理工程师发布 4 号变更令。4 号变更令见表 6-5-8,4 号变更令工程量清单见表 6-5-9。

3. 尾水出口部位变更处理

依据合同,1995 年 10 月 1 日前Ⅱ标承包商完成尾水出口部位开挖及支护,并将该区域移交给Ⅲ标承包商。开挖过程中发现该部位岩石破碎,设计院要求Ⅱ标承包商开挖中留 2 米厚保护层,由Ⅲ标承包商完成后期结构开挖。根据监理工程师安排,Ⅲ标承包商按时接收了尾水出口部位工作面。依据合同,上述工作对Ⅲ标工程形成了变更,变更包括尾水渠、尾水出口、尾水护坦和尾水导墙

表 6-5-8　4 号变更令

小浪底工程咨询公司　　　　　　　　　　　　　　小浪底水利枢纽工程

变更令(VO)

承包商:小浪底联营体　　　　　　　　　　　　　　合同号:XLD-IC-3

变更令号:004

根据合同一般条款,请在下列条件下进行下述额外工作:

1. 根据 PFERD/XJV/970/95 号信函批准的图纸 TD 0412.Rev3 进行 17C 洞施工。变更补偿按附件工程量清单所列单价进行。除进退场费用外,其他价格将根据合同进行调差。

2. 通过 17C 洞进行发电洞下平段开挖工作。

3. 变更对工期的影响。变更前第一个中间完工日期,5/6 号压力钢管下平段 1998 年 6 月 26 日完工,厂房 5/6 号机组段 1998 年 5 月 30 日完工,第六个中间完工日期尾水出口工程 2000 年 3 月 9 日完工。变更后第一个中间完工日期 5/6 号压力钢管下平段 1998 年 2 月 14 日完工,厂房 5/6 号机组段 1998 年 2 月 14 日完工,第六个中间完工日期尾水出口工程 1999 年 12 月 31 日完工。

变更令中规定的支付内容包括进行这项工作有关的劳务、监督人员、设备、材料、税、管理费和利润的一切补偿。该项工作按本变更令的规定进行,除本变更令做出正式修改外,合同中所有的条款、约定和条件均保持有效。

本变更对工程费用的影响:　　　　　　　　　　　本变更对合同工期的影响:

拟稿人:　　　　　　　　　　　　　　　　　　　Ⅲ标工程师代表:

日期:　　　　　　　　　　　　　　　　　　　　日期:

签发(总监理工程师):　　　　　　　　　　　　批准(业主):

日期:　　　　　　　　　　　　　　　　　　　　日期:

表 6-5-9　4 号变更令工程量清单

序号	清单编号	项目名称	单位	工程量	单价		合价	
					人民币（元）	美元	人民币（元）	美元
1	VO.004.1	进退场费	总价	1				
2	VO.004.2	0+000～0+423.15 部位开挖		26 470.00				
3	4.3.2.9	0+423.15～0+535.15 部位开挖	立方米	830.00				
4	5.1.1	系统砂浆锚杆	米	5 680.00				
5	5.2.1.1	直径 22 毫米砂浆锚杆		9 840.00				
6	5.5	挂钢筋网	平方米	4 750.00				
7	6.8	喷混凝土	立方米	1 000.00				
8	8.6.3	E1 级混凝土施工		7 490.00				
9	9.3.1.2	F3 平面模板	平方米	670.00				
10	VO.004.3	发电洞下平段开挖	立方米	26 630.00				
总计								

部位 2 米厚保护层开挖。1995 年 9 月,监理工程师与业主和承包商协商后,对新增变更工作进行了确认。参照合同单价,监理工程师确定了保护层开挖、断层带开挖、钢筋制安、混凝土回填和模板制安单价。随后监理工程师发布 2 号变更令。

1996 年雨季,尾水出口部位发生多次塌方。1996 年 7 月 13 日,3 号尾水渠右边墙桩号 1+450 部位发生塌方;1996 年 8 月 1 日,2 号尾水渠左边墙发生塌方。监理工程师与设计院、业主和承包商协商,确定了处理方案。主要处理方案有:尾水隔墙顶部原设计基础面下挖 9 米,开挖至 136.5 米高程;在 2 号尾水隔墙塌方部位形成通道,以便尾水洞开挖运输;3 条尾水渠边坡 136.45 米以上增加岩石支护,包括 32 毫米直径砂浆锚杆、挂钢筋网和喷混凝土。另外,根据设计院意见,监理工程师指示承包商在 1 号尾水渠右边墙增加 12 根 1 500 千牛预应力锚索。随后监理工程师发布 4 个变更令。变更项目采用合同单价,锚索采用厂房顶拱锚索单价。

4. 劳务调差索赔

劳务调差适用于当地劳务和职员。由于合同条款对劳务调差规定不明确,监理工程师和承包商对合同条款的理解不同,产生争议。主要争议有劳务调差适用范围、劳务级别确定、劳务工资标准、劳务调差款项支付周期、女性雇员的批准等。

关于劳务调差适用范围,监理工程师认为分包商不应参加劳务调差;承包商认为所有劳务都应参加劳务调差。关于劳务级别确定,监理工程师认为承包商对劳务定级存在随意性,而劳务级别直接影响到调差金额,不同意承包商申报的部分劳务级别。关于劳务工资标准,承包商要求按投标文件中中国水利水电第六工程局工资标准确定劳务和职员小时工资;监理工程师认为应根据不同劳务和职员来源情况,采用不同工资标准。要求水电六局和其他水利系统劳务采用水电六局投标工资标准,其他劳务采用河南黄金公司和中国建筑工程公司劳务工资标准平均值;水电六局职员采用水电六局合同标准,其他职员采用水电六局标准的70%。关于劳务调差款项支付周期,监理工程师认为劳务调差每年进行一次,每年年初根据水规总院发布的劳务指数进行上一年度劳务调差;承包商要求随着工程进展每月进行一次劳务调差款项支付。关于女性雇员的批准,监理工程师认为,水电六局以外女性雇员应首先得到业主批准,自业主批准后下一个月开始计算劳务调差;承包商认为所有女性雇员均应进行劳务调差,调差时间应在提出申请当月进行。

监理工程师与承包商进行多次谈判,并与业主进行了协商,最终无法达成一致。承包商要求监理工程师做出决定,监理工程师决定后承包商拒绝接受,最后承包商把该项索赔作为争议提交 DRB。根据 DRB 建议,监理工程师、业主和承包商于1998年10月进行了4次商务谈判。1998年12月2日,业主和承包商就Ⅲ标劳务调差争议达成一致。

5. 管理费索赔

监理工程师在处理合同问题时,除直接费外,还需要确定间接费,国际承包商申报的间接费通常包括现场管理费和总部管理费两部分。不同性质合同问题,管理费内容和标准不同。

Ⅲ标承包商在变更项目申请中,采用33%的现场管理费和35%的总部管理费,滚动运算后管理费总计79.55%。现场管理费包括外籍管理人员费用,现场办公室、营地、维修车间和仓库管理人员费用,技术专家、会计人员和律师费用,办公室、营地和维修车间小型设备与车辆费用。监理工程师不同意承包商管理费取值,根据合同工程量清单报价分解,综合测算承包商的管理费为47.09%。监理工程师在处理变更工作时均采用该费率标准,承包商对此有异议,最后通过 DRB 协商解决。

监理工程师认为后继法规涉及的合同问题不存在管理费,承包商不应通过后继法规获得额外利润,不同意承包商的申请。后通过 DRB 协商在"一揽子"索赔中解决。

6. 一揽子索赔

1998 年 12 月 21 日,Ⅲ标承包商向监理工程师提交"Ⅲ标工程施工中遇到不可预见的条件"一揽子索赔报告。索赔内容包括设计变更、索赔、赶工及"不可预见的外界条件"。1999 年 1 月 2 日,承包商又提交了补充资料。

监理工程师对一揽子索赔进行研究后,发现承包商索赔夸大了地质缺陷,认为所有地下开挖地质条件都是不可预见的。据此,承包商认为合同存在的基础条件全部丧失,工程量清单中的单价已不再适用,需要对工程进行重新估价。索赔金额采用总费用法计算,按设备、材料和人工费用,加上承包商现场管理费和总部管理费。人工设备等资源的数量来自现场值班报表,费率采用合同费率,计算出总费用。扣除业主已支付的款额,差额部分即是承包商的索赔额,即索赔金额等于施工总费用扣除已支付金额加财务费用。

监理工程师组织专业人员和承包商代表一起核实索赔报告中的主要数据和事实,包括变更工程量和超挖工程量,以及有关工程延期的责任划分。

1999 年 4 月 15 日,Ⅲ标承包商要求监理工程师根据合同做出工程师决定。为更全面地理解和评价承包商的索赔报告,监理工程师咨询了 CIPM 专家,根据 CIPM 专家意见,业主、监理工程师和承包商达成"谅解备忘录",推迟做出工程师决定的时间。根据"谅解备忘录",监理工程师与承包商进行了 14 次会谈,讨论争议中的 21 个主要项目。

1999 年 7 月 15 日,监理工程师做出第六号工程师决定,就"Ⅲ标工程施工中遇到不可预见的条件"相关事项进行决定。工程师决定否定了承包商"总费用法"索赔的观点,对 21 个主要项目(涉及赔偿总额的 96%)做出评估。谈判期间以挂账方式支付给承包商 5 000 万元人民币,以支持承包商的财务状况。

监理工程师与承包商在工地谈判的同时,业主和承包商分别于 1999 年 5 月 4 日和 7 月 5 日举行会谈,双方就补偿范围和补偿金额进行了讨论。通过这些会谈,承包商同意改变原索赔金额计算思路的总费用法,采用监理工程师推荐的方法,按施工过程中发生的事件或变化的项目,分项计算应补偿金额,最后进行累加得到总补偿金额。由于计算补偿金额思路发生变化,索赔补偿金额大幅降低,为双方友好协商解决争议创造了条件。

承包商不同意工程师决定,将争议提交给 DRB。1999 年 8 月 16—21 日,DRB 在工地召开听证会,业主和承包商分别阐述了各自对一揽子索赔和工程师决定的意见。1999 年 8 月 26 日,DRB 就一揽子索赔问题提出建议,否定了承包商采用"总费用法"计算索赔,对设计变更、不可预见条件、指定材料、工程师对变更的权利、赶工及补偿措施、可原谅延期、完工日期,以及 Ⅱ 标向 Ⅲ 标提供不合格砂子等问题表明了观点。

业主、监理工程师和承包商依据 DRB 建议继续进行谈判协商。2000 年 5 月 1 日,业主和承包商签署了"发电设施标最终解决的补偿协议",Ⅲ 标有关合同问题彻底解决。

五、后继法规索赔处理

合同价格是以投标日期截止前 28 天的价格为基准确定的,在这个时间节点以后,如政府的法律和法规发生变更,FIDIC 合同条款确定为"后继法规"。因后继法规使承包商承担了额外费用或减少了支出,由监理工程师与业主和承包商协商确定,计入合同价中。

小浪底土建国际标合同基准日期为 1993 年 8 月 31 日,这个日期以后开始实施的法律法规所产生额外费用,业主应补偿给承包商。工程建设期间,国家及地方政府实行新的法律法规较多,主要有 1994 年 1 月实施新税制、1995 年实施新劳动法、建筑施工企业行政管理费、企业职工工伤保险试行办法、河南省新矿产资源税和国际邮费价格上涨。

(一)税制改革索赔处理

1994 年 1 月 1 日,国家实施税制改革,原产品税、增值税、营业税及工商统一税有关规定取消,国内、国外企业执行统一的增值税、消费税和营业税,合并或调整了税率。承包商以后继法规为由提出一系列索赔,这些索赔主要是关于增值税、消费税和印花税。如 Ⅱ 标承包商提出增值税索赔额达 1.13 亿元人民币,Ⅲ 标承包商提出增值税索赔 2 000 万元人民币。监理工程师经过认真研究、多方咨询,认为税制改革总体保持税负平衡原则,不会增加承包商额外费用。监理工程师测算结果证明Ⅱ标和Ⅲ标增值税税赋不仅没有增加,反而降低了近100万元人民币,承包商是税制改革的受益者。

消费税索赔包括两部分内容:进口环节消费税和当地非指定材料消费税。监理工程师认为进口环节消费税已通过关税补偿给了承包商,不存在单独补偿消费税的问题。对于当地非业主指定材料,监理工程师同意根据实际货物具体税赋变化情况进行计算确定。

关于印花税,原税制下承包商可以从缴纳的工商统一税中全额抵扣,但新税制下印花税不能抵扣。监理工程师认为该项费用属新增费用,应对承包商进行补偿。

(二)劳动法变更索赔处理

(1)法律背景。国际标合同规定,工人每天工作时间为8小时,每天2班或3班,每周6天(每周48小时)。用人单位根据生产需要,经与工会和劳动者协商后可适当延长工作时间。延长时间一般每日不超过1小时;特殊情况,在保证劳动者健康条件下,延长时间不得超过3小时,每月不超过36小时。

1995年1月1日起实施的新劳动法规定,标准工作时间为每日8小时,每周44小时(每周5.5天)。标准工作时间之外的工作报酬为,延长工作时间支付不低于工资150%的报酬,休息日加班不能补休,支付不低于工资200%的报酬,法定假日加班支付不低于工资300%的报酬。

1995年5月1日,《国务院关于修改〈国务院关于职工工作时间的规定〉的决定》(国务院令第174号)施行,标准工作时间调整为每日8小时,每周40小时(每周5天)。

(2)补偿评估。实施新劳动法,改变了加班工资标准,限制了最长加班时间,对工程建设产生很大影响。3个国际标承包商都提出了索赔申请。

新劳动法改变了加班工资标准,造成承包商的额外支出,根据合同,属于业主风险,应当对承包商的损失予以补偿。具体补偿的方法是:实施新劳动法后承包商支付的工资,减去合同条件下承包商支付的工资,即为补偿金额。合同规定,延长时加班支付基本工资的100%,休息日加班支付基本工资的150%,法定假日加班支付基本工资的200%。考虑到新旧劳动法对各类加班的补偿标准差异,监理工程师对承包商的补偿原则是延迟加班补偿基本工资的50%,休息日加班补偿基本工资的 50%,法定假日加班补偿基本工资的 100%。监理工程师根据承包商报送的劳务工资单或劳务出勤统计表,每月核定一次,并把劳动法补偿费用计入月支付证书。

对劳动法变更的补偿包括两部分内容:一是对加班报酬标准改变差额进行补偿,二是对工作制改变造成的影响进行补偿。投标时周六 8 小时内的工作属于正常工作时间;实行 5.5 天工作制后,周六 8 小时的工作时间内有 4 小时属于正常工作时间、4 小时属于加班工作时间;实行 5 天工作制后,原周六 8 小时正常工作时间全部属于加班工作时间。与合同条件相比,承包商在总工作时间不变的情况下,加班工作时间比重加大。

在计算劳动法补偿时遇到另一个问题:监理工程师和承包商就加班工资计算的基数理解不同。合同规定,以基本工资作为计算加班工资的基数,而劳动法对加班工资计算基数没有明确。承包商认为应以劳务全部收入作为计算基数,监理工程师认为劳动法中的工资是以货币形式直接支付给劳动者的报酬,但不是劳动者的全部收入,工资只是劳动收入的主要部分。监理工程师根据合同劳务单价分解,确定加班工资计算基数,经测算,计算基数为劳动总收入的 60% ~ 70%。承包商虽有意见,但最终服从监理工程师决定。

(3)不定时工作制和综合计算工时工作制。新劳动法对工人最长加班时间进行了限制,承包商在工作安排上,基本上采用每日两班,每班 10 小时工作制,不考虑周日加班情况下,承包商劳务每月加班时间都超过了 60 小时,远远高于劳动法规定的 36 小时。承包商为保持正常施工进度,增加劳务人数和增加临建设施如营地建设和配套设施等的费用也将由业主补偿。为尽可能减少额外费用,根据国务院 174 号令规定企业不能实行统一标准工作时间,可以根据实际情况实行其他工作和休息办法这一精神,小浪底建管局向水利部请示,在小浪底工程建设期间实行不定时工作制和综合计算工时制。水利部根据小浪底建管局的意见向劳动部请批,劳动部批复同意小浪底部分职工实行不定时工作制和综合计算工时制。

为控制加班数量,监理工程师要求承包商休息日和法定假日加班前,须得到监理工程师批准,作为进行劳动法补偿的前提条件。工程建设过程中,关键线路上的工作,或须进行赶工的项目,根据监理工程师的意见都进行了加班,如Ⅱ标导流洞、进水口和出水口,Ⅲ标地下厂房和尾闸室等项目。

(三)建筑施工企业行政管理费调整索赔处理

1998年,河南省财政局和河南省物价局联合印发《关于调整进省建筑施工企业行政管理费收取范围的复函》(豫财预外字〔1998〕41号)文件,文件要求从1998年8月1日起,对进入河南省的外国施工企业收取行政管理费。承包商以后继法规为由向业主提出索赔,后经业主与收费部门协调,小浪底工程免除该项缴费。

(四)企业职工工伤保险索赔处理

根据小浪底工程国际标合同,承包商购买了雇主责任保险,对中方雇员进行保险。1996年8月12日,劳动部发布《企业职工工伤保险试行办法》(劳部发〔1996〕266号)。新办法在赔偿范围和标准上有较大提高,加大了保险公司经济负担,进而加大了承包商的负担。承包商据此提出索赔。经监理工程师协调,业主同意承包商的投保方式不变,中方雇员工伤事故按新办法执行。为不增加承包商经济负担、避免索赔,业主和保险公司达成协议,新旧办法差额部分的保费由业主和保险公司协商解决。

(五)新矿产资源税索赔处理

施工过程中,Ⅰ标承包商多次收到地方税务部门通知,要求对其生产加工的大坝填筑材料和混凝土骨料征收资源税。承包商向业主提出索赔。经监理工程师和业主与地方税务部门协商,该项税款由业主和税务部门协商解决,与承包商无关,避免了索赔。

(六)国际邮费价格上涨索赔处理

1994年11月,Ⅰ标承包商以国际邮费价格上涨为由提出索赔。根据邮电部有关规定,从1994年9月起国外邮电及电话费上涨50%(用人民币支付),承包商以后继法规提出索赔申请。监理工程师到邮电部门进行咨询,查明国外邮电费上涨是与外汇放开前相比,美元升值了50%,对合同规定用外汇支付邮电费的外国企业没有影响。1995年6月,监理工程师致函承包商,回绝了承包商的索赔。承包商认可监理工程师的评估,撤销索赔申请。

六、工程保险理赔

1997年6月,Ⅱ标承包商正式提出导流洞塌方索赔。监理工程师认为导流洞塌方属于工程一切险覆盖范围,承包商应首先向保险公司申请理赔,不足部分再向业主索赔。1997年8月,监理工程师与业主协商后致函承包商,要求其提交报送给保险公司的理赔申请资料。

1999年1月,承包商转来保险经纪人的信函。主要内容是:导流洞发生塌方后,Ⅱ标承包商已及时通知经纪人;保险公司代表查勘了现场,并获取塌方资料;根据保险免赔条款,可进行评估的事件只有3号、4号和8号塌方;保险公司认为,岩石支护设计不足是塌方的主要原因,而工程设计是业主风险,设计风险不在保险范围内。

1999年2月,经与业主协商,监理工程师致函承包商不同意保险公司评估意见,并再次要求承包商提交与保险公司之间的理赔和赔付资料。1999年5月,承包商来函确认:通过经纪人向保险公司提交了所有塌方资料;保险公司代表到现场进行查勘,现场期间认为没必要与业主和监理工程师联系,并向保险公司提交了评估报告;保险公司正在对3号、4号和8号塌方进行详细评估;保险公司的详细报告完成后提交给业主;设计不充分是保险公司的结论。

监理工程师和保险公司之间的争议集中在导流洞塌方是否属于保险范围。保险公司认为导流洞塌方是设计支护不足引起的,监理工程师不能完全同意这一观点。监理工程师咨询了DRB和高峰宏道公司,DRB专家认为导流洞存在不可预见的不利地质条件,这些地质条件是业主无法预料到的,应包含在保险范围内;高峰宏道公司专家认为,中导洞锚杆是在承包商进场以前由第三方施工的,承包商进场时作为现场条件移交给了承包商,因此这应当理解为现场条件,而不是工程的一部分,承包商接收中导洞后,就要为其安全负责。

经过业主和监理工程师的努力,承包商接受监理工程师部分意见,并同保险公司进行沟通。经过多次协商和商务谈判,在业主同承包商达成的"一揽子"协议中,承包商同意从保险公司获得保险索赔支付给业主150万马克。

机电设备安装过程中,5号主变压器出现质量问题,返厂处理,监理工程师与保险公司协调,获得理赔金额98.5万元。

第六节 信息管理

前期工程施工中,监理工程师主要通过纸质文件进行信息管理工作。主体工程施工中,监理工程师利用计算机局域网等工具,对施工过程中各类信息进行收集、整理、分析,合理预测工程进展趋势,进行科学决策,对施工过程进行主动、及时、有效管理。尾工工程施工中,信息管理工作方法与主体工程基本相同。

一、信息收集

工程施工监理信息包括文字、数据、报表、图纸、声音和图像资料。监理工程师信息主要来源有业主提供的信息、设计院提供的信息、承包商提供的信息和监理工程师生成的信息。

业主提供的信息包括招标投标合同文件,各种批示、通报,转发的国家法规、条例、技术标准,世界银行咨询团和技术委员会的咨询意见、专题会议纪要、世界银行文件等。

设计院提供的信息包括气象、水文、地质资料,工程测量、初步设计文件,施工图纸,设计通知、设计变更文件等。

承包商提供的信息包括工程进度文件、工程技术资料、劳动力雇用和施工情况文件、设备进出口及使用情况文件、工程分包文件、环境保护文件、施工干扰文件、支付和费用文件、变更和索赔的文件等。

监理工程师生成的信息主要有:一是小浪底咨询公司内部信息,包括各种管理制度、指示、通知、会议纪要、地质素描、质量简报、测量计量简报、原型监测简报、安全生产简报、环境保护简报和工程监理信息。二是监理工程师发给承包商的信函,包括通知、同意、批准、证明和决定等。三是监理值班日报,主要内容为施工现场情况、施工人员、机械设备、施工进度、施工中出现的问题、存在的隐患及处理结果等。四是向业主提交的各种报告,包括信息周报、专题报告和监理月报等。

二、信息处理与存储

按照统一规划、分步实施原则,小浪底建管局建立项目信息系统,首先构建小浪底工程范围内计算机局域网络,逐步扩充到广域网,连接到 Internet 网络。监理工程师利用小浪底工程局域网络开展信息传递与处理。

监理工程师收到各类信息后,按档案管理要求进行分类、登记、拟办、发送和处理,对纸质文件生成电子化目录,实现信息资源共享。信息处理完后相关文件进行存档,后期正式移交小浪底建管局档案室。

监理工程师利用 P3 软件,通过报告、图表和曲线对进度数据进行分析,掌握工程进展第一手资料,准确把握施工动态,预测施工进展,提出计划修正和资源调配建议,使下一阶段工作更加具体、更具可操作性。

工程师代表部每月编制进度报告,提交给业主。月进度报告的主要内容有:施工过程中发生的重大事件,设计图纸发放及设计变更,监理工程师组织机构、人员及现场工作情况,咨询单位工作,成本及预算执行情况,进度计划的执行及调整,质量控制,安全与环境保护工作情况,进度图表,气象和现场施工照片等。除此以外,在工程进展的重要阶段,如中间完工日期、截流、发电、工程完工等里程碑节点,监理工程师还要向业主和世界银行报送阶段性进度报告。

根据 FIDIC 合同,小浪底咨询公司编制《小浪底水利枢纽工程月进度报告》,全面反映工程实施、进度、投资、质量等建设情况,并根据实际预测下一步工程进展和投资使用情况。月报信息资料主要来源于小浪底咨询公司、业主和加拿大 CIPM 专家,资料通过计算机网络转递。月报向水利部、世界银行等单位汇报工程建设情况。

三、信息应用

监理工程师对大量信息进行整理、加工和处理,通过归纳分析,根据历史过程数据和当前动态情况,合理预测工程进展趋势,进行科学决策,主要有以下 4 个方面:

(1)运用信息对工程建设进行控制。为了对进度目标、质量目标和投资目标进行控制,监理工程师需要收集信息掌握这三大目标计划值,作为控制依据,监理工程师还要了解实际执行情况。如监理工程师对Ⅲ标地下厂房施工进度控制。监理工程师了解到厂房顶拱增加锚索相关信息之后,根据现场实际施工情况,对比分析变更对Ⅲ标目标计划造成的影响,与业主、承包商和设计院研究解决。承包商提出增加 17C 交通洞建议后,监理工程师及时协调各方对建议进行研究和优化,结合斜坡道方案解决了厂房施工进度问题,保证了第一个中间现场记录是现场工程师生成的重要信息,监理工程师利用值班记录可以随时掌握现场施工情况,辅助进度控制。8 号交通洞处于Ⅲ标工程第一个中间完工日期关键线路上,1994 年 8 月开工后,一直进展顺利,但进入 11 月后进度逐渐放慢,引起监理工程师的关注。通过对值班班报和日报分析,监理工程师发现造成开挖循环时间延长的主要因素是出渣时间过长、进一步检查设备运行状况统计表,发现出渣设备能力不足是主要问题。随即监理工程师致函Ⅲ标承包商,要求其采取措施,加强出渣能力。承包商按监理工程师的要求采取相应措施,扭转了8号交通洞进度放慢的不利局面。

(2)运用信息进行工作协调。工程建设过程涉及众多单位,主要有业主、设计院、监理工程师、承包商、材料设备供应商、运输部门、保险部门、税务部门和有关政府部门。加强这些单位之间信息沟通与协调,形成合力,可以更有效地为工程建设服务。比如,Ⅲ标工程因压力钢管安装进度滞后,又影响到进度支付,使承包商陷入财务危机,影响现场施工。承包商请求监理工程师和业主提供帮助,监理工程师详细核查了压力钢管材料到位、制作和安装的相关信息,建议业主向Ⅲ标承包商提供财务支持。业主在充分核实相关信息后,同意了监理工程师的建议。通过调整压力钢管支付程序对Ⅲ标承包商提供财务支持,有效地缓解了承包商的财务压力,确保工程建设顺利进行。

(3)运用信息进行决策。监理工程师的决策是在业主授权范围内进行的,如事项不在监理工程师职权范围内,监理工程师可以向业主提出处理意见和建议。监理工程师依据翔实、可靠的信息对施工进度、工程质量和支付做出决策,并对处理变更和索赔做出决定。

(4)利用现场记录处理合同问题。国际标工程管理中,承包商经常就施工中遇到的各种问题提出索赔。处理承包商提出的索赔是监理工程师一项重要的日常工作。比较典型的实例是地下工程施工中,承包商提交大量有关地质问题的信函,试图证明所遇到的地质条件"是一个有经验的承包商无法预见到的"。对于这类问题,监理工程师除按地质素描进行判断外,还对现场施工记录进行统计分析。分析承包商开挖通过所谓断层带的施工效率,如效率没有明显变化,则不是断层带。另外,还可检查承包商是否进行了额外支护,如没有进行额外支护,也不是断层带。

承包商提出的部分工期索赔,有些是自己施工方法不当造成的,有些是现场组织不力造成的,有些是设备不足或运行状况差造成的。监理工程师通过对现场记录进行详细统计分析,界定各方责任。

第七节 组织协调

前期工程施工中,监理工程师主要参与现场组织管理和征迁方面施工协调工作。主体工程施工中,监理工程师按照合同要求,承担组织协调工作,做好场地交接、工程验收等工作。组织召开各种协调会议,分析干扰产生的原因,协调施工中遇到的各种干扰,积极化解矛盾,最大限度降低干扰损失,推动工程建设顺利进行。尾工工程施工中,监理工程师主要负责现场施工管理和验收等组织协调。

一、施工组织与交接

监理工程师按照合同条件,组织承包商进场移交、技术交底和工程验收,并做好中间完工时场地移交和协调工作,保障工程施工顺利实施。

(一) 承包商进场移交

承包商进场后,监理工程师组织业主向承包商移交工作场地和现场设施,以及施工测量控制网点。

国际标工程移交的工作场地和现场设施主要有:施工作业面、石料场、土料场、砂石料场、弃渣场、外籍人员营地、中方劳务营地、承包商办公及加工厂场地、水电连接点,以及工程建设期间由承包商维护的施工道路。主要施工场地和设施移交清单见表6-7-1。

施工测量控制网点由监理工程师移交给承包商。承包商收到测量控制网后,在一周内对相关资料和数据进行复核,检查点位、坐标和通视情况,如无异议,将作为整个标段施工测量控制网点。施工过程中,监理工程师对承包商布设的主要控制网点及其方案进行审查,并进行必要的复核,检查承包商的测量精度,确保控制网点准确。

(二) 技术交底

单项工程开工前,监理工程师组织设计单位、承包商和业主技术部门召开技术交底会,由设计单位介绍设计要求、技术标准和施工要点。在施工过程中,对出现的相关技术问题,由监理工程师协调设计单位和承包商共同协商。

(三) 工作场地完工移交

监理工程师根据工程进展情况,及时组织场地移交。左岸山体场地在开工时属于Ⅱ标承包商工作范围,截流前Ⅰ标承包商需要完成左岸岸坡开挖,监理工程师组织场地交接。引水发电洞进口和前50米由Ⅱ标承包商施工,施工完成后,监理工程师组织移交给Ⅲ标承包商进行后续工程施工。地下厂房开挖和支护由Ⅲ标承包商施工,后逐步由监理工程师组织移交给Ⅳ标承包商进行二期混凝土和机电安装工作。

表6-7-1 主要施工场地和设施移交清单

承包商名称	Ⅰ标承包商	Ⅱ标承包商	Ⅲ标承包商
外籍人员营地	桥沟西中间段	桥沟西北段	桥沟西南段
中方劳务营地	黄河南西河清	东山营地、桐树岭营地	东山营地
办公及加工厂场地	黄河南马粪滩	蓼坞	蓼坞
砂石料场	黄河南马粪滩	连地	—
土料场	寺院坡	—	—
石料场	石门沟	—	—
弃渣场	赤河滩	槐树庄、桐树岭	桐树岭
维护道路	2~4号公路	7~10号公路	—
工作面	大坝防渗墙及基础处理	导流洞施工支洞及上中导洞、泄洪排沙系统进出口工作面	8号交通洞

(四)验收移交

小浪底工程技术规范规定中间完工日期和合同完工日期,施工进展到中间完工日期和合同完工日期时,监理工程师组织国际标中间完工验收和合同完工验收,组织国内标单位工程验收和合同完工验收,并将工程及工作场地移交给业主。

二、施工协调方法

监理工程师主要采用周监理例会、进度协调专题会议、前方总值班室进度协调会和现场碰头会进行施工协调。

(一)周监理例会

监理工程师每周召开一次监理例会,周监理例会的主要议题是协调施工进度,同时协调解决施工质量、安全生产、文明施工、环境保护和合同争议等方面的问题,是综合性会议。会议一般由各标工程师代表主持,工程师代表部人员、承包商、CIPM专家和翻译人员参加。根据合同,工作语言为英语。为提高会议工作效率,会前工程师代表部相关人员和承包商现场负责人共同巡视施工现场,确认施工进度和工程形象。

周监理例会的议程是:承包商汇报上周计划完成情况、施工质量情况、需要监理工程师解决的问题,以及下周的进度计划和工作安排。监理工程师对本周工作进行评述,指出施工中存在的问题,并提出改进意见,对下周进度安排做出具体要求。监理工程师就相关问题进行协调,双方对存在的争议进行讨论,CIPM专家提出咨询意见。会议决定的事项按会议精神执行,会上不能解决的重大问题,召开专门会议研究解决。会后形成会议纪要,纪要由CIPM专家起草,工程师代表审核签发。承包商对会议纪要有异议时,可以发函请求监理工程师对相关异议进行澄清和答复。

(二)进度协调专题会议

对于施工中出现的工程师代表无法协调,或超越了工程师代表权限的重大问题,因涉及单位多、影响范围大,对施工进度影响大,经工程师代表部提出,由总监理工程师组织召开进度协调专题会议,有关单位负责人参加。会后形成会议纪要,发相关单位,各单位遵照执行。

(三)前方总值班室进度协调会

前方总值班室制度是小浪底工程建设管理的一个创新,是对现场监理工作的有益补充。前方总值班室成立背景是,受导流洞塌方和设计变更等因素影响,导流洞、进水口和消力塘工程进度严重滞后,威胁截流目标实现。1996年8月,业主和监理工程师共同组建前方总值班室。前方总值班室成立初期,主要工作是对Ⅱ标导流洞施工等关键线路上工作进行督促协调。随着工程进展,总值班室工作内容发生了变化,协助解决相邻标段之间施工干扰问题。

根据工作需要,每周或两周在前方总值班室召开一次进度协调会(见图6-7-1)。进度协调会由总值班室主任主持,工程师副代表、承包商部门经理和技术主管参加。根据会议议程,先由承包商就本责任区域关键项目周计划完成情况和下周生产安排进行汇报,提出需要协调解决的问题。总值班室工作人员对本周完成情况进行点评,指出承包商施工中存在的问题和需要整改的方向,并对承包商提出的问题进行协调。如问题涉及多个部门,则相关部门人员参加。

图 6-7-1 前方总值班室召开进度协调会

(四)现场碰头会

为迅速解决现场存在的日常问题、加快施工进度,各标工程师代表部建立了日碰头会制度。日碰头会由负责现场工作的工程师副代表或代表助理主持,承包商现场代表参加,每天定时定点召开短会,对过去一天施工中发现的问题进行协商解决。

三、施工干扰协调

小浪底工程施工条件复杂,施工承包商多,施工过程中不可避免出现相互干扰问题。监理工程师遵循合同,以事实为依据,站在公平、公正立场上与争议各方进行沟通,协调解决施工干扰。主要施工干扰分为承包商之间干扰、承包商内部干扰和外部环境条件干扰。

(一)承包商之间干扰协调

小浪底工程由于施工承包商众多,存在不同程度的干扰,主要表现在工程结合部和工作面交接过程中产生的干扰,共同使用交通道路产生的干扰等。

1. 工程结合部和工作面交接干扰

(1)主体工程合同签订后,承包商陆续进场,开始进行营地建设,场地移交工作顺序展开。业主在桥沟河西侧自南向北,依次为Ⅲ标、Ⅰ标和Ⅱ标承包商提供场地,由承包商自行修建营地。Ⅲ标承包商营地在外侧,Ⅰ标、Ⅱ标承包商营地施工须通过Ⅲ标营地,而临时通道占去Ⅲ标很大一块场地,影响Ⅲ标营地建设。Ⅲ标承包商不允许Ⅰ标、Ⅱ标承包商的车辆通行。监理工程师多方劝说,征得业主同意,就近划出一块场地给Ⅲ标承包商,最终解决了纠纷,营地建设工作顺利进行。

(2)发电洞上游50米为Ⅱ标施工范围,下游为Ⅲ标施工区域。1998年初,进水塔混凝土浇筑达到195米高程,Ⅱ标和Ⅲ标承包商均在该部位施工,施工干扰时有发生。Ⅱ标施工区域内的雨水和冲洗仓号施工用水经常流入发电洞内,对Ⅲ标承包商作业面造成污染,影响压力钢管焊接质量。Ⅲ标承包商多次致函监理工程师,要求处理流水问题。监理工程师与Ⅱ标承包商协商,在标段结合部附近设置小型围堰挡水,避免水流入Ⅲ标作业面。

(3)Ⅳ标承包商负责整个工程永久性电源安装工作。Ⅳ标承包商在进行永久性电源安装时,从Ⅰ标原型观测仪器供电线路上接线,因操作不当,造成观测仪器损坏。Ⅰ标承包商提出索赔意向,监理工程师向Ⅳ标承包商发函,要求其进行经济赔偿,并采取措施对观测仪器进行保护,避免类似事故发生。

(4)为满足1998年防洪度汛需要,Ⅳ标承包商需要在左岸坝肩270米高程平台开挖电缆沟。此时270米高程平台还未移交,Ⅰ标承包商不同意Ⅳ标承包商在该部位施工,现场发生多次纠纷。前方总值班室工作人员进行协调,最终确定Ⅰ标承包商提前将工作面移交给Ⅳ标承包商。

(5)Ⅱ标工程接近尾声时,Ⅳ标承包商陆续进入Ⅱ标区域进行机电安装作业,因部分工作面还未移交,两家承包商在一个工作面同时作业,不可避免地产生了干扰。Ⅳ标承包商负责进水塔184~189米高程廊道排水泵房安装工作,但当时廊道还未移交,Ⅱ标承包商仍在该部位施工。建筑材料堆放、设备停放、建筑垃圾清理等方面责任界定不清,纠纷不断。监理工程师深入现场了解实际情况,依据合同理清责任,及时协调解决,保证现场工作正常进行。

(6)1998年初,Ⅳ标承包商进入地下厂房开始机电安装。机电安装初期,Ⅳ标承包商只接收了安装间、副厂房和6号机坑工作区域,Ⅲ标承包商仍在1~5号机坑、主变室、尾闸室、33号交通洞等处施工。施工相互干扰,纠纷不断。监理工程师依据合同,结合现场实际情况进行协调,保证现场施工顺利进行。

（7）合同规定，Ⅱ标承包商需向Ⅲ标承包商提供混凝土骨料。工程初期，Ⅱ标承包商供给Ⅲ标承包商的砂子不满足要求，导致Ⅲ标承包商拌和系统无法使用。监理工程师和两个标段承包商多次协商，未能达成一致。为了保证生产顺利进行，监理工程师要求承包商增加一个料斗、一个料仓，延长上拌和楼的皮带长度。监理工程师签发变更暂付款对Ⅲ标承包商进行财务支持，Ⅲ标拌和系统很快投入运行。监理工程师的处理办法得到 DRB 的支持，最后Ⅱ标承包商补偿了相关费用。

2. 共同使用交通道路干扰

（1）17 号交通洞是Ⅲ标承包商和Ⅳ标承包商共同使用的道路，Ⅳ标承包商运输超高、超重、超宽的机电设备，对交通道路要求很高，而此时Ⅲ标承包商正在进行 17 号交通洞底板混凝土衬砌浇筑施工，双方干扰很大。监理工程师要求各标段提出详细的施工计划、运输计划，进行针对性的协调，错开道路施工和交通运输时间，最大限度地减少了施工干扰。

（2）大坝标填筑施工时，Ⅰ标承包商需要穿越Ⅱ标施工区域进行压戗部位填筑作业，客观上存在施工干扰。经前方总值班室工作人员协调，在明确了各承包商施工时间、施工区域后，施工交通互不影响。

（二）承包商内部干扰协调

根据国际标内部联营体协议，除联营体各方抽调人员组成高层管理机构外，工程技术人员、管理人员、技术工人和其他辅助人员均采用劳务分包或聘用制。

由于国际承包商对中国法律法规不够了解，难以执行到位，语言沟通存在障碍，而劳务人员构成复杂，国际承包商与中国劳务人员之间很容易产生矛盾，严重时导致罢工阻工事件发生。中外承包商在管理理念和管理方法上存在较大差异，使得承包商与分包商之间时常发生矛盾，进而产生施工干扰。

承包商内部干扰主要是承包商组织管理不到位，内部沟通协调不力。从合同管理角度，属于承包商内部事务，监理工程师不宜直接干预。但承包商内部干扰，对施工进度造成影响，监理工程师不能袖手旁观，任其发展，而需采取有力措施进行协调。监理工程师熟悉当地环境和法律，承包商常主动请求监理工程师出面协调其内部干扰。

1. Ⅰ标罢工事件协调

1995 年 8 月，大坝坝基开挖工作结束，工程进入填筑施工阶段。根据施工进度计划,Ⅰ标承包商进行人员裁撤,1995 年 8 月 10 日公布了裁员计划。1995 年 8 月 11 日凌晨,工人开始罢工并阻拦其他人员工作。事情发生后,监理工程师迅速赶到现场,了解情况,积极进行沟通协调,约见工人代表,做罢工人员思想工作,同时积极与业主沟通。在监理工程师和业主的协调下,承包商和工人代表最终达成协议,化解了矛盾。

2. 施工设备配置问题协调

1996 年 9 月,导流洞开挖接近尾声,在开挖 3 号洞中闸室时,由于开挖断面增大,开挖量增加,现场开挖设备不足,施工进度受到影响。此时,1 号导流洞开挖基本完工,一台开挖设备处于闲置状态。OTFF 向Ⅱ标承包商提出申请,要求将 1 号导流洞开挖设备调到 3 号洞使用,外籍工长不同意,理由是先保证 1 号导流洞施工进度。OTFF 向监理工程师反映情况,监理工程师出面进行协调,说服了Ⅱ标承包商,调整了设备布置,满足了 3 号洞中闸室开挖需要。

3. 压力钢管安装干扰协调

Ⅲ标承包商将压力钢管制作安装分包给 FCB,由于 FCB 技术力量不足、现场管理混乱,压力钢管安装进度严重滞后。1998 年 2 月 4 日,Ⅲ标承包商解除了与 FCB 之间的合同,采用查封方式强行接管施工现场,造成双方严重对立,压力钢管施工停工。承包商请求监理工程师出面协调。监理工程师达到现场后,做了大量协调工作,缓解了双方对立情绪。随后监理工程师主持召开了监理、承包商和分包商参加的专题协调会议,有效地化解了矛盾,移交工作顺利进行。

4. 施工材料问题干扰协调

进水塔工程由中国水利水电第十一工程局劳务总分包,施工所用设备、材料均由Ⅱ标承包商提供。2 号发电塔边墙混凝土施工到 181 米高程时,由于模板螺栓(又称爬行锥)不足,仓号立模工作处于半停顿状态。经了解,爬行锥属周转材料,随模板一起拆除,可继续使用。分包商内部沟通不足,工人误认为爬行锥是一次性消耗材料,拆除模板时爬行锥未及时拆卸,混凝土达到强度后已无法拆除,加之管理不善又丢失了一部分,导致爬行锥数量不足,无法满足立模需要。分包商到承包商处申请领取,承包商不予发放,认为分包商材料管理混乱。监理工程师了解到情况后,将Ⅱ标承包商和分包商召集在一起开会协商,经过监理工程师协调,化解了矛盾,保证发电塔施工正常进行。

5. 劳动纪律问题协调

进水塔混凝土施工中钢筋吊装、模板架立等工作均需塔吊协助完成。塔吊司机为Ⅱ标承包商聘用劳务人员,负责混凝土浇筑的是分包商。施工初期,夜班时个别塔吊司机吃饭时间过长、后半夜睡觉的事时有发生,直接影响到现场混凝土施工进度。分包商对塔吊司机提出批评,司机不以为然,向工长反映,问题也得不到根本解决。监理工程师了解情况后,致函承包商,要求加强劳务人员管理、整顿劳动纪律。承包商召集混凝土部司机开会,对塔吊司机进行劳动纪律和岗位责任教育,并清退了个别违纪司机。此后未再发生这类事情。

(三) 外部环境条件干扰协调

业主提供的施工条件内容很多,比如场地移交、交通道路、设计图纸、水电等。任何一项工作出现问题,都影响工程进度。承包商通常会向业主和监理工程师提出索赔申请。

1. 外商营地建设阻工

1994 年 7 月,外商营地开工建设,当地村民要求把营地施工范围内树木全部伐光,承包商不同意。监理工程师把双方代表召集在一起,进行面对面谈话。监理工程师还积极做村民思想工作,向村民宣传国家林业政策。经监理工程师协调,承包商补偿给村民少量费用,保住了外商营地树木。外商退场将营地移交给业主时,这里已是绿树成荫的优美场所。

2. Ⅰ标承包商工作场地建设阻工

工程开工初期,Ⅰ标承包商在东河清、前苇营、桥沟等处修建骨料场、设备维修车间、办公室和其他临建设施时,多次受到当地村民的阻拦,严重影响了现场施工。承包商向监理工程师提出索赔申请达 24 份,索赔工期 44 天。监理工程师与业主一道与地方政府沟通协调,并督促承包商尽快恢复生产。监理工程师在调查研究的基础上,对承包商提出的索赔进行分析、评估,认为这些项目不在关键线路上,对目标计划影响不大,不能构成工期延误的充分理由。监理工程师致函承包商,驳回了承包商的工期索赔申请,维护了业主的利益。

3. 石门沟料场阻工

石门沟料场是设计规划的石料开采场。1995 年底,石料场开始爆破作业,当地村民反应强烈,认为爆破危及房屋安全,扰乱了他们的正常生活,发生阻工事件。1998 年 8 月 9 日,爆破发生"飞石现象",村民开始大规模阻工,随后又发生多次阻工事件。阻工事件发生后,监理工程师和业主积极与地方政府沟通,采取行政手段,加大宣传力度,做村民的思想工作;同时,与承包商协商,采取工程措施,降低爆破震动影响,确保周边村民安全,1999年底爆破阻工问题基本得到解决。

第七章　征地移民

小浪底工程征地移民项目包括施工区征地移民、水库淹没影响移民及大专项工程建设三部分内容，移民人口 20.14 万人，总投资 95.35 亿元。

小浪底工程占地涉及河南省洛阳市、三门峡市、济源市，以及山西省运城市共 4 个市 8 个县，移民安置涉及河南省洛阳市、三门峡市、济源市、焦作市、新乡市、郑州市、开封市，以及山西省运城市共 8 个市 14 个县。

施工区征地移民从 1992 年 8 月开始，1994 年 4 月通过水利部组织的施工区移民清场验收。库区征地移民分三期进行，从 1994 年开始至 2004 年基本完成。2004 年初，小浪底移民项目通过由水利部会同河南、山西两省人民政府组织的竣工初步验收，2009 年作为小浪底工程的专项一并通过国家组织的竣工验收，项目质量总体评定为优良。

小浪底移民按照"水利部领导、业主管理、两省包干负责、县为基础"的模式进行管理，实行开发性移民方针，采取前期补偿、补助与后期扶持相结合的方法，并引入《世界银行非自愿移民导则》，实现"搬得出，稳得住，能致富"的目标，移民生活超过原有水平。小浪底移民安置效果得到世界银行和国内外有关专家的一致好评。世界银行副行长卡奇曾感叹：小浪底移民项目是世界银行与中国政府合作的典范，为其他国家利用世界银行贷款建设大型水利设施和妥善处理移民问题开创了一条路子。

第一节　移民安置规划设计

小浪底移民项目的规划设计工作主要包括施工区和库区的实物调查、移民安置方式和安置去向选择、安置区环境资源容量分析及安置区生活生产设施规划设计、投资概算等。

一、施工区移民安置规划设计

(一)施工占地范围

小浪底工程施工区占地包括主体工程占地、土石料场占地、堆渣场占地、施工人员生活占地及交通、供水、供电、通信设施占地等，涉及河南省洛阳市的孟津县、吉利区和济源市 3 县(区、市)10 个乡(镇)47 个行政村,共占地 35 067 亩(含临时占地)。南岸包括大坝工程区、东河清区、西河清区及对外交通道路;北岸包括枢纽工程区、非常溢洪道管理区、小南庄区、桥沟区、蓼坞区、测量控制坐标网点、小浪底水文站、对外交通道路及留庄铁路转运站。小浪底工程施工建设用地见表 7-1-1。

表 7-1-1　小浪底工程施工建设用地　　　　　　　　　(单位:亩)

区域	类别	建设用地	水库库区	工程管理区			有限期使用区		位置
				工程区	生产区	生活区	至 2003 年底前	至 2015 年底前	
南岸	一、水库库区	4 981	4 981						
	1. 弃渣场	1 070	1 070						赤河滩
	2. 土料场	732	732						小西沟
	3. 施工区	2 328	2 328						小清河西
	4. 坝轴线以上占压及影响区	560	560						上坡、小西沟
	5. 石门沟影响区	291	291						石门沟 275 米高程以下
	二、建筑物占地区	2 017		2 017					东坡、西苗家、西河镇
	三、测量网点及水文过河缆锚固设施	0.7		0.7					
	四、料场区	8 802			2 212		6 018	572	
	1. 寺院坡土石料场	7 062			622		5 868	572	
	(1)石门沟石料场	2 464			489		1 447	528	石门沟两侧 275 米高程以上
	(2)寺院坡土料场	2 398					2 398		寺院坡
	(3)前苇园土料场	2 200			133		2 023	44	前苇园
	2. 马粪滩砂石料场	1 590			1 590				马粪滩
	3. 会瀍沟土料场	150					150		会瀍沟
	五、东河清加工厂	744			744				东河清
	六、西河清区	120			60	60			西河清
	七、外线公路(1 号公路)	785			785				从洛阳北郊柿园村至孟津县东官庄
	小计	17 449.7	4 981	2 017.7	3 801	60	6 018	572	

续表 7-1-1

区域	类别	建设用地	水库库区	工程管理区			有限期使用区		位置
				工程区	生产区	生活区	至2003年底前	至2015年底前	
北岸	一、水库库区	2 469	2 469						大风雨沟、小风雨沟、上岭、尖凹、柿树凹
	二、建筑物区	5 752		3 440	1 272	544	437	59	
	1. 主体区	3 231.8		3 231.8					小南庄以南、桥沟河以西
	2. 非常溢洪道区	266		207				59	北坡、南沟、桐树岭
	3. 测量网点	1.2		1.2					
	4. 桥沟区	1 251			740	100	411		桥沟桥以北两岸滩地和坡地
	5. 小南庄区	660			532	128			小南庄、东庄、桐树岭
	6. 东山营地	342				316	26		东沟、衙门口、解放沟
	三、连地砂石料场	3 790						3 790	连地、马住
	四、槐树庄渣场	1 505					1 505		庙沟、砚瓦河口
	五、施工工厂区	3 055			315.3		2 739.7		
	1. 蓼坞施工区	1 600			315.3		1 284.7		蓼坞滩、河清口
	2. 炸药库	110					110		荒山
	3. 连地加工厂	1 345					1 345		连地
	六、留庄转运站	355			355				留庄、马洞
	七、外线公路（9号、10号公路）	691			691				留庄至蓼坞
	小计	17 617	2 469	3 440	2 633.3	544	8 530.7		
	合计	35 066.7	7 450	5 457.7	6 434.3	604	15 120.7		

(二) 施工区占地实物调查

1990 年 7—8 月,黄委会设计院会同孟津县、济源市的相关单位对施工区占地范围进行了实物调查。按照黄委会设计院编制的调查大纲,采取"先试点,后全面展开"的方法进行,调查人员对施工区需要占用的土料场、石料场、拌和站、南岸公路和留庄转运站等范围内的所有实物进行详细调查,调查内容涉及村组数量、人口数量、占地面积、房窑面积及附属物、农副业设施情况等,调查结果在各村组张榜公布。

1991 年 12 月至 1992 年 1 月,根据施工占地范围变化,黄委会设计院会同河南省小浪底水库工程协调小组办公室、洛阳市移民局、孟津县移民局、济源市移民局等单位,对施工占地影响的实物进行了补充调查、核实。小浪底工程施工区征地移民主要实物指标见表 7-1-2。

表 7-1-2 小浪底工程施工区征地移民主要实物指标

项目		单位	数量
1. 占地影响乡镇		个	13
2. 占地影响村庄			47
3. 占地影响总人口	现状年	人	11 369
(1)农村人口	现状年		11 293
(2)乡镇外事业单位			76
4. 占地影响房窑总面积		万平方米	36.32
(1)农村部分	合计		36.13
	个人		31.34
	集体		4.79
(2)乡镇外事业单位			0.19
5. 占用土地面积		万亩	3.51
6. 占地影响农副业			
(1)农副业设施		处	134
(2)从业人数		人	263

(三) 施工区移民安置规划

1991 年 12 月,施工区移民安置规划设计工作由黄委会设计院和河南省小浪底水库工程协调小组办公室共同组织开展,各基层移民局机构及专业规划机构参加,黄委会设计院业务归口负责。在调查分析各种资料、汲取地方政府对移民安置意见的基础上,1992年5月,黄委会设计院编制上报《黄河小浪底水利枢纽初步设计阶段施工占地及移民安置规划报告》。1992年6月,该规划通过水利部水规总院审查,并以《关于黄河小浪底水利枢纽工程初步设计阶段施工区征地移民安置规划审批意见的函》(水规〔1992〕63号)和《关于小浪底水利枢纽工程外线公路及留庄转运站占地补偿投资的批复》(水规〔1993〕244号)对规划设计成果进行了批复。

根据批复结果,施工区征地主要实物及移民安置规划指标为:占压土地面积3.51万亩,其中耕地2.37万亩;房窑面积29.65万平方米;动迁年影响总人口11 728人,其中农村移民11 652人(农业人口11 565人、非农业人口87人)、乡镇外事业单位76人。农村移民需搬迁安置8 414人,另有3 238人只做生产安置。

施工区规划农村居民点21个。以农业安置为主的生产安置8 444人,规划生产用地10 184亩,人均1.21亩。

施工区征地补偿投资18 015.1万元,其中枢纽区14 477万元、外线公路及留庄转运站2 056.67万元、其他投资1 481.43万元。1994年7月,水利部根据移民安置实施情况,对施工区投资调增16 956.06万元。

二、库区移民安置规划设计

(一)移民安置规划设计

小浪底水库淹没处理及移民安置规划设计工作由黄委会设计院承担,分为可行性研究、初步设计、世界银行贷款评估和技施设计4个阶段。

1. 可行性研究阶段(1959—1985年)

在小浪底工程选址和可行性研究阶段,黄委会设计院进行过几次深度不同的淹没损失调查和相应的移民安置方案规划,完成《小浪底水库淹没处理及移民安置可行性研究报告》,为工程建设方案论证提供了依据。

2. 初步设计阶段(1985—1992年)

根据水电部《关于黄河小浪底水利枢纽工程设计任务书》(水电规字〔1984〕125号),自1985年3月至1991年9月,黄委会设计院完成初步设计阶段的主要工作(见图7-1-1)。其中,1985年3月至1986年8月,完成水库淹没实物调查;1989年12月编制完成《黄河小浪底水利枢纽工程初步设计阶段水库淹没及移民安置规划总报告》,报水利部审查;1991年9月,根据水利部的审查意见,黄委会设计院编制了《黄河小浪底水利枢纽初步设计阶段水库淹没及移民安置规划修订报告》,同年11月,该报告通过中国国际工程咨询公司的评估。1993年,国家计委批复小浪底水库移民安置规划初步设计,移民概算投资21.5亿元。

图7-1-1　设计人员开展移民安置规划设计工作

3.世界银行贷款评估阶段(1989—1993年)

为利用世界银行贷款,按照《世界银行非自愿移民导则》,黄委会设计院开展相应的规划设计,完成报告、图集30余份。1993年10月,设计成果通过世界银行移民项目专项评估。

4.技施设计阶段(1994—1997年)

黄委会设计院按照技施设计阶段要求进行实物调查、农村移民安置、集镇迁建、受淹专业项目复建等规划设计工作,制定了水库水域开发利用规划和库底清理实施办法,编制了水库淹没处理及移民补偿投资概算、移民实施总进度及投资计划等。1995年9月,黄委会设计院编制完成《黄河小浪底水利枢纽技施设计阶段水库库区第一期淹没处理及移民安置规划报告》,1997年7月,国家计委以《国家计委关于小浪底水利枢纽工程第一期淹没处理补偿投资调整概算的批复》(计建设〔1997〕1249号)批复第一期移民投资调整概算;1997年7

月,完成《黄河小浪底水利枢纽技施设计阶段水库库区第二、三期淹没处理及移民安置规划报告》。1998年11月,国家计委以《国家计委关于小浪底水利枢纽工程第二、三期水库淹没处理补偿投资概算的批复》(计投资〔1998〕2018号)批复第二、三期库区移民投资概算。

(二)水库淹没影响实物调查

由于技施设计阶段与初步设计阶段调查时间间隔较长,且这一阶段正值中国社会经济快速发展时期,原实物调查成果已不能满足技施设计阶段的要求。根据水利部《关于小浪底库区淹没影响实物复查工作计划的批复》(水移〔1994〕58号)有关要求,黄委会设计院依据《水利水电工程水库淹没处理设计规范》(SD 130—84)和《水利水电工程水库淹没实物调查细则》,编写了《黄河小浪底水利枢纽实施阶段库区淹没影响实物复查大纲》,重新复核小浪底水库淹没影响范围和土地征收界线,埋设了永久界桩。1994年3—12月,在地方政府的配合下,调查人员对复核后的库区淹没影响范围内的实物进行全面复查,登记造册,经调查人员和实物权属人签字后,地方政府对调查成果予以认可,形成分户实物档案。1995年3月和6月,水规总院会同水利部移民办公室(以下简称"水利部移民办")、小浪底移民局,先后两次组织有关专家对库区实物复查成果进行预审(见图7-1-2)。1995年9月,实物调查成果通过水利部审查。

图7-1-2　1995年11月29日至12月5日,小浪底水库工程淹没实物指标
复查报告暨库区第一期移民安置规划设计报告审查会在北京召开

1. 水库淹没影响范围

小浪底水库淹没影响范围包括水库淹没区(含回水淹没区和风浪影响区),水库浸没、塌岸、滑坡影响区和库周影响区等。

小浪底水库正常蓄水位为275米,在坚持安全性、经济性的原则下,水库淹没土地征收线设定为坝前正常蓄水位加设计超高1米(276米高程),移民搬迁线设定为5年一遇和20年一遇回水外包线(已考虑正常运用期30年泥沙淤积)。浸没、塌岸、滑坡范围根据地质勘探成果确定,小浪底库区塌岸影响地段11处;滑坡地段40余处,其中较大危岩体、崩塌体8处;浸没范围分布在五福涧以上Ⅱ级阶地分布区,亳清河、沇西河两岸的Ⅱ级阶地分布区,八里胡同下口、逢石河右岸、岭上村附近的Ⅲ级阶地分布区,以及各支流库尾的黄土分布区。

2. 实物调查依据

小浪底水库淹没影响实物调查的主要依据有《水利水电工程水库淹没处理设计规范》(SD 130—84),《水利水电工程水库淹没实物调查细则》,小浪底水库库区万分之一地形图,初步设计阶段实物调查成果,水库淹没影响界桩测设成果,库区浸没、塌岸、滑坡地质资料,《黄河小浪底水利枢纽技施设计阶段实物复查大纲》等。

3. 农村移民调查

农村移民调查包括人口、房窑、附属建筑物、零星树、坟墓、农副业设施、土地和水利水电设施等。

(1)人口调查。按户籍册分为农业人口和非农业人口,包括常住人口和常住在村(组)内的超计划生育人口、定向招收毕业回原籍的学生、民办教师、户口临时转出的义务兵及劳改劳教人口等,以及在库区居住3年以上并有承包土地无户口的人员。调查以户为单位,分不同水位逐户调查登记。对照户籍册,发现差错或有异议或精度(指同一阶段用同一方法的调查数与抽样调查数相比的允许误差)未达到95%的,查明原因,必要时重新调查。

(2)房窑调查。分为主房窑和杂房窑两大类。主房窑指结构完整,可以常年住人的房窑,分为8种结构形式。

房窑丈量建筑面积。调查时以户为单位逐幢丈量登记,包括各类房窑的间(孔)数、长度、宽度和面积,楼房和高平房还要登记其高度。在建房窑按设计建筑面积计算,另行登记。

（3）附属建筑物调查。以户为单位进行调查,包括围墙(砖石围墙、混合围墙、土围墙)、门楼、地窖、水窖、厕所、粪坑、牲口棚、猪(羊)圈、鸡(兔)窝、烤烟房、沼气池、水井、水池、水塔等。

（4）零星树和坟墓调查。零星树和坟墓均采用典型调查的方法,选定调查范围逐户落实,典型调查的样本数量在 20%以上。

（5）农副业设施调查。农副业设施按性质分为加工业、建材业、商业、服务业、养殖业、其他业(不含运输业)等 6 个行业。个人部分以户为单位逐项调查登记,集体部分以村组为单位逐项、逐处调查登记。

（6）土地调查。土地分耕地、园地、林地、塘地、牧草地、居民点占地、工业用地和其他地等 8 类。以村为单位,参照土地利用现状调查资料,在 1∶10 000 地形图上实地调绘,然后在室内用求积仪进行面积量算。

工业用地按企业土地使用证或土地租赁合同面积登记。

（7）水利水电设施调查。包括渠道、渡槽、提灌站、机井、蓄水池和防护堤等,以村民组为单位逐项调查其数量和技术经济特性。

4. 乡(镇)移民调查

乡(镇)政府所在地,无论是全部受到水库淹没或是部分受到水库淹没,均收集该乡(镇)的性质、功能、规模、历史沿革等方面的资料。除对乡(镇)部分实物分高程调查外,还收集没有淹没部分有关项目的资料,了解其概况。乡(镇)内各类实物全部调查,建卡登记,并在地形图上标明位置、分布范围和实物数量等。

（1）调查项目。调查项目包括机关行政事业单位,公共建筑,商业服务单位,乡(镇)内工矿企业,乡(镇)内街道,乡(镇)内供排水工程、照明、广播、通信等公共设施。

（2）调查方法。乡(镇)内各类项目分单位逐项调查、建卡登记。人口按集体户口登记,人口表中的合同工、临时工不计入库区淹没影响总人口中。乡(镇)内工矿企业的调查方法与乡(镇)外工矿企业相同。所有调查成果必须由各单位领导或法人代表签字盖章予以确认。

5. 工矿企业调查

（1）调查内容。调查内容主要包括企业名称、经济性质、所在地点、主管单位、高程范围、厂区总面积、生产用地面积,主要设备及建筑物的名称、数量及造价等。其他基本信息包括:工矿企业设计资料(项目建议书、可行性研究及初步设计等);投资及资金筹措资料,包括固定资产投资数额、构成及分年使用计划,流动资金数额构成和资金筹措方案及贷款条件(包括贷款利率及偿还期等);职工人数、分类及工资水平;工矿企业建成及投产时间;财务、金融、税务及其他有关规定;财务评价指标;厂内外专用运输线路、给排水、供电和各种管道等基础设施;原材料供应情况;与外厂的协作关系;总产值,销售产值、物质消耗及构成,净产值及其构成,销售收入、销售工厂成本、利润总额、供求关系等生产状况;受淹工矿企业是否具有防护条件及工矿企业转产方向。矿业单位调查内容还包括矿产资源名称、品位、储量,矿藏埋深及矿层分布标高,矿藏已开采程度、开采计划,水库淹没对矿藏开发的影响等。

(2)调查方法。调查采取资料收集与现场调查相结合的方式进行。调查人员一方面向工矿企业单位和有关主管部门收集有关资料;另一方面到现场对实物等情况开展调查,建卡登记。调查成果由被调查单位签字盖章予以确认。

6. 专业项目调查

(1)道路。调查内容包括道路级别,线路名称、起止地点、淹没长度及影响长度,路基及路面宽度,路面材料及高程,桥梁座数、宽度、长度、结构及设计荷载,车流量等。

调查方法:由主管单位或建设单位提供县际公路和县乡路设计文件,并与专业人员到现场核查,调查成果以现场核查结果为准。乡村公路和乡间路只做典型调查。调查成果由主管单位签字盖章予以确认。

(2)输变电设施。调查内容包括输电线路和变电设施,其中输电线路包括线路名称、起止地点、高程范围、淹没长度、影响长度、电压等级、原投资等;变电设施包括变电站名称、容量、主要设备台数、站房面积、原投资和管理人员等。

调查方法:由主管部门提供高压输变电设施(35千伏和10千伏两个等级)设计文件,并到现场核查。低压输变电设施不分等级,只做典型调查,以此为基础计算平均指标。调查成果由主管部门签字盖章予以确认。

(3)通信、广播设施。调查内容包括线路等级(分县乡中继线和乡村农话线)、起止地点、高程范围、淹没长度、影响长度、主要设备和原投资及管理人员等(设施用房在乡镇部分统计)。

调查方法:由主管部门提供设计文件,并到现场核查,调查成果以现场核查结果为准,并由主管部门签字盖章予以确认。

(4)渡口、码头。调查内容包括所在高程、等级、建筑材料造价,渡船数量、吨位、投资,连接路等级、长度,职工人数等。

调查方法:工作人员现场逐项核实,调查成果由主管单位签字盖章予以确认。

7. 实物调查成果

小浪底水库正常蓄水位 275 米淹没影响总面积 277.8 平方千米,涉及河南省孟津县、济源市、新安县、渑池县、陕县及山西省垣曲县、平陆县、夏县等 8 个县(市),需搬迁 12 处乡(镇)政府、174 个行政村及 17.87 万人(静态人口)。1994 年小浪底水库淹没影响主要实物调查成果见表 7-1-3。

小浪底水库淹没影响以农村移民为主,农村移民占移民总人数的 90% 以上。淹没区主要集中在新安县、垣曲县和济源市,淹没影响人口分别占库区移民总人口的 45.5%、20.3% 和 18.6%。淹没影响房窑中,房屋面积占 45.2%、窑洞面积占 54.8%。库区居民住房以窑洞为主,人均面积 37.62 平方米。库区淹没耕地 20.1 万亩,占库区总面积的 48%,人均 1.27 亩。大量移民赖以生存的良田被淹,其中水浇地 9.04 万亩、果园地 2.64 万亩。淹没工矿企业较多,特别是新安县和垣曲县支柱产业的煤矿,对两县国民经济影响较大。

(三)移民安置规划原则及目标

根据 1991 年 2 月 15 日中华人民共和国国务院第 74 号令《大中型水利水电工程建设征地补偿和移民安置条例》(简称《移民条例》)精神,结合移民安置县的实际情况及当地经济社会发展中长期规划,小浪底移民安置规划的指导思想是:兼顾国家、集体和个人三者的利益,走开发性移民安置之路。贯彻“前期补偿、后期扶持”的移民安置方针。农村移民安置以大农业安置为主,以土地为依托,广开生产安置门路,“农、林、牧、企”多渠道安置,使移民生活有出路、劳力有安排,逐步达到或超过原有生活水平。对于乡镇迁建、工矿企业及专业项目,按照“原规模、原标准、恢复原功能”的原则(“三原”原则)进行规划设计。移民安置规划遵循以下原则:

(1)严格按照国家有关方针、政策和法规编制规划,坚持对国家负责、对移民负责,正确处理国家、地方、集体和个人的关系。

(2)将移民安置规划纳入地方经济发展规划之中,充分发挥各地资源、经济、技术优势,因地制宜,编制移民安置规划。

表 7-1-3　1994 年小浪底水库淹没影响主要实物调查成果

项目		单位	库区合计	一期	二、三期
1.淹没影响乡镇		个	29	7	22
2.淹没影响村庄			174	27	147
3.人口		人	178 702	44 590	134 112
（1）农村人口			162 691	40 917	121 774
（2）乡镇内人口			8 182	416	7 766
（3）工矿企业人口			5 683	1 450	4 233
（4）乡镇外人口			429	90	339
（5）县以上企事业单位			1 717	1 717	0
4.房窑面积		万平方米	747.13	161.76	585.37
（1）农村部分	合计		691.51	154.87	536.64
	个人		606.09	132.69	473.40
	集体		85.42	22.18	63.24
（2）乡镇部分			49.04	2.41	46.63
（3）乡镇外事业单位			2.96	0.86	2.10
（4）县以上企事业单位			3.62	3.62	0
5.土地面积		亩	419 352	119 000	300 352
（1）耕地			201 001	60 400	140 601
（2）林地			32 853	9 500	23 353
（3）园地			26 843	4 100	22 743
（4）其他			158 655	45 000	113 655
6.农副业					
（1）农副业设施		处	10 368	2 145	8 223
（2）从业人数		人	11 475	2 224	9 251
7.乡镇政府所在地		处	12	1	11
8.乡镇外工矿企业		个	787	159	628

(3)农业移民安置坚持以农业安置为主,以土地为依托,充分保证农业安置人口有基本口粮田,同时大力发展农、林、养殖及工副业,使移民安置后逐步达到或超过原有生活水平。

（4）对于职工家属和临时工、合同工，在本人自愿、单位同意接收的前提下，进行农转非安置，以减轻农业安置压力。

（5）对于积极要求安置移民的企业，进行必要的考察和评估，选择投资来源有保障、劳动密集、有资源、有市场、效益好的企业安置移民。进厂资金原则上从移民土地补偿费中支出。

（6）对于受淹专项设施，按照"三原"原则，结合库区规划统筹考虑。其中符合等级标准的或有一定规模的项目必须进行资产评估或专项设计。

（7）农村移民安置方案按照尽量减少对安置区群众影响的原则，帮助安置区群众利用征地补偿费搞好生产开发项目，弥补因征地造成的影响。

（8）移民安置所有的规划项目必须考虑对环境的影响，重视库周及安置区的环境建设。

小浪底水库移民安置规划的总目标是：移民生产有出路，劳力有安排，生活逐步达到或超过原有生活水平。根据移民设计基准年生活水平，按照各县（市）"八五""九五"计划及十年规划的经济增长指标，分析确定校核水平年安置目标为：保证基本口粮，人均占有粮食400千克以上；恢复原有经济收入水平；公共设施、基础设施及社会福利较淹没前有较大改善。

（四）移民安置分期

根据小浪底工程施工进度和蓄水计划，库区移民安置分为三期：第一期是180米水位（围堰蓄水位）淹没区及其影响区；第二期是180米至初期运用265米水位区间淹没及其影响区；第三期是265米至正常蓄水位275米区间淹没及其影响区。

根据移民安置分期，小浪底库区移民规划年份见表7-1-4。

表7-1-4　小浪底库区移民规划年份

水平年	第一期	第二期	第三期
设计基准年	1994	1994	1994
设计水平年	1996	2000	2003
校核水平年	2000	2005	2005

（五）规划成果及标准

1. 主要规划设计参数

根据《移民条例》及《水利水电工程水库淹没处理设计规范》（SD 130—84）

的相关规定,小浪底移民项目中农村、乡镇和道路等主要规划设计参数见表7-1-5~表7-1-7。

表7-1-5 农村主要规划设计参数

项目	主要技术标准		
人口自然增长率	河南省:"八五"期间为15.27‰,"九五"期间为9.88‰		山西省:"八五"期间为14.02‰,"九五"期间为10.83‰
设计水平年	第一期为1996年,第二期为2000年,第三期为2003年		
生产用地	农业人均耕地不少于1.7亩(旱地),水浇地按1:2折算为旱地		
居民点规划	人均占地	平原区80平方米,丘陵区90平方米	
	街道	主街宽6米,支街宽3.5米	
	用水标准	60升/(人·天)	
	用电标准	户均300瓦	
	对外联系	乡村道路、10千伏线路、乡村电信线路、乡村广播线	
	规划用图	1:2 000地形图	

表7-1-6 乡镇主要规划设计参数

项目	主要技术标准	
人口规模	构成	非农业人口、单身职工、寄宿中学生
	综合增长率	按初步设计审批的30‰计算
占地规模	平原区人均80平方米,丘陵区人均90平方米	
基础设施	街道	主街红线宽10~12米,支街红线宽6米,巷道宽3.5米
	用水标准	60升/(人·天),考虑公共建筑、消防、不可预见用水量
	用电标准	人均150瓦
对外联系	县乡公路、10千伏线路、县乡电信线路、县乡广播线	
规划用图	1:1 000地形图	

表7-1-7 道路主要规划设计参数

道路等级	行车道宽(米)	路肩宽(米)	设计荷载	最大纵坡(%)	转弯半径(米)
县级公路	平原7 丘陵6	0.75	汽-20级 挂-100	11	15
县乡公路	3.5	1.5	汽-10级	11	15

2.农村移民安置

（1）移民安置去向。遵循"先近后远"的原则，即优先采取本村附近后靠安置；不能后靠的，在本乡内或本县其他乡镇内近迁安置；本县无容量的，出县远迁安置（如新安县）。规划方案的制订，先由地方政府同设计单位一起初选安置区，然后由设计单位对初选方案进行详细的调查，进行移民安置环境容量分析。根据环境容量的分析计算结果，最终确定安置区。

受县内安置容量不足所限，新安县和垣曲县农村移民安置是小浪底库区移民安置的难点。垣曲县通过复建后河水库及配套灌区工程，增加水浇地数量，提高耕地生产能力，可实现本县安置。如果采用同样技术路径，新安县规划安置区耕地的水源可新建配套灌区工程从故县水库自流引水，但该方案周期长，不能满足小浪底水库蓄水进度要求；也可以从黄河抽水，但水价偏高。1992年，黄委会提出出县安置方案，安置区选在温县和孟州市境内的黄河滩区（简称温孟滩区），随后，黄委会设计院会同河南黄河河务局共同研究，通过河道整治和放淤改土措施新增耕地（详见本章第五节），发展灌溉工程，解决新安县本县安置容量不足的问题。

小浪底移民最终实施的安置区涉及14个县（市），其中山西省的垣曲、平陆、夏县、绛县和河南省的陕县、孟津、济源共7县（市）的移民都在本县后靠或县内近迁安置。新安县由于安置容量不足，除部分在本县安置外，其余在义马市、孟州市、温县、原阳、中牟5个县（市）进行远迁安置。渑池县部分移民到开封县安置。

（2）安置途径。小浪底水库移民采用以土地为依托，以大农业安置为主，工业安置、其他安置（干部职工家属农转非、投亲靠友，合同工、临时工转正安置）为辅的安置方式。

（3）生产安置规划原则。生产安置规划坚持以下5个原则：

一是保证移民的基本口粮田原则。全部为旱地的，人均不少于1.7亩；有水浇地的，按水浇地与旱地比例1:2折算，人均不应少于1.7亩旱地。

二是珍惜土地资源原则。优先利用库区受淹乡村的剩余土地，开垦荒地，或者从耕地较多的乡村调剂土地。

三是提高土地防洪标准原则。成片农田有条件防护的，经过技术经济论证，尽可能采取防护措施，以减少淹没损失，或作为安置移民的措施。

四是科学调整种植结构原则。农业安置措施以种植业规划为主,种植业规划的重点是改善生产条件、调整种植结构。有条件的地方,可发展林果业、养殖业及乡村企业,增加移民收入。

五是有条件的非农业安置原则。对符合国家规定且有条件的移民,在自愿的前提下,可以考虑农转非及非农业安置措施,减轻农业安置的压力。

3. 补偿补助标准

补偿补助标准分为耕地、其他土地、房窑 3 个类别进行确定。

(1)耕地补偿补助标准。耕地补偿补助标准由亩产值和补偿补助倍数确定。亩产值取前三年平均亩产值;补偿补助倍数根据《移民条例》相关规定,以及移民生产措施规划成果、恢复移民搬迁前生活水平所需投资额等因素进行确定。

经分析计算,库区不同地区淹没补偿补助标准为:新安县采用前三年平均亩产值的 10 倍标准,垣曲县和济源市采用 8 倍标准,孟津县、渑池县、陕县、平陆县、夏县均采用 7 倍标准。

(2)其他土地补偿补助标准。其他土地亩产值按下列标准确定:

园地。根据《河南省农产品生产成本与收益调查资料》及河南省林业厅有关资料分析,果园平均亩产量为 1 000 千克,平均价格(以苹果价格确定)为 2.033 元每千克,亩产值为 2 033 元;其他园平均价格为 0.8 元每千克,亩产值为 800 元。

林地。用材林年生增长量为 0.4 立方米每亩,平均价格为 600 元每立方米,亩产值 240 元;经济林和苗圃采用其他园亩产值的标准(800 元);薪炭林亩产值为 300 元。

塘地。根据农产品价格成本调查队调查资料,结合库区渔塘生产情况,确定鱼塘亩产量为 200 千克,收购价为 5.72 元每千克,亩产值为 1 144 元;苇塘平均亩产量为 8 000 根,单价为 0.05 元每根,确定亩产值为 400 元。

牧草地。亩产值为 40 元。

补偿补助倍数除薪炭林采用前三年平均亩产值的 1 倍外,其他地采用 7 倍。

（3）房窑补偿补助标准。采用典型设计分析方法确定全库区房窑的补偿补助标准。

首先根据库区受淹房窑的实物类型，参照设计规范绘制典型房窑设计图，然后根据工程量计算规则计算房窑工程量，再根据预算定额计算房窑成本。

房窑成本扣除可利用旧料价值，并考虑旧料回收所发生的拆迁运输费等因素，计算出房窑实际成本，由此计算出单位工程造价，即房窑的补偿标准。

经分析，河南省和山西省补偿单价基本一致，但考虑到山西省是小浪底水库的非受益省份，山西省的主房窑补偿标准提高 5 元每平方米，杂房窑补偿标准提高 3 元每平方米。

小浪底移民耕地及其他土地补偿补助标准见表 7-1-8，河南省小浪底移民农村房窑补偿补助标准见表 7-1-9。

表 7-1-8　小浪底移民耕地及其他土地补偿补助标准　（单位:元每亩）

项目			水浇地	旱地	河滩地	果园	经济林	鱼塘
补偿补助倍数			新安县为 10 倍，济源市和垣曲县为 8 倍，其他各县为 7 倍			7 倍		
库区一期	河南省	新安县	9 200	4 070	6 640	14 231	5 600	8 008
		济源市	7 360	3 256	5 312			
		孟津等县	6 440	2 849	4 648			
库区二期	河南省	新安县	9 670	4 280	6 980			
		济源市	7 736	3 424	5 584			
		孟津等县	6 769	2 996	4 886			
	山西省	垣曲县	8 128	3 592	5 864			
		平陆县、夏县	7 112	3 143	5 131			
库区三期	河南省	新安县	9 710	4 290	701			
		济源市	7 768	3 432	5 608			
		孟津等县	6 797	3 003	4 907			
	山西省	垣曲县	8 168	3 608	5 880			
		平陆县、夏县	7 147	3 157	5 145			

表 7-1-9　河南省小浪底移民农村房窑补偿补助标准

项目	单位	标准(元)	项目	单位	标准(元)
预制房	平方米	203	砖石围墙	平方米	17
主砖石窑		194	厕所	个	155
主土木房		162	畜圈		124
主土窑		105	搬迁费	户	483~2 356
杂砖木房		119	零星树木	人	950
杂土窑		40			
简易房		62			

注:山西省房窑补偿标准较河南省高 5 元每平方米。

第二节　移民管理体制与机构

在小浪底移民项目实施过程中,水利部、各级政府成立了相应的移民管理机构,并随着工作开展进行了逐步调整,最终确立"水利部领导、业主管理、两省包干负责、县为基础"的管理体制,参与各方分工明确、协调互济。

一、施工区移民管理体制与机构

随着小浪底前期工程开工,施工区移民工作相继展开,移民管理工作由黄河水利委员会移民办公室(简称黄委会移民办,后更名为黄委会移民局)代行业主职能,有以下五方面职责:

(1)负责协调小浪底水库(包括施工区)移民安置规划编制工作。

(2)监督检查移民安置规划实施,审查地方政府与工程进度相适宜的移民安置计划及投资,组织对移民安置项目进行检查验收和社会经济调查。

(3)协调地方搞好移民试点,总结推广移民安置经验。

(4)代表项目法人办理施工区土地征收手续,开展与移民安置有关的协调工作。

(5)协调地方政府统筹安排移民开发项目等。

在此期间,河南省人民政府重新调整移民管理机构,相关市、县也相应调整或组建了移民管理机构,负责施工区移民安置工作的组织实施。

二、库区移民管理体制与机构

(一) 管理体制

1994 年 10 月 28 日,水利部印发《关于印发〈黄河小浪底水利枢纽工程移民安置实施管理办法〉的函》(水移〔1994〕468 号,简称《移民实施管理办法》)。《移民实施管理办法》明确了小浪底移民项目实行"水利部领导、业主管理、两省包干负责、县为基础"的管理体制。

比照工程项目管理体制,结合世界银行对移民项目贷款的要求,小浪底移民项目实行了监理制、监测评估制,黄委会移民局为移民项目监理单位,华北水利水电学院移民监理事务所(简称华水移民事务所)为移民项目监测评估单位。

此外,黄河流域水资源保护局等单位负责移民项目环境监测,黄河中心医院等单位负责卫生防疫。

作为贷款方,世界银行要求项目业主组建国际咨询专家团队,对小浪底移民项目开展技术咨询。

小浪底移民项目管理组织机构(1999 年)见图 7-2-1。

(二) 移民机构

1. 水利部

水利部是小浪底工程建设的领导机关,负责指导协调小浪底移民项目的职能部门是水利部移民局。其主要职能是:宏观把控小浪底移民工作,掌握和制定与移民有关的方针政策;指导移民设计规划各阶段工作,组织对规划成果的预审;每年多次到现场监督检查移民项目进展情况,协调重大事项;参加或会同两省移民机构组织移民项目验收;参加移民资金的审计;配合世界银行检查团相关工作等。

2. 业主单位移民机构

1994 年 2 月 25—26 日,小浪底水利枢纽工程联席会议在北京召开,水利部部长钮茂生参加会议,会议决定将小浪底移民管理工作从黄委会移民办划转到小浪底建管局。1994 年 4 月,小浪底建管局开始筹建移民局,10 月 31 日,水利部印发《关于小浪底移民机构名称、级别及人员编制的批复》(水人劳〔1994〕471 号),同意成立水利部小浪底水利枢纽建设管理局移民局(以下简称小浪底移民局),席梅华任局长,级别为副地(市)级,核定编制 30 人,内设办公室、计

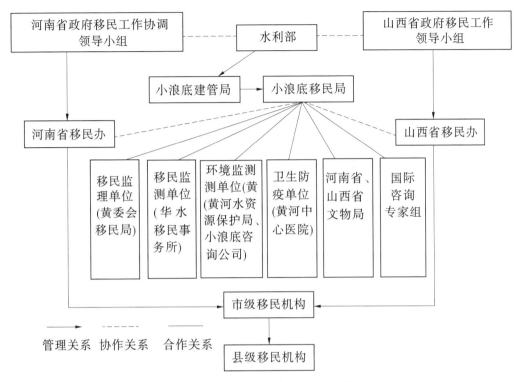

图 7-2-1　小浪底移民项目管理组织机构(1999 年)

划财务处、移民安置处、资源环境处。1998 年 10 月,水利部印发《关于袁松龄等人职务任免的通知》(部任〔1998〕38 号),任命袁松龄为小浪底移民局局长。2003 年 9 月至 2004 年 2 月,常献立、李松慈、燕子林分别主持小浪底移民局日常工作。2004 年 3 月,小浪底建管局副局长庄安尘兼任小浪底移民局局长。

小浪底移民局成立以后,在小浪底建管局领导下,行使小浪底移民项目的业主职能,有以下七方面职责:

(1)主持小浪底移民项目的日常管理工作,组织协调小浪底库区移民安置实施阶段的规划设计工作;编制和下达移民年度安置任务与投资计划,并进行检查和监督;协调和解决实施中的设计变更、移民社会适应性调整等问题。

(2)负责设计、监理、监测评估、环境保护、卫生防疫等委托合同的签订和聘请环境移民咨询专家,组织开展移民与环境保护的监理、监测。

(3)落实世界银行贷款及国内移民资金的管理。

(4)负责与世界银行检查团的衔接和有关问题的整改落实工作。

(5)组织库底清理和验收、库区移民安置的分阶段验收及专项工程验收。

（6）协助地方行政主管部门进行移民生产开发和后期扶持。

（7）编制和制定小浪底移民安置管理的有关规定和办法。

2008年，小浪底移民安置工作基本完成，小浪底建管局设移民工作处，承接小浪底移民局相应职能，常献立任处长。2009年4月，小浪底水利枢纽顺利通过竣工验收。2010年4月之后，与移民相关的工作先后由枢纽管理区办公室和黄河水利水电开发总公司资源环境部负责。

3. 两省移民机构

根据"水利部领导、业主管理、两省包干负责、县为基础"的管理体制，河南、山西两省按照政府管理体系设立相应的移民管理机构，在各级人民政府领导下，负责本行政区范围内的小浪底移民安置工作。河南、山西两省及有关市、县政府成立了移民工作领导小组，由分管农业的政府主管领导兼任组长，有关业务部门负责人兼任领导小组成员，下设领导小组办公室，即省、市、县移民办（局），相关的乡（镇）也设立有移民办。省、市、县移民领导小组属政府协调机构，代表本级政府组织开展本辖区的小浪底水库移民工作，负责本级政府政策的制定，协调各部门之间的关系，推进各部门之间有关移民工作进程。

移民办（局）是移民安置工作的日常办事机构，省、市、县移民办（局）配合设计单位编制移民安置规划，负责下达年度任务和资金拨付，负责移民安置实施的管理和监督、检查。县级移民办（局）在乡（镇）政府及其移民机构、村委的配合下实施移民安置。

乡（镇）政府在村民委员会的配合下，负责土地划拨与重新调整、生活重建、村庄重建、小型水利工程、土地平整及移民搬迁组织工作等。

村民委员会负责本村耕地调整分配、移民宅基地分配、公共设施建设，以及村民矛盾的调解处理等。

4. 移民设计单位

按照项目业主负责制的要求，小浪底移民局委托黄委会设计院为小浪底移民项目的设计单位。黄委会设计院负责各阶段设计文件编制、世界银行贷款项目评估阶段的评估报告编写，以及设计服务等工作。

5. 移民监理单位

按照《移民实施管理办法》（水移〔1994〕468号）要求，小浪底移民项目实行建设监理制度，根据水利部《关于小浪底水利枢纽工程移民监理问题的批复》(水移〔1999〕146 号),黄委会移民办为小浪底移民项目监理单位,主要负责小浪底水库淹没区及移民安置区移民监理工作。监理内容主要包括:小浪底水库 265~275 米高程移民搬迁安置任务实施和 265 米高程以下滞留库区移民的搬迁与安置等遗留问题处理的监理;对 275 米水位以下库盘清理、对 265 米以下已搬迁移民的生产和生活恢复及村级移民资金使用情况进行监理。

6. 移民监测评估单位

按照世界银行要求,1995 年 8 月 25 日,小浪底移民局与华水移民事务所签订委托合同,由华水移民事务所开展移民项目的监测评估工作。项目监测评估主要工作内容为:监测评估小浪底移民的社会经济状况;移民搬迁前后的生活和社会福利水平;移民安置区农业产量、劳动就业、文化教育、公共卫生、经济收入,以及移民对组织机构、社会服务和社会发展的评价;工矿企业补偿费使用情况、职工安置情况和生活状况,转产企业生产情况、效益、存在问题及建议等。

黄河流域水资源保护局、小浪底咨询公司先后承担了小浪底移民项目的环境监测评价工作。黄河中心医院承担小浪底移民项目的卫生防疫工作。按世界银行要求,小浪底移民局聘请小浪底环境移民国际咨询专家组,对小浪底移民项目(包括环境保护在内)进行技术咨询。

(三) 移民机构运行

1. 水利部

水利部在项目管理机构的建立、重大事项的协调与督办、规范管理等方面开展工作。

1992 年 5 月 7—11 日,水利部副部长张春园率工作组到小浪底现场办公,要求小浪底移民项目按国务院文件精神由地方各级政府组织实施,黄委会移民办代行建设单位职能。1992 年 8 月 4 日,水利部、河南省人民政府在洛阳联合召开小浪底工程建设现场办公会议,国务院有关部委及河南省、山西省有关部门代表参加会议。河南省省长李长春做动员报告,水利部部长杨振怀做了重要讲话,要求增强小浪底意识,做好小浪底工程建设征地移民工作,全力以赴支持国家重点工程建设。1994 年 2 月 25—26 日,小浪底工程联席会议在北京召开,水利部部长钮茂生参加会议,钮茂生强调,小浪底水库移民工作在规划设计和组织实施方面要汲取老水库移民教训,设计单位要按规范规划设计,地方政府要按规划设计组织实施,移民工作不能再欠账。

1993 年 3 月 6 日,水利部以《关于严格控制小浪底库区淹没线以下区域人口增长和基本建设的函》(水移〔1993〕53 号)致函山西省人民政府,要求控制库区范围内的人口及建设规模。1993 年 10 月,水利部副部长张春园分别与山西省副省长王文学、河南省副省长李成玉在北京签署《关于黄河小浪底水利枢纽库区淹没处理、移民安置及投资包干协议》,确立了水利部与地方政府在移民安置方面的责任、权利及义务。

1997 年 4 月 13—14 日,水利部在北京召开小浪底水利枢纽工程移民工作会议(见图 7-2-2),总结库区一期(180 米高程以下)移民安置的经验教训,提出了确保截流的组织措施。2003 年 3 月 13 日,水利部副部长张基尧在北京分别与河南省常务副省长王明义、山西省常务副省长范堆相签订《关于黄河小浪底水利枢纽工程移民收尾工作及投资包干协议书》。2004 年 1 月,水利部会同河南、山西两省对小浪底移民项目进行了初步验收。

图 7-2-2　1997 年 4 月 13—14 日,小浪底水利枢纽工程移民工作会议在北京召开

水利部在小浪底移民工作的关键阶段制定颁布了一些重要文件,如《黄河小浪底水利枢纽工程移民实施管理办法》(水移〔1994〕468 号)、《黄河小浪底水利枢纽工程淹没处理及移民安置实施设计阶段设计大纲(试行)》(水移〔1995〕95 号)、《黄河小浪底水利枢纽移民工程监理管理办法(试行)》(水移〔1994〕146 号)及《小浪底水利枢纽工程(移民部分)竣工初步验收实施办法》

(水移〔2003〕428号)等,对小浪底移民工作起了重要的指导作用。

2. 业主单位

小浪底移民项目管理与国际接轨,逐步把移民工作纳入基本建设程序,建立了项目业主、地方政府、规划设计、监理、监测"五位一体"互动式的工作机制,明确界定了中央与地方、业主与实施单位的职责划分、工作关系和运作程序。小浪底移民局作为业主单位,在建章立制、设计管理、投资控制、质量管理等方面进行了许多探索。

(1)建章立制。小浪底移民局从移民规划到实施的各个环节,严格贯彻落实国家有关政策法规和世界银行有关规定。促进移民工作的公开、公正、民主、透明,有效地维护移民的合法权益,小浪底移民局结合小浪底移民的具体情况,在移民安置、公众参与、移民申诉、资金拨付、审计监督、土地划拨及村务公开等方面,牵头建立了一整套行之有效的管理制度。

与此同时,小浪底移民局严格执行水利部的相关规定,制定有关移民项目质量管理、移民安置监测评估工作管理、资金财务管理、其他费用管理、预备费使用管理、库底清理验收管理、移民安置验收办法及消落区土地利用管理办法等几十项管理制度。

(2)设计管理。小浪底移民局重点抓以下几方面工作:一是审查规划设计大纲。通过这个纲领性文件,对移民规划设计的管理体系及范围、内容、方法、标准予以明确。二是参与淹没影响实物调查。三是协调地方政府参与环境容量分析。四是负责规划设计变更管理。五是落实设计代表驻地制度,及时为移民项目提供工程图纸和相关技术资料等,现场处理与设计相关的问题,促进移民项目实施进度。

关于移民安置方案变更,由实施单位(或移民村)提出,逐级上报至省级移民主管部门。对不超概算的方案变更,原则上由省级移民主管部门审批;对超出概算的变更项目,由省级移民主管部门提出初步意见,由小浪底移民局组织设计单位提出论证报告,按原规划审批手续审批。对于紧急事项,由小浪底移民局组织设计、监理、省级移民主管部门共同审核后实施,随后补报有关手续,设计变更增加的费用从项目所在省的移民预备费中支付。

(3)投资控制。水利部与河南、山西两省人民政府分别签订了投资包干协议书,明确双方的权利与义务。小浪底移民局按照协议要求,将移民投资的直接费用分配给地方政府支配,将预备费、监理监测费等费用留在小浪底移民局本级。按基本建设程序要求,地方政府如需使用预备费,先由地方政府申请,经小浪底移民局组织设计单位、监理单位和地方政府移民部门共同审查后,提出处理意见,按程序报水利部批准后实施。

(4)质量管理。根据《移民实施管理办法》(水移〔1994〕468号)相关要求,小浪底移民项目实行监理制度,规范小浪底移民项目质量管理。

小浪底移民项目实行监测评估制度,确保项目实现既定的目标。小浪底移民局委托监测单位对小浪底移民安置进行了长达10年的跟踪监测工作。

小浪底移民局把验收作为小浪底移民项目质量管理的重要手段,印发了《黄河小浪底移民工程质量管理办法(试行)》,规范质量管理行为;起草《小浪底水利枢纽工程(移民部分)竣工初步验收实施办法》,经水利部批准印发执行,规范了项目验收行为。《小浪底水利枢纽工程(移民部分)竣工初步验收实施办法》明确了移民项目验收的范围、内容、要求、标准、程序等,填补了中国水库移民项目验收规程的空白。小浪底移民局严格验收组织工作,对验收意见中所提的问题,由责任单位逐项整改落实,监理单位跟踪检查,直至问题全部落实解决。

3. 河南、山西两省移民机构

(1)河南省移民机构。1983年,河南省编制委员会批准成立水利厅移民安置办公室,为正处级事业单位。1988年8月,河南省政府成立河南省小浪底移民开发安置委员会,副省长宋照肃任委员会主任。1990年8月,河南省政府将河南省小浪底移民开发安置委员会调整为河南省小浪底水库工程协调小组,由常务副省长胡笑云任组长,副省长宋照肃任副组长,下设正厅级的河南省小浪底水库移民安置局,专门负责小浪底工程建设协调和移民工作,苗玉堂任局长,事业编制40名。1993年,河南省小浪底移民工作由副省长李成玉分管。1994年10月,成立河南省人民政府移民工作领导小组,李成玉任组长,下设办公室(以下简称河南省移民办),由水利厅移民办公室与小浪底水库工程协调小组办公室(河南省小浪底水库移民安置局)合并组建,刘金亭任主任。1996年12月,副省长张以祥任移民工作领导小组组长;1998年8月,副省长王明义任移民工作领导小组组长;1999年10月,李连栋接任河南省移民办主任。2000年4月,根据河南省政府机构改革实施意见,河南省移民办并入省水利厅,河南省水利厅挂河南省人民政府移民工作领导小组办公室牌子,河南省水利厅12个职能部门中,设移民综合资金管理处、移民规划计划处、移民安置处等 3 个相关业务部门(公务员编制 26 名),具体负责河南省水库移民的相关业务。河南省小浪底工程移民组织机构见图 7-2-3。

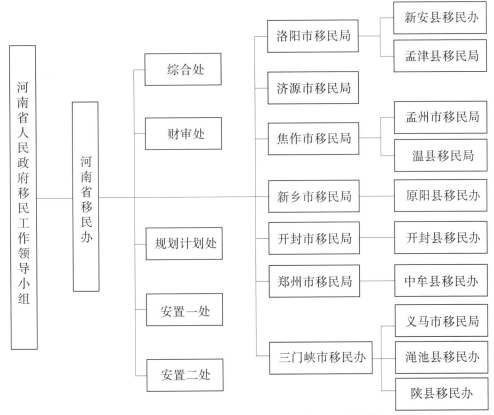

图 7-2-3　河南省小浪底工程移民组织机构

河南省小浪底移民项目采取"统一领导、分级负责、县为基础"的管理体制,负责本行政区范围内的移民搬迁安置工作。1986 年,河南省小浪底水库淹没影响的县级人民政府相关业务部门,以及黄委会设计院共同对小浪底水库淹没实物进行全面调查。1990 年,各级移民机构配合黄委会、小浪底建管局开展了世界银行贷款评估工作。1991 年,各级移民部门配合黄委会设计院完成《黄河小浪底水利枢纽初步设计阶段水库淹没及移民安置规划修订报告》编制工作。在小浪底工程前期工程开工后,地方移民部门相继开展了施工区征地移民。1992 年 6 月 29 日,河南省人民政府发布《关于严格控制小浪底水库施工区移民人口及实物增长的通知》(豫政〔1992〕54 号)、《关于严格控制小浪底水库库区移民人口及实物增长的通知》(豫政〔1992〕55 号)。

河南省移民办负责小浪底水库移民工作的管理、组织验收,指导和督促各县移民机构开展工作,出台了一系列管理办法,加强计划管理,规范了移民资金的使用。

1994年,河南省移民办组织市、县两级移民机构,配合黄委会设计院开展小浪底库区的淹没实物复查和实施设计阶段的移民安置规划,以及移民安置方案调整工作。在省直有关部门支持下,河南省移民办先后出台了移民优惠政策和对口支援政策,并组织对移民干部培训,保证移民工作的顺利实施。

为确保移民安置任务的完成,河南省人民政府提出移民工作要实行"政治动员、经济补偿、政府行为、各方支援"的工作原则,移民工作的每个阶段都由各级政府分管领导做动员,省人民政府与市、县人民政府签订目标任务责任书,推动和保证移民任务按期完成。

(2)山西省移民机构。山西省小浪底水库移民工作始于1986年8月。1991年12月,经山西省编制委员会批准,成立山西省移民办公室(简称山西省移民办),为县处级事业单位。1992年3月,山西省政府决定成立山西省政府移民工作领导小组,由副省长郭裕怀任组长;1993年,省政府分管移民工作的副省长王文学任组长;1998年1月,副省长范堆相任组长。省移民工作领导小组下设办公室,与山西省移民办合署办公,编制人数为15名,分设综合管理、计划财务、规划安置、库区开发4个处。1992年1月至1995年2月,孙临佑任省移民办主任;1995年2月至1996年7月,张江汀任主任;1996年7月至2004年9月,邓培全任主任;2004年9月至2007年,赵华书任主任;2007年至2013年4月,郭强任主任。山西省小浪底工程移民组织机构见图7-2-4。

山西省移民工作贯彻国家移民方针政策,结合山西省实际,制定了《山西省贯彻〈黄河小浪底水利枢纽工程移民实施管理办法〉的暂行规定》《山西省小浪底水利枢纽工程移民资金财务管理实施细则》《山西省移民工作项目管理办法》等一系列管理制度,形成了一整套山西省移民工作管理体系,计划管理、项目管理、资金管理、质量管理有序开展。

同时,山西省人民政府印发《黄河小浪底水库移民安置优惠政策(暂行)》(晋政〔1993〕99号)、《关于严格控制小浪底库区淹没线以下区域人口增长和基本建设的通知》(晋政发〔1995〕13号)等政策性文件。

山西省移民办作为小浪底库区移民搬迁安置实施的协调管理单位,在移民

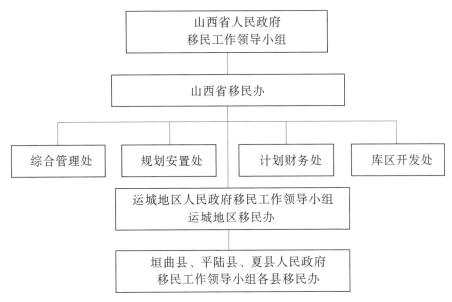

图 7-2-4　山西省小浪底工程移民组织机构

安置规划阶段,组织水库淹没影响的市、县两级人民政府有关部门配合黄委会设计院进行库区淹没实物调查,参与移民安置规划的制定和移民安置方案的调整审查;移民安置实施阶段,检查、督促各县移民年度任务的执行,培训移民干部,提高移民干部的工作能力和政策水平,配合监理和监测评估单位开展工作。

(3)县级移民机构。县级移民机构的职能贯穿于移民工作的始末,主要有以下五个方面:

一是实物调查。县级移民机构组织开展政策宣传,向移民群众宣讲实物调查的意义、如何进行实物调查、如何配合工作人员开展实物调查工作、工作争端的解决途径等。在实物调查阶段,配合设计单位制订工作计划,搞好组织及后勤保障,履行当事人或见证人的相关权利和义务等。

二是安置方案规划。根据设计单位需要,提供本县区域相关国民经济数据;组织移民群众表达安置意愿;结合地方经济发展规划,对设计单位提出的安置规划方案提出建议;对安置规划方案,组织征求移民群众意见;配合设计单位优化、完善规划方案等。

三是安置实施。分解安置实施计划;组织安置方案的实施;负责包括兑现移民资金在内的移民资金管理;负责组织库底清理;负责小浪底水利枢纽工程建设协调,以及移民项目建设协调工作;负责移民群众信访问题处理;配合第三方监管机构开展相关工作等。

四是项目验收。按照移民验收相关办法,组织县级自验工作,配合开展省级验收和竣工初步验收等验收事宜。

五是后期扶持。按照移民后期扶持政策,组织编制后期扶持规划,并组织实施;管理后期扶持基金的使用等。

第三节　移民安置

移民安置分为施工区移民安置和库区移民安置,主要内容涉及枢纽工程建设用地供应、安置区土地调整、居民点建设、居民点基础设施建设、乡镇企事业单位迁建、专项设施恢复和文物保护等。

一、施工区移民安置

施工区移民安置实施工作从 1991 年开始,1994 年 3 月基本完成,1994 年 4 月通过水利部组织的清场验收。

(一)工程用地保障

1991 年 9 月,前期工程开工后,水利部和河南省人民政府及相关部门多次召开征地协调会,确定采取"一次征收,分期划拨"的方式,按照工程建设需要分期拨付土地。为了解决工程投资计划可能滞后于土地使用计划这一矛盾,河南省人民政府提出"先征用,后补偿"的方式,保证小浪底工程施工占地需要。黄委会移民办派出工作组进驻黄河南、北两岸施工区,与业主、施工单位和地方政府一起对占地范围内的移民房屋及附属物进行清点、复核,协调解决施工占地中出现的有关问题,保证了工程建设的顺利进行。

1994 年 7 月,河南省土地勘测规划队对施工区界桩进行埋设复核,根据复核情况编制了《黄河小浪底水利枢纽工程施工区占地南岸界桩复核报告》和《黄河小浪底水利枢纽工程施工区占地北岸界桩复核报告》,施工区共埋设界桩 327 个,其中南岸 134 个、北岸 193 个。

在土地划拨的同时,征地手续的报批工作同步推进。1996 年 9 月 21 日,国家土地管理局以《关于黄河小浪底水利枢纽工程施工区建设用地的批复》(国土批〔1996〕94 号)批复河南省人民政府,同意征收、划拨以下土地给小浪底建管局用于工程建设:洛阳市郊区农村集体耕地 4.93 万平方米,吉利区农村集体

耕地 21.40 万平方米,孟津县农村集体耕地 828.93 万平方米、其他土地 329.47
万平方米,济源市农村集体耕地 564.60 万平方米、其他土地 588.47 万平方米。
施工区划拨土地面积共计 2 337.80 万平方米。

1998 年 12 月 27 日,河南省土地管理局在郑州召开黄河小浪底水利枢纽工
程建设用地会议,形成了处理施工建设用地的统一意见。随后,河南省土地管
理局以《黄河小浪底水利枢纽工程建设用地有关问题的批复》(豫土文〔1998〕
178 号)批准了小浪底水利枢纽施工建设用地 35 067 亩。

(二) 农村移民安置

小浪底前期工程开工后,施工区部分移民随着工程建设的推进陆续迁出。
施工区实际安置移民 11 728 人,其中农村移民 11 652 人、乡镇外单位职工 76
人。农村移民安置方式以农业安置为主,其他安置为辅。

1. 移民新村试点

为积累移民安置经验,迎接世界银行对小浪底工程的评估,1991 年 12 月,
河南省小浪底水库移民安置局确定孟津县小浪底村为移民试点村。孟津县成
立移民试点领导小组,出台小浪底村移民试点实施方案,协调各方进行征地、
"三通一平"(水通、路通、电通,场地平整)和建房等工作。1992 年 3 月 24 日,
河南省小浪底水库移民安置局会同孟津县政府召开小浪底村移民试点工作动
员会;4 月 8 日,小浪底移民新村正式开工建设;8 月 31 日,第一批 65 户移民迁
入新居。1992 年 10 月,世界银行预评估团考察了小浪底移民新村,为小浪底项
目通过世界银行评估起到促进作用。

小浪底村移民 295 户 1 105 人,安置在本乡的庙护村。新址占地 1 100 余
亩,由孟津县移民局统一规划设计、统一平整土地。小浪底移民村采取抓阄方
式分配移民宅基地,采取集体委托、个人管理的方式组织房屋施工,村里打 2 眼
机井,新村水、电、路等配套设施齐全,配套建设了小学和幼儿园等基础设施。
小浪底移民新村是小浪底移民整建制搬迁的典范,国家领导人、世界银行官员
等多次对小浪底移民新村进行视察、考察(见图 7-3-1)。

2. 移民安置

施工区农村移民 11 652 人,需要划拨生产用地的农业安置移民 9 334 人。
划拨生产用地 6 225 亩,其中水浇地 2 382 亩(农业人口人均 0.67 亩);无须划
拨生产用地的农业安置移民 2 318 人(含合同工、临时工转正,二、三产业安置,

图 7-3-1　1995 年 9 月 18 日,世界银行行长沃尔芬森考察小浪底移民新村

原非农业人口等)。

　　需要重新建房的移民 7 818 人,新建居民点 20 个,其中孟津县 6 个、济源市 14 个。在本村后靠建房的有 15 个居民点,其他 5 个居民点位于本乡的其他行政村。移民个人建房 1 954 户,建筑面积 26.21 万平方米,人均 36.7 平方米,户均 134.14 平方米;学校、卫生院、村委会和其他公益设施建房 2.15 万平方米;各居民点共打饮用水机井 19 眼,自来水全部到户;修建村外连接道路 69.7 千米;架设 10 千伏电力线路 34.9 千米,380 伏线路 35.16 千米,安装变压器 1 650 千伏安;通信线路 39.7 千米。所有安置点水、电、路等基础设施齐全,文、教、卫配套完善,村村通电话,满足了移民生产生活需要。小浪底施工区移民集中安置点情况见表 7-3-1。

　　作为农村移民安置的辅助方式,施工区移民尝试了"带资进厂"和兴办企业两种工业安置方式。当时,随着经济改革不断深入,各种市场主体蓬勃发展,"带资进厂"和兴办企业深入人心。为提高移民经济收入、发展地方经济,在尊重移民意愿的基础上,在 17 个全民和集体所有制企业之中共安置移民 785 人,使用移民资金 1 475 万元。之后,由于企业经营状况不稳定,移民工资较低,加上对企业管理不适应,大部分移民离职返乡,又重新进行了农业安置。

　　施工区部分村利用土地补偿费创办村办企业安置移民,以增加收入。1994 年调查时,有村办企业 24 个,利用移民资金 900 多万元,安置移民近 300 人。

表 7-3-1　小浪底施工区移民集中安置点情况

安置点名称		安置地点	安置人口（户/人）	建房（万平方米）	搬迁时间	农业安置（人/亩）
孟津县	小浪底	本乡庙护	295/1 105	3.54	1993 年 5 月	1 093/1 007
	石门	本乡古县	228/749	2.51	1995 年 10 月	788/855
	寺院坡	本村	227/877	3.18	1993 年 8 月	853/141
	刘庄		262/986	3.54	1993 年 8 月	1 444/283
	清河	白鹿村	85/271	0.89	1993 年 8 月	265/230
	河清	本村	104/401	1.56	1993 年 8 月	401/396
济源市	桐树岭 1	本村老虎爬	51/182	1.02	1993 年	606/249
	桐树岭 2	本村后庄	90/333	1.59	1996 年	
	桥沟 1	本村瓦窑沟	33/109	0.48	1993 年	774/298
	桥沟 2	本村南地	30/108	0.53	1993 年	
	桥沟 3	东留养村	46/166	0.98	1996 年	
	蓼坞 1	本村窑门口	313/1 190	0.13	1993 年	1 066/563
	蓼坞 2	本村圪脑洼		0.50		
	蓼坞 3	本村东沟		0.48		
	蓼坞 4	本村扁担岭		1.68		
	蓼坞 5	本村水磨沟		0.33		
	双堂	本村槐树庄	33/66	0.53	1992 年	56/60
	连地 1	本村河西	89/335	1.67	1993 年	744/460
	连地 2	本村河东	32/133	0.74	1993 年	
	白沟	苗店村	32/124	0.35	1996 年	122/90
洛阳市吉利区	马洞	本村	82/310		1993 年 3 月	

注:不含外线公路、留庄转运站等移民安置情况。

(三) 乡镇外单位迁建

施工区移民安置涉及济源市 7 处乡镇外单位、职工 76 人,分别是济源三中、蓼坞初中、连地初中、蓼坞供销社、蓼坞信用社、蓼坞村影剧院及蓼坞管理区。实施中有 6 处单位迁建,撤销 1 处单位,1992—1994 年实施完成。

(四) 非省属专项迁建

施工区内非省属专项包括黄委会水文局小浪底水文站,黄委会设计院地质勘探一、二队。小浪底水文站迁往原断面下游 4 500 米处,位于小浪底黄河大桥下游 550 米;黄委会设计院勘探一、二队迁往河清村东侧。

(五) 占地补偿投资

1992年,水利部以《关于黄河小浪底水利枢纽工程初步设计阶段施工区征地移民安置规划审批意见的函》(水规〔1992〕63号)审批施工区投资为14 477万元;1993年,水利部以《关于小浪底水利枢纽工程外线公路及留庄转运站占地补偿投资的批复》(水规〔1993〕244号)审批外线公路及留庄转运站投资为2 056.67万元。根据以上批复意见,受水利部和河南省人民政府委托,水利部移民局和河南省移民办签订了《黄河小浪底水利枢纽工程施工区征地移民安置及经费包干使用协议》。

为了解决施工区占地范围的变更、物价上涨、政策性变化带来的问题,1993年12月,水利部在小浪底工地召开现场办公会,安排黄委会设计院开展施工区移民安置补偿投资概算的调整工作。1994年7月,水利部移民局、水规总院、小浪底建管局和黄委会设计院等单位,对施工区移民安置补偿投资概算的调整内容提出修改意见。小浪底水利枢纽施工区投资概算调整意见经水利部审定后,由水利部报请国家计委审批。1997年,国家计委批复小浪底水利枢纽施工区投资概算的调整意见。小浪底水利枢纽工程施工区移民总投资34 971.06万元。

(六) 移民遗留问题处理

1. 蓼坞村二次搬迁

蓼坞村共有10个居民组,施工区占地涉及6个组的1 177人。由于土地容量不足,规划中将蓼坞村移民搬迁至济源市轵城镇进行安置。

1991年前期工程开工后,蓼坞村移民强烈要求依托工程就业,经当地县政府、乡政府、黄委会移民办和小浪底建管局协商,改为后靠安置,生产用地由本村剩余110亩耕地和拟从泰山村调整的500亩耕地组成。在实施过程中,从泰山村调地方案未能实施,济源市移民局在轵城镇东留养村(距离蓼坞村40千米)为其购买430亩生产用地作为替代措施。至此,蓼坞村的后靠搬迁方案基本落实,1993年完成搬迁。

根据2003年的调查结果,蓼坞村共有人口1 470人,后靠方案的生产用地共540亩,人均不足0.4亩。工程完工以后,村民在施工期依靠打工、经商、出租房屋等谋生方式难以为继,造成部分移民生活困难,移民强烈要求进行二次搬迁。

为妥善处理该问题,济源市政府和黄委会设计院对该村二次搬迁方案进行了规划。经协商,由河南省移民办与济源市人民政府签订责任书,按照2 500万元投资规模包干实施二次搬迁方案。在2 500万元投资中,小浪底建管局出资1 000万元,剩余投资由河南省移民办从预备费中列支。

蓼坞村二次搬迁新址在轵城镇东留养村,距济源市区较近。新址于2006年10月启动征地和场地平整工作,2007年4月开工建设,12月房屋主体工程基本完工。住宅小区共建设10栋6层住宅楼,安置移民298户1 160人,户均建筑面积140平方米。

2. 东苗家二次搬迁

孟津县寺院坡村东苗家居民组共21户69人,于1992年10月完成后靠搬迁。1997年,安置点地面出现裂缝,孟津县派人进行了长期观测。根据小浪底大坝安全鉴定意见,孟津县寺院坡村东苗家居民组坐落在滑坡体上,须再次进行搬迁。2001年7月,由小浪底建管局与河南省、洛阳市、孟津县移民部门召开会议,确定了实施东苗家二次搬迁方案,由孟津县移民局包干实施。

东苗家二次搬迁于2002年上半年完成,在位于原址附近的许岭组和周家庄组之间重新进行了建房安置。国家发展改革委于2005年批复东苗家二次搬迁投资159.36万元。

二、库区移民安置

小浪底库区移民规划总人数18.97万人,其中河南省14.74万人、山西省4.23万人,实际搬迁安置18.787 1万人,小浪底水库移民分县分类安置见表7-3-2。安置区分布在14个县(市),其中河南省有陕县、渑池县、新安县、孟津县、济源市及非淹没区的义马市、孟州市、温县、原阳县、中牟县、开封县等11个县(市),山西省涉及垣曲、平陆、夏县3个县。

库区第一期移民工作从1994年启动,1996年开始移民搬迁,到1997年6月底安置完毕。库区第二、三期移民从1998年开始搬迁,2003年底基本安置完毕。小浪底水库移民分年搬迁进度见表7-3-3。

库区移民安置主要包括以下工作:农村移民安置、乡镇迁建、县以上单位迁建、文物保护、工矿企业处理及专项恢复等。

为做好移民安置实施工作,河南、山西两省政府及有关市政府每年都和省、

表 7-3-2　小浪底水库移民分县分类安置　　　（单位：人）

省份	所在县（市）	合计	农村生活安置	乡镇搬迁	工矿企业搬迁	乡镇外单位搬迁
河南省	合计	144 010	134 438	5 604	3 670	298
	济源市	35 624	33 305	1 318	818	183
	孟津县	13 235	11 135	836	1 264	
	新安县	21 962	17 460	2 900	1 588	14
	原阳县	3 989	3 989			
	中牟县	3 167	3 167			
	义马市	5 549	5 549			
	孟州市	32 916	32 916			
	温县	13 051	13 051			
	渑池县	9 914	9 263	550		101
	开封县	3 530	3 530			
	陕县	1 073	1 073			
山西省	合计	42 144	36 085	3 915	2 013	131
	垣曲县	40 492	34 519	3 915	1 927	131
	平陆县	1 094	1 008		86	
	夏县	558	558			
库区		186 154	170 523	9 519	5 683	429

注：本表未包含河南省县以上企事业单位搬迁安置的 1 717 人。

表 7-3-3　小浪底水库移民分年搬迁进度　　　（单位：人）

搬迁时间（年）	农村	乡镇	工矿企业	乡镇外单位	县以上企事业单位	合计	比例（%）
1996	34 776					34 776	18.5
1997	7 826	451	1 450	90	1 717	11 534	6.1
1998	2 110					2 110	1.1
1999	54 839	6 509	1 015	95		62 458	33.3
2000	33 834	1 485	128	105		35 552	18.9
2001	24 189	331	2 081	86		26 687	14.2
2002	8 122	743	954	19		9 838	5.3
2003	1 651		55	34		1 740	0.9
2003 后	3 176					3 176	1.7
人数合计	170 523	9 519	5 683	429	1 717	187 871	100

市、县移民部门逐级签订移民迁安工作目标责任书,对移民任务、具体项目、完成时间进行细化,明确奖惩办法,以目标促进度,以检查促落实,年底考核,奖惩兑现。目标责任制的实施,在库区掀起了强大的搬迁声势,有些开始抱有"宁当原籍魂,不做外乡人"思想和坐等观望心态的移民转变思想,积极配合,参与搬迁。移民安置实施过程中各县结合本地实际采取了不同的组织形式,如新安县采取"五为主""三统一"的办法强化责任。"五为主",即农村移民以乡镇为主,城镇迁建以所在地政府为主,专业项目复建以行业主管局为主,工矿企业迁建以企业为主,单位搬迁以单位为主。所谓"三统一",就是项目资金、迁建任务、时间三统一,按照移民安置项目管理办法,资金包干,任务包完,资金、任务与时间相匹配。孟津县在移民迁安工作中严把"五关",做好"五个同步"。所谓严把"五关",就是严把移民工作中的规划关、项目关、资金关、政策关、时间关。"五个同步"就是包干资金、搬迁时间、移民任务、工程质量、干部任期五同步。

(一) 农村移民安置

农村移民安置主要包括生活安置和生产安置。

1. 生活安置

小浪底库区农村移民生活安置在工作中逐步形成以补偿兑现、新村建设、组织搬迁等为主线的模式。

(1)个人补偿资金兑现。按照确定的安置去向核定搬迁安置的户数、人数是兑现补偿资金的基础工作。淹没县(区)、市协助移民村建立搬迁安置领导组织,如迁安小组等。迁安小组以村原双委班子为基础,吸收移民代表参加。移民村搬迁安置组织除负责安置区的土地划拨、住房建设及搬迁工作外,移民个人实物卡及资金卡发放是其重要工作内容。移民个人实物卡及资金卡由设计单位制作,内容包括移民户的人口、房屋、附属物、农副业、零星树的数量及补偿补助金额。在安置区居民点建设过程中,移民村搬迁安置组织结合建设进度把资金兑现给移民个人。基本做法是:房屋开挖基础时兑现30%,主体建成兑付30%,完工兑付35%,验收后兑付5%。兑付的方式是:补偿资金兑现由移民村财务组具体负责,县(市)移民部门负责监督。根据年度计划和安置区居民点公共设施、基础设施建设进度,移民部门适时将集体补偿资金拨付到移民村。

(2)移民新村建设。移民新村基本建设程序是先按规划标准划拨土地,然后县级移民部门组织进行"三通一平",最后交由移民村组织移民建房。移民个人住房通常以自主建设方式为主。新村基础设施及公共设施由乡、村按规划的标准统一实施,县(市)移民机构及监理部门对质量、进度、投资进行监理控制,超规模、超标准增加的投资由各村自行解决。

农村移民居民点的选择取决于以下几个因素:人畜用水水源可靠,水质良好;附近能划出满足生产需要的耕地,且位置适中;交通、电力连接方便;无塌岸、滑坡、泥石流、山洪、洪水、地震断裂带等自然灾害隐患。根据原淹没区及安置情况,因地制宜,一般保留原行政村建制,提倡"大分散、小集中",具备条件的尽可能"集中",集中居民点人口规模一般在500人以上。新村的人均占地规模为:平原区80平方米,山丘区90平方米;户均宅基地标准为:平原区0.25亩,山丘区0.3亩。

居民点"三通一平"由县移民主管部门组织施工或由移民村承建。一是水通,取水方式一般有打机井、建站取河水或平原地区发展压水井,生活用水尽量与生产用水相结合。人畜用水标准每人每天按60升计算。打机井和建站取水方案通过可行性评估,包括水源、水质、工程地质、工程技术及预算、经济性评价等。二是路通,按照经济合理的原则与就近道路连接,一般按照国家标准修成乡村路。乡村路设计要求测绘1:500施工图,编制工程预算。三是电通,10千伏线路修建到村,建配电室,安装变压器。根据生产、生活需要,合理布置380伏或220伏线路。四是场地平整,山区或丘陵地区的场地平整工程量大,为节约投资,一般由县(市)统一组织地形图测绘和场地布置。

房屋建设在组织形式上有阶段性变化。在移民安置初期,孟津县和济源市部分安置点采取县或乡统一建房的方式,有些移民入住后发现房屋存在质量差等问题,引发不稳定因素。此后,地方移民部门均采取了由移民自主建房或多户联合建房为主的建房模式,有效化解了移民建房中的矛盾,成为小浪底移民安置的一个成功经验。对于房屋结构形式及建筑面积等方面的要求,本着"科学、美观、经济、实用"的原则,统一规划,县、乡、村级相关组织予以指导。建房所需费用超出核定投资标准的由移民自行解决。县(市)移民主管部门对移民建房的质量、进度等进行监督管理。对没有达到质量要求的限期返工,并追究当事人的责任,其经济损失由当事人承担。

新居民点建成后,县(市)移民主管部门及时组织竣工验收小组,对建房质量、防洪排水设施、人畜饮水工程、水电路公共设施等按照制定的验收标准和奖惩办法进行综合验收。符合规划设计要求且质量达标的居民点核发合格证;对于优质工程给予奖励;对在居民点建设中做出突出贡献的单位和人员给予表彰。对达不到验收标准的,不核发合格证,要求限期整改达标。对出现严重质量问题的查明原因,追究当事人及有关领导的责任,所造成的经济损失由当事人承担。

(3)组织搬迁。移民新村建设完工后,县(市)移民主管部门及时组织移民搬迁(见图7-3-2),并办理移民户口、学生学籍和党团关系,将移民纳入属地管理。对于县内安置的移民村,各项工作由本县(市)负责,按规定时间完成搬迁任务。省级移民机构主要负责协调出县(市)安置的移民村搬迁工作。在出县(市)移民的搬迁过程中,库区县(市)负责政策宣传、核定人口,协助建立迁安组织,维护库区稳定,配合安置县完成搬迁。安置区县(市)负责配合库区县(市)办理各项迁移手续,指导移民迁安组织开展工作,为新村建设提供保障。移民搬迁方式主要有统一组织和自行搬迁两种。

图7-3-2　库区移民搬迁

移民搬迁后,及时由县移民局(办)组织环保、防疫、监测等相关部门,按照库底清理办法规定的内容、方法、标准及要求进行库底清理。

小浪底水库规划农村移民生活安置17.05万人,实际搬迁16.95万人。其中,县内近迁占46.71%,出县远迁占34.48%,后靠安置占13.73%,分散安置(投亲靠友)占5.08%。小浪底库区农村移民安置方式见表7-3-4。

通过以上安置方式,小浪底水库农村移民安置建新居民点227个。移民建房 597.1 万平方米,人均 37.84 平方米;新建学校、村部、卫生所等集体用房 9.8 万平方米。居民点新建学校 176 所,打机井 217 眼,架设 10 千伏线路 403 千米、低压线路 1 075.6 千米,安装变压器 258 台、20 320 千伏安,修建移民村对外道路 328 千米、街道 723 千米,架设通信线路 637.35 千米。所有居民点基础设施基本满足移民生产生活需要。小浪底库区农村居民点安置见表 7-3-5。

表 7-3-4　小浪底库区农村移民安置方式　　　　(单位:人)

省份	所在县(市)	人数	出县安置	近迁安置	后靠安置	分散安置
河南省	合计	13 5175	58 451	61 945	9 071	5 708
	济源市	33 608	0	30 720	831	2 057
	孟津县	11 135	0	10 972	163	0
	新安县	76 410	55 426	9 974	7 359	3 651
	渑池县	9 896	0	9 335	561	0
	开封县	3 025	3 025	0	0	0
	陕县	1 101	0	944	157	0
山西省	合计	34 346	0	17 235	14 204	2 907
	垣曲县	32 780	0	16 409	13 585	2 786
	平陆县	1 008	0	389	619	0
	夏县	558	0	437	0	121
总计		169 521	58 451	79 180	23 275	8 615

注:新安县农村移民出县安置在义马市 5 570 人、原阳县 4 083 人、中牟县 1 885 人、孟州市 31 542 人、温县 12 346 人。

2. 生产安置

移民迁入安置地后,由移民部门牵头、有关部门配合,制定生产开发规划,完善生产措施,开展生产技能培训,引导移民逐步恢复生产,巩固移民安置成果。

(1)土地划拨。农业生产用地由以下三种方式取得:一是近迁安置的村(组)与安置区村(组)签订征地安置协议,由县移民机构监督实施;二是出县安置的移民,由迁出地县(市)与安置地县(市)签订移民安置协议,由上级移民主管机构监督实施;三是跨市(地区)安置的移民,由迁出地县(市)与安置地县(市)签订移民安置协议,经双方所属市(地区)同意后,由省级移民机构监督实施。

表 7-3-5　小浪底库区农村居民点安置

省份	所在县(市)	安置点	原移民村	户数/人数	建房面积(万平方米)	建设时间/搬迁时间(年-月)
河南省	济源市	良安	良安	419/1 483	3.90	1995-03/1996-09
		竹峪	竹峪	293/1 006	2.19	
		洛峪	洛峪	232/833	2.19	
		牛湾	牛湾	77/347	1.89	1995-05/1996-09
		长泉	长泉	443/1 573	3.40	
		张岭	张岭	224/804	2.90	
		刘庄	刘庄	234/865	1.87	1995-09/1996-09
		陆家岭	陆家岭	253/865	3.05	
		交兑	交兑	364/1 304	3.38	
		关阳	关阳	566/1 961	4.90	1996-03/1997-06
		白沟	白沟	297/1 025	2.13	1996-03/1996-09
		石牛	石牛	146/514	1.49	1996-09/1997-06
		大交	大交	199/697	1.25	1996-03/1996-09
		西轵城	大横岭	90/319	1.10	1998-06/1999-05
		源沟		58/205	0.69	2000-12/2001-06
		宋沟		39/129	0.37	2000-10/2001-05
		南杜	五里沟	37/118	0.36	1998-12/1999-05
		南沟		24/80	0.28	
		栲栳		34/114	0.61	
		承留		58/185	0.73	
		东蒋		86/265	1.27	1999-12/2000-05
		永太	东坡	443/1 624	5.86	1998-12/1999-05
		河东村	大峪	536/1 891	8.63	1999-04/1999-06
		旧河村	涧北	55/199	1.03	1999-03/1999-06
		西郭路		70/241	1.26	1999-03/1999-05
		小王庄		27/94	0.40	
		伯王庄		59/197	0.82	
		西天江	小沟、大横岭	181/648	2.58	1998-12/1999-05
		庙后	井沟	36/112	0.59	1999-01/1999-05
		大王庄		46/166	0.68	
		任窑		89/295	1.50	
		郝门		38/110	0.53	
		泥沟河		53/168	0.71	1999-12/2000-05

续表 7-3-5

省份	所在县（市）	安置点	原移民村	户数/人数	建房面积（万平方米）	建设时间/搬迁时间（年-月）
河南省	济源市	石板	井沟	37/109	0.46	1999-12/2000-05
		南冢	西岭	216/733	3.21	1998-12/1999-05
		绮里		121/405	2.30	1999-12/2000-05
		南郭庄	毛田	120/408	1.41	1999-01/1999-05
		西轵城（南）		54/220	0.90	2000-01/2000-05
		卫沟		50/154	0.61	
		赵村	柏疙瘩	335/1 165	4.70	1999-12/2000-05
		东天江	峡北头	316/1 050	2.73	
		石牛（黄）	黄庄	183/560	2.12	
		小庄	西坡	168/604	2.95	
		莲东		129/459	2.37	
		周庄		72/262	1.12	2000-01/2000-05
		小南庄	薛庄	126/442	2.75	
		南程		125/402	2.12	2000-03/2000-05
		黄龙庙	乱石	54/201	0.78	2001-01/2001-06
		洛峪（乱）		27/110	0.54	2002-01/2002-06
		南姚河西	王拐	124/456	2.33	2000-12/2001-06
		南官庄	上寨	58/177	0.73	2001-01/2001-06
		小王庄		39/153	0.54	
		克井农场	虎尾河	340/1 114	4.40	2000-12/2001-06
		贾庄	逢南	226/756	3.75	2000-11/2001-06
		逢北后靠	逢北	352/1 258	5.30	
		谷砣洼	高沟	141/436	2.36	2000-10/2001-06
		南勋	大奎岭、乱石	84/328	1.36	2002-01/2002-06
		陆家岭（小）	小横岭	35/126	0.38	2002-01/2002-10
		曲阳	上河	35/130	0.45	
		西水屯		26/87	0.39	2002-06/2002-10
		柏树庄	金沟	38/129	0.60	
	孟津县	妯娌	妯娌	1 164/3 851	11.75	1995-01/1997-05
		清河	清河	404/1 244	3.15	
		东地	东地	226/823	2.81	1998-06/1999-06
		煤窑	煤窑	1 121/3 547	15.25	
		大柿树	大柿树	87/238	1.04	
		光华（铁炉）	光华	178/675	2.33	2000-10/2001-06

续表 7-3-5

省份	所在县（市）	安置点	原移民村	户数/人数	建房面积（万平方米）	建设时间/搬迁时间（年-月）
河南省	孟津县	光华（东小凡）	光华	24/98	0.24	2002-05/2002-12
		下沟	下沟	124/425	2.02	2002-04/2002-12
		柳树滩	柳树滩	21/59	0.30	2002-05/2002-12
		后村	后村	73/151	0.44	1999-06/1999-12
	新安县	大章	大章	384/1 284	3.61	1995-08/1997-06
		荒坡	荒坡	160/609	1.32	
		槐林	槐林	218/738	2.08	
		马沟	马沟	311/1 022	2.95	
		塔地	塔地	93/298	0.87	
		龙渠(2个点)	龙渠	360/1 125	3.10	
		盐仓	盐东、盐西	594/1 687	5.38	
		河西北村	河西、北村	249/774	1.35	1996-10/1997-06
		赵峪	晁庄	255/712	3.06	1998-10/1999-06
		下板峪	下板峪	91/290	1.08	1999-07/1999-12
		仙桃	王坟、石渠	182/587	2.30	1998-09/1999-06
		河东	河窑	88/319	0.90	
		浏杨	西沟、河窑等10个移民村	248/751	2.32	1998-07/2002-12
		新仓(综合)	河窑、仓头等13个移民村	235/700	2.67	1998-06/2002-12
		新仓(高崖)	高崖	60/185	0.64	1998-06/1999-06
		云水半坡	云水	106/382	1.01	2000-04/2000-06
		西坡	石井	163/473	1.05	2000-04/2001-06
		下湾		159/576	1.60	
		谢岭		94/334	0.84	
		北冶村	北冶	158/507	1.97	2001-05/2001-06
		仓西村	仓西	52/201	0.60	
		涧东	峪里、后教	62/229	0.75	
		东沟	东沟	69/247	0.66	2002-06/2002-12
		滩子沟	滩子沟	60/205	0.80	2001-03/2001-06
		马行沟	马行沟	37/122	0.25	2002-07/2002-12
		刘洼北	台上	138/453	1.00	2002-05/2002-12
		刘洼南		238/928	1.99	

续表 7-3-5

省份	所在县（市）	安置点	原移民村	户数/人数	建房面积（万平方米）	建设时间/搬迁时间（年-月）
河南省	新安县	山头岭	山头岭	18/73	0.19	2002-06/2002-12
		东山底	东山底	15/48	0.13	2002-04/2002-12
		磨五	磨五	58/299	0.33	2002-07/2002-12
		李村	李村	201/861	1.51	2004-12/2004-12
		畛河新村	小村、寺村	247/903	2.44	2005-05/2005-05
		下石井	下石井	14/46	0.18	
	义马市	义马狂口	狂口	1 741/5 567	14.70	1995-03/1997-06
	温县	盐东	盐东	397/1 184	3.08	1997-06/1997-06
		河西	河西	395/1 202	2.69	
		龙渠	龙渠	186/634	1.54	
		平王	平王	186/653	2.77	1998-04/1998-12
		西沟	西沟	167/518	2.05	1998-09/1999-04
		北冶	北冶	603/2 063	11.96	2000-08/2001-05
		王坟	王坟	132/394	1.84	1999-01/1999-04
		麻峪	麻峪	226/746	3.85	1998-03/1998-08
		裴岭	裴岭	92/366	1.63	2000-08/2001-04
		石渠	石渠	123/351	1.73	1998-02/1998-11
		下石井	下石井	356/1 189	4.83	1999-08/2000-04
		太涧	太涧	300/840	4.32	1998-06/1999-05
		仓头	仓头	817/2 256	10.28	1998-04/1999-06
	孟州市	塔地	塔地	93/332	0.86	1996-11/1997-06
		盐西	盐西	607/1 822	5.59	1996-05/1997-06
		西沃	西沃	981/3 222	8.89	1995-04/1997-06
		北村	北村	272/939	2.23	
		高崖	高崖	256/829	3.76	1999-03/1999-08
		梁庄	梁庄	818/2 770	13.28	1999-09/2000-06
		寺上	寺上	732/2 527	11.48	1998-08/1999-06
		寺村	寺村	516/1 925	6.94	1999-09/2000-06
		竹园	竹园	748/2 361	8.05	1999-01/1999-06
		陈湾	陈湾	573/1 859	5.05	1998-04/1999-06
		横山	横山	953/3 216	14.19	1998-12/1999-06
		云水	云水	1 185/4 224	19.31	1999-04/2000-06
		许庄	许庄	342/1 187	4.21	2000-01/2001-06
		晁庄	晁庄	129/392	1.36	1999-03/1999-04

续表 7-3-5

省份	所在县（市）	安置点	原移民村	户数/人数	建房面积（万平方米）	建设时间/搬迁时间（年-月）
河南省	孟州市	石井	石井	648/2 299	11.29	2001-01/2001-06
		王家沟	王家沟	65/243	0.78	1999-04/1999-06
		蒿子沟	蒿子沟	68/215	0.75	2000-04/2000-06
		小村	小村	393/1 354	3.96	2000-01/2001-06
	中牟县	许村	许村	365/1 177	3.39	1998-12/1999-12
		下板峪	下板峪	259/769	2.54	1998-12/1999-06
	原阳县	新阳村	荒坡	264/930	2.14	1996-05/1996-06
		仓西	仓西	294/999	3.71	1998-12/1999-06
		河窑	河窑	345/1 157	3.85	1999-03/1999-06
		峪里	峪里	176/603	2.20	2000-05/2000-06
		后教	后教	119/416	1.23	2001-06/2001-06
	开封县	百亩岗	南村	106/333	1.04	1999-04/1999-06
		万隆	河水	248/887	2.06	
		黄岗	杨家	221/723	2.21	
		雷寨		140/442	1.30	
		杨楼	仁村、涧口	125/423	0.75	2000-04/2000-06（2000-04/2001-06）
		杏花营	班村	41/221	0.54	2000-07/2001-06
	渑池县	荆村	杨家、青山	109/404	1.61	1998-09/1999-06（2002-03/2002-06）
		秦村	杨家	83/239	1.04	1998-09/1999-06
		下马头	河水	41/161	0.62	1999-03/1999-06
		姜王庄	河水、窑地、白羊山	174/697	1.90	1997-09/1999-04
		乐村	南村	201/668	2.81	1999-03/1999-06
		苏门		75/253	1.16	
		南村后靠		83/288	0.88	
		东阳		164/537	2.13	
		张沟		65/219	0.70	
		永家院	东柳窝	181/650	1.79	1998-09/1999-06
		王都	东柳窝、白羊山	66/235	0.60	1998-09/1999-06（2000-03/2000-06）
		十里铺	班村	182/729	2.44	2000-03/2000-06

续表 7-3-5

省份	所在县（市）	安置点	原移民村	户数/人数	建房面积（万平方米）	建设时间/搬迁时间（年-月）
河南省	渑池县	安北	班村、中朝、柏隆	138/551	1.03	2000-03/2000-06（2001-03/2001-06）
		西曲	班村	74/295	0.74	2005-05/2005-05
		西英豪	仁村	56/199	0.90	2000-03/2000-06
		槐树洼		83/304	1.03	
		水源		98/309	0.72	
		大王庄		58/185	0.56	
		秦村北		92/319	0.94	
		南庄		69/262	0.83	
		仁村后靠		74/273	1.17	
		北平	涧口	165/535	2.05	2001-03/2001-06
		南平		153/517	1.98	
		贾沟	白浪	159/651	1.86	
		后营	槐扒	89/396	0.88	2002-03/2002-06
	陕县	七里	刘家山	20/87	0.23	1997-07/1997-12
		丰阳		18/88	0.21	1997-08/1998-06
		辛庄		22/104	0.12	
		柳林		21/90	0.23	1997-07/1997-12
		鹿马		12/45	0.10	1997-12/1998-06
		吕家崖		28/110	0.20	1998-09/1999-06
		赵里河	刘家山、赵里河、王家后	10/49	0.07	2000-02/2000-06
		东沟	赵里河、朝阳	18/71	0.18	
		太阳村	赵里河	20/109	0.24	
		西沟	东庄	13/44	0.12	2000-01/2000-06
		南沟		18/85	0.23	
		宜村	东庄、朝阳	14/62	0.14	
		东庄后靠	东庄	14/60	0.13	1999-12/2000-06
		上庄后靠	上庄	14/76	0.14	2000-02/2000-04
山西省	平陆县	坪岚	垣坪	111/389	1.20	1998-09/2000-05
		南沟		31/118	0.43	1998-10/2000-05
		姚坪		40/153	0.55	2000-06/2002-06
		上堡	上堡	37/133	0.49	

续表 7-3-5

省份	所在县（市）	安置点	原移民村	户数/人数	建房面积（万平方米）	建设时间/搬迁时间（年-月）
山西省	平陆县	尖坪	尖坪	43/138	0.57	2000-06/2002-06
		郑家场	郑家场	8/37	0.11	
		庙崖	庙崖	8/30	0.11	
		前窑	前窑	4/10	0.06	
	垣曲县	西滩	西滩	301/1 079	3.34	1999-06/1999-06
		北窑庄	北窑庄	184/543	3.51	2000-04/2000-06
		东滩	东滩	396/1 280	5.58	1998-10/1999-06
		东寨	东寨	204/797	4.08	
		古城	古城	1 264/3 587	21.10	1999-04/2000-07
		磨头	磨头	158/498	2.91	1995-10/2001-06
		宁董	宁董	187/603	2.32	2000-09/2003-06
		小赵	小赵	301/963	4.50	2000-06/2000-12
		赵家岭	赵家岭	160/587	1.76	2004-12/2004-12
		寨里	寨里	188/697	3.34	1999-06/2000-06
		允岭	允岭	402/1 379	7.78	1999-08/2001-06
		辛庄	辛庄	258/801	3.77	1999-04/2000-12
		关家	关家	161/598	2.55	1999-04/2000-03
		胡村	胡村	340/1 187	4.58	1999-04/2000-06
		南堡头	南堡头	201/678	3.55	1999-09/2001-06
		北堡头	北堡头	135/547	2.24	2001-09/2002-06
		北坡	北坡	186/683	2.05	2005-12/2005-12
		古南坡	古南坡	110/404	1.41	
		闫家河	闫家河	82/321	1.36	2001-09/2002-06
		峪子	峪子	119/437	1.31	2004-12/2004-12
		晁家坡	晁家坡	115/346	2.10	2000-03/2001-06
		上亳	上亳	235/806	4.29	2001-09/2002-06
		下亳	下亳	314/980	5.67	1995-09/2000-06
		王南坡	王南坡	33/121	0.43	2005-12/2005-12
		峪里	峪里	172/675	3.04	2000-04/2001-06
		解村	解村	117/458	1.81	2001-09/2002-06
		五福涧	五福涧	151/547	3.10	1998-10/1999-06
		河堤	河堤	377/1 116	6.07	1998-10/2000-03
		安窝	安窝	179/631	3.20	1999-06/2000-03

续表 7-3-5

省份	所在县（市）	安置点	原移民村	户数/人数	建房面积（万平方米）	建设时间/搬迁时间（年-月）
山西省	垣曲县	高阳	前岭、上凹、柴火庄	63/237	1.04	1998-10/2000-03
		窑头	窑头	134/448	3.12	1999-05/1999-06
		马湾	马湾	336/1 225	6.97	1998-10/1999-06
		安河	安河	95/346	2.71	1999-04/1999-06
		蒲掌下马	下马	177/605	2.63	2001-06/2003-06
		古城下马		180/512	2.42	2000-06/2001-06
		新城下马		20/88		2003-06/2003-06
		芮村	芮村	446/1 527	6.84	1998-10/1999-06
		城南	32 个村	811/3 889	6.60	1998-09/2001-12
	夏县	中原	杨家山、侯家山、佛峪	104/437	0.95	1998-10/1999-07

注:有些安置点建成之前,移民先搬迁到临时房或租房居住。

小浪底水库农村移民进行生产安置 163 788 人,其中农业安置 142 123 人,占生产安置人口的 87%;为移民划拨生产用地 197 468 亩,人均 1.39 亩,其中水浇地 11.3 万亩,人均 0.8 亩。

(2)生产开发。小浪底移民依据实施规划开展农业生产安置项目(包括种植业、小型加工业、养殖业),组织形式主要有以下五种:

一是集体经营。在移民机构的指导下,通过移民民主决策、民主管理方式选择经营项目,集体组织自主管理、自负盈亏。大部分集体项目能坚持定期公布账目,接受群众监督,群众反映比较好。

二是集体投资,个体经营。由集体投资建设基本设施,分别采取转让、承包或租赁等方法由移民户经营,村集体组织按协议定期收回本金和租金,收益用于生产再投入或分配给移民。

三是借筹结合,个别扶持。对个别由于资金困难,难以规模经营的困难户,由个人申请,亲戚或朋友担保,集体讨论批准,采取“个人筹一点,集体贷一点”的方式筹集资金,帮助他们经营起步。

四是发展龙头,带动个体。运用“公司+农户”的方法,组织村办公司或专业养殖大户为移民养殖户提供种畜、技术指导、防疫治病、产品包销等手段,带动全村搞开发,集体投入,大家受益。

五是联户开发,共同致富。组织移民富裕户联合兴办养牛场、奶牛场、养鸡场等经济体,使个人生产补偿补助费集中使用,形成规模效应,共同开发致富。

(3)其他安置方式。其他安置方式主要包括以下四种情况:

一是干部职工家属农转非。在国有企业、事业单位工作的正式职工的家属,在自愿的基础上转为非农业人口,由所在单位给予安置,相应的补偿费用拨给接收移民的单位。

二是企业招工,或将原合同工、临时工转正安置。在库区以外县及以上企业、事业单位工作的移民,在本人自愿的基础上,经单位考试或同意,分别招为或转为全民合同制工人,将相应的补偿费划拨给职工所在单位,由单位安排其生产生活。

三是投亲靠友与自谋职业安置。由移民自愿选择去向与职业,与所在县(市)签订协议,办理有关手续,将相应补偿费用支付给移民。

其中投亲靠友安置主要集中在济源市、新安县、垣曲县,职工家属农转非安置、自谋职业安置主要集中在垣曲县和济源市。各地政府均出台相应政策,保证移民安置后的各项权益。

四是城市集中安置。这里专指新安县狂口村移民集中到义马市安置,措施包括兴办企业、市内企业招工、小区商业服务业、建立蔬菜基地、设立养老保险金和失业保险金等。

小浪底水库移民以农业安置为主的方式,使移民得到了较为稳定的生产资料,为移民的长远发展提供了重要保障,是移民能够迅速稳定的经验之一。小浪底库区农村移民生产安置见表7-3-6,小浪底库区农村移民安置点划拨耕地见表7-3-7。

3. 主要农业安置区

(1)温孟滩移民安置区。开辟温孟滩移民安置区是安置小浪底移民的重要决策和解决移民安置容量不足的重要途径。在前期规划的基础上,河南省人民政府1995年8月21日发布《关于黄河温孟滩区安置小浪底水利枢纽移民的通告》,明确收回温县、孟县(1996年5月孟县改为孟州市)及孟津县在黄河滩区54.85平方千米土地使用权,用于安置小浪底库区移民。

表 7-3-6　小浪底库区农村移民生产安置　　　　（单位：人）

行政区域		生产安置人口	农业安置人口	其他安置人口
河南省	合计	128 945	116 174	12 771
	济源市	31 871	28 935	2 936
	孟津县	9 925	9 377	548
	新安县	18 647	14 866	3 781
	温县	12 381	12 381	0
	孟州市	31 274	31 274	0
	中牟县	1 945	1 945	0
	原阳县	4 098	4 098	0
	开封县	3 000	3 000	0
	渑池县	9 197	9 197	0
	陕县	1 101	1 101	0
	义马市	5 506		5 506
山西省	合计	34 843	25 949	8 894
	垣曲县	32 980	24 207	8 773
	平陆县	1 305	1 305	0
	夏县	558	437	121
总计		163 788	142 123	21 665

表 7-3-7　小浪底库区农村移民安置点划拨耕地

行政区域		安置点	农业安置人口（人）	耕地（亩）	
				小计	其中水浇地
河南省	济源市	良安	1 227	1 074	1 032
		竹峪	778	709	687
		洛峪	827	880	792
		牛湾	269	240	208
		长泉	1 319	1 469	1 399
		张岭	694	595	591
		刘庄	654	831	790
		陆家岭	724	579	528
		交兑	1 030	1 089	1 067
		关阳	1 740	1 551	1 084
		白沟	1 080	847	743
		石牛	465	384	306
		大交	651	544	542
		西轵城	246	204	204

续表 7-3-7

行政区域		安置点	农业安置人口（人）	耕地（亩）	
				小计	其中水浇地
河南省	济源市	源沟	145	228	167
		宋沟	118	159	108
		南杜	118	180	140
		南沟	80	109	106
		栲栳	113	145	139
		承留	182	206	185
		东蒋	264	389	358
		永太	1 485	1 261	1 232
		河东村	1 433	1 078	1 078
		旧河村	195	217	212
		西郭路	229	203	191
		小王庄	94	154	146
		伯王庄	143	116	116
		西天江	767	681	619
		庙后	112	178	125
		大王庄	163	175	152
		任窑	292	446	303
		郝门	108	163	107
		泥沟河	168	257	170
		石板	108	204	121
		南冢	730	946	548
		绮里	403	522	406
		南郭庄	406	494	350
		西轵城（南）	181	154	151
		卫沟	153	220	174
		赵村	1 090	1 220	903
		东天江	479	951	664
		石牛	544	680	514
		小庄	593	509	477
		莲东	458	304	279
		周庄	252	189	178
		小南庄	436	441	422
		南程	400	344	334

续表 7-3-7

行政区域		安置点	农业安置人口（人）	耕地（亩）	
				小计	其中水浇地
河南省	济源市	黄龙庙	201	230	168
		洛峪	110	94	94
		南姚河西	442	389	348
		南官庄	177	233	229
		小王庄	153	144	133
		克井农场	962	1 199	994
		贾庄	721	627	581
		逢北后靠	820	839	459
		谷砣洼	392	344	323
		南勋	328	251	244
		陆家岭	133	105	102
		曲阳	128	110	103
		西水屯	87	77	70
		柏树庄	135	120	115
	孟津县	妯娌	2 979	4 100	824
		清河	980	1 236	363
		东地	731	990	92
		煤窑	3 108	3 730	70
		大柿树	209	272	192
		光华（铁炉）	669	780	0
		光华（东小凡）	96	120	24
		下沟	371	520	30
		柳树滩	71	110	40
		后村	151	180	0
	新安县	大章	1 238	1 235	593
		荒坡	556	995	0
		槐林	603	672	440
		马沟	986	1 027	400
		塔地	323	448	190
		龙渠（2个点）	868	1 090	10
		盐仓	1 466	2 013	1 020
		河西北村	376	425	0
		赵峪	692	942	0
		下板峪	272	488	0

续表 7-3-7

行政区域		安置点	农业安置人口（人）	耕地（亩）	
				小计	其中水浇地
河南省	新安县	仙桃	576	936	0
		河东	319	431	0
		浏杨	714	1 077	0
		新仓（2 个点）	629	1 365	0
		云水半坡	369	499	0
		石井（3 个点）	1 346	1 481	0
		北冶村	493	705	0
		仓西村	201	287	0
		涧东	216	324	0
		东沟	209	257	0
		滩子沟	205	152	0
		马行沟	93	47	0
		刘洼（2 个点）	1 336	1 751	0
		山头岭	73	124	0
		东山底	57	86	0
		磨五	164	78	0
	义马市	义马狂口	0	339	339
	温县	盐东	1 189	1 592	1 562
		河西	1 219	1 681	1 681
		龙渠	636	880	880
		平王	651	925	925
		西沟	513	729	729
		北冶	2 048	3 175	3 175
		王坟	393	596	596
		麻峪	746	1 036	1 036
		裴岭	364	491	491
		石渠	351	514	514
		下石井	1 176	1 852	1 852
		太涧	839	1 292	1 292
		仓头	2 256	2 952	2 952
	孟州市	塔地	345	478	430
		盐西	1 927	2 502	2 336
		西沃	2 908	3 244	2 906

续表 7-3-7

行政区域		安置点	农业安置人口（人）	耕地（亩）	
				小计	其中水浇地
河南省	孟州市	北村	830	1 200	1 180
		高崖	823	1 367	1 367
		梁庄	2 765	4 047	4 047
		寺上	2 522	3 494	3 494
		寺村	1 925	2 863	2 863
		竹园	2 348	3 764	3 764
		陈湾	1 849	2 823	2 823
		横山	3 215	5 244	5 244
		云水	4 219	5 809	5 809
		许庄	1 176	1 643	1 643
		晁庄	390	578	578
		石井	2 220	3 270	3 270
		王家沟	243	347	347
		蒿子沟	215	362	362
		小村	1 354	2 838	2 838
	中牟县	许村	1 177	1 534	1 534
		下板峪	768	1 119	979
	原阳县	新阳村	927	1 160	1 160
		仓西	998	1 001	1 001
		河窑	1 154	1 182	1 171
		峪里	603	752	752
		后教	416	411	311
	开封县	百亩岗	328	740	740
		万隆	887	1 852	1 852
		黄岗	708	2 006	2 006
		雷寨	437	941	941
		杨楼	419	836	836
		杏花营	221	1 509	1 509
	渑池县	荆村	397	786	0
		秦村	217	461	0
		下马头	158	406	0
		姜王庄	697	1 168	0
		乐村	611	1 377	0
		苏门	234	491	0

续表 7-3-7

行政区域		安置点	农业安置人口（人）	耕地（亩）	
				小计	其中水浇地
河南省	渑池县	南村后靠	279	474	0
		东阳	522	1 100	0
		张沟	215	443	0
		永家院	649	922	0
		王都	235	451	0
		十里铺	720	1 175	0
		安北	345	801	0
		西英豪	198	403	0
		槐树洼	304	603	0
		水源	308	690	0
		大王庄	185	437	0
		南庄	316	684	0
		秦村北	253	454	0
		仁村后靠	270	451	0
		北平	524	991	0
		南平	513	1 042	0
		贾沟	651	1 230	0
		后营	396	869	0
	陕县	七里	87	98	36
		丰阳	88	71	11
		辛庄	104	140	49
		柳林	90	94	67
		鹿马	45	71	0
		吕家崖	110	81	73
		赵里河	49	80	0
		东沟	71	60	20
		太阳村	109	106	106
		西沟	44	41	41
		南沟	85	84	84
		宜村	62	56	56
		东庄后靠	60	110	0
		上庄后靠	76	187	0

续表 7-3-7

行政区域		安置点	农业安置人口（人）	耕地（亩）	
				小计	其中水浇地
山西省	平陆县	坪岚	387	776	0
		南沟	118	238	0
		姚坪	154	312	0
		上堡	129	281	0
		尖坪	145	309	0
		龙崖	128	250	0
		郑家场	131	312	0
		庙崖	59	126	0
		前窑	20	45	0
		七湾	34	75	0
	垣曲县	西滩	1 003	1 638	0
		北窑庄	496	380	30
		东滩	1 243	1 663	394
		东寨	770	1 097	50
		古城	3 226	2 958	800
		磨头	426	362	0
		宁董	607	631	0
		小赵	875	1 321	424
		赵家岭	139	278	0
		寨里	670	821	361
		西型马	996	996	0
		辛庄	657	657	0
		关家	454	632	576
		胡村	1 160	1 486	1 197
		南堡头	304	426	0
		北堡头	237	284	0
		北坡	584	1 702	0
		古南坡	187	468	0
		闫家河	317	647	0
		峪子	789	1 397	0
		晁家坡	326	418	0
		上亳	703	1 055	0
		下亳	827	1 093	0
		王南坡	52	182	0

续表 7-3-7

行政区域		安置点	农业安置人口（人）	耕地（亩）	
				小计	其中水浇地
山西省	垣曲县	峪里	311	796	369
		解村	549	1 098	0
		五福涧	409	650	0
		河堤	897	1 572	0
		安窝	437	548	105
		上凹	175	413	0
		窑头	382	630	27
		马湾	1 132	1 494	48
		安河	275	738	60
		蒲掌下马	233	466	0
		古城下马	490	542	315
		新城下马	86	86	0
		芮村	1 454	2 671	180
		堤沟	59	106	0
		白水	11	44	0
		柳庄	10	20	0
		店头	249	498	0
	夏县	中原	437	785	0

温孟滩移民安置区位于小浪底水库大坝下游 20 千米的黄河北岸,西起孟州农场,东至移民安置区的东防护堤,南至临黄防护堤,北到移民界桩,东西长 37 千米,南北宽 0.3~2.7 千米。温孟滩区总面积 7.2 万亩,涉及孟州市的西虢、城关、南庄、化工 4 个乡(镇)5.2 万亩滩地,以及温县祥云、招贤两个乡(镇)2 万余亩滩地。在移民安置规划的前期,温孟滩规划安置新安县和济源市部分出县移民 5 万余人。在初步设计阶段,由于济源市移民全部改为市内安置,温孟滩全部安置新安县移民。温孟滩移民安置区建设从 1995 年 4 月开始,1997 年 7 月完成库区第一期移民搬迁,1998 年 3 月到 2001 年 5 月完成库区第二、三期移民的搬迁安置。温孟滩移民安置区共安置移民 13 359 户 43 655 人,其中孟州市安置 9 379 户 31 274 人、温县安置 3 980 户 12 381 人。温孟滩移民生产生活设施建设见表 7-3-8。

表 7-3-8　温孟滩移民生产生活设施建设

	项目	单位	合计	温县	孟州市
生活安置	安置点数	个	31	13	18
	安置户数	户	13 359	3 980	9 379
	安置人数	人	44 112	12 396	31 716
	建房套数	套	14 269	4 103	10 166
	建房面积	万平方米	174.52	52.55	121.97
生产安置	生产安置人数	人	43 655	12 381	31 274
	划拨耕地数量	亩	63 588	17 715	45 873

在温孟滩河道整治和放淤改土工程基本完工后,河南省移民办又组织实施温孟滩移民区排水工程、防护林工程、计划外改土工程和蟒河治理工程等,投入国家批复的温孟滩排水资金 600 万元和移民资金 5 910.24 万元。排水工程包括 4 座排水闸、5 条支沟及配套工程,由河南省水利厅设计院设计,1999 年 4 月开工,2001 年 5 月完工;防护林工程于 2000 年 2 月开工,2001 年 5 月完成,形成了温孟滩的骨干林带和田间林网;1999—2002 年,地方政府组织对温孟滩 18 773 亩土地(孟州市 15 594 亩、温县 3 179 亩)进行了计划外改土,全面保证生产用地的质量;蟒河治理工程从 1996 年 10 月开始,1997 年 7 月完工,从温孟交界至入黄河口,进行北堤加高、南堤南移、主河槽拓宽等堤防工程并新建、改造桥梁 6 座。

作为大型集中的移民安置区,温孟滩具有较大的发展优势。第一,土地数量有保证,质量较好,已全部发展为水浇地;第二,安置区位于平原地区,在小浪底工程、温孟滩河道整治和蟒河整治工程建成后大大提高了安置区防洪标准,且交通发达;第三,所在地区经济发展较快,移民就业机会多;第四,移民来自同一地区,数量较大,容易融合,相互促进发展;第五,移民投资较大,对带动当地经济发展和自身发展十分有利。

移民搬迁后大力发展种植业、养殖业和加工业,建成数家较大的村办企业和联办企业,移民富余劳力均得到安置。安置区内社会稳定,群众安居乐业,是小浪底移民安置的亮点之一。

(2)新安县移民安置。新安县淹没影响涉及仓头、西沃、石井、峪里、北冶和石寺 6 个乡(镇),60 个行政村,总人口 81 557 人,耕地 69 901 亩,淹没范围内的整个畛河川地和石井河川地是新安县主产粮区之一和工矿企业比较集中的地区。小浪底水库淹没新安县移民占全库区的 45% 以上。

在初步设计阶段,新安县政府提出全部在县内进行工业安置的方案。由于新安县县内环境容量较小,大范围工业安置风险较大,经多方论证和协调,新安县逐步放弃原来的思路,改为大部分出县进行农业安置的方案。为安置新安县移民,不仅新建了温孟滩移民安置区,还利用黄河下游受益区的原阳县和中牟县进行安置,并在义马市进行部分移民工业安置的措施。新安县除乡镇和工矿等移民外,农村移民最终出县安置 16 842 户 55 426 人,占农村移民总数的75%,县内安置仅 6 482 户 20 984 人。县内移民中还有 13 037 人进行了出乡近迁安置,利用段家沟水库灌溉、打机井和建提灌站等方式进行生产开发,只有7 947 人进行后靠安置。

为了给新安县县内安置移民创造条件,小浪底移民局和河南省移民办于1996 年批复配套修复段家沟灌区工程,主要是对水库进行修复加固和对灌区进行配套,工程总投资 2 696.95 万元,计划在灌区内安置移民 1.2 万人。该工程由中国水利水电第十一工程局进行规划设计,新安县人民政府组织实施,1996 年 10 月开工建设,1998 年 7 月完工,使用资金来自于移民土地补偿补助费和水利设施补偿费。

(3)济源市移民安置。济源市淹没影响涉及大峪、下冶、邵原 3 个乡(镇)39 个村 35 624 人。结合城市发展和移民的长治久安,济源市政府提出将大部分移民近迁安置在济源市城郊附近的安置方案。最终,移民除逢北村后靠安置,以及一部分采取投亲靠友安置外,其他均为城郊附近安置,占总量的 90%以上。

库区第一期移民采取集中安置的方式,每村设 1 个安置点,因难以大面积调整土地库区第二、三期移民安置点较为分散,每个移民安置点规模平均为 300多人。库区第一期移民建房主要采用了集体统一建设的方式,造成移民对房屋质量投诉较多,影响移民个人资金兑付等问题;库区第二、三期移民建房吸取了前期的教训,采取了以个人自建为主的形式,移民满意度大大提高。

(4)渑池县移民安置。渑池县淹没影响南村、段村、坡头村、陈村 4 个乡 14个行政村 13 572 人,在国家批准的库区第二、三期移民规划中,全部为县内安置。在实施过程中,部分农村移民强烈要求出县安置。1999 年 3 月,在经水利部审查同意后,部分移民外迁到开封县安置,剩余仍采取县内安置的形式。最终渑池县共建设 25 个安置点,其中 23 个在县城附近的乡镇安置,2 个为后靠安置点,共安置农村移民 9 896 人。在开封县建设了 6 个移民安置点,共安置移民 3 025 人。

渑池县提出移民出县安置时间较晚,且开封县安置区距离渑池县库区有 300 千米以上,土地和人文环境差别较大,至 2003 年项目初步验收时,仍有班村、河水等村移民思想出现反复,移民短期内没有稳定下来。河南省移民办和市、县移民部门为此做了大量的协调工作,移民方案几经调整,确保了移民在终验前妥善安置。

(5)义马市安置。1995 年 1 月,义马市被确定为小浪底移民安置区,接收小浪底水库一期新安县狂口村 1 741 户 5 567 人,是小浪底库区唯一工业安置的县级市。

狂口村位于新安县北部畛河入黄处,全村 21 个村民组,耕地仅 3 900 余亩,矿藏资源丰富,工矿企业发达,水利条件优越,1994 年工矿业产值 6 730 万元,人均纯收入 1 700 元,具有城市工业安置的基础。

生活安置。移民生活小区位于义马市新开发区内,占地面积 270 亩,共建设住宅楼 37 幢,分别为 6 层和 5 层,单元住宅 1 685 套,建筑面积 14.7 万平方米,户均 87 平方米。小区内供电、供水、排水、主支街道、电话、闭路电视、垃圾中转站等基础设施齐全。建成占地 3 500 平方米的文体活动中心,社区办公楼、中小学、幼儿园和卫生所等公益设施齐备,对外专项设施纳入城市规划,移民安置区成为义马市花园式生活小区,满足了移民生活需要。

生产安置。为安置好移民,结合义马市产业经济发展和移民劳动力素质的实际状况,制定了以"工业项目为主,农业、第三产业为辅,宜工则工,宜农则农"的移民生产安置方针。工业安置以移民自建企业为主,项目的选择以劳动密集型与技术密集型相结合的类型为主。工业、农业、第三产业共安置劳力 2 945 人。其中,移民先后自建企业、私营企业和市属企业安置 2 025 人;高效农业园区和改造河滩地共安置劳力 320 人;第三产业安置 600 人。

工业安置主要项目有:自建 2×2.5 万千瓦火电厂、电磁线厂、制药厂(河南兴邦药业有限公司)、棕刚玉厂(磨料磨具公司)、塑型材厂(河南狂澜化学建材有限公司);引进的私营企业有河洛焊剂厂和黄河冶炼分厂;利用市属企业安置移民的有振兴化工集团。

建高效农业示范园种植反季节蔬菜和高效经济作物,吸收劳力 210 人。在新村对岸河滩改造河滩地,种植药材和农作物,吸收移民劳力 110 人。除此之外,引进外资新建养殖厂。

建成光明综合一条街、滨河路建材、千秋路、振兴街商贸城等批发市场,为移民发展第三产业创造条件,还利用狂口社区服务公司等安置部分劳力。

对于没有到工业项目安置和收入偏低的移民户每人每月发放 10 千克面粉、20 元生活补贴,保障其最低生活标准;把贫困家庭人口、残疾人和部分就业困难的移民户纳入城镇最低生活保障范围。

(6)垣曲县移民安置。垣曲县农业人口 16 万人,水库淹没影响 3.78 万人,占 23.6%。全县耕地面积 33 万亩,其中水浇地 7.37 万亩;淹没耕地面积 4.3 万亩,其中水浇地 2.43 万亩。淹没耕地面积占全县耕地面积的 13%,水浇地占全县耕地面积的 33%。淹没范围涉及的寨里小平原、沿黄阶地、亳清河、沇西河、西阳河、板涧河及五福涧河沿岸一、二阶台地,土地比较平坦、肥沃,为该县的农业生产基地和主产粮区。淹没区工矿企业比较集中,如垣曲焦化厂等是该县主要经济支柱。

垣曲县移民主要在本县安置,国家为弥补水库淹没造成的影响,投资恢复建设了后河水库和灌区配套工程。

生活安置。垣曲县移民生活安置区主要集中在后河水库灌区、本县长皋和城南等 4 个安置区域,其中后河水库灌区安置 13 600 人。搬迁后移民房屋面积、质量均较以前有较大提高,基础设施较为完善。

生产安置。移民生产安置人口 32 980 人,其中农业安置 24 207 人,划拨耕地总面积 20 092 亩,加上 275 米高程以上剩余耕地,人均 1.46 亩。其他安置方式 8 773 人,其中"农转非"安置 3 098 人,投亲靠友安置 2 786 人,自我安置(自谋职业安置)2 889 人。

从 1998 年开始,垣曲县以投亲靠友形式到绛县安置的移民共有 261 户 1 007 人,分布在绛县的 5 个乡(镇)、13 个村,移民通过亲友与接收村、镇签订了生产用地和宅基地划拨协议,但这部分移民在生产、生活方面一直存在着难以解决的问题。为加强对移民工作的管理,2001 年 6 月,成立了绛县移民工作办公室,协调解决移民耕地、宅基地落实不到位,移民重新安置,移民与当地村民在用电、吃水等方面存在纠纷等问题,并利用上级拨付资金修建居民点对外道路、人畜饮水工程,恢复完善居民点基础设施。

(二) 乡镇迁建

库区共搬迁乡镇 12 个,其中第一期搬迁的有新安县西沃乡;第二期搬迁的有新安县仓头、石井、北冶、峪里 4 个乡,济源市大峪镇,孟津县煤窑乡,渑池县南村乡,以及山西省的垣曲县古城镇、窑头乡和安窝乡;库区第三期搬迁的有垣曲县解峪乡。

乡镇搬迁共涉及人口 9 519 人,规划占地 1 967.4 亩,建房 53.62 万平方米,修建街道 34.3 千米;架设 10 千伏线路 20.22 千米、低压线路 124.47 千米,安装变压器 20 台共 3 158 千伏安;打水井 12 眼,建水塔水池 2 390 立方米,修建供水管道 87.97 千米、排水管道 49.46 千米;架设通信线路 26.62 千米、广播电视线路(光缆)11.85 千米。各乡镇中小学、卫生院、文化娱乐设施等按规划恢复,各乡镇均按期完成搬迁。

1. 西沃乡

西沃乡原址位于河南省新安县北部,属浅山丘陵区,北临黄河,距县城 40 千米,是小浪底水库库区第一期唯一需要搬迁的乡。新乡址在安桥村北岭,距新安县城 31 千米。

西沃乡新址建设从 1995 年正式开始,1996 年 12 月迁建完成,搬迁安置 2 389 人。乡址占地 243.11 亩,乡政府及所属企事业单位建房面积 29 068 平方米。其中乡政府办公楼 4 层,建筑面积 2 450 平方米。

2. 仓头乡

仓头乡原址位于河南省新安县东北部的畛河右岸,新址位于正村乡孙都村。乡政府和 23 个乡直单位于 1999 年上半年迁入新址,1 770 人随乡址迁建安置。

乡址占地 335 亩,1997 年下半年开工,1998 年上半年完成"三通一平",1999 年完成迁建。乡政府及乡直单位建房面积 62 808 平方米,其中乡政府办公楼 6 层,建筑面积 4 870 平方米。

3. 石井乡

石井乡原址位于河南省新安县北部,新址位于本乡谢岭村。20 个乡直单位于 1999 年 12 月全部搬入新址办公,851 人随乡址迁建安置。乡址占地 258 亩,1998 年下半年完成"三通一平"。乡政府及乡直单位共建房 47 258 平方米,其中乡政府办公楼 5 层,建筑面积 6 255 平方米。

4. 北冶乡

北冶乡原址位于河南省新安县北部,于 2002 年 6 月完成整体搬迁任务,20个乡直单位共 855 人随乡址迁建安置。新址位于本乡柿岭村,占地 270 亩,1999 年完成"三通一平"并陆续开工建房。乡镇总建筑面积 44 320 平方米,其中乡政府办公楼 5 层,建筑面积 4 866 平方米。

5. 峪里乡

峪里乡原址位于河南省新安县西北部,于 1999 年 12 月提前完成整体搬迁任务,6 个乡直单位共 682 人随乡址迁建安置。新址位于本乡后教村,征地 121.36 亩,1998 年下半年完成"三通一平"并陆续开始建房。乡镇总建筑面积 6 010 平方米,其中乡政府办公楼 3 层,建筑面积 2 100 平方米。

6. 煤窑乡

煤窑乡原址位于河南省孟津县北部,新址位于本乡下沟村阳平组黄鹿山附近。新址建设于 1996 年初启动,1999 年完成迁建。新址占地 176 亩,836 人随迁安置。乡政府办公楼建筑面积 2 681 平方米,于 1997 年 10 月迁入新址办公,乡属 17 个单位共建房 38 500 平方米。

7. 南村乡

南村乡原址位于河南省渑池县北部的黄河岸边。原规划在涧河东岸的涧口行政村后沟组,随着南村黄河大桥开工建设,乡址改迁到涧河西岸仁村的头道塬上。根据蓄水需要,1999 年 6 月,南村乡迁建涉及的政府和直属单位人员 550 人临时迁出。2000 年 5 月,南村乡政府迁入新乡址办公。

结合小城镇规划,南村乡新址共征地 320 亩,乡政府、税务所等单位建筑面积 28 000 平方米。新建设 2 所学校,占地 20 亩,建筑面积 2 200 平方米。新建 1 所卫生院,占地 10 亩,建筑面积 800 平方米。

8. 大峪镇

大峪镇原址位于河南省济源市大峪镇大峪村。大峪镇有 25 个乡直单位、13 个集体商业服务单位和 65 处个体商户。

大峪镇新址位于大峪镇桥沟村。于 1997 年开工建设,2001 年 12 月迁建工作全部完成。乡址占地 242 亩,搬迁安置人口 1 868 人,房屋建筑面积 62 000 平方米。

9. 古城镇

古城镇原址位于山西省垣曲县亳清河与沇西河交汇处,南临黄河。该镇辖

20 个行政村,83 个居民组,21 500 人,另有 52 个县、镇直属单位。

古城镇新址规划在距原址 3 千米处的允岭村与北堡头村之间,占地 498.4 亩,安置人口 2 803 人。镇政府主体办公楼 1995 年 7 月开始筹建,1997 年 8 月竣工,建筑面积 2 700 平方米。其他随迁单位建房面积 15 600 平方米。

10. 窑头乡

窑头乡原址位于山西省垣曲县城东南部西阳河边的下马村,紧临黄河。全乡所辖行政村 7 个,居民组 62 个,总人口 7 200 人,另有 25 个县、乡直属单位。

窑头乡新址位于西阳河桥东侧,占地 73.03 亩,安置人口 331 人。乡政府主体办公楼 1997 年 8 月开始筹建,1999 年 7 月竣工,建筑面积 2 300 平方米。其他随迁单位建房面积 13 400 平方米。

11. 安窝乡

安窝乡原址位于山西省垣曲县城南部的黄河岸边。全乡所辖行政村 9 个,居民组 56 个,总人口 6 000 人,另有 24 个县、乡直属单位。

安窝乡新址位于原土坪村附近,占地 100.7 亩,安置人口 568 人。乡政府主体办公楼 1998 年 3 月开始筹建,1999 年 8 月竣工,建筑面积 2 500 平方米。其他随迁单位建房面积 6 000 平方米。

12. 解峪乡

解峪乡是库区唯一属于第三期搬迁范围的乡镇。原址位于山西省垣曲县城南部板涧河岸边的解村。全乡所辖行政村 8 个、居民组 45 个,总人口 4 800 人,另有 14 个县、乡随迁单位。

新址后靠迁建,与解村连为一体。新址占地 61.56 亩,安置人口 213 人。乡政府主体办公楼 1999 年 9 月开始筹建,2001 年 10 月竣工,建筑面积 2 300 平方米。其他随迁单位建房面积 6 700 平方米。

13. 乡镇外事业单位

小浪底库区有 43 个乡镇外事业单位,共移民 429 人。其中,河南省有乡镇外事业单位 37 个 298 人、山西省有乡镇外事业单位 6 个 131 人。根据其主管部门提出的迁建意见,各乡镇外事业单位按照"原规模、原标准、恢复原功能"进行规划设计,搬迁安置工作通过了主管部门验收。小浪底库区乡镇外事业单位安置见表 7-3-9。

(三)县以上单位及其专业项目迁建

小浪底水库淹没影响县以上单位或其所属的专业项目包括:河南省第四监

狱、水文站、库区测量标志、陡沟变电站—虎岭变电站 220 千伏输电线、义马矿务局新安煤矿、白浪索道桥处理和南村—关家渡运码头、中条山有色金属公司水源工程和供电工程等。

1. 河南省第四监狱迁建

河南省第四监狱属于小浪底库区第一期迁建单位,隶属于河南省司法厅监狱管理局。原址位于新安县仓头乡狂口村,占地 685 亩,其中狱政设施 420 亩,主要从事硫黄冶炼和硫铁矿开采的副业基地 265 亩。

表 7-3-9 小浪底库区乡镇外事业单位安置

行政区域		单位	安置情况
河南省	新安县	县医药局下属西沃乡医药站	并入县五头医药站
		县供销社下属西沃乡西村商业点	迁建至仓头乡王村
		县索道桥管理所	索道桥拆除,其道班管理人员由县交通部门进行分散安置
	济源市	交兑管理区	合并为小横岭管理区
		洛屿管理区	
		洛屿信用社	迁建为寺郎腰分社
		白沟初中	补偿费拨付市教委,不再新建
		交兑初中	
		关阳初中	
		长泉初中	
		白沟购销站	合并为偏看购销站
		交兑购销站	
		洛屿购销站	合并为桐树岭购销站
		关阳购销站	
		长泉购销站	迁建合并到下冶乡供销社
		大交购销站	迁建合并到邵原镇供销社
		路家岭烟站	迁建为反头岭购销社
		大峪水电站	撤销
		逢石管理区	撤销
		市第四中学	与下冶乡中学合并
		毛田供销社	合并到邵原镇供销社
		毛田购销社	
		小沟购销社	

续表 7-3-9

行政区域		单位	安置情况
河南省	济源市	红卫渠购销社	撤销
		大峪林场	迁建
		小东沟林场	
		逢北电站	撤销
		逢薛电站	
		上河电站	
		逢石卫生院	迁建
		逢石粮店	迁到下石板村
		峡北供销社	迁建
		逢石供销社	
		逢石信用社	
	渑池县	渑池县航运公司	撤销
		渑池县索道桥管理站	
		渑池县供销社	
山西省	垣曲县	小赵苗圃	迁建
		小赵职业高中	
		王茅农场	转产
		王茅供销社	迁建
		峪子良种场	撤销
	平陆县	白浪索道桥管理站	

根据河南省人民政府《关于省第四监狱搬迁问题的批复》（豫政〔1991〕202号）精神，河南省第四监狱由原址迁入洛阳市红山乡本狱的分狱所在地重建。新址按照监狱指挥中心、犯人生活区、犯人劳动生产区、工人劳动生产区、干警生活区、农副业生产基地等6个区域进行建设。

第四监狱迁建于1991年提前实施，1996年底前迁建完毕。完成新址征地265亩，各种基础设施及特殊设施建设完成，总建筑面积54 537平方米。新址建成后基本形成了监狱关押改造、生产、生活等必备的基础条件，还利用原监狱的补偿资金兴办了轴承制造车铣厂、建筑材料加工厂和木板材加工厂3个企业，用于恢复对在押犯人的劳动改造；轴承磨装厂和液压工程机械厂用于安置原有职工和职工家属。

2.库区干支流水文站迁建

水库淹没黄委会河南水文水资源局所属的仓头水文站、八里胡同水文站和垣曲水文站,均属于库区第一期规划迁建项目。3个水文站总人口67人,其中正式职工24人、家属43人,房窑总面积2 180平方米,总占地38亩,配套有水文测验预报等设施。3个水文站均担负着水位、流量、泥沙、降水和蒸发观测及报汛任务。

考虑到库区水文站网整体规划,黄委会水文局组织有关专家现场勘察,确定畛河仓头水文站上迁设石寺水文站,东洋河八里胡同水文站迁至西洋河公路桥上游1 000米设桥头水文站,亳清河垣曲水文站上迁设皋落水文站。

3个水文站迁建工作由黄委会河南水文水资源局负责实施。1995年10月开工建设,1996年6月1日各站新址开始水文测报,恢复运行。1997年11月,建设工程按照规划设计全部竣工,经主管部门自验符合设计要求,测报设施、站房建筑物均满足基本水文站的水文测验要求。

3.库区测量标志移测

小浪底库区测量标志属于库区第一期迁建项目,是国家大地测量控制网的重要组成部分。随着小浪底水库分期运用,275米高程以下的测量标志被逐步淹没。为此,在水库淹没线之下的测量标志必须移至安全、稳固可靠并符合测量规范要求的地方,以保持原大地测量控制网的完整性。

根据黄委会设计院测绘总队提供的资料,库区275米水位淹没80个三角控制点、14条1 406千米水准线路、74个水准点。

库区测量标志迁移项目由黄委会设计院测绘总队负责实施。从1996年初开始实施,至1997年9月全部完成,共新建70个三角控制点、22条1 523.7千米水准线路及100个水准点。经业务主管部门组织自验,移测质量评定为优良。

4.陕虎输电线路改建

陕虎输电线路是指陕沟变电站—虎岭变电站220千伏输电线,是豫西、豫北两大电网的联络干线,属于小浪底库区第二、三期淹没处理项目。线路在孟津县小西沟横跨黄河至济源市老虎爬,止于虎岭变电站,为铁塔装置,淹没影响长度5.87千米。根据黄委会设计院《小浪底水库淹没处理洛—虎220千伏输电线路改建工程可研报告》,改线总长度20.7千米,其中跨越黄河段1.42千米,铁塔 54 座。

项目由河南省电力公司采用投资双包干的方式实施改建。设计单位为河南省电力勘测设计院,监理单位为河南立新电力建设监理有限公司,施工单位为河南省送变电公司和洛阳市供电局。

根据国家批复方案,该工程一般地段导线为单根 LGJX—240155 稀土合金钢芯铝绞线,地线使用 GJ—50 镀锌钢绞线。跨越黄河段导线为单根 LGJ300/70 稀土合金钢芯铝绞线,地线为 GL—80 镀锌钢绞线。全线杆塔共 63 座,其中水泥杆 9 座、铁塔 54 座。

项目于 1999 年 5 月开工,1999 年 12 月 4 日洛阳市电业局和焦作市电业局分别对输电线路进行了竣工验收。1999 年 12 月 16 日,陡虎输电线路通过试运行后,移交生产运行单位焦作市电业局和洛阳市电业局负责运行管理。

5. 新安煤矿改建

新安煤矿隶属于义马矿务局(后改制为义马煤业集团有限责任公司,以下简称义煤集团),位于新安县石寺镇,属于小浪底库区第二、三期淹没处理项目。井田位于石寺、北冶、正村和仓头 4 个乡管辖范围,面积 53.583 平方千米。小浪底水库蓄水后,新安煤矿矿井冲水条件发生重大改变,矿井水害加剧,涌水量大量增加,部分采区报废。其设备需要拆除、转移并重新安装,矿井排水能力需大幅度提高。

按照河南省关于县以上大专项的管理办法,该项目由义马矿务局以投资总包干的方式实施,义煤集团组成防治水工程项目办公室。受河南省移民办委托,河南中豫建设监理公司成立项目监理组进行全程监理。

新安煤矿淹没补偿工程由矿井水文地质条件变化研究和开拓新采区、扩大矿井排水能力、报废采区设备的拆除与安装、矿井防治水、11 区防水闸墙堵水等工程组成。除矿井水文地质条件变化研究需要长期进行外,其他各单项工程从 1998 年 9 月开工至 1999 年 3 月建成,并通过验收,保证了矿井的安全生产,生产能力得到恢复。

6. 白浪索道桥处理和南村—关家渡运码头改建

白浪索道桥属于小浪底库区第二、三期淹没处理项目,桥址位于渑池县陈村乡白浪村和平陆县下坡乡南沟村之间的黄河上,1985 年 12 月建成,设计使用年限 20 年,方便黄河两岸人民的交通往来,促进地方经济发展。

南村—关家渡运码头也是小浪底库区第二、三期淹没处理项目,原址位于小浪底水库大坝上游65.1千米处,北岸为山西省垣曲县古城镇关家,南岸为河南省渑池县南村乡涧河口。

国家计委同意建设渑池—垣曲黄河公路大桥,即南村黄河公路大桥,用于恢复被水淹没的白浪索道桥等原省跨河交通设施,小浪底建管局负责建设工作。南村黄河公路大桥于1998年12月开工,2001年8月建成。

7. 中条山有色金属公司水源工程恢复

该工程属于库区第二、三期复建项目,后单列为大专项工程,具体建设情况在本章第五节专题介绍。

8. 库区供电工程恢复

在国家审定初步设计阶段投资时增加库区供电工程项目,总投资2 300万元,其中河南省800万元、山西省1 500万元。在技施设计阶段,根据垣曲县电力状况及移民生产生活用电情况,规划从山西省闻喜县至垣曲县架设1条110千伏输电线路,解决垣曲县移民用电问题,审批总投资3 000万元。

闻(喜)古(城)110千伏输电线路全长41.23千米,由黄委会设计院总承包,山西省运城市变电公司和山西省电力公司送变电工程公司施工。2002年8月9日,闻(喜)古(城)110千伏输电线路通过验收,工程质量优良,工程验收后移交运城市供电局管理。

(四) 工矿企业处理

小浪底水库淹没影响工矿企业787个(不包含停建令后投产企业173个),涉及搬迁5 683人(其中河南3 670人、山西2 013人)。按企业的生产性质区分,矿业企业540个,占68.6%;工业企业247个,占31.4%。按企业隶属性质划分,县办企业13个,占1.7%;乡办企业125个,占15.9%;村办企业380个,占48.3%;个体及个体联办企业269个,占34.1%。按区域划分,新安县最多,有418个,为53.1%;其次是济源市和垣曲县,分别为191个和105个,占24.3%和13.3%;其他4县共73个,占9.3%。

1. 工矿企业补偿费测算

1994年,黄委会设计院对小浪底库区淹没实物进行全面复核,按照实物复核的成果计算各企业的补偿费。国家计委在水库第一期淹没影响工矿企业补偿投资审查过程中,聘请中咨资产评估事务所于1996年12月对其中的43家企业进行抽样调查,提出了对原补偿费核减20%的意见,并建议对水库第二、三期淹没影响工矿企业进行认真核查和评估,合理确定补偿投资。核查工作于1997年1月开始,由小浪底移民局牵头,地方政府配合,黄委会设计院为主,会同黄河审计事务所的移民工程师、注册评估师、注册会计师、矿业工程师等专业人员,按照国有资产评估程序和方法,对其中规模较大的13家工矿企业进行再评估。同时,对随机抽取的147个企业实物进行核查。在评估、核查基础上,1998年国家发展改革委批复水库第二、三期淹没影响工矿企业补偿投资概算,要求两省包干使用。

1999—2000年,由河南、山西两省移民办组织有关县(市)移民局(办),并邀请部分专家对库区内的工矿企业再一次进行复查评估,复查成果作为最终的兑付依据。其中,河南省移民办组成工作组对新安县和渑池县南村乡境内工矿企业进行复查,河南省其他各县(市)自行组织复查,费用包干;山西省移民办委托黄委会设计院对库区全部工矿企业进行复查,确定了各企业补偿费。

2. 工矿企业转产迁建

对小浪底水库淹没的工矿企业处理有迁建、合并转产和补偿自行处理三种方式。对县办的和规模较大的企业,采取迁建和合并转产方式进行处理,其他企业采用补偿自行处理的方式。

库区787个企业从1994年开始至2001年底迁建、处理完毕。其中,迁建和转产的工矿企业有34个。主要有以下转产工矿企业。

(1)五一煤矿。孟津县五一煤矿是县办集体所有制企业,隶属于孟津县经济贸易委员会,企业规模为国家中(二)级,位于库区第一期淹没处理范围。五一煤矿补偿费为5 828.31万元,主要用于原有职工安置和企业投资转产。

(2)邵原焦化厂。邵原焦化厂是济源市乡镇企业,补偿费3 310万元。该企业迁建后改制为民营的光明焦化公司,1996年建成投产。

(3)黄沙坪煤矿。黄沙坪煤矿是新安县乡镇企业,补偿费3 436万元,2001年转产为金属镁厂。

(4)垣曲县焦化厂。垣曲县焦化厂是垣曲县县办企业,补偿费7 702万元。1994年开始转产,成立晋海集团公司,投资建设了晋海制药厂、10万吨焦化厂、晋海大酒店、望仙风景区、晋海汽修厂等县办企业。

(5)其他转产企业。新安县八一硫铁矿等4个企业合并转产为乳化炸药厂

(县办);新安县寺河一矿转产为鑫钰陶粒厂;新安县寺河二矿等8个企业合并转产为金桥水泥厂;新安县东沙煤矿转产为山楂黄酮厂;新安县西沃乡办11个矿业企业转产为旅游公司;平陆县3个煤矿转产为股份制高岭土公司等。

3. 职工安置

河南、山西两省库区工矿企业共有非农业职工3 106人,其中河南1 137人、山西1 969人。按照企业性质分,县办企业1 456人、乡镇企业1 650人。

受淹没的企业转产或迁建之后,不论产权单位和主管部门如何变更,企业职工原则上由原企业妥善安置。非农业人口的职工由地方政府统一负责安置:原企业复建的随企业安置;转产的企业职工地方政府协调安置,技术不能适应新岗位的职工应进行培训后上岗,对离退休职工或丧失劳动能力人员的给予生活保障。库区内的农业户口职工随农业人口安置,如果选择进厂的,企业可优先录用。对于库区外农业职工,有条件的企业继续留用;确实无法安置的,按有关规定和合同要求进行处理。

在乡镇企业迁建中,有9个新建企业安置400人,有4个转产企业安置289人,安置到其他企业的有103人,领取安置补偿费后自谋职业的有858人。原有职工736人,安置方式:一是按照工龄1 000元/年作为安置费标准,为372人买断工龄,一次性发放一笔安置费;二是由社会养老保险机构负责发放84名退休人员的退休养老费;三是根据伤残等级由劳动部门负责24名伤残人员;四是将其他人员分流到其他工厂和单位,由这些单位发放工资和劳动医疗保险。

在县办企业中,河南省新安县八一硫铁矿厂99人被安置到新安县北冶乡新建的春都水泥厂;山西省垣曲县焦化厂利用补偿费重新组建了晋海集团,安置本厂职工1 200人;其他3个县办企业共256人均在复建企业中安置。

根据监测评估机构的专项调查结果,原有在县办企业和乡镇办企业中的职工均已经得到妥善安置,这部分职工无论是在岗、退休、自谋职业或是领取待业补贴的,其收入与当地居民收入持平或略高于当地居民。农民工及库区外的合同工和临时工也按要求进行了妥善安置。

(五)专项恢复重建

小浪底水库库区移民专项建设包括库周交通道路、电力、通信、广播设施的复建和安置区交通、电力、通信、广播设施的建设及库周渡口、码头、提水站恢复等。

1. 交通道路

规划库周和安置区交通道路长 1 268.5 千米,其中县级公路 10 条 171.4 千米、县乡公路 17 条 128.5 千米、乡村公路和临时搬迁路 968.6 千米。实施中共完成道路建设 1 057.4 千米,其中县级公路 7 条 198.8 千米、桥梁 1 座、县乡公路 12 条 91.73 千米,乡村公路及临时搬迁路等 753.4 千米。主要公路均通过有关部门验收,并移交公路部门管理。

(1)新安县新峪公路。原新峪公路是新安县北部的一条重要交通线,水库淹没后影响西沃、仓头、北冶、石寺、峪里等乡镇库周群众的出行。为恢复新安县北部交通,库区第一期规划中对新峪公路进行改线,总长 69.247 千米,设计路基 8.5 米,路面宽 7 米,沥青路面。概算总投资 7 048.33 万元,审批投资为 6 348 万元。

公路按设计分 4 段实施。前 3 段基本按规划完成,最后 1 段(太平庄—峪里段)原规划为改善段,实施过程中,根据当地地形、地质条件,按改线新建重新进行了设计,实际投资超概算较多。新峪公路实际总长度 69.56 千米,投资 11 153.4 万元。全线于 1996 年 11 月建成通车,并通过有关部门的验收。

(2)垣曲县黄河路。垣曲县黄河路西接东济线,东至县城东环路,全长 2.93 千米,建桥 1 座,长 84 米。1996 年 11 月 15 日开工,1998 年 9 月 4 日竣工验收,经验收后移交给垣曲县城建局管理。

(3)温孟滩东西干道。温孟滩东西干道为贯穿温孟滩安置区的主要交通线,东起东围堤,西至高崖对外连接路。该路原规划为县乡公路,在实施阶段由河南省移民办调整为县级公路。干道全长 36.52 千米,其中孟州市境内 25.52 千米、温县境内 11 千米;路基宽 8.5 米,路面宽 7 米;桥梁 2 座,总长 40 米;沥青路面。1998 年 5 月 1 日全线开工,同年 8 月 31 日完工。1998 年 11 月,孟州市移民局和温县移民局分别组织了竣工验收。

(4)济源市坝北公路。济源市坝北公路起止点为大峪镇址和大南庄,县级公路,全长 22.194 千米,路基宽 7.5 米,路面为 15 厘米沥青碎石面层,宽 6 米。1996 年 10 月开工,1999 年 5 月完工,2002 年 12 月由济源市移民工作领导小组主持验收。

(5)济源市新济坡公路。该路段是贯穿济源市南部丘陵区诸多村庄和移民安置点的交通干线。考虑到该区域的经济发展,在实施过程中,济源市移民局对线路走向做了调整,道路等级提高为县级公路,并委托黄委会设计院修改设计。起止点为 207 国道至庙后村小浪底北岸专用线,全长 8.496 千米,沥青路面。工程于 1999 年 10 月开工,2000 年 6 月完工。

(6)济源市下冶公路。济源市下冶公路起止点为田腰和逢北,县级公路。道路全长 16.72 千米,其中改建路段长 8.1 千米,在原路段的基础上裁弯取直,局部加宽;新建路段 8.62 千米,路基宽 7.5 米,路面为 15 厘米沥青碎石面层,宽 6 米。工程于 2001 年 6 月开工,2002 年 12 月完工。

(7)垣曲县东济线。垣曲县东济线规划为县级公路,全长 42.7 千米,分 3 段建设。蒲掌至王古垛段于 1993 年 11 月 1 日开工,1998 年 9 月 1 日竣工,全长 8.7 千米。县城至上亳段于 2001 年 8 月 1 日开工,2003 年底贯通,全长 25 千米。上亳至店头段于 2000 年 10 月 1 日开工,2003 年底贯通,全长 9 千米。

(8)新安县峪里河桥。新安县峪里河桥全长 170 米,为 8 孔 20 米预应力空心板结构,桥面宽 8 米。1996 年 4 月开工,1998 年 5 月主体工程完工,同年通过洛阳市交通局验收。2001 年又进行了第一、二级桥头锥坡护砌工程。

(9)县乡路建设。孟津县官阳路(东官庄至阳坪)全长 11.9 千米,沥青路面,1997 年 4 月开工,当年 10 月完工,有关部门进行了验收和移交工作。

孟津县新横路,全长 2 千米,2000 年 4 月开工,2000 年 10 月完工。

新安县上横路(上坡至新孟县界),全长 20.6 千米,1998 年 4 月开工,1999 年 10 月基本完成。

新安县石井新乡址连接路(新乡址至新峪公路),全长 0.28 千米,1999 年 5 月完工。其中峪里大桥全长 170 米,为 8 孔 20 米预应力空心板结构,桥面宽 8 米,1998 年 5 月主体完工。

渑池县南村后靠点连接路(安置点至南阁公路),全长 3.88 千米,1999 年开工,2000 年完工,渑池县移民局组织验收并移交县交通部门管理。

温县大玉兰路(老温孟路至东西干道),全长 7.13 千米,1998 年 6 月开工,1998 年 9 月完工,2002 年 7 月温县移民局组织验收并移交县交通部门管理。

孟州南关移民路(南关至东西干道),长 6.3 千米,1997 年 7 月开工,1998 年 5 月完工,1999 年 6 月孟州市移民局组织验收并移交市交通部门管理。

开封县王岗至万隆公路,2000 年 6—8 月建设,全长 7 千米。

济源市乱石移民路(乱石至大峪河桥),长 2.63 千米。

垣曲县城南路,自黄河路至变电北路,长 1.5 千米,1998 年 10 月竣工。

垣曲县解原路(解村至原坪),全长 16.27 千米, 2000 年 5 月竣工。

垣曲县北赵路(王茅镇北河至古城赵家岭)与黄河大桥连接路,全长 12.24 千米, 2001 年 5 月竣工。

2. 电力设施

小浪底移民安置区规划 110 千伏变电站 1 处,35 千伏变电站 11 处(其中新建 7 处、扩容 4 处),35 千伏线路 9 条 77.6 千米,10 千伏线路 852 千米。实际完成 110 千伏变电站 1 处,容量 31 500 千伏安;35 千伏变电站 14 处,其中新建 7 处、容量 22 600 千伏安,扩容 7 处、容量 13 950 千伏安;35 千伏线路 11 条 85.4 千米;10 千伏线路 257 条 828.2 千米。电力设施均通过有关部门验收,移交并投入使用。

(1)孟州市迎港 110 千伏输变电工程。该项目由黄委会设计院设计,孟州市电力公司负责实施,孟州市电业局负责监理。工程主要包括 110 千伏输电线路 20 千米、容量 31 500 千伏安的主变安装调试、综合自动化安装调试和土建工程等,总投资 2 048.2 万元,其中利用移民投资 452.2 万元。工程于 1996 年 6 月开工建设,1997 年 6 月竣工。孟州市移民局会同焦作市电业局、孟州市电业局、孟州电力安装公司组成验收委员会进行了验收、鉴定。

(2)新安县 35 千伏变电站和线路实施。新安县龙渠变电站属于库区第一期建设项目,担负仓头、西沃和石井 3 个乡的全部及北冶乡部分生产生活供电任务,站址在新安县北冶乡刘黄村,占地 4.5 亩,供电容量为 5 000 千伏安,架设石寺至刘黄 35 千伏线路 10.5 千米,1997 年 9 月投入供电运行;郭峪变电站容量 7 150 千伏安,35 千伏输电线路 9.15 千米,2003 年 3 月竣工;太平变电站容量 2 500 千伏安,35 千伏输电线路 7.65 千米,2001 年 12 月竣工。

济源市苏岭变电站容量 3 150 千伏安,35 千伏输电线路 13.46 千米,1996 年 6 月竣工;天江变电站扩容 2 000 千伏安,35 千伏输电线路 6.5 千米,1999 年 3 月竣工。

温县 35 千伏变电站容量 3 150 千伏安,35 千伏线路 9.8 千米,1999 年 4 月完工。

孟州滩移民安置区原规划 1 处 35 千伏变电站,在实施过程中,孟州市电力部门将规划调整为对移民所在 4 个乡(镇)的 35 千伏变电站进行扩容或改建,共扩容 8 150 千伏安,新建 35 千伏线路 9.8 千米。

垣曲县古城 35 千伏变电站容量 3 150 千伏安,35 千伏线路 6 千米,2000 年 10 月竣工;解峪变电站容量 2 500 千伏安,35 千伏线路 7 千米,2001 年 9 月竣工;英言变电站容量 3 150 千伏安,35 千伏线路 2 千米,2002 年 9 月竣工;新城变电站扩容容量 2 000 千伏安,35 千伏线路改造 2 千米,2002 年 9 月竣工。

3. 通信

通信工程按照"三原"原则进行规划设计。随着中国通信事业快速发展,行业部门已无法按原规划标准实施。各县(市)移民部门经与通信部门协商,由电信部门按照行业规划恢复移民村通信,相应的电信工程补充资金由电信部门包干使用。

济源市建设大峪邮电支局 1 处,架设通信光缆 13.6 千米。1999 年 12 月,项目通过电信部门验收并投入使用。库周和安置区共实施乡村通信线路 1 098.555 千米,满足了移民群众的需要。

4. 广播设施

随着有线电视逐步取代有线广播,各县(市)移民部门与广电部门协商,将项目投资以补贴形式为安置区各移民村群众安装有线电视线路,不足部分由移民村自筹。库区共建设放大站 6 个,架设有线电视线路 371.33 千米。

5. 提水站

水库淹没影响提水站 587 处,其中 534 处提水站受益区随提水站一起淹没,另外 53 处提水站受益区位于 275 米高程以上。根据规划设计要求,需要对 275 米高程以上原受益区恢复水源工程。通过现场勘察,对孟津县崔岭、红崖头和新安县塔山、香头庙、张官岭等 5 处规模较大的提水站进行了专项设计,对其他 48 处提水站按照典型设计单价进行了补偿重建。

建设完成受淹没影响的提水站共 20 处,其中新建 17 处、改建 3 处。河南省建成 19 处,其中新建 16 处、改建 3 处;山西省建成 1 处。

济源市将规划的 10 处提水站投资用于王屋山供水工程和布袋沟供水工程。

孟津县完成 8 处供水工程,其中新建 5 处、改建 3 处。后村、津西、崔岭、大柿树(红崖头)、光华四组的供水工程为新建,改建光华一组、下沟村和柳树滩 3 处供水工程。

新安县香头庙提水站 2001 年 10 月竣工,井深 420 米,出水量 12.24 吨每小时,可供应全村 4 个自然村、8 个居民组、1 250 人生产生活用水;塔山提水站采取分村打井的办法实施,2000 年 8 月完成,可供应 6 个村 7 386 人的生活用水;张官岭提水站 2001 年 8 月竣工,井深 150 米,出水量 19 吨每小时,分二级提水到张官岭总塘,利用高位水池自流到张上、张下、西沟 3 个分塘,可供应全村 700 人用水,并浇灌部分耕地。

6. 库周渡口和码头

水库淹没黄河渡口 61 处、干流索道桥 2 座。根据规划,恢复中型渡口 2 处、小型渡口和一般轮渡各 12 处;规划新建码头 41 处,其中河南 26 处、山西 15 处,码头连接路 35.6 千米。

实际恢复河南省境内渡口 6 处。恢复码头 16 处,建设码头连接路 19.81 千米,其中河南省 11 处,码头连接路 16.01 千米;山西省 5 处,码头连接路 3.8 千米。

（六）有关问题处理

小浪底移民实施中,出现诸如重大设计变更、水库淹没线以上影响、实物错登漏登、新增房窑等特殊问题。在处理这些问题的过程中,逐步形成由业主牵头、黄委会设计院技术把关、监理单位和地方移民部门共同参与的协作处理机制。

1. 设计变更

主要处理 6 项设计变更。

（1）库区第一期原规划县内安置的新安县 5 个村部分移民变更为在孟州市 2 个村（塔地、盐西）和温县 3 个村（盐东、龙渠、河西）安置。该变更经小浪底移民局审查批准。

（2）库区第二、三期原规划县内安置的渑池县班村、仁村、涧口、杨家、河水和南村 6 个村部分移民调整到开封县安置。该设计变更由黄委会设计院编制报告,小浪底移民局上报水利部水规总院审查同意,由河南省移民办批准。

（3）小浪底水库库区第二、三期原规划在温县安置的石渠村部分移民调整为在新安县县内安置,原规划在新安县县内安置的王坟村部分移民调整到温县安置,原规划在新安县县内安置的高崖、晁庄村部分移民调整为在孟州安置。该设计变更经河南省移民办审查批准。

（4）小浪底水库库区第二、三期原规划在新安县后靠安置的裴岭村变更到温县安置,变更方案经河南省移民办审查批准。

（5）小浪底水库库区第二、三期垣曲县后河灌区移民,居民点数量由原规划的 15 个合并到英言、陈堡、华峰 3 个集中安置区,山西省移民办委托黄委会设计院进行了设计变更,变更方案经河南省移民办审查批准。

（6）小浪底水库库区第二、三期渑池县南村乡政府新址由鲤鱼山变更到仁村头道塬,变更方案经河南省移民办审查批准。

2. 水库淹没线以上影响

随着小浪底水库蓄水位逐步升高,水库淹没线以上库周部分群众在交通、吃水、就医、婚嫁、子女上学等方面出现较多困难。为摸清库周淹没影响线以上的实际情况、界定问题性质,小浪底移民局会同设计单位、监理单位和省移民办组成联合调查组,在 2000 年和 2001 年期间,先后 3 次进行现场调查。调查结果显示,库周影响共涉及 49 个村庄,其中河南省 36 个村庄、山西省 13 个村庄。

为了妥善解决该问题,维护库区社会稳定,方案经技术论证和经济比较,确定 16 个村的 1 718 人搬迁到本村人口较集中的地带,其他村庄以恢复功能为主,由设计单位编制《小浪底水库淹没线以上影响问题处理报告》,地方移民机构据此进行处理。

3. 实物错登漏登

小浪底水库库区第一期实物错登漏登的问题,由地方政府上报后,经设计单位现场调查,在概算报告中予以确认。水库第二、三期移民实物错登漏登的问题分为整户错登漏登和部分实物错登漏登两种情况,需要分别处理。整户错登漏登指移民整户人口和房窑等均未登记或主房产大部分未登记的情况,这类问题由业主、设计、省移民办等多家单位分期进行联合现场调查核实,最终由设计部门编制报告,经小浪底移民局批准后进行兑付。部分实物错登漏登由省移民办根据设计单位测算结果,将资金按移民人数下拨给县移民部门,再将大部分资金兑付到村,由移民村组织人员进行核定,张榜公布后兑现到人;剩余资金由县统一调配给缺口较大的移民村,张榜公布后兑现到人。

4. 新增房窑

小浪底水库移民实物从 1994 年复查后到 2001 年,历时 8 年,因为人口增长、婚嫁等客观原因,部分移民在库区内修建和改建了一定数量的新房窑。这些房窑在实施规划批复中未考虑,移民反映较为强烈。为确保库区稳定,减少移民损失,按照上级要求,小浪底移民局于 2001 年 8 月组织各有关部门对移民新增房窑问题进行了现场调查测算,黄委会设计院于 12 月编制了新增房窑的处理报告,由地方政府按照报告进行兑付处理。

第四节　文物古迹保护

小浪底工程文物古迹保护工作由国家文物局统一领导,河南、山西两省文物管理局总体负责。河南省境内的文物古迹发掘保护工作由河南省文物考古研究所、河南省古建筑研究所和洛阳、三门峡、焦作 3 市文物部门实施;山西省境内的文物古迹发掘保护工作由山西省文物考古研究所和山西省有关市、县文物部门实施。小浪底移民局和河南、山西两省移民办负责资金拨付与监督检查。

1982 年,根据国家文物局指示精神,河南、山西两省文物部门对小浪底工程占地及淹没影响区文物古迹进行了调查。1985 年,按照水利部的要求,黄委会设计院委托两省文物部门进一步开展文物调查,并将调查成果汇总编入《黄河小浪底水库工程环境影响评价报告书》,该报告 1986 年初通过水利部组织的预审,同年 3 月通过国家环保局审批。

小浪底工程文物保护工作 1991 年纳入初步设计,1993 年纳入世界银行评估报告。1995 年和 1997 年黄委会设计院分别在《小浪底水利枢纽技施设计阶段水库库区第一期淹没处理及移民安置规划报告》和《小浪底水利枢纽技施设计阶段水库库区二、三期淹没处理及移民安置规划报告》中对文物保护工作进行了规划设计。上述两个报告经国家批复后,文物保护经费得到落实。

小浪底工程文物保护工作遵循"重点保护、重点发掘"和"既有利于文物保护,又有利于建设"的原则和"保护为主、抢救第一"的方针。

一、施工区文物古迹保护

根据文物部门原调查和掌握的情况,施工区地下文物需钻探面积 123 万平方米,发掘面积 10 027 平方米,搬迁 2 通碑刻,拆迁 1 座古建筑,核定经费 300 万元。

在河南省文物管理局统一组织下,施工区文物古迹保护工作于 1993 年底结束。文物保护共完成钻探面积 72 万平方米,发掘面积 11 300 平方米,搬迁 2 通碑刻,拆迁 1 座古建筑。在南岸坝区及南岸 1 号公路施工范围内清理汉代至战国时期墓葬近百座;在北岸 10 号公路施工过程中发现 1 处古墓,清理 130 座春秋时期墓葬,同时清理了部分龙山和二里头文化遗物。1994 年 4 月,施工区文物古迹处理作为施工区移民征地拆迁工作的一部分通过水利部组织的清场验收。

二、库区文物古迹保护

根据调查,小浪底水库淹没区埋藏有丰富的从旧石器时代到新石器时代裴李岗文化、仰韶文化、龙山文化的遗物,以及大批夏、商、周、汉、唐、宋时期的古遗址、墓葬群;另有众多的地面古建筑、石窟寺、摩崖碑碣等古文化遗迹。

1995 年 12 月,小浪底移民局会同河南、山西两省文物部门在郑州召开文物保护工作会议。会议对水库淹没区文物古迹调查结果进行了评估和审查,确认淹没区内有古文化遗址 125 处(其中河南省境内 94 处、山西省境内 31 处)、地面古建筑 38 处(其中河南省境内 32 处、山西省境内 6 处)、历代碑碣 120 通(其中河南省境内 65 通、山西省境内 55 通)。河南省境内还有石窟寺、摩崖造像、石刻 5 处,黄河栈道遗迹 9 处。库区文物依其价值分为重要、比较重要和一般三类,分别采取抢救性发掘、整体或主要构件搬迁保护、地面文物测绘等方法进行保护。

河南省共进行文物实地调查 300 平方千米,涉及文物点 150 余处,文物勘探 114.06 万平方米,考古发掘面积 8.72 万平方米,调查古代民居 100 余处,古代寺庙 1 座。整体搬迁古代石窟 1 处和古代民居多处。

山西省共完成 10 组古代民居、6 处汉代至明代题记、55 通碑碣、5 000 米黄河栈道等地上文物古迹的保护工作;完成钻探面积 240.85 万平方米,发掘面积 8.16 万平方米。

(一)地下文物

河南省文物保护部门先后发掘了济源市的白沟、桥沟、交兑、留庄、长泉(见图 7-4-1),新安县的荒坡、槐林、麻峪、马河、冢子坪、西沃、太涧、眷兹、盐东,孟津县的妯娌、寨根、清河和渑池县的班村、杨家、南村等 20 多处遗址,勘探发掘了新安县后唐李存雍陵和济源市留庄东周墓地等。山西省文物考古部门先后完成南关商城、宁家坡、东关、北堡头遗址、寨里土桥沟曙等地点的发掘工作。

重要遗址有以下4处：

（1）妯娌遗址。是从仰韶文化晚期延续到龙山文化早期的新石器时代聚落遗址。1996年4—12月，洛阳市文物工作队与郑州大学考古系师生共同对该遗址进行发掘，该遗址被评为当年全国十大考古新发现之一。墓葬多有生土二层台，发现有距1996年12月中国新石器时代最大的墓葬，出土文物丰富多样，有黄河中游最大的石璧及3件形制相同、大小依序的陶铙形器等。妯娌新石器时代聚落遗址的挖掘和研究对王湾二期文化石器的聚落形态及社会组织的研究提供了新的启示。

图7-4-1　济源市桥沟出土的
仰韶时期的陶器

（2）班村遗址。渑池班村遗址发掘从1992年至1999年，发掘面积7 500平方米。该遗址由中国历史博物馆、河南省文物考古研究所、陕西省考古研究所、西北大学、中山大学、中国科技大学、北京师范大学、中科院地质研究所、古脊椎动物与古人类研究所、植物研究所、中国社会科学院考古研究所等多家研究机构组成阵容强大、门类齐全的国内第一个多学科综合考古队进行发掘，涉及田野考古、科技考古、环境考古、动物考古、植物考古、地学、文化人类学等多种学科。班村遗址发现了早于仰韶文化的裴李岗文化遗存。

（3）垣曲商城遗址。垣曲商城遗址自1984年发现后，中国历史博物馆考古部与山西省考古研究所合作在此进行了持续不断的考古发掘。遗址出土了大量属于仰韶文化晚期、二里头文化晚期（夏代）、二里岗文化时期（商代早期）的遗存，其中以一座早期商城遗址为代表的二里岗文化时期的遗存最为丰富。这一城址是同期全国已确认的6座早期商城之一，也是工作时期长、揭露面积大、整体了解最清楚的城址之一，对了解夏、商时期的政治、经济、文化有着极其重要的意义。

（4）盐东汉代遗址。新安盐东汉代遗址是 1997 年 10 月发现的重要考古遗址，先后进行了两次大规模发掘，共揭露面积 17 000 余平方米，发现主体建筑、附属建设、烧窑区、墓葬区、水井、道路等重要遗迹，对研究东汉时期的政治、经济、军事等有着十分重要的意义。该遗迹的发掘，被评为 1998 年全国十大考古新发现之一，并获得国家文物局 1996—1998 年度考古发掘三等奖和河南省文物局考古工作特别奖。

（二）地上文物

地上文物多为明清时期的古建筑、碑刻等遗迹。对价值较高的地上文物采取整体异地搬迁重建的保护方法；对于石刻碑碣采取搬迁至安全区集中保护的办法；对一般性的地上文物采取全面测绘的办法保存资料，并将主要构件进行搬迁；对无法搬迁的部分采取考察、测绘、制作标本的办法妥善加以保存。

小浪底水库淹没区实施保护措施的地上文物古迹有 40 项，年代跨汉魏至清代，重点介绍以下两项：

（1）西沃石窟。西沃石窟是黄河中下游岸边唯一一处北魏石窟（见图 7-4-2），1986 年被确定为河南省省级文物保护单位。它的发现为中国石窟寺艺术研究增添了一项新资料，为确认北魏末期石刻佛像造型提供了年代上的依据。国家文物局和河南省人民政府对西沃石窟的保护搬迁召开专门会议，研究论证搬迁方案，最后确定采用分块切割、洞窟分割、块体运输及石窟复原组装的总体方案进行搬迁。1997—1998 年，工作人员将遗址分成七块，从陡壁上分割凿取下来后，迁至新安县铁门镇千唐志斋博物馆内重新复原予以保护。这项石窟整体搬迁施工工程当时在中国尚属首例。

（2）八里胡同古栈道和黄河漕运遗迹。1996—1997 年，通过对黄河八里胡同峡南北两岸 14 个自然段的古栈道进行考古调查，发现不少栈道上残存的壁孔、底孔、桥槽、历代题记与立式转筒等遗迹，类型繁多，数量丰富，对研究古代黄河漕运史、交通史、工程技术史及其在社会经济文化中的作用均有重要价值。1998 年，对八里胡同以上库区的黄河漕运遗迹进行大规模调查，发现了北宋崇宁年间修道人题记与观音菩萨线刻等，为研究北宋后期漕运道路的维修方式提供了实证依据。对遗迹中重要的题记、线刻画像及典型的栈道方孔、牛鼻孔进行了切割保存。

图 7-4-2　西沃石窟东区摩崖大佛

1999—2001 年,河南省文物部门还先后完成孟津县谢庄石窟搬迁工程、渑池县洋湖居民搬迁保护工程和济源市汤帝庙、元代关帝庙搬迁保护工程。2000—2002 年,山西省文物部门对垣曲县席氏、文氏等 6 处古建民居、五间门楼等主要构件进行了拆迁。

(三)主要成果

小浪底水库淹没区文物古迹保护工作开展顺利,在水库各蓄水阶段之前基本完成,并通过阶段验收。位于河南省境内黄河中游峭壁之上的西沃石窟整体搬迁,妯娌遗址、黄河漕运建筑、盐东遗址及山西省境内的商城遗址、寨里曙猿化石等项目的发掘和搬迁在中国考古界引起轰动,部分成果被评为当年的全国十大考古发现。文物管理部门对大部分发掘成果进行了整理,正式出版发行,其中包括《黄河小浪底水库文物考古报告集》、《黄河小浪底水库考古报告》(第一、二集)及《垣曲商城》、《垣曲东关》等。

第五节　大专项工程

小浪底水库移民项目大专项工程是指温孟滩工程、后河水库及灌区工程、中条山供水工程、南村黄河公路大桥工程。每个项目都构建了一套建设管理体制、运行机构和基本建设管理程序。

一、温孟滩工程

温孟滩工程,即黄河小浪底水利枢纽温孟滩移民安置区河道工程和放淤改土工程,是为温孟滩移民安置区提供移民安置条件而兴建的项目。工程位于小浪底水利枢纽工程下游约 20 千米黄河滩区,上起孟津白鹤控导工程,下至温县大玉兰险工下首 2 千米处,河段全长 42 千米。温孟滩移民安置区河道工程平面位置示意(铁谢断面以下)见图 7-5-1,小浪底水利枢纽温孟滩移民安置区放淤改土工程示意见图 7-5-2。

温孟滩工程的主要建设内容是通过河道整治措施,提高温孟滩移民安置区防洪标准;通过放淤改土措施改良土壤,使移民安置区具备生活生产条件。温孟滩工程于 1993 年开工,2000 年完工。温孟滩移民安置区新建 31 个居民点,共安置移民 43 655 人,移民全部来自新安县。

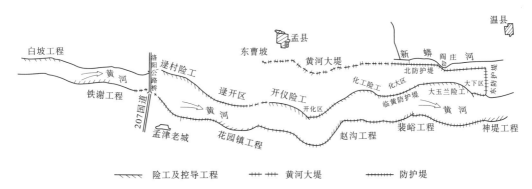

图 7-5-1　温孟滩移民安置区河道工程平面位置示意(铁谢断面以下)

(一)项目设计

小浪底水库库区淹没影响涉及新安县 6 个乡 52 个行政村 8 万余人,占库区移民总人数的 44%。由于新安县内安置移民的环境容量有限,黄委会设计院将温孟滩作为小浪底水库移民集中安置区的方案编入《黄河小浪底水利枢纽工程初步设计报告》,河南黄河河务局黄河勘测设计研究院(以下简称河南黄河设计院)据此编制相应的工程规划报告。

1993年,国家计委以《关于黄河小浪底水利枢纽工程初步设计的复函》(计农经〔1993〕459号)批准了由黄委会设计院编制的小浪底移民安置规划初步设计,肯定了"大力开发温孟滩区,配合河道工程,集中安置移民,以节约有限的土地资源"的指导思想。至此,温孟滩工程正式立项。

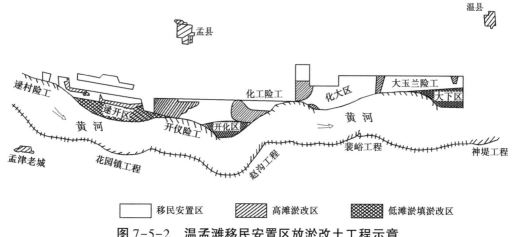

图7-5-2　温孟滩移民安置区放淤改土工程示意

1.初步设计

根据小浪底工程初步设计报告关于在温孟滩安置移民的规划要求,1992年12月,河南黄河设计院编制了《黄河小浪底水利枢纽温孟滩移民安置区河道工程初步设计(要点)》和《黄河小浪底水利枢纽温孟滩移民安置区放淤改土工程初步设计(要点)》。

1993年3月11日,水利部印发《关于黄河小浪底水利枢纽温孟滩移民安置区河道工程初步设计(要点)的批复》(水规计〔1993〕52号),核定工程总投资为9 622万元。1994年2月3日,水利部印发《关于黄河温孟滩移民安置区放淤改土工程初步设计(要点)的批复》(水规计〔1994〕51号),核定工程总投资为9 957.26万元。

2.修改补充设计

在工程实施过程中,主要工程技术指标几经调整,河南黄河设计院编制了修改补充设计文件,水利部分别以《黄河小浪底水利枢纽温孟滩移民安置区河道工程修改设计报告》(水规计〔1998〕48号)和《黄河小浪底水利枢纽温孟滩移民安置区放淤改土工程修改补充设计报告》(水规计便〔1998〕第13号)报国家计委。1998年10月,国家计委以《国家计委关于小浪底库区专项工程温孟滩移民安置区河道工程和放淤改土工程概算的批复》(计投资〔1998〕2020 号)批复工程概算总投资 56 167 万元(1994 年价格水平),全部为中央投资,其中基建拨款 45 267 万元,世界银行软贷款折合人民币 10 900 万元。

温孟滩工程主要经济技术参数见表 7-5-1。

表 7-5-1　温孟滩工程主要经济技术参数

项目		指标参数
建设地点		河南省巩义市、孟州市、温县
建设性质		小浪底移民配套项目
投资来源		中央财政拨款、世界银行贷款
总投资		56 167 万元
河道工程	一、防护堤	
	1. 防护耕地	21.93 万亩
	2. 防护区防洪等级	乡村Ⅳ级
	3. 设计防洪流量	10 000 立方米每秒
	4. 设计洪水位重现期	小浪底水库建成后 100 年一遇
	5. 堤防长度	总长 53.28 千米,其中临黄防护堤 39.57 千米、东防护堤 2.99 千米、北防护堤 10.72 千米
	6. 堤顶超高	1.0 米
	7. 堤顶宽度	8 米
	8. 堤坡	1:3
	9. 堤防工程土方	215.64 万立方米
	二、河道整治	
	1. 新建工程数量	丁坝 100 道,垛 18 道,工程长 12 100 米
	2. 设计最大冲刷深度	花园镇以上 8 米,花园镇以下 12 米
	3. 堤顶宽度	连坝 10 米,丁坝 15 米
	4. 堤坡	土坡 1:2,石坡 1:1.5
	5. 工程量	土方 259.32 万立方米,柳石方 64.74 万立方米,土工布 18.46 万平方米
	三、投资	24 471 万元
放淤改土工程	一、淤填工程	
	1. 淤填面积	11.59 平方千米
	2. 土方工程量	1 242.27 万立方米
	二、改土工程	
	1. 改土面积	22.66 平方千米
	2. 土方工程量	726.91 万立方米
	三、投资	31 696 万元

3.设计变更

（1）河道工程一般设计变更。在施工过程中，施工单位根据施工现场实际情况，提出河道整治工程布置的变更建议，报监理单位审查。在监理单位征得相关部门同意后，由河南黄河设计院论证其可行性和合理性，并提出变更设计。河道整治工程的设计变更共有 9 项，均按照一般设计变更管理程序履行相关手续。

（2）河道工程重大设计变更。北防护堤是温孟滩移民安置区河道工程中防护体系的重要组成部分，位于安置区以北、新蟒河以南，用以防御新蟒河洪水对温县移民安置区的侵袭，防洪标准为 20 年一遇。

新蟒河是一条流经温县境内的季节性河流，由于河道演变，在温县境内形成"瓶颈"，南岸土地经常受淹，防洪标准只有 1~3 年一遇。1995 年 8 月，地方政府为了结合温孟滩工程促进新蟒河治理，在原设计的北防护堤与新蟒河南堤之间开工建设移民试点村，使原设计的北防护堤失去保护移民安置区的作用。1995 年 10 月，河南省移民办将新蟒河治理初步设计批复意见转报小浪底移民局，希望在移民资金中解决部分工程投资。1996 年 8 月 22 日，河南省移民办再次致函小浪底移民局，提出以新蟒河治理代替移民安置区北防护堤的建议。为此，小浪底移民局主持召开了专题会议。会议明确："新蟒河治理是地方负责的工程项目，必须达到与移民安置区北防护堤相同的 20 年一遇防洪标准，以代替北防护堤的功能。工程完工后，可将修建北防护堤的资金用于新蟒河上建筑物建设。"

根据专题会议精神，1996 年 10 月至 1997 年 7 月，温县人民政府组织完成新蟒河治理工程施工，并提交了工程初步验收报告。

为了评价新蟒河治理工程质量、确保移民安置区安全，小浪底移民局于1999 年 12 月 21 日组织专家对工程质量进行检查、论证。专家认为："利用新蟒河南堤替代北防护堤是可行的……鉴于修建新蟒河南堤能够满足移民安置区的防洪要求，再建北防护堤已无必要。"

为了完善基本建设程序，小浪底移民局委托河南黄河设计院对北防护堤进行设计变更。2002 年 8 月，小浪底移民局以《关于黄河小浪底水利枢纽温孟滩移民安置区河道工程北防护堤设计变更的请示》（局移〔2002〕8 号）将设计变更报告上报水利部。2003 年 12 月 9 日，水利部印发《关于温孟滩移民安置区工程北防护堤设计变更报告的批复》(水总〔2003〕593号),批复了设计变更。

(3)放淤改土工程一般设计变更。在工程实施过程中,由于安置区边界调整、保护生态等因素,放淤改土工程面积调整构成一般设计变更。1996年1月,由水利部水规总院牵头,小浪底移民局在郑州主持召开专题会议,研究放淤改土工程范围重新核定事宜。河南黄河设计院遵照专题会议精神,先后两次组织温孟滩移民安置区范围复核及土地资源详查工作。根据此次实地勘察及河南农业大学土样分析试验结果,对改土面积重新核定,核定后的放淤改土面积增加1.25平方千米,改土工程量增加51.1万立方米。

(4)放淤改土工程重大设计变更。温孟滩移民安置区放淤改土工程1995年开始实施,经过一年多的工程实践,参建单位普遍认为"改土土质中的物理性黏粒(直径小于0.01毫米)含量占20%以上"的质量标准不尽合理。

为了科学合理地确定改土质量标准,河南黄河设计院会同河南农业大学开展一系列科学研究,对移民安置区土壤分类、土资源分布情况进行深入调查研究,编写了《黄河小浪底水利枢纽温孟滩移民安置区土资源评价报告》。在此基础上,1996年6月,河南黄河设计院提交了《温孟滩移民安置区放淤改土工程质量指标的建议》,提出工程质量指标应以土壤质地为主,其中物理性黏粒含量以10%~70%为宜。1996年7月11日,来自河南省委农村工作办公室、河南省农业银行、河南省农科院及河南农业大学等单位15名专家对《温孟滩移民安置区放淤改土工程质量指标的建议》进行评估,与会专家一致认同新的质量指标。

根据专家意见,河南黄河设计院编制了《温孟滩移民安置区放淤改土工程质量指标调整报告》。1996年8月,水利部水规总院审查通过了《温孟滩移民安置区放淤改土工程质量指标调整报告》,审查意见以水规设字〔1996〕0049号文印发执行。

(二)项目管理与实施

1. 管理机制

为了切实加强工程建设相关问题的协调,1991年2月,水利部会同地方政府共同成立黄河温孟滩移民工程协调领导小组(以下简称协调领导小组),成员单位有:河南省人民政府办公厅、河南省土地局、河南省移民办、洛阳市人民政府、焦作市人民政府、温县人民政府、孟州市人民政府、新安县人民政府、水利部移民局、黄河水利委员会、河南黄河河务局、小浪底建管局共 12 个单位(部门)。协调领导小组下设办公室,办公室设在河南省移民办,负责处理日常性协调工作。工程建设期间,协调领导小组先后组织召开 2 次会议,研究工程建设中遇到的重大问题。河南省移民办代表地方政府参与了放淤改土工程建设管理相对具体的管理工作,譬如参与放淤改土工程质量指标的制定、施工协调及工程验收等。

在小浪底移民局成立前,黄委会移民办以工程初步设计概算为基础,与河南黄河河务局签订移民安置区河道工程承包协议和移民安置区放淤改土工程承包协议。小浪底移民局成立后,相关单位于 1995 年 8 月 29 日就项目主管单位、建设单位和监理单位各方职责达成共识,形成会谈纪要。根据会谈纪要精神,小浪底移民局为项目法人,聘请黄委会黄河水利科学研究院(简称黄科院)为项目监理单位;河南黄河河务局行使建设单位职能,承担工程施工任务。

温孟滩工程实行施工总承包的管理模式,总承包单位为河南黄河河务局。为了加强施工管理,1995 年 5 月,河南黄河河务局成立温孟滩工程领导小组,局长叶宗笠兼任领导小组组长,有施工任务的市级河务局局长及河南黄河河务局相关业务部门主要负责人为领导小组成员。领导小组下设温孟滩移民安置区工程项目办公室(简称温孟滩项目办),由温孟滩项目办代行建设单位职能,具体负责工程项目协调管理工作。1995 年 8 月,河南黄河河务局成立温孟滩工程施工管理处,由温孟滩工程施工管理处履行具体施工管理职能;温孟滩工程施工管理处下设工程技术、计划合同、财务、工程统计等部门。基本施工队伍为总承包单位下属的各级施工队。温孟滩工程建设管理体制见图 7-5-3。

2. 工程施工

(1)河道工程施工。河道工程包括河道整治工程和防洪堤工程,于 1993 年 10 月开工,2000 年 10 月完工,总工期 84 个月(见图 7-5-4)。

温孟滩河道整治工程施工以修建坝(垛)为主。坝(垛)按结构划分为传统柳石结构和铅丝笼护底沉排结构两种形式,按施工方法可划分为旱地施工和水中进占施工。河道整治工程施工质量主要控制指标为土方压实度。施工过程中,施工单位自检干密度 21 622 点次,合格率 98.8%;监理工程师抽检 3 743 点次,合格率 100%。工程填筑质量满足设计要求。

防护堤工程包括新筑堤防和险工加固两部分,施工质量主要控制指标为土

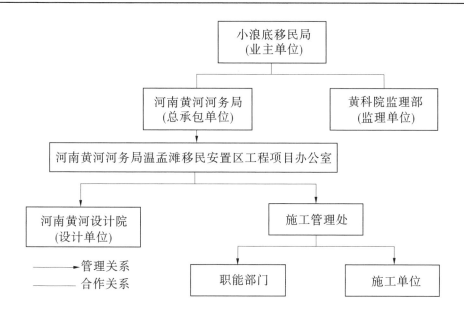

图 7-5-3　温孟滩工程建设管理体制

图 7-5-4　温孟滩河道工程

方压实度。施工过程中,施工单位累计自检干密度 22 028 点次,合格率 99.7%;监理工程师抽检 3 743 点次,合格率 100%。工程完工后,经对 73 个断面外形尺度检查,均达到设计标准。温孟滩移民安置区河道工程完成情况见表 7-5-2。

(2)放淤改土工程施工。放淤改土工程包括淤填工程和改土工程。淤填工程自 1994 年 4 月开工至 1999 年 12 月完工,总工期 68 个月。淤填工程经自流放淤实践后改为机械淤填施工。淤填取土场选在安置区外黄河低滩,取土场与淤填区距离在300米以内的选用小泥浆泵施工,距离超过300米的采用组合加压泵配挖泥船施工。不具备淤填施工条件的区域,采用汽车远距离运土填筑方式施工。

表7-5-2　温孟滩移民安置区河道工程完成情况

项目名称	单位	完成工程量	说明
一、河道整治工程			
1.新建丁坝	道	93	土方量为229.52万立方米,石方量为69.75万立方米
2.垛		21	
3.护岸	段	3	
4.加高丁坝	道	7	
5.房屋建筑	平方米	1 767	
二、防护堤工程		42.99	土方量为227.49万立方米
三、电力线路	千米	10.45	
四、通信线路		34.5	
五、植树	万株	42.8	
六、种草	万平方米	107	

(3)改土工程施工。改土工程自1995年6月开工,至1999年12月完工,总工期54个月。放淤改土工程无论是设计方案还是施工措施,国内外可供借鉴的经验较少,实施难度大。放淤改土工程施工采用临时活动泵站及吸泥船组合设备抽取黄河表层浑水,利用管道或渠系输水,并对水流进行控制,使泥沙沉淀、清水排出(见图7-5-5)。经多次循环,配合调整出水口位置等方法,使泥沙颗粒级配和改土区平整度达到改土设计要求。

在施工阶段,由于黄河来水偏枯,以及受来水来沙条件的随机性等因素影响,引水放淤改土的施工进度满足不了工程总体施工进度要求。为了解决这个问题,施工单位采取挖运安置区外黄河低滩合格土料,选择机械改土作为补充措施完成施工。

放淤改土施工期间,施工单位自检改土厚度123 500点次,检测高程3 468点次;监理单位抽检改土厚度15 601点次,会同施工单位检验土质1 236点次。改土质地合格率100%,改土厚度合格率100%。温孟滩移民安置区放淤改土工

图 7-5-5　温孟滩放淤改土工程抽淤泵站

程完成情况见表 7-5-3。

表 7-5-3　温孟滩移民安置区放淤改土工程完成情况

项目名称	面积(平方千米)	工程量(万立方米)
淤填工程	11.27	1 285.02
改土工程	22.20	711.42

3. 进度管理

温孟滩工程是小浪底移民项目的配套子项目,工程进度必须与温孟滩移民安置进度相匹配,即提前为移民提供合格土地。

为了满足上述要求,温孟滩河道工程和放淤改土工程相继于 1993 年、1994年开工。按照移民安置规划,温孟滩移民安置的顺序是"自西向东,先孟州市再温县"。1996 年汛期之前的施工按照这一顺序安排。在之后的施工过程中,随着移民安置点先后顺序的调整,施工范围及进度也相应做出调整。

根据温孟滩移民安置进度和施工总承包合同要求,小浪底移民局每年 12月向河南黄河河务局下达年度计划。河南黄河河务局按照小浪底移民局下达的年度计划,编制具体项目的年度施工进度计划,并于年初以招标的方式选择新开工项目的施工单位,由施工单位落实年度施工进度计划。

监理工程师通过每周召开工地例会的方式检查落实施工进度,发现问题及时协调解决。出现影响工程进度的重大事项时,监理工程师及时向项目法人口头或书面报告情况,由项目法人统筹协调解决。监理工程师通过监理月报等书面形式向项目法人报告施工进度管理情况。最终,温孟滩工程及时提供给移民合格土地,达到预期目标。

4. 质量管理

在质量管理方面,该项目实行了"项目法人负责、监理单位控制、施工单位保证和政府监督"相结合的质量管理体系。政府监督职能由河南黄河水利工程质量监督站履行。

温孟滩工程质量管理的主要措施包括制定科学的放淤改土质量标准、编制严谨的验收办法、把好质量验收关等。

大规模的薄层改土在黄河流域还是第一次,国内尚无可借鉴的经验。为此,小浪底移民局委托河南农业大学对改土指标做了专题研究。通过对土壤质地与养分、有机物含量、酸碱度、土壤持水性及通气性等方面相关性的研究,提出了改土后土壤质地应满足"物理性黏粒(直径小于 0.01 毫米)含量在 10%~70%"的改土工程质量标准。

为了验证放淤改土质量标准的科学性和合理性,小浪底移民局组织对改良合格后的土地进行种植试验,试验面积 710 亩。在一般的农田管理水平下,试验田平均每亩生产小麦 334 千克、西瓜 3 000 千克、花生 153 千克。种植试验证明,温孟滩放淤改土质量标准科学合理。

在施工过程中,建设各方重点加强了放淤改土工程质量控制。在制定验收办法的基础上,一方面,严格验收程序,除参建方代表外,地方政府移民部门也参与验收过程;另一方面,严格按照验收办法要求的取样频率进行抽样检查,发现不满足质量标准的现象立即采取返工措施,然后组织复检,务求使改土工程质量合格率达到 100%。

5. 资金管理

根据工程总承包协议,温孟滩工程实行"施工任务、工程投资"双包干。除监理费和部分建设单位管理费由项目法人支配外,其余资金由总承包单位包干使用,用于解决工程所有问题。合同价款的结算以工程师签证认可的工程量为基础,按工程进度拨款。

温孟滩工程资金作为小浪底移民资金的一部分,资金使用情况经过了全过程审计。

(三) 工程验收

温孟滩工程验收分为放淤改土工程验收和河道工程验收。由于温孟滩工程是具有独特性的水利项目,这类工程没有现成验收规范可循。因此,温孟滩工程验收先后经历了验收办法的制定和分阶段验收等阶段。

1. 放淤改土工程验收

1996 年初,小浪底移民局通过开展尝试性验收工作,初步探索出一套验收方法,并组织编写了《温孟滩改土工程验收实施办法(试行)》初稿。1997 年 5 月 15 日,小浪底建管局将经过初审的验收办法以《关于温孟滩改土工程验收实施办法(试行)的请示》(局移〔1997〕2 号)报送水利部,水利部建管司于 1997 年 7 月 29 日以《关于温孟滩改土工程验收实施办法(试行)的复函》(建重〔1997〕07 号)批复执行。

根据《温孟滩改土工程验收实施办法(试行)》有关规定,放淤改土工程验收分 3 个阶段:田块验收、分区验收和竣工验收。

1996—2000 年,温孟滩项目办和黄科院监理部共同主持了放淤改土工程田块验收。据统计,共完成 17 个分区的田块验收,土壤质地合格率 100%,改土厚度合格率 100%。

1996—2000 年,由小浪底移民局主持了分区验收。分区验收以审查田块验收成果为主,同时进行随机抽查,抽查范围按改土面积的 15% 控制。据统计,分区验收从 444 个单元中共抽测 71 个单元,检测 710 个点次,土壤质地、改土厚度合格率均为 100%;分区验收合格后签署了分区验收鉴定书,按有关规定办理土地管理移交手续。

2003 年 12 月,放淤改土工程通过水利部组织的竣工验收。在工程通过竣工验收后,放淤改土工程移交给地方移民部门管理。

2. 河道工程验收

随着河道工程建设接近尾声,验收工作提到重要日程。2000 年 2 月,河南黄河河务局主持编写了《小浪底水利枢纽温孟滩移民安置区河道工程验收办法》。经专家初审后,小浪底移民局于 2000 年 5 月以《关于重新上报小浪底水利枢纽温孟滩移民安置区河道工程验收办法的函》(小移局〔2000〕79 号)上报水利部建管司。水利部建管司于 2000 年 6 月 1 日以《关于小浪底水利枢纽温孟滩移民安置区河道工程验收办法的复函》(建管治〔2000〕12 号)批复执行。

小浪底移民局于 2000 年 10 月主持了除东防护堤北段(桩号 3+016~3+512)以外的其他河道工程的单位工程验收,于 2001 年 1 月主持了东防护堤北段(桩号 3+016~3+512)的单位工程验收。防护堤工程共分为 5 个单位工程,河道整治工程共分为 8 个单位工程。累计检测堤、坝顶高程 144 个点次,堤坝顶宽 65 点次,临、背河边坡 88 点次,土方压实干密度 192 点次,合格率均为 100%。

2003 年 12 月,河道工程通过水利部组织的竣工验收。在工程通过竣工验收后,黄委会按照水利部相关规定,将河道整治工程纳入日常管理。

(四)征地补偿

温孟滩工程建设活动主要在国有滩区上进行,不涉及移民搬迁安置。建设用地采用划拨的方式,对地面附属物、青苗等进行一次性补偿。其中移民安置区之外占地补偿费从工程投资中支付,实行"一次性征收";而占用移民安置区内的耕地只支付青苗补偿费,在移民经费中列支,征地工作由地方移民部门负责完成。工程竣工后,从工程投资中支付地面附属物及青苗补偿费等各类补偿费用共计 1 418 万元。

(五)工程运用

放淤改土工程施工任务按期完成,及时为移民提供了合格的土地,保证了移民安置用地,达到了设计目标。

河道整治工程和防护堤工程是独立发挥效益的两项工程。河道整治工程一经完建,即投入实际运用中,发挥着"控制河势,保护滩地"的作用。工程自 1993 年开工建设并相继投入使用以来,效益显著。防护堤工程自 1997 年汛期投入运用后,经受了不同量级的洪水考验,工程质量满足设计要求。

移民安置方面,1995—1997 年先后完成 7 个移民试点村的安置工作。在总结经验的基础上,1997—2001 年又安置第二、三期 24 个移民点。温孟滩移民安置区新建 31 个居民点,划拨耕地 63 588 亩,安置新安县第一期、二期和第三期移民共 43 655 人。

二、后河水库及灌区工程

后河水库位于垣曲县同善镇的沇西河上,1970 年兴建,1971 年 5 月下马;1973 年 5 月再次动工,1980 年底缓建。1996 年工程复建后,与兴建的配套灌渠一起发挥作用,改善了灌区耕地的灌溉条件,提高了粮食产量,扩大了垣曲县移民安置的环境容量,实现了本县内安置小浪底水库移民的规划目标。

(一)项目设计

1992 年,黄委会设计院在小浪底水库初步设计阶段提出复建后河水库及灌区工程,使垣曲县小浪底水库移民在县内得到安置。1992 年 6 月 30 日,水利部印发《关于垣曲县后河水库工程修改补充初步设计报告的批复》(水规〔1992〕57 号),同意后河水库工程复建。1993 年 6 月 30 日,水利部印发《关于垣曲县后河水库灌区工程补充初步设计报告的批复》(水规〔1993〕250 号),批复灌区工程初步设计报告。后河水库工程位置见图 7-5-6。

1994 年 11 月,黄委会设计院在修改补充初步设计报告的基础上,完成《后河水库工程优化设计报告》。水利部经审查后,以《关于报送山西省垣曲县后河水库及灌区优化设计审查意见的函》(水规计〔1998〕12 号)和《关于报送后河水库工程坝肩稳定补偿报告审查意见的函》(水规计〔1998〕52 号)上报国家计委。1998 年 8 月 16 日,国家计委印发《国家计委关于小浪底库区专项工程后河水库及灌区工程概算的批复》(计投资〔1998〕2019 号),批复后河水库及灌区工程总概算为 20 532 万元,其中后河水库工程总投资 8 542 万元、灌区工程总投资 11 990 万元。2002 年 7 月 2 日,水利部印发《转发国家计委关于小浪底水利枢纽后河水库工程调整概算的批复》(水规计〔2002〕107 号),同意增加后河水库工程投资 1 274 万元,并明确在小浪底移民项目的预备费中安排。

国家批复后河水库及灌区工程概算总投资为 21 806 万元(含国家计委1993 年下达的后河水库以工代赈资金 700 万元),其中后河水库工程总投资为9 816 万元、灌区工程总投资为 11 990 万元。其中利用世界银行软贷款 590 万美元(1 美元=8.32 元人民币)。

后河水库设计总库容 1 375 万立方米,属中型水库,主要建筑物为Ⅲ级。主体工程包括浆砌石重力坝和 1 号沟处理两个单位工程。工程设计洪水为 50 年一遇,校核洪水为 500 年一遇。

灌区工程位于毫清河、沇西河、西阳河 3 条河流切割而成的东西两塬上,设计灌溉面积 7.5 万亩。后河水库灌区工程分为总干渠、东干渠、西干渠、宋家湾倒虹吸、东塬支渠、西塬支渠、农水工程和 1 号电站共 8 个单位工程。后河水库及灌区工程主要技术经济参数见表 7-5-4。

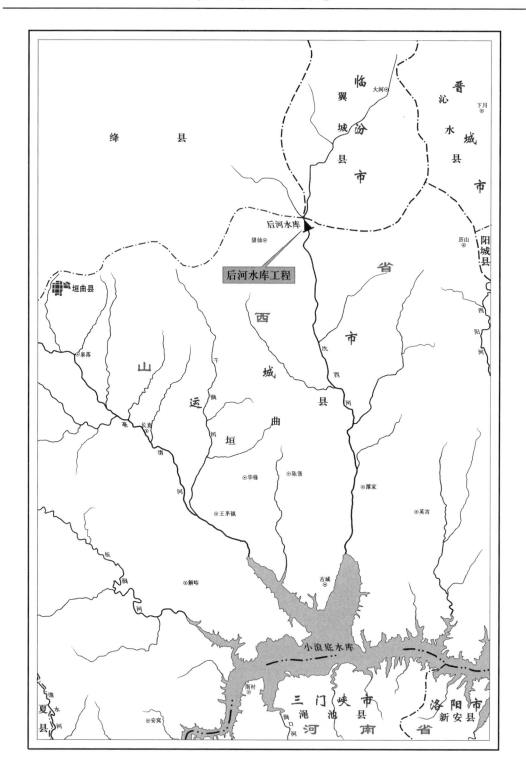

图 7-5-6　后河水库工程位置示意

表 7-5-4　后河水库及灌区工程主要技术经济参数

坝址以上流域面积:240 平方千米	兴利库容:1 127 万立方米
年径流量($P=50\%$):4 313 万立方米 ($P=75\%$):3 098 万立方米	灌溉面积:7.5 万亩
设计洪峰流量($P=2\%$):1 990 立方米每秒 校核洪峰流量($P=0.2\%$):3 150 立方米每秒	设计灌溉流量:2.71 立方米每秒 最大引水流量:3.0 立方米每秒
设计洪水位($P=2\%$):691.04 米 校核洪水位($P=0.2\%$):693.04 米	年用水总量($P=75\%$):2 780 万立方米
兴利水位:690.5 米	地震烈度:Ⅶ度
死水位:649 米	1 号电站装机容量:1 200 千瓦
调洪库容:371 万立方米	

(二)项目实施

后河水库及灌区工程属小浪底水库移民安置补偿项目,包括后河水库工程和灌区工程两个单项工程。工程建设按照基本建设和合同管理制管理体制要求进行管理,实行"项目法人责任制,招标投标制,建设监理制和合同管理制"的管理模式。小浪底移民局负责资金的筹措和宏观管理;山西省移民办代表水利厅行使主管部门的职能①,对项目质量、进度及资金管理进行督促检查;垣曲县人民政府成立后河水库工程指挥部,由后河水库工程指挥部履行项目法人职能。后河水库工程监理任务由山西省水利水电工程建设监理公司承担,灌区工程监理任务由山西省水利水电勘测设计研究院承担。

1. 工程招标

1995 年 1 月 12 日,小浪底移民局在《中国水利报》《山西日报》上刊登后河水库工程施工招标资格邀请函。

1995 年 6 月,后河水库工程评标会召开。1996 年 9 月 16 日,后河水库工程决标会拟定中国水利水电第十一工程局中标。10 月 16 日,由后河水库工程指挥部与中国水利水电第十一工程局签署后河水库工程建设合同。

受后河水库施工场地限制,其他项目均采取议标和委托方式由中国水利水电第十一工程局承包。经过厂家报价和进厂考察后,小浪底移民局决定由郑州

---

①1998 年前由小浪底移民局负责,1998 年之后采用"省属项目"的管理模式,由山西省移民办行使项目管理职能。

水工机械厂承制弧形门和启闭机等金属结构。灌区工程由后河水库工程指挥部负责公开招标,分 4 期进行。

2. 工程施工

后河水库工程于 1996 年 12 月 5 日正式开工建设,1998 年 3 月 1 日开始坝体浆砌石施工,2003 年 6 月完工。按期完成大坝砌筑、1 号沟回填、金属结构安装、电气设备安装和观测仪器安装等施工任务。2003 年 12 月工程通过竣工验收,完成的主要工程量有:土石方开挖 18.7 万立方米,坝体浆砌石 4.9 万立方米,混凝土浇筑 15.5 万立方米,电气安装 1 套,弧形闸门及启闭设备 6 套,平板闸门及启闭设备 1 套。

灌区工程于 1998 年 5 月 20 日正式开工建设,1999 年 9 月 29 日 3 条干渠建成通水,按时实现"送水上塬"的目标。2003 年 10 月,支渠、支斗渠全面竣工,总工期 65 个月。灌区工程分 3 期实施。第一期工程于 1998 年 5 月 20 日正式开工,施工任务集中在总干渠前半段和宋家湾倒虹吸进口工程等关键部位。第二期工程于 1998 年 9 月 20 日开工,施工任务集中在东干渠全线和西干渠的后半段。第三期工程于 1999 年 8 月 20 日开工,施工任务主要集中在支渠工程。灌区工程完成的主要工程量有:干渠 41.17 千米,支渠 76 千米,斗渠 224 千米,各类渠系建筑物 2 973 座,装机容量 1 200 千瓦的水电站 1 座。累计完成土石方 145.03 万立方米,浆砌砖石 17.59 万立方米,混凝土及钢筋混凝土 5.16 万立方米。

3. 一般设计变更

在工程实施过程中,由于地质条件等因素的影响,共发生 6 次较大的设计变更,追加投资 1 274 万元。由于不构成重大设计变更,这些变更按照"提出变更建议,监理单位审核,设计单位论证,项目法人批准"的管理程序进行。6 次设计变更可分为两种情况。

第一种情况是坝肩间歇面碉塞的调整。为了保证大坝的安全,设计单位按重力坝型对坝肩稳定性进行全面复核,根据复核成果及现场实际情况,调整了坝肩碉塞布置及结构。

第二种情况是增加了 1 号沟锚固措施。为了有效地发挥 1 号沟回填混凝土的作用,使回填混凝土、风化岩体和完整岩体有机结合,设计在 1 号沟上游侧加设 16 根预应力锚索,局部将砂浆锚杆改为张拉锚杆。

4. 工程管理

（1）工程进度管理。后河水库工程是垣曲县移民工程的配套项目，其进度必须满足移民安置的需要。也就是说，在移民使用耕地之前，水库中的水能输送到田间地头，具备灌溉条件。因此，水利部在《关于垣曲县后河水库工程修改补充初步设计报告的批复》中要求本工程枢纽与灌区同步实施。

在施工进度安排上，项目法人不仅将后河水库工程和灌区工程同步推进，而且根据灌区工程线路长的特点，将灌区工程划分为若干个标段，实现并行作业、同步施工。

（2）工程质量管理。在建设过程中，后河水库及灌区工程建立了"项目法人负责，监理单位控制，设计、施工及其他参建方保证，政府部门监督"的质量管理体系。施工单位日常加强施工队伍管理，严格按规范和设计要求施工，确保工程质量。

为了规范浆砌石工程施工，确保工程质量，项目法人专门组织人员外出学习砌石经验和施工管理方法，并编写了《浆砌石施工手册》，对施工人员进行技术培训。工程开工后，项目法人在总干渠建成 800 米长的"样板渠"，要求各参建单位以此为标准，严格施工质量控制。

1998 年，后河水库 645～650 米高程坝体砌石发生质量事故，事故主要原因是砌石砂浆不饱满，需要返工。为保证工程质量，黄委会设计院于 1999 年初进行设计修改，将小石子砂浆砌石改为二级配混凝土砌石，并于同年 3 月开始实施。

（3）工程资金管理。后河水库及灌区工程的资金是移民资金的有机组成部分，其资金管理沿用移民资金管理体制。由于工期延误、地质条件变化以及国家出台后续法规等因素，2003 年 7 月 4 日，山西省移民办从移民包干资金中追加后河水库及灌区工程投资 800 万元，其中水库工程 700 万元、灌区工程 100 万元。工程于 2003 年 12 月通过竣工决算，累计拨付资金 22 606 万元，实际共完成投资 22 466.54 万元，投资略有结余。

（三）工程验收

根据《水利水电建设工程验收规程》（SL 223—1999）相关规定，后河水库及灌区工程经过了各项验收程序。

1. 后河水库工程验收

后河水库工程共分为 2 个单位工程、30 个分部工程和 1 255 个单元工程。

2002年,运城市水利工程质量监督站出具的质量评定报告显示,后河水库工程合格率100%,优良率51.4%。根据《水利水电建设工程蓄水安全鉴定暂行办法》的规定,2003年8月,后河水库工程指挥部委托中国水利水电科学研究院完成水库蓄水安全性评价工作,总体结论是:根据后河水库工程已完成的形象面貌和工程质量,已具备蓄水运行条件。2003年10月12日,后河水库工程通过了由山西省移民办组织的竣工初步验收。2003年11月28日,山西省水利厅组织专项验收组完成后河水库工程的工程档案专项验收;2003年11月28日,垣曲县水利水保局组织专项验收组完成后河水库工程水土保持专项验收;2003年11月29日,垣曲县环境保护局组织专项验收组完成后河水库工程环境保护专项验收;2003年11月29日,垣曲县安全生产监督管理局组织专项验收组完成后河水库工程劳动安全生产与卫生专项验收;2003年12月9日,垣曲县公安消防大队组织专项验收组完成后河水库新建的1号电站及启闭机消防专项验收。

2. 灌区工程验收

灌区工程共分为8个单位工程、71个分部工程、1 151个单元工程。2002年,运城市水利工程质量监督站出具的质量评定报告显示,单元工程合格率100%,其中594个优良,优良率51.6%;分部工程71个,合格率100%,其中42个优良,优良率59.2%;单位工程8个,其中6个优良,优良率75%。工程施工质量等级评定为优良。

2002年11月21—24日,山西省移民办在垣曲县主持召开灌区工程竣工初步验收会议。验收会议从工程技术、工程质量、工程档案、资金管理等方面进行审查,原则同意通过竣工初步验收。

根据《水利水电建设工程验收规程》(SL 223—1999)的有关规定和水利部建管司《关于后河水库竣工验收请示的函》(建管治〔2003〕便字第16号)文件精神,受水利部建设与管理司委托,2003年12月13—16日,水利部小浪底建管局会同山西省水利厅,在垣曲县主持召开后河水库及灌区工程竣工验收会议,通过了两个单项工程的竣工验收。

(四) 工程运用

2000年8月初,后河水库工程通过了中国水利水电科学研究院组织的施工期蓄水安全鉴定,初步具备蓄水灌溉条件,可蓄水700万立方米,并在当年灌溉土地约3 500亩。

2001 年水库开始投入防洪运用,多次泄洪,枢纽工程安全运行,库区未发生塌岸滑坡现象。

2002 年 2 月,水库水位保持在 670 米高程,灌区初次引水入田,灌溉土地 6 500 亩,初步发挥了工程效益。

2003 年 5 月,水库蓄水至 679 米高程,结合防汛,引水灌溉土地 6 000 亩,同时 1 号和 2 号电站并网发电 100 万千瓦时。

后河水库灌区工程建成后,由于各种原因,实际灌溉面积没有达到设计标准。此后,后河水库成为垣曲县城市饮用水水源地。

三、中条山供水工程

中条山供水工程全称为中条山有色金属公司黄河水源迁建工程,是小浪底水利枢纽库区淹没迁建项目。项目建成后,恢复了被小浪底水库淹没的原水源工程相应功能。中条山供水工程于 1998 年 7 月开工,2000 年 9 月完工。

(一)项目设计

中条山有色金属公司位于山西省垣曲县境内,隶属于中国有色金属总公司。小浪底水库淹没影响该公司黄河水源地工程,以及输水线路、加压泵站、35 千伏高压输电线路、通信线路及相应的检修便道等。该项目按照"原功能、原规模、原标准"的原则予以恢复重建。

中条山供水工程迁建取水口位于小浪底水利枢纽大坝上游约 72 千米处,输水线路经垣曲县安窝乡、解峪乡、古城镇和王茅镇 4 个乡(镇),与中条山有色金属公司原 3 号加压泵站相连,线路总长 13.5 千米。

1996 年 7 月,黄委会设计院受中条山有色金属公司委托开始进行项目可行性研究,水规总院于 1997 年 11 月对可行性研究报告进行审查,同意在黄河安窝河段取水的方案。1997 年 11 月,国家计委明确该项目审批由国家计委负责。1998 年 2 月 28 日至 3 月 2 日,国家计委在北京召开中条山有色金属公司取水口迁建工程初设中间成果审查会,印发了《关于中条山有色金属公司取水口迁建工程初设中间成果审查会纪要》(计建设函〔1998〕29 号)。1998 年 6 月 18 日,国家计委以《关于中条山取水口迁建工程初步设计概算的批复》(计建设函〔1998〕91 号)批复中条山供水工程总投资 11 000 万元。中条山供水工程位置见图 7-5-7。

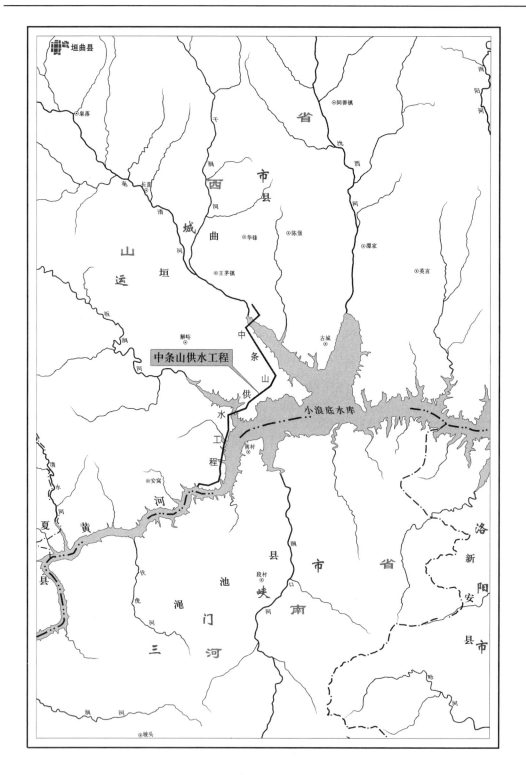

图 7-5-7　中条山供水工程位置示意

中条山供水工程建设内容主要包括黄河岸边取水建筑物、输水建筑物、渗渠取水建筑物及输变线路等。按照《水利水电枢纽工程等级划分及设计标准》(SDJ 217—87)和《泵站设计规范》(GB 265—97)等有关规定,中条山供水工程属二等大(2)型工程。2级建筑物设计洪水标准为50年一遇,校核洪水标准为200年一遇。其他永久性建筑物设计洪水标准为30年一遇,校核洪水标准为百年一遇。临时性建筑物设计洪水标准为10年一遇。中条山供水工程主要技术经济指标见表7-5-5。

表7-5-5　中条山供水工程主要技术经济指标

工程等别:二等大(2)型	取水口泵站运行特征水位:最低水位205米,最高水位275米
建筑物级别:主要建筑物为2级	设计不淤流速:1米每秒
次要建筑物为3级	设计流量:0.7立方米每秒
设计洪水标准:$P=2\%$	输水隧洞综合坡降:1.5‰
校核洪水标准:$P=0.5\%$	隧洞型式:城门洞形宽×高=2.2米×2.52米
设计日取水量:6万吨	输水渠型式:矩形宽×高=1.0米×0.9米
取水口位置:黄河安窝河段	倒虹吸结构型式:直径$D=0.8$米的平缝焊接钢管
取水保证率:在亳清河渗渠、十八河地表径流和十八河尾矿库联合调度情况下,保证率为95%;取水含沙量不大于5千克每立方米	渗渠长$L=650$米,渗管直径$D=1.0$米 设计日渗水量:8 000~15 000立方米

(二)项目实施

中条山供水工程由中条山有色金属公司履行项目法人职能。项目建设实行设计施工总承包模式,黄委会设计院为总承包单位。项目建设实行建设监理制,天津市冀水工程咨询中心为监理单位。工程质量监督职能由水利部水利工程质量监督总站承担。小浪底移民局负责工程的资金拨付和监督检查。

1.施工组织

为抓紧进行工程建设,确保工程按期建成,1998年4月,中条山有色金属公司专门成立中条山有色金属公司黄河水源迁建工程管理部,全面负责工程各项管理工作。1998年6—7月,中条山有色金属公司分别与黄委会设计院、天津市冀水工程咨询中心签订《工程总承包合同》及《施工监理合同》。由总承包单位承担工程的勘察设计、科研、工程施工等工作,并对工程质量、工期、现场管理直接负责;由天津市冀水工程咨询中心负责项目主体工程的监理工作。

1999年4月,小浪底移民局与中条山有色金属公司签订《中条山有色金属公司取水口迁建工程总承包协议书》,由中条山有色金属公司负责工程建设工作,小浪底移民局负责工程资金筹措及拨付工作,并予以监督检查。

在具体的建设实施中,小浪底移民局定期或不定期对工程建设的进度、质量和资金使用等进行监督、现场检查与审计,保证工程资金及时足额到位,并根据工作需要派员参加工程建设施工管理例会和各阶段验收。

2. 工程施工

根据设计文件,中条山供水工程建设需征收土地32.07亩。经核实,工程批准征收土地面积32.07亩,实际使用29.72亩。本项目无移民安置任务。

中条山供水工程于1998年6月开始施工前期准备工作,7月28日工程开工,2000年9月6日完工,总历时27个月。工程按期完成并投入使用,满足了中条山有色金属公司的生产、生活用水需求。

实际完成的主要工程量有:土石方开挖67.2万立方米,土石方回填27万立方米,混凝土浇筑3.1万立方米,钢筋制作安装1 477吨,钢结构776吨,主要机电设备安装25台(套)。

(三) 工程验收

中条山供水工程共分为15个单位工程、77个分部工程。根据《水利水电建设工程验收规程》(SL 223—1999)相关规定,项目经过了各项验收程序。

1. 分部工程验收

2000年5月23日至7月19日,监理单位主持完成77个分部工程的验收工作,合格率100%,优良率45%。

2. 单位工程验收

2000年10月23—30日,质量监督单位主持完成工程质量评定工作。

2000年12月5—6日,中条山有色金属公司主持完成本工程15个单位工程的验收工作,合格率100%,优良率60%。

3. 竣工验收

2002年1月29—31日,由中条山有色金属公司组织并主持工程竣工验收工作。参加单位有小浪底移民局、黄委会水政水资源局、黄河流域水资源保护局、水利部水利工程质量监督总站、天津市冀水工程咨询中心、黄委会设计院、中条山有色金属公司动力厂及中条山有色金属公司黄河水源迁建工程管理部等。

根据本项目分部工程和单位工程质量评定情况,单位工程合格率100%,优良率60%,且主要建筑物单位工程均为优良,本工程竣工验收质量等级评定为优良。

(四) 工程运用

2000年7月,渗渠工程向中条山有色金属公司供水6天。2000年11月进行联合试运转并试通水,一次成功。2000年12月7日,工程移交给中条山有色金属公司动力厂运行管理。初步运用情况表明,中条山供水工程建设质量、功能等满足设计和使用要求,能够正常发挥工程效益。

四、南村黄河公路大桥工程

南村黄河公路大桥是小浪底水库库周交通恢复项目,用以恢复被水库淹没的长泉索桥、白浪索桥,以及南村渡口等原有跨黄河交通设施。南村黄河公路大桥于1998年12月开工,2001年8月完工,2002年4月正式通车。南村黄河公路大桥位置示意见图7-5-8。

(一) 项目设计

1997年7月,受小浪底移民局委托,黄委会设计院与郑州新开元工程监理咨询有限公司联合承担南村黄河公路大桥工程的可行性研究工作。1997年12月,编写完成《小浪底水利枢纽移民工程南村黄河公路大桥两阶段初步设计》。1998年11月21—23日,水利部水规总院在郑州组织召开南村黄河公路大桥初步设计审查会,随后印发《小浪底水利枢纽移民工程黄河公路大桥初步设计审查意见》(水规设〔1998〕55号)。审查核定大桥长度为1 450米,桥宽为7.8米,大桥工程投资5 019万元。1998年,国家计委印发《关于小浪底水利枢纽工程第二、三期水库淹没处理补偿投资概算的批复》(计投资〔1998〕2018号),对该项目做出最终批复。批复意见指出:取消白浪索桥处理专项费用;同意建设渑池—垣曲南村黄河公路大桥,大桥工程补偿投资共计4 800万元,其中大桥补偿投资4 400万元,连接路补偿投资350万元(河南省250万元、山西省100万元),支付西北勘测设计院工作费用50万元。渑池—垣曲南村黄河公路大桥补偿投资包干使用,不足部分由河南、山西两省分摊解决。

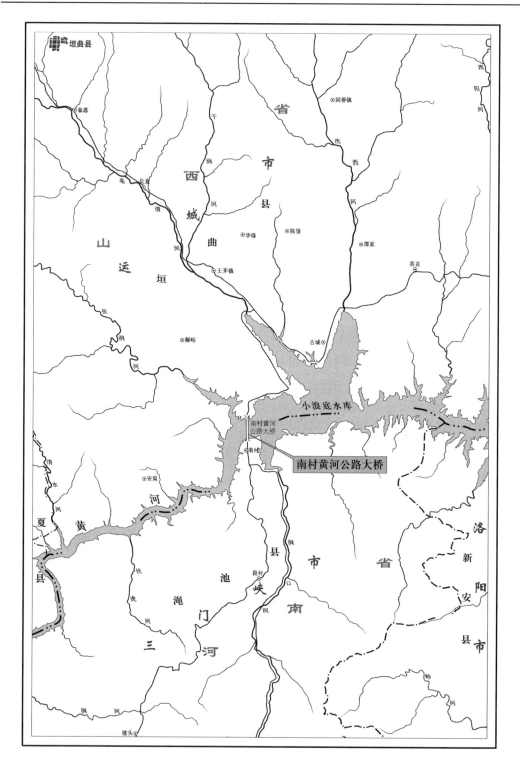

图 7-5-8　南村黄河公路大桥位置示意

南村黄河公路大桥主要建设内容有 110 根钻孔灌注桩、30 个承台、29 跨跨度为 50 米的 T 形简支梁,以及其他细部结构等。此外,该项目还包括两岸连接线路。南村黄河公路大桥工程主要技术经济指标见表 7-5-6。

表 7-5-6　南村黄河公路大桥工程主要技术经济指标

指标名称	单位	指标
公路等级		山岭区县级公路
计算行车速度	千米每小时	30
平曲线最小半径	米	15
最大纵坡	%	11
路基宽度		7.5
路面宽度	米	6.0
土路肩宽度		2×0.75
路面类型		级配碎石路面
大中桥桥面宽度	米	净 7+2×1.0 人行道
黄河大桥桥面宽度		净 9+2×0.5 安全带
桥涵载重等级		汽车-20,挂-100
桥梁设计洪水频率		百年一遇
设计水位	米	275.1
地震基本烈度	度	Ⅵ
混凝土	立方米	32 679
钢材	吨	2 758

(二)项目实施

由于南村黄河公路大桥工程工期较紧,为不影响小浪底水库按期蓄水,小浪底建管局直接主持建设管理工作。通过邀请议标,由河南黄河工程局承担施工任务,小浪底工程咨询有限公司为工程监理单位,设计单位是以黄委会设计院为主体的联合体,小浪底项目站履行质量监督职能。

1. 施工组织

在工程建设过程中,项目法人在现场设立项目部,全面负责领导、协调、解决建设过程中出现的问题。设计单位在现场派驻设计代表,及时处理施工中的问题。监理单位组建了监理部,严格履行监理管理职能。

河南黄河工程局成立大桥项目部,设项目经理、副经理、总工程师各 1 名。大桥项目部下设办公室、技术科等 6 个职能部门,各项管理体系健全、运转正常。

2. 工程施工

南村黄河公路大桥于 1998 年 12 月 27 日开工,2001 年 8 月 30 日完工,2002 年 4 月中旬通车。两岸连接路分别由河南、山西两省交通部门修建。完成的主要工程量有:土石方开挖约 14 万立方米,砌石 0.9 万立方米,混凝土浇筑 3.08 万立方米,钢筋制作安装 4 006 吨。

与合同工期相比,南村黄河公路大桥实际工期延误 20 个月,主要是受突发洪水等因素影响。工程延期没有影响其投产使用及小浪底水库按期蓄水。

3. 设计变更

工程施工过程中,受客观因素的影响,共有 4 起一般设计变更,均按照相应的设计变更程序履行变更手续。其中变化较大的是桥位的变更。国家计委批准的是二郎石桥位,该桥初设桥长约 800 米,桥宽 6 米。小浪底建管局在征求地方政府意见后认为,二郎石桥位需在山区绕行 30 余千米,且桥面 6 米宽,只能单向通行。经设计单位反复论证,决定仍选择南村桥位,相应桥长 1 450 米,桥总宽 7.8 米,可限速双向行驶。南村黄河公路大桥工程一般设计变更程序见图 7-5-9。

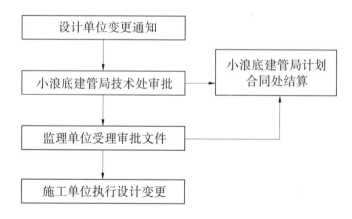

图 7-5-9 南村黄河公路大桥工程一般设计变更程序

4. 工程征地及移民

南村黄河公路大桥工程永久征收北岸 276 米高程以上耕地 1.984 亩,由山西省垣曲县人民政府以《关于征用古城镇赵家岭村集体土地给水利部小浪底水利枢纽建设管理局使用的批复》(垣政征土补发〔2003〕3 号)予以确认,垣曲县国土资源局依法颁发国有土地使用证(垣国用〔2003〕字第03001号)。其他用地纳入小浪底水库移民征地范围。施工临时用地由施工单位按照补充协议支付补偿费。

南村黄河公路大桥建设共支付临时占地补偿费64.48万元、永久占地征收费5万元。

5. 工程管理

(1)工程质量管理。在建设过程中,南村黄河公路大桥工程建立"项目法人负责,监理单位控制,设计、施工及其他参建方保证,政府部门监督"的质量管理体系,各单位资质符合要求,并建立了质量保证体系,履行各自的质量职责。工程使用的原材料符合合同规定和有关标准要求。混凝土抗压强度、桩基声波测试等主要质量指标全部合格。施工过程中未发生质量事故,混凝土蜂窝麻面等质量缺陷按相关规范要求及时得到处理。工程质量通过了施工单位自评、监理单位复核、质量监督部门核查三级评定。

南村黄河公路大桥划分为32个分部工程、659个单元工程。小浪底项目站对监理单位和施工单位的质量检验资料进行了核查,并于2002年9月18日对大桥实体质量进行现场查看。2003年12月,小浪底项目站提交了《小浪底水利枢纽库区黄河公路大桥工程施工质量检验评定成果核查评价意见》,同意施工单位和监理单位自评结果,大桥工程达到优良等级。

(2)工程资金管理。南村黄河公路大桥工程概算投资4 800万元,建筑安装工程施工承包合同总投资为4 495万元。在工程建设过程中,由于定额标准变化、工程变更和施工征地等因素造成实际建设费用增加,同时,由于桥位的变更,大桥本身的建设规模和标准发生较大变化。工程竣工决算实际完成投资6 972.7万元。

(三)工程验收

2003年7月24—25日,小浪底建管局组织设计、监理、施工单位召开南村黄河公路大桥竣工验收技术预验收会议,同意小浪底库区南村黄河公路大桥工程质量评定等级为优良。

2003年12月23—24日,由小浪底建管局主持召开南村黄河公路大桥竣工验收会议。竣工验收按照《公路工程竣工验收办法》(交公路发〔1995〕1081号)和《公路工程质量检验评定标准》(JTJ 0718)相关规定,经验收委员会综合评分,南村黄河公路大桥工程总评分值为 96.5 分,工程建设项目质量等级优良。

(四) 工程运用

大桥 2002 年 4 月中旬通车。2006 年 2 月 21 日,小浪底建管局、河南省交通厅、河南省交通厅公路管理局三方共同签订《小浪底库区黄河公路大桥移交协议》,明确自 2006 年 2 月 26 日起,由河南省公路管理局承担大桥管理养护责任。

第六节　移民监理

将移民监理机制引入移民项目管理,是对世界银行相关规定的积极响应,也是中国对水库移民工作的一种探索。1994 年 10 月 27 日,水利部印发《黄河小浪底水利枢纽工程移民安置实施管理办法》(水移〔1994〕468 号),明确要求小浪底工程移民实行建设监理制度。1996 年 12 月 18 日,小浪底移民局与黄委会移民局签订《小浪底移民工程监理协议书》,小浪底移民监理工作正式开展。

为了进一步规范移民监理工作,1999 年 4 月 1 日,水利部以《关于小浪底水利枢纽工程移民监理问题的批复》(水移〔1999〕146 号)正式批复施行《黄河小浪底水利枢纽工程移民监理管理办法(试行)》。

一、监理依据和原则

(一) 监理依据

小浪底移民监理的工作依据是:国家有关规定及水利部印发水移〔1994〕468 号文件相关规定和世界银行的要求;水利部批准的《小浪底水利枢纽技施设计阶段水库库区第一期淹没处理及移民安置规划》《小浪底水利枢纽技施设计阶段水库库区第二、三期淹没处理及移民安置规划》《黄河小浪底水利枢纽工程移民安置实施管理办法》;中国政府与国际开发协会签订的《中华人民共和国与国际开发协会开发信贷协议(小浪底移民项目)》(以下简称《信贷协议》)及世界银行关于非自愿移民政策性导则;《小浪底移民工程监理协议书》及有关移民安置的合同、协议、计划等。

(二) 监理原则

小浪底移民监理单位坚持独立性、公正性、成果共享的原则。

（1）独立性原则。监理人员运用自己的技术技能获取材料；客观地分析、判断、处理问题，不受任何个人和单位的影响；有独立的办公和生活条件，不依赖工作相关方。

（2）公正性原则。监理人员在工作中，秉承公正立场，通过各种措施保障移民的合法权益不受侵害。

（3）成果共享原则。监理单位对移民安置及移民工程建设项目运用技术、经济的手段在质量、投资、进度和安置效果等方面进行监督、控制和协调，并将成果在业主、地方政府移民部门及实施单位之间实现共享。

二、监理范围及内容

小浪底移民监理的范围主要包括库区第一期、二期和三期移民安置工作所涉及的 14 个县（市）移民安置工作及县以上单位的移民安置工作。移民监理时限为移民安置阶段和移民搬迁后的恢复阶段。

监理工作主要内容包括：以农村移民安置监理为主，同时对乡镇迁建、专项恢复重建、工矿企业迁建处理、移民搬迁和库底清理等移民活动进度、质量及资金进行监理，以进度监理为重点，发挥监理单位合同管理、信息管理及协调作用。

三、监理机构与工作机制

(一) 监理机构

小浪底移民监理单位建立以总监理工程师为首的监理班子，下设总监理工程师办公室；在有关移民安置县（市）设监理组。总监理工程师履行监理合同约定的权利和义务，对内行使监督、管理、协调职责，下达监理任务指令。

1. 库区第一期移民监理机构

小浪底库区第一期移民涉及范围较小，监理单位设立两个监理组。新安县监理组负责新安县、孟津县和义马市的移民监理工作；济源市监理组负责济源市、孟州市、温县和原阳县的移民监理工作。库区第一期移民监理人员共 20 人。

2. 库区第二、三期移民监理机构

小浪底库区第二、三期移民涉及范围较大，监理单位设立 5 个固定监理站和一个巡回工作组。新安县站负责新安县、孟津县的移民监理工作；济源市站负责济源市的移民监理工作;渑池县站负责渑池县、陕县的移民监理工作;孟州市站负责孟州市、温县的移民监理工作;垣曲县站负责山西省垣曲县、夏县、平陆县的移民监理工作。原阳县、中牟县、开封县的移民监理工作采用巡回方式,每月定期开展一次工作。库区第二、三期移民监理人员共48人。

(二) 监理工作机制

根据监理协议,监理单位编制《黄河小浪底水库移民安置监理规划》《黄河小浪底水库移民工程实施阶段监理细则》等文件,建立起工作制度与机制。

1. 工作制度

根据监理规划,监理单位先后制定工作报告制度、监理联络员制度、工作例会制度、监理信息反馈制度等。主要工作文件有《监理报告》《监理快报》《监理通知书》《监理备忘录》《会议纪要》等。

(1) 工作报告制度。工作报告是监理单位与相关单位建立有效沟通协调机制的重要方式,工作报告主要有以下几种形式:

一是《监理报告》。《监理报告》主要以书面形式反映移民工程实施的详细情况,重点突出移民工作中好的做法、存在的问题及原因、解决问题的意见或建议等,促进移民安置各项目标的实现。由于《监理报告》内容全面,发放范围广泛(包括水利部、业主、地方各级政府移民机构、世界银行及特别咨询团等),因此监理报告制度在一定程度上规范了各级移民机构的管理行为,提高了移民工作管理水平。在监理合同期内,监理单位共撰写《监理报告》50期,其中向世界银行和特别咨询团提交2期英文版《监理报告》。《监理报告》从内容上分为总报告和分报告,分报告由各驻地监理站编写,总报告由总监理工程师办公室根据分报告内容汇总整理、提炼总结而成。《监理报告》一般每月一期,每期8万~10万字。

二是《监理快报》。《监理快报》是对《监理报告》的补充。在项目实施的关键阶段,监理单位在各期《监理报告》周期内增加《监理快报》,以快速反映实施进度和存在问题,及时沟通信息。《监理快报》一般每10天或半月一次,由监理单位直接送达业主和省移民机构。

三是《监理通知书》。《监理通知书》是监理单位就实施中的典型问题督促有关单位尽快解决的工作文件,必要时报送上级部门和业主单位。

四是《监理备忘录》。《监理备忘录》是各级监理人员针对监理过程中出现的一些典型事件或较重要的问题,分级向实施机构发送的工作文件。《监理备忘录》指出存在的问题并提出意见或解决建议,书面抄送各有关单位,要求予以解决。《监理备忘录》分两个层次发送:一是由总监理工程师签发的,主送业主、两省移民机构;二是由驻地监理工程师签发的,主送县移民机构和县政府主管领导。据统计,监理单位在合同期内共制发《监理备忘录》80 期,向有关部门发出《监理整改通知》30 多份。

除上述工作报告外,在工作进展到一定阶段时,对某一个单项进行专项监理,或对本阶段工作进行总结,形成专项工作情况报告,为业主和实施部门提供必要的工作信息材料。

(2)监理联络员制度。监理联络员制度是由业主、各级地方移民机构各指派一名熟悉本地区移民工作情况的工作联络人员,协助监理工程师开展工作,譬如向监理工程师介绍情况、提供信息和资料等。

(3)工作例会制度。工作例会制度分两种情况:一是由总监理工程师定期组织业主、省级移民机构主持召开的工作例会;二是各驻地监理站根据工作实际情况,定期由监理工程师牵头召开的工作例会,各实施单位派代表参加。工作例会主要议题是沟通工作信息,共同研究解决移民工作中存在的问题。会议形成《会议纪要》,印发参会单位。在合同期内,监理单位共主持召开工作例会80 次,印发《会议纪要》80 期。

(4)监理信息反馈制度。监理信息反馈是多层次的:一是总监理工程师向省、市、县移民机构负责人和政府主管移民工作的领导通报进度、质量、资金等实施情况;二是监理工程师向县、乡实施机构通报监理情况;三是监理人员向移民群众解释、宣传政策,或者是将监理意见和业主、实施机构有关工作举措及时反馈给移民等。监理信息反馈以尽可能达到管理信息共享为目的。

2. 主要工作方法

移民监理工作的主要方法有以下四种:

(1)检查。在村、乡或县主管人员带领下,监理工程师对照项目规划、计划指标等基础资料,对移民安置实施项目逐项进行检查、计量、填表。这项工作由总监理工程师代表(驻地监理工程师)定期进行,县主管安置的负责人对检查结果签字确认。

(2)访问。在村或居民组干部带领下,对淹没区或安置区农户进行访问,对所涉及的问题现场填写表格,由村干部对填表内容签字确认。对群众提出的敏感问题现场记录,必要时要进行单独访问。

(3)座谈。座谈内容包括工作的事前、事中、事后情况。参加人员为县、乡移民实施机构的负责人或业务人员,村干部或群众代表。通过座谈了解工作中存在的问题,并提出改进的措施,做好记录。

(4)书面通知。对监理检查中发现的问题,总监理工程师代表以书面形式通知县级移民实施机构负责人,督促问题的解决。

四、监理实施

(一)移民安置规划监理

移民安置规划监理的主要工作内容有:

(1)检查移民安置实施规划是否漏项,移民安置经济调查是否可靠,生产规划是否科学合理,概算是否充分,各方是否充分参与协商,是否考虑移民的心理因素,是否考虑对环境的影响,是否有足够的扶持措施等。

(2)检查移民安置实施规划的进度、质量、资金是否符合实际情况。

(3)检查移民安置实施规划的优惠政策是否合理。

(4)检查移民安置实施规划措施,尤其是相应的配套措施是否符合实际,其中包括强制性政策和规定是否出台等。

(二)移民安置实施监理

移民安置实施监理是移民监理单位的核心工作,主要工作内容如下。

1.检查移民安置实施

移民安置实施工作集中在生活安置和生产安置两个方面。

移民生活安置监理的主要工作有:了解宅基地划拨情况,掌握公共设施建设项目的施工组织、建设方式及计划;审查承建安置点基础设施单位的资质、技术力量和施工设备情况,并收集签订的项目设计、施工合同书等资料;在安置点开始建设至竣工验收的整个施工过程中,监理人员定期到现场检查进度、质量和资金到位情况,并填写相应的统计表。监理人员检查控制的内容有:宅基地划拨数量是否到户;建房进度、质量;村内水、电、路等基础设施建设进度、质量。项目竣工验收检查时,将村内完成的各类房屋及水、电、路设施等绘制在1:2 000的地形图上,将村外道路、桥梁、输电、通信等基础设施绘制在1:10 000的地形图上。在历次现场检查中,监理人员一般情况下会征询移民的意见,了解移民对安置情况是否满意。对检查发现的问题,及时与有关方面协商,提出监理的处理意见(见图7-6-1)。

图 7-6-1　监理人员了解移民安置情况

移民生产安置监理,主要是根据移民生产安置方式,分类检查制约生产安置条件的落实情况。一是检查落实农业安置移民的土地划拨、开发、平整与水利设施,以及移民适应新环境、农业种植技术培训等方面的情况。监理人员通过同库区各县移民实施机构座谈和查阅移民安置协议书,掌握移民的土地划拨计划指标,以及确保计划实现的组织措施;深入现场对移民集中安置点(包括后靠点)进行全面检查,对分散安置的移民户进行抽查,落实移民土地划拨情况。二是监理人员通过进厂了解实际情况,掌握工业安置移民的生产、生活条件是否达到规划要求。

2.检查移民安置进度

移民安置进度检查主要包括:移民安置区的移民住房、基础设施和公共设施是否按期完成,移民安置区的生产条件是否达到移民生产要求,移民搬迁的准备工作是否达到要求,移民在搬迁期间的临时补助费用是否发放到户等。监理人员开展的主要工作有:依据移民搬迁协议书,深入现场实地了解移民搬迁进度,填写移民搬迁进度表,记录移民搬迁中存在的问题,并同地方实施机构商讨处理办法,提出监理建议;根据实施机构每月上报的移民搬迁统计数据,到搬迁村进行调查核实,经监理工程师签字确认,然后将报表送业主一份,以便业主掌握进度情况;对检查中发现的问题,除及时向业主报告外,对具有普遍性的问题,在《监理快报》中向有关部门反映,以引起决策层重视。可以由责任单位直接处理的问题,随即下达《监理通知书》,督促责任单位限期处理;对须提请上级部门领导解决或协调处理的问题,由监理单位会同业主向上级单位反映,提请处理。

3. 检查移民安置工程质量

移民安置工程质量检查主要包括:移民生产道路是否满足设计质量要求;移民农田是否达到安置规划规定的数量、质量和位置要求;移民灌溉设施是否按规划配备齐全;移民养殖业和林果业是否按规划建设;从事第二、三产业的移民是否经过培训;移民住房是否已按规划时间、数量和质量完成,移民的满意度如何;移民公共设施是否完善,特别是移民村(乡)的交通、排水、医疗保健、学校、文化、福利等设施是否完善;移民村(乡)绿化和植被覆盖率是否符合要求;移民饮用水质量是否达标,饮用水和生活用水设施是否达到使用水平;移民村(乡)用电负荷是否符合规划要求;家庭电路是否安全;移民村(乡)的通信设施是否已经开通等。

4. 检查移民搬迁

移民搬迁工作是移民工作的一个环节,必须统筹安排和周密计划。监理单位重点检查搬迁准备工作是否落实,主要内容包括:移民搬迁的人员、车辆、组织工作是否已经落实;移民搬迁的财产是否已经清理完毕;移民搬迁的思想和心理是否稳定;移民中的老、弱、病、残、婴幼儿及孕妇等特殊移民群体是否有专人负责料理;移民祖先坟墓是否已经安排妥当;公共财产是否有专人负责搬迁;移民搬迁区的树木及田地里的作物是否已经收获;移民搬迁进度计划和安排是否合理等。

5. 投资控制

监理单位进行投资控制的主要措施包括:审批年度投资计划,检查移民安置资金使用情况,审核年度资金结算,审核移民单项工程项目投资计划和结算,抽查移民个人补偿兑现情况,对移民资金调整提出报告,对移民工程总体投资结果提出分析意见,对移民执行机构的费用进行监督等。其中移民资金落实情况是各方关注的焦点,监理单位重点从以下四个方面进行监督控制:

(1)请地方实施机构事前用不同方式向移民宣传并公布规划的各项实物补

偿标准。

（2）在补偿资金兑现过程中和兑现之后，监理工程师深入移民户，依据补偿协议书抽查访问。访问内容包括补偿项目和标准，以及是否拖欠兑现费用等。

（3）对于变更实施项目的补偿标准，监理单位的处理原则是：一要绝大多数移民赞成；二要变更实施项目的补偿费用与规划的项目补偿总额基本吻合，若变更项目补偿费有节余，仍要用于移民生产生活发展。

（4）对于超规划范围和超标准支付给移民补偿费的问题，监理单位的处理原则是：只要地方政府不突破包干使用经费，有利于移民搬迁安置的，监理单位不干预。

6. 信息管理

信息管理是监理工程师工作内容之一。主要工作包括：建立移民安置监理信息系统，编制相应的软件程序；收集移民监理资料，建立数据库；根据不同需要，对数据库进行统计、分析、比较；根据需要提供信息，自动编成文件等。

7. 合同管理

移民安置实施中存在大量合同。监理单位对移民安置合同管理的主要内容包括：按照分类原则，对所有合同进行分类；对合同中的主要内容进行识别；对合同中的关键问题建立台账；对合同中重大分歧迅速协调处理；对合同实施过程重点监控；对合同执行情况定期向业主或世界银行提交报告；主要合同项目完成后编写竣工报告。

8. 组织协调

监理单位组织协调涉及面广、工作量大，既要协调地方政府、承包商、设计单位、监理单位之间的关系，又要解决移民搬迁安置过程中的临时性、突发性问题。主要内容包括：协调单位间关系、协调移民与地方政府之间的关系，后者是组织协调的主要内容，通常是由于移民对基层地方政府不够信任，容易产生矛盾。

（三）库区专业项目监理

移民监理对库区专业项目迁建实施监理的主要工作内容包括：审查承建单位的资质；查阅设计和施工承包合同（协议）；定期了解项目进度及资金拨付情况，据此督促协调相关方按工程进度下拨经费。工程施工质量，由工程实施单位聘请专业监理人员负责，不在移民监理工作范围内。

(四)库底清理监理

库底清理监理工作的主要内容包括:水库淹没区建筑物是否拆除或达到设计规范要求,库区林木是否全部清理,是否按规范要求进行卫生防疫处理,对库区污染源是否制定了处理措施等。监理工程师按照设计要求,深入现场逐村逐项检查,并对清理未达到要求的项目做详细记录。对不符合设计要求的项目,立即以《监理通知书》的形式通知实施单位限期处理,然后监理人员再现场复查。

(五)移民资金拨付监理

监理单位在移民资金拨付方面的主要工作包括:根据资金拨付计划和拨付流程渠道,检查各环节下拨资金情况,确保移民个人补偿费和移民工程项目资金及时足额到位。对检查中发现的移民资金使用方面的问题,及时向业主反映,并配合业主向上级政府反映,以便及早控制和妥善处理。

(六)技术咨询

许多地方移民实施机构的人员是第一次接触移民工作,虽然事前经过必要的业务培训或外出实地参观学习,对移民工作的规律和操作程序有一定了解,但缺乏实践经验。因此,一方面,监理人员在每个阶段工作中都要及时对移民机构的工作提出指导性意见,当好参谋,为移民实施做好服务;另一方面,通过加强政策宣传和情况通报等方式,对移民群众进行培训。主要工作如下:

(1)配合相关方做好培训工作。对移民干部培训,主要是通过举办培训班宣传国家有关移民的方针政策、国家批准的移民规划,以及移民实施的程序、方法和关键环节,使移民干部明确政策,掌握工作方法,对开展移民实施工作做到心中有数。

对移民群众培训,以政策宣传为主。在移民搬迁前的准备阶段和搬迁过程中,配合业主和地方移民实施机构多次深入库区重点移民村,对移民开展搬迁宣传、动员工作。宣传的组织形式有:召开移民群众大会,在大会上进行宣讲;出动宣传车巡回广播;印制移民实施的有关规定、标准、办法等宣传材料,发放到移民手中;以咨询小组的形式同移民面对面地座谈、讨论,解答移民提出的问题。宣传的主要内容有:兴建黄河小浪底水利枢纽工程对国家及地方经济发展的重大意义;国家有关移民的方针、政策及批复的小浪底移民工程投资概算;移民安置方式及去向;移民受淹的各种实物补偿标准及兑现办法;地方政府依据规划结合实际制定的具体实施办法及规定等。

（2）坚持事前指导。坚持事前指导,明确工作程序和目标,使移民实施机构在管理实务中有规可循。监理工作人员在进驻现场后,召开有移民实施机构参加的移民工作会议,向与会代表通报移民安置监理规划,重点介绍监理工作范围、目标和控制措施,目的是让各级移民实施机构了解监理的工作内容,以便配合工作。为此,监理单位每年印发内容详细的年度监理计划,以便移民机构参照实施。

对移民验收等重点和难点工作,监理单位提前编制印发移民安置验收工作大纲,详细、系统地介绍验收的目的、原则、依据、内容、方法与要求、组织与管理及质量评定标准,使实施机构提前了解,并在移民项目实施中积累、整理和完善移民验收资料。

（3）规范工作形式。协助地方移民机构统一规范移民协议格式,使移民协议签订工作程序化、标准化和规范化。移民机构同移民户签订安置协议,分以下两类情况：

一是对搬迁到规划确定的集中安置点（包括后靠点）的移民户,协议明确户主、搬迁人口、安置地点,宅基地和耕地划拨数量、标准,以及搬迁时限、搬迁奖励条件和标准等。

二是对自择去向分散安置的移民户（包括投亲靠友户）,需要签订3种移民安置协议。第一种是移民机构与接收地政府签订的协议,应明确户主姓名、搬迁人口、迁出迁入地名、人均安置费金额,安置地政府应负责划拨宅基地、耕地及解决有关基础设施等方面的问题。第二种是移民机构与移民户签订的协议,应明确户主搬迁人口、迁入地点、安置费标准、搬迁时限及搬迁奖励条件和标准等。第三种是移民户与安置地政府签订的协议,主要明确接收地政府承诺给移民划拨宅基地、耕地的数量和标准,解决移民生产生活安置的措施,以及安置费标准等。

第七节　移民监测评估

小浪底移民监测评估是根据《世界银行非自愿移民导则》及1994年6月国际开发协会与中国政府签署的《信贷协议》的要求进行的。《信贷协议》明确中国政府应"聘用协会满意的独立的监测机构至少每半年对项目中搬迁者和受移民影响的安置区进行一次社会经济发展的评价,并及时向国际开发协会提交供评论的评价报告,该评价报告是对移民规划是否达到项目目标而做出的评价"。根据《信贷协议》的要求,1995 年 8 月,小浪底移民局委托华水移民事务所独立开展小浪底移民监测评估工作,在国内属于首次。

一、依据与原则

(一) 监测评估依据

小浪底移民监测评估的依据包括:国家相关的法律法规;世界银行有关业务导则,如技术文件、移民安置行动计划、世界银行项目评估报告;《小浪底移民项目评估报告》和《信贷协议》;黄委会设计院编制的各期移民安置规划报告;《小浪底移民监测评估管理办法》;《黄河小浪底移民项目社会经济发展监测评估指南》(简称《监测评估指南》)和《黄河小浪底移民项目社会经济发展监测评估细则》(简称《监测评估细则》);业主与监测单位签订的合同。

(二) 监测评估原则

小浪底移民监测评估的基本原则主要有以下几点:

(1)独立性原则。监测评估单位受业主委托承担监测评估任务,以项目业主和地方政府移民机构之外第三方的名义,独立开展移民搬迁安置和社会调整的监测与评估。

(2)客观性原则。如实反映移民从规划、动迁、安置、发展全过程的客观实际情况,并对有关问题提出科学、准确与合理的建议。

(3)群众性原则。在监测评估过程中,监测评估人员坚持相信和依靠群众,处理好与监测对象的关系,取得他们的信任和协作。

二、监测评估内容

小浪底移民社会经济发展监测评估的主要内容分为三部分,即移民社会经济发展状况、移民安置区受影响群众社会经济发展状况和移民群体的社会适应性调整。

(一) 移民社会经济发展状况

(1)移民资金拨付、到位和使用。主要监测移民资金拨付时间和流程,以及公共设施、专项设施等建设取得的效益。

（2）移民个人搬迁补偿费用落实。移民个人搬迁补偿费用包括移民的房屋、附属物、树木和坟墓等按照安置规划应直接兑现给移民个人的费用,这部分费用对保障移民个人利益有着直接关系。

（3）移民搬迁前后生产、生活和福利水平。监测评估移民搬迁前后生产、生活和福利水平是移民社会经济发展监测评估对比的重要指标。监测评估内容主要有:移民生产构成、内容和方式;移民住房结构、面积、质量等改善情况;移民农业耕地数量、产值、产量及水旱田比例;移民劳动就业情况;移民经济收入来源及变化,包括耕地收入、家庭养殖、庭园经济、副业收入、外出打工和在乡镇企业收入及其他合法性收入等;移民消费水平变化;移民用水、用电及子女教育情况。

（4）移民安置点的基础设施和公共设施建设情况。

（5）移民社会服务体系。如学校、医院、邮电通信、商业网点、工具维修、农业技术推广等。

（二）移民安置区受影响群众社会经济发展状况

（1）安置区受影响群众在小浪底移民安置前后的生产、生活和福利水平状况。这项监测评估内容既可以反映安置区受影响群众在接收小浪底移民前后社会经济状况发生的变化,也可以反映小浪底移民本身在安置前后的生产、生活和福利水平的变化情况。

（2）安置区受影响群众利益保障状况。包括应征安置区土地的补偿,安置区水、电、路及公共设施的改善情况和移民安置后给安置区受影响群众带来的效益和损失等。

（三）移民群体的社会适应性调整

（1）移民安置执行机构。监测评估移民安置执行机构是否建立、健全,人员素质、设备配备、工作条件和生活条件等情况是否满足要求,以此促进移民搬迁安置工作的顺利进行。

（2）移民优惠政策落实情况。在小浪底移民搬迁安置过程中,各级政府都制定了许多优惠政策,监测评估的目的就是要对这些优惠政策进行跟踪,了解是否落到实处,移民是否从优惠政策中获得直接利益和间接效益。

（3）移民与安置区群众的融洽程度。主要包括双方尊重各自的风俗习惯的情况,安置区群众与移民群众之间往来和社会、文化等渗透的情况。

（4）帮助移民开辟多种就业渠道，增加移民收入情况。

（5）开展移民和移民干部培训情况。

（6）建立健全移民申诉机制、渠道、程序情况。对申诉机制、渠道、程序进行监测评估，有助于移民行使民主权利和提高自我管理的能力。监测评估重点是监测移民申诉渠道是否畅通，机制是否灵活、健全，程序是否合理完善。

（7）对老、弱、病、残等特殊移民群体照顾情况。这一部分移民在搬迁安置过程中遇到的困难往往比正常人大很多，应予以特殊的照顾。监测评估重点是这一部分人的利益在搬迁安置过程中是否受到损害，他们的基本利益是否得到保障，他们的生活水平是否与健康人水平相同，他们是否得到了特殊的照顾。

（8）妇女在移民安置中的作用和地位。监测评估妇女就业情况，掌握妇女基本权利是否得到保障，广大妇女是否参与小浪底移民安置实施计划，在基层组织中是否有妇女参加，以及妇联在移民安置过程中的作用等。

（9）非政府组织在移民搬迁、安置过程中的作用。

三、工作范围与基本程序

（一）监测评估范围

世界银行在《小浪底移民项目评估报告》的收入评价中要求，小浪底移民项目在整个实施期间，每年要选定一些具有代表性的家庭进行抽样调查，抽样调查的规模建议选取 1 000 户移民（占总数的 2.5%）和 500 户安置区受影响家庭（占总数的 0.5%）作为样本。根据《小浪底移民项目评估报告》对小浪底项目移民社会经济发展监测评估的要求，1994 年 8 月，小浪底移民局与华水移民事务所共同制定了《监测评估指南》。1996 年 1 月，华水移民事务所根据《监测评估指南》又编制了《监测评估细则》，这两个文件对小浪底移民项目社会经济发展监测评估的工作范围做了明确规定，具体如下：

（1）施工区及库区移民按照不同高程和不同搬迁时间进行监测评估。

（2）对所有安置区的移民安置行政村和移民安置行政村受影响区居民进行监测评估。

（3）移民收入评估按照国际开发协会确定的比例，即移民按 2.5% 户数抽样，安置区受影响居民按 0.5% 户数抽样进行。

（4）评估移民收入时，充分注意到移民收入的代表性，按照不同收入类型来确定抽样比例。

(二) 监测评估基本程序

按照《监测评估指南》的规定,小浪底移民项目监测评估全过程按照 3 个阶段 10 个步骤进行。

1. 准备阶段

(1) 制定、评审监测评估实施提纲与调查表格。监测评估实施提纲是各次监测评估活动的指导性文件,每次活动之前制定实施提纲与调查表格,或对已有的实施提纲与调查表格进行评审和修订。提纲对每次监测调查的目的、范围、任务、内容、方法及重要性做出必要的说明。

(2) 培训监测评估人员。培训的内容主要包括:监测评估调查的意义及重要性,调查的范围、内容和采用的方法,调查项目的含义与有关概念的界定,调查提问及表格填写中应注意的事项等。

(3) 选择监测对象。选择能覆盖所有移民安置点、能充分听取移民的意见、能准确评估经济收入、在数量上具有一定代表性的移民作为监测样本。

2. 现场监测阶段

(1) 填写监测调查表格。参与现场调查的技术人员事先审阅并熟悉各类调查表格的填写说明和要求,掌握表内各个项目的含义与数量界定,将人为数据误差降低到最小程度。

(2) 现场实地考察。现场实地考察采用直接观察方法获取包括移民安置中房屋、道路、水电设施等建设的形象进度和施工质量,以及移民卫生、环境、教育等社会服务方面完成情况的定性数据(信息)。

(3) 座谈、采访。座谈、采访通常采用非正式交谈型、专题型和半设定开放型①三种方式。访谈重点是移民安置涉及的生态、社会、文化和其他方面的状况,以及移民和安置区居民的看法、态度和行为方式。

(4) 资料汇总。监测评估人员在现场监测中将每天完成的调查表及时汇集、编号并进行审查。

3. 分析评估阶段

(1) 确定评估方法。现场调查结束后,监测评估人员根据所得到的数据信

---

① 半设定开放型是指在采访中,利用一些事先拟定的问题表格,并列出每一个问题可能的答案,提供给采访对象,以便于回答。

息选定合适的分析、计算方法,如《监测评估指南》中列出的数理统计、经验判断和综合评估等。

(2)分析问题。监测评估人员利用《监测评估指南》中列出的数理统计、经验判断和综合评估等方法,对监测的数据进行计算、归纳,得出有价值的趋势性结论。

(3)编写报告。报告主要内容包括:报告的主题,所提供资料的来源,调查的方法,数据汇总,对数据的精度做必要的说明,对数据的重点及其意义进行说明,总结出结论,提出措施供有关人员参考,并适当提出建议。

四、组织实施

(一)监测评估实施

自1995年提交第一次报告开始,华水移民事务所共向业主和国际开发协会先后提交16次阶段性监测评估报告、2次移民搬迁前社会经济本底资料调查报告。2000年6—10月,华水移民事务所对1992年小浪底前期工程施工以来移民安置效果进行了一次专项调查,编写了36万字的《黄河小浪底工程移民社会经济发展监测评估阶段性专题报告》。

(二)监测评估结论

小浪底移民项目监测评估工作从施工区移民到275米高程移民,共监测了133个移民村的1 538户移民家庭和22个安置影响村的203户受影响家庭。为全面、准确地掌握小浪底移民搬迁前后生活水平的变化情况,2004年1月,华水移民事务所对小浪底移民进行了全面的监测评估,监测结果显示:施工区移民和库区第一期移民的生产和生活水平大多达到或超过了搬迁前的水平,同时也达到了原规划的增长水平,且不低于当地居民的生活水平。

库区第二期(180~265米高程区间)移民从1999年搬迁,到2001年完成安置,移民不但生活水平有了提高,生活质量也得到了改善。

库区第三期(265~275米高程区间)移民从2002年开始搬迁,到2003年完成安置,基础设施基本完善;移民人均年纯收入逐步提高;村级组织健全,各种组织团体运转正常,村干部在群众中的威信较高。

小浪底移民样本户搬迁前后人均年纯收入对比见表7-7-1,小浪底移民恩格尔系数变化见表7-7-2。

表 7-7-1　小浪底移民样本户搬迁前后人均年纯收入对比　（单位：元）

搬迁分期	安置区	行政村	2003 年人均年纯收入	搬迁前人均年纯收入
施工区	河南省孟津县	小浪底	1 286	788
		石门	1 414	862
		刘庄	1 225	747
		寺院坡	1 519	926
		河清	1 450	884
	河南省济源市	蓼坞	1 060	795
		桥沟	1 612	811
		桐树岭	1 187	797
		双堂	1 566	984
		连地	1 867	756
库区第一期	河南省孟津县	妯娌	1 204	1 161
		清河	1 702	1 179
	河南省新安县	马沟	1 991	1 083
		槐林	1 248	1 031
		大章	1 707	1 098
		塔地	1 850	1 109
		盐仓	1 371	902
		龙渠	1 243	799
		荒坡	1 376	900
		河西	1 176	1 110
	河南省济源市	洛峪	1 317	1 068
		白沟	1 620	1 072
		陆家岭	1 634	939
		良安	1 819	1 155
		关阳	1 238	968
		刘庄	1 209	835
		石牛	2 046	898
		交兑	1 023	956
		长泉	1 235	1 054
		竹峪	1 091	1 058
		张岭	1 764	1 003
		牛湾	1 296	1 198
		大交	1 449	1 034

续表 7-7-1

搬迁分期	安置区	行政村	2003 年人均 年纯收入	搬迁前人均 年纯收入
库区第 一期	河南省 孟州市	北村	1 556	1 172
		西沃	1 566	1 027
		塔地	1 508	1 109
		盐西	2 326	902
	河南省 温县	河西	2 781	1 110
		龙渠	2 105	799
		盐东	2 109	902
	河南省原阳县	新阳	1 601	900
	河南省义马市	狂口	2 186	1 885
库区第二、 三期	河南省 孟津县	东地	2 380	2 322
		煤窑	1 566	1 118
		光华	1 898	1 218
		游王	1 490	1 287
		下沟	1 822	1 766
		师庄	2 102	912
		庙护	1 980	813
	河南省 新安县	晃庄	1 308	1 810
		王坟	1 224	1 590
		石渠	2 512	2 015
		云水	1 987	1 475
		滩子沟	2 149	1 389
		刘杨	1 871	1 285
		新仓	1 826	2 071
		北冶	1 475	1 870
		仓西	1 944	2 071
		石井	1 675	1 568
		河窖	1 577	1 507
		潭上	1 293	1 600
		磨五	1 811	1 915
		仙桃	1 804	755
		李村	1 786	1 233
		王庄	2 179	980

续表 7-7-1

搬迁分期	安置区	行政村	2003年人均年纯收入	搬迁前人均年纯收入
库区第二、三期	河南省渑池县	韵华	2 689	1 755
		韵阳	2 064	1 792
		英新	1 459	1 309
		杨家	1 125	1 357
		关家	1 988	1 354
		班村	1 726	1 981
		槐树洼	1 875	1 730
		利津村	1 530	1 730
		涧北	1 645	1 589
		涧新	2 123	1 589
		仁灵	1 930	1 880
		大王庄	1 888	1 679
		安北	1 622	1 540
		下马头	1 269	1 045
		南庄	2 313	2 100
		柳永	1 247	1 230
		南村	2 351	2 230
		仁村	2 316	1 730
		王都	1 325	1 320
		槐扒	1 417	1 761
		白浪	1 959	2 068
		姜王庄	2 074	885
		东阳	2 023	825
		李家洼	1 813	680
	河南省陕县	东沟	1 405	1 654
		太阳	1 633	1 878
		西沟	1 524	1 320
		辛村	1 505	1 010
	河南省济源市	大横岭	1 769	1 103
		大峪	1 930	1 753
		东坡	1 800	1 679
		涧北	1 793	1 253
		井沟	1 902	1 666
		毛田	1 943	1 621

续表 7-7-1

搬迁分期	安置区	行政村	2003年人均年纯收入	搬迁前人均年纯收入
库区第二、三期	河南省济源市	西岭	2 041	1 721
		小沟	1 899	1 596
		峡北头	2 398	1 740
		柏疙瘩	2 382	1 682
		五里沟	1 752	1 727
		薛庄	2 620	1 877
		黄庄	1 713	1 774
		西坡	2 401	1 242
		逢南	2 485	1 869
		高沟	2 335	1 755
		王拐	1 504	1 146
		虎尾沟	1 999	1 991
		西郭路	1 498	1 389
		西水屯	1 182	1 707
		上河	1 402	1 792
		大奎岭	1 892	2 110
		洛河	981	1 233
		甘河	2 527	1 988
		南家	2 287	1 010
		南郭庄	2 134	955
		罡头	2 606	1 766
	河南省孟州市	晃庄	1 868	1 838
		横山	1 722	1 773
		陈湾	2 151	1 901
		寺上	1 741	1 764
		竹园	1 899	1 768
		高崖	1 274	1 367
		云水	1 441	1 475
		寺村	1 527	1 306
		许庄	1 816	1 750
		小村	1 864	1 784
		石井	1 664	1 568
		王家沟	1 407	1 365
		蒿子沟	1 283	1 290

续表 7-7-1

搬迁分期	安置区	行政村	2003年人均年纯收入	搬迁前人均年纯收入
库区第二、三期	河南省孟州市	梁庄	1 661	1 580
		冯园	1 704	1 345
		南关	2 198	956
	河南省温县	仓头	2 328	1 993
		麻玉	2 218	1 142
		石渠	2 315	1 650
		太涧	2 308	1 616
		西沟	1 740	1 448
		下石井	1 822	1 615
		北冶	1 262	1 187
		裴岭	1 842	1 627
		平王	1 320	1 196
		王坟	1 575	1 390
		南贾	1 728	1 022
		大玉兰	2 257	988
	河南省开封县	河水	1 768	1 680
		仰韶	1 521	1 357
		韶封	1 954	1 755
		向阳	1 717	1 737
		班村	2 031	1 981
		祥韶	1 768	1 589
		黄岗	2 117	905
	河南省原阳县	仓西	2 091	1 733
		河窖	1 979	1 402
		峪里	1 388	1 870
		后教	1 174	1 563
		西徐庄	2 330	1 127
	河南省中牟县	许村	1 964	1 296
		下板玉	1 739	1 278
		仓寨	2 408	1 154
		板桥	2 050	855
	山西省垣曲县	古城	1 783	1 658
		允岭	1 566	1 853
		胡村	1 899	1 567

续表 7-7-1

搬迁分期	安置区	行政村	2003 年人均年纯收入	搬迁前人均年纯收入
库区第二、三期	山西省垣曲县	东滩	1 384	1 771
		芮村	1 029	1 928
		窖头	1 892	1 872
		马湾	1 158	1 229
		下亳	2 056	1 600
		关家	2 890	1 631
		安窝	1 580	1 367
		新城 1	3 306	2 332
		新城 2	3 086	1 967
		晃家坡	1 285	1 865
		莘庄	1 976	1 831
		磨头	1 801	1 733
		下马	1 531	1 265
		小赵	1 428	1 332
		峪里	1 598	2 063
		寨里	1 596	1 978
		宁董	1 658	1 588
		峪回	1 171	997
		五福涧	1 890	1 328
		北堡头	876	1 120
		南堡头	1 453	1 490
		安河	1 840	1 760
		西滩	1 743	1 675
		河堤	1 360	1 342
		北窖庄	914	1 055
		东寨	1 829	1 870
		上亳	1 112	1 367
		阎家河	1 288	1 470
		峪子	1 069	1 324
		解村	1 343	1 652
		华峰	2 231	1 011
		英言	2 120	920
		丰收	2 088	890

续表 7-7-1

搬迁分期	安置区	行政村	2003年人均年纯收入	搬迁前人均年纯收入
库区第二、三期	山西省平陆县	坪岚	607	780
		尖坪	889	850
		南沟	1 020	894
		姚坪	975	785
		上堡	886	980
		龙岩	1 100	1 540
	山西省夏县	中原	829	1 025

注:人均年纯收入=(家庭收入合计-家庭生产支出)/家庭人口。

表 7-7-2　小浪底移民恩格尔系数变化

序号	县(市)名	样本		恩格尔系数									
		户数	人口	1994	1995	1996	1997	1998	1999	2000	2001	2002	2003
1	垣曲	242	1 125					0.49	0.46	0.44	0.42	0.41	0.41
2	渑池	132	580					0.48	0.46	0.45	0.43	0.43	0.42
3	新安	145	624			0.49		0.45	0.44	0.4	0.39	0.43	0.44
4	孟津	78	357	0.51	0.48	0.48	0.47	0.45	0.44	0.44	0.4	0.41	0.4
5	温县	134	603			0.49		0.46	0.45	0.43	0.43	0.42	0.42
6	孟州	159	688			0.50		0.47	0.45	0.45	0.45	0.41	0.43
7	义马	20	87			0.48		0.47	0.44	0.41			0.38
8	原阳	33	146			0.50		0.48	0.49	0.48	0.43	0.43	0.42
9	中牟	14	63					0.49		0.47	0.45	0.4	0.42
10	开封	45	194						0.48		0.45	0.44	0.43
11	济源	311	1 462	0.50	0.48	0.47	0.47	0.46	0.45	0.44	0.46	0.42	0.42

注:家庭生活恩格尔系数=主副食支出/总消费支出。按照联合国确定的标准,恩格尔系数>0.6为贫困家庭,0.5~0.6为温饱水平,0.4~0.5为小康水平,0.3~0.4为富裕水平。

第八节　移民资金

小浪底移民局负责移民资金的筹集、使用和监督管理;按照移民政策法规,建立、健全移民资金内部管理制度;根据移民安置进度计划编制移民资金计划,管控移民资金;按照移民实施进度拨付资金;编制竣工财务决算,反映移民安置效果;同时,接受审计监督和资金监管,确保资金使用安全。

一、概算批复

(一)初设概算批复

1993 年 3 月,国家计委以《关于黄河小浪底水利枢纽工程初步设计的复函》(计农经〔1993〕459 号)批复小浪底工程移民概算,按 1991 年价格水平,总投资为 215 000 万元,其中河南省 153 400 万元、山西省 45 700 万元、非省属项目和预备费等 15 900 万元。

(二)概算调整

因物价、实物及设计变更等发生重大变化,国家对小浪底移民概算进行了调整。

1. 施工区移民概算及调整

1992 年 9 月和 1993 年 7 月,水利部水规总院分别以《关于黄河小浪底水利枢纽工程初步设计阶段施工区征地移民安置规划审批意见的函》(水规〔1992〕63 号)和《关于小浪底水利枢纽工程外线公路及留庄转运站占地补偿投资的批复》(水规〔1993〕244 号),批复施工区征地及移民补偿投资 14 477 万元、黄委会水文局和地勘队迁建补偿投资 1 481.43 万元、外线公路及留庄转运站占地补偿投资 2 056.67 万元。初设批复施工区移民投资合计 18 015.1 万元。

1994 年 7 月,水利部移民局、水规总院,小浪底移民局,黄委会设计院等单位对施工区移民投资概算调整工作进行了讨论,提出了调整意见。黄委会设计院根据调整意见,对概算调整报告进行了修编,共计调增投资 16 956.06 万元。其中,施工区 15 679.62 万元,黄委会水文局和地勘队迁建 394.88 万元,外线公路及留庄转运站 881.56 万元。概算调整增加 16 956.06 万元。1997 年 5 月,国家计委以《关于小浪底水利枢纽工程(移民部分)调整概算的批复》(计建设〔1997〕1332 号)核定施工区移民投资概算共计 34 971.16 万元。

2. 库区第一期移民概算调整

1997 年 7 月,国家计委以《关于小浪底水利枢纽工程第一期淹没处理补偿投资调整概算的批复》(计投资〔1997〕1249 号),批复小浪底工程第一期水库淹没处理补偿投资调整概算 159 687 万元,其中利用外资 0.459 亿美元。

3. 库区第二、三期移民概算调整

1998 年 10 月 15 日,国家计委以《关于小浪底水利枢纽工程第二、三期水库淹没处理补偿投资概算的批复》（计投资〔1998〕2018 号），核定第二、三期水库淹没处理补偿投资为 620 154 万元，其中利用外资 0.641 亿美元。

4. 后河水库及灌区工程概算

1998 年 11 月 3 日，国家计委以《关于小浪底库区专项工程后河水库及灌区工程概算的批复》（计投资〔1998〕2019 号），批复小浪底库区专项工程后河水库及灌区工程投资概算 20 532 万元。

5. 温孟滩工程概算

1998 年 10 月，国家计委以《关于小浪底库区专项工程温孟滩移民安置区河道工程和放淤改土工程概算的批复》（计投资〔1998〕2020 号），批复温孟滩工程投资概算 56 167 万元。

6. 中条山取水口迁建工程概算

1998 年 6 月，国家计委以《关于中条山取水口迁建工程初步设计概算的批复》（计建设函〔1998〕91 号），批复小浪底库区专项工程中条山取水口迁建工程投资概算 11 000 万元。

7. 征地手续办理费

2008 年 11 月，经与国家发展改革委商定，水利部以《关于小浪底水利枢纽工程有关土地征用投资的通知》（水规计〔2008〕514 号），核定小浪底工程土地征收费概算 50 993 万元。

综上，国家最终批复小浪底移民概算总投资 953 504.16 万元。国家批复小浪底移民项目概算投资汇总见表 7-8-1。

表 7-8-1　国家批复小浪底移民项目概算投资汇总

序号	项目	投资（万元）	批准文号
1	施工区移民	34 971.16	国家计委计建设〔1997〕1332 号
2	库区第一期移民	159 687.00	国家计委计投资〔1997〕1249 号
3	库区第二、三期移民	620 154.00	国家计委计投资〔1998〕2018 号
4	后河水库及灌区工程	20 532.00	国家计委计投资〔1998〕2019 号
5	温孟滩工程	56 167.00	国家计委计投资〔1998〕2020 号
6	中条山取水口迁建工程	11 000.00	国家计委计建设函〔1998〕91 号
7	征地手续办理费	50 993.00	水利部水规计〔2008〕514 号
	合计	953 504.16	

二、资金来源及拨付

(一)资金来源

根据国家批复概算和《信贷协议》，小浪底移民项目投资概算 953 504.16 万元，资金来源于三方面：一是国家基建拨款 810 991.16 万元；二是世界银行贷款 7 990 万个特别提款权(折合 1.1 亿美元，按概算批复汇率 8.32 折算人民币为 91 520 万元)；三是枢纽工程发电收入 50 993 万元。

(1)国家基建拨款。根据枢纽工程总体进度计划，小浪底移民局商河南、山西两省移民办编制移民搬迁安置进度计划，经小浪底建管局同意后，小浪底移民局据此编制投资计划报小浪底建管局，由小浪底建管局一并列入枢纽工程投资计划上报水利部，国家据此进行基建拨款。小浪底建管局根据移民安置实施进度和资金到位情况，下达移民投资计划，资金划入小浪底移民局专项账号。小浪底移民局按照河南、山西两省移民搬迁安置实施进度，分批下达移民投资计划，拨付资金。

(2)世界银行贷款。根据移民搬迁安置完成情况，按照《信贷协议》规定的类别、信贷金额和报账比例，由小浪底移民局向财政部申报。财政部审核后，通过在财政部设立的专用账号向世界银行提款报账(《信贷协议》于 1994 年 6 月 2 日签署并于 90 天后生效，第一笔专项资金 800 万美元即刻划入专用账号。专用账号于 2001 年 12 月 31 日关闭)。

(3)枢纽工程发电收入。主要用于土地征收费用。根据枢纽工程征地手续办理进度，由小浪底移民局向小浪底建管局申请相关资金，由小浪底建管局据实拨付有关项目和单位。由于这部分费用未列入概算，经国家发展改革委同意在电站发电收入中列支。

(二)资金拨付

根据移民项目投资概算与工程总体进度计划要求，地方各级移民机构制订年度实施计划和投资计划，经小浪底移民局审核汇总后由小浪底建管局上报国家发展改革委。国家发展改革委经审核，下达资金额度后，由财政部下拨资金。小浪底移民项目资金拨付流程如下：国家发展改革委(下达额度)→财政部→水利部→小浪底建管局→小浪底移民局(分解)→省→(市)→县→乡镇→村→户。小浪底移民项目资金拨付流程见图 7-8-1。

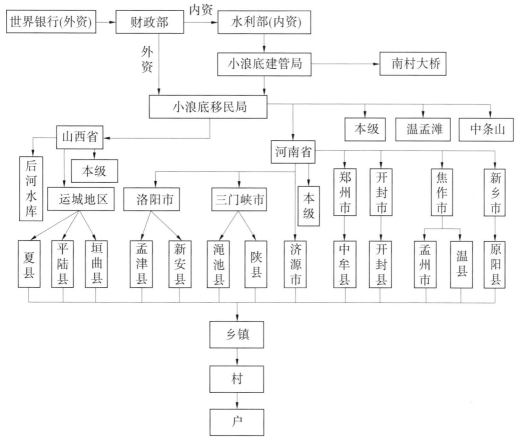

图7-8-1 小浪底移民项目资金拨付流程

小浪底移民局共支付移民投资953 504.16万元,占移民总投资的100%。小浪底移民项目投资完成情况见表7-8-2。

表7-8-2 小浪底移民项目投资完成情况

序号	项目	概算(万元)	实际完成(万元)	完成比例(%)
一	施工区移民	34 971.16	34 971.16	100
二	库区第一期移民	159 687.00	159 687.00	100
三	库区第二、三期移民	620 154.00	620 154.00	100
四	温孟滩工程	56 167.00	56 167.00	100
五	后河水库及灌区工程	20 532.00	20 532.00	100
六	中条山供水工程	11 000.00	11 000.00	100
七	征地手续办理费	50 993.00	50 993.00	100
	合计	953 504.16	953 504.16	100

三、资金管理

1994 年 4 月以前,黄委会移民办作为施工区移民业主具体负责资金管理;1998 年,黄委会移民办将 1991—1994 年负责实施的投资向小浪底移民局进行了移交。1994 年 4 月,小浪底移民局建账,在财务核算体制中作为小浪底建管局的报账单位,具体负责库区移民资金及大专项工程资金管理核算。2004 年 2 月 29 日,小浪底移民局将所有账务转小浪底建管局,由小浪底建管局统一编制竣工财务决算。

(一) 资金管理原则

根据小浪底移民项目管理体制,资金管理采用"统一领导,分级负责"的管理模式,即小浪底移民资金的管理工作由小浪底移民局作为项目业主实行统一管理,河南、山西两省移民管理机构按照要求分别负责本级和所属单位移民项目资金的管理工作。资金管理遵循以下基本原则:

一是移民资金按基本建设程序管理,即移民项目资金是小浪底工程投资的重要组成部分,按照国家基本建设程序的要求筹措、拨付和管理,资金的使用符合移民安置规划、概算和年度投资计划。

二是移民资金实行专款专用,只能用于小浪底工程施工区和库区移民安置的补偿与补助,各级移民管理机构(指县以上移民办或移民局)必须按照上级批准的用途和年度计划制订的项目使用,不准挤占、挪用、截留,不准用于购买各种有价证券和支付各种摊派赞助,不准用于经商或其他投机性活动,不准为任何单位或个人提供担保,不准委托金融机构发放贷款和拆借,不准对无计划和超计划的项目拨款。

三是移民资金实行投资包干责任制,即移民项目资金由水利部与河南、山西两省签订投资包干协议,包资金、包任务、包时间、包效果,超支不补,节余留用。按照"水利部领导、业主管理、两省包干负责、县为基础"的管理模式和 1993 年水利部分别与河南省人民政府、山西省人民政府就小浪底移民项目签订的包干协议精神,根据国家批复的规划和投资概算,2003 年 3 月 13 日,水利部分别与河南省人民政府、山西省人民政府签订了《关于黄河小浪底水利枢纽工程移民收尾工作及投资包干协议书》(简称《收尾工作投资包干协议》),分别对河南省和山西省小浪底移民项目任务及概算外问题处理实行责任和投资总包干。

投资总包干的主要内容包括国家批复的施工区、库区第一期、库区第二期、库区第三期概算中明确的地方政府项目直接费用、其他费用和预备费;小浪底建管局与省级政府移民管理部门协商分配给地方政府的施工区、库区第一期、库区第二期、库区第三期概算中其他费用;按国家计委计投资〔1999〕1340号文件规定,将冻结的2.3亿元价差预备费转为专项资金后分配给河南省1.5亿元、山西省0.8亿元。

(二)资金管理分类

小浪底移民项目资金管理可分为项目类资金管理和合同类资金管理。

1.项目类资金管理

小浪底移民项目类资金管理范围包括国家计委批复概算内的所有项目投资,管理深度按照概算三级项目进行控制。

根据国家计委批复的概算及移民项目总体进度要求,各级移民机构编制项目资金计划。计划编制内容主要有:项目名称、建设起止年限、建设规模、总投资、已完成投资、本年度计划投资、主要建设内容(工程形象进度),并辅之以说明。资金计划的编制采取自下而上、上下结合的方式进行。河南、山西两省移民办及大专项工程管理单位根据年度实施规划编制资金建议计划,并于前一年的7月底前报小浪底移民局,经小浪底移民局审查后报上级主管部门批准。按照主管部门下达的投资指标,小浪底移民局、河南和山西两省移民办及大专项工程管理单位编制年度执行计划。外资计划作为资金计划的一部分,根据世界银行和财政部的要求,每年的第三季度上报次年度的用款计划,并将其纳入总体资金计划中。外资计划编制的依据是小浪底移民项目世界银行《小浪底移民项目评估报告》中用款计划和《信贷协议》中贷款类别的规定。

凡未列入年度资金计划的项目不得实施;对已经过审批列入年度资金计划的项目,严格按年度控制计划进行组织实施,原则上不再调整,对因客观因素确需调整或增减的项目,须经上级主管部门批准同意。对已列入年度计划新开工的移民项目,尤其是大型专业项目,实行承包合同制,签订投资包干协议,不得擅自扩大基建规模、提高建设标准和提高工程单价。

2.合同类资金管理

按照合同管理方式划分,业主单位合同类资金管理分为两种。

第一种是总承包协议方式。这一类合同有：

（1）投资包干协议。在不同阶段，水利部分别与河南、山西两省人民政府签订投资包干协议。投资包干协议明确了小浪底移民项目需搬迁安置的人口等主要任务和相应投资，水利部与河南、山西两省人民政府应承担的责任和应尽的义务等（见图7-8-2）。

图7-8-2　投资概算包干会议

（2）大专项工程建设管理协议。包括后河水库及灌区工程、温孟滩工程、中条山供水工程等的建设管理协议；根据国家发展改革委批复概算，小浪底移民局与项目建设单位签订建设任务与投资总承包协议。总承包协议中明确小浪底移民局负责筹措建设资金，项目建设单位按期保质完成施工任务，满足安置移民的需要。

第二种是业主内部日常合同类资金管理。即与具有资质的相关设计、监理、监测、咨询、环境保护等单位签订技术服务类合同资金管理。业主采用公开招标或询价方式选择合同签订单位。合同订立过程实行立项制度、会签制度和法人委托制度等内部管理程序。这类合同使用规范的合同文本，明确合同标的、甲乙双方的责任和义务。

（三）资金拨付管理

1. 内资管理

地方政府负责组织实施项目的内资部分，以及大专项工程投资总承包协议所涉及的内资部分,由小浪底移民局计划合同部门根据上级批复的投资计划和实施进度情况,提出资金拨付计划,经领导审批后交财务部门办理资金拨付。由业主直接管理的其他内资,由计划合同部门根据合同履行情况办理合同支付手续,经领导审批后交付财务部门付款。

2. 外资管理

小浪底移民局在财政部设立了额度为 800 万美元的周转金专用账户,由财政部专人负责管理。根据《信贷协议》规定的类别、信贷金额和报账比例,小浪底移民局向财政部申报,财政部审核后,从专用账户将资金划入小浪底移民局(财政部同时向世界银行申请对专用账户的周转金进行回补);外资到位后,一并纳入移民总体资金计划中进行管理和核算。

对于小浪底移民项目聘请的国际咨询专家产生的咨询费及其在境外的差旅费,小浪底移民局向财政部申报,经财政部审核后,由世界银行直接支付到国际咨询专家的个人账户,同时将支付通知书交财政部,由财政部通知小浪底移民局列入贷款额下核算。

四、资金审计与监督

(一) 政府审计与监督

1. 国家审计署审计

1995—2004 年,国家审计署驻郑州特派员办事处对世界银行贷款小浪底移民项目每年至少进行 1 次审计,共审计 11 次。对于审计决定提出的问题,小浪底移民局及河南、山西两省地方移民机构全部进行了整改和落实。

2. 国家发展改革委稽察

2004 年 3 月,国家发展改革委稽察组对小浪底移民项目进行了稽察,并下发《国家发展改革委办公厅关于小浪底工程山西省水库淹没处理补偿和移民安置稽察整改意见的通知》(发改办稽察〔2004〕1186 号)和《国家发展改革委办公厅关于小浪底工程河南省水库淹没处理补偿和移民安置稽察整改意见的通知》(发改办稽察〔2004〕1187 号)。对稽察整改意见中涉及项目法人的问题,项目法人全部按要求进行了整改。河南、山西两省移民机构也对相关的问题进行了整改落实。2005 年 3 月,国家发展改革委稽察组进行了稽察复查,复查结论为同意通过小浪底移民项目稽察。

（二）竣工财务决算审计

后河水库及灌区工程于 1996 年开工，2003 年 9 月竣工，同年 12 月进行竣工验收。验收前，小浪底建管局同意山西省移民办委托运城今朝会计师事务所有限公司对竣工财务报告进行审计，主要审计了概算执行、资金到位、项目完成投资及交付使用资产情况。

温孟滩工程于 1993 年汛后开工，2000 年底主体基本完成，2001 年底项目竣工，2003 年 12 月水利部组织了竣工验收。该项目竣工验收前，水利部审计室委托小浪底建管局组织审计人员对该项目进行了审计。

中条山供水工程于 1998 年 7 月开工，2000 年 12 月竣工，2002 年 1 月进行了竣工验收，并提交了竣工财务决算报告，未审计。

小浪底移民项目（含大专项工程）于 2008 年随枢纽工程竣工审计进行了全面审计。

（三）内部审计

小浪底移民项目资金内部审计分别由小浪底移民局及相关省、市、县移民资金管理单位负责，它们组建内部审计机构或赋予各自的财务机构内部审计职能。内部审计部门对下属单位及移民资金使用单位的财务收支活动的真实性、合法性进行审计监督和评估，并对有关经济活动实行审计监督制度。

1. 内部审计范围

（1）财务、资金计划和单位预算的执行和决算。

（2）与财务收支有关的经济活动及其经济效益。

（3）内部控制制度的完整性、有效性及执行情况。

（4）国家和单位资产的管理。

（5）移民周转资金的管理和使用。

（6）专项基金的提取和使用。

（7）对国家财经纪律的执行情况。

（8）经济合同、协议的签订与执行情况。

（9）单位负责人、上级主管部门交办和审计机关委托的其他审计事项。

2. 内部审计程序

（1）根据移民工作任务、上级内部审计机构和本单位负责人的意见，结合内部审计对象的具体情况，内部审计机构编制年度审计计划，确定审计工作重点，报请本单位负责人同意后实施,并报上级内部审计机构备案。

(2)审计实施前,组建审计工作组,审计负责人审定审计方案,并在实施审计3日前向被审计单位下达《审计通知书》。

(3)审计工作组在实施审计过程中,对发现的问题查清事实,做好审计记录,并取得应有的证明材料,对审计记录进行分析、筛选,撰写审计初稿。证明材料和审计初稿由被审计单位的有关部门和人员签认。

(4)审计终结后,审计工作组就审计事项写出审计报告,并附审计初稿和有关证明材料。审计报告征求被审计单位意见。被审计单位在收到审计报告之日起10日内在审计报告上签认,如有异议,提出书面证明。

(5)审计报告经审计机构审定后,报本单位负责人确认,并在两个月内向被审计单位发出审计结论或审计决定。需要依法处理、处罚的,向有关主管机关提出处理、处罚意见。

(6)被审计单位按内部审计机构做出的审计结论或决定,尽快采取措施做出处理,并将处理和整改情况在收到审计结论或决定之日起两个月内书面报告上级内部审计机构。

(7)内部审计机构认为有必要时,对被审计单位审计结论和决定的执行情况进行后续审计。后续审计后,必要时做出新的结论和决定。

(8)上级内部审计机构有权纠正下级内部审计机构做出的不适当的审计结论和决定。

(9)内部审计机构对办理的审计事项建立审计档案。在一项审计任务完成后,审计工作组按审计档案管理的规定建立案卷,及时归档。

第九节　征地移民验收

小浪底移民项目验收包括施工区清场验收、库底清理验收和库区移民安置验收。

在2003年以前,水库移民验收没有行业规范性文件,小浪底移民项目施工区和库区第一期验收是结合现场实际情况组织的。为了规范小浪底移民项目验收工作,对工作实效进行科学评价,小浪底移民局参照工程验收规程,起草了移民项目验收办法,水利部以《小浪底水利枢纽工程(移民部分)竣工初步验收实施办法》（水移〔2003〕428号）印发施行。

一、施工区清场验收

1994年4月18—21日，水利部组织成立小浪底工程施工区清场检查验收组，检查验收组由水利部办公厅、建设司、规计司、财务司、国际合作司、审计局、移民办、水规总院、中国水利报社及黄委会等部门和单位有关人员组成。检查验收组对小浪底水利枢纽前期工程施工区征地、搬迁清场进行了现场检查，通过清场验收。同时，检查验收组提出：移民工作是涉及工程成败和社会安定的大事，在小浪底移民管理体制理顺后，移民项目业主在继续搞好施工区移民工作的同时，对库区移民工作和温孟滩工程、后河水库工程两个支撑项目要统筹安排，保证移民进度与主体进度相匹配。

二、库底清理验收

按照小浪底水库蓄水位，库底清理范围为276米高程（275米高程加1米风浪爬高）以下的区域，面积277.8平方千米。库底清理内容包括建筑物的拆除与清理、卫生清理、林地清理、秸秆清理、硫黄矿清理等专项清理和特殊项目清理。

根据水库蓄水进度要求，库底清理验收分5期，分别是180米高程以下库底清理验收、180~215米高程区间库底清理验收、215~235米高程区间库底清理验收、235~265米高程区间库底清理验收和265~275米高程区间库底清理验收。

库底清理验收的依据主要有《水库库底清理办法》《黄河小浪底水利枢纽技施设计阶段水库库区第一期淹没处理及移民安置规划报告》《黄河小浪底水利枢纽技施设计阶段水库库区第二、三期淹没处理及移民安置规划报告》及小浪底移民局制定的《小浪底水库淹没影响区库底清理实施意见》等。

（1）180米高程以下库底清理验收。在河南省所辖有关市、县完成该区间库底清理自验工作的基础上，1997年9月17—21日，由水利部组织，水利部相关司局、水规总院、小浪底移民局、黄委会移民局、黄委会设计院、河南省人民政府移民工作领导小组和相关市、县人民政府及其移民主管机构相关人员参加，对该区间的库底清理工作进行预验收。预验收认为：除个别问题外，180米高程以下库底清理的范围、内容及标准基本达到国家有关规定及设计要求,符合小浪底工程截流要求。1997 年 10 月 15—18 日,该区间的库底清理工作通过国家计委组织的验收。

(2)180~215 米高程区间库底清理验收。在河南、山西两省所辖有关市、县完成该区间库底清理自验工作的基础上,1999 年 9 月 14—21 日,小浪底移民局会同黄委会移民局、黄委会设计院、河南省移民办、山西省移民办等单位,并邀请水利部移民局和相关专家组成库底清理验收组,对 180~215 米高程区间库底清理情况进行初步验收。初步验收认为:小浪底库区 180~215 米高程区间直接淹没区库底清理的范围、内容及标准基本达到国家有关规定和小浪底水库下闸蓄水的要求。

(3)215~235 米高程区间库底清理验收。2000 年 6 月,河南、山西两省所辖有关市、县完成该区间的库底清理自验工作。2000 年 9 月 12—16 日,小浪底移民局会同河南省移民办、山西省移民办、黄委会移民局、黄委会设计院等单位及有关专家组成库底清理验收组,对小浪底库区 215~235 米高程区间库底清理情况进行了初步验收。初步验收认为:小浪底库区 215~235 米高程区间库底清理的范围、内容及标准基本达到国家的有关规定,符合水库蓄水的要求。

(4)235~265 米高程区间库底清理验收。2001 年 6 月,河南、山西两省所辖有关市、县完成该区间的库底清理自验工作。2001 年 9 月 24—26 日,小浪底移民局会同河南省移民办、山西省移民办、黄委会移民局、黄委会设计院及河南省环保局、山西省环保局、黄河流域水资源保护局、黄河中心医院等单位,对小浪底水库库区 235~265 米高程区间库底清理进行初步验收。初步验收认为:小浪底库区 235~265 米高程区间库底清理的范围、内容及标准基本达到国家的有关规定,符合水库蓄水的要求。

(5)265~275 米高程区间库底清理验收。2002 年 6 月,河南、山西两省所辖有关市、县完成该区间的库底清理自验工作。2003 年 10 月 20—26 日,小浪底移民局会同河南省移民办、山西省移民办、黄委会移民局、黄委会设计院、黄河流域水资源保护局、黄河中心医院等单位,对小浪底水库库区 265~275 米高程区间库底清理工作进行初步验收。初步验收认为:除新安县的李村、垣曲县的峪子村和胡村外,小浪底水库 265~275 米高程区间库底清理的范围及标准基本达到国家的有关规定,满足水库蓄水的要求。

三、库区第一期移民安置验收

(一)验收组织机构

根据国家计委《关于委托进行小浪底水利枢纽工程 180 米高程以下库区移民安置验收工作的函》(计建设函〔1997〕145 号)的要求,1998 年 1 月 13—20日,水利部移民局组织成立阶段验收领导小组,下设由 6 名专家组成的移民资金兑现及生活安置验收检查组、移民生产安置验收检查组、专项综合验收检查组和移民财务验收检查组 4 个验收检查组。参加验收的有水利部相关司(局)、小浪底建管局、小浪底移民局、河南省移民办、山西省移民办、黄委会移民局、黄委会设计院等部门和单位的相关人员。国家计委相关人员出席了验收会议,水利部副部长张基尧、河南省副省长张以祥听取验收工作汇报并讲话。

(二)验收项目内容

验收的项目和范围是经批准的《黄河小浪底水利枢纽技施设计阶段水库库区第一期淹没处理及移民安置规划报告》所确定的移民搬迁、安置和复建项目,涉及河南省洛阳市新安、孟津两县及济源市的 7 个乡(镇)共 27 个行政村,1 个乡政府驻地,17 个乡(镇)外单位;234 个工矿企业和河南省第四监狱、库区文物、水文站等大专项。按 1994 年现状移民人数为 44 590 人,动迁总人口为46 133 人,其中农村移民为 12 871 户(含财产户)42 425 人。

验收检查的主要内容为:34 个农村移民安置点基础设施建设,农村移民生产安置措施落实情况,移民资金兑现和建房情况,西沃乡迁建项目,专业项目处理,县以上单位专项处理。

为做好验收工作,水利部移民局先后印发《关于小浪底水利枢纽工程 180米高程以下库区移民安置验收工作的通知》《关于小浪底水利枢纽工程 180 米高程以下库区移民安置验收工作的补充通知》两个文件,对验收工作做了全面部署,小浪底移民局和河南省移民办据此做了具体安排。河南省移民办自 1997年 12 月开始深入移民安置区,组织对各县(市)移民安置工作进行自检,并于1998 年 1 月初正式提交自验报告。1998 年 1 月 4—13 日,小浪底移民局会同河南省移民办组织,黄委会移民局、黄委会设计院等单位相关人员参加,对各县(市)提交的自验成果进行初验,并向本次验收会议提交了初验报告及有关资料。

验收领导小组及验收检查组详细听取了小浪底移民局、河南省移民办、黄委会移民局和黄委会设计院关于移民安置管理、搬迁安置实施、监理及规划设计等工作情况的汇报,查阅了有关文件和报告,并组成 4 个抽查小组,分别到义马市的狂口村,新安县的槐林村,孟津县的河清村,孟州市的北村、塔地村,济源市的长泉、白沟、关阳村,温县的盐东、河西村,原阳的新阳村等 11 个移民安置点,对移民资金兑现和生活安置、移民生产安置、专项迁建和移民资金的拨付使用等进行了抽查。1998 年 1 月 13—20 日,验收领导小组讨论通过了小浪底水利枢纽工程 180 米高程以下库区移民安置阶段验收。

(三)验收评价及结论

1. 总体评价

(1)各有关单位提交的自验报告、初验报告符合水利部移民局制定的《小浪底水利枢纽工程 180 米高程以下库区移民安置验收大纲》和水电部颁发的《水利基本建设工程验收规程》(SD 184—86)要求,分类合理,数据基本准确,质量、进度及投资控制评价符合实际,可以作为本次验收的基础。

(2)农村移民搬迁已结束,搬迁完成率达到 100%;库底清理已完成,并通过水利部和国家计委组织的验收;移民的住房质量和条件都得到了改善;居民点基础设施建设、学校和医疗等公益设施建设基本完成,且较搬迁前有较大改善;生产安置以大农业为主,多渠道多门路安置,移民生产用地划拨基本按规划完成,通过农田水利基本建设等生产开发措施的投入,耕地质量得到提高,生产安置措施基本落实。

(3)西沃乡迁建、专项设施和县以上单位迁建都已基本完成,原功能得到恢复。

(4)在移民资金的管理和使用方面,各级移民机构都能够按照项目计划拨付资金;移民个人补偿资金基本能及时兑现到户;各级移民机构都制定了相应的内部财务管理办法,在接受和配合国家审计的同时,积极开展内部审计,基本做到专款专用,财务管理和会计核算逐步趋于规范化。

(5)移民安置工作已经达到规划设计的要求,被验收检查的各个专项基本满足有关技术规范的规定。

验收中还提出 10 个方面的问题及其处理意见。验收结束后,小浪底移民局和河南省移民办针对验收中提出的问题多次到现场进行监督检查,并将落实检查结果专题上报水利部。

2. 验收结论

小浪底水库移民安置管理实行"水利部领导、业主管理、两省包干负责、县为基础"的管理体制,把移民工作纳入基本建设管理程序,建立监理监测制度;移民安置实施进度满足枢纽工程建设的要求;业主单位按世界银行贷款协议要求,建立国际专家咨询团,实行监测制度;按规划实行环境保护等措施,同国际管理模式接轨。移民安置的质量和投资得到了控制。小浪底水利枢纽工程180米高程以下库区移民安置工作达到规划设计的要求,被验收检查的各个专项均基本满足有关技术规范的规定。

验收领导小组一致同意通过小浪底水利枢纽工程180米高程以下库区移民安置验收。

四、库区第二、三期移民安置验收暨竣工初步验收

根据《小浪底水利枢纽工程(移民部分)竣工初步验收实施办法》(水移〔2003〕428号)的要求,小浪底移民项目竣工初步验收先后经过了县级自验、省级自验、业主抽查和水利部会同河南、山西两省人民政府组织的竣工初步验收4个验收阶段。为了简化工作程序,库区第二、三期移民安置验收与竣工初步验收合并组织。

(一)县级自验

县级自验工作从2003年6月开始,9月基本结束。县级自验由市移民主管部门牵头,县级人民政府组织,根据各自不同情况进行分组,对本县的所有移民村和专项工程及资金兑现、档案管理等进行逐项验收。各县对验收工作高度重视,政府主要领导亲自挂帅,小浪底移民局和河南、山西两省移民办对县级自验进行技术指导。县级自验工作按要求全部结束后,提交了移民安置管理工作报告和自验报告。

(二)省级自验

省级自验分别由河南、山西两省人民政府牵头,各有关厅(局)参加。验收工作组由省移民办组织,省各有关厅(局)、小浪底建管局、黄委会设计院、黄委会移民局和华水移民事务所及有关专家参加。外业工作从2003年10月中旬开始,同年11月初结束,按照农村移民抽查比例不低于20%的要求逐县进行验

收,并对各县的分项目内容和总体移民安置情况进行评定。评定结果为:河南省的济源市、孟津县、孟州市、温县、开封县、义马市、渑池县和山西省的夏县被评为优良;河南省的新安县、中牟县、原阳县、陕县和山西省的垣曲县、平陆县被评为合格。

两省还分别对省属的专项工程、省级资金管理和省级档案管理进行了自验。

(三)业主抽查

根据水移〔2003〕428 号文件要求,小浪底移民局组织河南、山西两省移民办及黄委会设计院、黄委会移民局和华水移民事务所等单位成立抽查工作领导小组,下设 3 个工作组(河南省 2 个、山西省 1 个),在 2003 年 11 月下旬,按照农村移民不低于 10%的比例对两省自验成果进行抽查。抽查结论认为:河南、山西两省自验工作程序符合竣工初步验收实施办法要求,提出的问题实事求是,对各县的自验评定结论基本公正合理,符合实际。

(四)竣工初步验收

根据小浪底建管局验收申请,国家发展改革委以《关于小浪底水利枢纽工程移民验收有关问题的复函》(发改办投资〔2003〕305 号)同意小浪底移民项目进行竣工初步验收,水利部办公厅以《关于召开小浪底水利枢纽工程(移民部分)竣工初步验收会议的通知》(办函〔2003〕432 号)对验收会议做出具体安排。

1.组织机构

2003 年 12 月 16 日,水利部会同河南、山西两省人民政府组织成立竣工初步验收委员会,水利部副部长陈雷任主任委员,河南省副省长吕德彬、山西省副省长范堆相、水利部移民局局长唐传利任副主任委员。成立农村移民安置、集镇和专项迁建、资金使用管理 3 个验收专家组。

2.验收范围和内容

竣工初验在河南、山西两省省级自验,小浪底建管局抽查汇总工作的基础上进行。验收范围是小浪底水利枢纽工程施工占地、水库淹没影响处理、移民安置和特殊专项建设等。

验收内容包括农村移民安置、乡镇迁建、乡镇外单位迁建、工矿企业、专项工程、库底清理、移民资金使用管理、档案管理、移民后期扶持措施、用地手续办理等。

3. 初步验收

竣工初验分专家组召开工作会议、专家组现场检查和初验总结会议三个阶段。

2003年12月16—17日,竣工初验专家组在郑州召开工作会议,听取河南、山西两省省级自验情况报告、小浪底建管局抽查工作情况报告,以及设计、监理、监测等单位的工作报告,查阅了相关资料。

2003年12月18—26日,农村移民安置、集镇和专项迁建、资金使用管理3个专家组深入现场进行检查,提出专家组意见。

2004年1月7—9日,竣工初验会议在郑州召开。竣工初验委员会成员现场检查温孟滩和孟津县移民安置工作,实地考察大坝工程和库周,查验了有关资料,听取了3个专家组的检查验收意见和小浪底建管局、两省移民办、设计和监理单位工作汇报。经充分讨论和认真研究,形成《小浪底水利枢纽工程(移民部分)竣工初步验收报告》。

4. 验收评价及结论

(1)总体评价。竣工初步验收对移民工作的总体评价是:①各有关单位提交的报告(包括省级自验报告、业主抽查汇总报告、特殊专项验收鉴定书等)符合《小浪底水利枢纽工程(移民部分)竣工初步验收实施办法》和有关规定的要求,可以作为本次竣工初验的基础。②农村移民基本完成搬迁,安置点基本建成,住房得到落实,基础设施配套完善,公益设施相对齐全,移民生活条件得到显著改善和提高。生产用地基本按规划的数量和质量划拨移交到位,生产安置措施基本得到落实,生产开发取得初步效果,态势良好。移民个人补偿资金已基本兑付,集体补偿费大部分已兑付,且较为公开、透明。移民后期扶持政策已经明确。移民基本得到妥善安置,大部分移民的生产生活水平正在得到恢复和提高,绝大多数移民对安置状况表示满意,库区社会秩序井然。③乡镇迁建、乡镇外单位迁建、库区和安置区专项工程建设、工矿企业处理等项目实施能够按基本建设程序管理,已按规划设计基本完成,原功能得到恢复和提高,并进行了验收和移交。特殊专项分别进行了竣工验收。④库底清理已按设计要求完成,满足了枢纽工程建设进度和水库调度运用的要求。⑤移民资金财务管理制度比较健全,基本能够按照基建程序拨付使用资金,强化内外部监督机制;资金拨付较及时,运作较规范安全,基本符合相关规定。⑥移民档案管理制度健全、保管措施得当,管理程序严谨。各类档案资料基本齐全,案卷分类科学、组卷合理、整理规范、保存完好,能够比较真实地反映移民工作的历史情况。

(2)验收结论。小浪底移民项目实行"水利部领导、业主管理、两省包干负责、县为基础"的管理体制,坚持开发性移民方针,坚持"以人为本",管理科学、规范。把移民工作纳入基本建设管理轨道,移民项目实施进度满足枢纽工程建设和效益发挥的要求,移民安置效果较好,集镇和专项设施功能得到恢复和改善,投资控制较好,移民比较满意,库区社会秩序井然。移民工作在同国际管理模式接轨方面取得一定的成绩,对国内其他工程移民工作具有很好的借鉴意义。初步验收认为,小浪底水利枢纽移民安置总体上实现了规划目标和要求,总体质量优良。

第十节 世界银行与小浪底移民

20世纪80年代,小浪底水利枢纽工程在论证期间即引起世界银行的关注。1988年7月,世界银行专家古纳(D. Gunaratnum)与世界银行北京代表处主任戈林一行考察黄河,查勘小浪底坝址,开始了利用世界银行贷款建设小浪底水利枢纽工程的一系列工作。小浪底移民项目作为小浪底水利枢纽工程利用世界银行贷款的一部分,项目周期经历了选定、准备、评估、谈判、执行与监督、检查与评价6个阶段。

一、项目选定

世界银行作为向发展中国家提供低息贷款、无息信贷和赠款的国际组织,它的任务是资助发展中国家克服贫困。20世纪90年代初期,世界银行在中国已有多个贷款项目。

世界银行通过对黄河干流总体规划方案、干流上已建和拟建工程移民数量、中国移民安置状况及相关法律法规等进行的初步调查,认识到中国政府治理黄河的迫切意愿,以及小浪底水利枢纽在治理黄河中不可替代的作用,表达了为小浪底水利枢纽提供贷款的意愿。

在世界银行投资中国的多个项目中,水利水电项目大都由于移民投资超出概算较多,以及移民安置方面存在问题等原因,导致主体工程建设受到较大影响。为了使小浪底工程建设顺利进行,世界银行吸取在鲁布革、水口、大广坝等水利水电工程中的教训,决定将小浪底移民作为独立项目给予贷款。

小浪底移民项目贷款的目标是搬迁、安置小浪底工程直接影响的近20万移民,恢复并改善移民及受间接影响的30万人的生活水平,并尽量减少移民群众为适应新环境而进行社会适应性调整所造成的影响。考虑到项目的公益性,世界银行豁免了贷款利息,即提供软贷款。

1989年,黄委会设计院在初步设计基础上开展优化设计工作,其中明确提出工程建设投资可部分利用世界银行贷款的意见。1993年3月23日,国家计委《关于黄河小浪底水利枢纽工程初步设计的复函》(计农经〔1993〕459号)批复意见指出:"根据国务院领导同志的批示,原则同意小浪底水利枢纽工程初步设计优化方案。"至此,国家正式批复同意小浪底工程利用世界银行贷款,其中包括小浪底移民项目利用世界银行贷款的相关内容。

二、项目准备、评估与谈判

(一)项目准备

从1989年世界银行选定小浪底移民项目使用世界银行贷款,到1992年10月世界银行进行预评估,经历了4年的准备时间。

在项目的准备阶段,黄委会设计院聘请加拿大国家工程管理公司黄河联合咨询公司(CYJV)作为咨询单位,帮助准备世界银行评估文件。在此期间,世界银行前后共组织11批次代表团,完成小浪底移民项目预评估工作。项目考察代表团成员主要来自世界银行中国局农业处和亚洲局环境处;咨询公司(CYJV)专家则涵盖移民安置、社会学、工业、农业、经济等专业领域。

项目考察代表团考察的内容包括:水库淹没地区的社会经济状况、移民安置地区的社会经济状况、移民安置规划方案、淹没区政府对移民安置的意图、安置区政府对接受移民的态度,以及典型移民安置点的地形条件、水利条件、生产安置措施等。考察主要方法包括:与规划设计人员座谈了解规划的详细情况、与地方政府官员座谈(包括省、市、县、乡、村级)、访问移民群众、访问安置区群众、与已接受移民安置的工业企业和企业主要负责人座谈、实地考察典型的移民安置点、阅读设计部门提交的文件等。在此基础上,项目考察代表团通过"备忘录"的形式对项目准备工作提供了大量的技术指导,帮助黄委会设计院确定可行性研究方法和标准,提出可行性研究可能存在的问题等。

根据世界银行项目考察代表团的要求,咨询公司(CYJV)的咨询专家和设计单位专业人员共同准备项目评估文件。其中,咨询公司(CYJV)专家帮助编写小浪底移民安置简明报告和移民安置规划图集,以及移民安置综述报告和专题报告,同时对施工区和库区第一期移民安置做出详细规划,并对小浪底移民安置试点做出安排。

与初设报告相比,小浪底移民安置简明报告补充完善了下述内容:

(1)增加已完成的移民安置规划工作。

(2)明确国家有关移民政策和法律体系。

(3)明确提出小浪底移民安置所采用的 17 条标准。

(4)详细分析淹没县和安置县的人口、家庭、职业、经济基础、收入状况和发展前景,工农业生产的发展优势和限制因素,为移民安置规划提出可靠的背景资料。

(5)在初步设计的基础上,系统分析水库淹没及施工占地影响和补偿原则。

(6)制订切实可行的移民安置规划。包括库区农村移民的生产和生活水平现状分析,五种农户模式安置效果分析;移民安置原则;农业安置划拨土地数量规划,居民点安置,生产措施;非农业安置,扩建工厂措施;投资水平;移民安置协议等。

(7)增加 180 米高程以下移民详细规划;分村制定移民安置措施;签订移民村和安置村对口安置协议;签订企业安置移民协议。

(8)增加施工区移民实施规划。与施工区移民初设报告相比,增加施工区移民安置规划投资概算、移民安置组织机构、小浪底试点村移民安置规划、达成协议情况、移民实施进展情况等。

(9)增加移民和安置区居民的社会适应性调整,调整内容包括农业安置和非农业安置调整、社会关系调整、职业变动调整、种植习惯变化调整、收入来源和经济收入水平变化调整,并阐述移民安置对安置区居民、对老弱病残、对妇女的影响,以及减小适应性调整影响的相关对策。

(10)明确国家批准的移民安置投资,增加移民安置规划投资概算及资金筹措内容。

(11)增加黄委会及河南、山西两省政府提出的移民优惠政策。

（12）增加移民安置实施机构,明确加强机构的人员配备、设备配备和提高人员素质的措施。

（13）明确移民实施行动计划,包括实施规划计划、协议、实施管理、监理监测、材料供应等。

（14）附图详细描述淹没影响要素,移民安置去向,乡镇居民点迁建总体布局,道路、电力等主要基础设施恢复线路位置,典型居民点和乡镇迁建规划布置,移民住房模式典型设计图。

（15）附件详细描述世界银行专家和咨询专家关心的基本情况与工程项目细节内容。

1992年10月,世界银行项目考察代表团提交《世界银行代表团预评估备忘录》,标志着项目贷款的准备工作基本完成。

（二）项目评估

在项目评估阶段,《世界银行代表团预评估备忘录》提出:由于移民方面的筹资有些困难,世界银行代表团同意就移民补偿费和温孟滩工程、后河水库工程专项资金予以大力资助。贷款方式采用世界银行所属的国际开发协会的无息贷款,并将移民作为单独的贷款项目从工程中分割出来。同时,提出完善移民安置综合报告的建议。黄委会设计院根据咨询专家和世界银行专家的要求开展了以下几个方面的补充完善工作:编制小浪底工程移民安置项目利用世界银行贷款项目建议书,以及使用方案报告;按世界银行提供的计算机软件模式进行农业移民安置经济分析和财务分析,从移民和安置区居民角度分析移民安置后移民和安置区居民的收入状况及投资可行性;增加移民安置工作的最新进展情况;将施工区移民实施资金补偿、住房建设、生产生活重建等基本情况,以及对移民安置区的影响、对老弱病残和妇女等易受害群体的影响、减小影响措施等内容作为基本资料,考察中国实施移民的能力;增加移民环境影响评价。

1993年10月22日,世界银行代表团提交了《世界银行小浪底移民项目评估团备忘录》,通过了对小浪底移民项目的正式评估。

（三）项目谈判与协议签订

1994年2月28日,财政部世界银行司司长夏颖奇和国际开发协会中国农业处灌溉主任工程师古纳分别代表中国政府和世界银行完成了小浪底移民项目贷款协议的谈判,形成了《中华人民共和国与国际开发协会小浪底移民项目谈判纪要》。

1994年6月2日,中国驻美国大使李道豫与国际开发协会主管东亚和太平洋地区副行长卡奇分别代表中国政府和世界银行签订了《信贷协议》。《信贷协议》约定,贷款人:中华人民共和国;受益人:黄河水利委员会;贷款总额为0.799亿特别提款权(合1.1亿美元);贷款期限:35年期。

三、《信贷协议》执行与监督

《信贷协议》是基于《国际开发协会开发信贷协议通则》(1985年1月1日修订,以下简称《通则》)的一般原则,结合小浪底移民项目实际情况制定的,内容主要包括信贷额度、信贷支付范围、报账程序、资金监督管理、信贷财务费用、还贷,以及币种等。与此同时,与国内其他水库移民项目相比,世界银行按照国际惯例对小浪底移民项目在建立完善高效的项目执行机构、制订更加科学民主的移民安置方案、项目实施过程中的环境保护及移民可持续发展等方面提出许多新要求。在项目执行过程中,世界银行对诸如资金使用、移民干部和移民群众的培训,以及移民申诉等问题也给予高度关注。

(一)项目管理

在小浪底移民项目管理方面,世界银行提出许多不同于国内同期做法的要求。在移民安置规划方面,坚持移民安置目标不低于搬迁前原有生活标准,并将制定的标准写进《信贷协议》。世界银行强调在制订移民安置方案时要与地方政府、移民机构充分协商,尊重移民群众的参与意愿,听取移民群众的意见,并向他们宣传移民政策、标准。在移民搬迁过程中,世界银行强调做好移民群众的社会性调整工作,使他们与安置区群众在社会、经济和文化等方面充分融合,并要求各级管理机构建立移民申诉报告制度,及时了解和掌握移民申诉抱怨,引导移民把注意力放在新家园建设等事务上。小浪底移民项目创新管理具体表现在以下几方面。

1. 全过程管理

世界银行对小浪底移民项目实行全过程管理,主要包括项目论证、谈判及协议签订等相关工作;项目实施过程中定期监督检查、监测评估;项目后评估等。

2. 风险防控

世界银行在项目前期工作中十分审慎。在项目评估阶段,由国际专业咨询机构协助设计单位准备评估文件。在项目实施阶段,世界银行注重枢纽工程和水库移民实施进度的协调一致性,并突出移民安置进度的前置性。世界银行强调,如果移民项目的实施不能令人满意,枢纽工程的贷款将会受到影响。《信贷协议》规定:除非移民安置规划实施与小浪底水利枢纽项目的建设计划保持同步,否则围堰不得合龙。如果大坝的建设进度比移民计划的建设进度快4个月以上,借款人应修改移民和建设计划,并使世界银行满意。《信贷协议》还规定:移民规划中的后期移民安置详细措施安排在送达世界银行并经其批准之前,库水位不超过265米高程。在资金管理方面,《信贷协议》规定,借款人应开设一个美元专用账户,专用账户由世界银行代表借款人存入800万等值美元的初期金额,称为"核准分配额",防止短期投资不足影响项目实施。每次支付从专用账户中支取,然后由世界银行从信贷资金中等额回补到专用账户,确保专用账户资金额度,降低项目实施风险。

3. 管理体系

为了保证小浪底移民项目的成功实施,世界银行强调项目管理体制建设的重要性。《信贷协议》指出:贷款人应成立中央、水利部及地方各级政府移民机构,在职能和责任上应使世界银行满意,并配备充足称职的工作人员。业主单位还应聘用满足世界银行要求的独立的国际环境和移民专家小组。

4. 公众参与

移民项目不同于工程项目,移民是移民项目的主体,世界银行十分关注移民在项目实施过程中的参与度。世界银行官员无论在评估阶段还是项目实施阶段,往往通过会议、座谈、发放调查问卷等形式了解移民、安置区居民、地方政府、移民机构、设计单位、监理监测等单位对项目的看法或者建议。

小浪底移民项目在设计阶段和实施阶段充分吸收了利益相关方的意见,这也是项目得以顺利推进的保障措施之一。

5. 社会适应性调整

移民因土地和家园被水库淹没而非自愿地搬迁到安置区,原有的社会结构被打乱,生活各方面有一个适应过程。世界银行强调,移民机构的重要任务之一就是尽量缩短移民这种适应性过程,让移民尽快地恢复到搬迁前的水平,并经过短期努力,使移民生活水平逐步得到提高。世界银行关心的这种社会适应性调整相关工作在本章第七节"移民监测评估"中有详细描述。

小浪底移民项目在移民社会适应性调整方面的管理令世界银行满意。

6. 移民申诉

按照世界银行的要求和国家有关规定,小浪底移民项目建立了移民信访和申诉抱怨解决机制。小浪底移民申诉工作在各级政府的领导下,坚持"分级管理、归口办理""谁主管、谁负责""及时、就地依法解决问题与思想疏导教育相结合"的原则,并实行"地方负责、逐级申诉"的基本制度。小浪底移民局专门印发《关于小浪底移民项目实行移民申诉登记报告制度的通知》(小移局〔1997〕66 号)等一系列文件,规范了从申诉案件的登记、处理、答复、监督至案卷归档全过程的工作程序,以及相关方的责任。小浪底移民项目申诉工作还采取以下保障措施:一是建立四种机制,即领导责任机制、矛盾释放机制、分级负责机制和申诉工作人员培训机制。二是重点抓三项工作,即从源头治理,做好基层矛盾的化解;从网络上完善,做到申诉工作上下联动、横向互济;从法规上完善,使移民申诉工作有章可循。三是转变工作方式,即变移民上访为干部下访、变被动应对为超前预防、变部门为主为综合治理。四是建立联合工作机制,小浪底移民局建立与地方政府申诉部门联合办公制度,对移民反映突出的共性问题,如实物登记错误问题、移民规划方案变更问题、移民工程的进度和质量问题等,会同两省移民管理部门、设计单位、监理单位共同参加,统一研究、统一认识、统一处理原则,提高申诉处理效率。定期发布申诉公报,周知申诉事项和处理结果,接受移民群众监督。小浪底移民申诉流程见图 7-10-1。

7. 环境保护

移民环境保护是移民安置实施中的新课题,也是世界银行对小浪底移民项目的专门要求。在小浪底移民项目中,相关单位专门成立了移民环境管理机构,小浪底移民局建立了移民环境监测评估制度。

8. 移民培训

世界银行把移民培训作为提高移民素质和持续发展生产经济的重要手段。世界银行在 1994 年的《小浪底移民项目评估报告》中指出:搞好移民干部和移民群众的培训工作是顺利完成小浪底移民工作必不可少的内容之一,是保证移民生产生活稳定提高的重要条件。

小浪底移民局统筹安排小浪底水库移民培训管理。小浪底移民培训对象分为移民干部和移民群众,实行分级培训负责制,各级移民机构设立专职人员

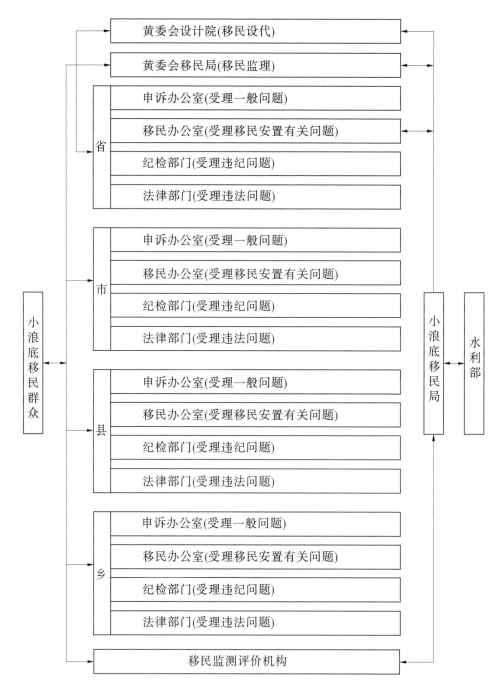

图 7-10-1 小浪底移民申诉流程

负责培训工作,按照培训内容合理安排。移民干部的培训,采取由小浪底移民局会同省级移民机构与科研机构、大专院校相结合的方法进行;移民群众的培训,在省级移民机构领导下,各市、县根据本地区的自然、地理、经济特点和移民群众生产发展的要求,聘请专家分别组织。

培训移民干部的目的是使培训对象能够保证小浪底移民工作按照规范化、制度化、科学化的水库移民管理方式开展工作,保证小浪底移民工作根据规划和年度计划,有条不紊地开展。对移民群众培训的目的是提高移民知识水平,增强移民群众生产技能,使他们在搬迁之后的生产生活水平逐步提高,并在扶持期内达到与安置区群众同步发展的水平。培训主要达到以下目标:每个移民村有一定数量掌握农业生产新技术的带头人;每个移民村有3~5名懂经营、善管理的人才;每个移民村能找到适合本村和当地发展的生产门路;每户移民中至少有一个人能够掌握1~2门农业生产新技术,并找到致富门路。

在培训内容方面,干部培训主要侧重于与移民工作相关的政策、制度等。移民群众的培训内容侧重于农、林、牧、副、渔等生产技术。心理调整也是移民群众培训的内容之一。移民的搬迁,不仅是生产生活条件发生变化的过程,而且是一种心理调整的过程,加强这方面的培训能够尽早消除移民的各种忧虑和担心,有利于全力发展生产。

(二) 资金分配调整

小浪底移民项目信贷只用于35 000户移民住房和10个乡(镇)建设、温孟滩工程、后河水库及库区基础设施的恢复建设;在境外采购车辆费用及国内货物采购费;咨询服务费;移民群众及移民干部培训费;库底清理、文物搬迁及公共卫生费用;以及待分配费用等6个方面的费用支出,而且分配额度有具体规定。

在项目实施过程中,小浪底移民局坚持规范管理与灵活管理相结合,对信贷资金分配提出调整建议。按照《信贷协议》的要求,移民建房所需钢筋、水泥、木材、砖等建筑材料需集中招标采购。小浪底移民局认为:"农民住房建设项目,由于项目特别分散,集中采购建筑材料十分困难,操作亦十分不便,很可能造成费用增加或工期的延误"。事实上,虽然移民住房建设工程资金比例较大,但是房建工程多为自营工程,规模小且分散,不宜采取《信贷协议》规定的大批量招标采购方式。因此,1994年12月,小浪底移民局向世界银行提交了《黄河水利水电开发总公司移民局要求对2605-OCHA信贷协议重新分配建筑材料和房建信贷款额的申请报告》,建议按照自营模式采购移民房建材料。1995年2月17日,世界银行以《国际开发协会对小浪底移民项目2605-OCHA

信贷资金分配复函》同意调整建议。世界银行信贷资金分配调整对照见表7-10-1。

表7-10-1 世界银行信贷资金分配调整对照 （单位:万特别提款权）

类别	信贷资金分配		提供资金额占总支出的百分比
	调整前	调整后	
1 工程			
1.1 在项目省建设和装备约3.5万户住房和建立10个乡(镇)以接收被搬迁的移民	1 779	4 165	60%
1.2 其他工程	1 960	1 960	60%
2 货物			
2.1 车辆	219	219	100%的国外支出
2.2 其他货物	3 027	641	100%的国内支出(出厂价)及75%的国内采购支出
3 咨询服务	248	248	100%
4 培训	73	73	100%
5 环境管理	80	80	20%
6 待分配部分	604	604	
总计	7 990	7 990	

(三)项目执行与监督体系

作为独立利用世界银行贷款建设的项目,小浪底移民项目建立了一套符合世界银行规定的执行与监督体系。

在管理体制方面,根据中国国情,小浪底移民项目建立了"水利部领导、业主管理、两省包干负责、县为基础"的管理体制。

引入项目监理和监测评估机制,加强移民项目实施过程的监督管理。1996年9月,小浪底移民项目监理工作正式展开,主要工作是及时了解、掌握移民项目进展情况,对实施过程中出现的问题进行协调解决,对移民资金的拨付流程进行控制等。

按照《信贷协议》的要求,小浪底移民项目成立小浪底工程环境移民国际咨询专家组,受聘于小浪底移民局。

由此,小浪底移民项目在体制和机制上,建立了既符合国情又满足世界银行要求的管理措施,确保项目顺利实施。

四、项目检查与评价

世界银行对小浪底移民项目的检查与评价贯穿着项目的始末,即贷款前的检查与评价(也称前期评价)、项目实施过程中的检查与评价(也称中期评价)和项目完成后的项目后评价(也称终期评价)三个阶段。

(一)前期评价

在项目的选择阶段,世界银行开展了项目贷款前的准备、预评估和正式评估等一系列前期评价工作,主要包括两方面工作:

一是小浪底移民项目规划的科学性和可行性分析。其间,项目考察团对库区进行深入细致的调查研究,重点是水库淹没地区的社会经济状况,移民安置地区的社会经济状况,移民安置规划方案,淹没区政府对移民安置的意图,安置区政府对接受移民的态度,典型移民安置点的地形条件、水利条件、生产安置措施等。考察方法包括:与规划设计人员座谈了解规划详细情况,与地方政府官员(包括省、市、县、乡、村级)座谈,访问移民群众,访问安置区群众,考察安置移民的工业企业,与企业主要负责人座谈,实地考察典型的移民安置点等。世界银行考察团以备忘录的形式提出对已完成工作的评价,对尚需补充进行的工作提出具体要求,对项目规划方案提出修改意见。同时,世界银行要求借款人聘请专业咨询公司参与规划方案的优化工作。根据世界银行考察团的评估意见,咨询专家和黄委会设计院专业人员共同工作,优化项目评估文件。

二是采取规划方案的试验性实施,验证方案的科学性和可行性。施工区移民的试验性搬迁效果证明了规划方案具有广泛的民意基础,移民生活、环境质量和经济发展水平较搬迁前显著提高,坚定了世界银行确认小浪底移民项目的信心。

(二)中期评价

在项目的实施阶段,世界银行通过加强项目规范化管理、开展定期检查等措施开展中期评价,评估项目实施过程的效果是否令人满意。世界银行实施阶段的评价工作主要包括以下几个方面:

(1)实行项目检查制度。世界银行每年对小浪底移民项目实施情况组织两次检查,检查的内容包括移民安置实施的计划、进度、资金到位等情况,也包括对咨询专家提出问题的解决情况或咨询建议落实情况等,小浪底移民项目世界银行检查团评估活动见表 7-10-2。世界银行检查团的工作成果是备忘录,备忘录一般发给小浪底移民局。如果有需要国家相关部委解决的问题,则备忘录主送给国家相关部门,如水利部、财政部、国家计委等,并抄送给小浪底移民局。

(2)实行项目监理制度。由监理单位全方位监督移民项目的质量、进度、资金使用及移民申诉等情况,及时解决项目实施过程中存在的问题。

表 7-10-2　小浪底移民项目世界银行检查团评估活动

日期	人数	身份及专业	评估意见	开发目标
1994 年 10 月	3	团长、财务/培训专家、灌溉工程师	满意	非常满意
1995 年 5 月	3	团长、灌溉工程师、人类学家	非常满意	
1995 年 11 月	3	团长、灌溉工程师、经济学家		
1996 年 5 月	2	团长、灌溉工程师		
1996 年 11 月	3	团长、移民专家、灌溉工程师	满意	满意
1997 年 12 月	3	团长、移民专家、财务专家		
1998 年 6 月	4	团长、移民专家、灌溉工程师、人类学家		
1998 年 11 月	6	团长、移民专家、社会发展专家、环境专家、灌溉工程师		
1999 年 1 月	9	团长、移民专家、采购专家、财务专家、审计师、灌溉工程师、社会发展专家、经济学家		
1999 年 9 月	8	团长、移民专家、补偿专家、财务专家、灌溉工程师、审计师		
2000 年 12 月	8	团长、移民专家、社会发展专家、环境专家、灌溉专家、财务管理专家		
2001 年 10 月	9	团长、移民专家、工程师、社会发展专家、财务管理专家、环境专家、农学家、文物专家		
2002 年 5 月	9	团长、工程师、移民专家、环境专家、社会发展专家、文物专家、经济学家、农村发展专家		
2002 年 11 月	6	团长、工程师、环境专家、社会发展专家、经济学家		
2003 年 10 月	5	团长、社会发展专家、移民专家、经济学家		

(3)实行项目监测制度。由监测单位重点关注移民搬迁后在经济发展、社

会适应性调整、生活环境改善及权益保障等方面的情况。

(三)终期评价

在项目完成后,2004 年 4 月,世界银行开展了终期评价。评价内容包括项目开发目标、设计及准备期质量评价、目标的实现及效果、影响项目实施效果的主要因素、可持续性、世界银行和借款人的表现、经验教训及合作方意见等。世界银行对小浪底移民项目的总体评价是"满意"。小浪底移民项目实施主要业绩评定见表 7-10-3。

表 7-10-3 小浪底移民项目实施主要业绩评定

实施结果	S	
可持续性	HL	
机构开发影响	H	
银行表现	S	
借款人表现	S	
	准备期质量评价(若有的话)	竣工报告
准备期质量		S
风险项目	无	

注:HS=非常满意,S=满意,U=不满意,HU=非常不满意

HL=非常可能,L=可能,UN=不可能,HUN=非常不可能

H=大,SU=较大,M=一般,N=忽略不计。

五、环境移民国际咨询

按照《信贷协议》的要求,1994 年,小浪底建管局以《关于小浪底工程移民项目聘请环境移民国际咨询专家组及国内外咨询单位的请示》(小水建外〔1994〕02 号),申请成立环境移民咨询机构。1994 年 7 月 5 日,水利部以《关于小浪底工程移民项目聘请环境移民国际咨询专家组及国内外咨询单位的批复》(移办〔1994〕33 号)进行了批复。

按照批复意见,小浪底移民局聘请了小浪底移民项目环境移民国际咨询专家组,专家组成员共 9 人,包括张根林(组长)、鲁德维格(美国)、康纳(美国)、刘峻德、杨启声、任柏林、王继奎、鲁生业、高治齐。因工作需要,其间聘请陈松寿等作为特邀专家。专家组自 1994 年 7 月举行第一次会议以后,每半年开展一次活动。国际咨询专家组主要任务是审查与环境、移民有关的工程实施进

度;评价在实施过程中出现的问题;对存在的问题提出改进工作的建议等。专家组每次活动时间一般在 10~15 天,其中现场考察 7~10 天。咨询专家的工作采取外业考察和内业讨论两种主要方式。咨询意见以备忘录的形式发给小浪底移民局,同时送世界银行备查,作为世界银行检查团的工作依据之一,并在下一次检查时有针对性地落实。

从 1994 年至 2003 年,国际咨询专家组共开展了 11 次咨询活动,小浪底移民项目环境移民国际咨询专家组咨询活动见表 7-10-4。

表 7-10-4　小浪底移民项目环境移民国际咨询专家组咨询活动

序号	参加人员	咨询内容或建议
1	张根林、鲁德维格、康纳、刘峻德、杨启声、任柏林、王继奎、鲁生业、高治齐	专家组对如何编写环境专题报告,制定 EMO 进度报告中各项环境问题的格式和方法及报告的次数等提出咨询建议。同时,还提出应防止老鼠传播出血热。鲁德维格认为在施工期进行科学的检测(水质、噪声、大气污染等)对项目运行极为重要,并加强环境监理,不允许承包商造成不必要的环境退化
2	鲁德维格、高治齐、鲁生业等	审议环境、移民的实施进度;咨询《小浪底工程环境保护措施进度评估报告(第三、四号)》;咨询《小浪底项目移民社会经济发展监测评估指南(讨论稿)》;咨询《小浪底移民项目管理信息系统工作进展报告》
3	陈松寿、陈星明、黄友若等	审议、咨询项目计划第二期移民实施进度;审议、咨询温孟滩工程施工进度;审议、咨询小浪底工程环境保护工作的进展;咨询第三期移民安置的初步方案;咨询管理信息系统
4	张根林、鲁德维格、刘峻德、康纳、杨启声、任柏林、王继奎、鲁生业、高治齐	审议、咨询项目移民工作的实施进展;审议、咨询项目有关环境保护工作的进展;咨询有关二期贷款的准备工作
5	鲁德维格、王继奎、刘峻德等	本次会议将环境组和移民组分开活动;检查、咨询本项目库区第一期移民工程各项任务的实施进度;检查、咨询本项目库区第一期移民安置区环境保护实施情况及枢纽施工区环境保护实施情况;检查、咨询其他有关重大问题

续表 7-10-4

序号	参加人员	咨询内容或建议
6	刘峻德、鲁德维格、鲁生业等	检查、咨询库区第一期(移民项目为第二期)移民、环境完成结果;评估、咨询库区第二、三期移民项目技施设计阶段报告及修改概算;修改《小浪底水利枢纽工程移民安置环境管理实施细则》;检查、咨询环境及移民的其他有关重大问题
7	刘峻德、鲁德维格、鲁生业、佛格森等	检查库区第一期移民安置一些问题整改情况;咨询库区第二、三期移民规划和修改预算中的问题;检查、咨询 1998 年及 1998 年度汛与移民迁建进度(含温孟滩工程、后河水库工程);检查、咨询库区第一期移民监理总结及库区第二、三期移民监理办法和细则;检查、咨询其他移民问题;检查、咨询库区第一期移民安置区的环境状况及存在问题;检查、咨询施工区环境存在的主要问题;咨询库区第一期移民安置环境简要总结
8	刘峻德、鲁德维格、鲁生业等	检查库区第一期移民安置后若干问题最终完成的情况;咨询库区第二期移民安置的实施计划;检查、咨询 1998 年及 1999 年度汛与移民迁建计划及进度;检查、咨询移民项目的其他问题;检查、评价安置区半年来环境保护工作执行情况;检查、评价枢纽工程施工区半年来的环境保护工作执行情况
9		检查上一次咨询会议上提出意见的落实情况;检查、咨询库区第二期移民实施;检查、咨询移民管理等问题
10		小浪底水库库区第二期移民搬迁安置实施与环境保护工作的评价咨询;小浪底水库移民生产开发;小浪底水库库区开发与利用;地方移民部门提出的有关问题
11	刘峻德、鲁德维格、佛格森、鲁生业等	对小浪底水库第二期移民搬迁实施与环境保护工作的评价和小浪底水库移民的生产开发提出指导性建议

第十一节　库区管理

小浪底水库库区管理主要包括库区永久用地确权、水库消落区土地利用管理、库区安全专项整治及库周地质灾害处理等。

一、库区永久用地确权

(一)落实费用

根据 1998 年新修订的《中华人民共和国土地管理法》，工程建设用地需缴纳森林植被恢复费和耕地开垦费。1998 年 11 月批复的小浪底枢纽工程和移民概算中，森林植被恢复费和耕地开垦费等费用未落实，库区土地证办理工作因此推进缓慢。

作为竣工验收的前置条件，小浪底工程必须取得国家土地征收审批手续。为了推动小浪底工程竣工验收，小浪底建管局一方面向上级有关部门汇报，另一方面就库区征地手续办理程序和方法等问题多次与河南、山西两省及相关市、县国土资源部门和林业部门沟通。2004 年初，小浪底库区征地手续办理工作正式启动。

2006 年 3 月，水利部规计司会同国家发展改革委、国土资源部相关部门在北京召开会议；同年 11 月，水利部规计司就小浪底库区土地征收手续办理有关问题进一步与国土资源部进行协商。2006 年 12 月，小浪底建管局以《关于小浪底水利枢纽工程库区征地费用列入 2007 年投资建议计划的请示》(局经〔2006〕27 号)上报水利部，经水利部核定后报送国家发展改革委。

2008 年 3 月，水利部和河南省人民政府在郑州召开小浪底库区征地手续办理专题协调会，解决耕地开垦费标准等问题。其后，河南省人民政府就补充耕地数量等有关问题致函国土资源部，水利部也与国土资源部就有关问题进行沟通和协调。国土资源部于 2008 年 8 月派出专家组对补充耕地数量进行现场核查、确认。2008 年 7 月和 8 月，国家发展改革委、水利部分别批复了征地费用。

(二)有关问题处理

1. 河南省耕地占补平衡

按照《中华人民共和国土地管理法》要求，占用耕地需进行占补平衡。由于小浪底库区占用河南省耕地数量较大，前后经历时间长，难以完全按照占用耕地数量进行补充。经各方协商,并得到国土资源部专家组认可,核减了河南省境内的小浪底库区耕地占补平衡数量,包括:库区 25 度以上坡耕地 59 621 亩;新安县境内利用移民资金防护库区内耕地 1 540 亩;库区 268~275 米高程区间基本可以常年利用的耕地 8 517 亩;温孟滩区进行开发复垦、放淤改土新增加的耕地 33 300 亩;结合工程施工开发复垦新增加的耕地 7 464 亩。

以上耕地共计 110 442 亩,合 7 362.8 万平方米。根据勘测定界成果,小浪底库区占用河南省耕地 9 353.617 6 万平方米,核减以上耕地数量后,河南省需进行占补平衡的耕地面积为 1 990.817 6 万平方米。

为完成补充耕地工作,按照河南省政府、省国土资源厅的要求,小浪底建管局与洛阳市、三门峡市和济源市国土资源局签订了补充耕地协议,落实了占补平衡任务,其中洛阳市范围内补充 688.919 9 万平方米的耕地、三门峡市范围内补充 712.133 4 万平方米的耕地、济源市境内补充 695.543 1 万平方米的耕地。

2. 地质灾害评估

关于地质灾害评估,国土资源部专家组认为,小浪底水库在建库前,设计单位已对库区工程地质问题及地质灾害进行了勘查研究,建库运行后又对库区塌岸滑坡的影响进行了系统研究,且监测系统完善,小浪底工程用地报批不再进行专门的地质灾害危险性评估工作。

(三) 征地手续报批

河南、山西两省按要求缴纳森林植被恢复费后,将林地占用手续上报国家林业局。2006 年底,小浪底建管局委托河南、山西两省征地中心进行征地手续组卷工作,资料齐备后上报国土资源部。2009 年 1 月,国家林业局以林资许准〔2009〕020 号对山西省境内占用林地进行了批复;2009 年 2 月,国家林业局以林资许准〔2009〕057 号对河南省境内占用林地进行了批复。

2010 年 6 月,国土资源部以《国土资源部关于黄河小浪底水利枢纽(库区)工程建设用地的批复》(国土资函〔2010〕455 号)批复小浪底库区使用山西省垣曲县、平陆县、夏县土地共计 115 910 亩;2011 年 12 月,国土资源部以《国土资源部关于黄河小浪底水利枢纽(库区)工程建设用地的批复》(国土资函〔2011〕896 号)批复小浪底库区使用河南省三门峡市湖滨区、济源市、新安县、孟津县、陕县、渑池县土地共计 306 950 亩。国土资源部共计批复小浪底库区建设用地 422 860 亩,由当地人民政府以划拨方式提供。

（四）土地证核发

截至 2012 年 12 月底，小浪底库区永久征地的土地证基本办理完毕，实际办证面积合计 419 584.27 亩。与批准的工程建设用地差 3 275.73 亩，未办证的土地位于河南省三门峡市湖滨区和山西省垣曲县古城镇，由于社会因素复杂，尚不具备办证条件，经与地方人民政府协商，该部分土地作为遗留问题，暂不办理土地证。小浪底库区土地证办理汇总见表 7-11-1。

表 7-11-1　小浪底库区土地证办理汇总

序号	土地证编号	包含范围	面积（平方米）
一	河南省		204 020 215.2
1	济国用〔2012〕第 0584 号	济源市邵原、下冶、大峪镇境内	64 161 785
2	孟国用〔2012〕第 133 号	孟津县小浪底镇境内	139 415.51
3	孟国用〔2012〕第 134 号	孟津县横水镇境内	4 164.48
4	孟国用〔2012〕第 135 号		14 305.06
5	孟国用〔2012〕第 136 号		31 272.41
6	孟国用〔2012〕第 137 号		33 349.91
7	孟国用〔2012〕第 138 号	孟津县横水镇、小浪底镇境内	11 932.54
8	孟国用〔2012〕第 139 号		19 198 065.93
9	孟国用〔2012〕第 140 号		550 480.11
10	新国用〔2012〕第 239 号	新安县仓头镇境内	20 792 947.33
11	新国用〔2012〕第 240 号		34 617 658.72
12	新国用〔2012〕第 241 号	新安县石井镇境内	27 725 229.47
13	新国用〔2013〕第 034 号		4 709 924.25
14	陕国用〔2012〕第 029 号	陕县王家后乡境内	2 774 976.87
15	渑国用〔2012〕第 64 号	渑池县段村乡、陈村乡、坡头乡、南村乡境内	29 253 334
二	山西省		75 704 028
16	夏政国用〔2011〕第 01003 号	夏县祁家河乡境内	2 265 200
17	平国用〔2011〕第 0011 号	平陆县境内	8 500 700
18	晋垣国用〔2011〕第 140827-01 号	垣曲县境内	64 938 128
	合计		279 724 243.2

二、水库消落区土地利用管理

(一)消落区范围

小浪底水库采用"蓄清排浑"的运用方式。每年6月下旬汛期来临之前开始调水调沙运用,坝前水位最低可降至死水位230米高程;汛后至次年汛前,根据上游来水情况,水位逐步上升至最高蓄水位275米,全年水位变幅可达45米,其间的区域即为消落区。根据设计成果,库区总淹没耕地20.10万亩,其中消落区面积为7.2万亩,占总耕地的35.82%。

根据水库运用方式和系列水文资料,小浪底水库消落区264~230米水位之间消落区4.67万亩耕地开发利用价值较小,264~275米之间2.53万亩耕地可分为经常利用区和季节利用区。经常利用区是指水库征地范围线以下,且多年平均出露时间在10个月以上的土地,这部分土地范围在275~268米水位之间,耕地面积1.67万亩,基本上可以全年利用。季节利用区是指经常利用区以下、多年平均出露时间在6个月以上,且至少可以种植单季农作物的区域,范围在268~264米水位之间,耕地面积0.86万亩。

(二)消落区土地利用管理办法

根据国家有关规定,结合小浪底水库消落区实际情况,小浪底移民局委托中国水力发电工程学会水库经济专业委员会,对小浪底水库消落区土地管理方式进行专题研究,于2002年3月编写完成《小浪底水库消落区土地利用管理办法》,经水利部批准实施。

该办法借鉴了相关水库在消落区土地管理方面的经验,明确了消落区土地利用范围、组织管理、利用原则、违禁事项及权利义务等事项。主要内容包括以下10个方面:

(1)可利用的消落区范围为土地征收线以下至230米高程之间的土地,230米高程以下的土地禁止开发利用。

(2)小浪底水库消落区土地实行委托分级管理。河南、山西两省移民办受小浪底移民局委托,对消落区土地利用全面负责,统筹规划;有关市、县级移民机构负责本辖区内的消落区土地日常管理。小浪底移民局对消落区土地的利用管理负有检查监督权。

(3)消落区土地在服从水库统一调度和保证工程安全的前提下,可优先组织库周后靠移民开发利用。

（4）消落区土地开发利用，原则上仍以原有行政区划为界。

（5）禁止县内近迁或出县安置回流的移民开发利用消落区土地。

（6）任何单位和个人不得在消落区修筑永久性建筑物。

（7）消落区土地利用应与水土流失防治和水环境污染防治相结合，防止水土流失和水质污染。

（8）河南、山西两省各级移民主管部门在及时了解有关水情测报和水库调度方案的基础上，要引导移民调整产业结构，选择种植低秆、生长快、成熟期短的农作物。作物收成后，要及时进行秸秆清理。

（9）凡是在消落区土地上从事开发利用的单位和个人，必须到所在县移民管理机构登记，并到相关部门办理手续。

（10）在开发利用消落区土地过程中，因水库蓄水而造成的损失，均由经营者自行承担。

（三）消落区土地管理委托协议

根据《收尾工作投资包干协议》的有关要求，小浪底建管局分别与河南、山西两省人民政府移民工作领导小组办公室签订《黄河小浪底水利枢纽工程库区消落区土地利用管理委托协议》。协议明确两省移民办应按照《小浪底水库消落区土地利用管理办法》的要求制定具体的实施细则，对本辖区内库区消落区土地开发利用工作进行全面管理，尤其在制止移民返迁及库区违规建设、治理库周水土流失等方面发挥主导作用。

三、库区安全专项整治

小浪底水库在发挥综合效益的同时，在库区也出现了水质污染、违规建设等影响工程安全、防洪安全和水质安全的现象，引起水利部和河南省人民政府的高度重视。经有关部门多次研究，决定自 2011 年 9 月开始，由河南省政府移民工作领导小组主导，库区相关市、县人民政府和相关职能部门、小浪底建管局参加，开展小浪底水库库区安全专项整治等管理活动。

（一）管理机制

2011 年 11 月，小浪底建管局与河南省人民政府移民工作领导小组签订《小浪底库区和西霞院库区安全管理工作协议》及《小浪底库区和西霞院库区安全管理工作补充协议》,明确了双方在两个水库库区安全管理方面的职责和相关费用等问题。其后,河南省人民政府移民工作领导小组、小浪底建管局联合印发《关于印发〈小浪底和西霞院库区安全管理专项治理整顿工作奖惩若干办法〉的通知》,进一步明确专项治理整顿工作的责任和奖惩事项。

(二)库周管理

洛阳、三门峡、济源3市人民政府根据库区专项管理的总体要求,按照"属地管理,分级负责""谁违规谁整改,谁设障谁清理"的原则,运用行政、政策、法律、宣传等手段,开展一系列治理工作。一是对小浪底库区和西霞院库区违规违章建筑进行了全面排查,清理整治大量的违章建筑。二是对小浪底水库和西霞院水库征地范围内的采矿作业、乱堆矿渣等现象进行清理整治,对工程量较大、短期难以完成的违规行为制订了清理整治计划。

(三)水域管理

根据河南省土地管理局《黄河小浪底水利枢纽工程建设用地有关问题的批复》(豫土文〔1998〕178号)规定,库区水面从坝轴线以上2.4千米至坝前作为库区水面封闭区。河南省人民政府《会议纪要》(豫政阅〔2004〕181号)规定,"小浪底坝前安全警戒线以内的水面安全和大坝游览区内的旅游安全由小浪底建管局负责。坝前安全警戒线以外的水上交通安全和水上旅游安全实行属地管理",明确了小浪底水库水域安全管理的责任范围。

小浪底建管局按照要求开展水库水域安全管理工作。在坝前2.4千米安全警戒线处以及坝下0.8千米处设立了警戒标志,并开展日常巡查,查禁网箱养鱼、水面航行及水上旅游等违规行为。

四、库周地质灾害处理

小浪底水库于1999年10月开始蓄水,2011年12月达到历史最高水位267.83米。随着水库蓄水位的逐步抬高,对库周一定范围内产生或诱发了地质灾害,给当地群众生命和财产造成影响。小浪底库周地质灾害主要分为塌岸、滑坡、浸没及煤矿采空区塌陷等。除夏县外,库区其他各县(市)均有涉及。

根据水利部和河南、山西两省人民政府签订《收尾工作投资包干协议》的要求,当发生大范围塌岸滑坡、煤矿采空区塌陷情况,且相应包干资金无法解决时,两省人民政府可将具体情况上报水利部协调解决。河南省移民办在2005—

2006年期间,利用包干预备费处理了部分库周地质灾害问题,并采取了必要的监测预警措施。

此后,河南省移民办多次反映,库周地质灾害发生的范围和严重程度在不断加大,已超出了《收尾工作投资包干协议》约定的范围。2010年5月,河南省移民办、小浪底建管局和黄委会设计院共同组成工作组进行了现场调查,形成调查报告。2011年5月,水利部办公厅印发《关于小浪底水库库周地质灾害问题的意见》(办规计函〔2011〕380号),文件要求地方政府牵头,小浪底建管局参加,聘请设计单位对小浪底水库库周地质灾害情况进行详细勘察,科学分析论证。

第十二节　移民后期扶持

为从根本上帮助移民改善生产生活条件,1991年施行的《移民安置条例》第三条规定:"国家实行开发性移民方针,采取前期补偿、补助与后期扶持相结合的办法,使移民生活达到或者超过原有水平。"为了落实后期扶持政策,国家先后出台了一系列文件,特别是《关于完善大中型水库移民后期扶持政策的意见》(国发〔2006〕17号)出台后,自2006年7月1日起,移民后期扶持进入可持续发展的新阶段。

小浪底建管局在贯彻落实移民后期扶持政策的过程中,针对存在的问题,积极向主管部门争取政策,足额筹措资金,为小浪底水库移民后期扶持提供资金保障。河南、山西两省政府及移民机构在落实国家后期扶持政策等方面做出了诸多因地适宜的尝试,取得了应有的效果。

一、后期扶持相关政策及资金筹集

后期扶持政策从1996年1月1日开始实施,到2006年7月1日进行调整,分为两个阶段。

(1)2006年6月30日之前的扶持政策及资金筹集。为加强大中型水利水电工程移民后期扶持管理,1991年施行的《移民安置条例》规定:国家设立库区建设基金,用于大中型水利水电工程库区维护和扶持移民发展生产。新建水利水电工程库区建设基金的提取、管理和使用办法,由水利部、能源部会同财政部制定;国家对移民扶持时间为5~10年。

根据《移民安置条例》的相关规定,国家计委、财政部、电力工业部、水利部于 1996 年联合下发《国家计委、财政部、电力工业部、水利部关于设立水电站和水库库区后期扶持基金的通知》(计建设〔1996〕526 号,以下简称《四部委通知》)。《四部委通知》要求,对水电和水利项目的移民实行统一的扶持政策和扶持标准,基金提取按每个移民每年 250~400 元的标准控制,从 1996 年 1 月 1 日算起,共提取 10 年。基金统一交由水电站和水库所在地的省级人民政府管理,专款专用,库区移民生产的扶持由有关省级人民政府负责,出现的问题也由省级人民政府解决。

国家在核定小浪底水利枢纽电价时,按每千瓦时 3 厘钱提取移民后期扶持基金。由于小浪底移民数量大,水电站设计发电量较小,按国家批准的每千瓦时 3 厘钱提取移民后期扶持基金,与小浪底水库按《四部委通知》规定执行的 300 元/(人·年)的标准计算所需的移民后期扶持基金相比,存在较大缺口。

为了切实解决好小浪底水库移民后期发展问题,2002 年 12 月 5 日,水利部以《水利部关于解决小浪底水库移民后期扶持基金的函》(水规计〔2002〕528 号)致函国家发展改革委,提出两个解决方案:方案一是用小浪底水利枢纽工程结余资金解决移民后期扶持资金缺口 4.67 亿元,并列入 2003 年基本建设计划,一次性拨付。方案二是用小浪底水利枢纽工程结余资金解决移民后期扶持资金前 5 年 2.42 亿元的缺口,并列入 2003 年基本建设计划,一次性拨付;后 5 年的后期扶持资金 3.58 亿元的缺口,另行研究解决。

国家发展改革委在《关于调整 2003 年中央预算内水利投资计划的通知》(发改投资〔2003〕1957 号)中提出:"建议小浪底移民后期扶持基金首先要按照国家规定的每千瓦时 5 厘钱的标准提取,不足 300 元/(人·年)的部分从小浪底工程的年发电收益中安排。"据此,小浪底建管局自电站投入商业运行至 2006 年 6 月 30 日,从发电收入中提取库区基金用于移民后期扶持,定期拨付两省移民或财政部门。

(2)2006 年 7 月 1 日之后的扶持政策及资金筹集。随着中国统筹城乡发展战略逐步推进,国力不断增强,国家适时对大中型水库移民后期扶持政策做出调整。2006 年 3 月 29 日,国务院第 130 次常务会议通过修订的《大中型水利水电工程建设征地补偿和移民安置条例》(国务院第 471 号令,以下简称新《移民安置条例》)。新《移民安置条例》要求,水库移民后期扶持资金应当按照水库移民后期扶持规划(移民安置区县级以上地方人民政府应当编制水库移民后期扶持规划,报上一级人民政府或者其移民管理机构批准后实施),主要作为生产生活补助发放给移民个人;必要时,可以实行项目扶持,用于解决移民村生产生活中存在的突出问题,或者采取生产生活补助和项目扶持相结合的方式。具体扶持标准、期限和资金的筹集、使用管理依照国务院有关规定执行。

根据新《移民安置条例》,2006年5月17日,国务院印发了《关于完善大中型水库移民后期扶持政策的意见》(国发〔2006〕17号),在全国范围内执行统一的移民后期扶持政策。

一是统一扶持范围。2006年6月30日前搬迁的水库移民为现状人口,一次核定,不再调整;2006年7月1日以后搬迁的水库移民为原迁人口;转为非农业户口的农村移民不再纳入扶持范围。

二是统一扶持标准。每人每年600元。

三是统一扶持期限。移民后期扶持期限统一为20年,其中,2006年6月30日前搬迁的移民,自2006年7月1日算起;2006年7月1日以后搬迁的移民,自完成搬迁之日算起。

四是统一扶持方式。明确大中型水库移民后期扶持采取"一个尽量,两个可以"的扶持方式,即能直接发放给移民的尽量发放到移民个人;也可以实行项目扶持,还可以采取两者结合的方式。据此,河南、山西两省都采用直接发放现金给移民的扶持方式。

五是明确后期扶持资金的筹集办法。按照全国统筹、分省核算、合理分担的原则,主要通过提高省级电网公司全部销售电量(扣除农业生产用电)的电价,由中央统一筹措。河南省按每度电加价8.3厘的标准征收,山西省按每度电加价3.2厘的标准征收。

同时,国发〔2006〕17号文对涉及大中型水库的各类基金进行相应调整和完善,调整后的库区基金的征收、使用和管理办法由财政部会同发展改革委、水利部另行制定。

为了落实国发〔2006〕17号文精神,2007年4月17日,财政部印发《大中型水库库区基金征收使用管理暂行办法》(财综〔2007〕26号),该办法规定,库区基金从有发电收入(装机容量不小于2.5万千瓦)的大中型水库发电收入中筹集,根据水库实际上网销售电量,按不高于每度电8厘的标准征收。库区基金属于政府性基金,实行分省统筹,纳入财政预算,实行"收支两条线"管理。其中,省级辖区内大中型水库的库区基金,由省级财政部门负责征收;跨省、自治区、直辖市的大中型水库库区基金,由财政部驻发电企业所在地区财政监察专员办事处负责征收。地方政府在安排库区基金时,应将其中的75%用于支持实施库区及移民安置区基础设施建设和经济发展规划,以及解决水库移民的其他遗留问题,其余部分用于库区防护工程及移民生产、生活设施维护。

根据调整后的后期扶持政策,小浪底水库移民后期扶持资金自2006年6月30日之后主要来源于两个渠道:一是根据国发〔2006〕17号文全国统筹销售电价加价形成的后期扶持资金,其中河南省大中型水库移民后期扶持基金征收标准为每度电8.3厘,山西省征收标准为每度电3.2厘,财政部驻地方财政监察专员办事处按照此标准负责对两省电网企业代征后期扶持资金,直接缴入中央国库;二是根据财政部印发的《大中型水库库区基金征收使用管理暂行办法》(财综〔2007〕26号)规定提取的库区基金。自2007年5月,小浪底水库从发电收入中按每度电8厘提取库区基金,由财政部驻河南省财政监察专员办事处负责征收,基金收入全额缴入中央国库,由中央财政按照80.2%和19.8%的比例按季拨付给河南省和山西省省级财政,由地方政府用于解决水库移民遗留问题。

二、后期扶持管理

2006年6月之前,小浪底水库移民后期扶持工作的重点是解决水库移民遗留问题,譬如给予有生活困难的移民口粮补贴、向特定对象提供低息贷款开展"种、养、加工、商、运"等多种经营,以及产业项目开发。通过这些措施,解决了特定人群存在的实际困难。

2006年6月以后,国家统一后期扶持政策,小浪底水库移民后期扶持实行以现金补贴和产业项目开发相结合的方式进行。以下重点叙述2006年6月以后的后期扶持工作。

(一)后期扶持人口核定登记

移民人口核定登记是后期扶持工作的基础,河南、山西两省移民部门及时组织开展移民人口核定登记工作。河南省经过组织动员、开展试点、全面核查等工作环节,历时3个月完成人口核定登记工作。山西省经过认真细致的内查外调、反复多次的张榜公示,以及乡镇初验、县级自验、市级验收等工作环节之后完成人口核定登记工作,上报山西省人民政府备案。

(二)河南省后期扶持实施

1. 扶持方式

国发〔2006〕17 号文规定,后期扶持资金能够直接发放给移民个人的尽量发放到移民个人,用于移民生产生活补助;也可以实行项目扶持,用于解决移民村群众生产生活中存在的突出问题;还可以采取两者结合的方式。2006 年 12 月,河南省移民办以鲁山县为试点确定扶持方式。经过全体移民民主决策,选择将后期扶持资金直接发放给移民个人的方式,并经县政府确认。2007 年 1 月,全省根据鲁山县试点取得的经验,相继开展了扶持方式的确定和上报工作。经确认,小浪底水库移民后期扶持资金全部采取直接发放给移民个人的方式。

同时,本着国发〔2006〕17 号文"坚持解决温饱问题与解决长远发展问题相结合"的原则,河南省一方面将后期扶持资金按 600 元/(人·年)的标准直接发放给个人,另一方面利用财政部财综〔2007〕26 号规定提取的库区基金和后期扶持资金结余等资金开展库区和移民安置区项目建设,为移民长期发展奠定基础。

2. 资金发放与项目实施

从 2006 年 7 月起,国家按照核定的移民人数,将每人每年 600 元的后期扶持资金拨付到河南省政府,河南省再分配给相应的县(市、区)政府。县(市、区)政府根据经确认的扶持方式,按照本级移民机构提供的移民名册和补助标准,由地方财政将后期扶持资金拨付给当地邮政储蓄银行,再由邮政储蓄银行划拨到该银行为每位移民开设的"移民后期扶持资金个人专户"。

河南省各级政府利用库区基金和后期扶持资金结余等资金开展库区和移民安置区项目建设,并编制了库区和移民安置区基础设施与经济发展规划,着重加强基本口粮田及配套水利设施建设,完善交通、供电、通信和社会事业等基础设施建设,以及开展生态建设及环境保护等。与此同时,各级政府还将加强移民劳动力就业技能培训和职业教育列入后期扶持项目中。

为了规范水库移民后期扶持项目的管理,河南省地方政府先后出台了规范后期扶持项目管理的相关办法,明确后期扶持的对象、扶持工作的组织管理、扶持项目前期工作的论证审批、年度计划的管理、项目建设的监督检查、项目验收等方面内容。

（三）山西省后期扶持实施

1. 扶持方式

山西省在后期扶持方式确定过程中，一方面，库区移民所在的市、县等相关部门通过电视、广播、报纸等新闻媒体和乡村的有线广播、墙体公示栏等多种形式，宣传扶持方式确定的有关规定。采取召开移民户主大会、村民代表大会、两委班子会议的形式广泛征求移民对扶持方式的意愿。通过统计，移民意愿征求率达78%。各村将本村确定的扶持方式上报乡镇政府，乡镇政府将该行政区域内各村的扶持方式确定成果汇总后上报至所在县水库移民后期扶持工作领导小组办公室。为了确保扶持方式确定过程中移民意愿反映的真实性和可靠性，省级政府有关人员深入库区和移民安置区，采用召开会议、问卷调查、抽查核实等多种形式对扶持方式的意愿进行复核。经过移民群众民主决策，山西省小浪底库区移民后期扶持资金全部采取资金直接发放给移民个人的方式。

另一方面，为了解决库区和移民安置区的长远发展问题，根据国务院国发〔2006〕17号文相关要求，除将后期扶持资金按600元/（人·年）的标准直接发放给移民外，山西省利用财政部财综〔2007〕26号规定提取的库区基金等政府性资金开展库区和移民安置区项目建设。

2. 资金发放与项目实施

为了规范后期扶持资金管理，山西省财政厅、省移民办和省农村信用联社印发《大中型水库移民后期扶持基金发放管理实施细则》，对资金发放范围、标准、程序及责任单位做出规定。各县（市、区）的后期扶持资金发放工作按照《大中型水库移民后期扶持基金发放管理实施细则》的文件规定执行。具体发放流程如下：县（市、区）财政局将上级拨付的后期扶持资金划拨到县移民办在县农村信用联社设立的移民后期扶持资金专用账户上；县（市、区）农村信用联社根据县移民办提供的各乡镇资金数额，将资金划拨到各乡镇农村信用社设立的移民资金专户上；各乡镇农村信用社在收到资金后，按照县移民办提供的本乡镇移民花名册采取"惠农一本通"的方式"一人一折"，划拨到移民个人账户上。

为了确保将后期扶持资金足额、安全地发放到移民手中，建立了检查、监督、申诉机制。纪检、监察和审计部门加大工作力度，组织工作组定期监督检查，及时发现和纠正存在的问题。信访机构畅通信访渠道，及时将移民后期扶持资金发放诉求向有关部门反映。移民部门经常组织干部深入移民村、户调查了解后期扶持资金发放情况,对工作中存在的问题和薄弱环节,及时加以协调和解决。截至2011年12月31日,没有发生截留、挤占、挪用移民后期扶持资金的情况。

山西省各级政府利用库区基金等政府性资金开展库区和移民安置区项目建设,结合区域经济社会发展,以县为基础,编制《大中型水库库区和移民安置区基础设施建设和经济发展规划》。发展规划按照优先解决基础性、突出性问题,以及有利于长远发展的原则,重点扶持以下项目:基本口粮田及配套水利设施,交通、供电、通信和社会事业等方面的基础设施,生态建设和环境保护,以及移民劳动力就业技能培训和职业教育等。

大中型水库后期扶持政策实施以来,山西、河南两省人民政府加大小浪底库区和移民安置区扶持力度,通过后期扶持资金发放、产业项目扶持等措施(见图7-12-1),改善了库区和移民安置区的基础设施条件、生态环境和生产生活条件,移民的人均收入接近或赶上当地居民收入水平,移民居住条件、生活水平明显提高,库区和移民安置区社会稳定。

萝卜出口基地

移民养牛厂

苗木栽培

移民村橡胶制鞋厂

图7-12-1　移民安置区产业发展